U0895869

图书在版编目（CIP）数据

中国国家标准汇编：2010年制定. 455：GB 25021～25056/中国标准出版社编. —北京：中国标准出版社，2011
ISBN 978-7-5066-6481-3

Ⅰ. ①中… Ⅱ. ①中… Ⅲ. ①国家标准-汇编-中国-2010 Ⅳ. ①T-652.1

中国版本图书馆CIP数据核字(2011)第187735号

中国质检出版社
中国标准出版社 出版发行
北京市朝阳区和平里西街甲2号(100013)
北京市西城区三里河北街16号(100045)
网址：www.spc.net.cn
总编室：(010)64275323 发行中心：(010)51780235
读者服务部：(010)68523946
中国标准出版社秦皇岛印刷厂印刷
各地新华书店经销
*
开本 880×1230 1/16 印张 38.5 字数 1 033 千字
2011年12月第一版 2011年12月第一次印刷
*
定价 220.00 元

中 国 国 家 标 准 汇 编

455

GB 25021～25056

（2010 年制定）

中国标准出版社　编

中国质检出版社
中国标准出版社
北　京

出 版 说 明

1.《中国国家标准汇编》是一部大型综合性国家标准全集。自1983年起，按国家标准顺序号以精装本、平装本两种装帧形式陆续分册汇编出版。它在一定程度上反映了我国建国以来标准化事业发展的基本情况和主要成就，是各级标准化管理机构，工矿企事业单位，农林牧副渔系统，科研、设计、教学等部门必不可少的工具书。

2.《中国国家标准汇编》收入我国每年正式发布的全部国家标准，分为"制定"卷和"修订"卷两种编辑版本。

"制定"卷收入上一年度我国发布的、新制定的国家标准，顺延前年度标准编号分成若干分册，封面和书脊上注明"20××年制定"字样及分册号，分册号一直连续。各分册中的标准是按照标准编号顺序连续排列的，如有标准顺序号缺号的，除特殊情况注明外，暂为空号。

"修订"卷收入上一年度我国发布的、修订的国家标准，视篇幅分设若干分册，但与"制定"卷分册号无关联，仅在封面和书脊上注明"20××年修订-1，-2，-3，……"字样。"修订"卷各分册中的标准，仍按标准编号顺序排列(但不连续)；如有遗漏的，均在当年最后一分册中补齐。需提请读者注意的是，个别非顺延前年度标准编号的新制定的国家标准没有收入在"制定"卷中，而是收入在"修订"卷中。

读者配套购买《中国国家标准汇编》"制定"卷和"修订"卷则可收齐上一年度我国制定和修订的全部国家标准。

3.由于读者需求的变化，自1996年起，《中国国家标准汇编》仅出版精装本。

4. 2010年我国制修订国家标准共2 846项。本分册为"2010年制定"卷第455分册，收入国家标准GB 25021～25056的最新版本。

中国标准出版社

2011年8月

目　　录

GB/T 25021—2010　轨道检查车 …… 1
GB/T 25022—2010　机车车辆车端电气通信(控制)连接器 …… 9
GB/T 25023—2010　机车车辆车端动力连接器 …… 27
GB/T 25024—2010　铁道货车二轴转向架通用技术条件 …… 49
GB 25025—2010　搪玻璃设备技术条件 …… 57
GB/T 25026—2010　搪玻璃闭式搅拌容器 …… 77
GB/T 25027—2010　搪玻璃开式搅拌容器 …… 97
GB/T 25028—2010　轮胎式装载机　制动系统用加力器　技术条件 …… 115
GB 25029—2010　钢渣道路水泥 …… 127
GB/T 25030—2010　建筑物清洗维护质量要求 …… 135
GB/T 25031—2010　城镇污水处理厂污泥处置　制砖用泥质 …… 145
GB/T 25032—2010　生活垃圾焚烧炉渣集料 …… 153
GB/T 25033—2010　再生沥青混凝土 …… 165
GB 25034—2010　燃气采暖热水炉 …… 173
GB 25035—2010　城镇燃气用二甲醚 …… 245
GB 25036—2010　布面童胶鞋 …… 253
GB 25037—2010　工矿靴 …… 265
GB 25038—2010　胶鞋健康安全技术规范 …… 279
GB/T 25039—2010　玻璃纤维单元窑热平衡测定与计算方法 …… 287
GB/T 25040—2010　玻璃纤维缝编织物 …… 335
GB/T 25041—2010　玻璃纤维过滤材料 …… 347
GB/T 25042—2010　玻璃纤维建筑膜材 …… 359
GB/T 25043—2010　连续树脂基预浸料用多轴向经编增强材料 …… 375
GB/T 25044—2010　砌墙砖抗压强度试样制备设备通用要求 …… 383
GB/T 25045—2010　玄武岩纤维无捻粗纱 …… 391
GB/T 25046—2010　高磁感冷轧无取向电工钢带(片) …… 401
GB/T 25047—2010　金属材料　管　环扩张试验方法 …… 413
GB/T 25048—2010　金属材料　管　环拉伸试验方法 …… 417
GB/T 25049—2010　镍铁 …… 421
GB/T 25050—2010　镍铁锭或块　成分分析用样品的采取 …… 431
GB/T 25051—2010　镍铁颗粒　成分分析用样品的采取 …… 451
GB/T 25052—2010　连续热浸镀层钢板和钢带尺寸、外形、重量及允许偏差 …… 473
GB/T 25053—2010　热连轧低碳钢板及钢带 …… 483
GB/T 25054—2010　海洋特别保护区选划论证技术导则 …… 491
GB/T 25055—2010　信息安全技术　公钥基础设施安全支撑平台技术框架 …… 510
GB/T 25056—2010　信息安全技术　证书认证系统密码及其相关安全技术规范 …… 535

ICS 45.120
S 22

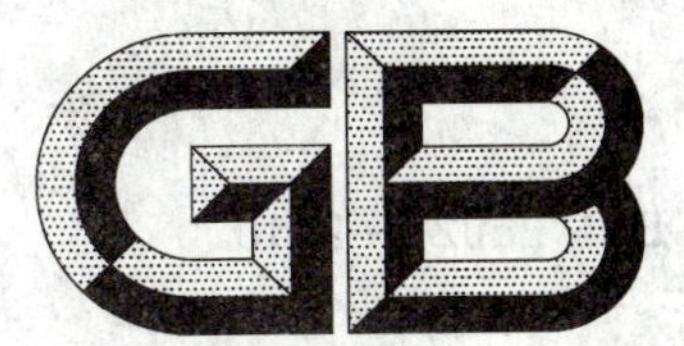

中华人民共和国国家标准

GB/T 25021—2010

轨道检查车

Track inspection car

2010-09-02 发布　　2010-12-01 实施

中华人民共和国国家质量监督检验检疫总局
中国国家标准化管理委员会　发布

前　言

本标准由中华人民共和国铁道部提出。

本标准由铁道部标准计量研究所归口。

本标准起草单位:铁道部基础设施检测中心、铁道部标准计量研究所。

本标准主要起草人:柴东明、王彦春、田新宇、王卫东、陈东生、许贵阳、周正、刘伶萍、樊戈平。

轨 道 检 查 车

1 范围

本标准规定了新造或改造轨道检查车(以下简称为轨检车)的车辆和轨道检测设备的术语和定义、技术要求及试验与验收。

本标准适用于标准轨距铁路使用的构造速度小于或等于200 km/h的轨检车,各种宽轨、米轨和城市轻轨使用的轨检车可参照使用。

2 规范性引用文件

下列文件中的条款通过本标准的引用而成为本标准的条款。凡是注日期的引用文件,其随后所有的修改单(不包括勘误的内容)或修订版均不适用于本标准,然而,鼓励根据本标准达成协议的各方研究是否可使用这些文件的最新版本。凡是不注日期的引用文件,其最新版本适用于本标准。

GB 146.1 标准轨距铁路机车车辆限界

GB/T 5599 铁道车辆动力学性能评定和试验鉴定规范

GB/T 12817—2004 铁道客车通用技术条件

TB/T 1335—1996 铁道车辆强度设计及试验鉴定规范

TB/T 3034—2002 机车车辆电气设备电磁兼容性试验及其限值

TB/T 3138—2006 机车车辆阻燃材料技术条件

TB/T 3139—2006 机车车辆内装材料及室内空气有害物质限量

铁路线路修理规则 中国铁道出版社2006年8月第1版

3 术语、定义和符号

3.1 术语和定义

下列术语和定义适用于本标准。

3.1.1

轨道几何参数 track geometry parameters

描述轨道几何形态的参数,包括轨道高低、轨向、轨距、水平(超高)、三角坑(扭曲)、曲线半径等。

3.1.2

轨道特征值 track characteristics value

根据相关标准对轨道几何数据评判或计算后的表达轨道几何质量的数值。

3.1.3

轨距 gauge

钢轨头部踏面下16 mm范围内两股钢轨工作边之间的最小距离。

3.1.4

轨向 alignment

钢轨内侧,轨距点沿轨道延长方向的横向凹凸不平顺。

3.1.5

高低 profile

钢轨顶面沿延长方向的垂向凹凸不平顺。

3.1.6

超高 super-elevation

同一横截面上左右轨顶面相对于水平面的高度差。

3.1.7

水平 crosslevel

同一横截面上左右轨顶面相对于水平面的高度差,但不含曲线上按规定设置的超高值及超高顺坡量。

3.1.8

三角坑(扭曲) twist

左右两轨顶面相对轨道平面的扭曲,用相距一定基长水平的代数差表示。

3.2 符号

下列符号适用于本标准。

3.2.1

A1

3 m～25 m 波长。

3.2.2

A2

25 m～70 m 波长。用于测量长波长超限。一般情况下,仅在线路速度大于 120 km/h 的情况下才考虑。

4 要求

4.1 总体要求

4.1.1 轨检车车辆应符合 GB/T 12817—2004 的有关要求。轨检车内饰材料应符合 TB/T 3138—2006、TB/T 3139—2006 的有关要求。

4.1.2 强度设计应符合 TB/T 1335—1996 的规定及有关要求。

4.1.3 车辆动力学性能应符合 GB/T 5599 的规定及有关要求。

4.1.4 外轮廓(包括安装的检测设备和传感器)不应超出 GB 146.1 中车限-1A、车限-1B 规定的要求。

4.1.5 轨检车可以进行双向检测,其轨道几何参数检测结果在技术条件规定的范围内不受速度和方向影响。

4.1.6 轨道检测系统包括轨道几何参数测量子系统、车体振动加速度测量子系统、钢轨断面测量子系统、钢轨波浪磨耗测量子系统和环境监视子系统。其中轨道几何参数测量子系统和车体振动加速度测量子系统为必选项,钢轨断面测量子系统、钢轨波浪磨耗测量子系统和环境监视子系统为可选项。

4.2 车辆设备

4.2.1 配备空调设备,满足工作和生活条件。

4.2.2 配备电热取暖或燃油取暖设备。

4.2.3 轨检车除有常用照明外还应配备应急照明设备。

4.2.4 配备配电柜、空调控制柜、柴油发电机控制柜、轴温报警仪、直流充电机、直流配电防滑器主机、DC48V 逆变器(功率为 5 kW)、隔离变压器、漏电保护器、车辆安全监控装置等。直流充电机容量应满足蓄电池和柴油发电机组启动电池充电的要求(DC48V、DC24V 或 DC12V)。

4.3 供电设备

4.3.1 配备 2 台柴油发电机组,单组发电机额定功率不小于 32 kW,输出电压 AC380V/50Hz。

4.3.2 车下配备 DC48V、容量不小于 300 Ah 的免维护碱性电池。

4.3.3 车上配备可连续工作时间不低于 2 h、功率不小于 5 kW 的 UPS 不间断电源设备,采用免维护碱性电池。

4.3.4　车辆两端配备 AC380V 和 DC600V 列车双路供电系统。

4.4　轨道检测设备

4.4.1　轨检车车辆下部安装的所有检测设备不能影响车辆运行安全，检测设备所有车下悬挂装置的疲劳强度应符合相关标准要求。

4.4.2　所有检测的电气设备均应具有良好的电磁兼容性，应符合 TB/T 3034—2002 的有关规定。

5　轨道几何参数测量子系统技术要求

5.1　技术指标

轨道几何参数测量子系统的技术指标如表 1 所示。

表 1　轨道几何参数测量子系统技术指标

项目	测量范围	分辨力	准确度
轨距	1 420 mm～1 485 mm	0.2 mm	±0.8 mm
轨向[a]	A1：±50 mm A2：±100 mm	0.2 mm	A1：±1.5 mm A2：±4 mm
高低[a]	A1：±50 mm A2：±100 mm	0.2 mm	A1：±1 mm A2：±3 mm
超高(水平)	±225 mm	0.5 mm	±1.5 mm
三角坑(扭曲)[b]	±100 mm	—	—
速度	(0～250)km/h	—	±1‰
里程	(0～9 999)km	—	±2‰
线路标志	检测线路上，包括道口、道岔、桥梁、曲线拉杆等标志	—	—
曲线半径[c]	小于 10 000 m	—	±5‰

a　可选择两种波长 A1、A2 的空间曲线。

b　基长可在 1 m～18 m 范围内选择。

c　同时测量曲率和正矢值，能准确测出曲线起、终点位置，包括直缓点、缓圆点、圆缓点、缓直点位置，其位置误差不应超过相应曲线半径的 5‰。

5.2　数据处理部分的技术要求

5.2.1　数据采集与合成部分技术要求

5.2.1.1　应能实时采集和处理检测数据，轨道几何参数按 250 mm 间隔输出。

5.2.1.2　具有存储传感器原始数据和轨道几何参数的功能，轨道几何参数存储能力不少于 100 000 km。

5.2.1.3　具有自动和手动修正里程信息的功能。

5.2.1.4　输出的轨道几何参数应在空间位置上保持同步。

5.2.2　数据应用部分技术要求

5.2.2.1　轨道几何参数及轨道特征值采用数据库进行存储和管理。

5.2.2.2　可实时显示和回放波形图，并具备与历史数据对比的功能。波形图可实时输出和打印。

5.2.2.3　具有实时编辑超限数据的功能。

5.2.2.4　轨道特征值应按规定的格式输出。

5.2.2.5　传感器原始数据和轨道几何参数具有事后重放功能。

6 车体加速度测量子系统技术要求

6.1 技术要求

加速度测量项目包括车体横向和垂向振动加速度。

车体振动加速度测量要求加速度传感器安装位置在车体底板上，距车体纵向中心线 1 m，车辆尾部靠近第 4 位轴处。

6.2 技术指标

测量范围：(−10～+10)m/s^2。

频率范围：(0～50)Hz。

分辨力：0.01 m/s^2。

准确度：±0.1 m/s^2。

7 钢轨断面测量子系统技术要求

7.1 技术要求

钢轨断面测量系统应采用无接触测量方法，实时检测钢轨断面，输出相应里程位置轨头的形状、钢轨侧磨、垂直磨耗、总磨耗，并根据《铁路线路修理规则》进行钢轨头部磨耗轻重伤的判定。

7.2 钢轨断面测量技术指标

采样间距：不少于 1 点/米。

分辨力：0.2 mm。

准确度：±0.5 mm。

7.3 输出

系统输出应包括左、右轨头断面(图形方式)，钢轨侧磨、垂直磨耗、总磨耗(数据方式的波形图)，并根据钢轨头部磨耗轻重伤标准存储、打印钢轨磨耗程度评定数据。

8 钢轨波浪磨耗测量子系统技术要求

8.1 技术要求

系统应具有测量左右钢轨波浪磨耗的功能，采用计算机实时采集和分析数据，可绘制波磨波形图，可自动滤除道岔和接头的干扰。

8.2 技术指标

测量波长、测量范围和测量准确度如表 2 所示。

表 2 技术指标

测量波长/m	测量范围/mm	测量准确度/mm
0.1～0.3	0.1～1	±0.1
0.3～1	0.1～1	±0.1
1.0～3	1.0～3	±0.3
0.1～3	1.0～3	±0.3

8.3 输出

可进行超限判断，输出不同波长的钢轨病害位置、波磨长度及深度。

9 环境监视子系统

环境监视子系统是在轨检车上安装高清晰度彩色摄像机，将图像信号传送到轨检车内，经叠加时间与速度、里程、线路几何质量等信息后，传送到检测系统显示。在环境监视子系统的服务器上进行存储、播放和查询等工作。

10 试验与验收

10.1 总则

试验与验收包括对轨检车车辆的验收和检测系统的验收。轨检车车辆的验收按相关车辆技术条件执行，在本标准中不作规定。检测系统的验收包括实验室验收和现场验收两部分。实验室验收包括轨距、超高(水平)、车体横向和垂向振动加速度。高低、轨向、三角坑等其他检测参数以现场验收的方式进行。

10.2 实验室验收

10.2.1 轨距实验室验收

10.2.1.1 测试项目

项目应包括：测量范围、分辨力、准确度。测量结果应满足轨距参数技术指标要求。

10.2.1.2 轨距测量范围

选用两节短轨。在轨距为 1 435 mm 处，定为原始位置。然后单侧向内、外两侧移动，直到满足轨距测量范围。重复测量时，测量结果应满足轨距参数技术指标要求。

10.2.1.3 测量轨距分辨力

缓慢移动短轨，当测量值第一次变化 0.2 mm 时，记录短轨位置。再次向同方向缓慢移动短轨，当测量值再次变化 0.2 mm 时，测量此时短轨移动的距离，与系统测量值比较确定分辨力。

10.2.1.4 轨距准确度

移动单侧短轨至某个位置，测量轨距，与该位置的标准值(标准值的准确度小于或等于 0.2 mm)比较得出其准确度。选取不少于 5 个位置重复上述试验，结果均应满足轨距准确度的要求。

在 1 435 mm 位置处，观测 30 min，随机选取 15 个样本值，计算其准确度，均应满足轨距准确度要求。

10.2.2 水平和超高实验室验收

10.2.2.1 测试项目

项目应包括：测量范围、分辨力、准确度。测量结果应满足水平和超高参数技术指标要求。

10.2.2.2 超高测量范围

选用一段标准轨距的轨排。当轨排处于水平位置时，定为原始位置。然后抬升、降低一侧轨排的高度，直到满足超高测量范围。重复测量时，测量结果应满足超高参数技术指标要求。

10.2.2.3 测量水平分辨力

缓慢改变轨排高度，当测量值第一次变化 0.5 mm 时，记录轨排高度。再次同方向缓慢改变轨排高度，当测量值再次变化 0.5 mm 时，测量此时轨排移动的高度，与系统测量值比较确定分辨力。

10.2.2.4 水平准确度

移动轨排至某个位置，测量水平，与该位置的标准值(标准值的准确度小于或等于 0.3 mm)比较得出其准确度。选取不少于 5 个位置重复上述试验，结果均应满足水平准确度的要求。

在 0 mm 位置处，观测 30 min，随机选取 15 个样本值，计算其准确度，均应满足水平准确度要求。

10.2.3 车体横向和垂向振动加速度实验室验收

加速度传感器的测量范围和频率响应均应满足车体横向和垂向振动加速度测量要求。

传感器测量准确度不低于±0.01 m/s^2，分辨力不低于 0.001 m/s^2。

加速度测量系统的测量频率范围、准确度和分辨力通过标准振动台测定来验收。

10.3 现场验收

10.3.1 精度和重复性验收

精度验收主要验证各测量项目与实际的偏离程度。重复性验收主要验证检测系统自身的稳定性。

10.3.2 验收方式

10.3.2.1 试验线测试

在试验线预设各类轨道几何不平顺。预设轨道几何不平顺的准确度如表 3。

表 3 预设轨道几何不平顺的准确度

项　目	准确度
轨距	0.2 mm
高低	0.3 mm
轨向	0.3 mm
水平	0.3 mm

轨检车正向和反向运行，选择采用 40 km/h、60 km/h、80 km/h、100 km/h、120 km/h、140 km/h、160 km/h、200 km/h 等速度各检测 3 次。

对检测结果进行重复性分析：统计所有预设点的各次检测结果，如满足准确度的测量结果占所有检测结果的 95%以上时，认为重复性合格。

10.3.2.2 运营线上测试

运营线上检测，根据情况选取各项轨道不平顺超限数据各 3 处，去现场进行实地复核。

对检测数据进行误判率分析，结果满足误判率要求，误判率小于 2%。

$$误判率=\frac{现场未查出的超限个数}{现场复核超限个数}\times 100\%$$

10.3.3 运营线上可靠性验证试验

主要考查检测系统是否满足对环境温度、气候条件、长时间连续工作稳定性和系统的可靠性。

轨检车连续 5 000 km 检测，系统要求稳定可靠，满足漏检率要求，漏检率小于 1%。

$$漏检率=\frac{漏检里程}{检测里程}\times 100\%$$

ICS 45.060.01
S 30

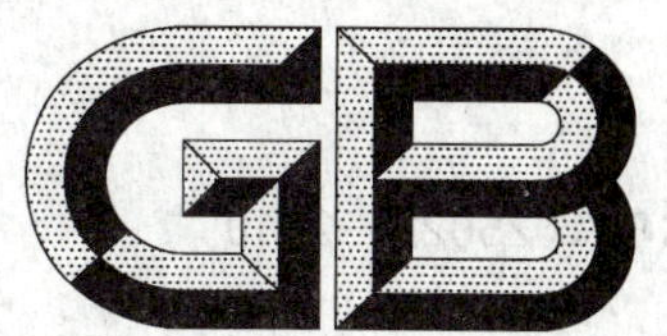

中华人民共和国国家标准

GB/T 25022—2010

机车车辆车端电气通信(控制)连接器

Vehicle end electric communication (control) couplers for locomotives and rolling stocks

2010-09-02 发布

2010-12-01 实施

中华人民共和国国家质量监督检验检疫总局
中国国家标准化管理委员会
发布

前 言

本标准的附录C为规范性附录,附录A、附录B为资料性附录。

本标准由中华人民共和国铁道部提出。

本标准由青岛四方车辆研究所有限公司归口。

本标准起草单位:南车四方机车车辆股份有限公司、青岛四方车辆研究所有限公司、铁道部标准计量研究所、南车株洲电力机车研究所有限公司、南车株洲电力机车有限公司。

本标准主要起草人:李勇序、照冰、李大鹏、陈平、周大梅、李蔚、康明明。

机车车辆车端电气通信(控制)连接器

1 范围

本标准规定了铁道机车车辆车端电气通信(控制)连接器的使用环境,型号标记、结构形式与接触对的编号排列,技术要求,试验方法,检验规则,包装储运等。

本标准适用于铁道机车车辆车端电气通信连接器(以下简称连接器)的制造、检验和验收。

2 规范性引用文件

下列文件中的条款通过本标准的引用而成为本标准的条款。凡是注日期的引用文件,其随后所有的修改单(不包括勘误的内容)或修订版均不适用于本标准,然而,鼓励根据本标准达成协议的各方研究是否可使用这些文件的最新版本。凡是不注日期的引用文件,其最新版本适用于本标准。

GB/T 2423.1—2008 电工电子产品环境试验 第2部分:试验方法 试验A:低温(IEC 60068-2-1:2007,Environmental testing—Part 2-1:Tests—Test A:Cold,IDT)

GB/T 2423.2—2008 电工电子产品环境试验 第2部分:试验方法 试验B:高温(IEC 60068-2-2:2007,Environmental testing—Part 2-2:Tests—Test B:Dry heat,IDT)

GB/T 2423.3—2006 电工电子产品环境试验 第2部分:试验方法 试验Cab:恒定湿热试验(IEC 60068-2-78:2001,Environmental testing—Part 2-78:Tests—Test Cab:Damp heat,steady state,IDT)

GB/T 2423.6—1995 电工电子产品环境试验 第2部分:试验方法 试验Eb和导则:碰撞(idt IEC 60068-2-29:1987)

GB/T 2423.22—2002 电工电子产品环境试验 第2部分:试验方法 试验N:温度变化(IEC 60068-2-14:1984,Basic environmental testing procedures—Part 2:Tests—Test N:Change of temperature,IDT)

GB 4208—2008 外壳防护等级(IP代码)(eqv IEC 60529:2001,IDT)

GB/T 4776—2008 电气安全术语

GB/T 5095.2—1997 电子设备用机电元件 基本试验规程及测量方法 第2部分:一般检查、电连续性、接触电阻测试、绝缘试验和电压应力试验(idt IEC 60512-2:1994)

GB/T 5095.3—1997 电子设备用机电元件 基本试验规程及测量方法 第3部分:载流容量试验(idt IEC 60512-3:1976)

GB/T 5095.5—1997 电子设备用机电元件 基本试验规程及测量方法 第5部分:撞击试验(自由元件)、静负荷试验(固定元件)、寿命试验和过负荷试验(idt IEC 60512-5:1992)

GB/T 5095.6—1997 电子设备用机电元件 基本试验规程及测量方法 第6部分:气候试验和锡焊试验(idt IEC 60512-6:1984)

GB/T 5095.7—1997 电子设备用机电元件 基本试验规程及测量方法 第7部分:机械操作试验和密封性试验(idt IEC 60512-7:1993)

GB/T 5095.8—1997 电子设备用机电元件 基本试验规程及测量方法 第8部分:连接器、接触件及引出端的机械试验(idt IEC 60512-8:1993)

GB/T 11313—1996 射频连接器 第1部分:总规范 一般要求和试验方法(idt IEC 61169-1:1992)

GB/T 21413.1—2008 铁路应用 机车车辆电气设备 第1部分:一般使用条件和通用规则

(IEC 60077-1:1999,IDT)

GB/T 21563—2008 铁路应用 机车车辆设备 冲击和振动试验(IEC 61373:1999,IDT)

TB/T 1507—1993 机车电气设备布线规则

TB/T 2702—1996 铁道客车电器设备非金属材料的阻燃要求

TB/T 3021—2001 铁道机车车辆电子装置

3 术语和定义

GB/T 4776—2008 确立的以及下列术语和定义适用于本标准。

3.1

车端电气通信(控制)连接器 vehicle end electric communication (control) couplers

设于铁道机车车辆车体端部、用于通信和(或)控制的电气连接器。

4 使用环境

4.1 使用环境温度为－50 ℃～70 ℃。

4.2 最湿月月平均最大相对湿度不大于93%(该月月平均最低温度为25 ℃)。

4.3 海拔高度不大于2 500 m。

4.4 当使用条件与上述不同时,由用户和制造厂另行商定。

5 型号标记、结构形式及接触对的编号排列

5.1 型号

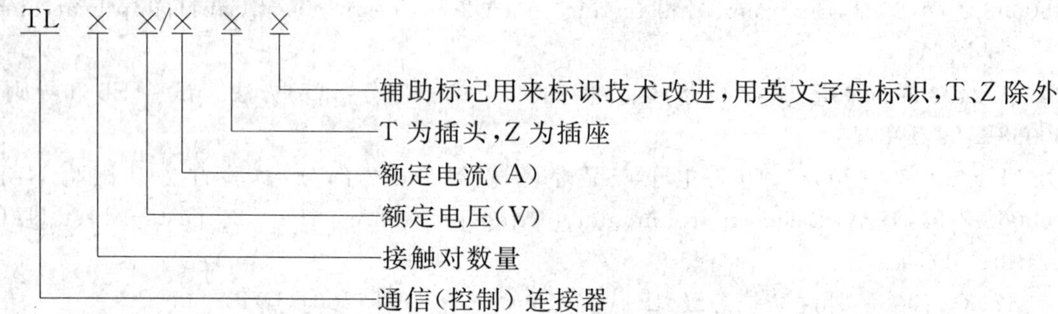

示例:改进的额定电压为AC500V、额定电流为15 A的39芯客车通信连接器插头,标记为TL39AC500/15TG。

5.2 新旧型号对照关系参见附录A。

5.3 结构形式

5.3.1 连接器由插座、插头组成。

5.3.2 常用的TL39AC500/15型、TL15AC250/15型、TL2AC60/25型、TL5AC250/15型连接器的结构形式、安装尺寸、接触对的分布参见附录B。

5.4 连接器接触对的编号排列

5.4.1 连接器接触对的编号排列,应以插座的排列为基准,同一种型号连接器应采用相同排列方式,一般采用从插座的正面看成多个同心圆或按行排列两种方式。按同心圆排列,其顺序以先外后内、沿顺时针方向依次排列;按行排列,顺序以从左到右、从上至下逐行排列。

5.4.2 接触对的编号应为阿拉伯数字或英文字母,应采用永久性标记。

5.4.3 接触对的编号在插头、插座的配合面和接线端面均应标示,并对应一致。

6 技术要求

6.1 一般要求

6.1.1 连接器应能长期经受雨、雪、风、沙和阳光直射的侵袭。

6.1.2 连接器表面应光滑、平整、清洁，无砂眼、锈蚀和破损。

6.1.3 连接器的活动连接部件，应转动自如、无紧涩现象。

6.1.4 同一型号规格的连接器任一插头、插座、空座应保证结构及性能互换。

6.1.5 连接器所选用的材料应具有良好的机械强度和电气性能。所选用非金属材料防火阻燃性能应符合 TB/T 2702—1996 的规定。

6.1.6 电缆线端接线的要求应符合 TB/T 1507—1993 的规定。

6.1.7 连接器的电磁兼容性应符合 TB/T 3021—2001 的规定。

6.1.8 连接器电气件的最小电气间隙和爬电距离应分别符合 GB/T 21413.1—2008 中8.2.6.2、8.2.6.3 的规定。

6.2 技术参数

6.2.1 连接器的电压、电流参数及任一接触对的单孔拔力、接触电阻见附录 C。

6.2.2 连接器的总拔力不应超过单孔拔力总和的 2 倍。

6.2.3 寿命试验后，在标准大气压下，每一对接触对的接触电阻不应超过试验前的 2 倍。

6.2.4 射频同轴接触对除满足表 C.1 的要求外，尚应具有下列技术特性：

a) 最高使用频率为 100 MHz；

b) 标称特性阻抗为 75 Ω；

c) 电压驻波比应小于 1.3。

6.3 绝缘电阻

连接器的接触体之间，以及任一接触体与壳体之间的绝缘电阻：

a) 正常条件下不应小于 500 MΩ，湿热、高温、低温、温度变化试验后不应小于 20 MΩ；

b) 射频同轴接触对的内外导体之间的绝缘电阻不应小于 500 MΩ，湿热、高温、低温、温度变化试验后不小于 50 MΩ。

6.4 介电强度

连接器的接触体之间及任一接触体与壳体之间应能承受表 1 规定的试验电压，历时 1 min 无闪络、击穿现象。

表 1 介电强度值

单位为伏

额定电压	试验电压
DC48	1 500
DC110	1 500
AC250	2 000
AC500	2 000

6.5 温升

连接器在环境温度 25 ℃的条件下，通以额定电流，5 h 后，接触对温升不应大于 60 K。

6.6 高温

连接器经过 125 ℃、持续时间为 2 h 的高温试验后，绝缘电阻和介电强度应分别符合 6.3、6.4 的规定。

6.7 低温

连接器经过－50 ℃、持续时间为 2 h 的低温试验后，绝缘电阻和介电强度应分别符合 6.3、6.4 的规定。

6.8 温度变化

连接器经过低温－50 ℃到高温 125 ℃的三次循环变化试验后，绝缘电阻和介电强度应分别符合

6.3、6.4的规定。

6.9 恒定湿热

连接器在温度为 40 ℃±2 ℃,相对湿度为 93%～95%的条件下,试验持续 48 h 后,绝缘电阻和介电强度应分别符合 6.3、6.4 的规定。在不影响正常工作的前提下,允许金属零件边角处和金属紧固件有轻微锈蚀,非金属不应有疏松、鼓胀等现象。

6.10 防护性能

连接器应按不同环境要求进行外壳防护试验,应符合 GB 4208—2008 中 IP65 的规定,有特殊要求时,按相关规定执行。试验后按恒定湿热要求测试其绝缘电阻和介电强度,应分别符合 6.3、6.4 的规定。

6.11 碰撞

连接器按垂直状态安装后,以加速度为 100 m/s^2、碰撞频率为 60 次/min,进行 1 000 次的碰撞,碰撞后应能正常使用,无损伤。

6.12 振动、冲击

连接器按使用状态安装后,在 GB/T 21563—2008 规定的 1 类 B 级条件下进行振动、冲击试验。试验中连接器瞬时断电时间不应大于 0.1 ms;试验后能正常使用,无损伤。

6.13 机械寿命

6.13.1 连接器机械连接寿命不小于 1 500 次。

6.13.2 连接器在无电负荷情况下,以 8 次/min～10 次/min 的插拔速度、经过 1 500 次插合分离后,应符合下列要求:

a) 总拔力应符合 6.2.2 的规定;

b) 接触电阻应符合 6.2.3 的规定;

c) 可有轻微机械损伤,但不应影响连接器正常使用。

6.14 电缆或电缆护套夹紧装置抗拉拔力

连接器与电缆或电缆护套配接后,对其施加 50 N 拉拔力,不应松脱。

6.15 连接器锁紧力

连接器插头插入插座或盖扣在插座后,拉下手把锁闭,锁闭后手把不应松动,手把开启力应不小于 50 N。在振动冲击条件下,手把不应跳动、松脱。

6.16 盐雾

连接器在经受盐雾试验后,接触电阻应符合表 C.1 和 6.2.3 的规定,介电强度应符合 6.4 的规定,金属防护层腐蚀面积不应超过防护层总面积的 30%,非金属材料应无明显泛白、膨胀、起泡、皲裂及麻坑等缺陷。

6.17 交变湿热

连接器经受交变湿热试验后,接触电阻应符合表 C.1 和 6.2.3 的规定,绝缘电阻应符合 6.3 的规定,连接器上的标记仍能清晰可见,外壳表面不应有龟裂、皱纹等缺陷。

7 试验方法

7.1 试验条件

本标准各条款除作特别规定外,其余均在下列条件下测试:

a) 温度为 15 ℃～35 ℃;

b) 相对湿度为 45%～75%;

c) 大气压力为 86 kPa～106 kPa。

如果相对湿度和(或)气压对测量结果没有影响,可在当时当地的相对湿度和气压条件下测量。

7.2 验证条件

当试验结论因环境条件产生疑义时，连接器应在标准验证条件下进行该项目的试验验证，并以验证结论为准。

标准验证条件：

a) 温度为 20 ℃±5 ℃；

b) 相对湿度为 63%～67%；

c) 气压为 86 kPa～106 kPa。

7.3 外观

外观检查按 GB/T 5095.2—1997 中试验 1a 的规定进行。

7.4 互换性

随机抽取三个插头和插座与同一型号插座和插头插合连接，检查是否能互换。

7.5 拔力

7.5.1 拔力试验按 GB/T 5095.8—1997 的规定进行，每套样品至少选用五个接触对(接触对少于五个时全测)，进行三次试验，取其算术平均值。试验后检查是否符合表 C.1 的规定。

7.5.2 总拔力试验按 GB/T 5095.7—1997 的规定进行，试验后检查是否符合 6.2.2 的规定。

7.6 接触电阻

射频接触对的接触电阻按 GB/T 11313—1996 的规定进行测量。其余接触对的接触电阻按 GB/T 5095.2—1997 中试验 2a 规定的直流测量法进行测量，进行一次测量循环。测量时，测量点应在接触体尾端面，检查测量结果是否符合表 C.1 和 6.2.3 的规定。

7.7 绝缘电阻

绝缘电阻试验按 GB/T 5095.2—1997 中试验 3a 规定的方法 A 进行，检查是否符合 6.3 的规定。

7.8 介电强度

介电强度试验按 GB/T 5095.2—1997 中试验 4a 规定的方法 A 进行，检查是否符合 6.4 的规定。

7.9 电磁兼容

电磁兼容试验按 TB/T 3021—2001 中 12.2.8 的规定进行。

7.10 温升

温升试验按 GB/T 5095.3—1997 试验 5a 的规定进行，试验时，连接器按实际工作状态安装在试验台架上，按使用要求压接电缆，电缆长度不小于 1.8 m；在环境温度 25 ℃的条件下，通以工作电流，待接触对温升稳定后测其压接端部温升，检查是否符合 6.5 的规定。

7.11 高温

连接器按使用状态插合到位，不通电，按 GB/T 2423.2—2008 中试验 Bb 的规定进行试验，试验结束在常压下恢复 4 h 后，检查是否符合 6.6 的规定。

7.12 低温

连接器按使用状态插合到位，不通电，按 GB/T 2423.1—2008 中试验 Ab 的规定进行试验，试验结束在常压下解冻吹干后，检查是否符合 6.7 的规定。

7.13 温度变化

连接器按使用状态插合到位，不通电，按 GB/T 2423.22—2002 中试验 Na 的规定进行试验，在每种温度下的暴露时间为 1 h，试验结束后在常压下吹干，然后开始恢复，时间为 16 h，检查是否符合 6.8 的规定。

7.14 恒定湿热

连接器按使用状态插合到位，不通电，按 GB/T 2423.3—2006 中试验 Ca 的规定进行试验，试验结束后在常压下恢复 1 h。检查是否符合 6.9 的规定。

7.15 防护性能

防护性能试验按 GB 4208—2008 进行，检查是否符合 6.10 的要求。

7.16 碰撞

连接器按使用状态插合到位并垂直安装于试验台，按 GB/T 2423.6—1995 中试验 Eb 的规定进行试验，检查是否符合 6.11 的规定。

7.17 耐冲击、振动

连接器按使用状态插合到位并安装于试验台，按 GB/T 21563—2008 规定的 1 类 B 级试验工况进行试验，检查是否符合 6.12 的规定。

7.18 机械寿命

连接器在无电负荷状态下，按 GB/T 5095.5—1997 中试验 9a 的规定进行试验，以 8 次/min～10 次/min 的插拔速度、经受 1 500 次的插入和完全分离，检查是否符合 6.13 的规定。

7.19 电缆或电缆护套夹紧装置抗拉拔力

连接器插头配接一段电缆或电缆护套，电缆内各导体与连接器接触对不连接，施加 50 N 的力平行于电缆线或电缆护套进行拉拔，保持 1 min 后，将拉拔力缓慢降到零，检查是否符合 6.14 的规定。

7.20 接线强度

接线强度试验按 TB/T 1507—1993 中附录 B 中 B.2 规定进行。

7.21 连接器锁紧力的测量

连接器锁紧力按下列方法测量：

a) 连接器锁紧力测量仪器的准确度误差不超过±5%；

b) 连接器按使用位置安装在试验台(架)上；

c) 连接器插头插入插座、拉下锁紧手把(或盖)锁闭，然后将测量仪连在手把中央位置，将手把向上开启，重复进行三次，取其算术平均值。

7.22 盐雾腐蚀

盐雾腐蚀试验按 GB/T 5095.6—1997 中试验 11f 的规定进行。试验时试样一半为插合状态，另一半为分离状态，在试验箱中放置至少保持 20 mm 的间隔距离，不应与其他金属相碰。试验时间为 48 h，试验后用不超过 35 ℃的蒸馏水漂洗，恢复 1 h～2 h 后，检查是否符合 6.16 的规定。

7.23 交变湿热

7.23.1 第一周期 12 h 的交变湿热试验按 GB/T 5095.6—1997 中试验 11 m 的规定进行，试验结束恢复 2 h 后再检测，检查结果是否符合 6.17 的规定。

7.23.2 剩余周期 12 h 的交变湿热试验按 GB/T 5095.6—1997 中试验 11 m 的规定进行，试验结束恢复 2 h 后再检测，检查结果是否符合 6.17 的规定。

8 检验规则

8.1 出厂检验

8.1.1 连接器出厂前应进行出厂检验，检验项目见表 2。

8.1.2 经检验合格的产品应签发合格证，其内容至少应包括：

a) 制造厂名称；

b) 产品名称和型号；

c) 检验日期；

d) 检查人员签章。

8.2 型式检验

8.2.1 凡有下列情况之一者应进行型式试验：

a) 新产品定型或老产品转厂生产时；

b) 当设计、材料、电气元件、工艺有较大改变，可能影响产品性能时；

c) 停产一年以上，再恢复生产时；

d) 正常生产每两年进行一次。

8.2.2 型式检验项目见表2。

表2 出厂检验和型式检验项目

序号	试验项目	型式检验	出厂检验	技术要求	试验方法
1	外观	√	√	6.1.2、6.1.3	7.3
2	互换性	√	√	6.1.4	7.4
3	拔力	√	—	表C.1、6.2.2	7.5
4	接触电阻	√	√	表C.1、6.2.3	7.6
5	绝缘电阻	√	√	6.3	7.7
6	介电强度	√	√	6.4	7.8
7	电磁兼容	√	—	6.1.7	7.9
8	温升	√	—	6.5	7.10
9	高温	√	—	6.6	7.11
10	低温	√	—	6.7	7.12
11	温度变化	√	—	6.8	7.13
12	恒定湿热	√	—	6.9	7.14
13	防护性能	√	—	6.10	7.15
14	碰撞	√	—	6.11	7.16
15	耐冲击、振动	√	—	6.12	7.17
16	机械寿命	√	—	6.13	7.18
17	电缆或电缆护套夹紧装置抗拉拔力	√	—	6.14	7.19
18	接线强度	√	—	6.1.6	7.20
19	连接器锁紧力的测量	√	—	6.15	7.21
20	盐雾腐蚀	√	—	6.16	7.22
21	交变湿热	√	—	6.17	7.23

9 包装、标志、运输与贮存

9.1 包装

9.1.1 连接器插头、插座应分别用塑料袋包装，并装有合格证。

9.1.2 包装箱内的产品之间应加填充物，以防窜动，并装有装箱单。装箱单上标有产品名称、型号、数量、装箱日期等。

9.1.3 包装箱外应标有制造厂名、厂址、产品名称、型号、数量、体积和质量等。

9.2 标志

连接器的插头、插座应具有下列永久性标志：

a) 产品名称；

b) 产品型号；

c) 制造厂名或商标；

d） 出厂编号。

9.3 运输

运输中应避免雨、雪的侵袭。

9.4 贮存

连接器应贮存在清洁、通风、干燥、无腐蚀介质库房内。

附 录 A
（资料性附录）
新旧型号对照关系

A.1 新旧型号对照关系参见表A.1。

表A.1 新旧型号对照表

新型号	旧型号
TL39AC500/15TG	KTL39GX
TL39AC500/15TD	KTL39DX
TL15AC250/15	KTL15
TL15AC250/15G	KTL15G
TL2AC60/25	SC20
TL5AC250/15	LKD5 JL10-5
TL43AC500/25	JL1-43 SL16

附 录 B
（资料性附录）
常用连接器结构安装图

B.1 常用连接器结构安装图见图 B.1、图 B.2、图 B.3 和图 B.4。

单位为毫米

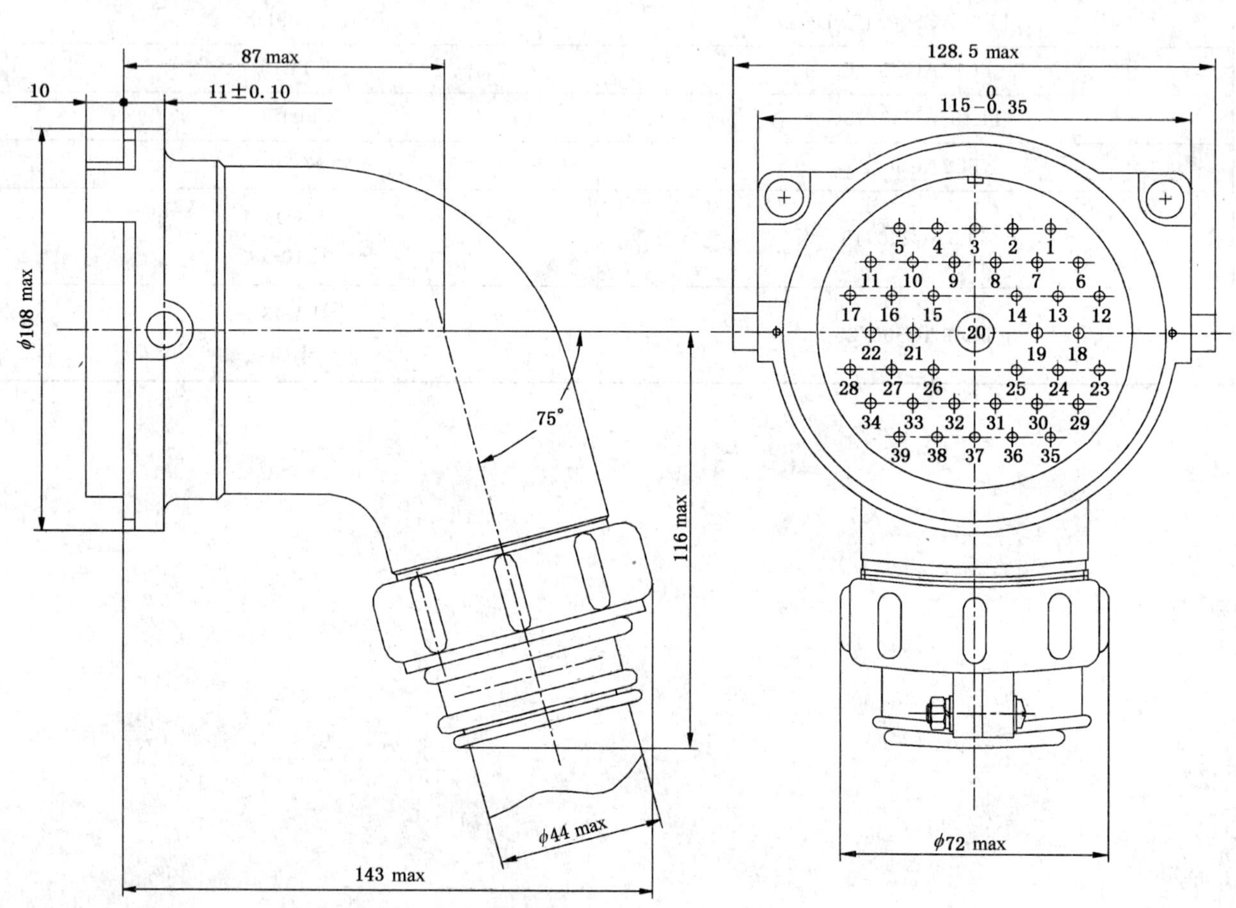

a) TL39AC500/15 型通信连接器-插头

图 B.1

单位为毫米

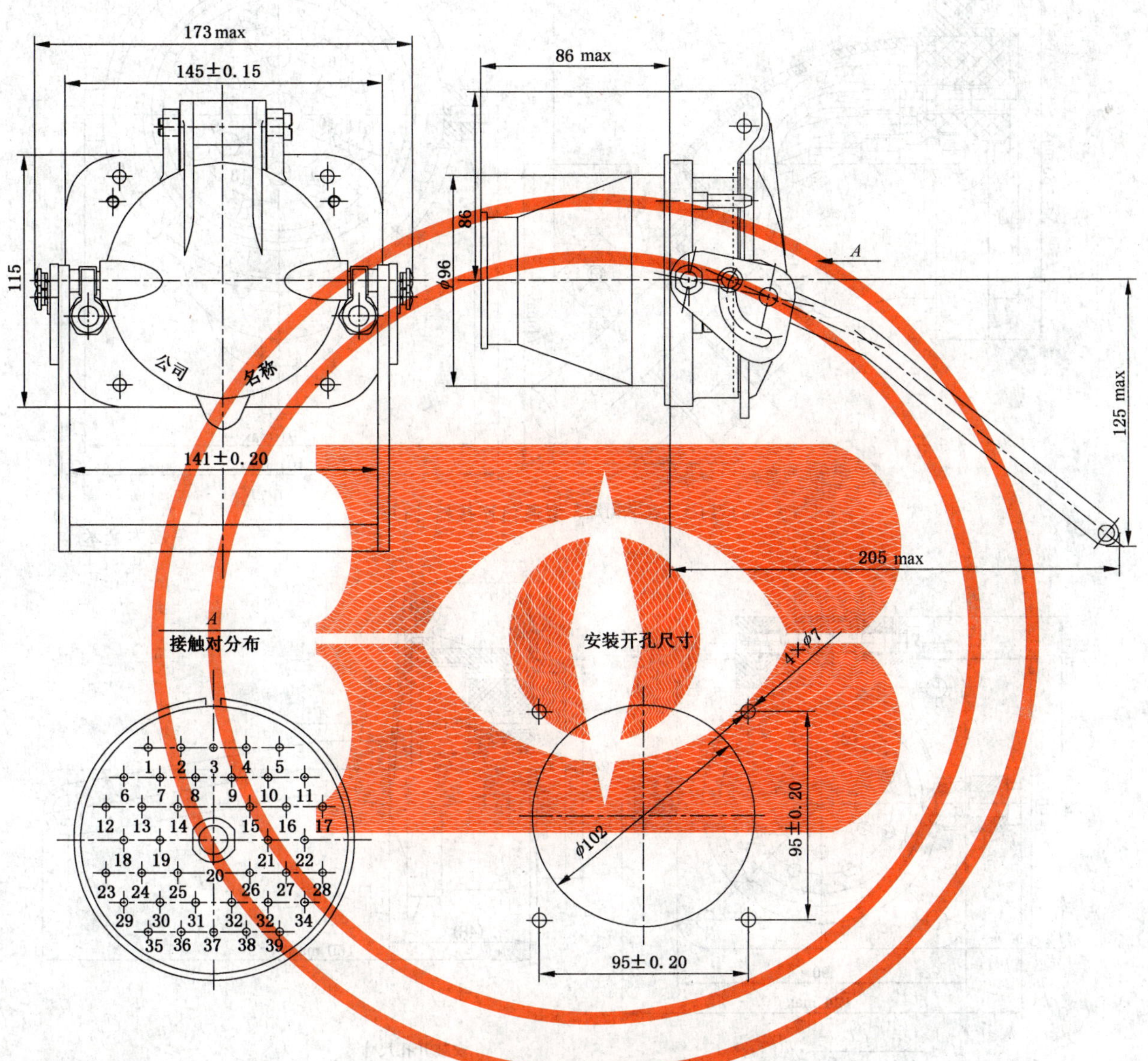

b) TL39AC500/15 型通信连接器-插座

图 B.1（续）

单位为毫米

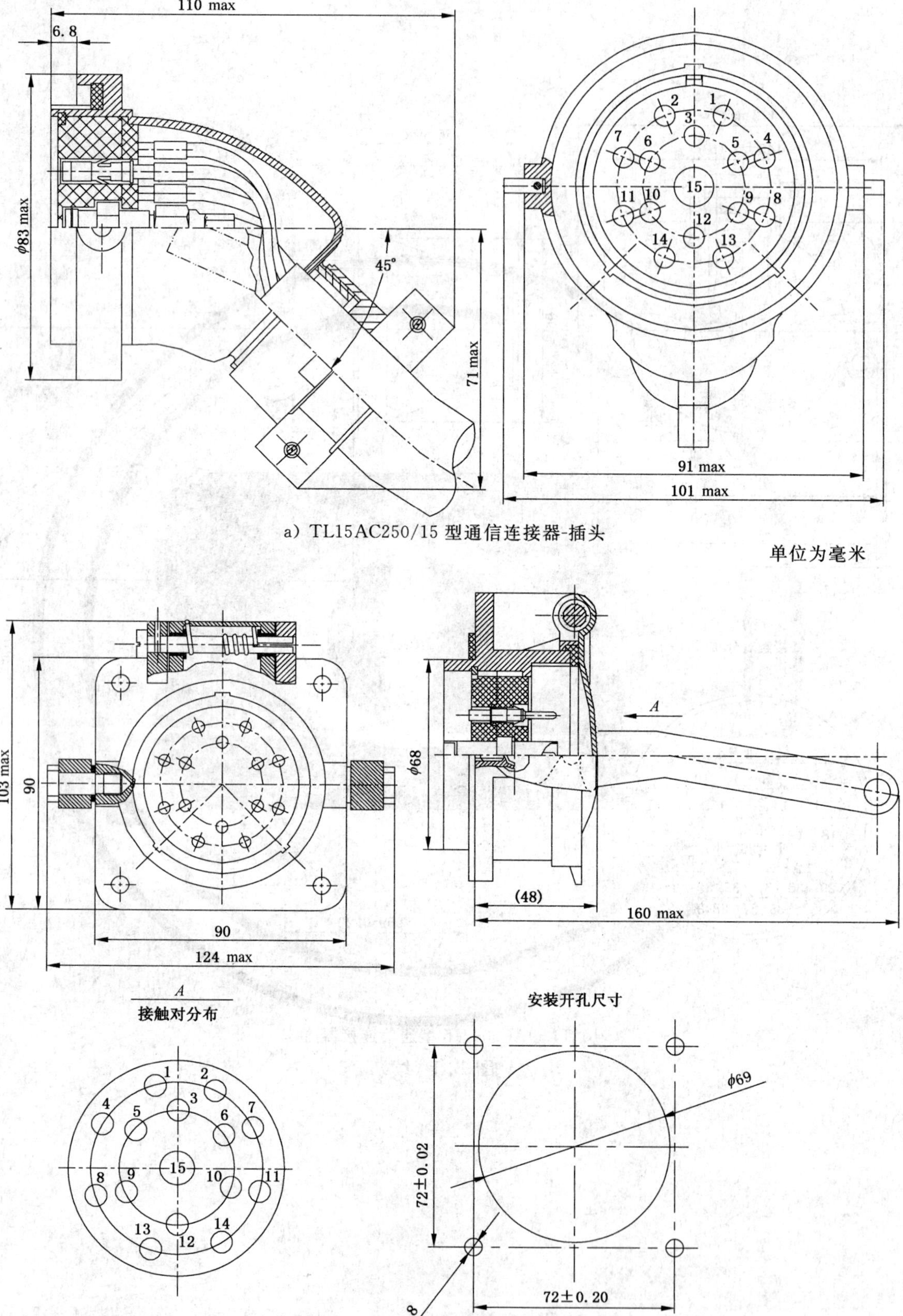

b) TL15AC250/15 型通信连接器-插座

图 B.2

单位为毫米

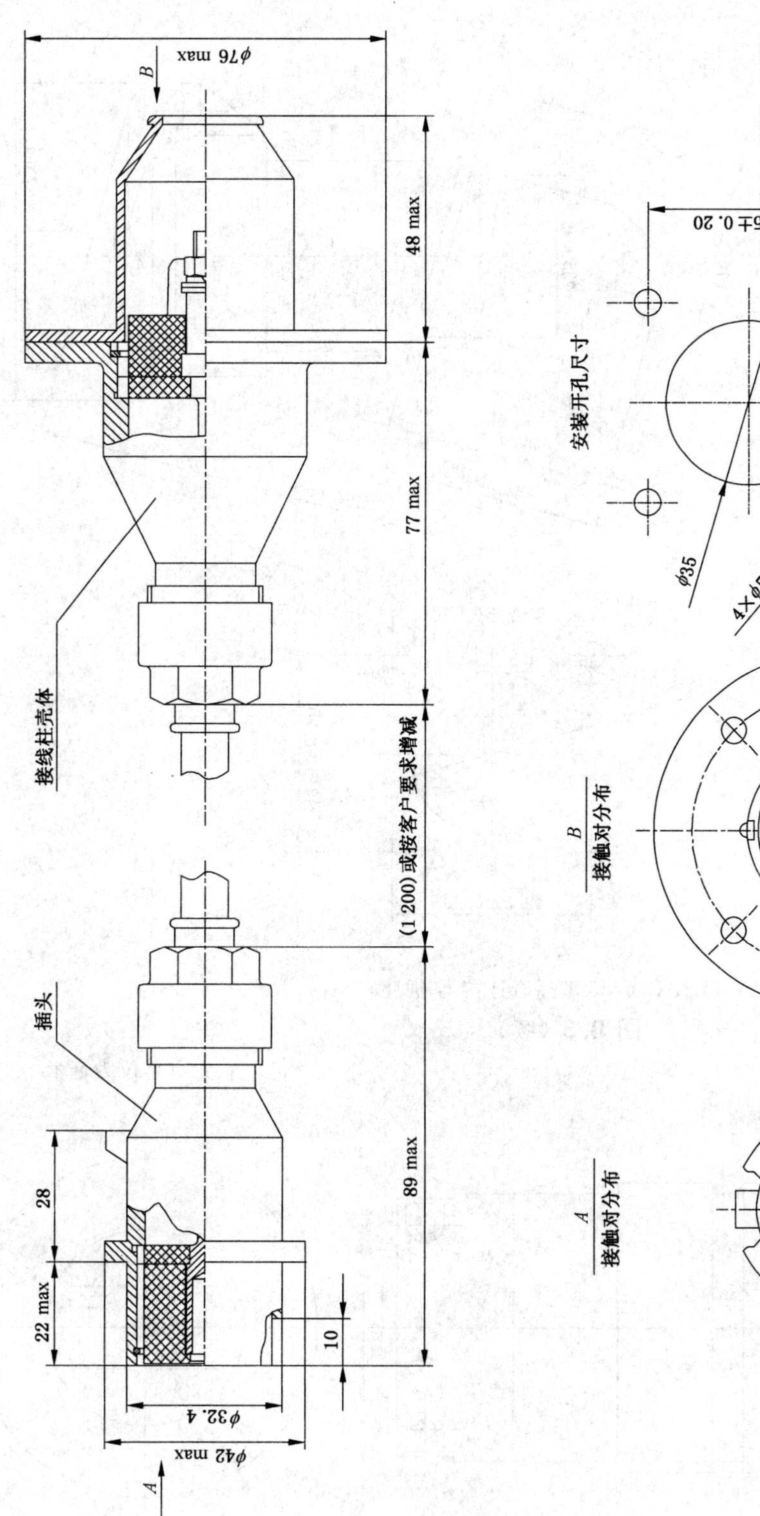

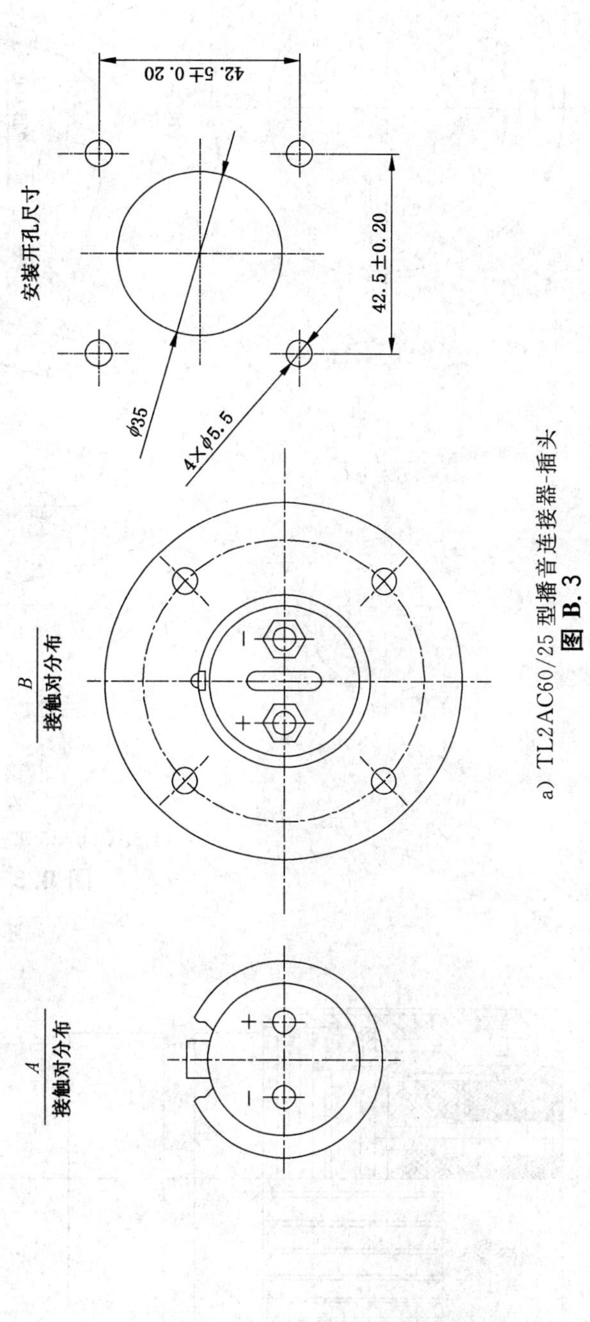

a) TL2AC60/25 型播音连接器-插头

图 B.3

单位为毫米

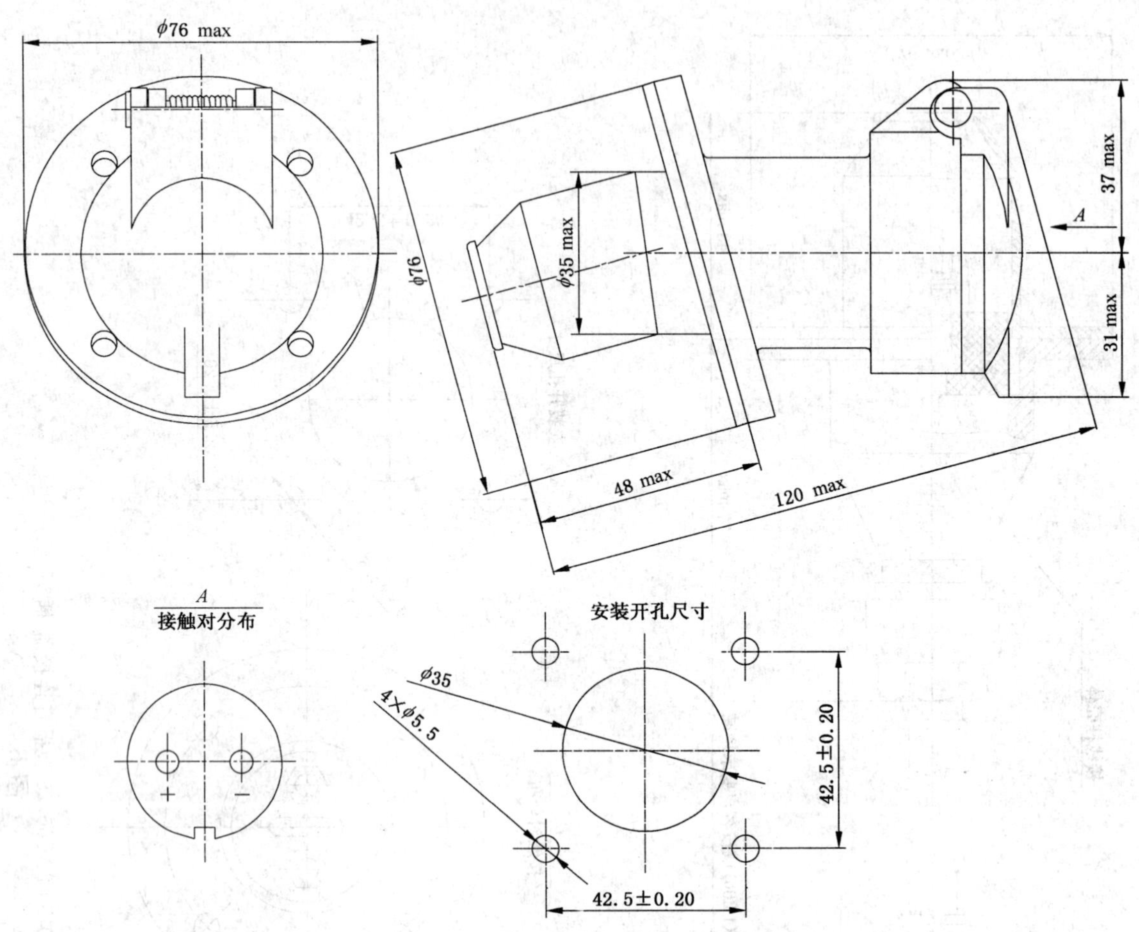

b) TL2AC60/25 型播音连接器-插座

图 B.3（续）

单位为毫米

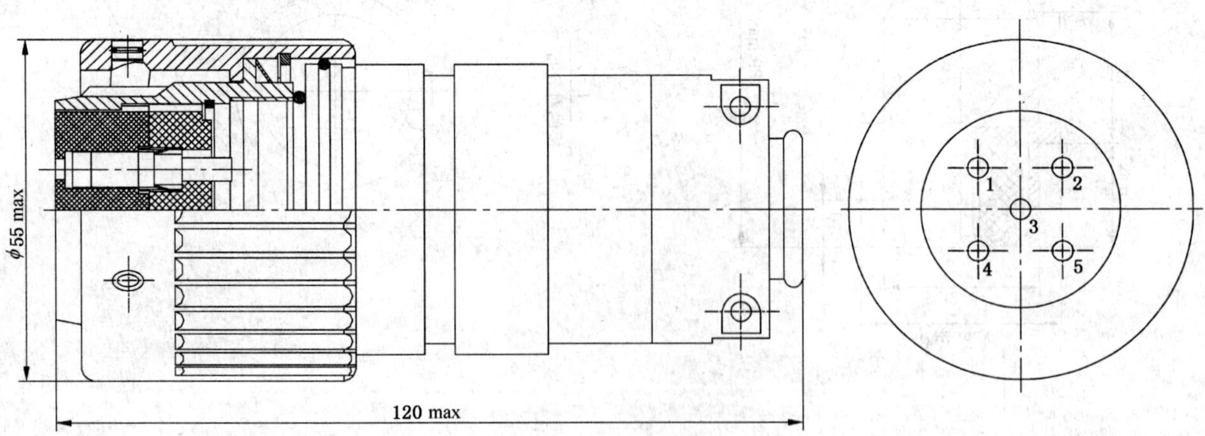

a) TL5AC250/15 型电空制动连接器-插头

图 B.4

单位为毫米

b）TL5AC250/15 型电空制动连接器-插座

图 B.4（续）

附　录　C
（规范性附录）
技 术 参 数

C.1　常用连接器的电压、电流参数及任一接触对的单孔拔力、接触电阻见表 C.1。

表 C.1　技术参数

序号	型号	额定电压/V	额定电流/A	单孔拔力/N	单孔接触电阻/mΩ	防护等级
1	TL39AC500/15	AC500	15	2～8	≤2	GB 4208 IP65
2	TL15AC250/15	AC250	15	2～8	≤2	GB 4208 IP65
3	TL2AC60/25	AC60	25	6～15	≤2	GB 4208 IP33
4	TL5AC250/15	AC250	15	2～8	≤2	GB 4208 IP65
5	TL43AC500/25	AC500	25	2～8	≤2	GB 4208 IP65
	TL43AC500/40	AC500	40	5～13	≤2	GB 4208 IP65
6	TL5AC500/20	AC500	20	2～8	≤5	GB 4208 IP65
7	TL4AC500/15	AC500	15	2～8	≤2.5	GB 4208 IP65
	TL10AC500/15	AC500	15	2～8	≤2.5	GB 4208 IP65
	TL12AC500/15	AC500	15	2～8	≤2.5	GB 4208 IP65
	TL14AC500/15	AC500	15	2～8	≤2.5	GB 4208 IP65
	TL20AC500/15	AC500	15	2～8	≤2.5	GB 4208 IP65
8	TL43AC500/15	AC500	15	2～6	≤5	GB 4208 IP65
注：TL39AC500/15 中的射频同轴接触对接触电阻：外导体小于或等于 5 mΩ、内导体小于或等于 10 mΩ。						

ICS 45.060.01
S 30

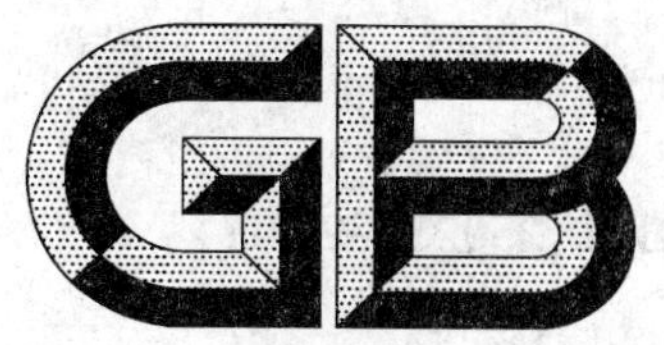

中华人民共和国国家标准

GB/T 25023—2010

机车车辆车端动力连接器

Vehicle end power couplers for locomotives and rolling stocks

2010-09-02 发布　　　　2010-12-01 实施

中华人民共和国国家质量监督检验检疫总局
中国国家标准化管理委员会　发布

前　言

本标准的附录C为规范性附录，附录A和附录B为资料性附录。

本标准由中华人民共和国铁道部提出。

本标准由青岛四方车辆研究所有限公司归口。

本标准起草单位：南车四方机车车辆股份有限公司、青岛四方车辆研究所有限公司、铁道部标准计量研究所。

本标准主要起草人：李勇序、照冰、李大鹏、陈平、周大梅。

机车车辆车端动力连接器

1 范围

本标准规定了铁道机车车辆车端动力连接器的使用环境，型号标记、结构形式及接触对的编号排列，技术要求，试验方法，检验规则，包装储运等。

本标准适用于铁道机车车辆车端动力连接器(以下简称连接器)的制造、检验和验收。

2 规范性引用文件

下列文件中的条款通过本标准的引用而成为本标准的条款。凡是注日期的引用文件，其随后所有的修改单(不包括勘误的内容)或修订版均不适用于本标准，然而，鼓励根据本标准达成协议的各方研究是否可使用这些文件的最新版本。凡是不注日期的引用文件，其最新版本适用于本标准。

GB/T 2423.1—2008 电工电子产品环境试验 第2部分:试验方法 试验A:低温(IEC 60068-2-1:2007,Environmental testing—Part 2-1:Tests—Test A:Cold,IDT)

GB/T 2423.2—2008 电工电子产品环境试验 第2部分:试验方法 试验B:高温(IEC 60068-2-2:2007,Environmental testing—Part 2-2:Tests—Test B:Dry heat,IDT)

GB/T 2423.3—2006 电工电子产品环境试验 第2部分:试验方法 试验Cab:恒定湿热试验(IEC 60068-2-78:2001,Environmental testing—Part 2-78:Tests—Test Cab:Damp heat,steady state,IDT)

GB/T 2423.6—1995 电工电子产品环境试验 第2部分:试验方法 试验Eb和导则:碰撞(idt IEC 60068-2-29:1987)

GB/T 2423.22—2002 电工电子产品环境试验 第2部分:试验方法 试验N:温度变化(IEC 60068-2-14:1984,Basic environmental testing procedures—Part 2:Tests—Test N:Change of temperature,IDT)

GB 4208—2008 外壳防护等级(IP代码)(IEC 60529:2001,IDT)

GB/T 4776—2008 电气安全术语

GB/T 5095.2—1997 电子设备用机电元件 基本试验规程及测量方法 第2部分:一般检查、电连续性、接触电阻测试、绝缘试验和电压应力试验(idt IEC 60512-2:1994)

GB/T 5095.3—1997 电子设备用机电元件 基本试验规程及测量方法 第3部分:载流容量试验(idt IEC 60512-3:1976)

GB/T 5095.5—1997 电子设备用机电元件 基本试验规程及测量方法 第5部分:撞击试验(自由元件)、静负荷试验(固定元件)、寿命试验和过负荷试验(idt IEC 60512-5:1992)

GB/T 5095.6—1997 电子设备用机电元件 基本试验规程及测量方法 第6部分:气候试验和锡焊试验(idt IEC 60512-6:1984)

GB/T 5095.7—1997 电子设备用机电元件 基本试验规程及测量方法 第7部分:机械操作试验和密封性试验(idt IEC 60512-7:1993)

GB/T 5095.8—1997 电子设备用机电元件 基本试验规程及测量方法 第8部分:连接器、接触件及引出端的机械试验(idt IEC 60512-8:1993)

GB/T 21413.1—2008 铁路应用 机车车辆电气设备 第1部分:一般使用条件和通用规则(IEC 60077-1:1999,IDT)

GB/T 21563—2008 轨道交通 机车车辆设备 冲击和振动试验(IEC 61373:1999,IDT)

TB/T 1507—1993 机车电气设备布线规则

TB/T 2702—1996 铁道客车电器设备非金属材料的阻燃要求

3 术语和定义

GB/T 4776—2008 确立的以及下列术语和定义适用于本标准。

3.1

动力连接器 vehicle end power couplers

设于铁道机车车辆车体端部、用于电力传输的电气连接器。

4 使用环境

4.1 使用环境温度为－50 ℃～70 ℃。

4.2 最湿月月平均最大相对湿度不大于93%(该月月平均最低温度为25 ℃)。

4.3 海拔高度不大于2 500 m。

4.4 当使用条件与上述不同时,由用户和制造厂另行商定。

5 型号标记、结构形式及接触对的编号排列

5.1 型号

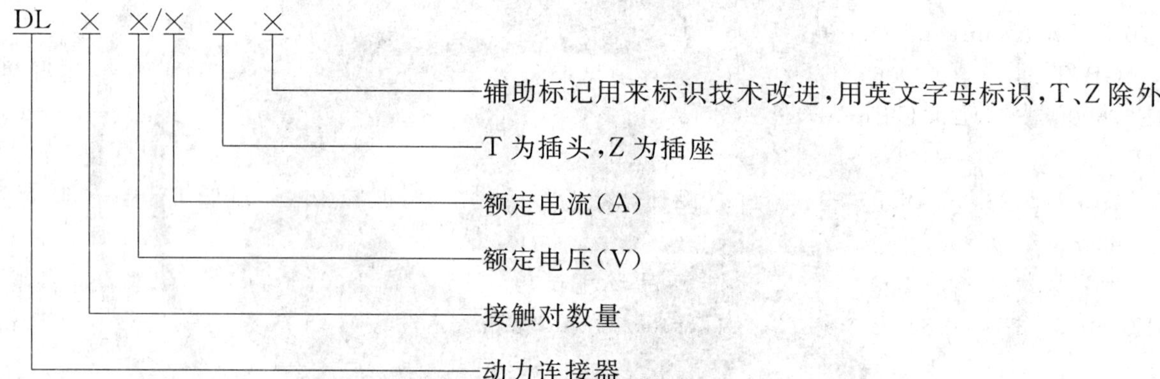

示例:改进的额定电压为AC500V,额定电流为425A的4芯客车动力连接器插头,标记为DL4AC500/425TG。

5.2 新旧型号对照关系参见附录A。

5.3 结构形式

5.3.1 连接器由插头、插座组成。

5.3.2 常用的DL4AC500/425型、DL4DC750/670型、DL4AC500/100型、DL2DC110/130型、DL2DC48/100型连接器的结构型式、安装尺寸及接触对的分布参见附录B。

5.4 连接器接触对的编号排列

5.4.1 连接器接触对的编号排列,应以插座的排列为基准,同一种型号连接器应采用相同排列方式,一般采用从插座的正面看成多个同心圆或按行排列两种方式。按同心圆排列,其顺序以先外后内、沿顺时针方向依次排列;按行排列,顺序以从左到右、从上至下逐行排列。

5.4.2 接触对的编号应为阿拉伯数字或英文字母,应采用永久性标记。

5.4.3 接触对的编号在插头、插座的配合面和接线端面均应标示,并对应一致。

6 技术要求

6.1 一般要求

6.1.1 连接器应能长期经受雨、雪、风、沙和阳光直射的侵袭。

6.1.2 连接器表面应光滑、平整、清洁、无砂眼、锈蚀和破损。

6.1.3 连接器的活动连接部件,应转动自如、无紧涩现象。

6.1.4 同一型号规格的连接器任一插头、插座、空座应保证结构及性能互换。

6.1.5 连接器所选用的材料应具有良好的机械强度和电气性能。所选用非金属材料防火阻燃性能应符合 TB/T 2702—1996 的有关规定。

6.1.6 电缆线端接线要求应符合 TB/T 1507—1993 的规定。

6.1.7 连接器电气件的最小电气间隙和爬电距离应分别符合 GB/T 21413.1—2008 中 8.2.6.2、8.2.6.3的规定。

6.2 技术参数

6.2.1 各连接器的电压、电流参数及任一接触对的单孔拔力、接触电阻见附录 C。

6.2.2 连接器的总拔力不应超过单孔拔力总和的 2 倍。

6.2.3 寿命试验后,在标准大气压下,每一对接触对的接触电阻不应超过试验前的 2 倍。

6.3 绝缘电阻

连接器接触体之间,以及任一接触体与壳体之间的绝缘电阻,正常条件下不应小于 500 MΩ,湿热、高温、低温、温度变化试验后不应小于 20 MΩ。

6.4 介电强度

连接器接触体之间,及任一接触体与壳体之间应能承受表 1 规定的试验电压,历时 1 min 无闪络、击穿现象。

表 1 介电强度值

单位为伏

额定电压	试验电压
DC48	1 500
DC110	2 000
DC250	2 000
AC500	2 500
DC750	3 000

6.5 温升

连接器在环境温度 25 ℃的条件下,通以额定电流,5 h 后,接触对温升不应大于 60 K。

6.6 高温

连接器经过 125 ℃、持续时间为 2 h 的高温试验后,绝缘电阻和介电强度应分别符合 6.3、6.4 的规定。

6.7 低温

连接器经过−50 ℃、持续时间为 2 h 的低温试验后,绝缘电阻和介电强度应分别符合 6.3、6.4 的规定。

6.8 温度变化

连接器经过低温−50 ℃到高温 125 ℃的三次循环变化试验后,绝缘电阻和介电强度应分别符合 6.3、6.4 的规定。

6.9 恒定湿热

连接器在温度为 40 ℃±2 ℃,相对湿度为 93%～95%的条件下,试验持续 48 h 后,绝缘电阻和介电强度应分别符合 6.3、6.4 的规定。在不影响正常工作的前提下,允许金属零件边角处和金属紧固件有轻微锈蚀,非金属不应有疏松、鼓胀等现象。

6.10 防护性能

连接器应按不同环境要求进行外壳防护试验,应分别符合 GB 4208—2008 中 IP65 的规定,有特殊要求时,按相关规定执行。试验后按恒定湿热要求测试其绝缘电阻和介电强度,应分别符合 6.3、6.4 的规定。

6.11 碰撞

连接器按垂直状态安装后，以加速度为 100 m/s^2、碰撞频率为 60 次/min，进行 1 000 次的碰撞，碰撞后连接器应能正常使用，无损坏。

6.12 振动、冲击

连接器按使用状态安装后，在 GB/T 21563—2008 规定的 1 类 B 级冲击、振动条件下进行振动、冲击试验，试验中连接器瞬时断电时间不应大于 0.1 ms；试验后能正常使用，无损坏。

6.13 机械寿命

6.13.1 连接器的机械连接寿命不应少于 1 500 次。

6.13.2 连接器在无电情况下，以 8 次/min～10 次/min 的插拔速度、经过 1 500 次插合分离后，应符合下列要求：

a) 总拔力应符合 6.2.2 的规定；

b) 接触电阻应符合附录 C 和 6.2.3 的规定；

c) 可有轻微机械损伤，但不应影响连接器的正常使用。

6.14 电缆或电缆护套夹紧装置抗拉拔力

连接器与电缆或电缆护套配接后，对其施加 50 N 拉拔力，不应松脱。

6.15 盐雾

连接器在经受盐雾试验后，接触电阻应符合表 C.1 和 6.2.3 的规定，介电强度应符合 6.4 的规定，金属防护层腐蚀面积不应超过金属防护层面积的 30%，非金属材料应无明显泛白、膨胀、起泡、皲裂及麻坑等缺陷。

6.16 交变湿热

连接器经受交变湿热试验后，接触电阻应符合表 C.1 和 6.2.3 的规定，绝缘电阻应符合 6.3 的规定，连接器上的标记仍能清晰可见，外壳表面不应有龟裂、皱纹等缺陷。

7 试验方法

7.1 试验条件

本标准各条款除作特别规定外，其余均在下列条件下测试：

a) 温度：15 ℃～35 ℃；

b) 相对湿度：45%～75%；

c) 大气压力：86 kPa～106 kPa。

如果相对湿度和(或)气压对测量结果没有影响，可在当时当地的相对湿度和气压条件下测量。

7.2 验证条件

当试验结论因环境条件产生疑义时，连接器应在标准验证条件下进行该项目的试验验证，并以验证结论为准。

标准验证条件：

a) 温度：20 ℃±5 ℃；

b) 相对湿度：63%～67%；

c) 气压：86 kPa～106 kPa。

7.3 外观

外观检查按 GB/T 5095.2—1997 中试验 1 a 的规定进行。

7.4 互换性

随机抽取三个插头和插座与同一型号插座和插头插合连接，检查是否能互换。

7.5 拔力

7.5.1 拔力试验按 GB/T 5095.8—1997 的规定进行，每套样品的接触对进行三次试验，取其算术平均值。试验后检查是否符合表 C.1 的规定。

7.5.2 总拔力试验按 GB/T 5095.7—1997 的规定进行，试验后检查是否符合 6.2.2 的规定。

7.6 接触电阻

接触对的接触电阻按 GB/T 5095.2—1997 中 2 a 规定的直流测量法进行测量，进行一次测量循环。测量时，测量点应在接触体尾端面，检查测量结果是否符合表 C.1 和 6.2.3 的规定。

7.7 绝缘电阻

绝缘电阻试验按 GB/T 5095.2—1997 中试验 3 a 规定的方法 A 进行，检查绝缘电阻是否符合 6.3 的规定。

7.8 介电强度

介电强度试验按 GB/T 5095.2—1997 中试验 4 a 规定的方法 A 进行，检查是否符合 6.4 的规定。

7.9 温升

温升试验按 GB/T 5095.3—1997 中试验 5 a 的规定进行试验时，连接器按实际工作状态安装在试验台架上，按使用要求压接电缆，电缆长度不小于 1.8 m；在环境温度 25 ℃的条件下，通以工作电流，待接触对温升稳定后测其压接端部温升，检查是否符合 6.5 的规定。

7.10 高温

连接器按使用状态插合到位，不通电，按 GB/T 2423.2—2008 中试验 Bb 的规定进行试验，试验结束后，在常压下恢复 4 h 后，检查是否符合 6.6 的规定。

7.11 低温

连接器按使用状态插合到位，不通电，按 GB/T 2423.1—2008 中试验 Ab 的规定进行试验，试验结束后，在常压下解冻吹干，检查是否符合 6.7 的规定。

7.12 温度变化

连接器按使用状态插合到位，不通电，按 GB/T 2423.22—2002 中试验 Na 的规定进行试验，在每种温度的暴露时间为 1 h，试验结束后，在常压下吹干，然后开始恢复，时间为 16 h，检查是否符合 6.8 的规定。

7.13 恒定湿热

连接器按使用状态插合到位，不通电，按 GB/T 2423.3—2006 中试验 Ca 的规定进行试验，试验结束后，在常压下恢复 1 h，检查外观是否符合 6.1.2、6.1.3 的规定，检查绝缘电阻和介电强度是否分别符合 6.3 和 6.4 的规定。

7.14 防护性能

防护性能试验按 GB 4208—2008 进行，检查是否符合 6.10 的规定。

7.15 碰撞

连接器按使用状态插合到位并垂直安装于试验台，按 GB/T 2423.6—1995 中试验 Eb 的规定进行试验，检查是否符合 6.11 的规定。

7.16 耐冲击、振动

连接器按使用状态插合到位并安装于试验台，按 GB/T 21563—2008 规定的 1 类 B 级试验工况进行试验，检查是否符合 6.12 的规定。

7.17 机械寿命

连接器在无电状态下，按 GB/T 5095.5—1997 中试验 9a 的规定进行，以 8 次/min ～10 次/min 的插拔速度经受 1 500 次的插入和完全分离，检查是否符合 6.13 的规定。

7.18 电缆或电缆护套夹紧装置抗拉拔力

连接器插头配接一段电缆，电缆内各导体与连接器接触对不连接，施加 50 N 的力平行于电缆线或电缆护套进行拉拔，保持 1 min 后，将拉拔力缓慢降到零，检查是否符合 6.14 的规定。

7.19 接线强度

接线强度试验按 TB/T 1507—1993 中附录 B 中 B2 规定进行。

7.20 盐雾腐蚀

盐雾腐蚀试验按 GB/T 5095.6—1997 中试验 11 f 的规定进行。试验时试样一半为插合状态，另一半为分离状态，在试验箱中至少保持 20 mm 的间隔距离，不应与其他金属相碰。试验时间为 48 h，试验后用不超过 35 ℃的蒸馏水漂洗，恢复 1 h～2 h 后，检查是否符合 6.15 的规定。

7.21 交变湿热

7.21.1 第一周期 12 h 的交变湿热试验按 GB/T 5095.6—1997 中试验 11 m 的规定进行，试验结束后，恢复 2 h，再检测，检查是否符合 6.16 的规定。

7.21.2 剩余周期 12 h 的交变湿热试验按 GB/T 5095.6—1997 中试验 11 m 的规定进行，试验结束后，恢复 2 h，再检测，检查是否符合 6.16 的规定。

8 检验规则

8.1 出厂检验

8.1.1 连接器出厂前应进行出厂检验，检验项目见表 2。

8.1.2 经检验合格的产品应签发合格证，其内容至少应包括：

a) 制造厂名称；

b) 产品名称和型号；

c) 检验日期；

d) 检查人员签章。

8.2 型式检验

8.2.1 凡有下列情况之一者应进行型式试验：

a) 新产品定型或老产品转厂生产时；

b) 当设计、材料、电气元件、工艺有较大改变，可能影响产品性能时；

c) 停产一年以上，再恢复生产时；

d) 正常生产每两年进行一次。

8.2.2 型式检验项目见表 2。

表 2 出厂检验和型式检验项目

序号	试验项目	型式检验	出厂检验	技术要求	试验方法
1	外观	√	√	6.1.2、6.1.3	7.3
2	互换性	√	√	6.1.4	7.4
3	拔力	√	—	表 C.1、6.2.2	7.5
4	接触电阻	√	√	表 C.1、6.2.3	7.6
5	绝缘电阻	√	√	6.3	7.7
6	介电强度	√	√	6.4	7.8
7	温升	√	—	6.5	7.9
8	高温	√	—	6.6	7.10
9	低温	√	—	6.7	7.11
10	温度变化	√	—	6.8	7.12
11	恒定湿热	√	—	6.9	7.13
12	防护性能	√	—	6.10	7.14
13	碰撞	√	—	6.11	7.15
14	耐冲击、振动	√	—	6.12	7.16

表 2（续）

序号	试验项目	型式检验	出厂检验	技术要求	试验方法
15	机械寿命	√	—	6.13	7.17
16	电缆或电缆护套夹紧装置抗拉拔力	√	—	6.14	7.18
17	接线强度	√	—	6.1.6	7.19
18	盐雾腐蚀	√	—	6.15	7.20
19	交变湿热	√	—	6.16	7.21

9 包装、标志、运输和贮存

9.1 包装

9.1.1 连接器插头、插座应分别用塑料袋包装，并装有合格证。

9.1.2 包装箱内的产品之间应加填充物，以防窜动，并装有装箱单。装箱单上标有产品名称、型号、数量、装箱日期等。

9.1.3 包装箱外应标有制造厂名、厂址、产品名称、型号、数量、体积和质量等。

9.2 标志

连接器的插头、插座应具有下列永久性标志：

a) 产品名称；

b) 产品型号；

c) 制造厂名或商标；

d) 出厂编号。

9.3 运输

运输中应避免雨、雪的侵袭。

9.4 贮存

连接器应贮存在清洁、通风、干燥、无腐蚀介质库房内。

附 录 A
（资料性附录）
新旧型号对照关系

A.1 新旧型号对照关系参见表 A.1。

表 A.1 新旧型号对照表

新 型 号	旧 型 号
DL4AC500/425	KC20A
DL4DC750/670	KC20D
DL4AC500/100	KC8-4
DL2DC110/130	SL21
DL2DC48/100	SC21

附 录 B
（资料性附录）
常用连接器结构安装图

B.1 常用连接器结构安装图见图 B.1、图 B.2、图 B.3、图 B.4 和图 B.5。

单位为毫米

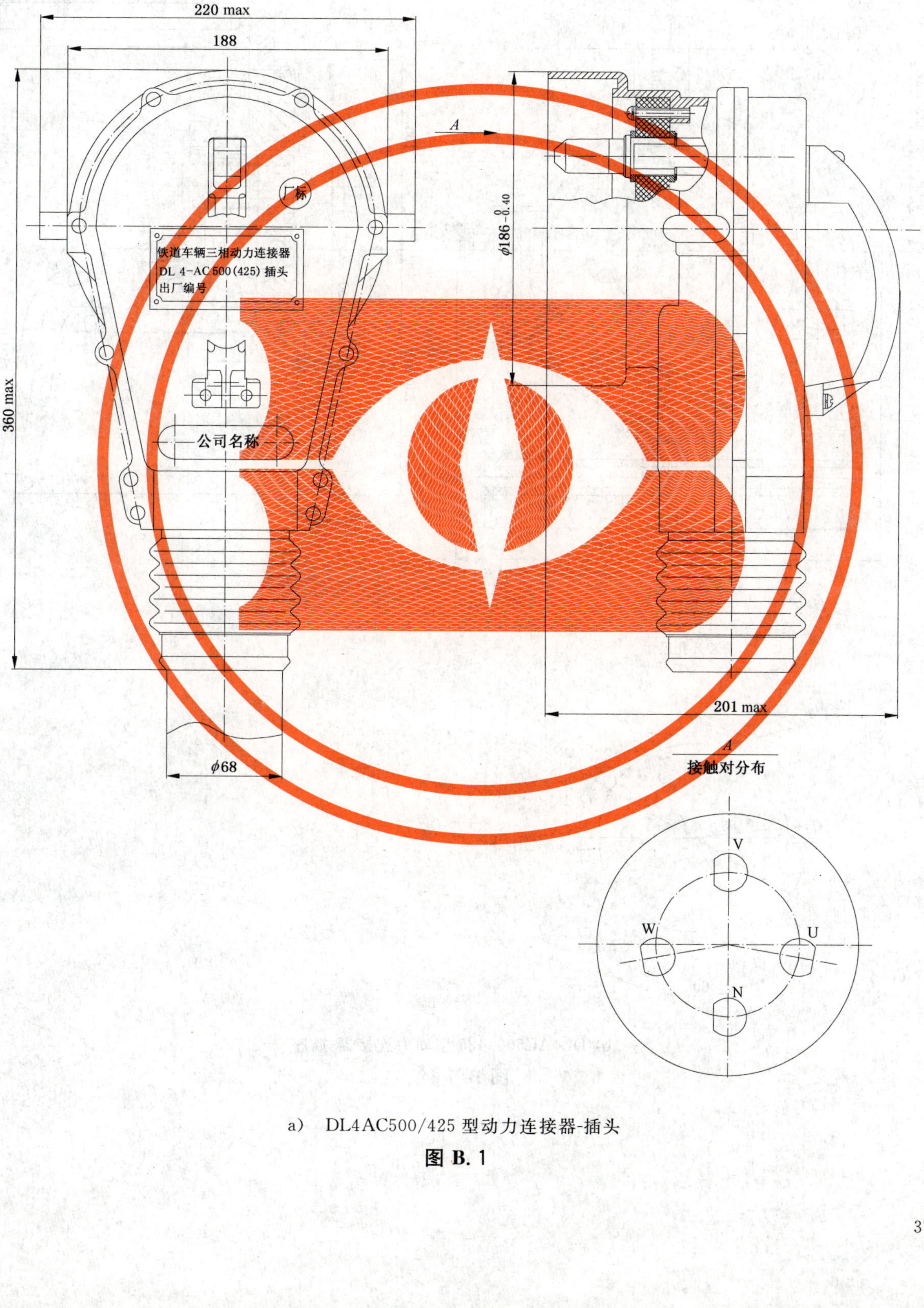

a） DL4AC500/425 型动力连接器-插头

图 B.1

单位为毫米

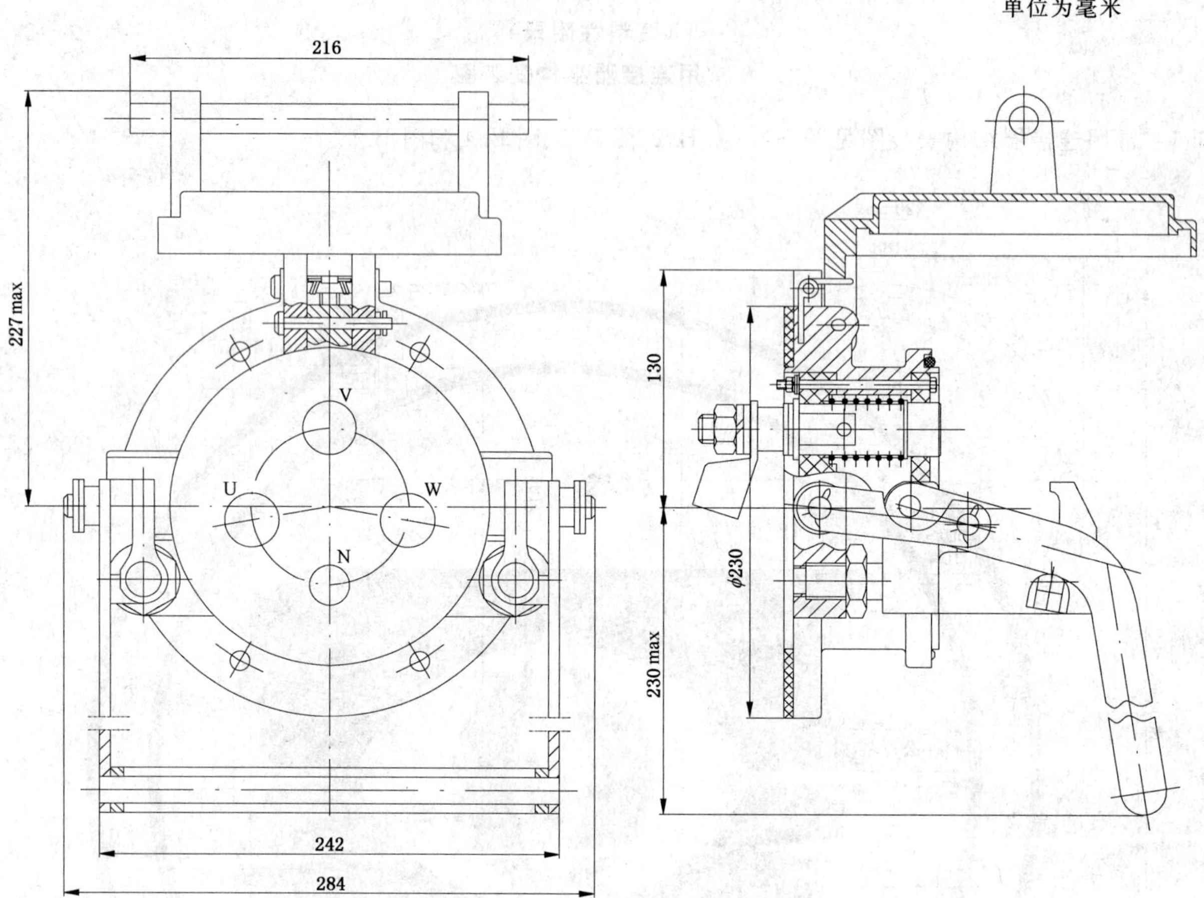

安装开孔尺寸

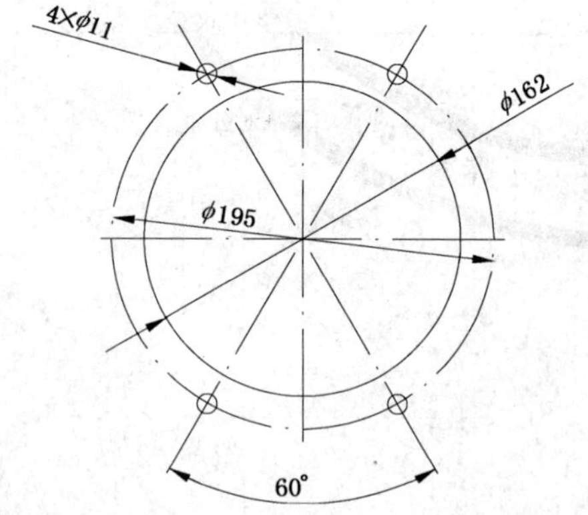

b) DL4AC500/425 型动力连接器-插座

图 B.1(续)

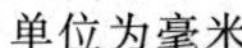

220 max
188
360 max
厂标
铁道车辆DC600V动力连接器
DL4-DC750(670)插头
出厂编号
公司名称
$\phi 68$
A
$\phi 186_{-0.40}^{0}$
201 max

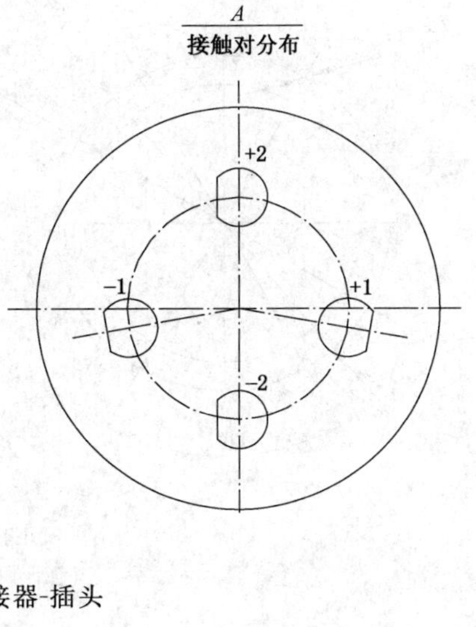

A
接触对分布
+2
−1
+1
−2

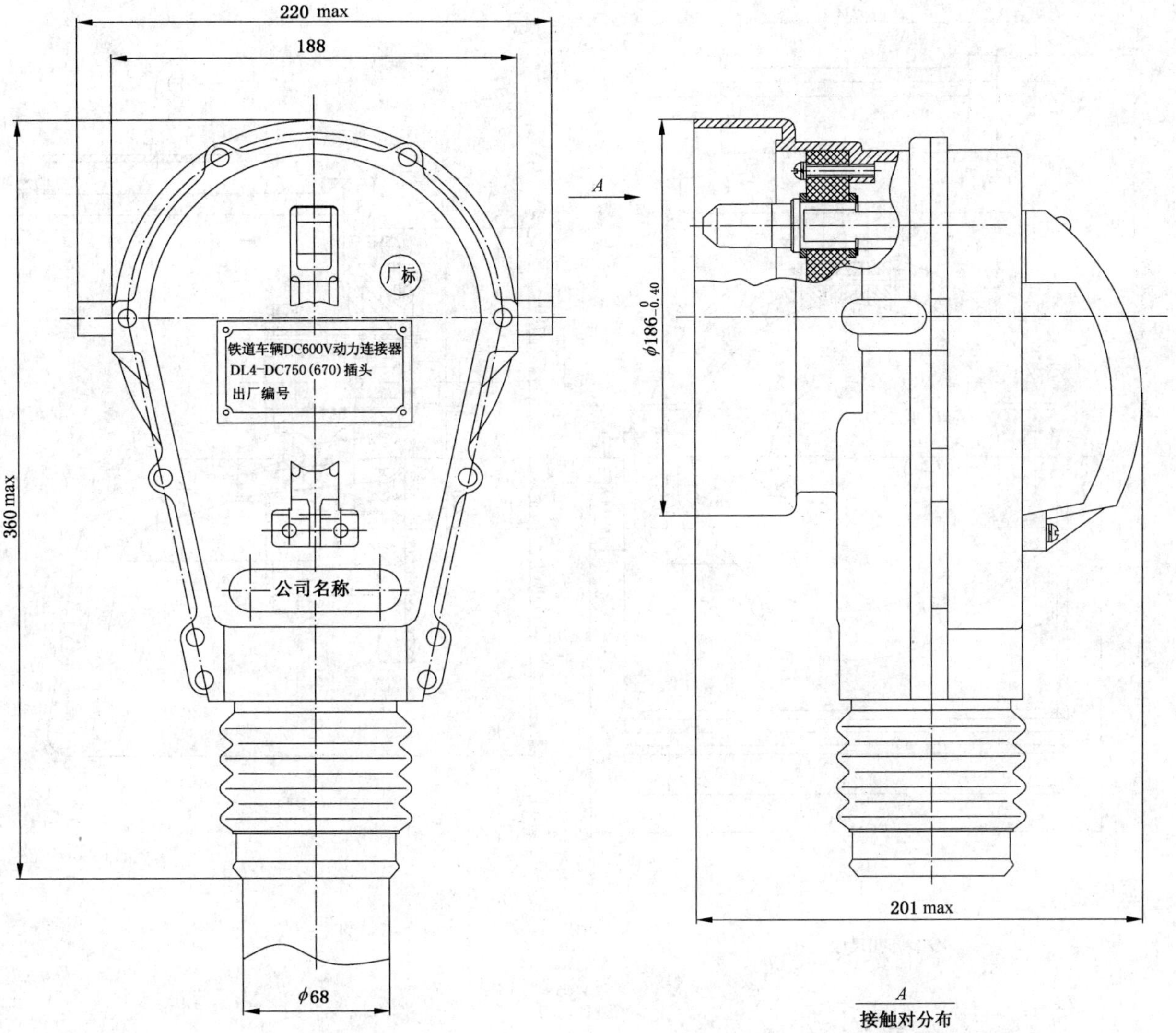

a) DL4DC750/670 型动力连接器-插头

图 B.2

单位为毫米

安装开孔尺寸

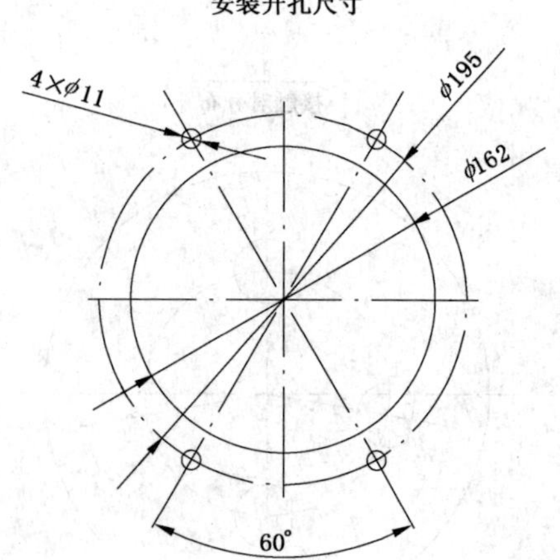

b) DL4DC750/670 型动力连接器-插座

图 B.2（续）

单位为毫米

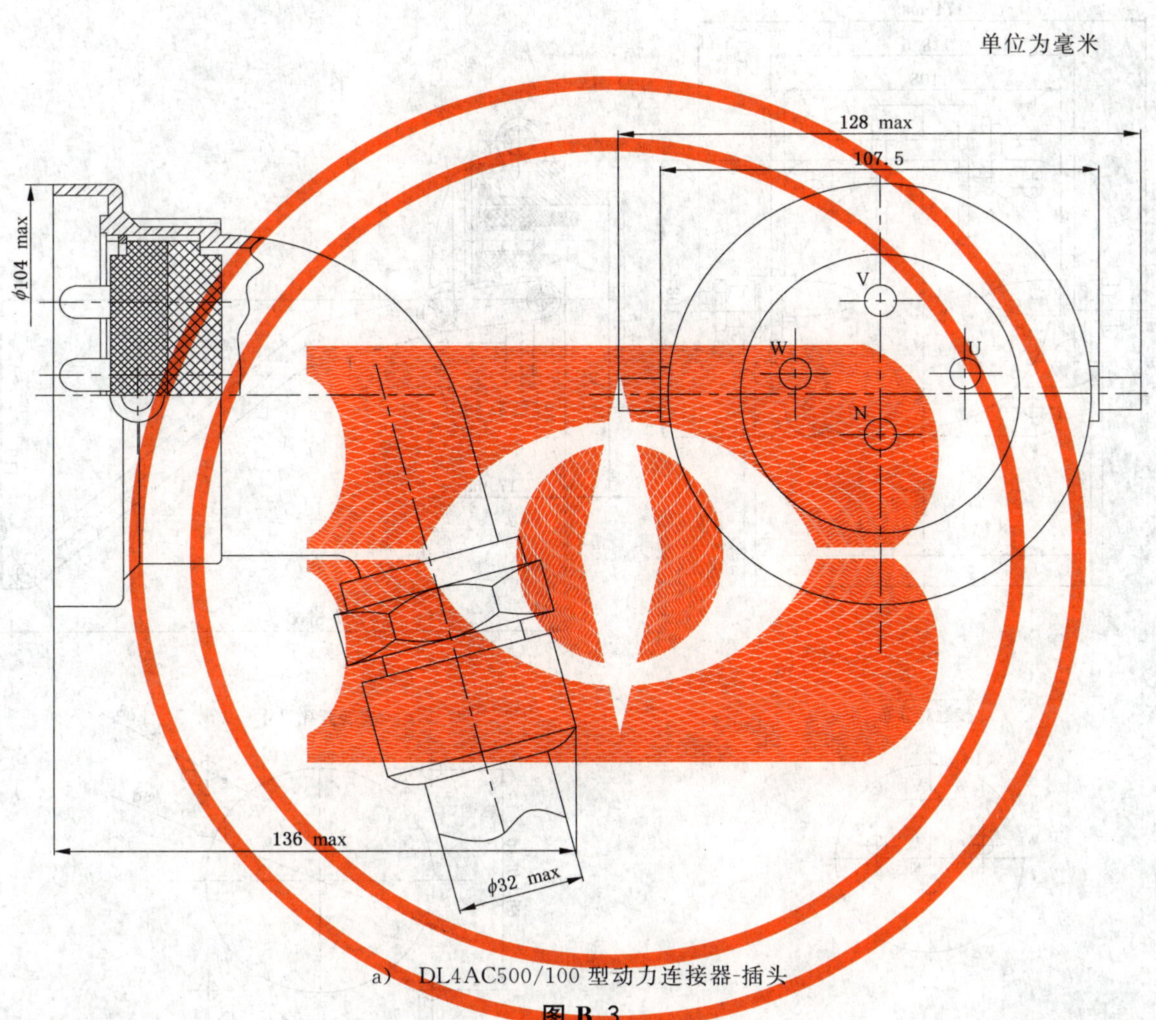

a） DL4AC500/100 型动力连接器-插头

图 B.3

单位为毫米

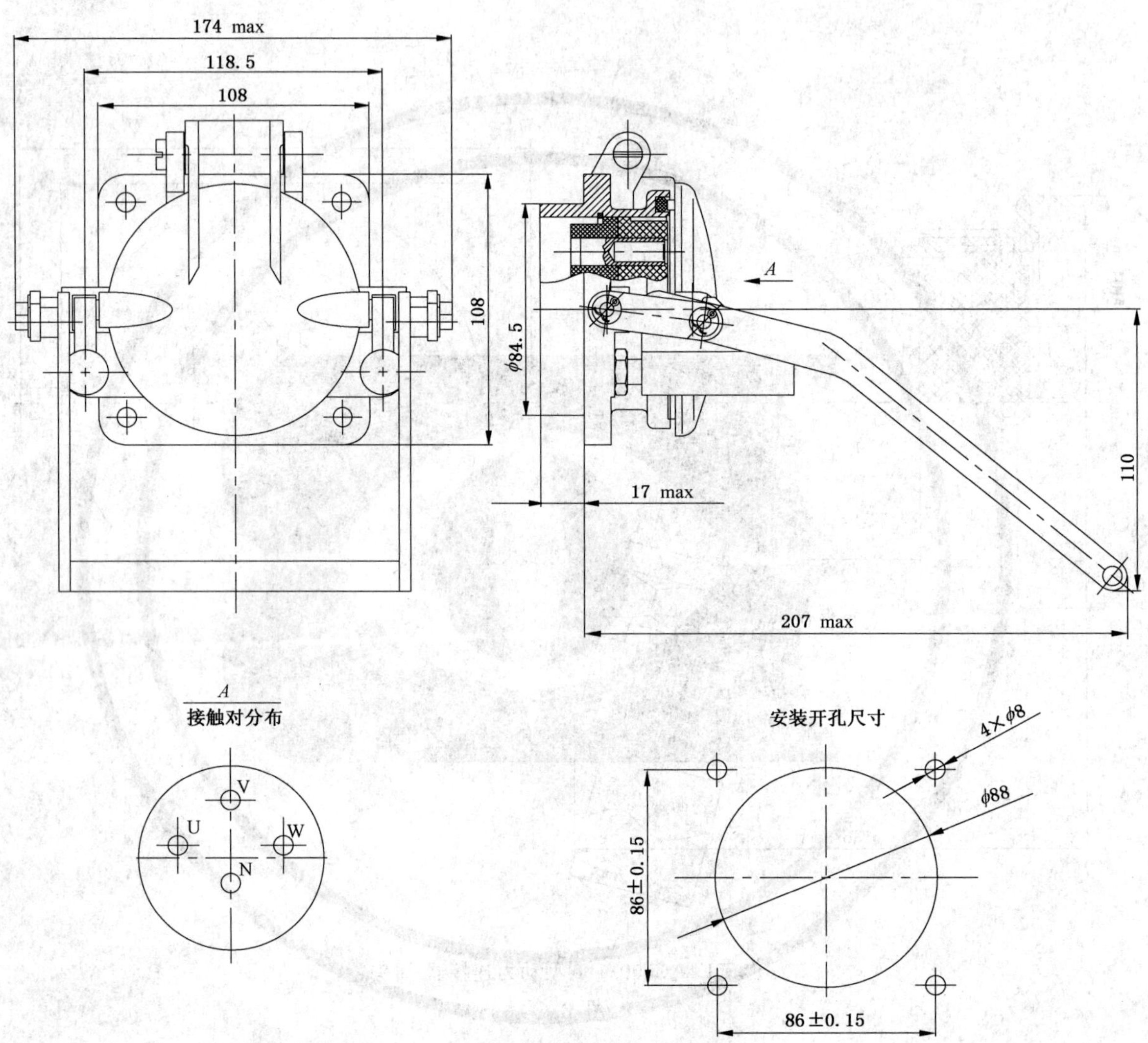

b） DL4AC500/100 型动力连接器-插座

图 B.3（续）

单位为毫米

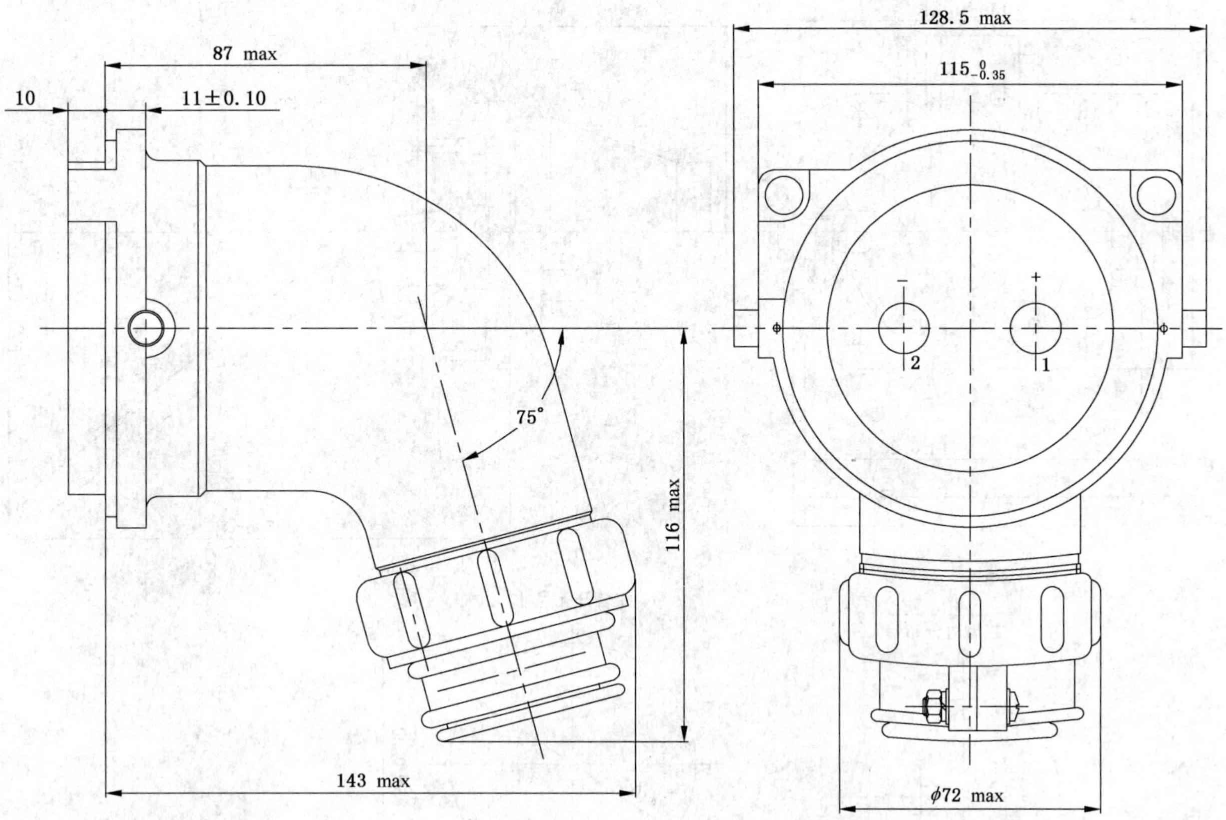

a） DL2DC110/130 型动力连接器-插头

图 B.4

单位为毫米

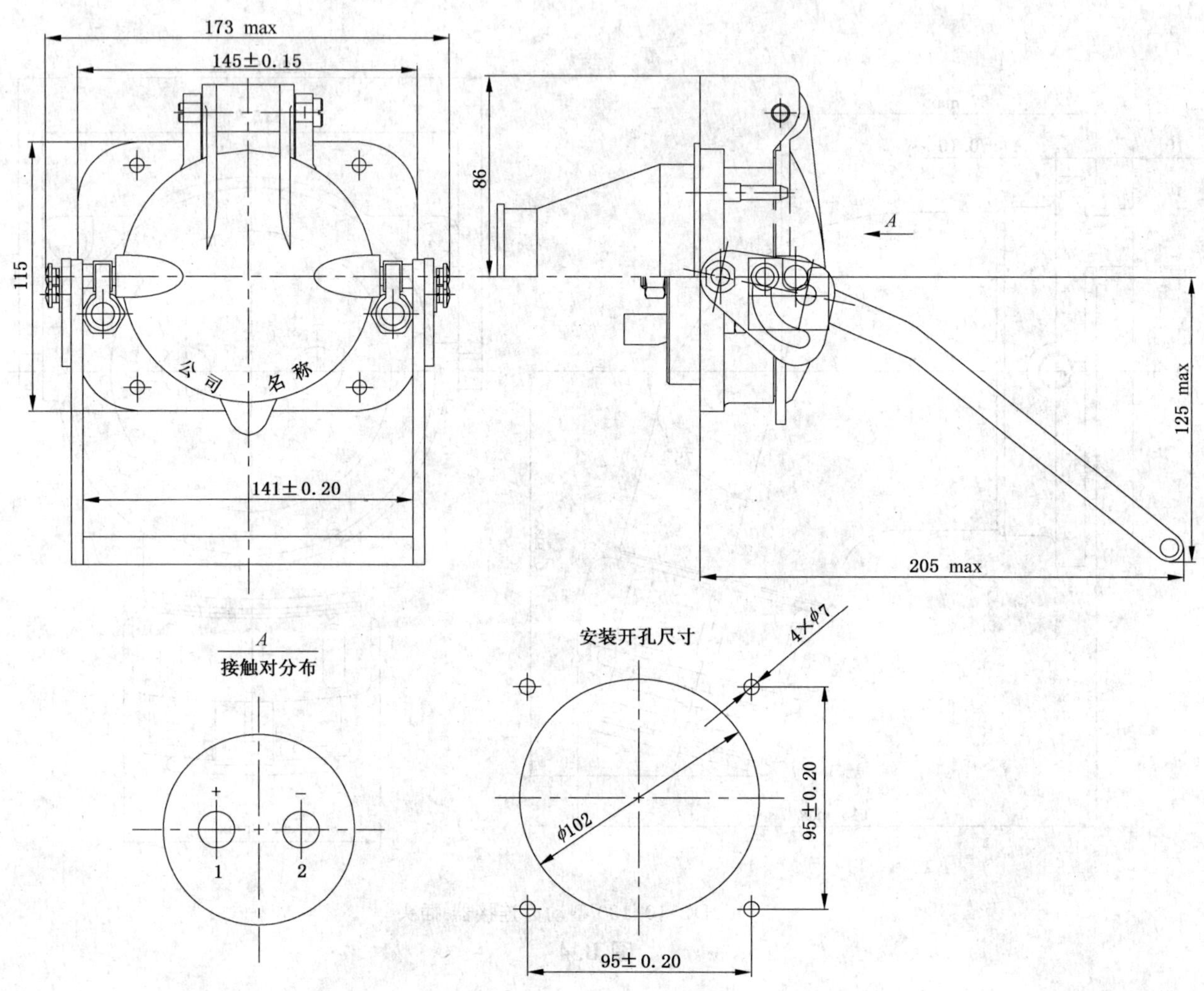

b） DL2DC110/130 型动力连接器-插座

图 B.4（续）

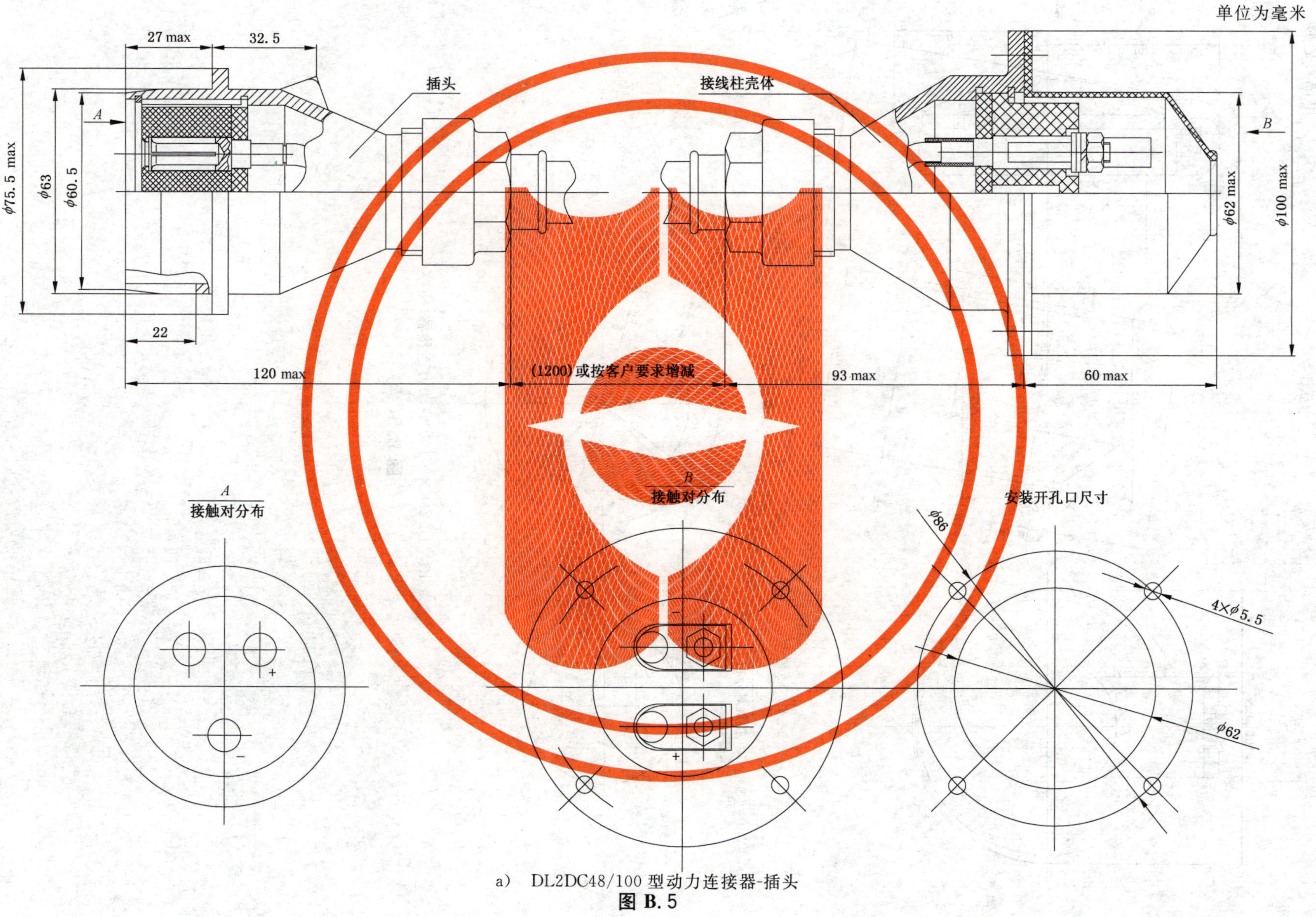

a) DL2DC48/100 型动力连接器-插头

图 B.5

单位为毫米

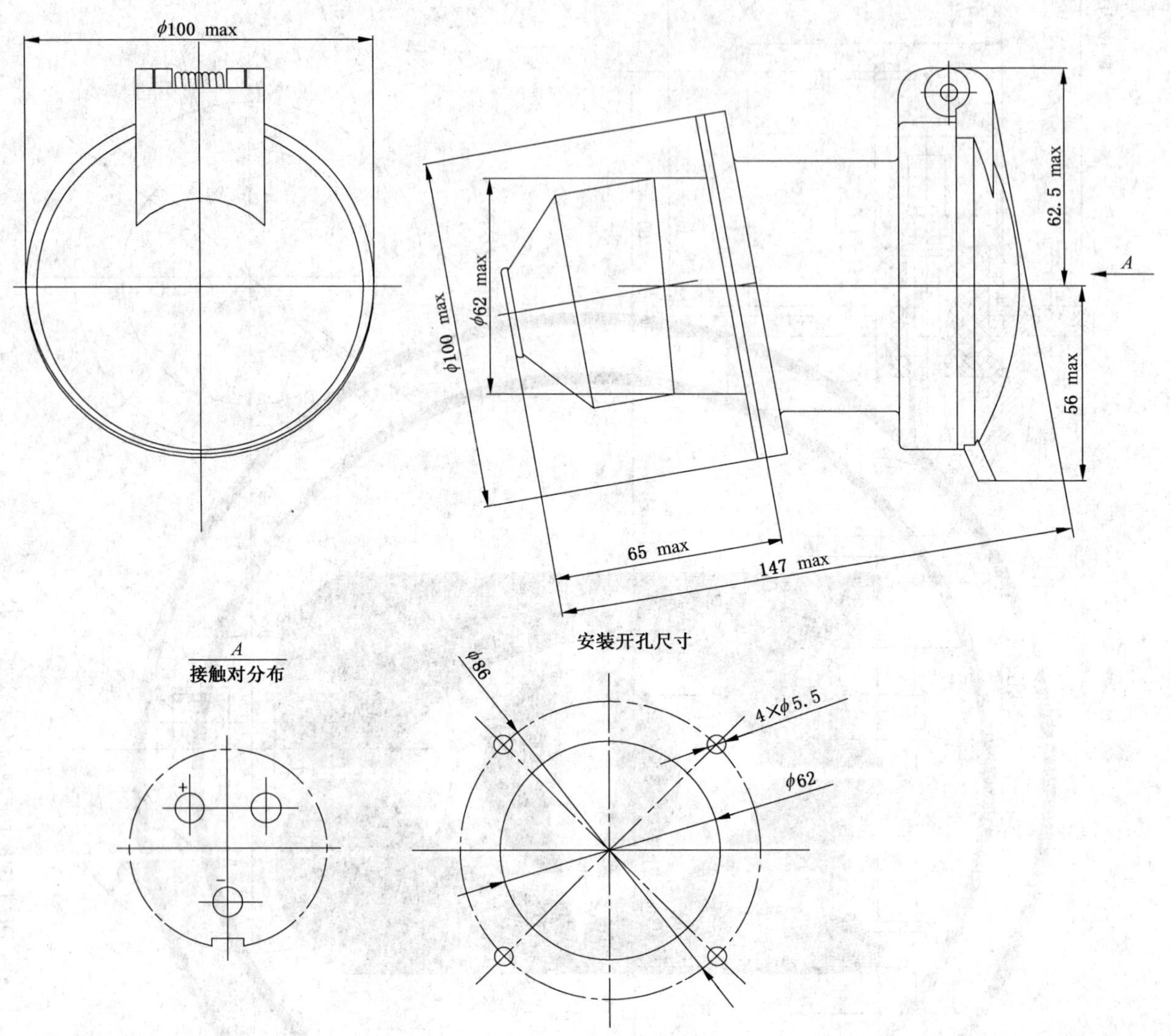

b) DL2DC48/100 型动力连接器-插座

图 B.5(续)

附　录　C
（规范性附录）
技 术 参 数

C.1　常用连接器的电压、电流参数及任一接触对的单孔拔力、接触电阻见表 C.1。

表 C.1　技术参数

序号	型号	额定电压/V	额定电流/A	单孔拔力/N	单孔接触电阻/mΩ	防护等级
1	DL4AC500/425	AC500	425	—	≤0.2	GB 4208 IP65
2	DL4DC750/670	DC750	670	—	≤0.2	GB 4208 IP65
3	DL4AC500/100	AC500	100	6～20	≤0.2	GB 4208 IP65
4	DL2DC110/130	DC110	130	6～20	≤2	GB 4208 IP65
5	DL2DC48/100	DC48	100	6～20	≤2	GB 4208 IP33

ICS 45.060.20
S 33

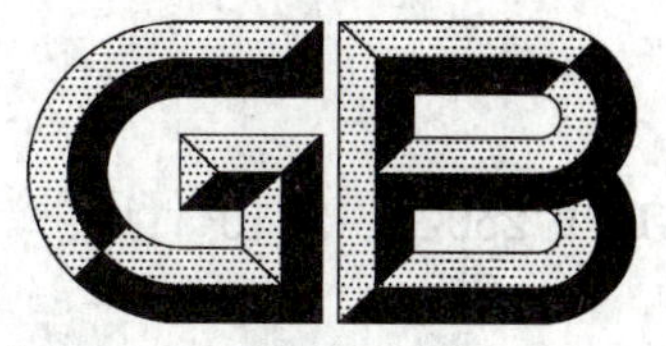

中华人民共和国国家标准

GB/T 25024—2010

铁道货车二轴转向架通用技术条件

General technical specification for two-axle bogie for railway freight wagon

2010-09-02 发布　　　　2010-12-01 实施

中华人民共和国国家质量监督检验检疫总局
中国国家标准化管理委员会　发布

前　言

本标准由中华人民共和国铁道部提出。

本标准由青岛四方车辆研究所有限公司归口。

本标准起草单位：齐齐哈尔轨道交通有限责任公司、青岛四方车辆研究所有限公司、中国南车集团北京二七车辆厂。

铁道货车二轴转向架通用技术条件

1 范围

本标准规定了标准轨距的铁道货车二轴铸钢转向架的基本要求、技术要求、试验方法、检验规则及产品合格证等内容。

本标准适用于标准轨距的铁道货车二轴铸钢转向架的制造与检验。

2 规范性引用文件

下列文件中的条款通过本标准的引用而成为本标准的条款。凡是注日期的引用文件,其随后所有的修改单(不包括勘误的内容)或修订版均不适用于本标准,然而,鼓励根据本标准达成协议的各方研究是否可使用这些文件的最新版本。凡是不注日期的引用文件,其最新版本适用于本标准。

GB 146.1 标准轨距铁路机车车辆限界

GB/T 699 优质碳素结构钢

GB/T 700 碳素结构钢(GB/T 700—2006,ISO 630:1995,Structural steels—Plates,wide flats,bars,sections and profiles,NEQ)

GB/T 1184 形状和位置公差 未注公差值(GB/T 1184—1996,eqv ISO 2768-2:1989)

GB/T 1591 低合金高强度结构钢

GB/T 1804 一般公差 未注公差的线性和角度尺寸的公差(GB/T 1804—2000,eqv ISO 2768-1:1989)

GB/T 3077 合金结构钢

GB/T 3280 不锈钢冷轧钢板和钢带

GB/T 5599 铁道车辆动力学性能评定和试验鉴定规范

GB/T 11352 一般工程用铸造碳钢件(GB/T 11352—2009,ISO 3755:1991,Cast carbon steels for general engineering purposes,ISO 4990:2003,Steel castings—General technical delivery requirements,MOD)

GB/T 16904.1 标准轨距铁路机车车辆限界检查 第1部分:检查方法

TB/T 33 货车用闸瓦插销

TB/T 34 货车用闸瓦销环

TB/T 39 车辆用闸瓦托 技术条件

TB/T 46 车辆用上下心盘技术条件

TB/T 1010 铁道车辆用轮对型式与基本尺寸

TB/T 1013 碳素钢铸钢车轮技术条件

TB/T 1025 机车车辆用热卷螺旋压缩弹簧供货技术条件

TB/T 1335 铁道车辆强度设计及试验鉴定规范

TB/T 1464 铁道机车车辆用碳钢铸件通用技术条件

TB/T 1465 铁道机车车辆用球墨铸铁件通用技术条件

TB/T 1466 铁道机车车辆用灰铸铁件通用技术条件

TB/T 1580 新造机车车辆焊接技术条件

TB/T 1661 铁道车辆高磷闸瓦

TB/T 1701 铁道货车无轴箱滚动轴承压装技术条件

TB/T 1718　铁道车辆轮对组装技术条件
TB/T 1978　铁道货车组合式制动梁
TB/T 2403　货车高摩擦系数合成闸瓦
TB/T 2404　铁路货车用低摩擦系数合成闸瓦
TB/T 2813　铁路货车摩擦减振器球墨铸铁斜楔技术条件
TB/T 2817　铁道车辆用辗钢整体车轮技术条件
TB/T 2911　车辆铆接通用技术条件(TB/T 2911—1998,neq UIC 842.5—1975)
TB/T 2942　铁道用铸钢件采购与验收技术条件
TB/T 2944　铁道用碳素钢锻件
TB/T 2945　铁道车辆用 LZ50 钢车轴及钢坯技术条件(TB/T 2945—1999,eqv AAR M 101-90)
TB/T 3012　铁道货车铸钢摇枕、侧架技术条件
TB/T 3014　铁道用合金钢锻件
TB/T 3169　铁道车辆用车轴型式与基本尺寸[1)]

3　基本要求

3.1　转向架应符合本标准和经规定程序批准的图样、技术文件的要求。
3.2　转向架运用环境温度为－40 ℃～50 ℃。
3.3　转向架外形轮廓应符合 GB 146.1 的规定。
3.4　转向架应能通过半径为 100 m 的曲线。
3.5　除另有规定外,转向架各零部件强度应符合 TB/T 1335 的要求。
3.6　转向架的动力学性能应符合 GB/T 5599 的要求。
3.7　转向架的主要设计参数应符合下列要求(有特殊要求时按相关规定执行):

a)　转向架中心至下旁承中心的距离为 760 mm;
b)　侧架最低部位至轨面的高度,装用滚动轴承的转向架不应小于 160 mm;
c)　侧架上平面至轨面的距离不应大于 775 mm;
d)　中心销直径为 50 mm;
e)　基础制动装置中的杠杆与铅垂面夹角为 0°或 40°;
f)　内、外圈圆弹簧半径方向的间隙为 2.5 mm～5 mm;
g)　无减振装置的转向架,弹簧挠度裕量系数大于或等于 0.7;有减振装置的转向架,弹簧挠度裕量系数大于或等于 0.9。

4　技术要求

4.1　材料要求

4.1.1　碳素结构钢应符合 GB/T 700 的规定。
4.1.2　优质碳素结构钢应符合 GB/T 699 的规定。
4.1.3　低合金高强度结构钢应符合 GB/T 1591 的规定。
4.1.4　合金结构钢应符合 GB/T 3077 的规定。
4.1.5　不锈钢冷轧钢板应符合 GB/T 3280 的规定。

4.2　制造要求

4.2.1　碳钢铸件应符合 TB/T 1464 的规定。
4.2.2　合金钢铸件应符合 TB/T 2942 的规定。

---

1)　TB/T 3169—2007 由 GB/T 12814—2002 转变而来,内容、名称不变,不再重新印刷。

4.2.3 一般工程用铸造碳钢件应符合 GB/T 11352 的规定。

4.2.4 球墨铸铁件应符合 TB/T 1465 的规定。

4.2.5 灰铸铁件应符合 TB/T 1466 的规定。

4.2.6 碳素钢锻件应符合 TB/T 2944 的规定。

4.2.7 合金钢锻件应符合 TB/T 3014 的规定。

4.2.8 焊接应符合 TB/T 1580 的规定。

4.2.9 铆接应符合 TB/T 2911 及相关文件的规定。

4.2.10 机械加工零件未注尺寸公差的极限偏差按 GB/T 1804 中 c 级执行，未注形位公差按 GB/T 1184 中 L 级执行。

4.2.11 铸钢摇枕、侧架应符合 TB/T 3012 的规定。

4.2.12 轮对型式尺寸应符合 TB/T 1010 的规定。

4.2.13 车轴应符合 TB/T 3169 和 TB/T 2945 的规定。

4.2.14 辗钢整体车轮应符合 TB/T 2817 的规定。

4.2.15 铸钢车轮应符合 TB/T 1013 的规定。

4.2.16 轮对组装应符合 TB/T 1718 的规定。

4.2.17 滚动轴承压装应符合 TB/T 1701 的规定。

4.2.18 制动梁应符合 TB/T 1978 的规定。

4.2.19 闸瓦托应符合 TB/T 39 及相关文件的规定。

4.2.20 高磷闸瓦应符合 TB/T 1661 的规定；高摩合成闸瓦应符合 TB/T 2403 及相关文件的规定；低摩擦系数合成闸瓦应符合 TB/T 2404 的规定。

4.2.21 闸瓦插销应符合 TB/T 33 的规定。

4.2.22 闸瓦销环应符合 TB/T 34 的规定。

4.2.23 下心盘应符合 TB/T 46 的规定。

4.2.24 热卷圆柱螺旋弹簧应符合 TB/T 1025 及相关文件的规定。

4.2.25 球墨铸铁斜楔应符合 TB/T 2813 的规定。

4.2.26 承载鞍、交叉杆、轴向橡胶垫、轴箱橡胶垫、弹性旁承、心盘磨耗盘、锻造支撑座、弹簧托板、摇动座、橡胶堆、轮对径向装置、斜楔主摩擦板、奥-贝球墨铸铁衬套等零部件应符合相关技术文件的规定。

4.3 落成要求

4.3.1 同一转向架应装用同一型号的零部件。

4.3.2 同一转向架两侧架固定轴距之差不应大于 2 mm。

4.3.3 同一转向架同型圆柱螺旋弹簧自由高度之差不应大于 3 mm，同一侧架上同型圆柱螺旋弹簧自由高之差不应大于 2 mm，同组高度公称尺寸相同的内、外圆柱螺旋弹簧自由高之差不应大于 2 mm。

4.3.4 同一轮对两车轮直径差不应大于 1 mm，同一转向架两轮对车轮直径差不应大于 6 mm。

4.3.5 承载鞍与侧架导框之间的两侧间隙之和：纵向（车辆长度方向）为 3 mm～5 mm，横向为 9 mm～12 mm，当产品结构有特殊要求时，可另行规定。

4.3.6 挡键与轴承外圈的间隙不应小于 2 mm。承载鞍推力挡肩内径与前盖、后挡最大外径的径向间隙不应小于 2 mm。

4.3.7 装有变摩擦式斜楔减振器的转向架，车辆落成后斜楔或斜楔摩擦板与侧架磨耗板，不应存在垂直贯通间隙，局部间隙不应大于 1.5 mm。

4.3.8 装有中央弹簧装置的转向架，其侧架轴承支承面与承载鞍（顶部有圆弧的承载鞍除外）上支承面应密贴，局部间隙用 0.5 mm 塞尺检查，可插入塞尺的范围不应超过周长的 30%。无减振器的转向架，侧架与摇枕挡前后、左右的间隙之和均应为 2 mm～6 mm。

4.3.9 圆销在竖孔或斜孔位置时，应由上向下安装；横向安装的圆销，以车体纵向中心线为界，由里向外安装。圆销组装后，开口销尾部应双向劈开，劈开角度不应小于60°，扁开口销则应卷在圆销上。

4.3.10 闸瓦插销插紧后，插销头部剩余量不应大于15 mm，闸瓦插销应安装闸瓦插销环。

4.3.11 基础制动装置处于制动状态下，槽钢制动梁安全链松余量应为20 mm～50 mm，组合式制动梁安全链松余量应为40 mm～70 mm，当产品结构有特殊要求时，可另行规定。在制动或缓解位置时下拉杆的底面与安全吊环之间的间隙均应为10 mm～30 mm。

4.3.12 转向架的基础制动装置在制动或缓解时作用应灵活，制动时闸瓦与车轮踏面接触良好，缓解时闸瓦与车轮应松开。

4.3.13 为调整制动缸活塞行程，可将下拉杆或中拉杆一端的制动圆销置于中间孔或将固定杠杆支点圆销置于第二孔。

4.3.14 装有滚动轴承的转向架不应有电流通过滚动轴承。

4.3.15 润滑脂的使用应符合下列要求：

a) 圆销与衬套(或销孔)之间、闸瓦托吊槽与闸瓦托之间均应涂适量润滑脂。制动梁滑块磨耗套(或滚子轴滚套)与侧架滑槽磨耗板之间，当摩擦副为金属与金属时，涂适量润滑脂；当摩擦副为金属与非金属时，不涂润滑脂；

b) 承载鞍顶面与侧架导框顶面之间、承载鞍与侧架导框之间、承载鞍鞍面与轴承外环之间均应无涂润滑脂；

c) 斜楔或斜楔磨擦板与侧架立柱磨耗板之间、斜楔与摇枕八字面磨耗板之间均应无涂润滑脂；

d) 弹性旁承与摇枕旁承盒之间、弹性旁承与车体上旁承之间均应无涂润滑脂；

e) 转向架其他传动与摩擦部分(另有规定者除外)均应涂适量的润滑脂。

4.4 涂装要求

4.4.1 涂装前各零部件表面应清除锈垢、油污、电焊飞溅等杂物。

4.4.2 下旁承垫板及磨耗板、闸瓦插销、闸瓦销环不涂油漆。除另有规定外，锻件、型钢、钢板件及压型件的表面(滑动摩擦部分除外)均应涂防锈底漆及黑色面漆各一遍；铸钢件表面、车轮(踏面和轮辋内、外侧表面除外)、车轴两轮之间的轴身部分、中心销均应涂清漆一遍；各零部件的接触面(传动与摩擦面除外)应在组装前涂防锈漆一遍。

5 试验方法

5.1 转向架限界检查按GB/T 16904.1的规定执行。

5.2 转向架零部件的静强度、刚度、疲劳强度试验按TB/T 1335及有关文件的规定进行。

5.3 新型转向架装配适用车体，经不少于5 000 km～8 000 km线路运行考验后，按GB/T 5599的规定进行动力学试验。

6 检验规则

6.1 型式检验

6.1.1 有下列情况之一时，应进行型式检验：

a) 新型转向架定型时；

b) 已定型转向架转厂生产时；

c) 转向架的结构、材料、工艺有重大改进，可能影响性能及行车安全时。

6.1.2 型式检验应包括以下内容：

a) 转向架尺寸检查；

b) 限界检查；

c) 零部件强度及刚度试验；

d) 动力学性能试验。

6.2 出厂检验

出厂检验应逐台进行,内容包括本标准第4章及相关图样和技术文件的要求。

7 产品合格证

转向架出厂时应有合格证,合格证应包括以下内容:

a) 制造单位名称;

b) 转向架名称及型号;

c) 轮对型号;

d) 检验结果;

e) 出厂日期;

f) 本标准代号。

ICS 71.120;25.220.50
G 94

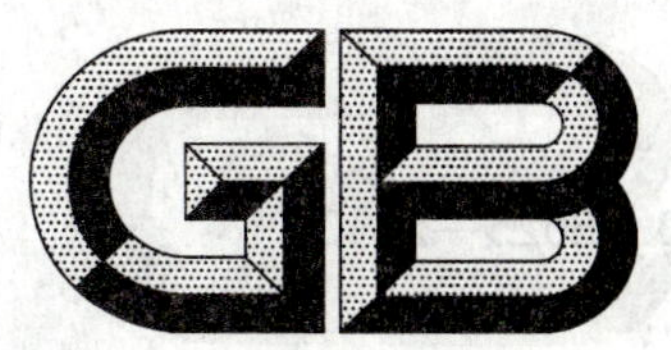

中华人民共和国国家标准

GB 25025—2010

搪玻璃设备技术条件

Specification of glass-lined equipment for industry

2010-09-02 发布 2011-01-01 实施

中华人民共和国国家质量监督检验检疫总局
中国国家标准化管理委员会 发布

前　言

本标准第1章，第2章，第3章，第4章，第8章，第11章，5.11，6.4.3，7.1.3，7.6.4，9.6，10.6，10.7，附录B以及协议条款、带“宜”字的内容为推荐性，其余技术内容为强制性。

本标准的附录A为规范性附录，附录B为资料性附录。

本标准由中国石油和化学工业协会提出。

本标准由全国搪玻璃设备标准化技术委员会(SAC/TC 72)归口。

本标准由全国搪玻璃设备标准化技术委员会负责解释。

本标准主要起草单位：江苏省溧阳市云龙设备制造有限公司、宁波明欣化工机械有限责任公司、常熟市华懋化工设备有限公司、北京华腾大搪设备有限公司、苏州市协力化工设备有限公司、江阴硅普搪瓷有限公司、化学工业非金属材料和设备质量监督检验中心。

本标准参加起草单位：淄博工业搪瓷厂、天华化工机械及自动化研究设计院、苏州市盛世瓷釉有限公司。

本标准主要起草人：桑临春、雍兆铭、裘维平、高建清、张延经、钱建丰、周志强、余献忠、张楠。

本标准参加起草人：杨长明、郑贵东、丁纪根、徐仲民、周通、李海、杨海军。

搪玻璃设备技术条件

1 范围

本标准规定了搪玻璃设备的术语和定义、分类及代号、设计、材料、金属基体的制造、检验和验收、搪玻璃过程要求、搪玻璃件成品质量及技术指标、出厂检验、搪玻璃设备的组装、铭牌、包装、运输等基本要求。

本标准适用于设计温度高于－20 ℃至200 ℃的搪玻璃设备及其配件、塔节、管道及管件。

2 规范性引用文件

下列文件中的条款通过本标准的引用而成为本标准的条款。凡是注日期的引用文件，其随后的所有修改单(不包括勘误的内容)或修订版均不适用于本标准，然而，鼓励根据本标准达成协议的各方研究是否可使用这些文件的最新版本。凡是不注日期的引用文件，其最新版本适用于本标准。

GB 150 钢制压力容器

GB/T 7987 搪玻璃层耐温差急变性试验方法

GB/T 7988 搪玻璃釉 耐热氢氧化钠溶液腐蚀性能的测定

GB/T 7989 搪玻璃釉耐沸腾盐酸蒸气腐蚀性能的测定(GB/T 7989-2003，ISO 2743:1986，ISO 2733:1983，MOD)

GB/T 7990 搪玻璃层耐机械冲击试验方法

GB/T 7991 搪玻璃层厚度测量 电磁法(GB/T 7991—2003，ISO 2178:1982，MOD)

GB/T 7993 用在腐蚀条件下的搪玻璃设备的高电压试验方法(GB/T 7993—2003，ISO 2746:1998，MOD)

GB/T 7994 搪玻璃设备水压试验方法

GB/T 7995 搪玻璃设备气密性试验方法

GB/T 8923 涂装前钢材表面锈蚀等级和除锈等级

GB/T 9439 灰铸铁件

GB/T 25027 搪玻璃开式搅拌容器

GB/T 25026 搪玻璃闭式搅拌容器

HG/T 2143 搪玻璃设备 管口

HG/T 2377 搪玻璃层耐沸腾水及水蒸汽腐蚀性能的测定

HG/T 2637 搪玻璃件几何尺寸检测方法

HG/T 3105 钢板搪玻璃试件的制备

JB 4708 钢制压力容器焊接工艺评定

JB/T 4709 钢制压力容器焊接规程

JB/T 4730.2 承压设备无损检测 第2部分:射线检测

JB/T 4730.3 承压设备无损检测 第3部分:超声检测

JB/T 4730.4 承压设备无损检测 第4部分:磁粉检测

JB/T 4730.5 承压设备无损检测 第5部分:渗透检测

JB/T 4735 钢制焊接常压容器

JB 4744 钢制压力容器产品焊接试板的力学性能检验

JB/T 4747 承压设备用焊接材料技术条件

3 术语和定义

下列术语和定义适用于本标准。

3.1

搪玻璃 glass-lined

在金属基体上通过高温复合一层光滑、致密的特殊性能的玻璃质材料。

3.2

强腐蚀介质 high corrosion medium

除氢氟酸、热浓磷酸、强碱外的在水溶液中几乎能全部电离的各种有机、无机酸性介质(不含氟离子)。

3.3

弱腐蚀介质 weak corrosion medium

如啤酒、饮料、洗涤液和在水溶液中只能少部分电离的弱酸、弱碱及中性的盐。

3.4

有效工作面 effective working surface

除去公称直径小于或等于 250 mm 的管口边缘 5 mm,公称直径大于 250 mm 的管口或法兰边缘 10 mm 及搅拌器轴上端 10 mm 之外的搪玻璃面。

3.5

针孔 circular holes in the coating exposing the ground coat as detected by high-voltage

搪玻璃层有效工作面上可被直流高电压击穿的通达金属基体的小孔。

3.6

裂纹 stress cracks

搪玻璃层表面受应力作用而出现的裂纹。

3.7

局部剥落 spot scale off

搪玻璃层表面局部脱落的现象。

3.8

擦伤 scratches

搪玻璃层表面因摩擦引起的伤痕。

3.9

暗泡 encapsulated bubbles

搪玻璃层的浅表层存在的可见性气泡。

3.10

鱼鳞爆 clip off like scaly

搪玻璃层表面出现的鱼鳞状爆裂和/或剥落。

3.11

色差 colour aberration

搪玻璃层表面的颜色深浅、均匀及光亮程度的差异。

3.12

粉瘤 spot clustered enamel

搪玻璃层表面局部堆积凸起的釉瘤。

3.13

杂粒 impurities

搪玻璃层表面及浅表层粘附的金属氧化物、炉渣等杂质。

3.14

修补 repair

是指利用钽、聚四氟乙烯材料或供需双方约定的材料对局部损坏的搪玻璃层的修复。

3.15

烧成痕迹 spot deformation by firing support under glass-lined

烧成托架、夹具在设备烧成过程中或在设备高温下移动设备时在设备基体上造成的局部凹凸变形。

3.16

发纹 hair line

搪玻璃层表面显现的发丝状纹路。

3.17

发沸 boiling

烧成中,由于底釉层的过度沸腾而在面釉层表现出的聚集的气泡、针孔、黑点、坑点和海绵状的斑痕。

3.18

复搪 reglass

搪玻璃层破损后,除去金属基体上的全部搪玻璃层,重新搪玻璃的过程。

3.19

可接受的瑕疵 acceptable imperfections

局部存在的对产品的安全性和使用性没有影响的不完美。

3.20

缺陷 defects

不符合规范、标准或对产品的安全性能构成危险,使用性能构成影响,必须消除的不合格。

3.21

烧成 sinter

喷涂搪玻璃釉后的金属基体在高温炉中升温和降温的过程。

4 分类及代号

4.1 分类准则

搪玻璃设备根据使用条件可分用于强腐蚀介质的设备和弱腐蚀介质的设备。根据使用压力分常压和承压设备。

4.2 用于强腐蚀介质的设备分类代号

用于强腐蚀介质的设备,其代号为CH。

4.2.1 用于强腐蚀介质,最高工作压力大于或等于0.1 MPa的承压设备(包括真空度大于或等于0.02 MPa的真空设备),其代号为CHP—X,其中X为设计压力,单位为兆帕(MPa),例如设计压力为0.6 MPa,则其代号为CHP—0.6。

4.2.2 用于强腐蚀介质,最高工作压力小于0.1 MPa的常压设备(包括真空度低于0.02 MPa的真空设备),其代号为CHN。

4.3 用于弱腐蚀介质的设备分类代号

用于弱腐蚀介质的设备(例如啤酒罐等),其代号为WCH。

4.3.1 用于弱腐蚀介质，最高工作压力大于或等于 0.1 MPa 的承压设备（包括真空度大于或等于 0.02 MPa 的真空设备），其代号为 WCHP—X（X 同 4.2.1）。

4.3.2 用于弱腐蚀介质，最高工作压力小于 0.1 MPa 的常压设备（包括真空度低于 0.02 MPa 的真空设备），其代号为 WCHN。

5 设计

5.1 设计单位

从事搪玻璃设备的设计单位应当建立设计质量保证体系。设计单位应持有国家质量监督部门颁发的相应资质证书。设计单位应对本单位的设计文件（至少包括设计计算书和设计图样）质量负责，设计工作应当遵循现行法规、标准和规章制度。设计单位的设计图纸经审核符合搪玻璃工艺要求后方可用于生产。

5.2 设计标准

搪玻璃设备的设计参数、容积、尺寸和主体结构优先选用附录 B（资料性附录）所列的相关国家标准和行业标准。

5.3 搪玻璃内压容器

搪玻璃内压容器受压元件的壁厚应按 GB 150 或 JB/T 4735 进行设计计算。

5.4 搪玻璃外压容器和真空容器

搪玻璃外压容器和真空容器受压元件的壁厚应按 GB 150 或 JB/T 4735 进行外压稳定性校核。

5.5 开孔补强

搪玻璃设备基体开孔补强应采用整体补强。

5.6 其他搪玻璃设备

其他搪玻璃设备的设计计算应符合相关标准规定。

5.7 刚度和应力

搪玻璃设备壁厚设计计算时，除满足 5.3、5.4、5.5 和 5.6 的要求外，还应充分考虑搪玻璃过程对设备基体高温刚度的要求和设计条件下设备基体各部位的应力不得大于搪玻璃层的许用应力的要求。

5.8 模拟搪玻璃工艺加热试验

计算搪玻璃设备受压元件基体厚度时，对选用的钢材，要经过模拟搪玻璃工艺过程加热，进行力学性能测试。模拟搪玻璃工艺的加热次数为两次，第一次模拟搪玻璃工艺过程加热温度为搪玻璃过程中最高的烧成温度，喷涂一层底釉后进行。第二次模拟搪玻璃过程加热温度为最低的烧成温度，喷涂一层面釉后进行。每次加热的最少保温时间为每 1 mm 钢板厚 1 min，然后在静止空气中冷却到环境温度。两次加热完成后，除去搪玻璃层，测试力学性能。

5.9 结构

设备基体搪玻璃侧不应存在非连续结构，所有转角部位应圆滑过渡。所有焊接接头部位应以搪玻璃侧对齐为原则，用于同一设备基体材料的厚度比值不宜大于 3，且应逐渐过渡。

5.10 液体喷嘴

搪玻璃设备夹套换热介质为液相时，应按照 GB/T 25026、GB/T 25027 要求配置液体喷嘴。

5.11 人孔保护圈

公称容积不小于 5000 L 的搪玻璃容器，人孔应设置保护圈。

5.12 挡板

公称容积不小于 5 000 L 的搪玻璃搅拌容器应设置 1～2 个挡板，除非用户提出不适用或工艺不需要。

5.13 放气孔

搪玻璃夹套容器的夹套顶部应设置放气孔。放气孔结构应保证容器在正常运行时,能方便地排出夹套顶部的不凝性气体。

6 材料

6.1 钢材

6.1.1 搪玻璃件用钢材除按照 GB 150 和 JB/T 4735 有关规定选择外,其化学成分及常温力学性能还应符合表 1 的规定。

表 1 化学成分及常温力学性能

w(C)/%	w(P)/%	w(S)/%	w(Si)/%	w(Mn)/%	R_m/MPa	R_{eL}/MPa	A_5/%
≤0.19	≤0.030	≤0.020	0.15～0.5	≤1.0	>335	>205	>20
化学成分超出本表规定的钢材要进行搪玻璃工艺验证(见 8.2),合格后方可用于制造搪玻璃设备的基体。							

6.1.2 搪玻璃设备非搪玻璃件的材料应符合相应的国家标准或行业标准的规定。

6.1.3 钢材应附有钢材生产单位的钢材质量证明书,搪玻璃设备制造单位应按照本标准、钢材标准和质量证明书对钢材进行验收,必要时应进行复验。钢材表面质量应符合相应的国家标准或行业标准的规定。

6.1.4 用于制造搪玻璃压力容器壳体的钢板,当图样注明盛装毒性程度为极度、高度危害介质时,应逐张进行超声波检测,质量等级应不低于 JB/T 4730.3 规定的Ⅱ级。

6.1.5 用于制造搪玻璃压力容器壳体的钢板厚度超过下列规定时,应逐张进行超声波检测,质量等级应不低于 JB/T4730.3 规定的Ⅲ级:

a) 厚度大于 22 mm 的 Q235—B 钢板;

b) 厚度大于 30 mm 的 Q235—C、Q245R 及 Q345R 钢板。

6.2 焊接材料

焊接材料应根据钢材的种类,按照 JB/T 4709 的有关规定选用相应的焊条、焊丝和焊剂。其质量应符合 JB/T 4747 的要求。焊接材料必须有质量证明书和清晰、牢固的标志。

6.3 铸铁

用于制造搪玻璃零部件的铸铁,其质量应符合 GB/T 9439 中 HT200 的规定。其化学成分应满足表 2 要求。

表 2 搪玻璃零部件用铸铁化学成分 %

w(C)	w(Mn)	w(Si)	w(P)	w(S)
3～3.5 其中石墨 2.5%	0.5～1.3	2～2.6	0.1～0.7	< 0.1
铸造用生铁原料中硫含量应小于 0.05%。				

6.4 搪玻璃釉

6.4.1 搪玻璃釉应附有生产单位的质量证明书和使用说明书,质量证明书除包括表 3 中的各项性能外,还宜包括膨胀系数、熔流性、熔融温度范围。使用说明书应有釉浆调制的说明。搪玻璃设备制造单位应按照本标准和质量证明书对每批搪玻璃釉进行验收,必要时应对其质量进行复验。

6.4.2 搪玻璃釉按 HG/T 3105 规定制成试件后进行评定,其性能应符合表 3 的规定。

6.4.3 对于用在特殊场合下的搪玻璃釉的质量指标,由供需双方协商确定,并在设计图样或合同中加以说明。

表 3 搪玻璃试件搪玻璃层的理化性能指标

项 目	CH			WCH	试验方法
	通用型	耐酸型	耐碱型		
耐 20%沸腾盐酸 168 h 腐蚀性/[g/(m²·d)]	≤1.2	≤0.5	≤3.0	—	GB/T 7989
耐 0.1 mol/L、80 ℃氢氧化钠 24 h 腐蚀性/[g/(m²·d)]	≤5.0	≤8.0	≤2.0	—	GB/T 7988
耐温差急变性/℃	≥200	≥180	≥180	≥200	GB/T 7987
耐机械冲击性/J	$\geqslant 220\times10^{-3}$	$\geqslant 220\times10^{-3}$	$\geqslant 220\times10^{-3}$	$\geqslant 220\times10^{-3}$	GB/T 7990
耐沸腾水 336 h 腐蚀性能/[g/(m²·d)]	≤0.5	—	—	—	HG/T 2377

7 金属基体的制造、检验和验收

7.1 总则

7.1.1 搪玻璃件金属基体的制造、检验和验收应符合本标准及图样的有关规定和要求。

7.1.2 搪玻璃压力容器的非搪玻璃承压部件的制造、检验和验收应符合 GB 150 和设计图样的有关规定。

7.1.3 搪玻璃常压设备的非搪玻璃部件的制造、检验和验收应符合 JB/T 4735 和设计图样的有关规定。

7.1.4 搪玻璃设备金属基体用钢板厚度的确定原则为：图样标注的名义厚度或设计图样规定的最小厚度，加上搪玻璃设备制造单位根据各自制造工艺条件确定的加工裕量（金属基体的成形减薄量、搪玻璃侧钢板表面处理的磨削量及烧成时的氧化减薄量）。保证搪玻璃完成后金属基体的厚度不小于其名义厚度减钢板的负偏差或设计图样规定的最小厚度。

7.1.5 搪玻璃压力容器和常压容器焊接接头的分类按 GB 150 的规定。

7.1.6 从事搪玻璃设备和搪玻璃件施焊的焊工，应按《锅炉压力容器压力管道焊工考试与管理规则》进行考试，取得相应合格项目，在有效期内担任合格项目范围内的焊接工作。焊工还应熟悉搪玻璃设备焊接的特点和要求。

7.1.7 从事搪玻璃压力容器无损检测的人员应按《特种设备无损检测人员考核与监督管理规则》进行考试，取得相应合格项目，在有效期内担任合格项目范围内的无损检测工作。

7.2 搪玻璃设备金属基体制造的基本要求

7.2.1 搪玻璃设备金属基体制造中应避免表面的损伤，需搪玻璃面不得有不利于搪玻璃的瑕疵，否则应进行修磨，修磨范围的斜度应不小于 1∶5，修磨深度应不大于 0.5 mm，否则应予补焊。

7.2.2 搪玻璃件金属基体的管口应采用顶孔翻边对接的形式，顶孔翻边部位宜避开焊缝，顶孔翻边后与管口对接部位的最小壁厚不得小于该部位的设计厚度。

7.2.3 搪玻璃件金属基体焊接接头要遵守搪玻璃面优先对齐的原则，焊接接头对口错边量 $b\leqslant(10\%\delta+1)$mm（δ 为钢板厚度，单位为毫米，下同），且不大于 3 mm。

7.2.4 搪玻璃件金属基体筒体在焊接接头环向形成的棱角 E，用弦长等于 1/6 内径，且不小于 300 mm 的内样板或外样板检查；在焊接接头轴向形成的棱角 E，用长度不小于 300 mm 的直尺检查；其 E 值均不得大于$(10\%\delta+2)$mm，且不大于 3 mm。

7.2.5 上、下接环与内筒体，上、下接环与夹套等接头的装配质量必须达到图样和工艺的要求。

7.3 焊接

7.3.1 焊接基本要求

搪玻璃设备焊接的基本要求按 JB/T 4709 的有关规定。

7.3.2 焊接工艺

7.3.2.1 焊接工艺评定

7.3.2.1.1 搪玻璃压力容器施焊前应进行焊接工艺评定，焊接工艺评定按JB 4708进行。其中搪玻璃件金属基体的焊接工艺评定还应符合7.3.2.1.2～7.3.2.1.4的规定。

7.3.2.1.2 焊接工艺评定试件在焊后应进行模拟搪玻璃工艺加热，模拟搪玻璃工艺加热的试验按5.8的规定。

7.3.2.1.3 对有冲击试验要求的钢材，焊接工艺评定时应进行冲击试验；设计温度小于0℃时，冲击试验的温度不应高于设计温度。

7.3.2.1.4 评定合格的低碳钢和低合金钢对接焊缝试件的焊接工艺适用的焊件厚度及焊缝金属厚度的有效范围，按JB 4708的有关规定。

7.3.2.2 焊接工艺评定技术档案

7.3.2.2.1 焊接工艺评定完成后，焊接工艺评定报告和焊接工艺规程应当由制造单位焊接责任工程师审核，技术负责人批准，经过监检人员签字确认后存入技术档案。

7.3.2.2.2 焊接工艺评定技术档案应当保存至该工艺评定失效为止，焊接工艺评定试样的保存时间应不少于5年。

7.3.3 焊接施工

7.3.3.1 搪玻璃设备的焊接应严格按经评定合格的焊接工艺进行。

7.3.3.2 金属基体搪玻璃面的焊接宜采用较小的焊接热输入，并严格控制层间温度。

7.3.3.3 搪玻璃设备受压元件非搪玻璃侧的焊缝附近的指定部位应打上施焊焊工代号钢印。

7.3.4 焊缝表面的形状尺寸及外观要求

7.3.4.1 搪玻璃设备非搪玻璃侧焊缝表面的形状尺寸及外观质量要求应符合GB 150或JB/T4735的有关规定。

7.3.4.2 搪玻璃基体搪玻璃面的焊缝应平滑过渡至母材。

7.3.4.3 搪玻璃设备角焊缝的形状和尺寸应符合图样的规定。当图样无规定时，焊脚尺寸取焊件中较薄者的厚度。

7.3.5 焊接返修

搪玻璃设备的焊接返修应符合7.3.3.2的规定，搪玻璃压力容器的返修还应符合GB 150的有关规定。

7.4 产品焊接试板

7.4.1 符合以下情况之一者，搪玻璃内容器A类的圆筒纵向焊接接头，应制作产品焊接试板，试板应随产品同炉加热：

a) 设计温度小于－10℃时，钢材厚度大于12 mm的Q245R；钢材厚度大于20 mm的Q345R；

b) 设计温度小于0℃，大于或等于－10℃时，钢材厚度大于25 mm的Q245R；钢材厚度大于38 mm的Q345R；

c) 图样注明盛装毒性为极度危害和高度危害介质的搪玻璃设备；

d) 用户有要求时。

7.4.2 产品焊接试板的制备按GB 150的有关规定。

7.4.3 产品焊接试板的试样制备、试验方法、合格指标和复验按JB 4744的规定。

7.4.4 当产品焊接试板被判为不合格时，应分析原因，采取相应的措施，然后按上述要求重新进行试验。

7.5 焊后热处理

对搪玻璃压力容器，如果搪玻璃内容器与夹套组焊后，最终组装焊缝不要求焊后热处理，则可不进行焊后热处理。

7.6 无损检测

7.6.1 无损检测前，焊接接头应经形状尺寸及外观检查合格，表面的不规则状态在底片上的影像不得掩盖或干扰缺陷影像。

7.6.2 设计压力大于或等于1.6 MPa的第三类搪玻璃压力容器的内容器和罐盖的A、B类焊接接头，包括公称直径大于或等于250 mm管口的对接焊接接头应进行100%射线检测或可记录的超声波检测。

7.6.3 除7.6.2规定以外的搪玻璃压力容器的A、B类焊接接头，包括公称直径大于或等于250 mm管口的对接焊接接头应进行局部射线检测或可记录的超声波检测。检测的长度、比例及必须检测的部位按GB 150和图样的规定。

7.6.4 搪玻璃常压设备X射线或超声检测的长度、比例及必须检测的部位按JB/T 4735的规定。

7.6.5 搪玻璃压力容器的上接环与夹套组装的对接焊接接头应用工艺保证其全焊透，并采用100%表面无损检测。

7.6.6 搪玻璃容器的公称直径小于250 mm管口的对接焊接接头及C、D类焊接接头可免做无损检测。

7.6.7 半管与内容器，上、下接环与内容器的焊接接头应进行煤油渗漏或其他适当的检验方法进行检漏试验，不得有任何渗漏。半管与内容器的焊接接头还应进行100%表面无损检测。

7.6.8 经过局部无损检测的焊接接头，若在检测部位发现超标缺陷时，应当在该缺陷两端的延伸部位进行不少于250 mm的补充局部检测；若仍存在不允许的缺陷，则应当对该焊接接头进行全部检测。

7.6.9 无损检测依据JB/T 4730.2～4730.5的规定执行。

7.6.10 无损检测合格级别：

a) 进行全部(100%)无损检测对接焊接接头，当采用射线检测时，其透照质量不应低于AB级，其合格级别不应低于Ⅱ级；当采用超声检测时，其超声检测技术等级不应低于B级，合格级别不应低于Ⅰ级。封头的拼接接头其合格级别与设备一致。

b) 进行局部无损检测的对接焊接接头，当采用射线检测时，其透照质量不应低于AB级，其合格级别不应低于Ⅲ级，且不允许有未焊透；当采用超声检测时，其超声检测技术等级不应低于B级，合格级别不应低于Ⅱ级。

c) 要求进行表面渗透检测或磁粉检测时，合格级别应为Ⅰ级。

d) 角接焊接接头和T形焊接接头进行渗透检测时，合格级别应为Ⅰ级。

e) 搪玻璃常压设备X射线检测的合格等级按JB/T 4735和图样的规定。

8 搪玻璃过程要求

8.1 搪玻璃件金属基体表面处理及要求

8.1.1 搪玻璃件金属基体在搪玻璃前应对其需搪玻璃面顺次进行修磨、预烧和喷砂(丸)处理。

8.1.1.1 修磨

金属基体需搪玻璃面应进行手工和机械修磨，焊缝余高应修磨平整，转角部位应修磨至圆弧过渡；修磨后的金属基体的搪玻璃面应平整，无裂纹、气孔、夹杂、分层、电弧灼伤等缺陷和其他影响搪玻璃层质量的瑕疵，在修磨中金属基体表面如出现7.2.1的情况时，应按该条的要求进行补焊，补焊及补焊后的检验按7.3的规定。

8.1.1.2 预烧

金属基体预烧的时间和温度由制造厂确定，但预烧的温度不得超过5.8模拟搪玻璃工艺加热的最高温度。

8.1.1.3 喷砂(丸)处理

金属基体搪玻璃面喷砂(丸)处理的质量应符合GB/T 8923中喷射或抛射除锈的Sa3级或手工和

动力工具除锈的 St3 级要求。

8.1.2　表面处理完毕后，搪玻璃面应禁止水、油和有机物等的污染，禁止用手触摸，并应及时进行搪玻璃。

8.2　搪玻璃工艺验证

8.2.1　验证时机

有下列情况之一时，在搪玻璃前应进行搪玻璃工艺验证：

a)　钢材的化学成分超出表 1 规定的范围；

b)　搪玻璃釉的配方调整或搪玻璃釉供应企业变更；

c)　搪玻璃烧成工艺发生重大调整。

8.2.2　验证方法

用 200 mm×200 mm×18 mm 的钢板，滚压成 R=150 mm±5 mm 弧形试件，在外圆弧面搪玻璃，搪玻璃层表面质量应符合 9.1 的要求。搪玻璃完成后放置 168 h，搪玻璃层应无爆瓷、裂纹等缺陷。再对试件的搪玻璃面进行 110 ℃急冷冲击和 120 ℃热冲击试验后，按 9.3.2 规定的试验电压进行直流高电压检验合格。

8.3　釉浆的调制与喷涂

8.3.1　釉浆的调制应按照搪玻璃釉生产企业提供的说明书进行；釉浆调制好后，应防止污染，并在使用过程中保持均匀的悬浮状态。

8.3.2　釉浆喷涂用的压缩空气应干燥、洁净。严禁油、水及灰尘的混入。喷涂时压缩空气的压力应保持稳定。

8.3.3　釉浆喷涂层应均匀，凸面部位宜薄，厚度应逐遍增加。

8.3.4　喷涂后的搪玻璃釉层应充分干燥，干燥后的釉层不得有裂纹、起皮、粉瘤、明显的皱纹等缺陷，应防止水、油、汗迹和有机物等污染。

8.4　烧成

8.4.1　烧成炉和烧成支架应满足搪烧工艺的要求。

8.4.2　每烧成一遍应对搪玻璃面进行检查，发现针孔、裂纹、暗泡、鱼鳞爆、发沸、变形等缺陷时应分析原因并及时处理，无法局部修复的缺陷应复搪，重大缺陷的处理及复搪应记入质量档案。

8.4.3　烧成过程中应随时对搪玻璃层厚度及工件的形位公差进行测量与控制。

8.4.4　搪玻璃件烧成完成后，应保证搪玻璃层的均匀、光滑和充分融合，其最终质量应符合第 9 章的要求。

9　搪玻璃件成品质量及技术指标

9.1　搪玻璃层表面质量

9.1.1　在距搪玻璃层表面 250 mm 处，用 36 V、60 W 手灯，目测搪玻璃层表面，不应有下列缺陷：

a)　裂纹、鱼鳞爆、局部剥落；

b)　暗泡、粉瘤：暗泡、粉瘤部位经机械处理后表面光滑、平整，且经直流高电压检测通过，搪玻璃层厚度符合 9.3.1 的要求，则判定此部位质量合格；

c)　明显的擦伤；

d)　由烧成托架引起妨碍设备使用的局部变形；

e)　影响设备正常使用的发纹。

9.1.2　每平方米搪玻璃层上的杂粒不得超过三处，每处面积应小于 4 mm^2。

允许采用机械手段清除搪玻璃层浅表面的异物，清除部位搪玻璃层厚度和高电压试验应符合 9.3.1 和 9.3.2 的要求。

9.1.3　搪玻璃层表面允许有色泽差异，但制造厂应保证色泽差异部位的性能符合本标准，且不影响设备的正常使用。

9.2 搪玻璃件的形位公差

搪玻璃部件、塔节、管道及管件的形位公差按 HG/T 2637 检测，其结果应符合表 4、表 5 的规定。设计压力超出表 4 的搪玻璃设备搪玻璃件的形位公差由供需双方约定。

表 4 搪玻璃件的形位公差

单位为毫米

名称		压力容器		常压容器
		0.6 MPa$<PN\leqslant$1.0 MPa	0.1 MPa$\leqslant PN\leqslant$0.6 MPa（包括真空容器）	
设备法兰最大最小直径差	$DN\leqslant$1 000	≤6	≤6	$\leqslant 1.0\%DN$
	$DN>$1 000	≤10	≤10	$\leqslant 1.0\%DN$
设备法兰平面度	$DN\leqslant$1 000	≤2	≤2	$\leqslant 0.3\%DN$
	$DN>$1 000	≤2.5	≤3	
人孔法兰及人孔盖平面度		≤2	≤2	≤3
设备内筒体最大最小直径差	外压和真空	按 GB 150 或设计图样规定		—
	内压	$\leqslant 1\%DN$		—
设备法兰压紧面宽度		≥15	≥12	≥8
搅拌孔的管口法兰对罐盖法兰的平行度		$\leqslant 0.01Dw$	$\leqslant 0.01Dw$	$\leqslant 0.02Dw$
减速机支座相互间及对中心孔位置度		≤2	≤2	≤2
搅拌器密封段径向全跳动		$\leqslant d^{1/2}/30$	$\leqslant d^{1/2}/30$	≤0.3（填料密封）
搅拌器下端径向圆跳动		$\leqslant 0.2\%H$，且≤10	$\leqslant 0.2\%H$，且≤10	$\leqslant 0.3\%H$
搅拌器锚翼对称度	$DN\leqslant$1 000	≤2	≤2	3
	$DN>$1 000	≤3	≤3	$\leqslant 0.3\%B$
搅拌器锚翼宽度与标准宽度的偏差		≤2	≤2	≤2
框、锚式搅拌器锚翼高度与标准高度的偏差		≤2	≤2	≤2
温度计套管直线度		$\leqslant 0.2\%L$	$\leqslant 0.2\%L$	$\leqslant 0.3\%L$

注：DN——公称直径；PN——设计压力；Dw——罐盖法兰的法兰外径；H——搅拌器轴端至测量点高度；B——搅拌桨宽度；L——温度计套管长度；d——搅拌器轴公称直径。

表 5 搪玻璃塔节及管道、管件的形位公差

单位为毫米

塔节			
公称直径 DN	300～1 000		1 100～1 600
塔节法兰对塔节轴线的垂直度 c	≤3.5		≤4.5
管道、管件			
公称直径 DN	25～80	100～150	200～250
管法兰对管法兰的垂直度、平行度、倾斜度	≤1	≤2	≤3
塔节、管道直线度 c	$\leqslant 0.3\%L$		

注：L 为塔节高度或管道的长度，c 为公差值（见图 1）。

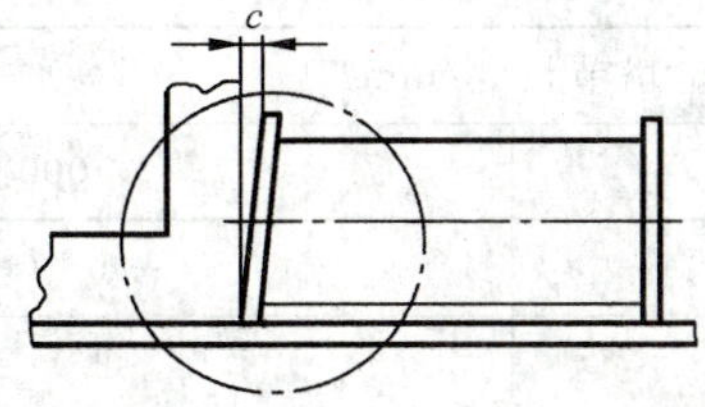

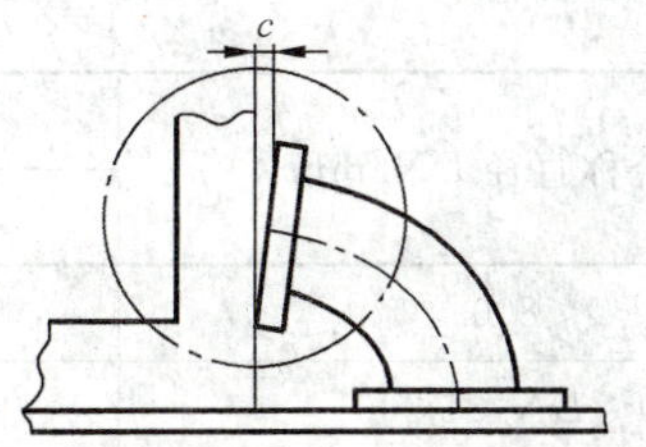

图 1 塔节、管道及管件的形位公差示意图

9.3 物理机械性能

9.3.1 搪玻璃层的厚度

9.3.1.1 搪玻璃层的厚度为 0.8 mm～2.0 mm。公称容积大于或等于 10 000L 时，厚度上限可允许至 2.2 mm；公称容积大于或等于 20 000L 时，厚度上限可允许至 2.4 mm。搪玻璃搅拌器经精加工的机械密封段搪玻璃层厚度可允许至 0.6 mm。搪玻璃层的厚度应尽可能均匀，凸面部位搪玻璃层宜薄，厚薄区域应平滑过渡。

9.3.1.2 搪玻璃层的厚度按 GB/T 7991 进行检测。

9.3.2 搪玻璃层耐直流高电压性能

搪玻璃层有效工作面（钽钉等导电材料修补点除外）应按照下列要求进行高电压性能试验，不导电为合格：

a) 用于强腐蚀性介质的设备，应经 20 kV 直流高电压检测通过；

b) 用于弱腐蚀性介质的设备，应经 5 kV 直流高电压检测通过；

c) 搪玻璃层的耐高电压性能按 GB/T 7993 进行检测。

9.3.3 搪玻璃设备耐温差急变性

搪玻璃设备的耐温差急变性是指搪玻璃面或其反侧的金属基体经受突然温度急变的性能。

搪玻璃设备耐温差急变温度为：冷急变温度为 110 ℃，热急变温度为 120 ℃。

搪玻璃设备的耐温差急变性能按附录 A 进行检测。

9.4 针孔

9.4.1 搪玻璃层有效工作面若出现针孔，允许用钽材加聚四氟乙烯材料修复。修补部位应不影响设备的正常使用。修补材料供需双方也可在合同中另行约定。

9.4.2 搪玻璃设备搪玻璃层针孔的修补数目不得超过表 6 的规定。

表 6 搪玻璃设备针孔修补数目

公称容积/kL	搪玻璃面有效面积（参考）/m²	针孔修补数
≤8	≤24	0
＞8～12	＞24～31	1
＞12～15	＞31～35	2
＞15～20	＞35～45	3
＞20～30	＞45～55	4
＞30～40	＞55～67	5
＞40～60	＞67～89	6
＞60	＞89	7

9.4.3 搪玻璃塔节针孔的修补数目不得超过表 7 的规定。

表 7　搪玻璃塔节针孔修补数目

塔节公称直径 DN/mm	塔节长度/mm	
	<3 000	≥3 000
<800	0	0
800≤DN<1 300	0	1
≥1 300	1	2

9.4.4　密封面以及影响设备操作的部位不允许钽钉修补。

9.5　搪玻璃设备配套件

搪玻璃设备配件，如卡子、活套法兰、垫片、温度计套管、搅拌器、填料箱、放料阀、机械密封、减速机、视镜玻璃等，应符合本标准和相关标准的要求。

9.6　特殊约定

当供需双方在合同中根据设备使用的特殊要求对搪玻璃质量另有约定时，可不按第 9 章要求执行。

10　出厂检验

10.1　表面质量

对搪玻璃件搪玻璃层的表面质量，按 9.1 规定逐件进行检验。

10.2　形位公差和物理机械性能

对搪玻璃件的尺寸公差及形位公差、搪玻璃层的厚度及耐直流高电压性能，按 9.2 和 9.3 的规定逐件进行检验。

10.3　液压试验

10.3.1　搪玻璃设备内容器和夹套的液压试验压力按表 8 规定。内容器液压试验可选择表 8 中的任一种方式。液压试验方法按 GB/T 7994 进行。

10.3.2　搪玻璃塔设备的耐压试验压力、试验方法应按图样规定。搪玻璃塔节在出厂前可不进行耐压试验(如带夹套应按 10.3.1 进行试验)，但应在现场组装后进行耐压试验。

10.3.3　搪玻璃真空设备液压试验压力按表 8 规定。

表 8　搪玻璃设备液压试验

名　称		搪玻璃前试验压力/MPa	搪玻璃后试验压力/MPa
内容器	方式一	搪玻璃前不进行液压试验	$1.25P[\sigma] / [\sigma]^t$
	方式二	$1.25P[\sigma] / [\sigma]^t$	$1.0P$
夹套		—	$1.25P[\sigma] / [\sigma]^t$
真空设备		—	$1.25P$
注：P——设计压力；$[\sigma]$——金属材料常温时的许用应力；$[\sigma]^t$——金属材料在设计温度时的许用应力。			

10.4　气密性试验

10.4.1　盛装介质毒性为极度、高度危害和设计上不允许有微量泄漏的搪玻璃压力容器，设备组装好后应依次进行液压试验和气密性试验。如设备在制造厂组装液压试验合格，在用户现场安装好后，投产前应经气密性试验合格。

10.4.2　设备气密性试验方法按 GB/T 7995 的规定进行。对承压设备，试验压力为 1.0 倍的设计压力。对真空设备，试验压力为 0.1 MPa。气密性试验结果应无泄漏。

10.5　直流高电压检测

经过耐压试验后，应对 CH 类设备进行 10 kV 直流高电压检测并通过。WCH 类设备进行 5 kV 直流高电压检测并通过。

10.6 模拟实际生产工艺进行试运行试验

盛装介质毒性为极度、高度危害和设计上不允许有微量泄漏的搪玻璃压力容器，设备安装好后，用户在设备正式投入使用前，宜以水代料，温度（包括夹套）和压力（包括夹套）模拟实际生产过程，进行多次试运行。并检查搪玻璃层完好后，方可正式投入使用。

10.7 设备耐温差急变性试验

搪玻璃设备的耐温差急变试验不作为常规检验项目，但下列情况下应进行设备的耐温差急变性试验：

a) 搪烧工艺发生重大调整时；

b) 使用新制造的烧成炉或烧成炉发生重大改造时；

c) 搪玻璃釉配方发生重大调整或搪玻璃釉供应商改变时；

d) 用户提出要求时。

以上 a)、b)、c) 三种情况发生时，制造厂应尽可能选择大公称容积的设备进行耐温差急变性试验。

10.8 高电压复验

如用户在合同中订有复验条款时，则进行用户复验。复验时应有制造单位人员参加。设备进行直流高电压试验的复验电压，对 CH 类设备为 7 kV，对 WCH 类设备为 3 kV。仲裁检验或第三方检验时，对 CH 类设备直流高电压试验的电压为 10 kV，对 WCH 类设备为 3 kV。

11 搪玻璃设备的组装

11.1 搪玻璃设备吊装时应按图纸指定的吊装部位进行吊装；严禁用人孔、管口、卡子等部件作为吊耳进行吊装。设备吊装过程中应轻吊轻放。严禁搪玻璃面与硬质物品直接接触。严禁对设备外壁进行敲击、碰撞和撞击。严禁采用滚动、撬动等方法移动设备。

11.2 组装过程中如需人员、部件和安装工具进入设备，设备的搪玻璃面应进行可靠和有效地防护，保证进入设备的部件和工具不得碰撞搪玻璃面。严禁硬质物品掉落砸伤和划伤搪玻璃面。

11.3 当在设备附近施焊时，必须有可靠的保护设施，防止焊渣灼伤搪玻璃面。

11.4 严禁在反侧的金属基体进行焊接。

11.5 设备的卡子（螺栓）要分布均匀，按对称顺序依次逐渐拧紧，严禁一次拧紧。为防止法兰局部受力过大而损伤搪玻璃层，严禁为了消除泄漏点而强力紧固少数卡子。

11.6 如果设备的两个高颈法兰之间间隙较大，为了保证高颈法兰受力均匀和垫片的密封可靠，允许局部加偏垫片进行调整，但偏垫片的材料不能影响设备的使用。

11.7 设备搅拌器安装后，搅拌器密封段径向全跳动应符合表 4 的规定。

11.8 搪玻璃成套设备（除订货时另有要求外）宜组装并经试运转合格后整机出厂。组装完毕的产品要对外观进行检查，外表应光滑、规整、干净。检查合格后，喷涂防护漆，安装标牌，出具产品合格证。各管口及外露的搪玻璃面要用软材料加以保护。紧固件、搅拌轴头、管法兰面涂加防锈油。

12 铭牌

12.1 铭牌安装位置

铭牌应按规定的要求安装在醒目的位置。

12.2 铭牌内容

铭牌至少应包括以下内容：

产品名称、产品编号、容器类别、产品标准、设计压力、最高工作压力、设计温度、耐压试验压力、容器净重、公称容积、介质、制造日期、制造单位、制造许可证编号、设备代码、注册编号。名牌的内容应与设计文件和产品说明书一致。

12.3 出厂文件

12.3.1 搪玻璃设备、部件出厂时应随机向用户提供下列技术文件和资料：

a) 产品使用说明书；

b) 产品合格证；

c) 产品质量证明书；

d) 搪玻璃压力容器还应提供压力容器产品安全质量监督检验证书；

e) 竣工图；

f) 随机附件及清单。

12.3.2 产品使用说明书内容应包括：介绍本产品的主要性能，适用范围和不适用范围，运输、安装、使用中的注意事项，维修、保养和保管知识。

12.3.3 产品合格证和产品质量证明书内容应包括：主要原材料的性能指标，各主体件、部件的检测结果数据。

12.3.4 竣工图样应盖有设计单位资格印章和竣工图章。

13 包装、运输

13.1 外露搪玻璃面必须严加保护。搅拌器、温度计套、管件、阀门等若需单独装箱发运的，应在包装箱中加以固定，以免搬运过程中移动损坏，并做好“小心轻放”和“向上”等标记。

13.2 对裸装设备，底部托架必须稳固，托架与设备之间应有足够的接触面。设备四周拉紧固定于托架上，并作好“小心轻放”、“不许倒置”、“不可撞击”等醒目标记。

附 录 A
（规范性附录）
搪玻璃设备耐温差急变性能测试方法

A.1 设备的冷冲击

在设备夹套内通入蒸汽（或导热油），缓慢加热，用遥感温度测量仪测量搪玻璃层的温度为110 ℃±3 ℃加试验时的水温，保持20 min，使搪玻璃层的温度稳定一致。用一个直径为20 mm的水管从设备底部开始自下而上向搪玻璃面层表面喷射自来水，喷水部位包括：

——下液口；

——下接环；

——下环焊缝；

——直筒体；

——上接环。

喷水点应尽可能覆盖喷水部位。喷水结束后，干燥搪玻璃面，按9.3.2规定的试验电压进行直流高电压试验，搪玻璃面不导电为合格。

A.2 设备的热冲击

室温条件下向设备夹套内充满洁净水，使夹套温度达到水的温度，保持20 min后，测量搪玻璃层表面温度。加热导热油的温度为120 ℃±3 ℃加搪玻璃层的温度。自下而上向设备各部位搪玻璃面层表面迅速泼热油，每次泼油量为0.5 L，隔5 min泼一次，泼油部位和点数如下：

a) 下液口部位，3次；

b) 下接环部位，5次；

c) 下环焊缝部位，10次；

d) 直筒体部位，10次；

e) 上接环部位，10次；

f) 高颈法兰部位，10次。

泼油完成后，清理搪玻璃面，待其干燥后，按9.3.2规定的试验电压进行直流高电压试验，搪玻璃面不导电为合格。

附 录 B
（资料性附录）
相 关 标 准

GB/T 7996　搪玻璃容器公称容积与公称直径
GB/T 25027　搪玻璃开式搅拌容器
GB/T 25026　搪玻璃闭式搅拌容器
HG/T 2036　搪玻璃容器参数
HG/T 2048.1　搪玻璃填料箱
HG/T 2049　搪玻璃设备　高颈法兰
HG/T 2050　搪玻璃设备　垫片
HG/T 2051　搪玻璃搅拌器
HG/T 2052　搪玻璃设备　传动装置
HG/T 2053　搪玻璃设备　人孔法兰
HG/T 2054　搪玻璃设备　卡子
HG/T 2055　搪玻璃人孔
HG/T 2056　搪玻璃蝶片式冷凝器
HG/T 2057　搪玻璃搅拌容器用机械密封
HG/T 2058　搪玻璃温度计套
HG/T 2105　搪玻璃设备　活套法兰
HG/T 2130　搪玻璃管
HG/T 2131　搪玻璃 30°弯头
HG/T 2132　搪玻璃 45°弯头
HG/T 2133　搪玻璃 60°弯头
HG/T 2134　搪玻璃 90°弯头
HG/T 2135　搪玻璃 180°弯头
HG/T 2136　搪玻璃三通
HG/T 2137　搪玻璃四通
HG/T 2138　搪玻璃同心异径管
HG/T 2139　搪玻璃偏心异径管
HG/T 2143　搪玻璃设备　管口
HG/T 2144　搪玻璃设备　视镜
HG/T 2145　搪玻璃手孔
HG/T 2376　搪玻璃套筒式换热器
HG/T 2373　搪玻璃开式贮存容器
HG/T 2374　搪玻璃闭式贮存容器
HG/T 2375　搪玻璃卧式贮存容器
HG/T 2434　搪玻璃阀门技术条件
HG/T 3126　搪玻璃蒸馏容器
HG/T 3127　搪玻璃塔节

HG/T 3117　搪玻璃上展式放料阀
HG/T 3118　搪玻璃下展式放料阀
HG/T 3219　搪玻璃平面阀
HG/T 3220　搪玻璃球阀

ICS 71.120;25.220.50
G 94

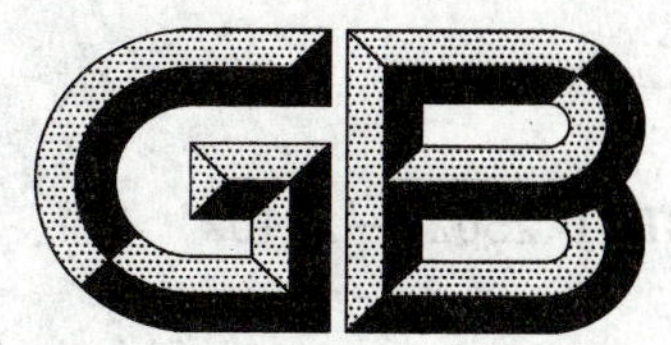

中华人民共和国国家标准

GB/T 25026—2010

搪玻璃闭式搅拌容器

One piece glass-lined steel vessels with agitator

2010-09-02 发布　　2011-01-01 实施

中华人民共和国国家质量监督检验检疫总局
中国国家标准化管理委员会　发布

前　言

本标准参考了DIN 28136.1:2005《搅拌容器主要尺寸》中的搪玻璃搅拌容器部分、DIN 28136.3:2005《搪玻璃搅拌容器上封头的管口方位和尺寸》、DIN 28137.3:1983《搪玻璃搅拌容器搅拌口减速机座法兰的连接尺寸》、DIN 28140.2:1978《放料阀与搪玻璃容器的连接尺寸　PN1.0》、DIN 28145.3:1982《搪玻璃容器上的焊接件　吊耳的位置和尺寸》和DIN 28151:1999《工业用搪玻璃搅拌容器夹套管口方位和尺寸》,总结HG/T 2372—2003《搪玻璃闭式搅拌容器》在执行过程中发现的问题和不足,并结合我国搪玻璃设备的制造工艺特点和制造水平进行制定。

本标准由中国石油和化学工业协会提出。

本标准由全国搪玻璃设备标准化技术委员会(SAC/TC 72)归口。

本标准主要起草单位:江苏省溧阳市云龙设备制造有限公司、常熟市华懋化工设备有限公司、苏州市协力化工设备有限公司、宁波明欣化工机械有限责任公司、江阴市化工设备厂、化学工业非金属材料和设备质量监督检验中心。

本标准参加起草单位:淄博工业搪瓷厂、江苏华东明茂机械有限公司、天华化工机械及自动化研究设计院。

本标准主要起草人:钱建丰、雍兆铭、桑临春、周志强、裘维平、徐国平、郑贵东。

本标准参加起草人:杨长明、虞飞、张楠。

搪玻璃闭式搅拌容器

1 范围

本标准规定了搪玻璃闭式搅拌容器的术语和定义、基本参数及主要尺寸、型式和技术特性、技术要求以及出厂文件、包装、运输和贮存。

本标准适用于内容器设计压力小于或等于1.0 MPa,公称容积大于或等于3 000 L、小于或等于40 000 L,U型夹套内设计压力小于或等于0.6 MPa,内容器及夹套内设计温度高于－20 ℃～200 ℃的搪玻璃闭式搅拌容器。

2 规范性引用文件

下列文件中的条款通过本标准的引用而成为本标准的条款。凡是注日期的引用文件,其随后所有的修改单(不包括勘误的内容)或修订版均不适用于本标准,然而,鼓励根据本标准达成协议的各方研究是否可使用这些文件的最新版本。凡是不注日期的引用文件,其最新版本适用于本标准。

GB 25025 搪玻璃设备技术条件

HG/T 2048 搪玻璃填料箱

HG/T 2049 搪玻璃设备 高颈法兰

HG/T 2050 搪玻璃设备 垫片

HG/T 2051 搪玻璃搅拌器

HG/T 2052 搪玻璃设备 传动装置

HG/T 2054 搪玻璃设备 卡子

HG/T 2055 搪玻璃人孔

HG/T 2057 搪玻璃搅拌容器用机械密封

HG/T 2058 搪玻璃温度计套

HG/T 2143 搪玻璃设备 管口

HG/T 3217 搪玻璃上展式放料阀

HG/T 3218 搪玻璃下展式放料阀

HG 20592 钢制管法兰参数和型式

JB/T 4712.3 耳式支座

JB/T 4712.4 支承式支座

JB/T 4746 钢制压力容器用封头

3 术语和定义

下列术语和定义适用于本标准。

3.1

搪玻璃闭式搅拌容器 one piece glass-lind steel vessels with agitator

容器上封头设置小于二分之一封头直径的高颈法兰并带搅拌装置的搪玻璃容器,代号为F,结构形式见图1。

3.2

计算容积 capacity for under agitator flange

高颈法兰以下的容积。

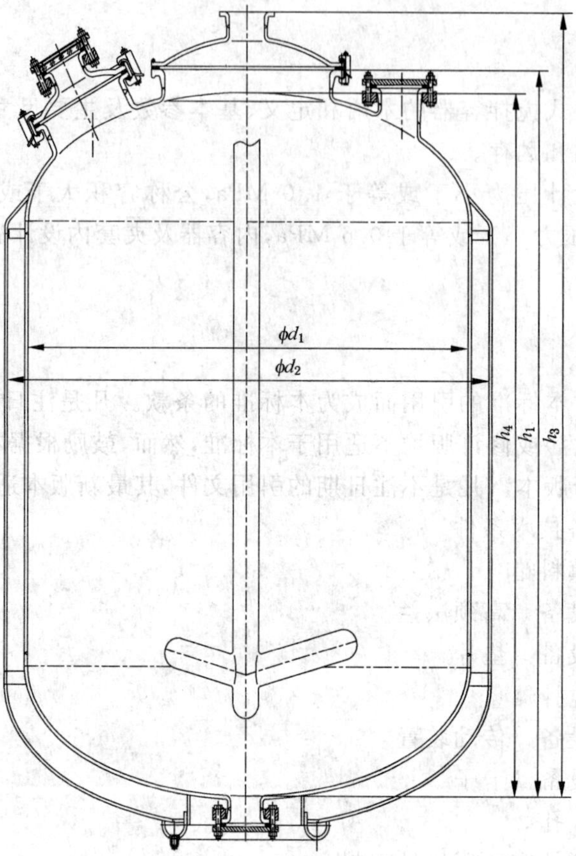

图 1

4 基本参数及主要尺寸

搪玻璃闭式搅拌容器的基本参数及主要尺寸见图 1 和表 1。

5 型式和技术特性

5.1 搪玻璃闭式搅拌容器的型式见图 2、表 2，技术特性见表 3。

5.2 温度计套管与搅拌器的配置见图 3。配叶轮式或桨式搅拌器时应优先选用挡板型温度计套。当容器公称容积大于 10 000 L 时，宜选择 2 个挡板型温度计套。温度计套的选用按 HG/T 2058。

表 1 主要尺寸表

公称容积 VN/L	d_1/mm		h_1/mm	h_4/mm	h_3/mm	夹套内直径 d_2/mm
	L 系列	S 系列				
3 000		1 600	2 250	2 150	2 420	1 750
4 000	1 600		2 730	2 630	2 900	1 750
		1 750	2 428	2 325	2 598	1 900

表 1（续）

公称容积 VN/L	d_1/mm		h_1/mm	h_4/mm	h_3/mm	夹套内直径 d_2/mm
	L 系列	S 系列				
5 000	**1 750**		2 888	2 785	3 058	1 900
		1 900	2 428	2 330	2 610	2 050
6 300	1 750		3 245	3 140	3 414	1 900
		1 900	2 828	2 730	3 010	2 050
8 000	**2 000**		3 310	3 210	3 508	2 150
		2 200	2 825	2 720	3 010	2 350
10 000	**2 200**		3 535	3 430	3 730	2 350
		2 400	3 065	2 940	3 264	2 550
12 500	2 200		4 055	3 950	4 250	2 350
		2 400	3 495	3 370	3 694	2 550
16 000	2 400		4 345	4 220	4 544	2 550
		2 600	3 830	3 710	4 040	2 750
20 000	2 600		4 640	4 520	4 850	2 750
		2 800	4 260	4 150	4 520	2 950
25 000	**2 800**		5 060	4 950	5 320	2 950
		3 000	4 630	4 515	4 890	3 150
30 000	**3 200**		4 900	4 800	5 200	3 350
		3 400	4 540	4 435	4 840	3 550
40 000	**3 400**		5 640	5 535	5 940	3 550
		3 600	5 230	5 120	5 530	3 750

注 1：搅拌容器的上、下封头应符合 JB/T 4746 中的 EHA 型，其他按标准椭圆型封头尺寸。

注 2：直径系列中黑体字为优先选用。

注 3：h_3 不包括垫片的厚度。

注 4：h_1 按 PN0.6 的高颈法兰（HG/T 2049）尺寸进行计算。

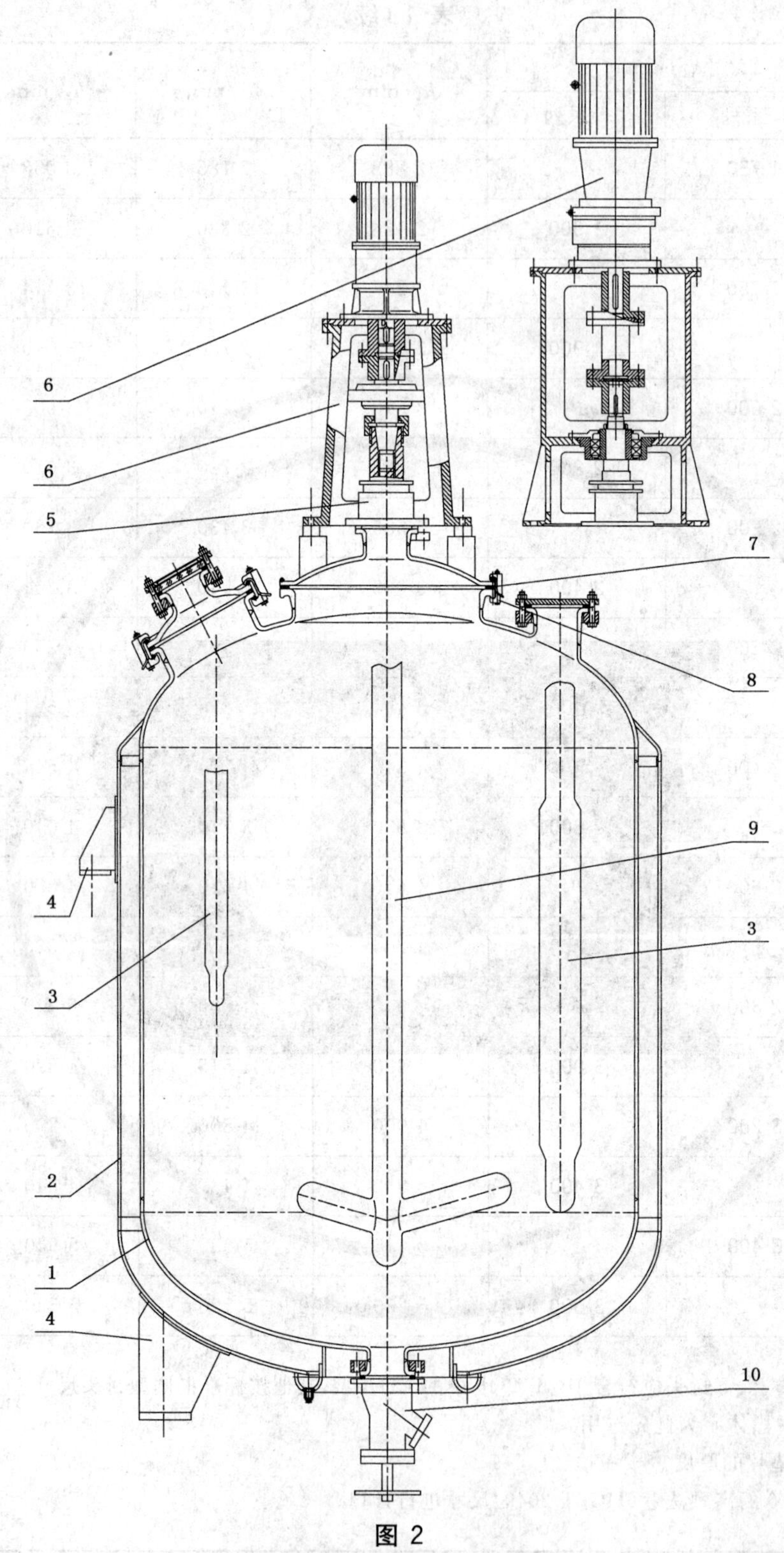

图 2

表 2 零部件明细表

件号	标准号	名 称	数量	材料	备 注
1	—	内容器	1	组合件	碳钢加搪玻璃
2	—	夹套	1	组合件	碳钢
3	HG/T 2058	搪玻璃温度计套	1	组合件	大规格为 2 件

表 2（续）

件号	标准号	名　称	数量	材料	备　注
4	JB/T 4712.3	耳式支座	4	碳钢	—
	JB/T 4712.4	支承式支座	4	碳钢	—
5	HG/T 2048	搪玻璃填料箱	1	组合件	—
	HG/T 2057	搪玻璃搅拌容器用机械密封	1	组合件	—
6	HG/T 2052	搪玻璃设备　传动装置	1	组合件	—
7	HG/T 2050	搪玻璃设备　垫片	1	组合件	—
8	HG/T 2054	搪玻璃设备　卡子	见表 8	组合件	—
9	HG/T 2051	搪玻璃搅拌器	1	组合件	碳钢加搪玻璃
10	HG/T 3217	搪玻璃上展式放料阀	1	组合件	—
	HG/T 3218	搪玻璃下展式放料阀	1	组合件	—

5.3　闭式搅拌容器的传动装置分 W 型、DZ 型和 SZ 型，按 HG/T 2052 选用。

5.4　闭式搅拌容器用搅拌器可根据工艺需要配置叶轮式和浆式搅拌器，按 HG/T 2051 选用。

表 3　技术特性表

公称容积 VN/L		3 000	4 000		5 000		6 300		8 000	
公称直径 d_1/mm	L 系列		1 600		1 750		1 750		2 000	
	S 系列	1 600		1 750		1 900		1 900		2 200
计算容积 VJ/L		3 813	4 778	4 917	6 023	5 743	6 878	6 877	9 083	8 994
全容积 VT/L		3 825	4 790	4 930	6 035	5 762	6 890	6 895	9 110	9 020
夹套换热面积/m^2		9.74	12.16	11.76	14.89	12.41	19.89	14.79	18.38	16.52
设计压力/MPa		内容器：0.25、0.60、1.0；　夹套：0.60								
设计温度/℃		内容器：0～200、>—20～200；　夹套：0～200、>—20～200								
搅拌轴公称直径 dn/mm		95								
电机功率/kW	叶轮式	5.5			7.5				11	
	浆式				5.5				7.5	
电机型式		Y 型或 YB 型系列(同步转速 1 500 r/min)								
搅拌轴转速		70 r/min～125 r/min，且叶片端部线速度：浆式小于 7 m/s，叶轮式小于 8 m/s								
传动装置型号	桨式、叶轮式	W5			—					
	桨式、叶轮式	DZ400 或 SZ400								
支座	耳式	A4							A5	
	支承式	A3		A4					A5	
搅拌器和温度计套组合形式		见图 3 和相关标准								
搪玻璃搅拌器轴密封		按 HG/T 2048 或 HG/T 2057 规定的适用范围选择使用								
搪玻璃放料阀		按 HG/T 3217 或 HG/T 3218 规定的适用范围选择使用								

公称容积 VN/L		10 000		12 500		16 000		20 000		25 000	
公称直径 d_1/mm	L 系列	2 200		2 200		2 400		2 600		2 800	
	S 系列		2 400		2 400		2 600		2 800		3 000

表 3（续）

<table>
<tr><td colspan="2">计算容积 VJ/L</td><td>11 692</td><td>11 430</td><td>13 666</td><td>13 489</td><td>17 336</td><td>17 464</td><td>21 762</td><td>22 773</td><td>27 697</td><td>28 475</td></tr>
<tr><td colspan="2">全容积 VT/L</td><td>11 720</td><td>11 460</td><td>13 695</td><td>13 515</td><td>17 365</td><td>17 505</td><td>21 800</td><td>22 845</td><td>27 770</td><td>28 545</td></tr>
<tr><td colspan="2">夹套换热面积/m²</td><td>21.35</td><td>19.82</td><td>24.89</td><td>23.06</td><td>29.48</td><td>27.42</td><td>34.04</td><td>33.51</td><td>40.60</td><td>39.03</td></tr>
<tr><td colspan="2">设计压力/MPa</td><td colspan="10">内容器：0.25、0.60、1.0；　　夹套：0.60</td></tr>
<tr><td colspan="2">设计温度/℃</td><td colspan="10">内容器：0～200、>−20～200；　　夹套：0～200、>−20～200</td></tr>
<tr><td colspan="2">搅拌轴公称直径 dn/mm</td><td colspan="4">110</td><td colspan="2">125</td><td colspan="4">140</td></tr>
<tr><td rowspan="2">电机功率/kW</td><td>桨式</td><td colspan="2">11</td><td colspan="2">15</td><td colspan="3">18.5</td><td colspan="2">22</td><td>30</td></tr>
<tr><td>叶轮式</td><td colspan="2">11</td><td colspan="2">15</td><td colspan="3">18.5</td><td>22</td><td colspan="2">30</td></tr>
<tr><td colspan="2">电机型式</td><td colspan="10">Y 型或 YB 型系列(同步转速 1 500 r/min)</td></tr>
<tr><td colspan="2">搅拌轴转速</td><td colspan="10">70 r/min～125 r/min，且叶片端部线速度：桨式搅拌器小于 7 m/s，叶轮式搅拌器小于 8 m/s</td></tr>
<tr><td colspan="2">传动装置型号</td><td colspan="4">DZ500 或 SZ500</td><td colspan="2">DZ501 或 SZ501</td><td colspan="4">DZ700 或 SZ700</td></tr>
<tr><td rowspan="2">支座</td><td>耳式</td><td colspan="5">A5</td><td>A6</td><td>A6</td><td colspan="3">A7</td></tr>
<tr><td>支承式</td><td colspan="5">A5</td><td>A6</td><td>A6</td><td colspan="3">B6</td></tr>
<tr><td colspan="2">搅拌器和温度计套组合形式</td><td colspan="10">见图 3 和相关标准</td></tr>
<tr><td colspan="2">搪玻璃搅拌器轴密封</td><td colspan="10">按 HG/T 2048 或 HG/T 2057 规定的适用范围选择使用</td></tr>
<tr><td colspan="2">搪玻璃放料阀</td><td colspan="10">按 HG/T 3217 或 HG/T 3218 规定的适用范围选择使用</td></tr>
</table>

<table>
<tr><td colspan="2">公称容积 VN/L</td><td colspan="2">30 000</td><td colspan="2">40 000</td></tr>
<tr><td rowspan="2">公称直径 d_1/mm</td><td>L 系列</td><td>3 200</td><td>—</td><td>3 400</td><td>—</td></tr>
<tr><td>S 系列</td><td>—</td><td>3 400</td><td>—</td><td>3 600</td></tr>
<tr><td colspan="2">计算容积 VJ/L</td><td>34 430</td><td>35 243</td><td>45 225</td><td>46 130</td></tr>
<tr><td colspan="2">全容积 VT/L</td><td>34 550</td><td>35 360</td><td>45 345</td><td>46 250</td></tr>
<tr><td colspan="2">夹套换热面积/m²</td><td>44.15</td><td>42.63</td><td>54.46</td><td>52.59</td></tr>
<tr><td colspan="2">设计压力/MPa</td><td colspan="4">内容器：0.25、0.60、1.0；　　夹套：0.60</td></tr>
<tr><td colspan="2">设计温度/℃</td><td colspan="4">内容器：0～200、>−20～200；　　夹套：0～200、>−20～200</td></tr>
<tr><td colspan="2">搅拌轴公称直径 dn/mm</td><td colspan="4">160</td></tr>
<tr><td rowspan="2">电机功率/kW</td><td>桨式</td><td>30</td><td colspan="3">37</td></tr>
<tr><td>叶轮式</td><td colspan="2">37</td><td colspan="2">45</td></tr>
<tr><td colspan="2">电机型式</td><td colspan="4">Y 型或 YB 型系列(同步转速 1 500 r/min 或 960 r/min)</td></tr>
<tr><td colspan="2">搅拌轴转速</td><td colspan="4">70 r/min～125 r/min，且叶片端部线速度：桨式小于 7 m/s，叶轮式小于 8 m/s</td></tr>
<tr><td colspan="2">传动装置型号</td><td colspan="4">DZ900 或 SZ900</td></tr>
<tr><td rowspan="2">支座</td><td>耳式</td><td colspan="4">A8</td></tr>
<tr><td>支承式</td><td colspan="2">B7</td><td colspan="2">B8</td></tr>
<tr><td colspan="2">搅拌器和温度计套组合形式</td><td colspan="4">见图 3 和相关标准</td></tr>
<tr><td colspan="2">搪玻璃搅拌器轴密封</td><td colspan="4">按 HG/T 2048 或 HG/T 2057 规定的适用范围选择使用</td></tr>
<tr><td colspan="2">搪玻璃放料阀</td><td colspan="4">按 HG/T 3217 或 HG/T 3218 规定的适用范围选择使用</td></tr>
</table>

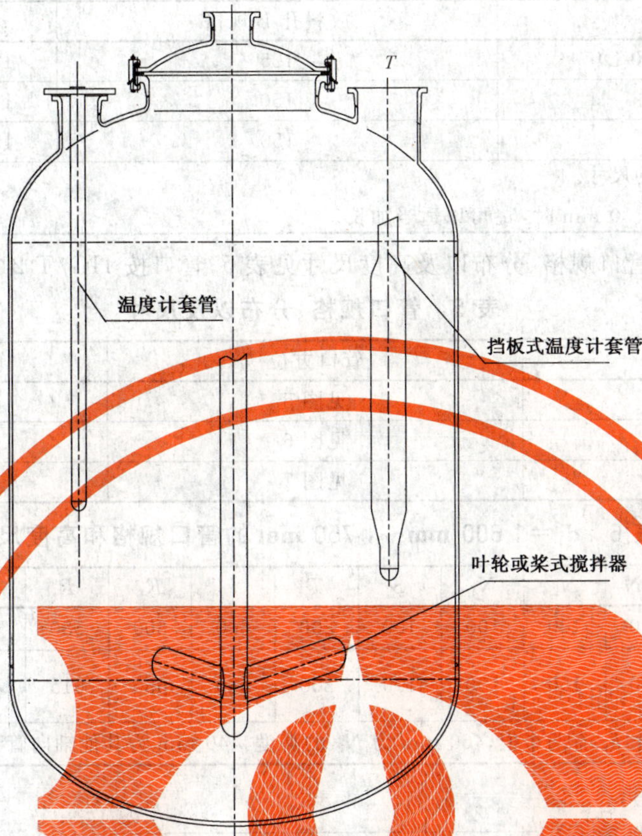

温度计套管

挡板式温度计套管

叶轮或桨式搅拌器

图 3

5.5　搅拌容器用人孔可按 HG/T 2055 选用。

5.6　搅拌轴密封装置可按 HG/T 2048 或 HG/T 2057 进行选用。

5.7　搅拌容器用垫片按 HG/T 2050 进行选用。

5.8　搅拌容器出料口的规格和尺寸见图 4 和表 4。

5.9　搅拌容器用放料阀可按 HG/T 3217 或 HG/T 3218 进行选用。

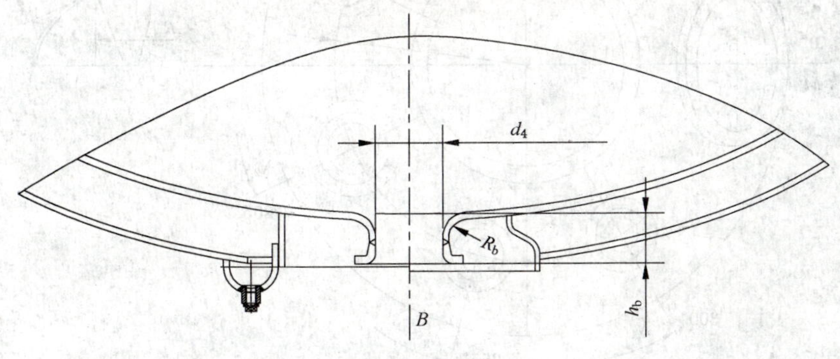

图 4

表 4 出料口的规格和尺寸

单位为毫米

公称直径 d_1	放料孔 B 规格	d_4	h_b	R_b
1 600～2 200(8 000 L)	125	125	95	35
2 200	150	150	110	40
2 400～3 600	150	150	110	40
注 1：d_4 为搪玻璃后的尺寸。 注 2：容器的壁厚大于 30 mm 时，h_b 可以适当加长。				

5.10 搅拌容器上封头管口规格、分布以及高度尺寸见表 5；管口按 HG/T 2143 中 PN1.0 进行选用。

表 5 管口规格、分布以及尺寸

公称直径 d_1/mm	管口方位	管口规格和高度尺寸
1 600～1 750	见图 5	见表 6
1 900～2 000	见图 6	见表 7
2 200～3 600	见图 7	见表 8

表 6 d_1＝1 600 mm～1 750 mm 的管口规格和高度尺寸

单位为毫米

d_1	M	d_3	N_1 N_3	N_2	N_4	S	T	e	R_t	R	h_m	h_t	h_n	h_c
1 600	300×400	600	100	100	100	100	200	600	600	580	120	430	405	500
1 750			100	150	100	100	200	630	650	615	120	460	440/460	540
注：d_1 为 1 750 mm 时，h_n 有两个值，460 mm 为 N_2 的高度，440 mm 为其他轴向管口的高度。														

单位为毫米

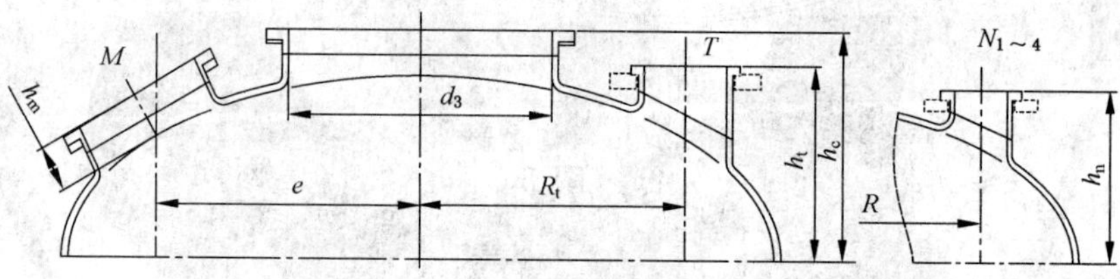

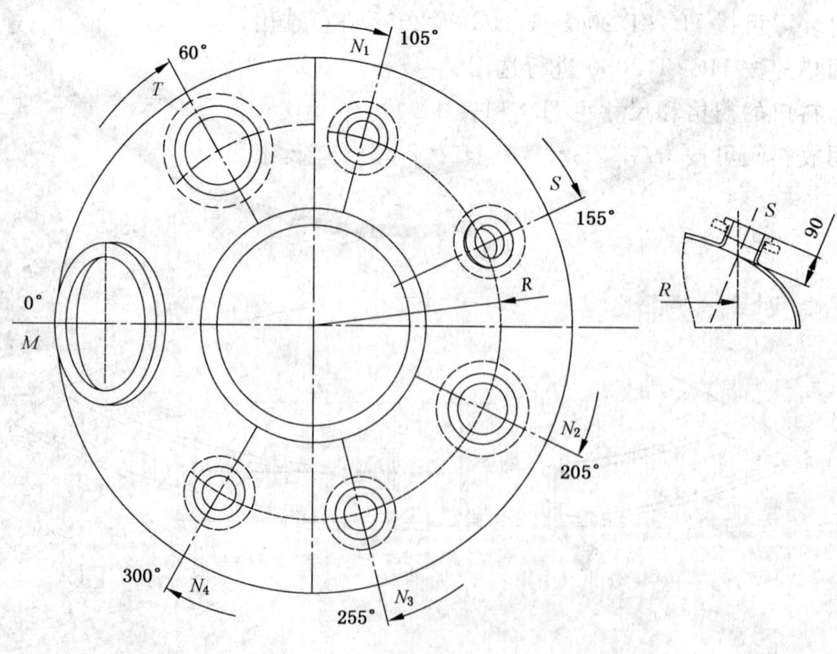

图 5

表 7 d_1＝1 900 mm～2 000 mm 的管口规格和高度尺寸

单位为毫米

d_1	M	d_3	N_1 N_5	N_2 N_3 N_4	S	T	e	R_t	R	h_m	h_t	h_n	h_c
1 900	300×400	700	100	150	100	200	680	700	700	120	490	460/480	573
2 000		800	150	150	150	250	725	725	750	120	525	490	610
注：d_1 为 1 900 mm 时，h_n 有两个值，480 mm 为 N_2、N_3 和 N_4 的高度，460 mm 为其他轴向管口的高度。													

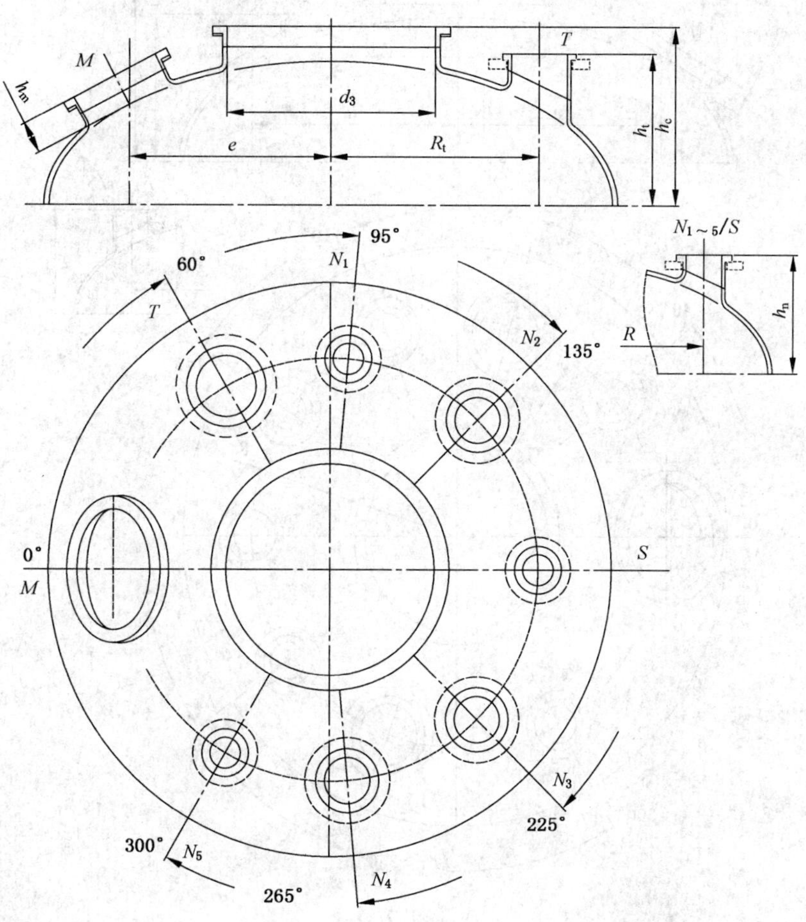

图 6

表 8 d_1＝2 200 mm～3 600 mm 的管口规格和高度尺寸

单位为毫米

d_1	M	d_3	N_1 N_2 N_3 N_4	N_5	S	T_1 T_2	e	R_t	R	h_m	h_t	h_n	h_c
2 200	300×400	800	150	150	150	250	800	800	800	120	560	530	662
2 400	450	800	150	150	150	250	900	900	900	120	590	560	725
2 600		900	200	200	200	250	975	950	975	120	640	610	770

表 8（续） 单位为毫米

d_1	M	d_3	N_1 N_2 N_3 N_4	N_5	S	T_1 T_2	e	R_t	R	h_m	h_t	h_n	h_c
2 800	500	1 100	200	200	200	300	1 100	1 000	1 050	130	700	650	810
3 000		1 100	200	200	200	300	1 200	1 075	1 125	130	730	680	865
3 200		1 300	200	200	200	400	1 200	1 150	1 200	130	805	715	900
3 400	600	1 300	200	200	200	400	1 250	1 200	1 275	140	850	750	955
3 600		1 300	200	200	200	400	1 350	1 300	1 350	140	880	790	1 010

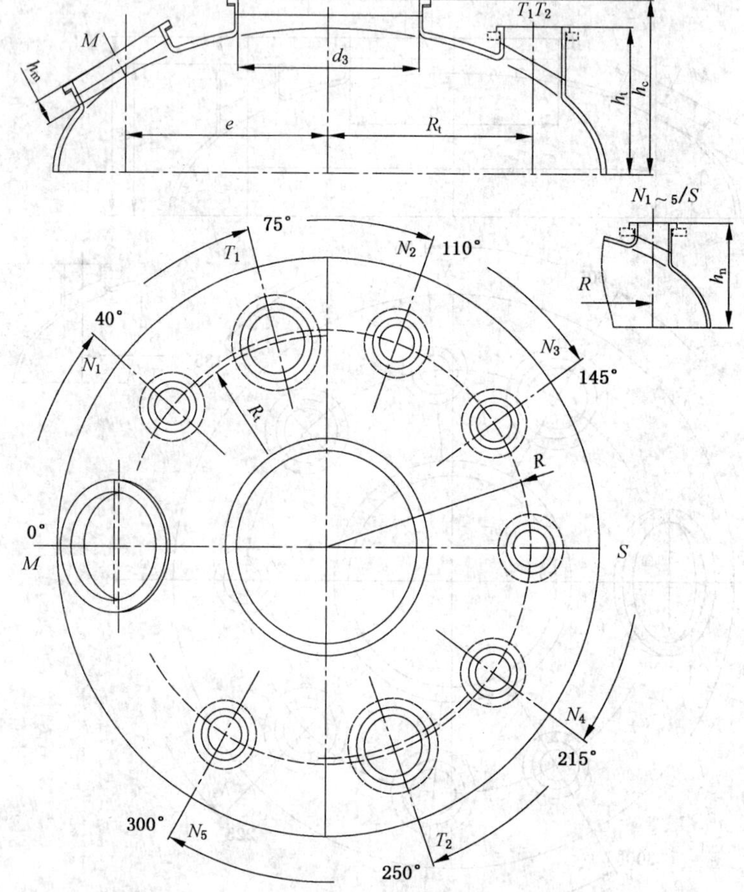

图 7

5.11 搅拌容器用卡子应符合 HG/T 2054 的要求，卡子数量、规格见表 9。

表 9 卡子数量和规格

公称直径 d_3/mm	容器内设计压力/MPa 0.25	0.60	1.00
600	28-BM12	28-AM16	32-AM16
700	36-BM12	32-AM16	40-AM16
800	32-BM16	36-AM16	36-AM20
900	36-BM16	40-AM16	40-AM20
1 100	44-BM20	48-AM20	48-AM24
1 300	52-BM20	56-AM20	56-AM24

5.12 搅拌容器减速机支座分A型(配W型传动装置)和B型(配DZ或SZ型传动装置)两种,见图8,B型分普通型和带过渡板型,见图9。搅拌孔和减速机支座主要尺寸见表10。

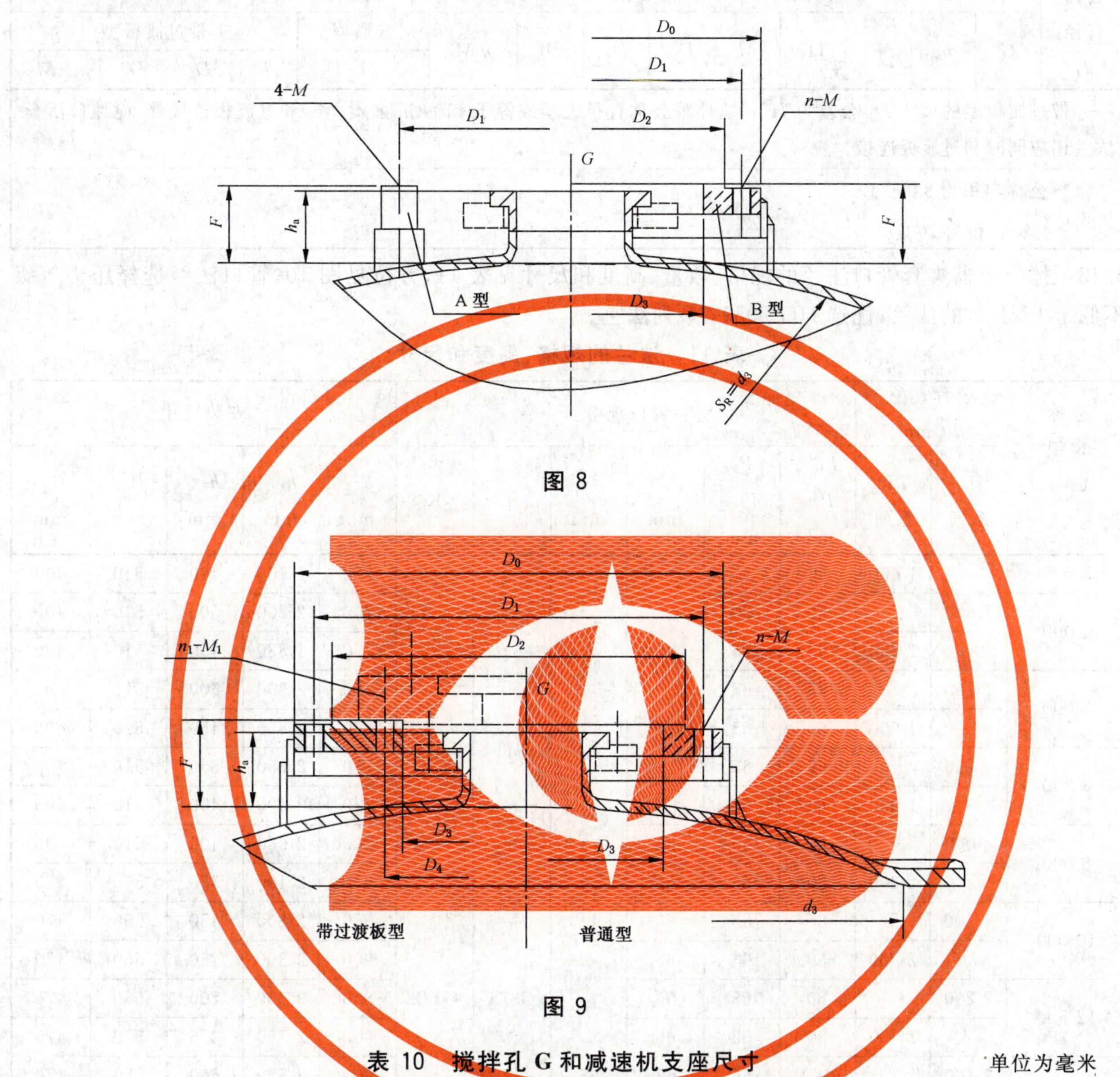

图 8

图 9

表 10 搅拌孔G和减速机支座尺寸

单位为毫米

公称直径 d_3	搅拌孔		A型支座			B型支座									
										普通型		带过渡板型			
	G	h_a	F	D_1	M	D_0	D_1	D_2	n-M	F	D_3	F	D_3	D_4	n_1-M_1
600	150	90	95	450	M27	560	515	415	16-M24	95	375	110	300	340	12-M20
700	150	90	—	—	—	560	515	415	16-M24	95	375	110	300	340	12-M20
800[a]	150	90	—	—	—	560	515	415	16-M24	95	375	110	300	340	12-M20
800	200	95	—	—	—	670	620	520	20-M24	100	460	115	380	420	4-M16
900	200	95	—	—	—	670	620	520	20-M24	100	460	115	380	420	4-M16
900[b]	250	100	—	—	—	830	780	670	28-M24	—	—	120	420	460	4-M20
1 100	250	100	—	—	—	830	780	670	28-M24	—	—	120	420	460	4-M20
1 300	250	100	—	—	—	1 030	980	870	36-M24	—	—	120	420	460	4-M20

表 10（续）

单位为毫米

公称直径 d_3	搅拌孔		A 型支座			B 型支座									
										普通型		带过渡板型			
	G	h_a	F	D_1	M	D_0	D_1	D_2	n-M	F	D_3	F	D_3	D_4	n_1-M_1
带过渡板型的尺寸 D_3 公差为 H_8。搅拌轴公称直径大于或等于 110 时，除 n_1-M_1 和过渡板连接外，搅拌口活套法兰还应同时和过渡板连接。															
[a] 公称容积为 8 000 L。 [b] 公称容积为 20 000 L。															

5.13 搅拌容器夹套管口法兰的规格、数量、高度和尺寸见表 11，方位见图 10；管口法兰选择压力等级不低于 PN1.0 的法兰，优选 HG 20592 系列法兰。

表 11 法兰的规格、高度和尺寸

公称容积 VN/L	公称直径 d_1/mm		管口规格						安装尺寸				
	L 系列	S 系列	$L_{1\sim3}$ P_1/mm	P_2 P_3/mm	P_4/mm	P_5/mm	g	K	h_5/mm	h_6/mm	h_7/mm	B_1/mm	B_2/mm
3 000		1 600	50	50	—	—	G3/4	G1/2	700	1 700	400	510	400
4 000	1 600		50	50					700	2 200	500	510	400
		1 750	65	65					750	1 880	450	510	400
5 000	1 750		65	65					750	2 300	600	510	400
		1 900	65	65					770	1 800	450	510	400
6 300	1 750		65	65					750	2 650	850	510	400
		1 900	65	65					770	2 200	450	510	400
8 000	2 000		80	65	65				800	2 650	400	510	400
		2 200	80	65	65				850	2 100	350	550	470
10 000	2 200		80	65	65				850	2 800	450	550	470
		2 400	80	65	65				900	2 300	350	550	470
12 500	2 200		80	65	65				850	3 300	700	550	470
		2 400	80	65	65				900	2 750	375	550	470
16 000	2 400		100	65	65	65			900	3 550	600	550	470
		2 600	100	65	65	65			1 000	3 000	450	550	470
20 000	2 600		100	65	65	65			1 000	3 800	650	550	470
		2 800	100	65	65	65			1 050	3 350	500	550	470
25 000	2 800		100	65	65	65			1 050	4 150	750	550	470
		3 000	100	65	65	65			1 100	3 650	550	550	470
30 000	3 200		100	80	80	80			1 150	3 850	600	550	470
		3 400	100	80	80	80			1 200	3 400	450	550	470
40 000	3 400		100	80	80	80			1 200	4 500	750	550	470
		3 600	100	80	80	80			1 250	4 050	600	550	470
注：L_1、L_2 为蒸汽进口，L_3 为冷凝水出口，P_1～P_5 管口为流体进出口，P_2～P_5 管口可以配液体喷嘴，DN50 的管口配 40A 液体喷嘴，DN65 的管口配 50A 液体喷嘴，DN80 的管口配 65A 液体喷嘴。													

5.14 夹套换热介质进入管口应按图 11 所示设计防冲板，或按图 12 所示配置液体喷嘴；夹套的顶部应按图 13 所示设计不凝性气体的排放口。夹套的底部应按图 14 所示在最低处设计冷凝液或残留液的排出口。

5.15 设备支座的高度、分布以及尺寸见表 12，方位见图 15。当保温要求较高时，可以按 JB/T 4712.3 的要求选择相应规格的 B 型或 C 型耳式支座；设备较大时还可以选择其他支承形式。

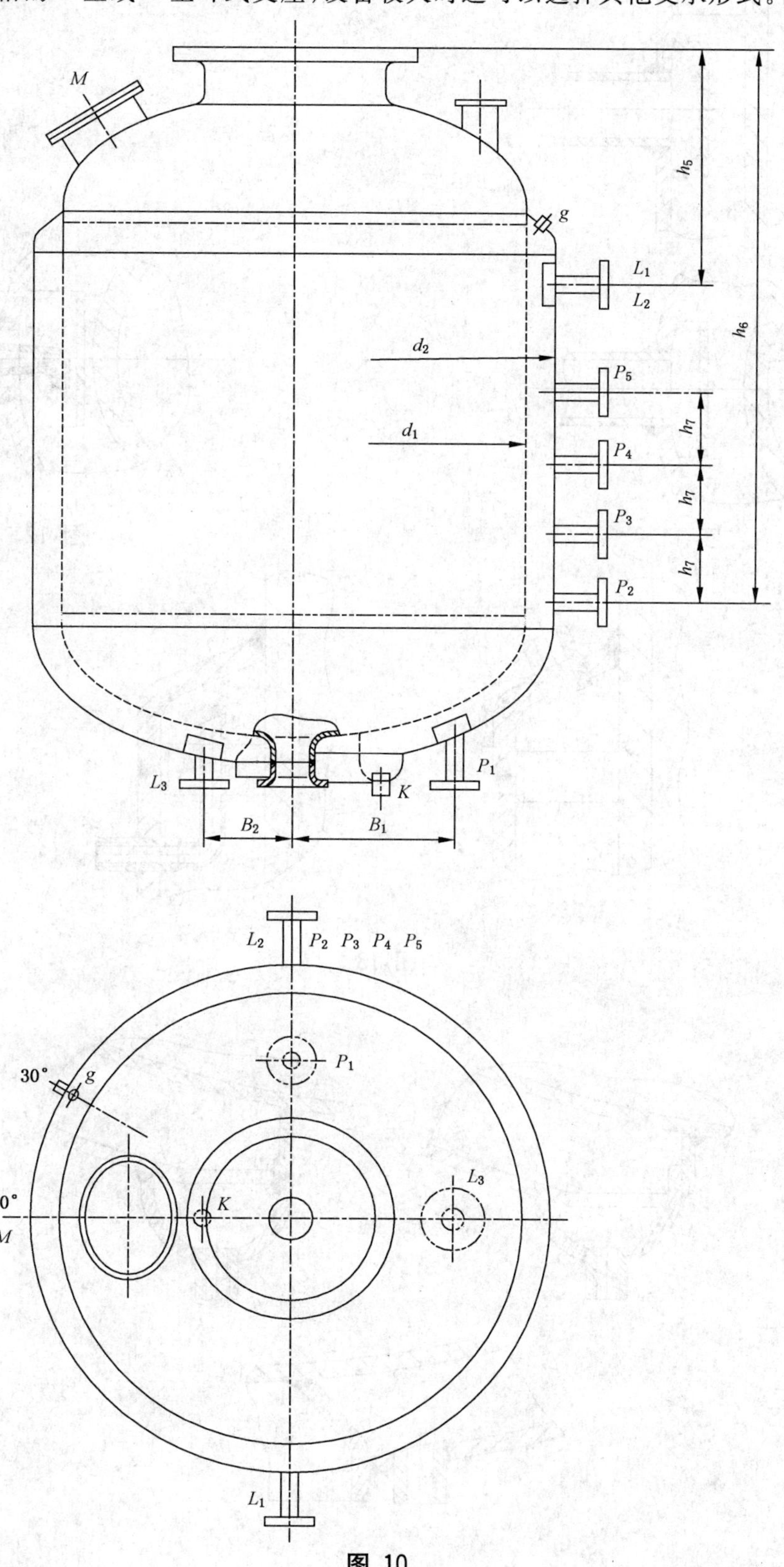

图 10

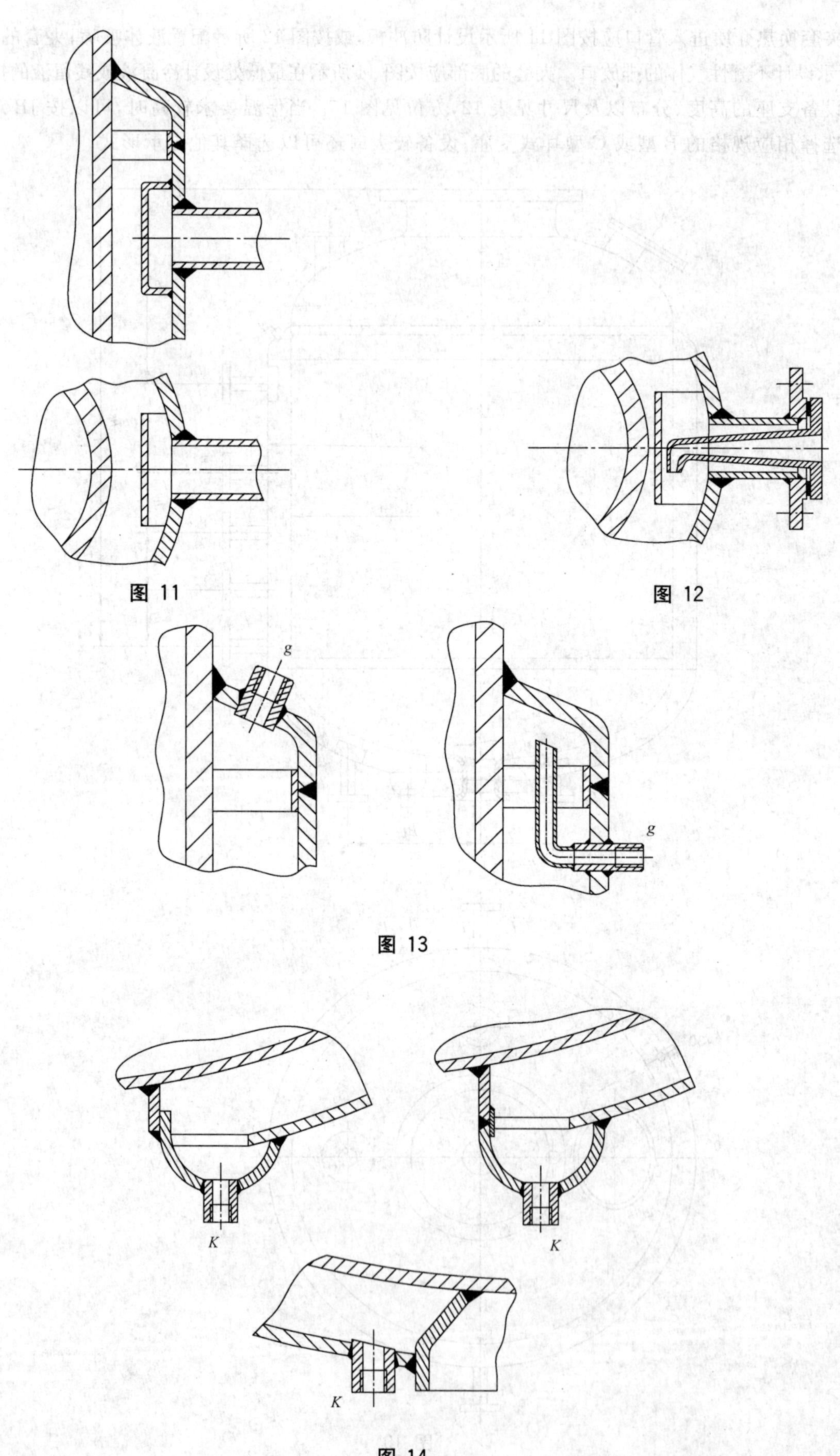

图 11

图 12

图 13

图 14

表 12 支座安装尺寸表

公称容积 VN/L	公称直径 d_1/mm L系列	公称直径 d_1/mm S系列	耳式 H_1/mm	耳式 ~D_5/mm	耳式 ϕ_1/mm	支承式 ~H_2/mm	支承式 D_6/mm	支承式 ϕ_2/mm A型	支承式 ϕ_2/mm B型
3 000		1 600	960	1 960	30	200	1 300	30	—
4 000	1 600		960	1 960	30	200	1 300	30	—
		1 750	1 000	2 112	30	200	1 400	30	—
5 000	1 750		1 000	2 112	30	200	1 400	30	—
		1 900	1 050	2 256	30	200	1 530	30	—
6 300	1 750		1 000	2 112	30	200	1 400	30	—
		1 900	1 050	2 256	30	200	1 530	30	—
8 000	2 000		1 150	2 406	30	355	1 505	36	—
		2 200	1 200	2 608	30	340	1 645	36	—
10 000	2 200		1 200	2 608	30	340	1 645	36	—
		2 400	1 300	2 812	30	315	1 785	36	—
12 500	2 200		1 200	2 608	30	340	1 645	36	—
		2 400	1 300	2 812	30	315	1 785	36	—
16 000	2 400		1 300	2 812	30	315	1 785	36	—
		2 600	1 400	3 060	36	330	1 925	36	—
20 000	2 600		1 400	3 060	36	330	1 925	36	—
		2 800	1 500	3 335	36	250	2 065	—	8-24
25 000	2 800		1 500	3 335	36	250	2 065	—	8-24
		3 000	1 600	3 538	36	260	2 205	—	8-24
30 000	3 200		1 750	3 866	36	255	2 345	—	8-24
		3 400	1 800	4 068	36	240	2 485	—	8-24
40 000	3 400		1 800	4 068	36	240	2 485	—	8-24
		3 600	1 850	4 268	36	280	2 625	—	8-30

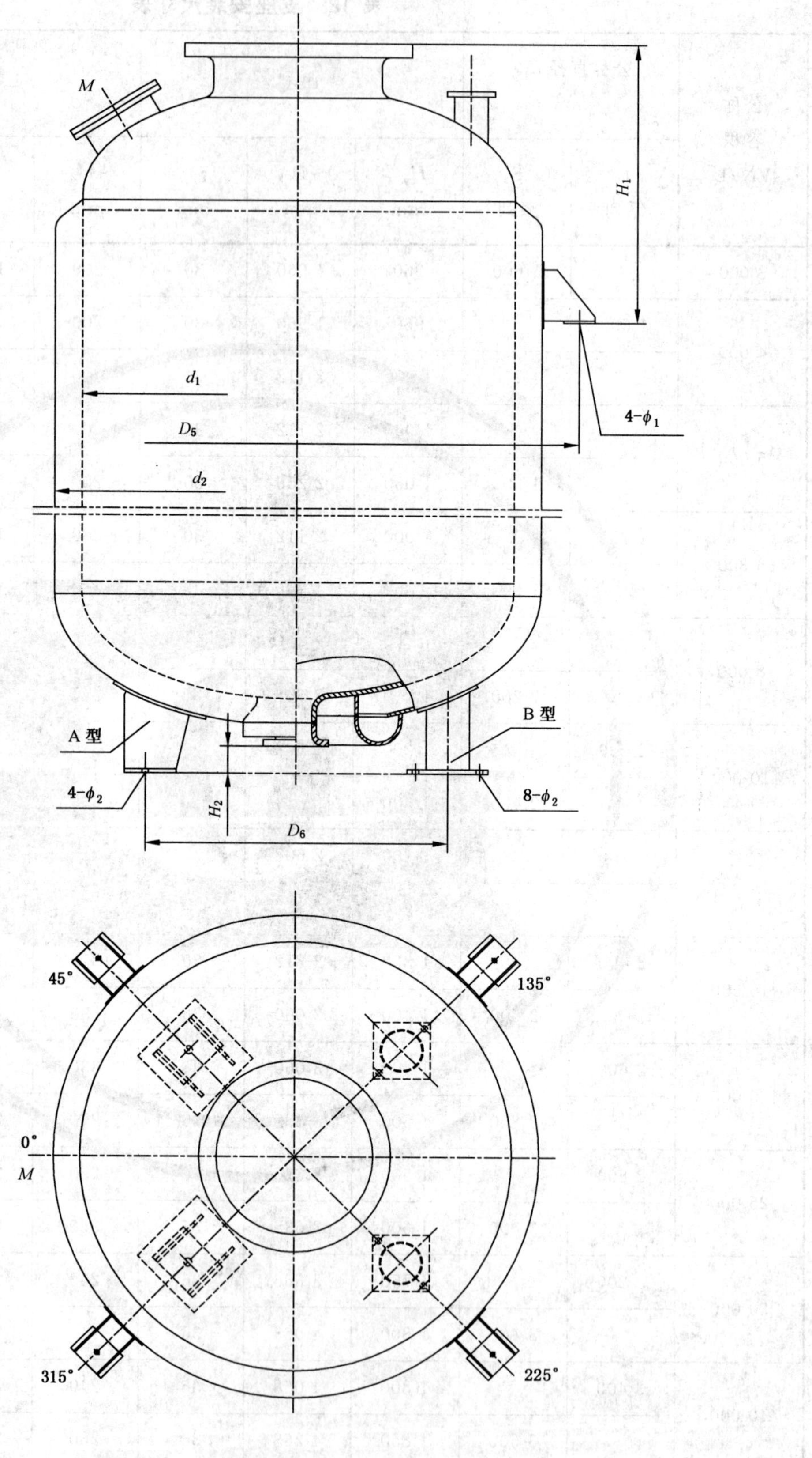

图 15

5.16 吊耳：在容器夹套的上部应该设计至少 2 个设备安装时用的吊耳，公称容积大于或等于 5 000 L 时，还应在夹套的底封头处设计吊装用辅助吊耳，以方便设备的起吊和安装就位。

6 技术要求

6.1 搪玻璃闭式搅拌容器的设计、制造、检验和验收按 GB 25025 和有关标准规范进行。

6.2 搪玻璃闭式搅拌容器所有配件，如人孔、高颈法兰、人孔法兰、管口、卡子、活套法兰、传动装置、搅拌器、密封装置、垫片、温度计套(包括挡板式)、视镜和法兰盖等均要符合相应的搪玻璃设备零部件标准的有关规定。

6.3 搪玻璃闭式搅拌容器应该进行以水代料的带压搅拌运转试验，试验结果应符合设计图纸的要求。

6.4 标记：

F①-②/③-④⑤⑥ GB/T 25026—2010

⑥——搅拌轴密封代号：机械密封有两种(直接型为 P，带过渡板型为 PC)；
填料密封有两种(直接型为 S，带过渡板型为 SC)；

⑤——搅拌器代号：浆式 J，叶轮式 Y，其他 N；

④——传动装置代号：W 型用 W 表示，DZ 型用 D 表示，SZ 型用 S 表示；

③——公称直径，mm；

②——公称容积，L；

①——内容器设计压力，MPa：0.25、0.6、1.0；

F——搪玻璃闭式搅拌容器代号。

标记示例：

内容器设计压力为 0.25 MPa，公称容积为 20 000 L，公称直径为 2 800 mm，传动装置选用 DZ 型，叶轮式搅拌器，带过渡板型机械密封的搪玻璃闭式搅拌容器，其标记为：

F0.25-20000/2800-DYPC GB/T 25026—2010

7 出厂文件、包装、运输和贮存

7.1 产品标牌、出厂文件、包装、运输按 GB 25025 的规定。

7.2 容器出厂前应妥善保管；防止雨雪以及腐蚀介质侵蚀，一般不露天存放。

ICS 71.120;25.220.50
G 94

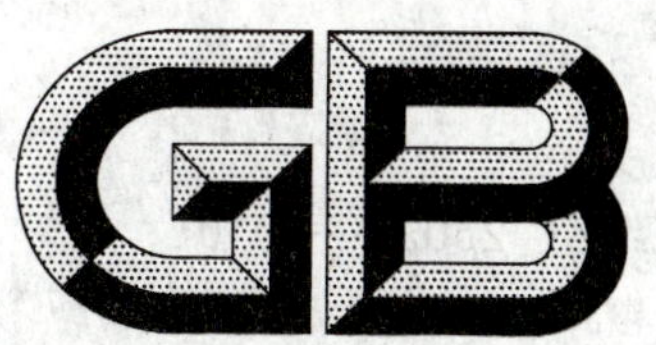

中华人民共和国国家标准

GB/T 25027—2010

搪玻璃开式搅拌容器

Two pieces glass-lined steel vessels with agitator

2010-09-02 发布 2011-01-01 实施

中华人民共和国国家质量监督检验检疫总局
中国国家标准化管理委员会 发布

前　言

本标准参考了DIN 28136.1:2005《搅拌容器主要尺寸》中的搪玻璃搅拌容器部分、DIN 28136.3:2005《搪玻璃搅拌容器上封头的管口方位和尺寸》、DIN 28137.3:1983《搪玻璃搅拌容器搅拌口减速机座法兰的连接尺寸》、DIN 28140.2:1978《放料阀与搪玻璃容器的连接尺寸　PN10》、DIN 28145.3:1982《搪玻璃容器上的焊接件　吊耳的位置和尺寸》和DIN 28151:1999《工业用搪玻璃搅拌容器夹套管口方位和尺寸》等标准，总结HG/T 2371—2003《搪玻璃开式搅拌容器》在执行过程中发现的问题和不足，并结合我国搪玻璃设备的制造工艺特点和现在的制造水平进行制定。

本标准由中国石油和化学工业协会提出。

本标准由全国搪玻璃设备标准化技术委员会(SAC/TC 72)归口。

本标准主要起草单位：江阴市化工设备厂、常熟市华懋化工设备有限公司、宁波明欣化工机械有限责任公司、苏州市协力化工设备有限公司、化学工业非金属材料和设备质量监督检验中心。

本标准参加起草单位：淄博工业搪瓷厂、江苏华东明茂机械有限公司、天华化工机械及自动化研究设计院。

本标准主要起草人：钱建丰、桑临春、徐国平、陈惠芳、周志强、裘维平、张楠。

本标准参加起草人：杨长明、虞浩明、郑贵东。

搪玻璃开式搅拌容器

1 范围

本标准规定了搪玻璃开式搅拌容器的术语和定义、基本参数及主要尺寸、型式和技术特性、技术要求以及出厂文件、包装、运输和贮存。

本标准适用于内容器设计压力小于或等于1.0 MPa,公称容积大于或等于50 L、小于或等于5 000 L,U型夹套内设计压力小于或等于0.6 MPa,内容器及夹套内设计温度高于－20 ℃～200 ℃的搪玻璃开式搅拌容器。

2 规范性引用文件

下列文件中的条款通过本标准的引用而成为本标准的条款。凡是注日期的引用文件,其随后所有的修改单(不包括勘误的内容)或修订版均不适用于本标准,然而,鼓励根据本标准达成协议的各方研究是否可使用这些文件的最新版本。凡是不注日期的引用文件,其最新版本适用于本标准。

GB 25025 搪玻璃设备技术条件

HG/T 2048 搪玻璃填料箱

HG/T 2049 搪玻璃设备 高颈法兰

HG/T 2050 搪玻璃设备 垫片

HG/T 2051 搪玻璃搅拌器

HG/T 2052 搪玻璃设备 传动装置

HG/T 2054 搪玻璃设备 卡子

HG/T 2055 搪玻璃人孔

HG/T 2057 搪玻璃搅拌容器用机械密封

HG/T 2058 搪玻璃温度计套

HG/T 2143 搪玻璃设备 管口

HG/T 2145 搪玻璃手孔

HG/T 3217 搪玻璃上展式放料阀

HG/T 3218 搪玻璃下展式放料阀

HG/T 20592 钢制管法兰参数和型式

JB/T 4712.3 耳式支座

JB/T 4712.4 支承式支座

JB/T 4746 钢制压力容器用封头

3 术语和定义

下列术语和定义适用于本标准。

3.1

搪玻璃开式搅拌容器 two pieces glass-lind steel vessels with agitator

筒体上设置与筒体等径高颈法兰的带搅拌装置的搪玻璃容器,代号为K,结构形式见图1。

3.2

计算容积 capacity for under equipment flange

高颈法兰以下部分的容积。

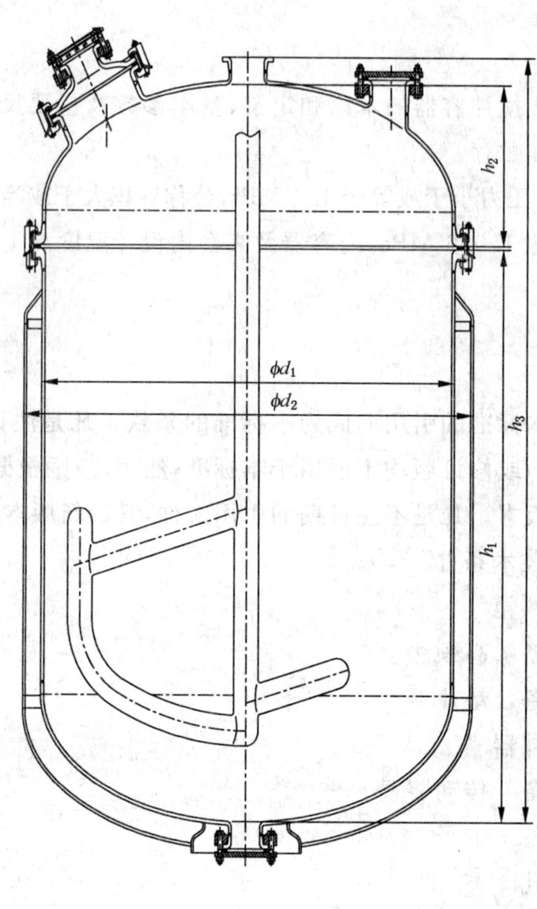

图 1

4 基本参数及主要尺寸

搪玻璃开式搅拌容器的基本参数及主要尺寸见图 1 和表 1。

5 型式和技术特性

5.1 搪玻璃开式搅拌容器的型式见图 2、表 2,技术特性见表 3。

5.2 温度计套管与搅拌器的组合形式见图 3。若选配叶轮式或桨式搅拌器时,应优选挡板型温度计套,按 HG/T 2058 选用。

5.3 搅拌容器的传动装置分 W 型、DZ 型和 SZ 型,按 HG/T 2052 选用。

5.4 搅拌容器可根据工艺需要选配锚式、框式、叶轮式和浆式搅拌器,按 HG/T 2051 选用。

5.5 根据使用要求,公称直径小于 1 200 mm 的开式搅拌容器可选配搪玻璃手孔,按 HG/T 2145 选用。公称直径大于或等于 1 200 mm 的开式搅拌容器可选配搪玻璃人孔,按 HG/T 2055 选用。

5.6 搅拌轴密封装置按 HG/T 2048 或 HG/T 2057 进行选用。

5.7 垫片按 HG/T 2050 进行选用。

表 1　主要尺寸表

公称容积 VN/L	d_1/mm		h_1/mm	h_2/mm	h_3/mm	夹套 d_2/mm
	L 系列	S 系列				
50	—	**500**	400	200	675	600
100	—	**600**	500	235	810	700
200	—	**700**	700	265	1 035	800
300	—	**800**	800	295	1 180	900
400	**800**	—	1 000	320	1 380	900
500	**900**	—	1 000	320	1 405	1 000
800	**1 000**	—	1 200	345	1 630	1 100
1 000	1 100	—	1 330	370	1 785	1 200
	—	**1 200**	1 200	395	1 680	1 300
1 500	1 200	—	1 550	395	2 030	1 300
	—	**1 300**	1 400	420	1 905	1 450
2 000	**1 300**	—	1 750	420	2 255	1 450
	—	**1 450**	1 450	468	2 002	1 600
3 000	1 450		2 030	468	2 588	1 600
		1 600	1 810	505	2 410	1 750
4 000	**1 600**		2 290	505	2 890	1 750
		1 750	1 950	542	2 588	1 900
5 000	**1 750**		2 410	542	3 048	1 900

注 1：搅拌容器的上、下封头应符合 JB/T 4746 中的 EHA 型，其他按标准椭圆型封头尺寸。

注 2：直径系列中黑体字为优先选用。

注 3：h_3 不包括垫片的厚度。

注 4：h_2 尺寸按压力等级为 PN0.6 的高颈法兰(HG/T 2049)的尺寸进行计算。

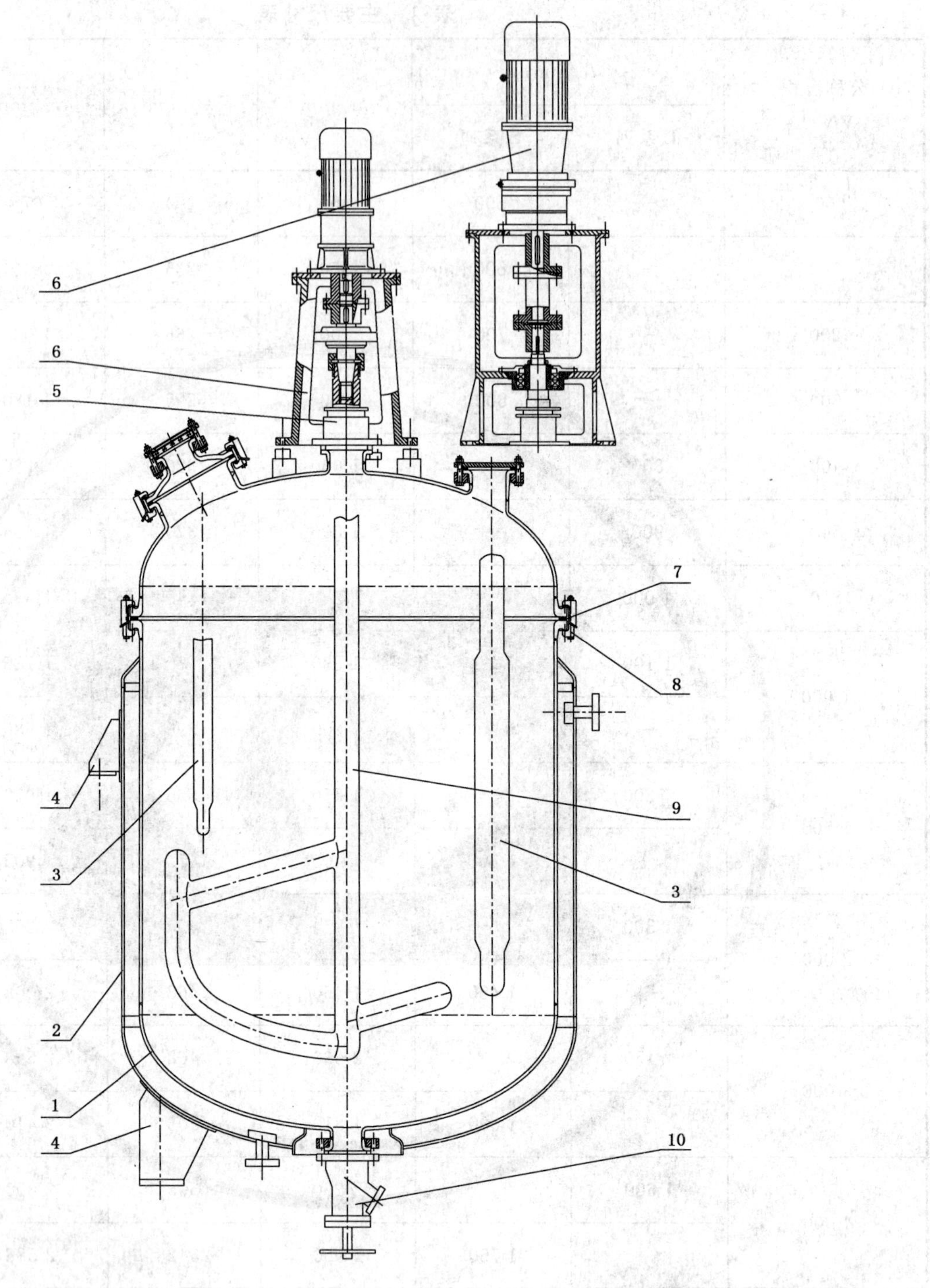

图 2

表 2 零部件明细表

<table>
<tr><th>件号</th><th>标准号</th><th>名 称</th><th>数量</th><th>材料</th><th>备 注</th></tr>
<tr><td>1</td><td></td><td>内容器</td><td>1</td><td>组合件</td><td>碳钢加搪玻璃</td></tr>
<tr><td>2</td><td></td><td>夹套</td><td>1</td><td>组合件</td><td>碳钢</td></tr>
<tr><td>3</td><td>HG/T 2058</td><td>搪玻璃温度计套或挡板</td><td>1</td><td>组合件</td><td>碳钢加搪玻璃</td></tr>
<tr><td rowspan="2">4</td><td>JB/T 4712.3</td><td>耳式支座</td><td>4</td><td>碳钢</td><td></td></tr>
<tr><td>JB/T 4712.4</td><td>支承式支座</td><td>4</td><td>碳钢</td><td></td></tr>
</table>

表 2（续）

件号	标准号	名　称	数量	材料	备　注
5	HG/T 2048	搪玻璃填料箱	1	组合件	
	HG/T 2057	搪玻璃搅拌容器用机械密封	1	组合件	
6	HG/T 2052	搪玻璃设备　传动装置	1	组合件	
7	HG/T 2050	搪玻璃设备　垫片	1	组合件	
8	HG/T 2054	搪玻璃设备　卡子	见表 8	组合件	
9	HG/T 2051	搪玻璃搅拌器	1	组合件	碳钢加搪玻璃
10	HG/T 3217	搪玻璃上展式放料阀	1	组合件	
	HG/T 3218	搪玻璃下展式放料阀	1	组合件	

表 3　技术特性表

公称容积 VN/L		50	100	200	300	400	500	800
公称直径 d_1/mm	L 系列	—	—	—	—	800	900	1 000
	S 系列	500	600	700	800	—	—	—
计算容积 VJ/L		70	127	247	369	469	588	878
全容积 VT/L		101	179	324	483	583	744	1 082
夹套换热面积/m^2		0.54	0.84	1.50	1.90	2.40	2.60	3.70
设计压力/MPa		内容器：0.25、0.60、1.0；　夹套：0.60						
设计温度/℃		内容器：0～200、>−20～200；　夹套：0～200、>−20～200						
搅拌轴公称直径 dn/mm		40	50		65			
电机功率/kW		0.55	0.75	1.1	1.5		2.2	3.0
电机型式		Y 型或 YB 型系列（同步转速 1 500 r/min）						
搅拌器轴转速		锚式、框式搅拌器：50 r/min～80 r/min；浆式、叶轮式搅拌器：70 r/min～125 r/min						
传动装置型号		W1	W2		W3			
耳式支座		A1	A2				A3	
搅拌器和温度计套管组合形式		见图 3 和相关标准						
搪玻璃搅拌轴密封		按 HG/T 2048 或 HG/T 2057 规定的适用范围选择使用						
搪玻璃放料阀		按 HG/T 3217 或 HG/T 3218 规定的适用范围选择使用						

公称容积 VN/L		1 000		1 500		2 000		3 000		4 000		5 000
公称直径 d_1/mm	L 系列	1 100		1 200		1 300		1 450		1 600		1 750
	S 系列		1 200		1 300		1 450		1 600		1 750	
计算容积 VJ/L		1 176	1 245	1 641	1 714	2 179	2 197	3 155	3 380	4 348	4 340	5 435
全容积 VT/L		1 440	1 577	1 973	2 127	2 591	2 766	3 723	4 116	5 081	5 291	6 397
夹套换热面积/m^2		4.6	4.5	5.8	5.2	7.2	6.7	9.3	9.3	11.7	10.9	13.4
设计压力/MPa		内容器：0.25、0.60、1.0；　夹套：0.60										
设计温度/℃		内容器：0～200、>−20～200；　夹套：0～200、>−20～200										
搅拌轴公称直径 dn		80						95				
电机功率/kW	锚式、框式	3.0				4.0		5.5				5.5
	浆式											
	叶轮式	4.0										7.5
电机型式		Y 型或 YB 型系列（同步转速 1 500 r/min）										

表 3（续）

公称容积 *VN*/L		1 000	1 500	2 000	3 000	4 000	5 000
搅拌器轴转速		锚式、框式：50 r/min～80 r/min，且叶片端部线速度小于 5 m/s；桨式、叶轮式：70 r/min～125 r/min					
传动装置型号	锚式、框式	W4			W5	—	
	桨式、叶轮	W4			W5		—
	型式不限	DZ300 或 SZ300			DZ400 或 SZ400		
支座	耳式	A3	A4				
	支承式	A2	A3			A4	
搅拌和温度套组合		见图 3 和相关标准					
搪玻璃器轴密封		按 HG/T 2048 或 HG/T 2057 规定的适用范围选择使用					
搪玻璃放料阀		按 HG/T 3217 或 HG/T 3218 规定的适用范围选择使用					

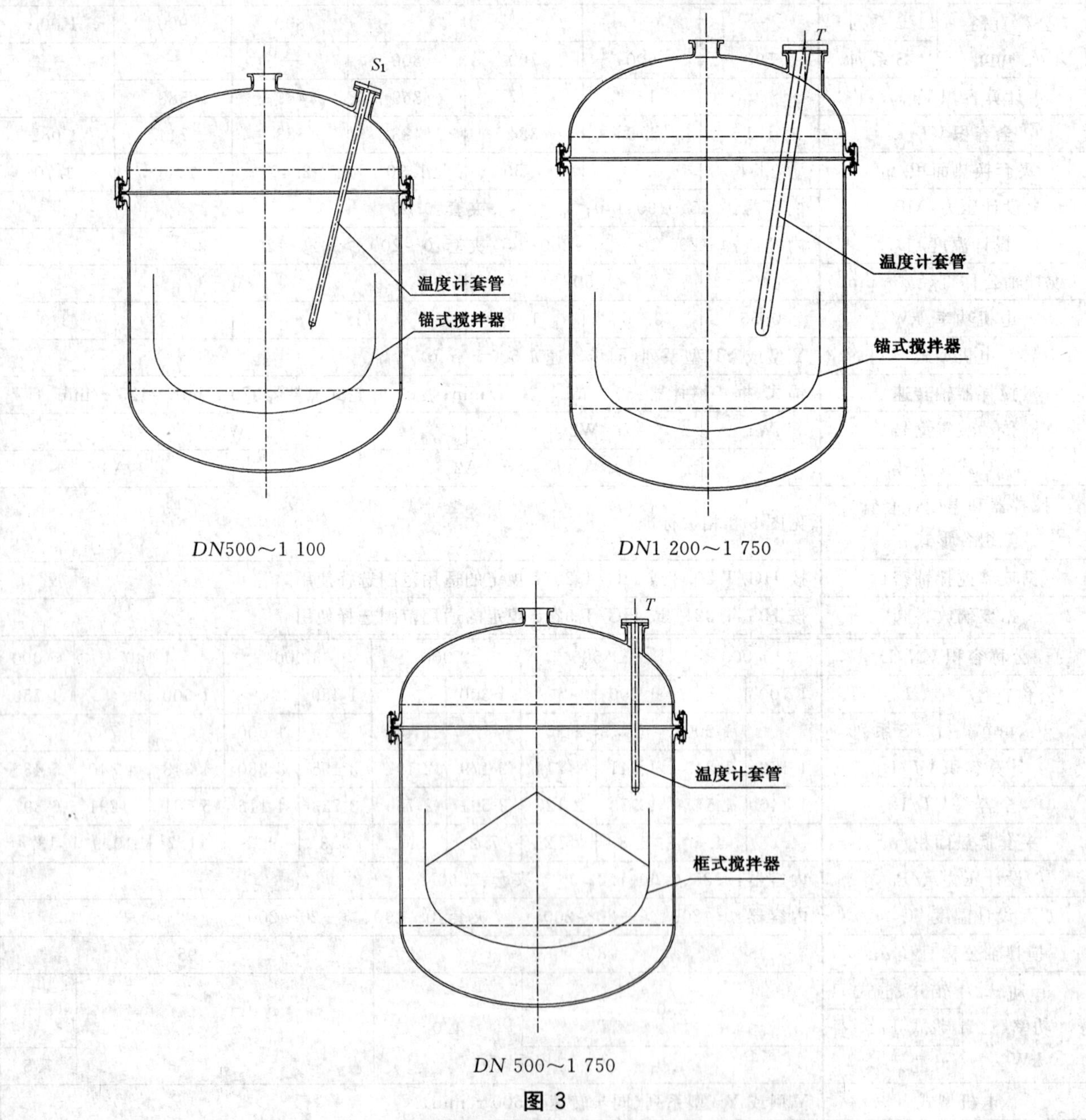

图 3

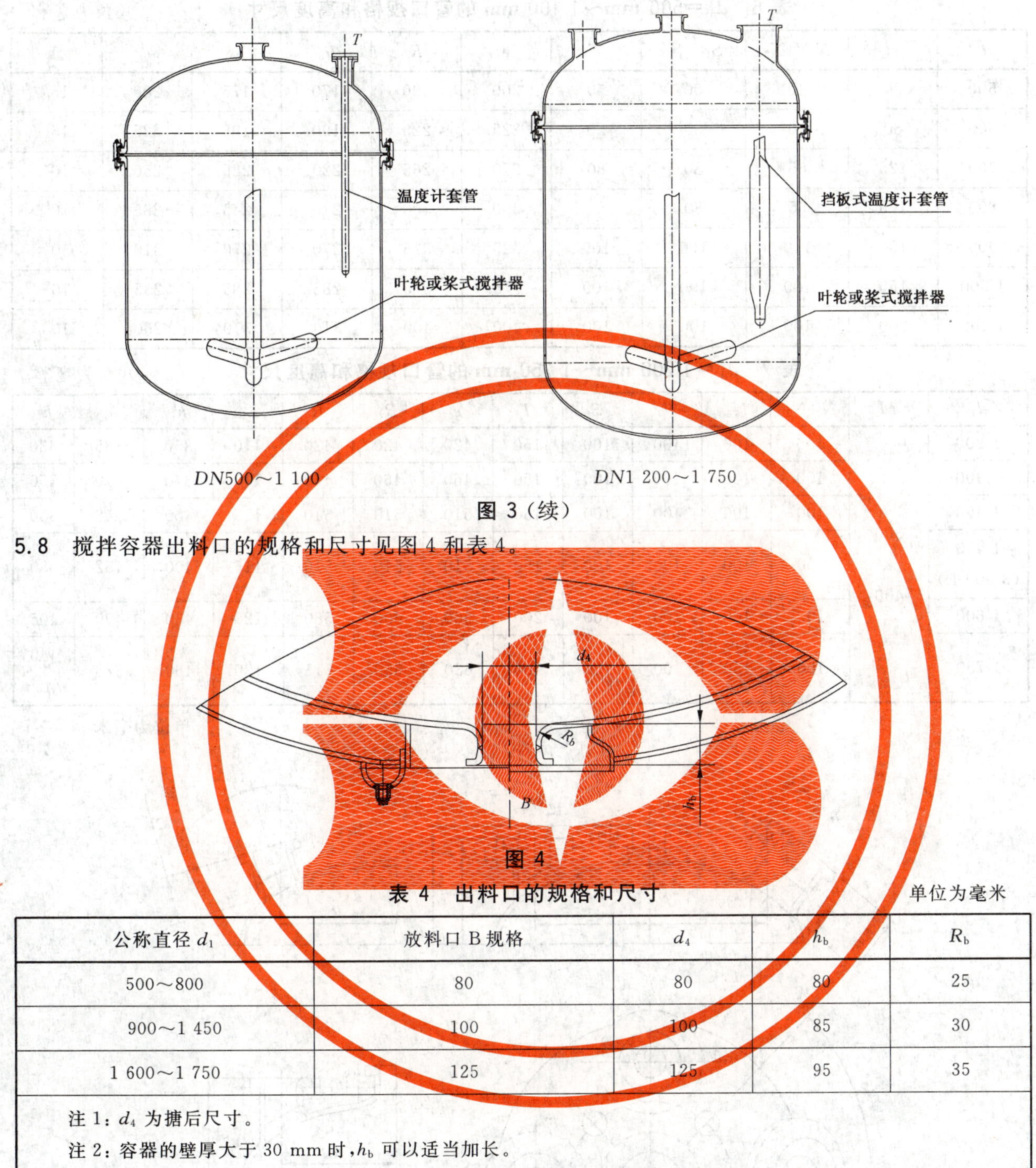

图 3（续）

5.8 搅拌容器出料口的规格和尺寸见图 4 和表 4。

图 4

表 4 出料口的规格和尺寸

单位为毫米

公称直径 d_1	放料口 B 规格	d_4	h_b	R_b
500～800	80	80	80	25
900～1 450	100	100	85	30
1 600～1 750	125	125	95	35
注 1：d_4 为搪后尺寸。 注 2：容器的壁厚大于 30 mm 时，h_b 可以适当加长。				

5.9 上封头的管口的方位、规格以及高度尺寸见表 5；管口按 HG/T 2143 中 PN1.0 选用。

表 5 管口的方位、规格以及高度尺寸

公称直径 d_1/mm	管口方位	管口规格和高度尺寸
500	见图 5	见表 6
600～1 100	见图 6	见表 6
1 200～1 750	见图 7	见表 7

表 6 d_1＝500 mm～1 100 mm 的管口规格和高度尺寸

单位为毫米

d_1	H	N_1 N_2	S_1 S_2	T	e	R	h_n	h_t	h_g	A
500	80	40	50	50	200	190	170	175	200	15°
600	80	40	50	50	225	225	190	195	225	15°
700	125	65	80	80	270	265	220	225	250	10°
800	125	65	80	80	300	300	240	245	285	10°
900	150	100	100	100	325	325	270	270	310	10°
1 000	150	100	100	100	375	375	285	285	235	10°
1 100	200	100	100	100	400	400	310	310	260	10°

表 7 d_1＝1 200 mm～1 750 mm 的管口规格和高度尺寸

单位为毫米

d_1	M	N_1 N_3	N_2	N_4	S	T	e	R_t	R	h_m	h_t	h_g	h_n
1 200	300×400	100	100	100	100	150	420	420	420	110	350	385	330
1 300		100	100	100	100	150	460	460	460	115	370	410	350
1 450		100	100	100	100	150	510	510	510	115	400	448	380
1 450 (3 000 L)		100	100	100	100	150	510	510	510	115	400	452	380
1 600		100	100	100	100	200	600	600	580	120	430	490	405
1 750		100	150	100	100	200	630	650	615	120	460	528	440/460

单位为毫米

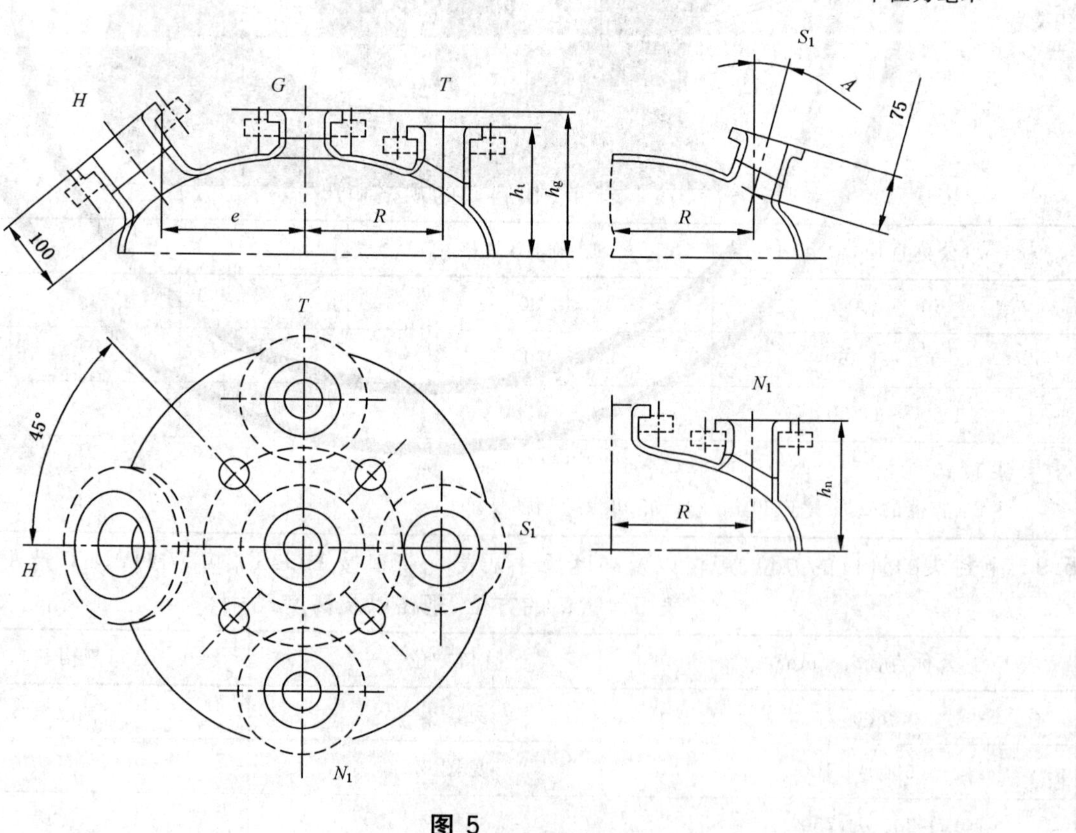

图 5

单位为毫米

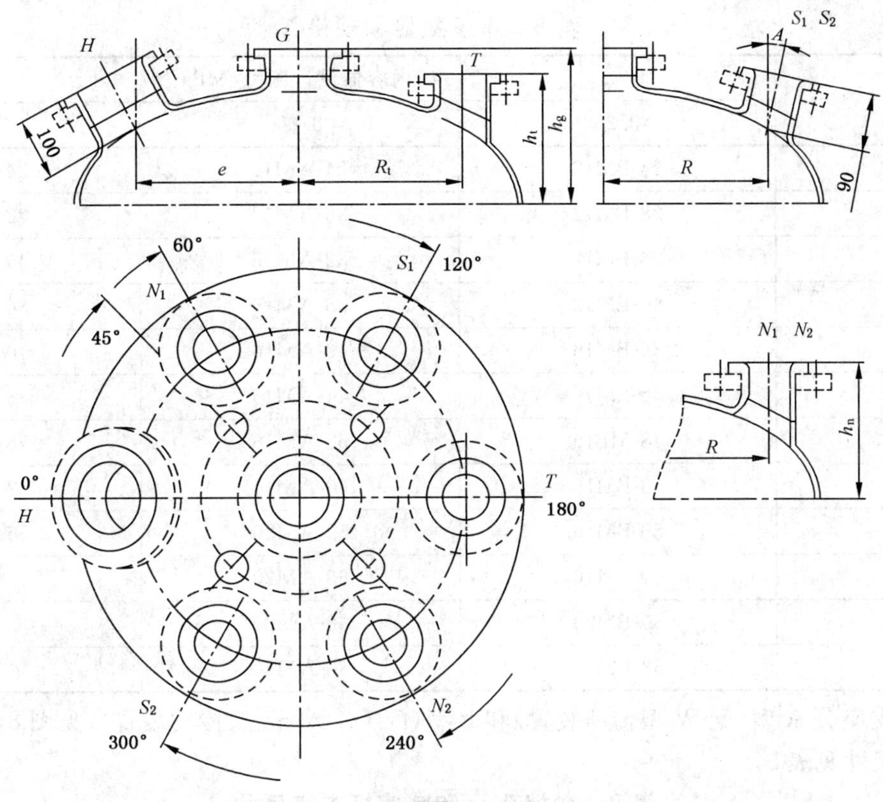

图 6

单位为毫米

图 7

5.10 搅拌容器用卡子应该符合 HG/T 2054 的要求，卡子数量、规格见表 8。

表 8 卡子数量和规格

公称直径 d_1/mm	内容器设计压力/MPa		
	0.25	0.60	1.00
500	24-BM12	24-AM12	24-AM16
600	28-BM12	36-AM12	32-AM16
700	36-BM12	32-AM16	40-AM16
800	40-BM12	36-AM16	36-AM20
900	36-BM16	40-AM16	40-AM20
1 000	40-BM16	44-AM16	48-AM20
1 100	48-MB16	52-AM16	56-AM20
1 200	52-BM16	60-AM16	52-AM24
1 300	56-BM16	52-AM20	56-AM24
1 450	60-BM16	60-AM20	—
1 600	60-BM20	68-AM20	—
1 750	68-BM20	80-AM20	—

5.11 减速机支座分 A 型(配 W 型传动装置)和 B 型(配 DZ 或 SZ 型传动装置)，见图 8，搅拌孔和减速机支座的主要尺寸见表 9。

表 9 搅拌孔 G 和减速机支座尺寸

单位为毫米

公称直径 d_1	搅拌孔尺寸		减速机支座尺寸								
	管口公称直径	h_a	A 型(W 型传动装置)			B 型(DZ 或 SZ 型传动装置)					
			F	D_1	M	F	D_0	D_2	D_3	D_1	n-M
500	50	75	105	270	M20	—	—	—	—	—	—
600～700	65	75	80	270	M20	—	—	—	—	—	—
800～1 000	100	85	90	350	M24	—	—	—	—	—	—
1 100～1 450	125	85	90	400	M24	90	445	320	300	400	12-M20
1 450(3 000 L)	150	90	95	450	M27	95	560	415	375	515	16-M24
1 600～1 750	150	90	95	450	M27	95	560	415	375	515	16-M24

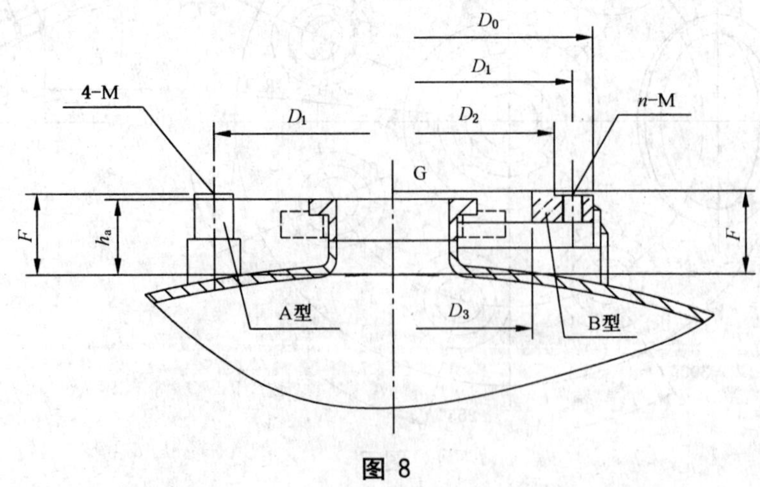

图 8

5.12 搅拌容器夹套管法兰的规格、高度和位置尺寸见表10，方位见图9。夹套管口法兰应选择不小于PN1.0压力等级的法兰，应优选HG/T 20592标准系列法兰。

5.13 夹套换热介质进口管口应按图10所示设计防冲板，或按图11所示使用液体喷嘴；夹套的顶部应按图12所示设计不凝性气体排放口。夹套的底部应按图13所示设计冷凝液或残留液的排出口。

5.14 设备支座高度以及定位尺寸见表11，方位见图14。当有较高保温要求时，可以按JB/T 4712的要求选择相应规格的B型或C型耳式支座。

表10 法兰的规格、高度和位置尺寸

公称容积 VN/L	公称直径 d_1/mm		管口规格						安装尺寸				
	L系列	S系列	L_1 L_2 L_3/mm	P_1/mm	P_2/mm	P_3/mm	g	K	h_5/mm	h_6/mm	h_7/mm	B_1/mm	B_2/mm
50		500	20	20					210			250	250
100		600	20	20					240			250	250
200		700	25	25					250			270	270
300		800	25	25					250			270	270
400	800		25	25	—		G 3/8		250	—		270	270
500	900		32	32					270			270	270
800	1 000		32	32					270			270	270
1 000	1 100		32	32		—			270		—	270	270
		1 200	40	40				G 1/2	270			350	350
1 500	1 200		40	40	50				270	1 100		350	350
		1 300	40	40	50				310	950		510	350
2 000	1 300		40	40	50				310	1 300		510	350
		1 450	50	50	50				310	950		510	350
3 000	1 450		50	50	50		G 3/4		310	1 500		510	350
		1 600	50	50	50	50			310	1 300	400	510	400
4 000	1 600		50	50	50	50			310	1 750	500	510	400
		1 750	65	65	65	65			310	1 400	450	510	400
5 000	1 750		65	65	65	65			310	1 850	600	510	400

注：L_1、L_2为蒸汽进口，L_3为冷凝水出口；P_1～P_3为流体进出口，P_2、P_3可以配液体喷嘴，DN50的管口配32A喷嘴，DN65的管口配40A喷嘴。

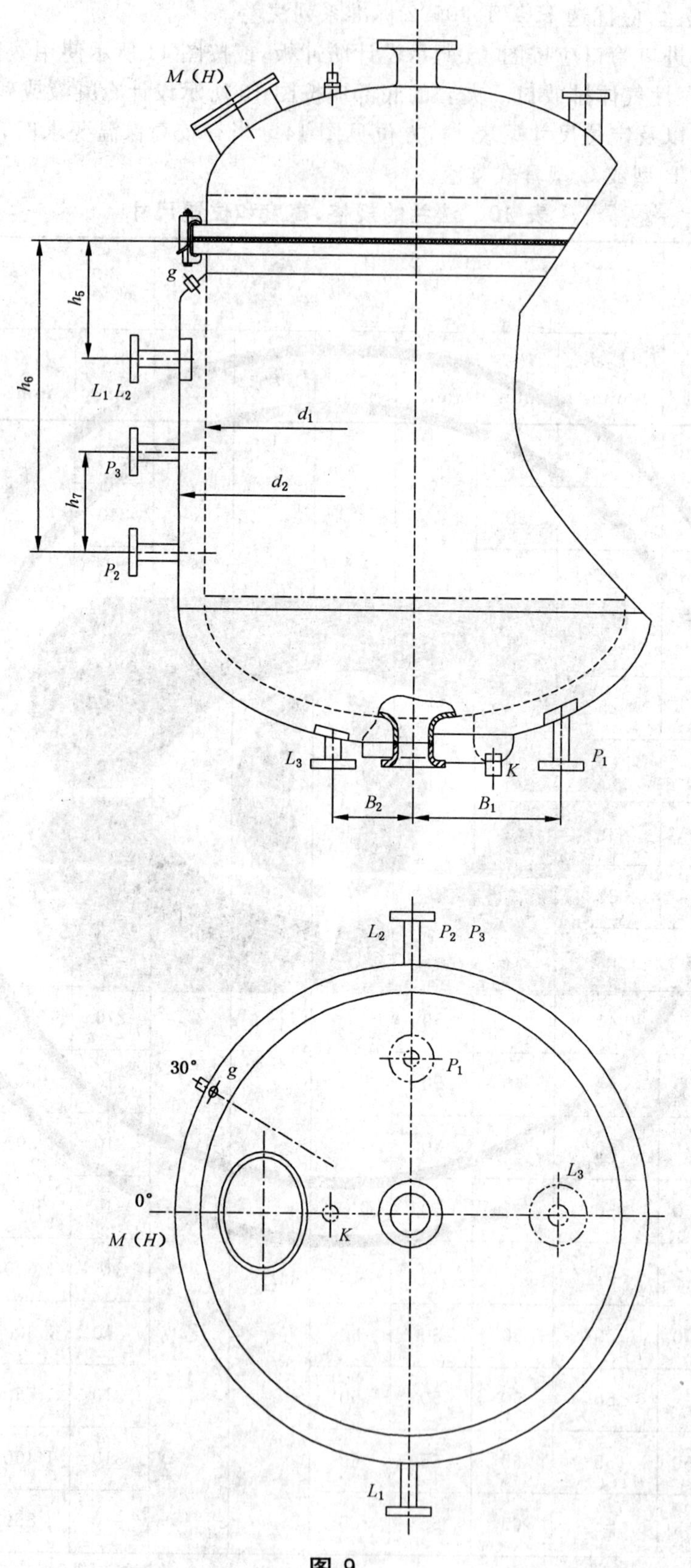

图 9

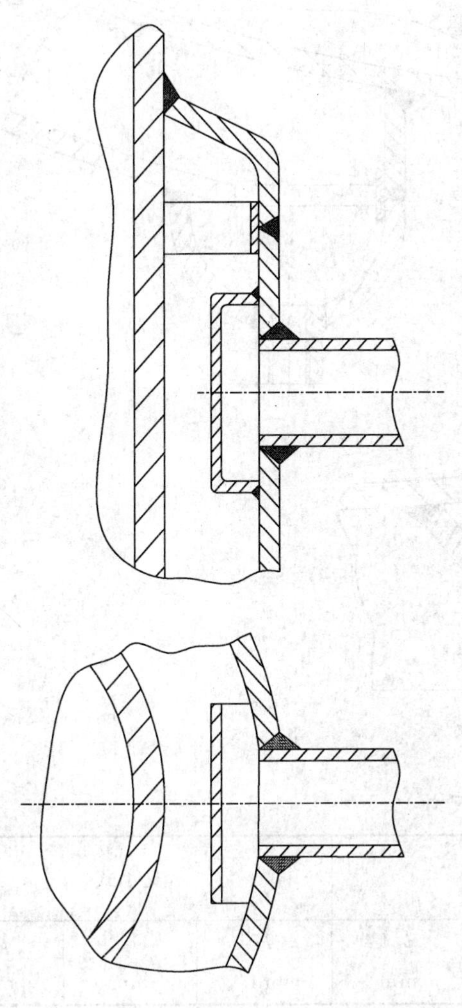

图 10

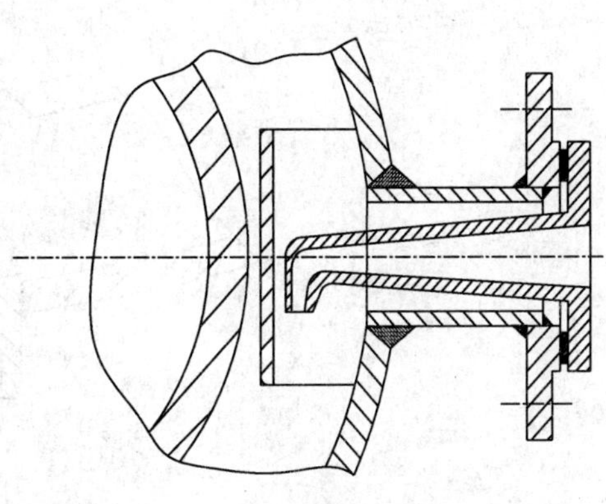

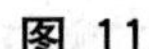

图 11

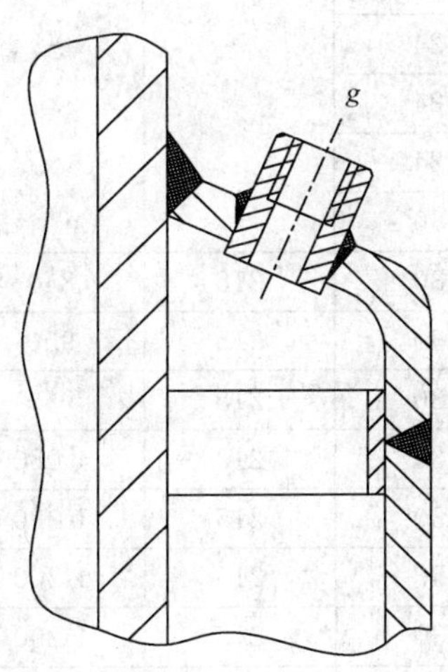

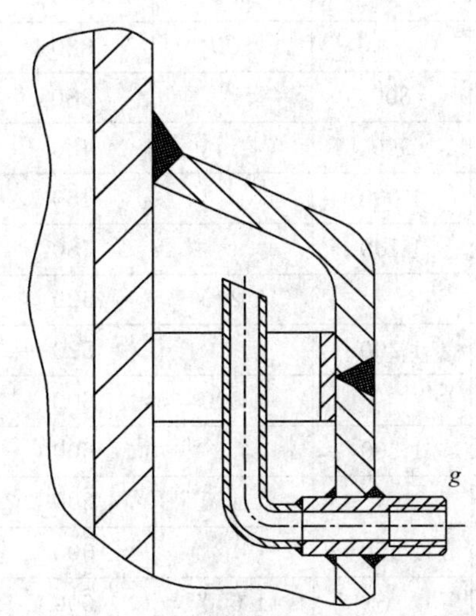

图 12

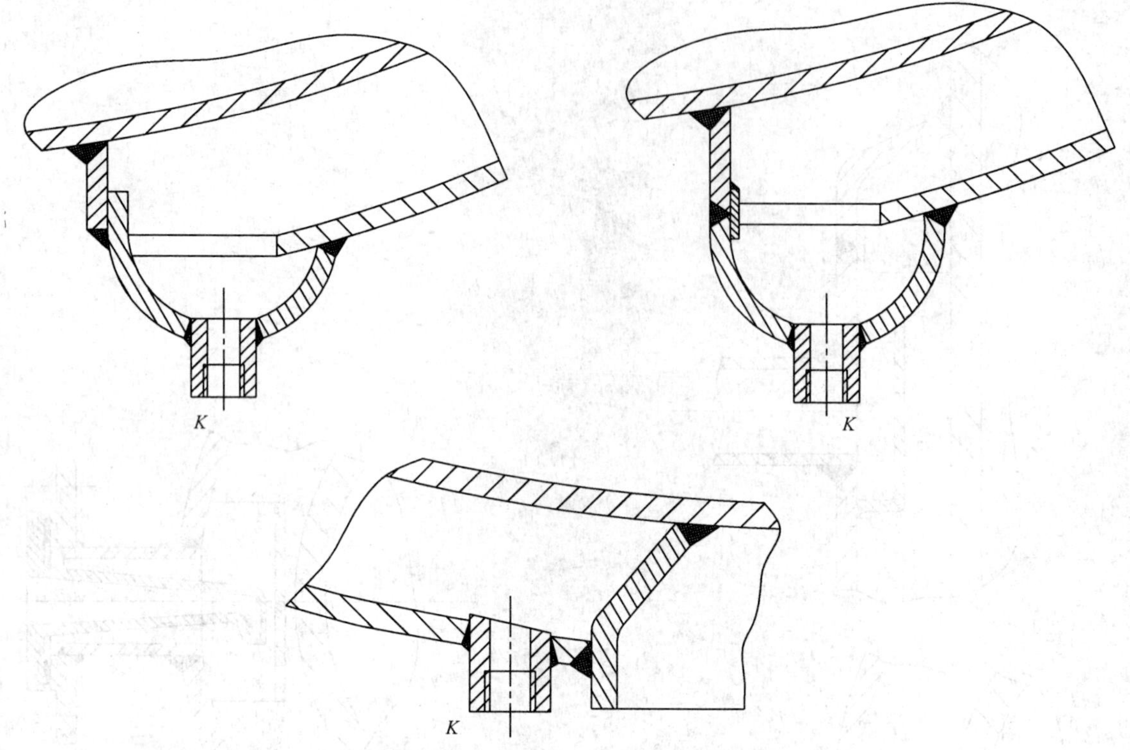

图 13

表 11 支座安装尺寸

公称容积 VN/L	公称直径 d_1/mm		耳式			支承式		
	L 系列	S 系列	H_1/mm	~D_5/mm	ϕ_1/mm	~H_2/mm	D_6/mm	ϕ_2/mm
50		500	330	720	24	—	—	—
100		600	380	840	24			
200		700	380	940	24			
300		800	380	1 040	24			
400	800		380	1 040	24			
500	900		480	1 172	24			
800	1 000		480	1 276	30			
1 000	1 100		480	1 378	30	215	840	24
		1 200	520	1 478	30	215	950	24
1 500	1 200		520	1 478	30	215	950	24
		1 300	600	1 658	30	215	1 080	30
2 000	1 300		600	1 658	30	215	1 080	30
		1 450	600	1 810	30	215	1 200	30
3 000	1 450		600	1 810	30	215	1 200	30
		1 600	600	1 960	30	205	1 300	30
4 000	1 600		600	1 960	30	205	1 300	30
		1 750	600	2 112	30	205	1 400	30
5 000	1 750		600	2 112	30	205	1 400	30

图 14

5.15 吊耳等要求

在搅拌容器夹套的上部应设计至少 2 个吊装设备时用的吊耳。公称容积为 5 000 L 时，还应在夹套的底封头处设计吊装用辅助吊耳，以方便设备的起吊和安装就位。

6 技术要求

6.1 搪玻璃开式搅拌容器的设计、制造、检验和验收按 GB 25025 和有关标准规定进行。

6.2 搪玻璃开式搅拌容器用配件，如人孔、手孔、高颈法兰、人孔法兰、管口、卡子、活套法兰、传动装置、搅拌器、密封装置、垫片、温度计套(包括挡板式)、视镜和法兰盖等均要符合相应的搪玻璃设备零部件标准的有关规定。

6.3 搪玻璃开式搅拌容器应该进行以水代料的带压搅拌运转试验，试验结果应该符合图纸的设计要求。

6.4 标记：

K①-②/③-④⑤⑥　GB/T 25027—2010

⑥——轴密封代号：机械密封为 P，填料密封为 S；

⑤——搅拌器代号：锚式 M，框式 K，浆式 J，叶轮式 Y，其他 N；

④——传动装置代号：W 型用 W 表示，DZ 型用 D 表示，SZ 型用 S 表示；

③——公称直径，mm；

②——公称容积，L；

①——内容器设计压力，MPa：0.25、0.6、1.0；

K——搪玻璃开式搅拌容器代号。

标记示例：

内容器设计压力为 0.60 MPa，公称容积为 2 000 L，容器的公称直径为 1 300 mm，传动装置采用机型为 W 型，搅拌器为框式，轴密封为机械密封的搪玻璃开式搅拌容器，其标记为：

K0.6-2000/1300-WKP GB/T 25027—2010

7 出厂文件、包装、运输和贮存

7.1 产品标牌、出厂文件、包装、运输按 GB 25025 的规定。

7.2 容器出厂前应妥善保管；防止雨雪以及腐蚀介质侵蚀，一般不露天存放。

ICS 53.100
P 97

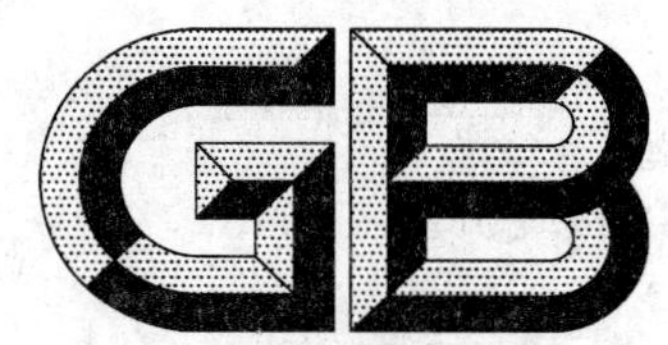

中华人民共和国国家标准

GB/T 25028—2010

轮胎式装载机 制动系统用加力器 技术条件

Wheel loader—Booster using for brake system—Technical specifications

2010-09-02 发布 2011-01-01 实施

中华人民共和国国家质量监督检验检疫总局
中国国家标准化管理委员会 发布

前　言

本标准由中国机械工业联合会提出。

本标准由全国土方机械标准化技术委员会(SAC/TC 334)归口。

本标准起草单位:重庆汇浦液压动力制造有限公司、天津工程机械研究院。

本标准主要起草人:陆奇文、冯中兴、阎堃。

轮胎式装载机　制动系统用加力器技术条件

1　范围

本标准规定了轮胎式装载机制动系统用加力器总成(以下简称为"加力器")的术语、分类、要求、试验方法、检验规则和标志、包装、运输及贮存。

本标准适用于在轮胎式装载机上使用机动车辆制动液的气液联合制动系统中所使用的加力器。

2　规范性引用文件

下列文件中的条款通过本标准的引用而成为本标准的条款。凡是注日期的引用文件,其随后所有的修改单(不包括勘误的内容)或修订版均不适用于本标准,然而,鼓励根据本标准达成协议的各方研究是否可使用这些文件的最新版本。凡是不注日期的引用文件,其最新版本适用于本标准。

GB/T 2828.1　计数抽样检验程序　第1部分:按接收质量限(AQL)检索的逐批检验抽样计划(GB/T 2828.1—2003,ISO 2859-1:1999,IDT)

GB 12981　机动车辆制动液(GB 12981—2003,ISO 4925:1978,MOD)

3　术语和定义

下列术语和定义适用于本标准。

3.1

加力器　booster

在气液联合制动系统中将输入气体压力能量转变为输出液体压力能量的装置。

3.2

理论增压比　theoretical boost ratio

液压制动腔计算面积与气缸计算面积之比。

3.3

工作增压比　work boost ratio

输入气体压力与输出液体压力之比。

3.4

理论排量　theoretical displacement

液压制动腔设计行程与其设计面积的乘积。

3.5

最大排量　maximum displacement

在液压制动腔及储液室注满制动液并排尽空气的状态下,加力器一次最大行程所排出的油量。

3.6

最大行程　maximum stroke

活塞(膜片)从起始位置到终止位置之间的距离。

3.7

最高工作液体压力　maximum operating liquid pressure

设计规定的最高使用液体压力。

3.8

最高工作气体压力　maximum operating air pressure

设计规定的最高使用气体压力。

3.9

试验液体压力　tested liquid pressure

P_B

制动系统气体工作压力与理论增压比乘积的90%。

3.10

液压制动腔　hydraulic brake cavity

通过排液孔与制动液路相通的腔。

3.11

气室制动腔　brake cavity of air chamber

通过进气孔与制动气路相通的腔。

3.12

气室回位腔　return cavity of air chamber

气室中装有回位弹簧并与大气相通的腔。

3.13

抗污试验混合物　mixture of anti-fouling test

由粒径不小于165 μm的各占1/2的河沙和煤灰混合而成。

3.14

抗污试验制动液　braking fluid of anti-fouling test

由各占1/2的机动车辆制动液和30号液压油混合而成。

4　分类

加力器按结构可分为气室活塞式加力器(主要结构简图见图1)和气室膜片式加力器(主要结构简图见图2)。

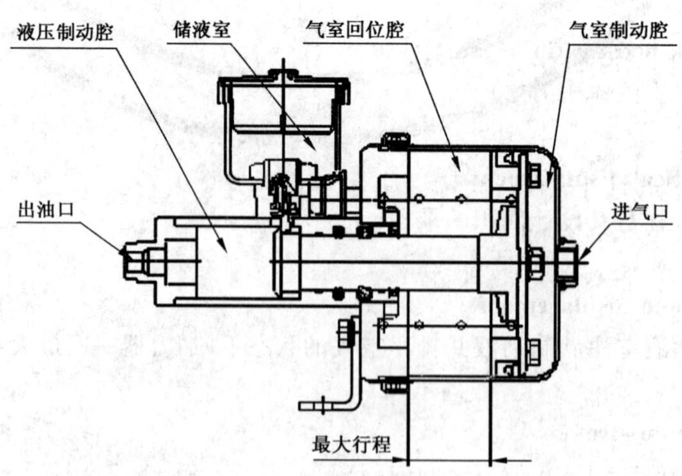

图1　气室活塞式加力器

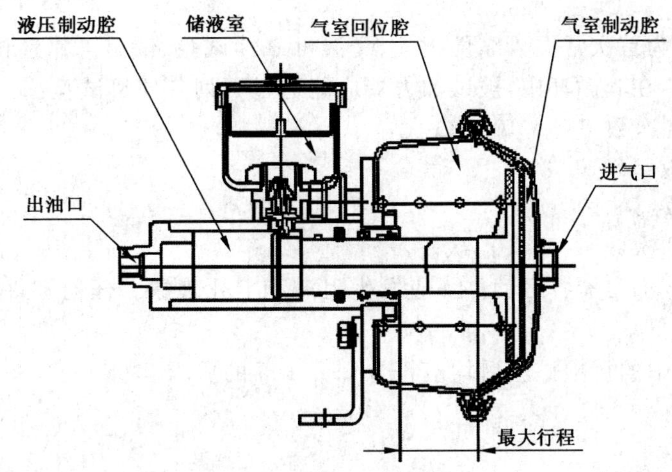

图 2 气室膜片式加力器

5 要求

5.1 外观

加力器表面应清洁,无锈蚀、毛刺等缺陷,金属件应作防锈处理。

5.2 性能

5.2.1 常规性能

5.2.1.1 工作增压比

工作增压比不小于理论增压比的 90%。

5.2.1.2 工作排量

工作排量不小于理论排量的 92%。

5.2.1.3 液压制动腔密封性能

液压制动腔压降不应大于 0.3 MPa。

5.2.1.4 气室制动腔密封性能

气室制动腔压降不应大于 30 kPa。

5.2.1.5 总成密封性能

液压制动腔压降不应大于 0.6 MPa。

5.2.1.6 耐压性能

耐压性能试验后,加力器各部位无任何泄漏及异常现象。

5.2.1.7 制动液回流时间

解除气室制动腔气压后,气室制动腔活塞(膜片)回位时间不应超过 1.5 s。

5.2.2 低温性能

低温性能试验后,加力器应符合 5.2.1.5 的密封性能要求。

5.2.3 高温性能

高温性能试验后,加力器应符合 5.2.1.5 的要求。

5.2.4 抗污染性能

5.2.4.1 抗环境污染

抗环境污染试验后,加力器应符合 5.2.1.5 的要求。

5.2.4.2 抗油液污染

抗油液污染试验后,加力器应符合 5.2.1.5 的要求。

5.3 可靠性

5.3.1 可靠性试验循环为首次常温可靠性试验、高温可靠性试验、低温可靠性试验和末次常温可靠性试验，总次数为45万次。在其循环中，被试加力器应能通过下列各项目试验：

a) 首次常温可靠性次数：1.5×10^5 次；

b) 高温可靠性次数：1×10^5 次；

c) 低温可靠性次数：5×10^4 次；

d) 末次常温可靠性次数：1.5×10^5 次。

5.3.2 试验过程中，被试加力器各运动件不应发生阻滞和卡死现象。任何零件不应损坏，各连接件不应松动。

5.3.3 可靠性试验循环中的每项试验后均应符合5.2.1.5的要求。

6 试验方法

6.1 外观检验

采用手感、目测检验，其结果应符合5.1的要求。

6.2 总成性能试验

6.2.1 常规性能试验

6.2.1.1 工作增压比试验

在试验台上进行，测量输入气体压力与输出液体压力，并计算工作增压比。

6.2.1.2 工作排量试验

在试验台上(见图3)进行试验，将制动液通过储液室逐渐注入到液压制动腔和与其相联的管路中，同时排净液压系统中的空气，使系统100%充满制动液。此时将空量杯置于液压系统末端出油口的下方，然后使加力器进行一次最大行程，测量加力器一次最大行程所排出的油量。上述过程至少进行3次取平均值，其值应符合5.2.1.2的要求。试验中注意储液室的液面高度，做到随时补充并不得低于储液室底部以上20 mm处。

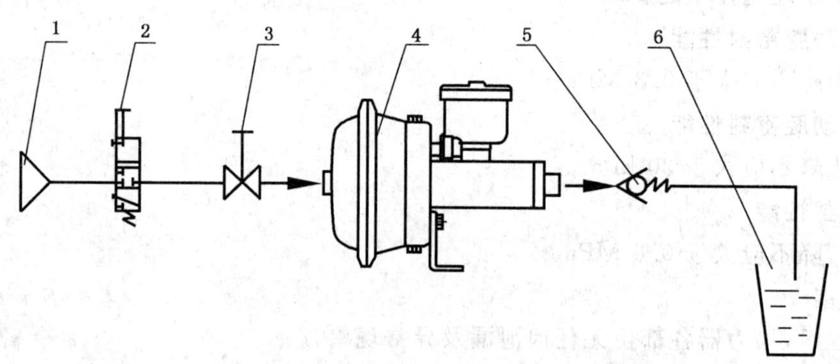

1——气源；
2——换向阀；
3——截止阀；
4——加力器；
5——单向阀；
6——量杯(0～100 mL分辨率1 mL)。

图3 工作排量试验

6.2.1.3 液压制动腔密封性能试验

在试验台上进行试验，用机械机构推动气室膜片或气缸活塞，并在液压制动腔处于最高工作液体压力状态时，稳压30 s，观察液压表的变化，记录其压降，其结果应符合5.2.1.3的要求。

6.2.1.4 气室制动腔密封性能试验

在试验台上进行试验，在液压制动腔连通大气的条件下，并在气室制动腔处于最高工作气体压力状态时，切断气源，稳压 30 s，观察气压表的变化，记录其压降，其结果应符合 5.2.1.4 的要求。

6.2.1.5 总成密封性能试验

在试验台上进行试验，在气室制动腔处于最高工作气体压力后，切断气源，在 30 s 内，观察液压表的变化，记录其压降，其结果应符合 5.2.1.5 的要求。

6.2.1.6 耐压性能试验

在试验台上进行，将加力器储液室和液压制动腔在排净空气的同时注满制动液并堵住排液孔。然后，通过加力器进气口向气室制动腔缓慢增加气体压力至最高工作气体压力的 1.6 倍。稳压 5 s，检查加力器各部位有无泄漏及异常现象。

6.2.1.7 制动液回流时间试验

在试验台上进行，在液体压力腔处于最高工作液体压力时，让气室通大气同时测定活塞（膜片）回位时间，其结果应符合 5.2.1.7 的要求。

6.2.2 低温性能试验

6.2.2.1 试验条件

低温性能试验的试验条件为：

a) 环境温度：(−35±2)℃；

b) 压力表精度：0.4 级，量程：(0～20)MPa；

c) 试验制动液：机动车辆制动液(GB 12981)。

6.2.2.2 试验程序

把试验的加力器放进低温箱，并在其下放好滤纸，同时按规定向液压制动腔和储液室注满制动液，整个试验需(120±2)h，保持温度为(−35±2)℃，在 72 h 前保持静止，在第 72 h、96 h、120 h 时（各点偏差±2 h）各推动活塞（膜片）6 次在液压制动腔内建立起 0.3P_B±0.5 MPa 的压力，活塞（膜片）位移量控制在最大行程的 20%～50%之间。接着再推动活塞（膜片）6 次，液压制动腔内的压力为 P_B±0.5 MPa，活塞（膜片）位移量控制在最大行程的 30%～60%之间，每次推动时间间隔 1 min，检查活塞（膜片）运行灵活性及泄漏情况。

上述实验完成后，仍在低温条件下按 6.2.1.5 检查总成密封性能，但试验气体压力为最高工作气体压力的 50%。如果无条件在低温下进行，也可立即转入室温条件下进行。

6.2.3 高温性能试验

6.2.3.1 试验条件

高温性能试验的试验条件为：

a) 环境温度：(80±2)℃；

b) 压力表精度：0.4 级，量程：(0～20)MPa；

c) 试验时间：(72±2)h；

d) 工作频率：(360±10)次/h；

e) 试验液体压力：P_B±0.5 MPa；

f) 活塞（膜片）行程：最大行程 50%～75%；

g) 试验制动液：机动车辆制动液(GB 12981)。

6.2.3.2 试验程序

把试验的加力器放进高温箱，并在其下放好滤纸，同时按规定向液压制动腔和储液室注满制动液，排净系统中的空气，确认液压及气压系统无任何泄漏，关闭高温箱按 6.2.3.1 的要求进行高温性能试验。

上述试验结束后，仍在高温条件下按 6.2.1.5 检查总成密封性能。如无条件在高温下进行，也可立即转入室温条件下进行。

6.2.4 抗污染性能试验

6.2.4.1 抗环境污染试验

在不同排量加力器的液压制动腔中加入相应重量的抗污试验混合物，所加抗污试验混合物的质量(g)与试验加力器的理论排量(mL)之比不小于0.25。排净空气后，在室温条件下以(360±10)次/h的频率工作(120±2)h，其试验液体压力为P_B±0.5 MPa，活塞(膜片)行程为最大行程的50%～75%。然后按6.2.1.5检查总成密封性能。

6.2.4.2 抗油液污染试验

按规定向液压制动腔、储液室及管路和执行元件注满抗污试验制动液，排净空气后在室温条件下以(360±10)次/h的频率工作(120±2)h，其试验液体压力为P_B±0.5 MPa，活塞(膜片)行程为最大行程的50%～75%。然后按6.2.1.5检查总成密封性能。

6.3 可靠性试验

可靠性试验试验顺序和次数为：首次常温(1.5×10^5次)、高温(1×10^5次)、低温(5×10^4次)和末次常温(1.5×10^5次)。

6.3.1 常温可靠性

6.3.1.1 试验条件

常温可靠性的试验条件为：

a) 试验温度：(10～40)℃；

b) 试验频率：(800±50)次/h；

c) 试验空间：3 m×3 m×2.5 m(长×宽×高)；

d) 大气环境：每立方米试验空间含0.3 kg抗污试验混合物；

e) 压力表精度：1.5级，量程：(0～20)MPa；

f) 试验液体压力：P_B±0.5 MPa；

g) 试验气源：气源不应经过任何油水分离和过滤处理；

h) 活塞(膜片)行程：最大行程60%～70%；

i) 试验雨量：(1.11～2.22)L/m^2·min；

j) 试验制动液：机动车辆制动液(GB 12981)。

6.3.1.2 试验程序

整个试验应在图4所示气液制动系统可靠性试验室内进行。

按图4所示的方法将加力器连接于一个模拟气液制动系统之上，排净液体压力系统中的空气检查各部位无任何异常现象后关闭试验室，按6.3.1.1试验条件启动常温可靠性试验，试验次数为1.5×10^5次。每隔16 h鼓风机工作4 h，再雨淋1 h。上述试验完成后，按6.2.1.5检查总成密封性能，并转入高温可靠性试验。

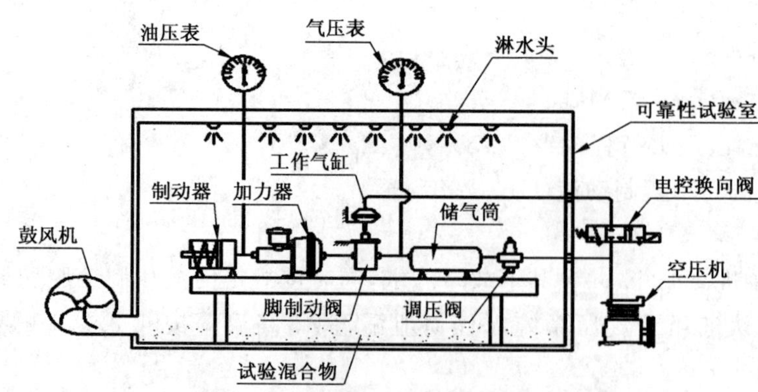

图4 气液制动系统可靠性试验室

6.3.2 高温可靠性

6.3.2.1 试验条件

高温可靠性的试验条件为：

a) 试验温度：(70±2)℃；

b) 试验频率：(800±50)次/h；

c) 试验空间：3 m×3 m×2.5 m(长×宽×高)；

d) 大气环境：每立方米试验空间含 0.3 kg 抗污试验混合物；

e) 压力表精度：1.5 级，量程：(0～20)MPa；

f) 试验液体压力：P_B±0.5 MPa；

g) 试验气源：气源不得经过任何油水分离和过滤处理；

h) 活塞(膜片)行程：最大行程 50%～60%；

i) 试验雨量：(1.11～2.22)L/m^2 · min；

j) 试验制动液：机动车辆制动液(GB 12981)。

6.3.2.2 试验程序

整个试验应在图 4 所示的制动系统可靠性试验室内进行。

加力器连接于一个模拟气液制动系统之上，排净液体压力系统中的空气，检查各部位无任何异常现象后关闭试验室，按 6.3.2.1 试验条件启动高温可靠性试验，试验次数为 1×10^5 次。每隔 16 h 鼓风机工作 4 h，再雨淋 1 h。上述试验完成后，按 6.2.1.5 检查总成密封性能，并转入低温可靠性试验。

6.3.3 低温可靠性

6.3.3.1 试验条件

低温可靠性的试验条件为：

a) 试验温度：(－20±2)℃；

b) 试验频率：(800±50)次/h；

c) 试验液体压力：P_B±0.5 MPa；

d) 活塞(膜片)行程：最大行程 50%～60%；

e) 压力表精度：1.5 级，量程：(0～20)MPa；

f) 试验制动液：机动车辆制动液(符合 GB 12981)。

6.3.3.2 试验程序

试验装置见图 5。

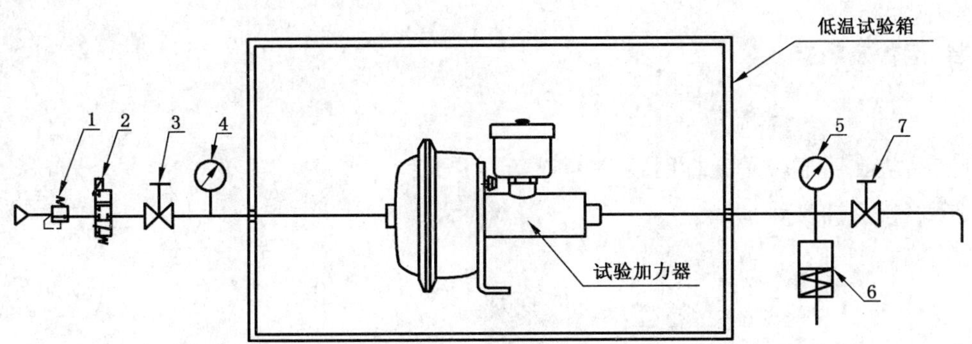

1——调压阀；

2——电控气制动阀；

3——截止阀；

4——压力表[1.5 级 (0～1.6)MPa]；

5——压力表[1.5 级 (0～20)MPa]；

6——可调行程液压缸(最大排量 90 mL)；

7——截止阀。

图 5 低温可靠性试验

按图5所示的方法将加力器连接于一个模拟气液制动系统之上，排净液体压力系统中的空气，检查各部位元件无任何异常现象后，关闭低温试验箱，按6.3.3.1试验条件启动低温可靠性试验，试验次数为5×10^4次。

上述试验完成后，按6.2.1.5检查总成密封性能，并转入末次常温可靠性试验(按6.3.1进行)。

7 检验规则

7.1 出厂检验

7.1.1 加力器应经制造商检验部门检验合格后才能出厂，并附有产品质量合格文件。

7.1.2 加力器的出厂检验项目为：

a) 外观(5.1)；

b) 密封性能(5.2.1.5)。

7.1.3 每个加力器总成全检7.1.2中的检验项目，所有项目均应合格。

7.2 型式检验

7.2.1 有下列情况之一时，需型式试验：

a) 新产品定型时；

b) 正常生产情况下每年一次；

c) 产品设计、工艺和材料有重大改进影响产品性能时；

d) 停产半年又恢复生产时；

e) 国家有关部门提出要求时。

7.2.2 型式检验应按本标准第5章的规定进行全部项目的抽样检验。试验应符合本标准的规定并满足设计要求。

7.2.3 型式检验抽检和判定规则应符合GB/T 2828.1的规定，可采用正常检查一次抽样方案，检查批应满足试验样本大小的要求，检查水平为特殊检验水平S-1，接收质量限(AQL)为6.5。

7.3 用户验收

订货单位有权对收到的产品进行抽检，试验项目、抽样方案、抽样检查和判断处置规则由供需双方商定。

8 标志、包装、运输及贮存

8.1 标志

8.1.1 每台产品应在明显位置上标明：

a) 制造商名称或商标；

b) 产品名称、型号；

c) 出厂编号；

d) 制造年月。

8.1.2 应对油品加注的注意事项进行标识。

8.2 包装

8.2.1 加力器进气口和排液口处用堵塞堵住。

8.2.2 加力器包装箱内应附合格证、说明书。

8.2.3 加力器外包装箱应有下列标志：产品名称、产品型号、执行标准、制造商名称和地址、包装数量、制造年月。

8.3 运输及贮存

8.3.1 运输

加力器包装应符合铁路、公路运输的规定，在正常运输中不应损伤。运输中不应雨淋，搬运时轻放，不应抛掷。

8.3.2 贮存

经检验合格的产品应放置在没有腐蚀性介质，通风、干燥防火、防潮并有防雨措施的地方保存。

ICS 91.100.10
Q 11

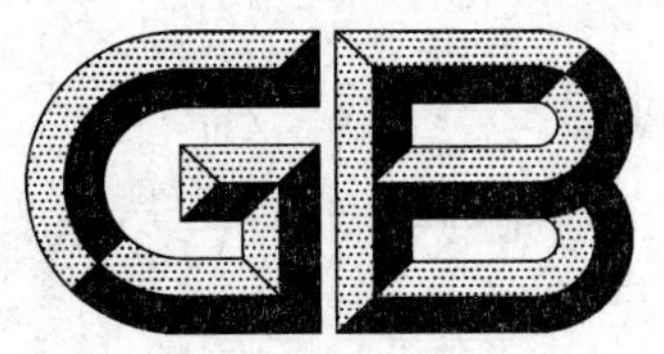

中华人民共和国国家标准

GB 25029—2010

钢渣道路水泥

Steel slag cement for road

2010-09-02 发布　　　　2011-07-01 实施

中华人民共和国国家质量监督检验检疫总局
中国国家标准化管理委员会　发布

前　言

本标准中6.1～6.8、8.4为强制性的，其余为推荐性的。

本标准由中国建筑材料联合会提出。

本标准由全国水泥标准化技术委员会(SAC/TC 184)归口。

本标准负责起草单位：中冶建筑研究总院有限公司、山西双良水泥有限公司。

本标准参加起草单位：中国京冶工程技术有限公司、唐山市丰润区冀龙水泥有限公司。

本标准主要起草人：朱桂林、张亮亮、孙树杉、李虎森。

钢渣道路水泥

1 范围

本标准规定了钢渣道路水泥的定义、组分与材料、强度等级、技术要求、试验方法、检验规则、包装、标志、运输与贮存等。

本标准适用于钢渣道路水泥。

2 规范性引用文件

下列文件中的条款通过本标准的引用而成为本标准的条款。凡是注日期的引用文件，其随后所有的修改单(不包括勘误的内容)或修订版均不适用于本标准，然而，鼓励根据本标准达成协议的各方研究是否可使用这些文件的最新版本。凡是不注日期的引用文件，其最新版本适用于本标准。

GB/T 176 水泥化学分析方法

GB/T 203 用于水泥中的粒化高炉矿渣

GB/T 750 水泥压蒸安定性试验方法

GB/T 1346 水泥标准稠度用水量、凝结时间、安定性检验方法(GB/T 1346—2001,eqv ISO 9597:1989)

GB/T 5483 天然石膏

GB/T 8074 水泥比表面积测定方法 勃氏法

GB 9774 水泥包装袋

GB/T 12573 水泥取样方法

GB/T 12960 水泥组分的定量测定

GB 13693 道路硅酸盐水泥

GB/T 17671 水泥胶砂强度检验方法(ISO 法)(GB/T 17671—1999,idt ISO 679:1989)

GB/T 18046 用于水泥和混凝土中的粒化高炉矿渣粉

GB/T 20491 用于水泥和混凝土中的钢渣粉

GB/T 21371 用于水泥中的工业副产石膏

JC/T 421 水泥胶砂耐磨性试验方法

JC/T 603 水泥胶砂干缩试验方法

JC/T 667 水泥粉磨用工艺外加剂

YB/T 022 用于水泥中的钢渣

3 术语和定义

下列术语和定义适用于本标准。

3.1

钢渣道路水泥 steel slag cement for road

以转炉钢渣或电炉钢渣(简称钢渣)和道路硅酸盐水泥熟料、粒化高炉矿渣、适量石膏磨细制成的水硬性胶凝材料，称为钢渣道路水泥，代号为S·R。

4 组分与材料

4.1 组分

钢渣道路水泥中各组分的掺入量(质量分数)应符合表1规定。

表1

%

熟料+石膏	钢渣或钢渣粉	粒化高炉矿渣或粒化高炉矿渣粉
>50且<90	≥10且≤40	≤10

4.2 钢渣

符合YB/T 022要求的钢渣。

4.3 钢渣粉

符合GB/T 20491要求的钢渣粉。

4.4 粒化高炉矿渣

符合GB/T 203要求的粒化高炉矿渣。

4.5 粒化高炉矿渣粉

符合GB/T 18046要求的粒化高炉矿渣粉。

4.6 道路硅酸盐水泥熟料

符合GB 13693要求的道路硅酸盐水泥熟料。

4.7 石膏

4.7.1 天然石膏:应符合GB/T 5483中规定的G类或M类二级(含)以上的石膏或混合石膏。

4.7.2 工业副产石膏:应符合GB/T 21371中规定的工业副产石膏。

4.8 助磨剂

水泥粉磨时允许加入助磨剂,其加入量应不大于水泥质量的0.5%,助磨剂应符合JC/T 667的规定。

5 强度等级

钢渣道路水泥强度等级分为32.5和42.5级。

6 技术要求

6.1 三氧化硫

三氧化硫含量(质量分数)应不大于4.0%。

6.2 凝结时间

初凝时间不小于90 min,终凝时间不大于600 min。

6.3 安定性

安定性检验采用压蒸法,压蒸膨胀率应不大于0.50%。

6.4 干缩率

28 d干缩率不得大于0.10%。

6.5 耐磨性

28 d磨耗量不得大于3.00 kg/m^2。

6.6 强度

钢渣道路水泥的强度等级按规定龄期的抗压强度和抗折强度划分,各龄期的抗压强度和抗折强度应符合表1规定。

表 2 钢渣道路水泥各龄期的强度指标

单位为兆帕

强度等级	抗压强度		抗折强度	
	3 d	28 d	3 d	28 d
32.5	≥16.0	≥32.5	≥3.5	≥6.5
42.5	≥21.0	≥42.5	≥4.0	≥7.0

6.7 比表面积

钢渣道路水泥的细度以比表面积表示，其比表面积不小于 350 m^2/kg。

6.8 氯离子含量

钢渣道路水泥中氯离子含量(质量分数)应不大于 0.06%。

6.9 碱含量(选择性指标)

钢渣道路水泥中碱含量按 $Na_2O+0.658K_2O$ 计算值表示。若使用活性骨料，用户要求提供低碱水泥时，水泥中碱含量应不超过 0.60%或由买卖双方协商确定。

7 试验方法

7.1 组分

由生产者按 GB/T 12960 中的基准法或选择准确度更高的方法进行。在正常生产情况下，生产者应至少每月对水泥组分进行校核，年平均值应符合 4.1 的规定，单次检验值应不超过本标准规定最大限量的 2%。

为保证组分测定结果的准确性，生产者应采取适当的生产程序和适宜的方法对所选方法的可靠性进行验证，并将经验证的方法形成文件。

7.2 三氧化硫(SO_3)、氯离子、氧化钠(Na_2O)和氧化钾(K_2O)含量

按 GB/T 176 进行试验。

7.3 比表面积

按 GB/T 8074 进行。

7.4 标准稠度用水量和凝结时间

按 GB/T 1346 进行。

7.5 压蒸安定性

按 GB/T 750 进行。

7.6 干缩率

按 JC/T 603 进行。

7.7 耐磨性

按 JC/T 421 进行。

7.8 强度

按 GB/T 17671 进行。

8 检验规则

8.1 编号及取样

水泥出厂前按同品种、同等级编号和取样。袋装水泥和散装水泥应分别进行编号和取样。每一编号为一取样单位，水泥出厂编号按钢渣道路水泥年产量规定：

10万 t以上，不超过400 t为一编号；10万 t以下，不超过200 t为一编号。

取样方法按GB 12573进行。当散装水泥运输工具的容量超过该厂规定出厂编号吨数时，允许该编号的数量超过取样规定吨数。

取样应有代表性。可连续取，亦可从20个以上不同部位取等量样品，总量至少14 kg。

所取样品应按本标准第8章规定的方法进行出厂检验。

8.2 水泥出厂

经确认水泥各项技术指标及包装质量符合要求时方可出厂。

8.3 出厂检验

出厂检验项目为6.1～6.8规定的技术要求。

8.4 判定规则

8.4.1 检验结果符合6.1～6.8的规定为合格品。

8.4.2 检验结果不符合6.1～6.8中的任何一项技术要求为不合格品。

8.5 检验报告

检验报告内容应包括出厂检验项目、混合材品种和掺加量、石膏和助磨剂的品种及掺加量及合同约定的其他技术要求。当用户需要时，生产者应在水泥发出之日起7 d内寄发除28 d强度、干缩率和耐磨性以外的各项试验结果，28 d强度、干缩率和耐磨性数值，应在水泥发出日起32 d内补报。

8.6 交货与验收

8.6.1 交货时水泥的质量验收可抽取实物试样以其检验结果为依据，也可以生产者同编号水泥的检验报告为依据。采取何种方法验收由买卖双方商定，并在合同或协议中注明。卖方有告知买方验收方法的责任。当无书面合同或协议，或未在合同、协议中注明验收方法的，卖方应在发货票上注明"以本厂同编号水泥的检验报告为验收依据"字样。

8.6.2 以抽取实物试样的检验结果为验收依据时，买卖双方应在发货前或交货地共同取样和签封。取样方法按GB 12573进行，取样数量为28 kg，缩分为二等份。一份由卖方保存40 d，一份由买方按本标准规定的项目和方法进行检验。

在40 d以内，买方检验认为产品质量不符合本标准要求，而卖方又有异议时，则双方应将卖方保存的另一份试样送省级或省级以上国家认可的水泥质量监督检验机构进行仲裁检验。水泥安定性仲裁检验时，应在取样之日起10 d以内完成。

8.6.3 以生产者同编号水泥的检验报告为验收依据时，在发货前或交货时买方在同编号水泥中取样，双方共同签封后由卖方保存90 d，或认可卖方自行取样、签封并保存90 d的同编号水泥的封存样。

在90 d内，买方对水泥质量有疑问时，则买卖双方将共同认可的试样送省级或省级以上国家认可的水泥质量监督检验机构进行仲裁检验。

9 包装、标志、运输与贮存

9.1 包装

水泥可以袋装或散装，袋装水泥每袋净含量50 kg，且不得少于标志质量的99%；随机抽取20袋总质量(含包装袋)不得少于1 000 kg。其他包装形式由供需双方协商确定，但有关袋装质量要求，必须符合上述原则规定。水泥包装袋应符合GB 9774的规定。

9.2 标志

水泥袋上应清楚标明：执行标准、型号、代号、强度等级、生产者名称、生产许可证标志(QS)及编号、出厂编号、包装日期、净含量。包装袋两侧应印有水泥名称和等级，用黑色印刷。

散装发运时应提交与袋装标志相同内容的卡片。

9.3 运输与贮存

水泥在运输与贮存时不得受潮和混入杂物，不同型号和强度等级的水泥在贮运中避免混杂。

ICS 91.040
P 36

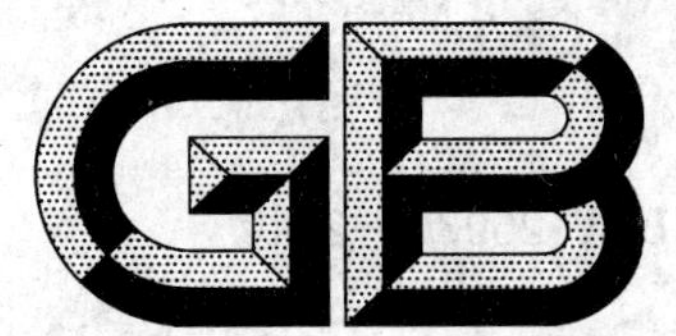

中华人民共和国国家标准

GB/T 25030—2010

建筑物清洗维护质量要求

Request for cleaning and maintenance of building external wall

2010-09-02 发布　　2011-05-01 实施

中华人民共和国国家质量监督检验检疫总局
中国国家标准化管理委员会　发布

前　言

本标准由中华人民共和国住房和城乡建设部提出。

本标准由住房和城乡建设部建筑工程标准技术归口单位归口。

本标准负责起草单位：中国建筑科学研究院。

本标准参加起草单位：北京凯博擦窗机械技术公司、廊坊凯博建设机械科技有限公司、杭州赛奇高空作业机械有限公司、江苏申锡建筑机械有限公司、海南南光集团有限公司、上海普英特高层设备有限公司、河北普丰建设机械有限公司。

本标准主要起草人：张华、姜仁、薛抱新、刘超太、陈建平、吴杰、赵青、兰阳春、尚耀。

建筑物清洗维护质量要求

1 范围

本标准规定了建筑物(含构筑物)外表面清洗维护作业的质量要求和清洗维护作业质量检查评价等。

本标准适用于建筑外表面清洗维护质量管理和检查评价工作。

2 规范性引用文件

下列文件中的条款通过本标准的引用而成为本标准的条款。凡是注日期的引用文件,其随后所有的修改单(不包括勘误的内容)或修订版均不适用于本标准,然而,鼓励根据本标准达成协议的各方研究是否可使用这些文件的最新版本。凡是不注日期的引用文件,其最新版本适用于本标准。

GB 19154 擦窗机

GB 19155 高处作业吊篮

JG 5099 高空作业机械安全规则

JGJ 52 普通混凝土用砂、石质量及检验方法标准

3 术语和定义

下列术语和定义适用于本标准。

3.1

饰面 decoration veneer

建筑物外表的装饰面。

3.2

幕墙 curtain wall

由支承结构体系与面板组成的、可相对主体结构有一定位移能力、不分担主体结构所受作用的建筑外围护结构或装饰性结构。

3.3

清洗维护 cleaning maintenance

清除饰面污垢、修复饰面损伤,保持建筑物外墙整洁与使用功能的施工操作。

3.4

清洗维护材料 cleaning maintenance material

用于清除饰面污垢、修复饰面损伤,保持建筑物外墙整洁与使用功能的材料。

3.5

清洗维护质量 cleaning and maintenance quality

在建筑物外墙清洗维护作业中,通过过程控制保持建筑物外墙整洁与使用功能的效果。

3.6

烧结材料 agglomerative material

经高温煅烧而成的装饰材料。

3.7

敷剂 deposited agent

涂抹在饰面被玷污处的使污垢充分润湿、溶化,易于清除的材料。

3.8

吊篮　temporarily installed suspended access equipment

悬挂机构架设于建筑物或构筑物上，提升机驱动悬吊平台通过钢丝绳沿立面上下运行的一种非常设悬挂设备。

3.9

擦窗机　permanently installed suspended access equipment

用于建筑物或构筑物窗户和外墙清洗、维修等作业的常设悬吊接近设备。

3.10

高空作业平台　aerial work platform

用来运送工作人员和使用器材到指定高度进行作业的专用设备。

3.11

座板式单人吊具　personal board-type sling equipment

个体使用的具有防坠落功能的无动力载人作业用具。该吊具由作业人员操作，沿建筑物立面自上而下移动。

4　清洗维护范围

4.1　建筑外表面清洗维护范围包括建筑物及固定附属物的外表面等。

4.2　列入文物保护及优秀历史建筑名录的建筑外表面的清洗维护，尚应符合现行国家有关标准的规定。

5　清洗维护作业质量要求

5.1　清洗一般要求

5.1.1　建筑外表面应保持整洁，无明显污迹，无残损、脱落、严重变色等。

5.1.2　玻璃幕墙和金属幕墙的外表面，宜每年清洗一次；外表面为水刷石、干粘石和喷涂材料的，应每五年清洗与维护一次；外表面为其他材质的，视材质情况定期清洗或者粉饰。当建筑外表面有明显污迹时，应及时进行清洗或粉饰。

5.1.3　建筑外表面残损、脱落的，应进行修补或者重新装饰、装修。

5.1.4　对建筑外表面进行粉饰或者重新装饰、装修，应保持原建筑物、构筑物的色调、造型和建筑设计风格。改变原建筑物、构筑物色调造型或者建筑设计风格的，应先依照城市规划管理规定申报批准后再进行。

5.1.5　对建筑外表面进行粉饰或者重新装饰、装修，应符合 5.4 要求，在产品质量保证期间内不出现严重变色、褪色和脱落现象。

5.2　环保要求

5.2.1　粉饰或者重新装饰、装修的材料，应符合国家产品质量标准中环境保护要求。

5.2.2　外墙清洗过程中，不应对环境造成污染。

5.2.3　外墙清洗过程中喷砂作业应采用湿喷，落砂应回收利用。

5.2.4　清洗后的外墙饰面，不应存有酸、碱、砂等残留物质。

5.3　维护与处理要求

5.3.1　维护一般要求

5.3.1.1　外饰面基层不应有风化、酥松、开裂或空鼓现象。

5.3.1.2　混凝土结构表面应密实、平整，金属结构应无锈蚀和脱焊。

5.3.1.3　饰面不应有风化、空鼓和裂缝，不缺棱掉角。嵌缝应密实、连续、粘结牢固，无开裂脱落。

5.3.1.4　幕墙密封胶不应脱胶、开裂、起泡，密封胶条不应脱落、老化等损坏现象。五金件不应有损坏及功能障碍，紧固件不应锈蚀、松动和失效等。

5.3.1.5　建筑外表面残损、脱落的，应进行修补或者重新装饰、装修。

5.3.1.6　对建筑外表面进行粉饰或者重新装饰、装修时，应保持原建筑物、构筑物的色调、造型和建筑设计风格。改变原建筑物、构筑物色调造型或者建筑设计风格的，应先按城市规划管理规定申报批准后再进行。

5.3.1.7　对建筑外表面进行粉饰或者重新装饰、装修时，尚应符合5.4的要求，在规定的期间内不应出现严重变色、褪色和脱落现象。

5.3.2　维护处理要求

5.3.2.1　清洗前应对饰面基层进行检查，当有缺陷时，应修补或加固，并做好记录，经验收符合5.3.1的要求后，方可进行清洗。

5.3.2.2　当饰面基层有渗水现象时，应预先进行防水防渗处理，并确定已修复。

5.3.2.3　当饰面有风化、空鼓、开裂等情况时，应进行修补、加固或更换，使用的材料应与原饰面材料一致或相近，并应符合饰面对该材料的技术要求。

5.4　清洗维护材料要求

5.4.1　一般要求

5.4.1.1　外墙清洗维护材料应能清除饰面上的污垢，使饰面恢复原有的材质表观。

5.4.1.2　选定的外墙清洗维护材料应为具有相应资质的质检机构检验的合格产品。

5.4.1.3　用于外墙清洗的清洗维护材料，应标明产品名称、种类、执行标准、生产日期、使用说明、保质期，并有检验报告和产品合格证。

5.4.1.4　清洗维护材料的使用不应损伤被清洗物表面，不应损伤密封材料和嵌缝材料。

5.4.2　材料的选用与适用性要求

5.4.2.1　清水适用于轻度污染、材料较坚硬的饰面。

5.4.2.2　中性清洗维护材料适用于污染程度不大、表面较光滑的饰面。

5.4.2.3　碱性清洗维护材料适用于较耐碱性而又粘有油污或有机粘结材料的饰面。

5.4.2.4　酸性清洗维护材料适用于表面粗糙及硬度较高的天然石材和烧结材料饰面。

5.4.2.5　敷剂适用于被玷污程度严重且不适合冲洗的饰面。

5.4.2.6　石英砂和金刚砂适用于污染严重而表面粗糙及硬度较高的天然石材饰面。

5.4.3　材料的理化指标

5.4.3.1　中性清洗材料的主要理化指标应符合表1～表3的规定。

表1　中性清洗材料的主要理化指标

项　　目	指　　标
外观	澄清液体
密度/(g/cm^3)	1.00～1.02
pH	6.0～8.0

5.4.3.2　碱性清洗材料的主要理化指标应符合表2的规定。

表2　碱性清洗材料的主要理化指标

项　　目	指　　标
外观	澄清液体
密度(g/cm^3)	1.25～1.40
pH	9.0～12.0

5.4.3.3　酸性清洗材料的主要理化指标应符合表3的规定。

表 3 酸性清洗材料的主要理化指标

项　目	指　标
外观	澄清液体
密度/(g/cm^3)	1.02～1.10
pH	4.0～6.0

5.4.3.4 用于外墙砂洗的石英砂和金刚砂宜选用中砂，且应符合 JGJ 52 中的有关规定。用于同一建筑外墙饰面砂洗的石英砂和金刚砂的粒径应一致。

5.5 清洗维护设备要求

5.5.1 建筑物有常设的外墙清洗维护设备时，应在保证安全的条件下优先选用该设备。

5.5.2 建筑物没有常设的外墙清洗维护设施时，应按建筑物外形、工期、效果、安全等因素选择施工设备。

5.5.3 对新建建筑，在高度超过 40 m 时，应优先设置擦窗机，该设备应符合 GB 19154 要求。

5.5.4 对既有建筑，未设置擦窗机时，可优先选用高处作业吊篮进行清洗、维护作业。

5.5.5 受建筑物结构限制，悬挂设备不具备使用条件时，应在落实有关安全技术措施，经施工企业责任人签字后，可以使用经过安全技术检验机构检验合格的座板式单人吊具或悬挂装置作业。在座板式单人吊具中，绳索应为两根，并且独立固定于楼顶可靠的结构上，一根为工作绳，一根为安全绳。工作绳和安全短绳直径不应小于 16 mm，绳索材料应使用涤纶、锦纶纤维材料制作，不应使用丙纶纤维材料制作。当工作绳上发生绳索断裂时，安全绳上的自锁扣能将作业人员可靠地锁止在安全绳上。

5.5.6 对于高度 40 m 以下建筑可选用高空作业机械进行清洗维护作业，该设备应符合 JG 5099 要求。

5.6 清洗维护作业安全防范措施要求

5.6.1 清洗维护作业施工单位

5.6.1.1 建筑外表面清洗维护作业的企业应建立、健全安全生产责任制，并执行以下规章制度，做好记录和存档工作：

a) 安全生产责任制；
b) 高处悬挂作业安全规程；
c) 施工工艺方案；
d) 悬挂设备安全操作规程；
e) 悬挂设备安装及调试技术规程；
f) 悬挂设备安全检查制度；
g) 悬挂设备维护、保养及检修制度；
h) 劳动防护用品发放与穿戴制度；
i) 作业人员、设备安装维修人员安全培训考核制度；
j) 高处悬挂作业紧急情况下的应急预案；
k) 高处悬挂作业安全事故应急救援预案。

5.6.1.2 施工企业应对使用设备进行安全检查。安全检查分日常检查和定期检查，日常检查由班组在上班前进行，定期检查由企业安全管理部门负责组织，定期检查记录由企业安全管理部门负责人签字并存档备案。其中悬挂作业设备的钢丝绳每次施工前应检查一次；座板式单人吊具每次施工前应检查一次。

5.6.1.3 新安装、大修后及闲置一年以上的高空作业设备、高处悬挂设备和装置，启动前应由有资质的检测机构按国家相应标准进行安全性能检查。

5.6.2 设备供应单位

5.6.2.1 设备的设计、制造单位应按照 GB 19154、GB 19155 和 JG 5099 等标准设计制造，并对所设计制造的设备安全性能负责。

5.6.2.2 制造高空作业设备、高处悬挂设备和装置的企业的产品应经政府有关部门或授权单位组织的鉴定。设备的安全性能测试工作由国家认可的具有相应检测资质的机构进行。

5.6.2.3 高空作业设备、高处悬挂设备和装置及电器、机械安全附件、安全装置、安全绳和安全带等特种劳动防护用品应符合现行国家及行业有关标准的规定。悬挂设备的产权单位应逐台建立产品及使用、检验、维修、保养档案。

5.6.2.4 高处悬挂作业所使用工具、器材等应采取可靠的防坠措施。

5.6.2.5 高处悬挂设备的租赁企业应保证设备的安全性能和可靠性，并出具设备安全性能检验报告，同时签订租赁合同，对所租赁设备的安全性能负责。

5.6.3 作业环境要求

5.6.3.1 高处悬挂作业应保证现场区域和四周环境的安全，其作业下方应设置警戒线，并有人看守，在醒目处应设置“禁止入内”的标志牌。

5.6.3.2 不应在同一垂直方向，上下同时作业。在距高压线 10 m 区域内无专业安全防护措施时不应作业。

5.6.3.3 高处悬挂作业不应在大雾、大雨、大雪、大风(风力超过 5 级，风速 8.3 m/s)等恶劣气候及夜间无照明时作业；气温超过 40 ℃或低于零下 20 ℃时，不应进行施工操作。

5.7 清洗维护作业从业人员的要求

5.7.1 对于进行清洗维护高空作业的操作人员应满足以下条件：

a) 应经过专业安全技术培训，经国家相关主管部门认定的培训机构考核合格后方可持证上岗；

b) 无不适应高处作业的疾病和生理缺陷。患有高血压、心脏病、恐高症等不宜从事高空作业的人员不应从事高处悬挂作业；

c) 酒后、过度疲劳、情绪异常者不应上岗；

d) 作业时应佩带附本人照片的特种作业操作证；

e) 作业时应带安全帽，使用安全带。高处悬挂作业人员应能正确熟练地使用保险带和安全绳。安全绳上端固定应牢固可靠，使用时安全绳应基本保持垂直于地面，作业人员身后余绳不应超过 1 m。禁止两人同时使用一条安全绳。安全带上的自锁钩应扣在单独悬挂于建筑物顶部牢固部位的保险绳上；

f) 操作人员不应穿拖鞋或塑料底等易滑鞋进行作业；

g) 操作人员上机器操作前，应认真学习和掌握使用说明书，应按检验项目检验合格后，方可上机操作，使用中应执行安全操作规程；

h) 使用双动力升降施工设备时操作人员不允许单独一人进行作业；

i) 操作人员应在地面进出悬吊平台，不应在空中攀缘窗口出入，作业人员不应从一悬吊平台跨入另一悬吊平台；

j) 作业人员发现事故隐患或者不安全因素，有权要求企业负责人采取相应劳动保护措施；

k) 高处悬挂作业人员在身体不适应或安全得不到保证的情况下有权拒绝进行高处悬挂作业。对管理人员违章指挥，强令冒险作业，有权拒绝执行。

6 清洗维护作业检查评价

6.1 清洗维护作业信息记录

6.1.1 建筑物基本信息

建筑物名称、类别(商场、写字楼、宾馆、住宅楼等)、位置、饰面材质、外形尺寸、建筑物的附属设施状况及周边设施、绿化环境等信息。

6.1.2 清洗维护作业信息

建筑物外表面清洗维护作业信息包括基本信息和作业信息。

基本信息：清洗面积、维护内容、作业企业和作业方式等。

作业信息：作业人员、作业设备、设施或工具、作业时间、作业情况以及天气情况、建筑环境突发事件与处理措施等信息。

6.2 清洗维护作业检查评价

6.2.1 检查方法

a) 查阅建筑物外表面清洗维护作业信息记录；

b) 在建筑外表面上进行作业跟踪检查；

c) 依据本标准对作业质量进行直观和感观检测和评价。

6.2.2 定性评价

按附录 A 进行检查，并按优良、合格、不合格等级作定性评价。

7 清洗维护作业质量检查评价

7.1 建筑物外表面清洗维护作业质量检查

7.1.1 检查分为基本项目、保证项目和清洗维护质量检查项目。

7.1.1.1 基本项目按 5.1、5.2 的规定在清洗维护作业完工后进行检查。

7.1.1.2 保证项目按 5.4、5.5、5.6、5.7 的规定在清洗维护前进行检查。

7.1.2 清洗维护质量检查

7.1.2.1 建筑外表面清洗作业质量检查方法

a) 直观饰面应符合表 4 规定；

表 4 建筑饰面质量检查

序号	饰面材料	质量检查要求
1	花岗岩、大理石	无杂物、尘灰、印迹、污垢、污渍，表面光亮、色泽均一。
2	玻璃、金属结构框	无杂物、灰尘、印迹、污垢、污渍，明亮、透光性好，无因水渍而产生折光现象。
3	彩钢板等金属饰面板	无杂物、灰尘、印迹、污垢、污渍，光亮、无印迹。
4	木质表面	无杂物、灰尘、印迹、污垢、污渍，表面光洁、色泽均匀。
5	涂料	无杂物、灰尘、印迹、污垢、污渍，表面色泽均匀。
6	水泥、面砖	无杂物、灰尘、印迹、污垢、污渍，表面色泽均匀，无色斑，接缝处洁净，点、线、面线条清晰。

b) 手持白色柔软试纸擦拭已清洁区域任意一面墙面、柱面 1 m 长距离，查看无灰尘；

c) 对于花岗岩和大理石饰面，侧观墙面打蜡层均匀，无漏涂之处；直观抛光后的光泽、质感应一致；

d) 对于玻璃和金属结构框饰面，直观玻璃的透光性，无折光现象；直观金属结构框金属质感，不锈钢镜面无强烈反光；手持白色柔软试纸擦拭玻璃与金属结构框之间的接缝、金属结构框与墙面、窗台立面、平面接缝处、密封胶表面无污垢；

e) 对于木质饰面，手持白色柔软试纸擦拭墙面、墙裙雕花立体部分空隙、墙裙上沿和下部踢脚板上沿平面及凹凸面无污垢，死角处无灰尘；表面腊面均匀，无漏涂之处；蜡面均匀丰满、木质光泽应柔和滋润、木纹清晰；

f) 对于彩钢板等金属装饰板饰面，手持白色柔软纸擦拭拼接缝隙中的密封胶表面无污垢；直观墙面有金属光泽感，亚光处理有凝重质感。镜面处理无强烈反光、无折光现象；直观墙面、柱面无划伤，手感无碰撞痕迹；

g) 对于涂料饰面，直观涂料表面无色痕、污迹；直观涂料表面无色差；打蜡层腊面涂抹均匀丰满；

直观涂料色彩应鲜艳，材质质感强烈；

h） 对于水泥、面砖饰面，直观水泥墙面无污垢留存，色泽均匀、无色斑，点、线、面清晰；

i） 高层建筑从整个建筑物的层面中每五层取一个层面，每个层面取 4 个检查点，从开启的窗户、阳台进行检查。多层建筑从每个层面取 1 个～2 个检查点进行检查。以上共取 10 个点进行检查；

j） 对底层外墙，需手持柔软纸擦拭外墙面、各死角处、装饰材料表面的拼接缝隙处，查看无污垢留存。

7.1.2.2 建筑外表面维护作业质量检查方法

a） 直观外饰面基层有无风化、酥松、开裂或空鼓现象；

b） 直观混凝土结构表面是否密实，金属结构有无锈蚀和脱焊；

c） 直观饰面有无风化、空鼓和裂缝，是否缺棱掉角。嵌缝是否密实、连续、粘结牢固，有无开裂脱落；

d） 幕墙密封胶有无脱胶、开裂、起泡，密封胶条有无脱落、老化等损坏现象。五金件有无损坏及功能障碍，螺栓有无锈蚀和松动、失效现象；

e） 高层建筑从整个建筑物的层面中每五层取一个层面，每个层面取 4 个检查点，从开启的窗户、阳台进行检查。多层建筑从每个层面取 1～2 个检查点进行检查。以上共取 10 个点进行检查；

f） 对于建筑物饰面的专项定点维护，应专项定点检查。

7.2 建筑物外表面清洗维护作业质量检查评价

7.2.1 建筑物外表面清洗维护作业质量检查中，保证项目合格、基本项目合格，检查项目有 8 点优良、2 点合格以上，评价结果为优良。

7.2.2 建筑物外表面清洗维护作业质量检查中，保证项目合格、基本项目合格，检查项目有 6 点以上合格，评价结果为合格。

7.2.3 建筑物外表面清洗维护作业质量检查中，保证项目合格、基本项目合格，检查项目有 4 点以上不合格，评价结果为不合格。

7.2.4 建筑物外表面清洗维护作业质量检查中，保证项目和基本项目有一项内容不合格，允许施工单位整改，整改项目全部合格后，再进行检查项目评价。

附 录 A
（资料性附录）
建筑外表面清洗维护作业质量项目检查评价表

建筑名称：　　　　　　　　　　　　　　　　　　　　　检查部位：

<table>
<tr><td rowspan="7">保证项目</td><td colspan="11">项　目</td><td colspan="3">质量情况</td></tr>
<tr><td>1</td><td colspan="10">清洗维护材料应符合 5.4 的要求。</td><td colspan="3"></td></tr>
<tr><td rowspan="4">2</td><td rowspan="3">安全防范措施</td><td colspan="9">清洗维护作业施工单位应符合 5.6.1 规定</td><td colspan="3"></td></tr>
<tr><td colspan="9">设备供应单位应符合 5.6.2 规定</td><td colspan="3"></td></tr>
<tr><td colspan="9">作业环境应符合 5.6.3 规定</td><td colspan="3"></td></tr>
<tr><td>从业人员</td><td colspan="9">应符合 5.7 规定</td><td colspan="3"></td></tr>
<tr><td>3</td><td colspan="10">清洗维护设备应符合 5.5 规定。</td><td colspan="3"></td></tr>
<tr><td rowspan="4">基本项目</td><td colspan="11">项　目</td><td colspan="3">质量情况</td></tr>
<tr><td>1</td><td colspan="10">建筑外表面清洗作业质量应符合 5.1 的规定。</td><td colspan="3"></td></tr>
<tr><td>2</td><td colspan="10">建筑外表面维护与处理作业质量应符合 5.3 的规定。</td><td colspan="3"></td></tr>
<tr><td>3</td><td colspan="10">建筑外表面清洗维护作业的环保质量应符合 5.2 的规定。</td><td colspan="3"></td></tr>
<tr><td rowspan="8">检查项目</td><td colspan="3" rowspan="2">项　目</td><td rowspan="2">等级</td><td colspan="10">检　查　点</td></tr>
<tr><td>1</td><td>2</td><td>3</td><td>4</td><td>5</td><td>6</td><td>7</td><td>8</td><td>9</td><td>10</td></tr>
<tr><td rowspan="3">1</td><td colspan="2" rowspan="3">外表面清洗作业质量检查应符合 7.1.2.1 的要求规定。</td><td>优良</td><td></td><td></td><td></td><td></td><td></td><td></td><td></td><td></td><td></td><td></td></tr>
<tr><td>合格</td><td></td><td></td><td></td><td></td><td></td><td></td><td></td><td></td><td></td><td></td></tr>
<tr><td>不合格</td><td></td><td></td><td></td><td></td><td></td><td></td><td></td><td></td><td></td><td></td></tr>
<tr><td rowspan="3">2</td><td colspan="2" rowspan="3">建筑外表面维护质量检查应符合 7.1.2.2 的要求规定。</td><td>优良</td><td></td><td></td><td></td><td></td><td></td><td></td><td></td><td></td><td></td><td></td></tr>
<tr><td>合格</td><td></td><td></td><td></td><td></td><td></td><td></td><td></td><td></td><td></td><td></td></tr>
<tr><td>不合格</td><td></td><td></td><td></td><td></td><td></td><td></td><td></td><td></td><td></td><td></td></tr>
<tr><td rowspan="3">检查结果</td><td colspan="2">保证项目</td><td colspan="12">经检查，保证项目 3 项，□ 均符合　□ 不符合　标准要求。</td></tr>
<tr><td colspan="2">基本项目</td><td colspan="12">检查 2 项，其中合格　　项，不合格　　项。</td></tr>
<tr><td colspan="2">检查项目</td><td colspan="12">检查 10 点，其中优良　　点，合格　　点，不合格　　点。</td></tr>
<tr><td>评价结果</td><td colspan="14">□ 优良　　　□ 合格　　　□ 不合格
检查员：</td></tr>
</table>

ICS 93.030
P 41

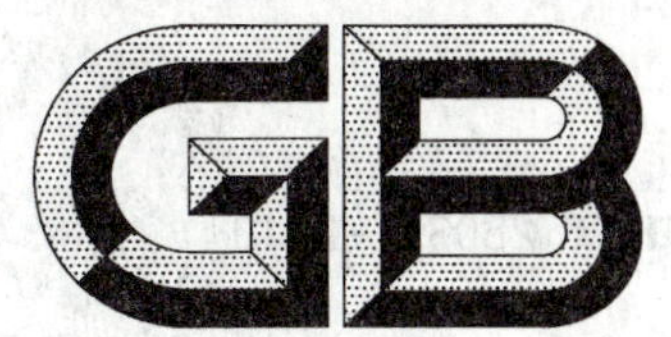

中华人民共和国国家标准

GB/T 25031—2010

城镇污水处理厂污泥处置 制砖用泥质

Disposal of sludge from municipal wastewater treatment plant—Quality of sludge used in making brick

2010-09-02 发布 2011-05-01 实施

中华人民共和国国家质量监督检验检疫总局
中国国家标准化管理委员会 发布

前言

本标准由中华人民共和国住房和城乡建设部提出。

本标准由住房和城乡建设部给水排水产品标准化技术委员会归口。

本标准起草单位：广州市城市排水监测站、天津市城市排水监测站、昆明市城市排水监测站、武汉市排水设施监督管理处、广州市二次供水技术咨询服务中心、中国科学院地理科学与资源研究所。

本标准主要起草人：林毅、李明、谈勇、卢宝光、孟庆强、孙雷、梁伟臻、杨建波、苏健成、郭彦娟、杨静、冼慧婷、李健槟、叶承明、王令凡、何洁、肖丹、黄艳、龚兵、陈同斌、杜姗姗、赵镜浩、陈婷婷、郑念耿、戴永康。

城镇污水处理厂污泥处置 制砖用泥质

1 范围

本标准规定了城镇污水处理厂污泥制烧结砖利用的泥质、取样和监测。

本标准适用于城镇污水处理厂污泥的处置和污泥制烧结砖利用。

2 规范性引用文件

下列文件中的条款通过本标准的引用而成为本标准的条款。凡是注日期的引用文件，其随后所有的修改单(不包括勘误的内容)或修订版均不适用于本标准，然而，鼓励根据本标准达成协议的各方研究是否可使用这些文件的最新版本。凡是不注日期的引用文件，其最新版本适用于本标准。

GB 5101 烧结普通砖

GB 6566 建筑材料放射性核素限量

GB 7959 粪便无害化卫生标准

GB 13544 烧结多孔砖

GB 13545 烧结空心砖和空心砌块

GB/T 14675 空气质量 恶臭的测定 三点比较式臭袋法

GB/T 14678 空气质量 硫化氢、甲硫醇、甲硫醚和二甲二硫的测定 气相色谱法

GB/T 14679 空气质量 氨的测定 次氯酸钠-水杨酸分光光度法

GB/T 15263 环境空气 总烃的测定 气相色谱法

GB/T 17134 土壤质量 总砷的测定 二乙基二硫代氨基甲酸银分光光度法

GB/T 17135 土壤质量 总砷的测定 硼氰化钾-硝酸银分光光度法

GB/T 17136 土壤质量 总汞的测定 冷原子吸收分光光度法

GB/T 17137 土壤质量 总铬的测定 火焰原子吸收分光光度法

GB/T 17138 土壤质量 铜、锌的测定 火焰原子吸收分光光度法

GB/T 17139 土壤质量 镍的测定 火焰原子吸收分光光度法

GB/T 17141 土壤质量 铅、镉的测定 石墨炉原子吸收分光光度法

GB 18918 城镇污水处理厂污染物排放标准

GB/T 23484 城镇污水处理厂污泥处置 分类

GB/T 26402 城镇污水处理厂污泥处置 单独焚烧用泥质

CJ/T 221 城市污水处理厂污泥检验方法

3 术语和定义

GB/T 23484 确立的以及下列术语和定义适用于本标准。

3.1

城镇污水处理厂污泥 sludge from municipal wastewater treatment plant

城镇污水处理厂在污水净化处理过程中产生的含水率不同的半固态或固态物质，不包括栅渣、浮渣和沉砂池砂砾。

3.2

污泥处置　sludge disposal

污泥处理后的消纳过程，一般包括土地利用、填埋、建筑材料利用和焚烧等。

3.3

污泥制砖利用　sludge using in making brick

将处理后污泥作为部分原料用于制烧结砖。

3.4

制砖用泥质　quality of sludge used in making brick

将处理后污泥用于制烧结砖原料时，污泥应达到的质量标准。

4　制砖用泥质要求

4.1　嗅觉

无明显刺激性臭味。

4.2　稳定化指标

污泥制砖利用前，应满足 GB 18918 中的稳定化指标。

4.3　理化指标

污泥用于制砖时，污泥理化指标应满足表 1 的要求。

表 1　理化指标

序号	控制项目	限值
1	pH	5～10
2	含水率	≤40%

4.4　烧失量和放射性核素指标

污泥用于制砖时，污泥烧失量和放射性核素指标应满足表 2 的要求。

表 2　烧失量和放射性核素指标

序号	控制项目	限值(干污泥)	
1	烧失量	≤50%	
2	放射性核素	$I_{Ra} \leqslant 1.0$	$I_r \leqslant 1.0$

4.5　污染物浓度限值

污泥用于制砖时，污泥污染物浓度限值应满足表 3 的要求。

表 3　污染物浓度限值

序号	控制项目	限值/(mg/kg 干污泥)
1	总镉	<20
2	总汞	<5
3	总铅	<300
4	总铬	<1 000
5	总砷	<75
6	总镍	<200
7	总锌	<4 000
8	总铜	<1 500

表 3（续）

序号	控制项目	限值/(mg/kg 干污泥)
9	矿物油	<3 000
10	挥发酚	<40
11	总氰化物	<10

4.6 卫生学指标

污泥用于制砖与人群接触场合时，污泥卫生学指标应满足表 4 的要求。同时，不能检测出传染性病原菌。

表 4 卫生学指标

序号	控制项目	限值
1	粪大肠菌群菌值	>0.01
2	蠕虫卵死亡率	>95%

4.7 大气污染物排放指标

污泥在运输和储存时，大气污染物排放最高允许浓度应满足表 5 的要求，标准分级、取样与监测需满足 GB 18918 要求。

污泥在制烧结砖时，大气污染物排放最高允许浓度应满足 GB/T 26402 的要求。

表 5 大气污染物排放最高允许浓度

序号	控制项目	一级标准	二级标准	三级标准
1	氨(mg/m^3)	1.0	1.5	4.0
2	硫化氢(mg/m^3)	0.03	0.06	0.32
3	臭气浓度(无量纲)	10	20	60
4	甲烷(厂区最高体积浓度%)	0.5	1	1

5 其他要求

5.1 将处理后污泥与其他制砖原料混合时，污泥(以干污泥计)与制砖总原料的重量比(wt%)，即混合比例应小于或等于 10%。在工艺条件允许或产品需要的情况下，混合比例可适当提高。

5.2 利用污泥制备出的成品砖质量指标应满足国家标准 GB 5101、GB 13544 和 GB 13545 中的相关规定。

6 取样与监测

6.1 取样方法：应采取多点取样混合，样品应有代表性，样品重量不小于 1 kg。

6.2 监测分析方法按表 6 执行。

表 6 监测分析方法

序号	项 目	测定方法	采用标准
1	pH 值	玻璃电极法	CJ/T 221
2	污泥含水率	重量法	CJ/T 221
3	烧失量	重量法	GB 7876
4	放射性核素	低本底多道 γ 能谱仪法	GB 6566

表6（续）

序号	项　目	测定方法	采用标准
5	总镉	石墨炉原子吸收分光光度法	GB/T 17141
		常压消解后原子吸收分光光度法[a] 常压消解后电感耦合等离子体发射光谱法 微波高压消解后原子吸收分光光度法 微波高压消解后电感耦合等离子体发射光谱法	CJ/T 221
6	总汞	冷原子吸收分光光度法	GB/T 17136
		常压消解后原子荧光法[a]	CJ/T 221
7	总铅	石墨炉原子吸收分光光度法	GB/T 17141
		常压消解后原子荧光法[a] 微波高压消解后原子荧光法 常压消解后原子吸收分光光度法 常压消解后电感耦合等离子体发射光谱法 微波高压消解后原子吸收分光光度法 微波高压消解后电感耦合等离子体发射光谱法	CJ/T 221
8	总铬	火焰原子吸收分光光度法[a]	GB/T 17137
		常压消解后电感耦合等离子体发射光谱法 微波高压消解后电感耦合等离子体发射光谱法 常压消解后二苯碳酰二肼分光光度法 微波高压消解后二苯碳酰二肼分光光度法	CJ/T 221
9	总砷	二乙基二硫代氨基甲酸银分光光度法	GB/T 17134
		硼氢化钾-硝酸银分光光度法	GB/T 17135
		常压消解后原子荧光法[a] 常压消解后电感耦合等离子体发射光谱法 微波高压消解后电感耦合等离子体发射光谱法	CJ/T 221
10	总镍	火焰原子吸收分光光度法	GB/T 17139
		常压消解后原子吸收分光光度法[a] 常压消解后电感耦合等离子体发射光谱法 微波常压消解后原子吸收分光光度法 微波高压消解后电感耦合等离子体发射光谱法	CJ/T 221
11	总锌	火焰原子吸收分光光度法	GB/T 17138
		常压消解后原子吸收分光光度法[a] 常压消解后电感耦合等离子体发射光谱法 微波常压消解后原子吸收分光光度法 微波高压消解后电感耦合等离子体发射光谱法	CJ/T 221
12	总铜	火焰原子吸收分光光度法	GB/T 17138
		常压消解后原子吸收分光光度法[a] 常压消解后电感耦合等离子体发射光谱法 微波常压消解后原子吸收分光光度法 微波高压消解后电感耦合等离子体发射光谱法	CJ/T 221

表 6（续）

序号	项　目	测定方法	采用标准
13	矿物油	红外分光光度法[a] 紫外分光光度法	CJ/T 221
14	挥发酚	蒸馏后 4-氨基安替比林分光光度法	CJ/T 221
15	总氰化物	蒸馏后吡啶-巴比妥酸光度法[a] 蒸馏后异烟酸-吡唑啉酮分光光度法	CJ/T 221
16	粪大肠菌群菌值	发酵法	GB 7959
17	蠕虫卵死亡率	显微镜法	GB 7959
18	氨	次氯酸钠-水杨酸分光光度法	GB/T 14679
19	硫化氢	气相色谱法	GB/T 14678
20	臭气浓度	三点比较式臭袋法	GB/T 14675
21	甲烷	气相色谱法	GB/T 15263
[a] 为仲裁方法。			

ICS 13.030.90
Z 68

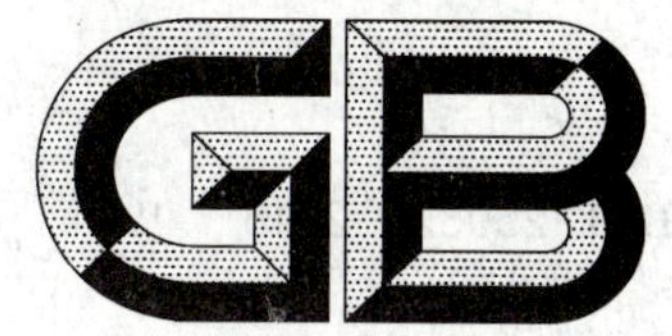

中华人民共和国国家标准

GB/T 25032—2010

生活垃圾焚烧炉渣集料

Municipal solid waste incineration bottom ash aggregate

2010-09-02 发布

2011-05-01 实施

中华人民共和国国家质量监督检验检疫总局
中国国家标准化管理委员会 发布

前　言

本标准的附录A、附录B、附录C、附录D、附录E和附录F为规范性附录。

本标准由中华人民共和国住房和城乡建设部提出并归口。

本标准负责起草单位：上海寰保渣业处置有限公司。

本标准参加起草单位：上海市市政规划设计研究院、广州市环境卫生研究所、上海市道路工程重点实验室。

本标准主要起草人：辛正浩、阮仁勇、孙顺来、祝长康、孙文州、雷泽辉、卢欢亮、陈伟锋。

生活垃圾焚烧炉渣集料

1 范围

本标准规定了生活垃圾焚烧集料的定义、原料要求、要求、试验方法、检验规则、标志、包装、贮存和运输。

本标准适用于生活垃圾焚烧炉渣经处理加工制成的用于道路路基、垫层、底基层、基层及无筋混凝土制品的集料。

2 规范性引用文件

下列文件中的条款通过本标准的引用而成为本标准的条款。凡是注日期的引用文件，其随后所有的修改单(不包括勘误的内容)或修订版均不适用于本标准，然而，鼓励根据本标准达成协议的各方研究是否可使用这些文件的最新版本。凡是不注日期的引用文件，其最新版本适用于本标准。

GB 5085.3 危险废物鉴别标准 浸出毒性鉴别

GB 6566 建筑材料放射性核素限量

GB/T 17431.2—1998 轻集料及其试验方法 第2部分:轻集料试验方法

GB 18485 生活垃圾焚烧污染控制标准

HJ/T 20—1998 工业固体废弃物采样制样技术规范

3 术语和定义

下列术语和定义适用于本标准。

3.1

集料 aggregate

混凝土主要组成材料之一，又称骨料，主要起骨架作用和作为胶凝材料的廉价填充料。集料按颗粒大小分为粗集料和细集料。

3.2

轻漂物 lightweight suspended solid

集料在密度1.1 kg/L溶液中漂浮的固体物质。

4 技术要求

4.1 对用以加工本产品的生活垃圾焚烧炉渣中有害物质的控制应符合下列要求：

a) 放射性检测应符合GB 6566的要求；

b) 重金属毒性检测应符合GB 5085.3的要求；

c) 热灼减率检测应符合GB 18485的要求。

4.2 产品的技术要求

4.2.1 粒径

粗细集料粒径应符合表1要求。

表 1 粒径[a]

方孔筛/mm	各号方孔筛的累计筛余/%	
	粗集料	细集料
2.36	—	≥45
16	≥90	≤5
19	≥75	≤1
63	≤5	—
[a] 以干基质量计。		

4.2.2 含杂量

粗细集料含杂量应符合表 2 要求。

表 2 含杂量[a]

单位为百分比

项　目	粗　集　料	细　集　料
含铁量	—	<2
金属物	<1	—
轻漂物	≤0.2	≤0.2
[a] 以干基质量计。		

4.2.3 含水率

粗集料含水率应小于或等于 10%(以质量计)。

细集料含水率应小于或等于 18%(以质量计)。

4.2.4 筒压强度

粗细集料筒压强度应大于或等于 2.0 MPa。

5 试验方法

5.1 取样

5.1.1 取样方法

从料堆、车辆、货船进行取样，应符合 HJ/T 20—1998 的要求。

5.1.2 取样量

单项试验的最少取样数量应符合表 3 的要求。做多项试验时，如确能保证试样经一项试验后不影响另一项试验结果，可用同一试样进行几项不同的试验。

表 3 单项试验最少取样数量

单位为千克

序号	试验项目	粗　集　料	细　集　料
1	粒径	60	15
2	含铁量	—	15
3	金属物	20	—
4	轻漂物	20	15
5	含水率	5	
6	筒压试验	10	

5.2 测试方法

5.2.1 粒径试验

见附录 A 粒径测定。

5.2.2 含铁量试验

见附录B含铁量测定。

5.2.3 金属物含量试验

见附录C金属物含量测定。

5.2.4 轻漂物含量试验

见附录D轻漂物含量测定。

5.2.5 含水率试验

见附录E含水率测定。

5.2.6 强度指标试验

见附录F筒压强度测定。

6 检验规则

6.1 检验分类

a) 型式检验;

b) 出厂检验。

6.1.1 型式检验

6.1.1.1 有下列情况之一时,应进行型式检验:

a) 正常生产时,每年进行一次;

b) 本企业生产工艺发生变化时;

c) 提供炉渣的焚烧厂工艺发生变化时;

d) 国家监管部门要求检验时。

6.1.1.2 型式检验为对标准所规定的全部技术要求包括第4章对原料的检验的全部技术要求。

6.1.2 出厂检验

6.1.2.1 产品出厂均需按规定进行产品出厂检验。

6.1.2.2 检验项目包括:粒径测定、含铁量测定、金属物含量测定、轻漂物含量测定、含水率测定、筒压强度测定。

6.1.3 产品组批规则

日处理炉渣大于或等于150 t,每500 t同规格产品为一批;日处理炉渣小于150 t,300 t同规格产品为一批。

6.2 判定规则

6.2.1 凡4.1任一项检验不合格,不应生产,应待查明原因且该原因消除后方能恢复生产。

6.2.2 产品各项指标符合5.1,5.2,5.3,5.4相应要求时,可判定该批产品合格。若有一项指标不符合本标准要求时,则应从同一批产品中加倍取样,对不符合标准要求的项目进行复检。如复检合格,可判定该产品合格,如仍不符合本标准要求时,则该批产品判为不合格。

7 标志、包装、贮存和运输

7.1 标志

产品出厂时,供需双方在生产厂内验收产品。生产厂质监部门应提供质量合格证书,并标明:

a) 集料名称、规格、生产厂商;

b) 批量编号及供货数量;

c) 检验结果、日期及执行标准编号;

d) 合格证编号及发放日期;

e) 检验部门及检验人员签章。

7.2　本产品需要包装时可根据实际情况，由供需双方协商包装方式。

7.3　本产品应按规格分别堆放和运输。

7.4　运输时，应清扫车船等运输工具，采取必要措施防止杂物混入及产品撒落、粉尘飞扬，雨天运输应加盖油布。

附 录 A
（规范性附录）
粒 径 测 定

A.1 仪器设备

a) 烘箱：能使温度控制在(105±5)℃；

b) 磅秤：最大称量 100 kg(分度值为 50 g)；

c) 试验筛：根据需要选用标准筛；

d) 其他：搪瓷盘、铲子、毛刷等。

A.2 试验步骤

A.2.1 按 6.1.1 取样方法取样。并将细集料试样缩分至约 3.6 kg，粗集料试样缩分至约 12 kg。放入烘箱中于(105±5)℃下烘干至恒量；待集料冷却至室温后进行筛分。

注：恒量系指在烘干 1 h～3 h 的情况下，其前后质量之差不大于该项试验所要求的称量精度(下同)。

A.2.2 按 GB/T 17431.2—1998 中 5.3、5.4、5.5 规定进行相应的试验、计算与评定。

附 录 B
（规范性附录）
含铁量测定

B.1 仪器设备

a） 烘箱：能使温度控制在(105±5)℃；

b） 磅秤：最大称量 100 kg(分度值为 50 g)；

c） 吸铁器：Y30 铁氧永磁体(20 mm×65 mm×85 mm)磁块性能：中心点平均 65 mT；

d） 其他：铝盘、毛刷、A4 纸等。

B.2 试验步骤

B.2.1 按 6.1.1 取样方法取样。并将试样缩分至约 3.6 kg，放入烘箱中于(105±5)℃烘干至恒量，待冷却至室温后进行检测。

B.2.2 将试样分为集料质量大致相等的二份，测定其中一份质量，再将试样平铺于非铁台面，用由纸包裹的吸铁器接触试样表面并平移，及至全试样表面。

B.2.3 将吸附于吸铁器表面的铁质剥离，测定铁质质量。

B.2.4 含铁率 T 按式(B.1)计算：

$$T=\frac{T_1}{G}\times 100 \qquad \text{(B.1)}$$

式中：

T——含铁率，%；

T_1——铁质物质量，单位为克(g)；

G——集料质量，单位为克(g)。

B.2.5 含铁率取两次试验结果的算术平均值，精确至 0.1%，两次试验结果之差大于 0.2%时，应重新试验。

附　录　C
（规范性附录）
金属物含量测定

C.1　按6.1.1取样方法取样。并将试样缩分至约5 kg，测定其质量，再将试样平铺于平整台面，人工拣取其中金属物，测定金属物质量。

C.2　金属物含量 J 按式（C.1）计算：

$$J = \frac{J_1}{G} \times 100 \quad \cdots\cdots\cdots\cdots(C.1)$$

式中：

J——金属物含量，%；

J_1——金属物质量，g；

G——集料质量，g。

C.3　金属物含量取两次试验结果的算术平均值，精确至0.1%，两次试验结果之差大于0.2%时，应重新试验。

附　录　D
（规范性附录）
轻漂物含量测定

D.1　试剂与材料

a）　氯化锌；

b）　浸液：取 2 000 mL 清水，加入适量氯化锌，直到测得溶液密度至 1.1 g/mL。

D.2　仪器设备

a）　烘箱：能使温度控制在（105±5）℃；

b）　磅秤：最大称量 100 kg（分度值为 50 g）；

c）　密度计；

d）　其他：塑料桶、网篮（网孔直径不大于 300 μm）等；

D.3　试验步骤

D.3.1　按 6.1.1 取样方法取样。将试样缩分至约 2 200 g，放入烘箱中于（105±5）℃烘干至恒量，待冷却至室温后，分为大致相等 2 份备用。

D.3.2　取样试样 1 000 g（精确至 1 g），将试样倒入盛有浸液的塑料桶中，用玻璃棒充分搅拌，使试样中的轻漂物与集料分离，静置 5 min 后，将浮起于浸液液面的轻漂物倾倒入网篮中，倾倒时应避免浸液下的集料带出。

D.3.3　将网篮中的轻漂物置于烘箱中于（105±5）℃烘干至恒量，待冷却至室温后，测量轻漂物总质量，精确至 1 g。

D.4　计算与评定

D.4.1　轻漂物含量 Q 按式（D.1）计算：

$$Q=\frac{Q_1}{G}\times 100 \qquad \text{(D.1)}$$

式中：

Q——轻漂物含量，%；

Q_1——烘干的轻漂物质量，g；

G——集料质量，g。

D.4.2　轻漂物含量取二次试验结果的算术平均值，精确至 0.1%。

附 录 E
（规范性附录）
含水率测定

E.1 仪器设备

a) 烘箱：能使温度控制在（105±5）℃；

b) 磅秤：最大称量 100 kg（分度值为 50 g）；

c) 其他：搪瓷盘、铲子、毛刷等。

E.2 试验步骤

按 6.1.1 取样方法取样。将自然潮湿状态下的试样用四分法缩分至约 2 000 g。拌匀后分为大致相等的两份备用，称取其一份质量，精确至 1 g。将试样倒入已知质量的搪瓷盘中，放至烘箱中于（105±5）℃烘至恒量，待冷却至室温后，再称其质量，精确至 1 g。

E.3 计算与评定

E.3.1 含水率 S 按式（E.1）计算，精确至 0.1%。

$$S=\frac{G_2-G_1}{G_2}\times 100 \qquad \text{(E.1)}$$

式中：

S——含水率，%；

G_2——烘干前试样质量，g；

G_1——烘干后试样质量，g。

E.3.2 含水率取两次试验结果的算术平均值，精确至 0.1%，两次试验结果之差大于 0.2%时，应重新试验。

附 录 F
（规范性附录）
筒压强度测定

F.1 仪器设备

按 GB/T 17431.2—1998 中 9.2 的要求配备。

F.2 按 6.1.1 取样方法取样。其中的细集料取 2.36 mm 以上，16 mm 以下；粗集料取 19 mm 以上，37.5 mm 以下，作试样。

F.3 试验步骤、计算与评定按 GB/T 17431.2—1998 中 9.3、9.4、9.5 的规定进行。

ICS 93.080.20
Q 20

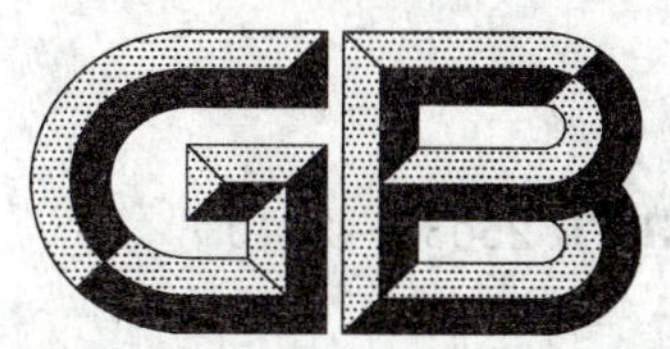

中华人民共和国国家标准

GB/T 25033—2010

再生沥青混凝土

Recycling asphalt concrete

2010-09-02 发布 2011-05-01 实施

中华人民共和国国家质量监督检验检疫总局
中国国家标准化管理委员会 发布

前　言

本标准由中华人民共和国住房和城乡建设部提出并归口。

本标准负责起草单位：深圳市海川实业股份有限公司、长安大学。

本标准参加起草单位：深圳海川工程科技有限公司、上海启鹏化工有限公司、云南省公路开发投资有限责任公司、安徽省高速公路总公司、江西省交通厅、湖南省交通规划勘察设计院、安徽省交通规划设计研究院、云南省交通规划设计研究院、长沙理工大学、上海建设机场道路工程有限公司、上海市政工程设计研究院。

本标准主要起草人：何唯平、郝培文、周志刚、黄学文、胡钊芳、彭立、杨强、陈修和、杨光友、张胜、曹亚东、徐世国、张杰、黄永衡、张健。

再生沥青混凝土

1 范围

本标准规定了道路沥青路面用再生沥青混凝土的术语和定义、分类和应用范围、材料要求及试验方法、再生混凝土要求及试验方法、检验规则和运输。

本标准适用于国内各等级公路和城市道路沥青路面用沥青混凝土旧料的热拌再生利用。

2 规范性引用文件

下列文件中的条款通过本标准的引用而成为本标准的条款。凡是注日期的引用文件，其随后所有的修改单(不包括勘误的内容)或修订版均不适用于本标准，然而，鼓励根据本标准达成协议的各方研究是否可使用这些文件的最新版本。凡是不注日期的引用文件，其最新版本适用于本标准。

JTG F40—2004　公路沥青路面施工技术规范

JTJ 052—2000　公路工程沥青及沥青混合料试验规程

SH/T 0654—1998　石油沥青运动粘度测定法

3 术语和定义

下列术语和定义适用于本标准。

3.1

回收沥青路面材料　reclaimed asphalt pavement(RAP)

采用铣刨、开挖等方式获得的旧沥青路面材料。

3.2

沥青混合料　asphalt mixtures

由矿质集料与沥青结合料拌和而成的混合料的总称。

3.3

沥青混凝土　asphalt concrete

用沥青作粘结材料，与矿质集料和矿粉按一定比例经加热、拌合、压实而成的产品。

3.4

再生沥青混凝土　recycling asphalt concrete

用沥青作结合料，与RAP、再生剂、新添加的矿质集料与矿粉按一定比例配制，经加热、拌和和压实而成的产品。

3.5

普通再生沥青混凝土　general recycling asphalt concrete

沥青路面再生时掺入的新沥青为普通道路石油沥青的再生沥青混凝土。

3.6

改性再生沥青混凝土　modified recycling asphalt concrete

沥青路面再生时掺入的新沥青为改性沥青的再生沥青混凝土。

3.7

厂拌热再生　central plant hot recycling

将回收沥青路面材料(RAP)运至沥青拌和厂(场、站)，经破碎、筛分后以一定的比例与新集料、新沥青、再生剂等热拌而制成沥青混凝土的过程。

3.8

就地热再生　hot in-place recycling

采用专用的热再生设备，对旧沥青路面进行加热、铣刨，就地掺入一定数量的新沥青、新沥青混合料、再生剂等经过热态拌和、摊铺、碾压等工序，一次性实现对路面一定深度范围内的旧沥青混凝土路面再生的过程。

3.9

沥青再生剂　rejuvenating agent(RA)

掺加到再生沥青混合料中，用于恢复旧沥青性能的添加剂。

3.10

回收沥青路面材料(RAP)掺配比(回收率)　percentage of RAP in recycled mixture

回收沥青路面材料(RAP)质量占再生混合料矿料总质量的百分比。

3.11

动稳定度　dynamic stability

按规定条件进行再生沥青混凝土车辙试验时，试件变形进入稳定期后，每产生 1 mm 轮辙变形试验轮所行走的次数，以次/mm 计。

3.12

残留稳定度　residual stability

浸水马歇尔稳定度与标准马歇尔稳定度之比，以%计。

3.13

冻融劈裂强度比　freeze-thaw splitting strength ratio

在规定条件下对再生沥青混凝土试件进行冻融循环，然后进行劈裂强度试验，试件在受冻融前后的劈裂强度比，以%计。

3.14

破坏应变　rupture strain

对规定尺寸和试验温度的再生沥青混凝土小梁试件，以 50 mm/min 的加载速率在其跨中施加一定的集中荷载至试件断裂破坏时，最大挠度点处弯拉变形的程度。

4　分类和应用范围

4.1　分类

4.1.1　按照再生沥青混凝土掺加的新沥青种类不同，再生沥青混凝土可分为普通再生沥青混凝土和改性再生沥青混凝土。

4.1.2　按照施工场合和工艺的不同，再生沥青混凝土可分为厂拌热再生沥青混凝土和就地热再生沥青混凝土。

4.2　应用范围

4.2.1　厂拌热再生的沥青混凝土适用于各等级公路和城市道路的沥青面层及柔性基层。

4.2.2　就地热再生沥青混凝土仅适用于浅层轻微病害的各等级公路和城市道路的沥青面层，对于新建公路仅可用于中、下面层。

5　材料要求及试验方法

5.1　沥青

再生沥青混凝土使用的新沥青应符合 JTG F40—2004 中表 4.2 的规定。

5.2　沥青再生剂

再生沥青混凝土使用的沥青再生剂应符合表 1 的规定。

表 1 沥青再生剂要求

检验项目		单位	RA-1	RA-5	RA-25	RA-75	RA-250	RA-500	试验方法
60 ℃粘度		mm^2/s	50～175	176～900	901～4 500	4 501～12 500	12 501～37 500	37 501～60 000	SH/T 0654—1998
闪点		℃	≥220	≥220	≥220	≥220	≥220	≥220	JTJ 052—2000 中 T 0611—1993
饱和分		%	≤30	≤30	≤30	≤30	≤30	≤30	JTJ 052—2000 中 T 0618—1993
芳香分		%	≥30	≥30	≥30	≥30	≥30	≥30	JTJ 052—2000 中 T 0618—1993
薄膜烘箱试验前后	粘度比	—	≤3	≤3	≤3	≤3	≤3	≤3	JTJ 052—2000 中 T 0619—1993
	质量变化的绝对值	%	≤4	≤4	≤3	≤3	≤3	≤3	JTJ 052—2000 中 T 0609—1993 或 T 0610—1993
注：薄膜烘箱试验前后粘度比＝试样薄膜烘箱试验后粘度/试样薄膜烘箱试验前粘度									

5.3 回收沥青路面材料(RAP)

再生沥青混凝土使用的回收沥青路面材料(RAP)中旧沥青针入度应大于 20,当小于或者等于 20 时,经试验研究后可考虑将 RAP 作为集料处理使用。

5.4 集料

再生沥青混凝土使用的新粗细集料应符合 JTG F40—2004 中 4.8、4.9 的规定。

5.5 填料

再生沥青混凝土使用的填料应符合 JTG F40—2004 中 4.10 的规定。

6 再生沥青混凝土的技术要求及试验方法

6.1 再生沥青混凝土的马歇尔试验技术要求应符合表 2 的规定。

表 2 再生沥青混凝土马歇尔试验技术要求

试验指标		单位	高速公路、一级公路、城市道路				其他等级道路	行人道路	试验方法
			夏炎热区		夏热区及夏凉区				
			中轻交通	重载交通	中轻交通	重载交通			
击实次数(双面)		次	75				50	50	
试件直径		mm	101.6 mm×63.5 mm						
空隙率 VV	深约 90 mm 以内	%	3～5	4～6	2～4	3～5	3～6	2～4	JTG F40—2004 中附录 B
	深约 90 mm 以下	%	3～6		2～4	3～6	3～6	—	
稳定度 MS		kN	≥8				≥5	≥3	JTJ 052—2000 中 T 0709—2000
流值 FL		mm	2.0～4.0	1.5～4.0	2.0～4.5	2.0～4.0	2.0～4.5	2.0～5.0	

6.2 再生沥青混凝土的车辙试验动稳定度应符合表3的规定。

表3 再生沥青混凝土车辙试验(60 ℃)动稳定度技术要求

气候条件与技术指标		相应于下列气候分区的技术要求									试验方法
七月平均最高气温(℃)及气候分区		>30				20～30				<20	
		夏炎热区				夏热区				夏凉区	
		1-1	1-2	1-3	1-4	2-1	2-2	2-3	2-4	3-2	
动稳定度/(次/mm)	普通再生沥青混凝土	≥800		≥1 000		≥600	≥800			≥600	JTJ 052—2000 中 T 0719—1993
	改性再生沥青混凝土	≥2 400		≥2 800		≥2 000	≥2 400			≥1 800	

6.3 再生沥青混凝土的水稳定性应符合表4的规定。

表4 再生沥青混凝土水稳定性技术要求

气候条件与技术指标		相应于下列气候分区的技术要求				试验方法
年降雨量(mm)及气候分区		>1 000	>500～≤1 000	≥250～≤500	<250	
		1. 潮湿区	2. 湿润区	3. 半干区	4. 干旱区	
浸水马歇尔试验残留稳定度/%	普通再生沥青混凝土	≥80		≥75		JTJ 052—2000 中 T 0709—2000
	改性再生沥青混凝土	≥85		≥80		
冻融劈裂试验残留强度比/%	普通再生沥青混凝土	≥75		≥70		JTJ 052—2000 中 T 0729—2000
	改性再生沥青混凝土	≥80		≥75		

6.4 再生沥青混凝土作为沥青路面的上面层时,低温弯曲试验破坏应变应符合表5的规定。

表5 再生沥青混凝土低温弯曲试验破坏应变要求

气候条件与技术指标		相应于下列气候分区的技术要求									试验方法
年极端最低气温(℃)及气候分区		<−37.0		−21.5～−37.0			−9.0～−21.5		>−9.0		
		冬严寒区		冬寒区			冬冷区		冬温区		
		1-1	2-1	1-2	2-2	3-2	1-3	2-3	1-4	2-4	
破坏应变(μ_ε),(−10 ℃,50 mm/min)	普通再生沥青混凝土	≥2 600		≥2 300			≥2 000				JTJ 052—2000 中 T 0715—1993
	改性再生沥青混凝土	≥3 000		≥2 800			≥2 500				
注:再生沥青混凝土作为沥青路面的上面层时,应进行低温弯曲试验,作为其他层次时,可酌情选择进行。											

6.5 表2～表5中的气候分区应符合JTG F40—2004附录A的规定。

7 检验规则

7.1 一般规定

7.1.1 再生沥青混凝土应做取样检验。

7.1.2 再生沥青混凝土取样及试验人员应具有相应的经验。

7.2 检验项目

再生沥青混凝土的检验项目为:空隙率、稳定度、流值、动稳定度、水稳定性、低温弯曲试验破坏应变指标。

7.3 取样与检验频率

7.3.1 厂拌热再生沥青混凝土的检验应在出厂或施工现场进行,就地热再生沥青混凝土的检验应在施工现场进行。

7.3.2 用于出厂检验的试样,应在拌和厂/站采取,用于施工现场检验的再生沥青混凝土试样应在施工现场采取。

7.3.3 试样的采取过程应符合 JTJ 052—2000 中 T 0701—2000 的规定。

7.3.4 同一工程、配合比相同的再生沥青混凝土每天至少应进行一次马歇尔试验检验;首次进行再生沥青混凝土生产以及在再生过程中发生以下情况时,应进行再生沥青混凝土的动稳定度、水稳定性、低温弯曲破坏试验检验。

a) 原材料来源、种类或者规格发生变化时;

b) 拌和楼或再生机出现故障或者重新校准后;

c) 再生沥青混凝土路面质量出现明显变化时。

7.3.5 检验的取样试验工作应由供方和需方分别独立进行;当供需单方或双方不具备试验条件时,供需双方可协商确定委托第三方检验,受委托方应为供需双方均认可的有试验资质的单位。

7.4 合格判定

7.4.1 当样品的性能符合 6.1～6.4 的相关规定时,判定该批产品为合格,当试验结果不符合时,则判定该批产品为不合格。

7.4.2 复验

对不合格产品可利用原留样或重新取样进行复验。当复验结果全部符合 6.1～6.4 的规定时,则判定该批产品为合格。当复验结果有一项不符合 6.1～6.4 的规定时,则判定该批产品不合格。

7.5 试样的留存和仲裁

7.5.1 供方和需方除各自取样检测外,应共同确定留存的试样。试样的留置组数可根据实际需要确定。

7.5.2 试样的留存应符合 JTJ 052—2000 中 T 0701—2000 的规定。

8 运输

厂拌热再生沥青混合料的运输应符合 JTG F40—2004 中 5.5 对热拌沥青混凝土的规定。

ICS 91.140.99
P 46

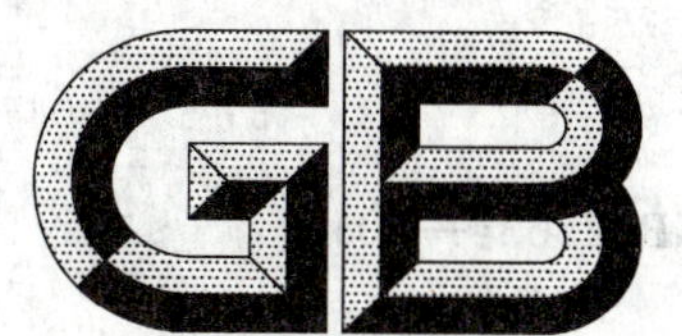

中华人民共和国国家标准

GB 25034—2010

燃气采暖热水炉

Gas-fired heating and hot water combi-boilers

2010-09-02 发布　　2011-07-01 实施

中华人民共和国国家质量监督检验检疫总局
中国国家标准化管理委员会　发布

前　言

本标准5.3.8,5.4.3,5.5.1,5.5.2,6.2.1,6.3.4,6.4.4,6.5.3.2,6.5.5.1**a)、b)、c)**,6.5.5.2**a)、b)、c)、d)、e)**,6.5.7.3**a)、b)**,6.6.2,6.8.2,9.1.1**d)**,9.1.2,9.2.1,9.2.2 **和附录 F 为强制性的,其余为推荐性的。**

本标准修改采用 EN 483:1999《燃气中央采暖炉　额定热输入小于等于 70 kW 的 C 型炉》(英文版)和 EN 625:1996《燃气中央采暖炉　额定热输入小于等于 70 kW 两用炉的生活热水技术要求》(英文版)。

为方便比较,在资料性附录 A 中列出了本标准与修改采用的欧洲标准的条款对照一览表。

由于我国法律要求和工业的特殊需要,本标准在采用该两欧洲标准时进行了修改。在附录 B 中给出了技术性差异及其原因的一览表以供参考。

本标准删除了 EN 483:1999 中以下内容:

1)　附录 A:欧洲共同体各国产品分类及供气条件;

2)　附录 B:特殊国家条件;

3)　附录 E:试验条件汇编;

4)　附录 K:标识示例;

5)　附录 N:C6 型锅炉给气和排气管道的要求和试验方法;

6)　附录 Z:EN483 与欧盟指令主要要求的条款对照表;

7)　器具最大采暖工作水压为 6 kg 的相关内容。

本标准附录 D、F、G 为规范性附录,附录 A、B、C、E、H、I 为资料性附录。

本标准由中华人民共和国住房和城乡建设部提出。

本标准由住房和城乡建设部城镇燃气标准技术归口单位归口。

本标准负责起草单位:广州迪森家用锅炉制造有限公司,国家燃气用具质量监督检验中心。

本标准参加起草单位:阿里斯顿热能产品(中国)有限公司、青岛经济技术开发区海尔热水器有限公司、北京依咪娜贸易有限公司、北京菲斯曼供热技术有限公司、广东万家乐燃气具有限公司、广东万和新电气股份有限公司、艾欧史密斯(中国)热水器有限公司、深圳市海顿热能技术有限公司、法罗力热能设备(中国)有限公司、八喜热能技术(天津)有限公司、美的集团有限公司、樱花卫厨(中国)股份有限公司、成都前锋电子电器集团股份有限公司、威能(北京)供暖设备有限公司、诸暨凯姆热能设备有限公司。

本标准主要起草人:楼英、王启、张金环、任志、闫小勤、李伟、高学杰、仇明贵、钟家淞、鞠平、邱国利、庞晓辉、王相雪、郑仪军、黄国金、程永忠、王君、蔡顺德。

燃气采暖热水炉

1 范围

本标准规定了密闭式燃烧的燃气采暖热水炉(以下简称器具)的术语和定义、分类及其参数,材料、结构和安全要求,性能要求,试验方法,检验规则,标志、警示和说明书,包装、运输和贮存。

本标准适用于额定热输入小于等于70 kW,最大采暖工作水压小于等于0.3 MPa,工作时水温不大于95 ℃,采用大气式燃烧器或风机辅助式燃烧器或全预混式燃烧器的采暖热水两用的器具,也适用于单采暖器具。

本标准不适用于以下器具:

——自然排气烟道式、室外型器具;

——冷凝式器具;

——容积式器具;

——在同一外壳内采暖和热水分别采用两套独立燃烧系统的器具,包括两者有共同烟道的器具。

2 规范性引用文件

下列文件中的条款通过本标准的引用而成为本标准的条款。凡是注日期的引用文件,其随后所有的修改单(不包括勘误的内容)或修订版均不适用于本标准,然而,鼓励根据本标准达成协议的各方研究是否可使用这些文件的最新版本。凡是不注日期的引用文件,其最新版本适用于本标准。

GB /T 191 包装储运图示标志(GB/T 191—2008,ISO 780:1997,MOD)

GB/T 1019—2008 家用电器包装通则

GB/T 2828.1 计数抽样检验程序 第1部分:按接收质量限(AQL)检索的逐批检验抽样计划(GB/T 2828.1—2003,ISO 2859-1:1999,IDT)

GB/T 2828.2 计数抽样检验程序 第1部分:按极限质量 LQ 检索的孤立批检验抽样方案(GB/T 2828.2—2008,ISO 2859-2:1985,NEQ)

GB 4208 外壳防护等级(IP 代码)(GB 4208—2008,IEC 60529:2001,IDT)

GB 4706.1—2005 家用和类似用途电器的安全 第1部分:通用要求(IEC 60335-1:2004(Ed4.1),IDT)

GB/T 5013.1 额定电压450/750 V及以下橡皮绝缘电缆 第1部分:一般要求(GB 5013.1—2008,IEC 60245-1:2003,IDT)

GB 5023.1 额定电压450/750 V及以下聚氯乙烯绝缘电缆 第1部分:一般要求(GB 5023.1—2008,IEC 60227-1:2007,IDT)

GB/T 7306.1 55°密封管螺纹 第1部分 圆柱内螺纹与圆锥外螺纹(GB/T 7306.1—2000,eqv ISO 7-1:1994)

GB/T 7306.2 55°密封管螺纹 第2部分 圆锥内螺纹与圆锥外螺纹(GB/T 7306.2—2000,eqv ISO 7-1:1994)

GB/T 7307 非螺纹密封管螺纹(GB/T 7307—2001,eqv ISO 228-1:1994)

GB/T 12113—2003 接触电流和保护导体电流的测量方法(IEC 60990-1999,IDT)

GB/T 13611 城镇燃气分类和基本特性

GB 14536.1 家用和类似用途电自动控制器 第1部分:通用要求(GB 14536.1—2008,IEC 60730-1:2003,IDT)

GB 14536.6 家用和类似用途电自动控制器 燃烧器电自动控制系统的特殊要求(GB 14536.6—2008,IEC 60730-2-5:2004,IDT)

GB 14536.10 家用和类似用途电自动控制器 温度敏感控制器的特殊要求(GB 14536.10—2008,IEC 60730-2-9:2004,IDT)

GB/T 16411 家用燃气用具通用试验方法

GB/T 17624.1—1998 电磁兼容 综述 电磁兼容基本术语和定义的应用与解释(idt IEC 61000-1-1:1992)

GB/T 17626.1 电磁兼容 试验和测量技术 抗扰度试验总论(GB/T 17626.1—2006,IEC 61000-4-1:2000,IDT)

GB/T 17626.4 电磁兼容 试验和测量技术 电快速瞬变脉冲群抗扰度试验(GB/T 17626.4—2008,IEC 61000-4-4:2004,IDT)

GB/T 17626.5 电磁兼容 试验和测量技术 浪涌(冲击)抗扰度试验(GB/T 17626.5—2008,IEC 61000-4-5:2005,IDT)

GB/T 17626.11 电磁兼容 试验和测量技术 电压暂降、短时中断和电压变化抗扰度试验(GB/T 17626.11—2008,IEC 61000-4-11:2004,IDT)

GB/T 17627.1 低压电气设备的高电压试验技术 第1部分 定义和试验要求(GB 17627.1—1998,eqv IEC 1180-1:1992)

GB/T 17799.1—1999 电磁兼容 通用标准 居住、商业和轻工业环境中的抗扰度试验(idt IEC 61000-6-1:1997)

CJ/T 3074 家用燃气燃烧器具电子控制器

3 术语和定义

GB 4706.1、GB 14536.1、GB 14536.6、GB 14536.10、GB/T 16411、GB/T 17624.1 和 CJ/T 3074 中确立的以及下列术语和定义适用于本标准。

3.1

燃气限流器 gas restrictor

用于降低燃气压力,从而使进入燃烧器的燃气满足设计时规定的压力和流速的装置。

3.2

额定热输入调节装置 range-rating device

一种采暖炉部件,安装人员可根据用户实际热需求利用该装置,在制造商给出的最大热输入和最小热输入范围内调节设定器具的额定热输入。

3.3

水流量监控装置 water rate monitoring device

当流经器具的水流量低于预定值时关断主燃烧器的燃气、并在水流量达到该预定值时自动重新打开燃气供给的一种装置。

3.4

控制温控器 control thermostat

使水温自动保持在预定值范围内的一种控制装置。

3.5

可调式控制温控器 adjustable control thermostat

允许用户在最低和最高温度值之间设定温度的控制温控器。

3.6

限制温控器　limit thermostat

当温度达到极限温度值时关闭通往主燃烧器的燃气通路，并在当温度降到低于该极限值时，自动重新开启通往主燃烧器的燃气通路的装置。

3.7

安全限温器　safety temperature limiter

防止水温大于预设值而引发安全关闭和非易失锁定的装置。

3.8

过热保护装置　overheat cut-off device

当器具产生过热时，可能引起器具损坏或安全事故发生之前，引发安全关闭和非易失锁定的保护装置。

3.9

气密力　sealing force

当闭合件处于关闭状态时作用于阀座的力，它与燃气压力产生的力无关。

3.10

点火热输入(Q_{IGN})　ignition rate

在点火安全时间内的平均热输入。

3.11

点火开阀时间(T_{IA})　ignition opening time

对于热电式火焰监测装置，从监测火焰被点燃到火焰信号打开气阀之间的时间。

3.12

再点火　spark restoration

当火焰意外熄灭时，在不完全切断燃气供应的情况下，能够自动再次点燃的控制功能。

3.13

再启动　recycling

在器具运行过程中意外熄火时，立即切断燃气供给，并随之按启动程序自动重新启动的自动控制功能。

3.14

非易失锁定　non-volatile lockout

一种系统的安全关闭状态，在这种状态下，只能由手动复位来实现重新启动。

3.15

易失锁定　volatile lockout

一种系统的安全关闭状态，在这种状态下，停电后恢复供电也可以使设备重新启动。

3.16

气流监控装置　air proving decive

当空气供应或燃烧烟气排放出现异常情况时，使器具安全关闭的一种装置。

3.17

燃气/空气比例控制器　gas/air ratio control

一种针对燃气流量自动调节燃烧所需空气流量(或根据空气流量调节燃气流量)的装置。

注1：燃气/空气比例控制器是指气动型空气/燃气比例控制器；

注2：燃气/空气比例控制器不包括机械连动方式比例控制。

3.18

电动型燃气/空气比例控制系统　gas/air ratio controls (electronicRC)

一种以电动型比例阀、电子控制器和传感器组合在一起的燃气/空气比例控制系统。

4 分类及其参数

4.1 按器具使用燃气种类分类

按使用燃气的种类分为人工煤气器具、天然气器具、液化石油气器具。使用的各种燃气分类代号和额定供气压力见表1。

表1 使用的燃气种类及额定供气压力

燃气种类	代　　号	燃气额定供气压力/Pa
人工煤气	3R、4R、5R、6R、7R	1 000
天然气	3T、4T、6T	1 000
	10T、12T	2 000
液化石油气	19Y、20Y、22Y	2 800

4.2 按用途分类

按用途分类见表2。

表2 用途分类

类　别	用　途	代　号
单采暖型	仅用于采暖	N
两用型	采暖和热水两用	L

4.3 按给排气安装方式分类

分类代号及示图见附录C(本标准只涉及Ⅰ型器具)。

4.4 按采暖系统结构形式分类

采暖系统结构形式分类见表3。

表3 采暖系统结构形式分类

结构形式	结构说明	代　号
封闭式	器具采暖系统未设置永久性通往大气的孔	B
敞开式	器具采暖系统设有永久性通往大气的孔	K

4.5 主参数

主参数用额定热输入(kW)取整数后的阿拉伯数字表示。

4.6 器具型号的编制示例

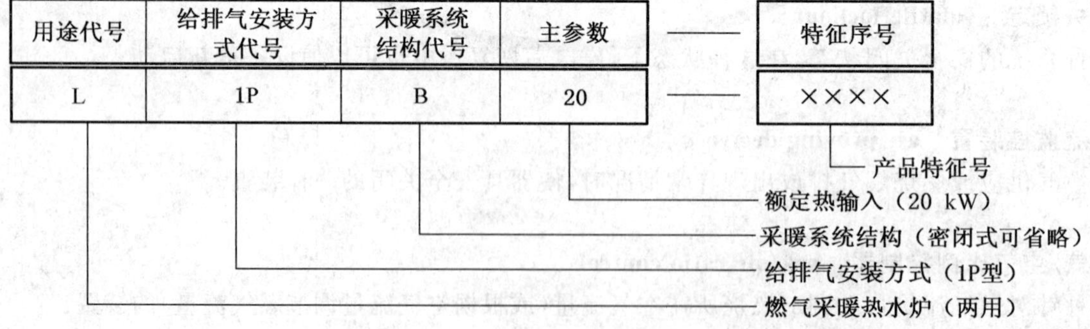

5 材料、结构和安全要求

5.1 概述

除非另有规定,通过视检器具结构或检查相关技术资料确认是否符合要求。

5.2 材料

5.2.1 材料的一般要求

a) 器具在制造商声明的使用寿命期间内和正常安装及规定使用条件下，其材料和结构的变化不应损害器具的安全性；

b) 接触燃气和燃烧产物的材料，应耐腐蚀或经过耐腐蚀处理；

c) 生活热水管路应采用防腐蚀材料和不含污染生活热水水质的材料制造；

d) 隔热材料不应含有石棉，应为不燃材料，并应能承受可预期的热应力和机械应力；

e) 器具焊料中不应含有金属六价镉；

f) 燃烧室的外壳应采用金属材料制造；

g) 涉及安全的重要材料，其特性应由器具制造商和材料供应商予以保证，如：提供必要的书面证明。

5.2.2 保温材料

a) 器具的保温材料应能承受 120 ℃高温而不变形，并且应在受热和老化的情况下仍能保持其保温性能。

b) 保温材料应能承受可以预见的热应力和机械应力。

c) 保温材料应不可燃。符合以下条件之一的除外：

——保温材料是用在与水接触的表面上；

——保温材料的表面的温度在正常运行过程中不超过 85 ℃；

——有不可燃外壳对保温层进行保护。

5.2.3 调节、控制和安全装置材料

a) 接触燃气的部件应用耐腐蚀的金属材料制作，或进行适当的防腐蚀处理。符合以下条件之一的接触燃气部件允许用非金属材料制作：

——该部件被拆掉或破损时，在最高工作压力下逸出的空气量 应不超过 30 L/h；

——密封环、控制膜片、密封垫和其他密封件。

b) 弹簧应采用耐腐蚀材料制造；闭合力和气密力应通过一个或几个弹簧来保证，且能够耐疲劳。

c) 除提供闭合力和气密力的弹簧以外的其他弹簧，接触燃气和空气的所有零部件都应用耐腐蚀材料制造或采用适当方式进行防护。弹簧和其他活动零件的耐腐蚀防护措施不应因任何移动而受到影响。

d) 调节、控制和安全装置中使用的橡胶应耐燃气、耐老化。

5.2.4 给排气管材料

a) 给排气管应能承受水平和垂直负载，应有必要的压缩强度和拉伸强度。

b) 在器具所有运行情况下，给排气管壁材料承受所产生的热量时，应确保稳定。

c) 在器具承受各种运行情况的腐蚀性负载时，给排气管应能保持其基本功能。

5.3 结构

5.3.1 冷凝水控制

器具在控制器所控制的温度范围内运行时烟气不应产生冷凝水；器具在启动时产生的冷凝水，不应影响器具运行安全性。

5.3.2 燃气管道和供水管道的连接

a) 与供燃气管道的连接应采用硬质或软质金属管；螺纹应符合 GB/T 7306.1、GB/T 7306.2 或 GB/T 7307 的规定；如果采用其他连接方式，连接应符合相关标准的规定。

b) 与供水管道的连接应采用符合 GB/T 7306.1、GB/T 7306.2 或 GB/T 7307 规定的螺纹连接；

如果采用非金属材料连接，制造商应提供能够证明连接可靠的证据。

5.3.3 燃气通路和燃烧系统的密封性

5.3.3.1 燃气通路密封性

a) 燃气通路部件应由金属制造。

b) 用于安装零部件的螺钉孔、螺栓孔等不应开在燃气通路上；除测量孔外，其他用途孔和燃气通路之间的壁厚应大于等于 1 mm。

c) 水不应渗入燃气通路。

d) 日常维修时必须拆装的燃气通路连接件应采用机械方式密封。例如金属与金属间的接头连接应通过垫片、密封圈，而对于永久性装配，可采用胶带、液态胶等密封。

e) 非螺纹装配时，装配的密封性不应通过软焊料或粘合剂来实现。

f) 在燃气入口处应装有过滤网，网格不允许 1 mm 的销规穿过。如果燃气通路中包含一个 D 或 D′级的自动阀，销规的最大直径应为 0.2 mm。

5.3.3.2 燃烧系统的密封性

a) 日常维修必须拆装的且影响器具燃烧系统密封性的部件连接应采用机械方式密封。

b) 当器具外壳构成燃烧系统的一部分时，不应有烟气泄漏到安装器具的房间内。

5.3.4 给排气系统

5.3.4.1 概述

a) 器具设计应满足，在点火期间以及在制造商所标明的所有输入热量的整个范围内，都能提供足够的燃烧用空气。

b) 带风机的器具可以在燃烧系统中安装一种调节装置，用来作为限流器或按照制造商说明书中的说明将调节装置设定在预定位置上，从而达到调节器具给排气系统的压力损失。

5.3.4.2 给排气管

给排气管安装过程中，除了长度可以根据实际需要进行调整以外(如：切割)，不需要再进行其他工作。这种调整不应影响器具的正常运行。

5.3.4.3 防风装置

用 5 N 的作用力按压一个直径为 16 mm 的钢球时，该球不应进入防风装置中。

5.3.4.4 风机

a) 应防止直接接触到风机的转动部件。

b) 与烟气接触的部件应能承受烟气的高温；与烟气接触的部件应由耐腐蚀材料制造，或者经过耐腐蚀处理。

5.3.5 气流监控装置

5.3.5.1 对于不带燃气/空气比例控制的器具

在每次风机启动前，应检测是否有模拟空气流。应通过下列方法之一来检测进气状态：

a) 监测进空气压力或排烟气压力。

压力监控只适合于主燃烧器工作期间风机恒速运行。

b) 连续监测进气流量或排气流量。

在该系统中，监测装置由进气气流或排气气流直接驱动。该装置也适用于具有多种转速风机的器具，不同的转速由具有不同监测值的检测装置监测。

5.3.5.2 对于带燃气/空气比例控制的器具

仅适用于进气管完全包围排烟管的器具或者对于排烟管的泄漏量符合 6.2.2.3 的要求的分离烟管，可以采用如下两种间接控制方法：

a) 间接监控(如风机转速监测)：气流监测装置至少在风机每次启动前监测进气的状况。

b) 监测最大最小进气流量或排气流量。

5.3.6 燃气/空气比例控制

燃气/空气比例控制的结构设计应满足,可预见的损坏不应影响安全性。

a) 控制管应采用可机械连接的金属材料,或具有同等特性的材料制造。如果不是金属材料制成,其断开、破裂或泄漏不应引发安全事故。

b) 空气或燃烧产物控制管的横截面积应大于等于 12 mm^2,壁厚应大于等于 1 mm。

c) 管子设置应能避免任何冷凝液残留,并能防止出现皱折、泄漏或断裂。如果开发商能提供相关证据并采取预防措施可以避免在控制管中形成冷凝,则空气控制管的最小横截面积可以减小到 5 mm^2 以上。

5.3.7 器具运行情况的检查

器具运行的检查应符合以下规定:

a) 器具应能够通过反射镜、玻璃等观测燃烧器燃烧情况。

b) 如果主燃烧器装有专用火焰检测装置,应采用间接指示方式(例如指示灯)表示是否有火焰。该火焰指示器不得用来指示任何其他故障;火焰检测装置出现故障时,应能显示故障。

5.3.8 电源运行安全性

使用交流电源的器具,应确保当电源停止时或恢复供电时器具运行不出现安全问题。

5.4 调节装置、控制装置和安全装置

5.4.1 燃气流量调节器

使用人工煤气的器具,应具有燃气流量调节器;其他气种的器具可以选用。如果燃气流量调节器是由制造商调节,调节器应被封闭;如果由安装工调节,则调节器应能够被封闭。

5.4.2 额定热输入调节装置

器具可以装有额定热输入调节装置。如果该装置和燃气流量调节器是同一个装置,则制造商应在其说明书中给出额定热输入范围调节说明。

5.4.3 控制装置和安全装置

a) 控制面板标识应清楚;控制装置应安全可靠,误操作时不应造成人员或器具的安全事故。

b) 控制装置和调节装置失灵不应影响安全装置的关闭功能。

c) 安全系统应具有掉电自停功能。

d) 控制装置和安全装置不应同时执行两个或两个以上程序动作;程序一经固定应不能改动。

e) 器具应配备便于用户操作的手动关闭阀或自动装置,用于直接关断燃气。燃气切断装置为旋转关闭时,其关闭方向应为顺时针方向。

5.4.4 燃气通路的组成

a) 点火燃烧器的热输入不大于 0.250 kW 时,燃气通路应至少包括一个 C 级阀或一个 C 级热电式火焰监控装置。

b) 点火燃烧器和主燃烧器的通路热输入大于 0.250 kW 时,两通路都应串联 2 个阀门。系统中使用 D 级阀或 D′级阀是有条件的,其制约条件应符合附录 D 的规定。

c) 直接点火的主燃烧器通路,并且串联的 2 个阀门不是同步关闭时,2 个阀门应是 C 级和或 C′级阀。

d) 安全装置产生非易失锁定的信号应同步关闭主燃烧器通路的 2 个串联阀门,对于热电式装置,安全装置可以只作用于热电式装置。

e) 控制装置如果 2 个串联阀门(其中一个是控制装置)的时间差不大于 5 s,则关闭信号认为是同步的。

f) 对无预清扫的器具,燃气通路的要求应符合 5.4.8 的规定。

g) 在燃气通路中,高级阀可以代替低级阀。燃气通路的组成中阀的代替条件应符合附录 D 的规定。

5.4.5 燃气稳压器

使用人工煤气的器具应装有燃气稳压器；其他气种的器具可选用。

5.4.6 点火装置

a) 点火装置安装应牢固，位置应准确。

b) 除火焰检测部件外，点火装置应在点火安全时间内停止工作。

c) 用点火燃烧器点燃主燃烧器时，在点火前，火焰监控装置应检查点火燃烧器是否已点燃。

d) 直接点火装置应确保安全点火。当电压在额定电压的85%～110%之间波动时，应保证先点火后开阀。

5.4.7 火焰监控装置

火焰监控装置在火焰熄灭时，应使器具安全关闭，且不受其他装置延迟的影响。

5.4.7.1 热电式火焰监控装置

热电式火焰监控装置在火焰意外熄灭，或者监控装置自身故障时，应引发非易失锁定。

5.4.7.2 自动燃烧器控制系统火焰监控装置

a) 自动燃烧器控制系统在点火不成功时，应导致再点火或再启动或易失锁定。

b) 如果再点火或再启动时，在点火安全时间结束后，主燃烧器仍未点燃时，控制器至少应引发易失锁定。

c) 自动燃烧器控制系统应具有外部故障开机自检和运行自检功能。

5.4.8 预清扫

a) 带风机的器具，主燃烧器每次点火前应进行预清扫。

b) 器具符合下列条件之一，可不预清扫：

1) 装有常明火或交叉点火燃烧器的器具；

2) 点火燃烧器热输入大于0.25 kW，并且装有同时关闭的两个C级阀，或者一个B级阀和一个D级阀；

3) 符合6.4.5.2要求的器具。

5.5 温控器和水温限制装置

5.5.1 概述

a) 器具应装有符合5.5.2要求的水温限制装置。

b) 器具应安装符合5.5.3要求的固定式控制温控器或可调式控制温控器。

c) 当安全限温器和过热保护装置发生故障时，器具应产生非易失锁定。

5.5.2 水温限制装置

a) 对于敞开式器具，当控制温控器失效不会造成人身安全危险或者损坏器具，则可以不设置水温限制装置。

b) 对于封闭式器具，控温系统应装有以下之一的水温限制装置：

——一个符合5.5.6的规定的安全限温器；

——或者一个符合5.5.4的限制温控器和一个符合5.5.5的过热保护装置。另外，如果满足6.5.7中的所有要求，也可以采用其他装置（如水流量监控装置、水量过低检测安全装置）来代替该限制温控器。

c) 对于储水式器具，储水式生活热水系统中应设置控制温度小于100 ℃的超温泄压阀。

5.5.3 控制温控器

a) 控制温控器应符合GB 14536.1中针对Ⅰ类装置的要求。

b) 如果控制温控器是可调的，制造商应在说明书中说明最高温度。

c) 温度选择旋钮的档位应能够明确判别水温升降的方向。如果采用数字表示，则最高数字应对应于最高温度。

d) 当控制温控器设定在最大位置时，在水流温度超过 95 ℃之前器具应受控停机。

5.5.4 限制温控器

a) 控制温控器应符合 GB 14536.1 中针对Ⅰ类装置的要求。

b) 限制温控器的最高设定值应不可调节。

c) 当水流温度低于该设定值时，器具应重新启动点火程序，恢复正常运行。

d) 限制温控器在水流温度超过 110 ℃之前器具应安全停机。

5.5.5 过热保护装置

a) 过热保护装置应符合 GB 14536.1 中针对Ⅱ类装置的要求。

b) 应能在器具可能被损坏或给用户造成危险之前产生非易失锁定。

c) 应不可调节，器具的正常运行不应导致该装置的设定值发生变化。

d) 传感器与连接件信号中断时应至少引发安全停机。

5.5.6 安全限温器

a) 安全限温器应符合 GB 14536.1 中针对Ⅱ类装置的要求。

b) 除 5.5.5 规定外，安全限温器在水温超过 110 ℃之前应使器具产生非易失锁定。

5.5.7 温度传感器

控制温控器、限制温控器、过热保护装置和安全限温器应具有独立的传感器；对于电子系统来说，控制温控器和限制温控器可以采用同一个传感器，该传感器失效不应给用户带来危险或造成器具损坏。

5.6 膨胀水箱和压力表

密闭式器具供暖系统应装有安全阀和压力表，供暖热水不应损坏膨胀水箱的皮膜。

5.7 自动排气

密闭式器具供暖系统应装有自动排气装置。

5.8 自动防冻

器具应具有自动防冻功能

5.9 压力测试部位

器具应有两个燃气压力测压点，确保能测量器具进气压力和喷嘴前压力。测压管外径为 $9.0^{+0}_{-0.5}$ mm，有效长度大于等于 10 mm，最小部位孔径小于等于 1 mm。测压孔不应影响气路的密封性。

6 性能要求

6.1 概述

除非另有规定，按 7.1 规定的试验条件验证以下性能。

6.2 密封性

6.2.1 燃气系统密封性

在 7.2.1 的试验条件下，燃气系统的泄漏量应小于：

a) 对试验 1：0.06 L/h；

b) 对试验 2 和试验 3：0.06 L/h(对于每个相关的关断装置)；

c) 对试验 4：0.14 L/h 或明火检验无泄漏。

6.2.2 燃烧系统密封性

6.2.2.1 概述

器具应符合 6.2.2.2 对密封性的要求。管路应符合 6.2.2.3、6.2.2.4 和 6.2.2.5 密封性的要求。

在进行本标准的所有试验前和试验后检查密封性。

6.2.2.2 给、排气系统

在 7.2.2.2 规定的试验条件下，器具给、排气系统泄漏量应小于表 4 的值。

表 4 最大允许漏气量

试验器具	进气管与排气管的相对位置	最大漏气量/(m^3/h)
安装了给排气管和所有连接件的器具	同轴式	5
	分离式	1
只安装了连接给排气管的连接件的器具	同轴式	3
	分离式	0.6
连接了全部连接件的分离式排烟管		0.4
连接了全部连接件的分离式进气管		2

6.2.2.3 间接控制方法的排烟管

对于间接控制系统所允许的安装在室内和室外排烟管，在 7.2.2.4 的试验条件下，排烟管单位表面积的泄漏量应不超过 0.006 L/(s·m^2)。

6.2.2.4 分离式排烟管

对于分离式排烟管，在 7.2.2.5 的试验条件下，排烟管单位表面积的泄漏量不应超过 0.006 L/(s·m^2)。

6.2.2.5 分离式和同轴式给气管

对于给气管，在 7.2.2.6 的试验条件下，给气管单位表面积的泄漏量不应超过 0.5 L/(s·m^2)。

6.2.3 水路系统密封性

6.2.3.1 采暖水系统的密封性

在 7.2.3.1 的试验条件下，采暖系统无泄漏和明显地永久变形。

6.2.3.2 生活热水系统的密封性

在 7.2.3.2 的试验条件下，生活热水系统无泄漏和明显地永久变形。

6.2.3.3 相互之间的渗透性

在 7.2.3.3 的试验条件下，采暖水系统和生活热水系统相互之间无渗漏。

6.3 热输入和热输出

6.3.1 采暖额定热输入或最大、最小热输入

在 7.3.1 的试验条件下，所测得的热输入与如下数值之差不应超过 10%：

a) 对于不带额定热输入调节装置的器具，额定热输入；

b) 对于带额定热输入调节装置的器具，最大和最小热输入。

当该 10% 所对应的热量小于 500 W，则允许有 500 W 的偏差。

6.3.2 采暖热输入的调节准确度

如果制造商在说明书中规定了获得额定热输入的喷嘴前压力，则按照制造商给定的参数调节器具喷嘴前的燃气压力，在 7.3.2 的试验条件下，所测得的热输入与标称值的偏差应小于或等于 10%。

当该 10% 所对应的热量小于 500 W 时，则允许有 500 W 的偏差。

6.3.3 点火热输入

在 7.3.3 的试验条件下，器具能够在低于额定点火功率时正常点火，点火热输入不应高于制造商标明的额定值。

6.3.4 采暖额定热输出

在 7.3.4 的试验条件下，采暖热输出应大于等于采暖额定热输出。

6.3.5 热水额定热输入

在 7.3.5 的试验条件下，应达到额定热水热输入，或可以调节至额定热水热输入的 ±10% 范围内。

6.3.6 产热水率

在 7.3.6 的试验条件下，产热水率的测定值不应低于制造商标称值的 95%。

6.4 运行安全性

6.4.1 表面温升

6.4.1.1 调节装置、控制装置和安全装置的表面温升

在7.4.1.1规定的试验条件下，调节装置、控制装置和安全装置的表面温升不应大于制造商规定的温度并应正常工作。对控制钮和使用时必须接触的部位，金属件的表面温升应小于等于35 K；瓷件的表面温升应小于等于45 K；塑料件的表面温升应小于等于60 K。

6.4.1.2 器具侧面、前面和顶部的表面温升

在7.4.1.2的试验条件下，距观火窗边缘5 cm以外和烟道周围15 cm以外的器具侧面、前面和顶部的表面温升应小于等于80 K。

6.4.1.3 测试板和安装底板的表面温升

在7.4.1.3的试验条件下，测试板和安装底板的表面温升应小于等于80 K；当安装底板与墙体由易燃材料组成时，表面温升达到60 K至80 K时，制造商应提供器具与安装底板或墙体的隔热保护说明，根据说明采取保护措施后的表面温升应小于等于60 K。

6.4.1.4 给排气管表面温升

在7.4.1.4的试验条件下，接触或穿过房屋墙壁的管道相对于环境的表面温升应小于等于60 K。当该温升超过60 K时，当墙体是由易燃材料组成时，制造商应在技术说明书中提供与墙体接触或穿墙的给排气管与墙体之间的隔热保护措施说明，按说明采取措施后的墙体表面温升应小于等于60 K。

6.4.2 点火及火焰稳定性

6.4.2.1 试验气极限条件

在7.4.2.1的试验条件下器具应符合下列要求：

a) 器具应正常点火，火焰应稳定，允许点火期间短暂的离焰；
b) 器具在制造商规定的气量调节范围内应能正常点火；
c) 常明火点火燃烧器在主燃烧器燃烧或熄灭时不应熄灭、回火和离焰；
d) 器具在快速和连续调节控制温控器使燃气通路反复通断时，点火燃烧器应正常工作；
e) 对于采用间接指示燃烧状态的器具，测试其火焰稳定性时，使用3-2气，在热平衡状态下测试，$CO_{\alpha=1}$浓度不应大于0.10%。

具有再点火或再启动功能的器具，重复上述试验时应符合上述要求。

6.4.2.2 有风条件

在7.4.2.2的试验条件下，点火燃烧器、直接点火或间接点火的主燃烧器、交叉点火的点火燃烧器和主燃烧器应正常点火；火焰应稳定。

6.4.2.3 点火燃烧器低流量时点火稳定性

在7.4.2.3的试验条件下，在不损坏器具的情况下应保证主燃烧器点燃。

6.4.3 燃气压力的降低

在7.4.3的试验条件下，燃气压力的降低不应危及人身安全或损坏器具。

6.4.4 靠近主燃烧器的燃气截止阀故障

当点火燃烧器的燃气由主燃烧器的两个起密封作用的阀门之间的管路提供时，在7.4.4的试验条件下，靠近主燃烧器的截止阀发生关闭故障时，应保证安全。

6.4.5 预清扫

6.4.5.1 预清扫的排气量或持续时间

在7.4.5.1的试验条件下，器具预清扫的排气量或持续时间应符合：

a) 预清扫空气能够均匀分布于燃烧室整个横断面的器具，清扫排气量不应少于整个燃烧室的容积或在对应额定热输入的空气流量下持续不少于5s，并不产生爆燃；
b) 其他类型的器具，清扫排气量不应少于3倍的燃烧室容积或持续10 s，并不产生爆燃。

6.4.5.2 燃烧室保护特性

a) 在7.4.5.2a)的试验条件下,1Z型器具在燃烧室内点火不应点燃燃烧室外的空气/燃气混合气。

b) 在7.4.5.2b)的试验条件下,1P型、1G器具冷机状态下点火不应损坏器具。

6.4.6 待机状态风机停止时,常明火点火燃烧器的功能

在7.4.6的试验条件下,待机状态下风机停止时,常明火点火燃烧器应能正常工作。

6.5 调节、控制和安全装置

6.5.1 基本要求

在7.5.1的试验条件下,装置在最高工作温度及0.85和1.1倍的额定电压之间波动时应能正常工作。装置在低于0.85倍额定电压条件下工作时,应继续安全运行或安全关闭。

6.5.2 控制装置

6.5.2.1 旋钮

在7.5.2.1的试验条件下,旋转旋钮的扭矩小于等于0.6 N·m。

6.5.2.2 按键

在7.5.2.2的试验条件下,开、关按键的压力小于等于45 N。

6.5.3 燃气自动阀

6.5.3.1 气密力

在7.5.3.1的试验条件下,B级、C级阀的泄漏量应符合附录D中表D.1的要求。

6.5.3.2 关闭功能

在7.5.3.2的试验条件下,阀的关闭功能应符合以下要求:

a) 在电压下降到0.15倍最小额定电压之前,阀门应自动关闭;

b) 在电源电压介于0.15倍最小额定电压和1.1倍最大额定电压之间时,阀门应在电源中断时自动关闭;

c) 气动或液动阀,在驱动压力减小到制造商规定0.15倍最大额定驱动压力时,阀应自动关闭;

6.5.3.3 关闭时间

在7.5.3.3的试验条件下,阀的关闭时间应符合以下要求:

B′和C′类阀的关闭时间小于等于1 s;D′类阀的关闭时间小于等于5 s。

6.5.3.4 耐久性能

在7.5.3.4的试验条件下,每次受控停机都动作的阀,耐久性试验循环次数为250 000次;只通过安全装置关闭的常开型阀,耐久性试验循环次数为5 000次。试验后应符合6.2.1、6.5.3.1、6.5.3.2和6.5.3.3的要求。

6.5.4 点火器

6.5.4.1 点火燃烧器的手动点火装置

在7.5.4.1的试验条件下,器具的点火性能应符合以下要求:

a) 至少20次点燃。

b) 点火装置的效果应不依赖于点火速度和顺序。

c) 人工操作的电气点火装置在承受6.5.1中给出的极限电压之后仍应能正常工作。

d) 在检测到点火燃烧器的火焰之后,才能向主燃烧器发出开阀信号。

6.5.4.2 点火燃烧器和主燃烧器的自动点火装置

在7.5.4.2的试验条件下,器具的点火性能应符合以下要求:

a) 点火装置应确保安全点火;应最多在5次点火尝试后点燃,点火信号应先于开阀信号,在点火安全时间(允许−0.5 s的误差)内点火失败时应至少产生易失锁定;

b) 自动点火系统经250 000次耐久性试验后,应符合6.5.4.2a)的要求。

6.5.4.3　点火燃烧器的热输入

在7.5.4.3的试验条件下，点火燃烧器的热输入应符合附录D的要求。

6.5.5　火焰监控装置

6.5.5.1　热电式火焰监控装置

a）　气密性

在7.5.5.1a)的试验条件下，在1 kPa气压下阀的泄漏量应小于等于0.04 L/h；

b）　点火开阀时间

在7.5.5.1b)的试验条件下，常明火点火燃烧器的点火开阀时间应小于等于30 s；若此过程不需要手动操作时，则点火开阀时间不超过60 s。

c）　熄火闭阀时间

在7.5.5.1c)的试验条件下，熄火闭阀时间：

1）　当额定热输入Φ_n≤35 kW时，熄火闭阀时间应小于等于60 s；

2）　当35 kW<Φ_n≤70 kW时，熄火闭阀时间应小于等于45 s；

3）　若安全装置触发热电火焰检控装置时，应无延迟立即关闭。

d）　耐久性

在7.5.5.1d)的试验条件下，5 000次耐久性试验后，应符合6.2.1、6.5.2.1和6.5.2.2的要求。

6.5.5.2　自动燃烧器控制系统

a）　点火安全时间

在7.5.5.2a)的试验条件下，点火安全时间应符合制造商规定，但不应大于10 s。

b）　熄火安全时间

在7.5.5.2b)的试验条件下，熄火安全时间应小于等于5 s(再点火除外)；

c）　再点火安全时间

在7.5.5.2c)的试验条件下，再点火安全时间应小于等于1 s；

d）　再启动

在7.5.5.2d)的试验条件下，再启动应先关闭气路；点火过程应从头开始，从点火装置点火开始计算，点火所用的时间符合6.5.5.2a)的要求；

e）　延迟点火安全性

在7.5.5.2e)的试验条件下，延迟点火不应危及人身安全和损坏器具；

f）　耐久性

在7.5.5.2f)的试验条件下，耐久性试验：

1）　每次启动都要工作的部件：250 000次；

2）　仅在锁定过程需要工作的部件：5 000次；

耐久性试验后，应正常工作并符合6.5.5.2 a)和b)的要求。

6.5.6　燃气稳压器

6.5.6.1　稳压性能

对装有燃气稳压器的器具，在7.5.6.1的试验条件下，其燃气流量与在额定压力下的燃气流量的偏差不应大于±10%。

6.5.6.2　耐久性

在7.5.6.2的试验条件下，燃气稳压器在50 000次耐久性试验后，应符合6.5.6.1的要求。

6.5.7 温控器和水温限制装置

6.5.7.1 基本要求

在7.5.7.1的测试条件下，温控器开启和关闭的温度与制造商规定值的偏差不应大于±6 K，对于可调式温控器，应在控制范围的最低和最高温度下验证是否符合这一要求。

6.5.7.2 控制温控器

a) 控制精度

在7.5.7.2a)的测试条件下，控制温控器的控制精度应符合下列要求：

1) 装有固定式控制温控器的器具，最高水温控制值与制造商标称值的偏差为±10 K；

2) 对于装有可调式控制温控器的器具，其出水温度应可以在制造商标称范围内选择，控制偏差为±10 K以内；

3) 水温应小于等于95 ℃；

4) 上面测试中，限制温控器(控制温控器装在回水管路上的除外)、过热保护装置和安全限温器不应动作；

b) 耐久性

在7.5.7.2 b)的测试条件下，在250 000次耐久性试验后，控制温控器应符合6.5.7.2a)的要求。

6.5.7.3 水温限制装置

a) 循环水量不足

在7.5.7.3a)的试验条件下，封闭式器具循环水量不足时不应损坏器具。

b) 水温过热

在7.5.7.3b)的试验条件下，器具应符合下列要求：

1) 装有安全限温器的器具，在水温达到110 ℃之前应产生非易失锁定；

2) 装有限制温控器和过热保护装置的器具，在水温达到110 ℃之前，限制温控器应产生安全关闭；在器具被损坏或给用户造成危险之前，过热保护装置应产生非易失锁定。

c) 耐久性

在7.5.7.3c)的试验条件下，器具应符合下列要求：

1) 限制温控器，经10 000次耐久性试验后，应符合6.5.7.1和6.5.7.3b)；

2) 过热保护装置和安全限温器，在4 500次热循环(不启动)和500次关机和复位耐久性试验后，应符合6.5.7.1和6.5.7.3b)；

6.5.8 气流监控装置

6.5.8.1 概述

在7.5.8中的相应试验条件下，应满足6.5.8.2、6.5.8.3或6.5.8.4中描述的相关要求。

6.5.8.2 给、排气压力监测

采用压力监控的器具应符合下列要求之一：

a) 在7.5.8.2a)的试验条件下，在烟气中$CO_{\alpha=1}$浓度大于0.20%之前应关闭燃气；

b) 在7.5.8.2b)的试验下，在热平衡时烟气中$CO_{\alpha=1}$浓度不应大于0.10%。

6.5.8.3 给、排气流量监测

采用流量监控的器具应符合下列要求之一：

a) 在7.5.8.3a)的试验条件下，在烟气中$CO_{\alpha=1}$浓度大于0.20%之前应关闭燃气；

b) 在7.5.8.3b)的试验条件下，热平衡时烟气中$CO_{\alpha=1}$浓度不应大于0.10%；

c) 在7.5.8.3c)的试验条件下，在烟气中$CO_{\alpha=1}$浓度大于0.20%之前应关闭燃气；

d) 在7.5.8.3d)的试验条件下，热平衡时燃烧产物的CO浓度不应大于0.10%。

6.5.8.4 燃气/空气比例控制器

6.5.8.4.1 燃气/空气比例控制器耐久性

在7.5.8.4.1的试验条件下，燃气/空气比例控制器经全行程的250 000次耐久性试验后，应正常工作。

6.5.8.4.2 非金属控制管的泄漏

在7.5.8.4.2的试验条件下，使用与金属材料类似性能的非金属材料构成的控制管，其破裂或泄漏不应引发危险。

6.5.8.4.3 空气/燃气或燃气/空气比例控制器的调节性能

在7.5.8.4.3的试验条件下，可调式装置在极限压力和可调比例范围内均应正常工作。

6.5.8.4.4 操作安全

器具应符合下列要求之一：

a) 在7.5.8.4.4a)的试验条件下，应符合下列要求：

1) 在热输入高于制造商规定的调节范围最高值时，烟气中$CO_{\alpha=1}$浓度超过0.20%之前，应关闭燃气；

2) 在热输入低于制造商规定调节范围的最小值时，烟气中$CO_{\alpha=1}$浓度超过$\frac{\Phi}{\Phi_{min}}\times CO_{mes}\leqslant$ 0.20%之前，应关闭燃气。

式中：Φ为瞬时热输入，Φ_{min}为最小热输入，CO_{mes}为实测CO浓度。

b) 在7.5.8.4.4b)的试验条件下，热平衡时燃烧产物的CO浓度不应大于0.10%；

c) 在7.5.8.4.4c)的试验条件下，在烟气中$CO_{\alpha=1}$浓度大于0.20%之前应关闭燃气；

d) 在7.5.8.4.4d)的试验条件下，热平衡时烟气中$CO_{\alpha=1}$浓度不应大于0.10%。

6.6 燃烧

6.6.1 概述

烟气中$CO_{\alpha=1}$含量不应超过6.6.2和6.6.3中规定值。

注：NO_x污染参见附录E。

6.6.2 极限热输入时CO含量

在7.6.2的试验条件下，烟气中$CO_{\alpha=1}$浓度应小于0.10%。

6.6.3 特殊燃烧工况时CO含量

6.6.3.1 不完全燃烧

在7.6.3.1的试验条件下，烟气中$CO_{\alpha=1}$浓度应小于0.20%；

6.6.3.2 离焰燃烧

在7.6.3.2的试验条件下，烟气中$CO_{\alpha=1}$浓度应小于0.20%；

6.6.3.3 有风燃烧

在7.6.3.3的试验条件下，烟气中$CO_{\alpha=1}$浓度应小于0.20%。

6.6.4 积碳

在7.6.4的试验条件下，火焰顶部允许有黄焰，但不应产生积炭。

6.7 热效率

6.7.1 额定热输入时采暖模式热效率

在7.7.1的试验条件下：

a） 对于额定热输入不可调节器具,对应于额定热输入时的采暖热效率不应小于(84＋2lgP_n)％。

b） 对于额定热输入可调节器具,对应于最大热输入时的热效率不应小于(84＋2lgP_{max})％;对应于最大额定热输入和最小额定热输入的算术平均值时的热效率不应小于(84＋2lgP_a)％。

注：P_a 是额定热输入可调节器具的最大额定热输出和最小热输出的算术平均值，单位为千瓦(kW)。

6.7.2 部分负荷下采暖模式热效率

在7.7.2的试验条件下：

a） 对于额定热输入不可调节的器具,对应于30％额定热输入时的采暖热效率不应小于(80＋3lgP_n)％;

b） 对于额定热输入可调节器具,对应于热输入为最大额定和最小额定热输入的算术平均值的30％时的采暖热效率不应小于(80＋3lgP_a)％。

注：P_a 是额定热输入可调节器具的最大额定热输出和最小热输出的算术平均值，单位为千瓦(kW)。

6.7.3 额定负荷下热水模式热效率

在7.7.3条的试验条件下额定热输入(对额定热输入可调节器具为最大热输入)时,热水模式热效率不应小于(84＋2lgP_n)％。

6.8 生活热水性能

6.8.1 基本要求

按7.8.1试验条件验证以下性能。

6.8.2 温控器故障

当温控器出现故障时，在7.8.2的试验条件下：

a） 与烟气不接触的生活热水管路,采暖系统中的限制温控器或安全限温器应在水温达到110 ℃之前安全关闭。

b） 与烟气直接接触的生活热水管路,生活热水系统的限温制装置应在水温达到100 ℃之前安全关闭。

6.8.3 最高热水温度

6.8.3.1 快速换热式

在7.8.3.1的试验条件下,生活热水最高温度应小于95 ℃。

6.8.3.2 储水换热式

在7.8.3.2的试验条件下,生活热水最高温度应小于95 ℃。

6.8.4 停水温升

6.8.4.1 快速换热式

在7.8.4.1的试验条件下,生活热水温度应小于95 ℃。

6.8.4.2 储水换热式

在7.8.4.2的试验条件下,生活热水温度应小于95 ℃。

6.8.5 生活热水过热

在7.8.5的试验条件下,生活热水温度不应超过95 ℃。

6.8.6 加热时间

在7.8.6的试验条件下,加热时间不应大于90 s。

6.8.7 水温控制

6.8.7.1 快速换热式

在7.8.7.1的试验条件下,生活热水水温应能达到50 ℃～80 ℃范围内。

6.8.7.2 储水换热式

在7.8.7.2的试验条件下,储水罐水温应大于或等于60 ℃;

6.9 水阻力

在7.9的试验条件下，器具的水阻力应符合制造商在技术说明书中给出的水阻力或压力曲线。

6.10 噪声

在7.10的试验条件下，器具运行噪声应小于65 dB；熄火噪声应小于85 dB。

6.11 电气安全性

使用交流电源器具的电气安全应符合附录F的要求。

6.12 电磁兼容安全性

采用电子控制电路器具的电磁兼容安全性能应符合附录G的要求。

7 试验方法

7.1 试验条件、采样及器具安装

7.1.1 试验条件

7.1.1.1 试验气条件：基准气和界限气按GB/T 13611，也可以按制造商的要求试验。

试验气代号及试验气压力代号见表5。

表5 试验气代号和试验气压力代号

试验气		试验气压力/Pa				
代号	气质	代号	液化石油气	天然气		人工煤气
0	基准气	—				
1	黄焰界限气	1(最高压力)	3 300	3 000	1 500	1 500
2	回火界限气	2(额定压力)	2 800	2 000	1 000	1 000
3	离焰界限气	3(最低压力)	2 000	1 000	500	500

7.1.1.2 基准状态：15 ℃、101.3 kPa。

7.1.1.3 实验室条件：

a) 实验室温度：20 ℃±5 ℃；

b) 进水温度：20 ℃±2 ℃；

c) 实验室温度与进水温度之差应小于等于5 K；

d) 其他条件应符合GB/T 16411的要求。

7.1.1.4 热平衡条件：试验时的热平衡状态是指水流的出水和回水温度稳定在±2 K内。

7.1.1.5 电源条件：220 V，50 Hz。

7.1.2 燃烧产物的采样

在燃烧产物气流垂直方向对燃烧产物进行采样，采样点与排气管的出口的距离L为：

对圆形管：$L=D_i$，D_i为内管的直径(mm)；

对方形管：$L=4S/C$，S为内管的横截面积(mm^2)，C为排气管的周长(mm)。

燃烧产物取样和测温探头参见图1和图2。

单位为毫米

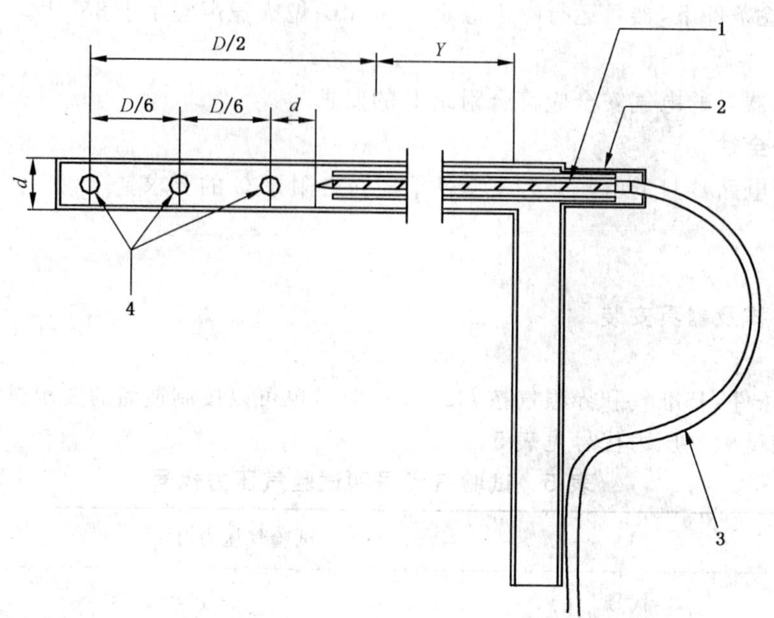

注 1：当器具排烟管直径 $D \geqslant 75$ mm 时，取样器可按以下尺寸确定：

a. 取样管外径 $d=6$ mm；

b. 壁厚 0.6 mm；

c. 热电偶线直径 0.2mm；

d. 3 个取样孔直径 $x=1.0$ mm；

e. 双通道陶瓷管 直径 3 mm 带有 0.5 mm 直径通道。

当器具排烟管直径 $D<75$ mm 时，取样探头的 d 和 x 尺寸应符合以下要求：

a. 探头横截面应小于烟道横截面的 5%；

b. 3 个取样孔的总表面积应小于探头的横截面 3/4。

注 2：根据空气进口管和其绝缘选择 Y 尺寸。

材料：不锈钢

1——带双层导管的陶瓷管；

2——绝缘物；

3——热电偶线；

4——3 个取样孔。

图 1　燃烧产物取样和测温探头

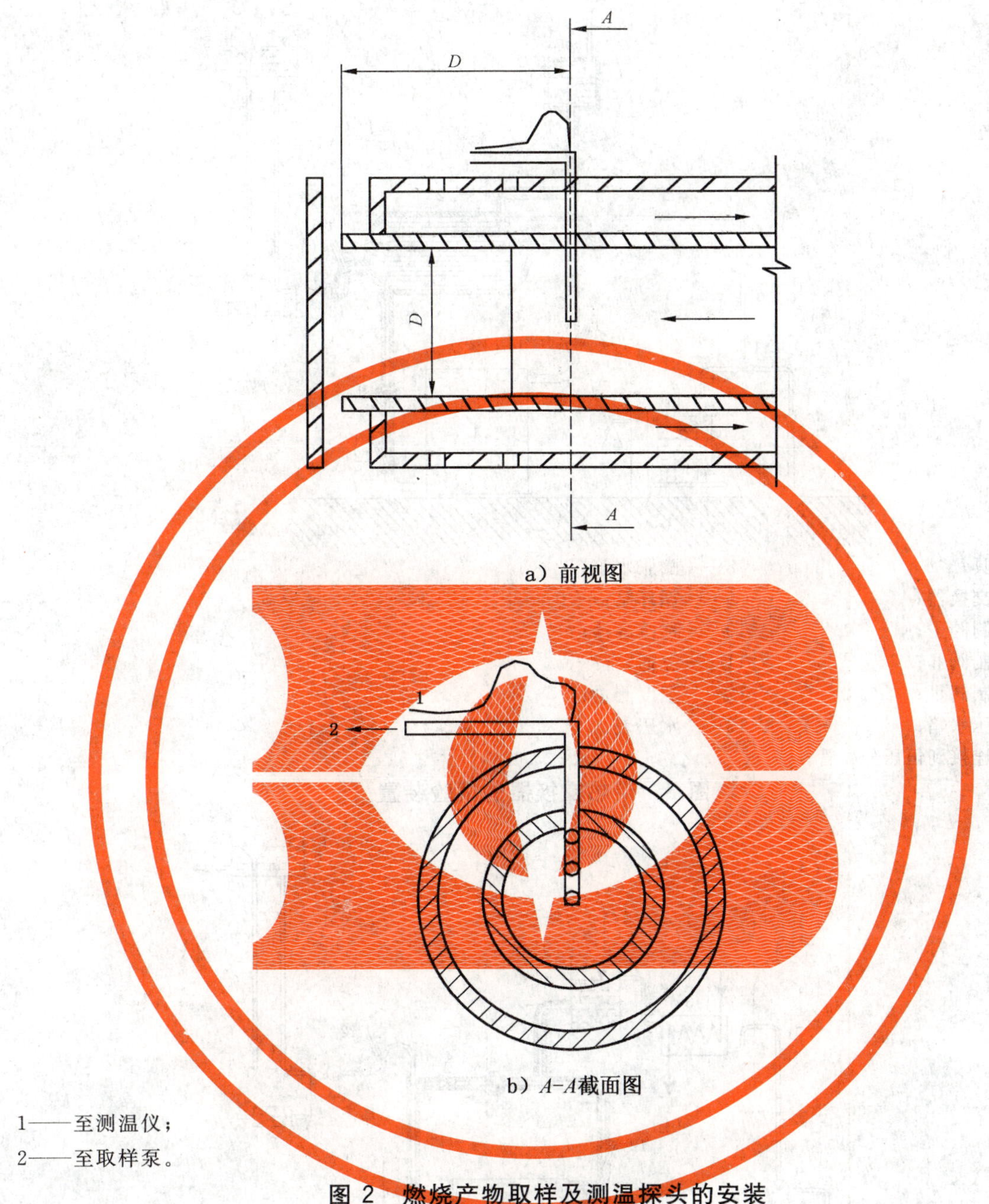

a）前视图

b）*A*-*A*截面图

1——至测温仪；
2——至取样泵。

图 2 燃烧产物取样及测温探头的安装

7.1.3 器具安装

7.1.3.1 制造商应提供其在安装说明书涉及的所有配件，包括给、排气管等。

7.1.3.2 温升试验器具安装

壁挂式器具安装在垂直的、落地式器具安装在水平的木质试验板上，安装最短的给排气管（对应说明书中最小压力损耗），不装终端防护器。

7.1.3.3 热工性能试验器具安装与调试

a） 器具应安装在图 3 或图 4 所示的隔热试验台或制造商提供的其他可获得相同结果的隔热试验台上。
b） 通过调节图 3 或图 4 中的阀门Ⅰ和阀门Ⅱ，使器具的出水温度保持在 80 ℃±2 ℃，回水温度保持在 60 ℃±1 ℃。

当器具的设计最高出水温度不符合上述要求时，试验时的出水温度应符合制造商规定的最高出水温度，并通过调节图 3 或图 4 中阀门Ⅰ和阀门Ⅱ获得 20 K±1 K 的出水和回水温度差。

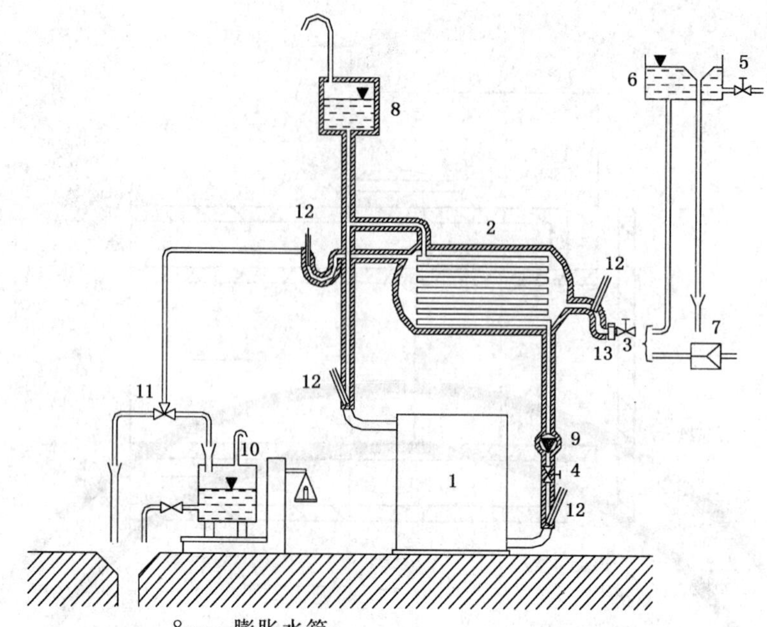

1——器具；
2——热交换器；
3——控制阀Ⅰ；
4——控制阀Ⅱ；
5——控制阀Ⅲ；
6——稳压水箱；
7——或连接到恒压分配管；
8——膨胀水箱；
9——循环泵；
10——称重容器；
11——三通；
12——温度测量；
13——水压表。

图3　带热交换器的试验装置

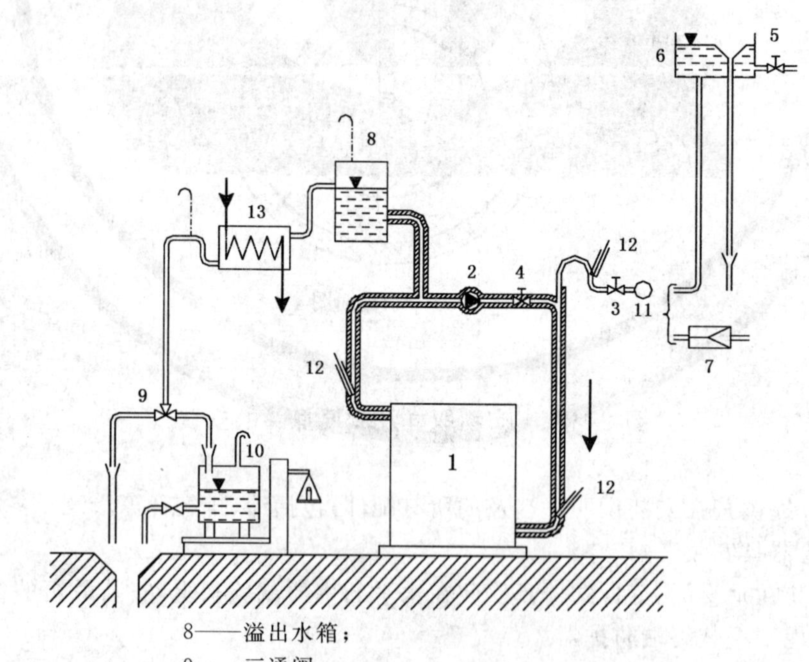

1——器具；
2——循环泵；
3——控制阀Ⅰ；
4——控制阀Ⅱ；
5——控制阀Ⅲ；
6——稳压水箱；或
7——连接到恒压分配管；
8——溢出水箱；
9——三通阀；
10——称重容器；
11——水表；
12——温度测量；
13——冷却器。

图4　直接再循环的试验装置

7.1.4 试验仪器仪表

试验仪器仪表应符合表 6 的规定或采用同等以上精度等级的其他试验仪器仪表。

表 6 试验仪器仪表

测试项目		仪器仪表示例	规格或范围	精度/最小刻度
温度	环境温度	温度计	0 ℃～50 ℃	0.1 ℃
	水温	低热惰性温度计，如水银温度计或热敏电阻温度计	0 ℃～150 ℃	0.2 ℃
	排烟温度	热电偶温度计	0 ℃～300 ℃	2 ℃
	燃气温度	水银温度计	0 ℃～50 ℃	0.5 ℃
	表面温度	热电温度计或热电偶温度计	0 ℃～300 ℃	2 ℃
湿度		湿度计	0RH～100%RH	1%RH
压力	大气压力	动槽式水银气压计 定槽式水银气压计 盒式气压计	81 kPa～107 kPa	0.1 kPa
	燃气压力	U 型压力计或压力表	0 Pa～6 000 Pa	10 Pa
	燃烧室给排气管压力	微压计	0 Pa～200 Pa	1 Pa
	水压力	压力计	0 MPa～0.6 MPa	0.4 级
	冷却水压力	压力计	0 MPa～0.6 MPa	0.4 级
流量	燃气流量	湿式或干式气体流量计	0 m^3/h～3.0 m^3/h	0.1 L
			0 m^3/h～6.0 m^3/h	0.2 L
			0 m^3/h～10 m^3/h	1.0 级
	水流量	电子秤	0 kg～200 kg	20 g
		数字式水流量计	0 L/h～6 000 L/h	1 L/h
	空气流量	干式气体流量计	0 m^3/h～10 m^3/h	1.0 级
密封性		使用图 5 或图 6 所示仪器或同等精度的其他气体检漏仪		—
烟气分析	CO 含量	CO 分析仪	0～0.2%	(1) ≤±5% 的测量值/1 ppm (2) 测量值的最大波动值≤4% (3) 反应时间≤10 s
	CO_2 含量	CO_2 分析仪	0～25%	±5%的测量值
	O_2 含量	O_2 分析仪	0～25%	±1%
空气中 CO_2		CO_2 分析仪	0～25%	0.1%
燃气分析	燃气成分	色谱仪	—	—
	燃气相对密度	燃气相对密度仪	—	—
	燃气热值	热量计	—	—
时间	1 h 以内	秒表	—	0.1 s
	超过 1 h	时钟	—	—

表 6（续）

测试项目		仪器仪表示例	规格或范围	精度/最小刻度
噪声		声级计	40 dB～120 dB	1 dB
微压		微压计，动压管	0 Pa～200 Pa	1 Pa
气体流速		风速仪	0 m/s～15 m/s	0.1 m/s
质量		衡器	0 kg～200 kg	20 g
力矩		手动扭力扳手	0 N·m ～1.5 N·m	0.02 N·m
力		推拉型指针试测力计	0 N ～100 N	0.1 N
电气安全	耐电压强度	耐压试验仪	—	—
	绝缘电阻	绝缘电阻测试仪	—	—
	接地电阻	接地电阻测试仪	—	—
	泄漏电流	泄漏电流测试仪	—	—
电磁兼容	电压暂降，电压中断	电压暂降、瞬断和电压变化模拟器	符合 GB/T 17626.11 要求	
	浪涌抗扰度	浪涌/冲击模拟试验仪	符合 GB/T 17626.5 要求	
	快速瞬变抗扰度	快速瞬变模拟器	符合 GB/T 17626.4 要求	
注：以上试验仪器仪表仅为试验的最基本条件，应尽量采用试验手段更先进，精度更高的仪器、仪表进行检测。				

单位为毫米

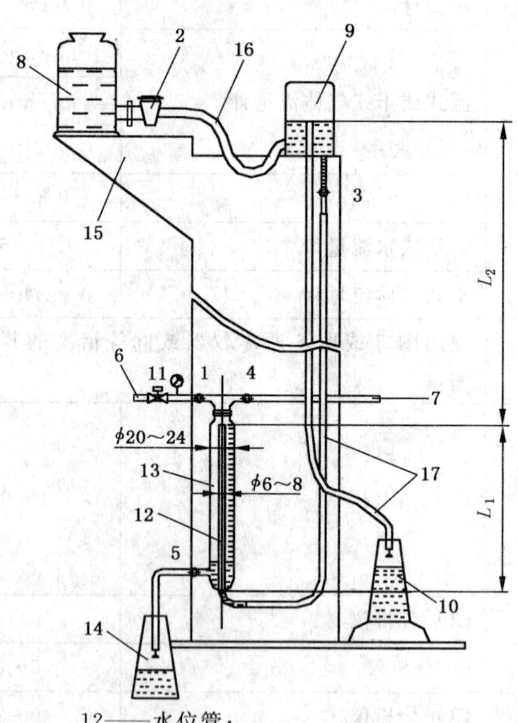

1、2、3、4、5——手动旋塞；
6——试验压力进口；
7——待测样品连接管；
8——储水瓶；
9——恒定液面瓶；
10——溢流瓶；
11——调压器；
12——水位管；
13——量管；
14——溢流瓶；
15——支架；
16、17——胶管；
长度：L_1——约 500；
L_2——按供应商要求。

图 5 燃气系统密封性检查装置

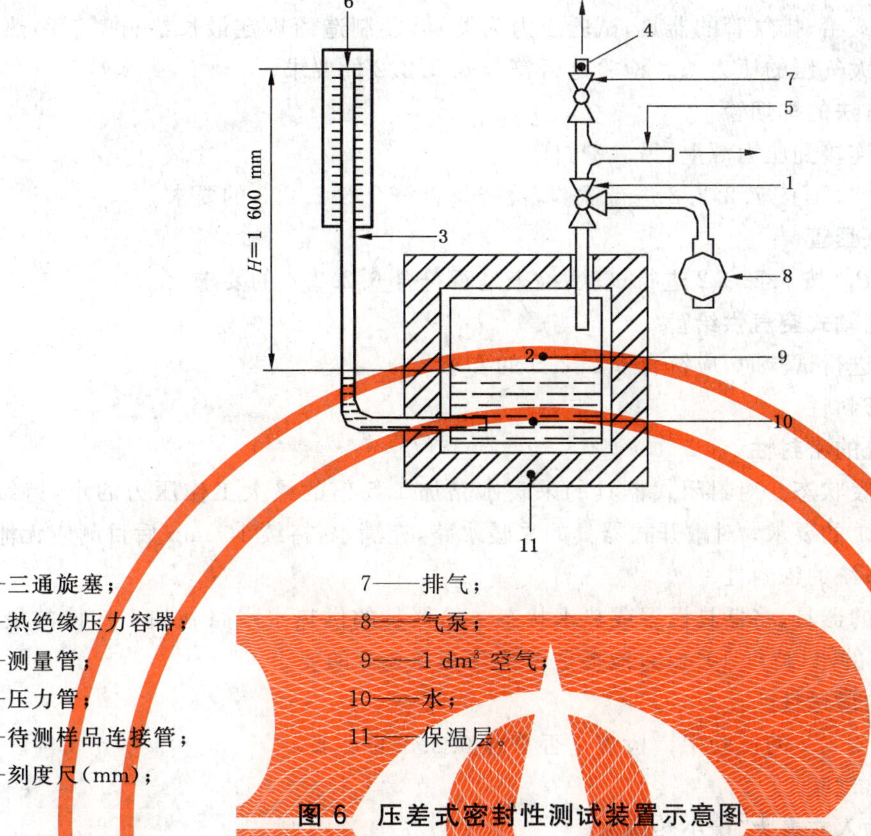

1——三通旋塞；
2——热绝缘压力容器；
3——测量管；
4——压力管；
5——待测样品连接管；
6——刻度尺(mm)；
7——排气；
8——气泵；
9——1 dm^3 空气；
10——水；
11——保温层。

图6　压差式密封性测试装置示意图

7.2　密封性试验

7.2.1　燃气系统密封性

使用环境温度下的空气进行密封性测试，制造商应给出燃气阀的级别、系统的组成、电气端子接线图、额定电压和电流值。

器具应进行以下四项密封性测试。在完成本标准规定的所有试验后，应按制造商规定的维修保养时需要拆卸的气密接头反复拆装5次，再进行密封性测试。密封性试验装置应采用本标准图5的燃气系统密封性检查装置或图6压差式密封性检查装置或其他同等精度检漏仪。试验使用空气。

a)　试验1：关闭燃气通路的第一个阀门，打开其后起密封作用的所有阀门燃气进口施加压力为15 kPa的空气，检查是否符合6.2.1的要求。

b)　试验2：打开燃气通路的第一个阀门，关闭燃气通路的第二个密封阀门，堵塞点火燃烧器燃气通路。燃气进口施加压力为5 kPa(不使用液化石油气)或15 kPa(使用液化石油气)的空气，检查是否符合6.2.1的要求。点火燃烧器的所有关闭装置做同样的试验。

c)　试验3：打开燃气通路的第一个阀门，关闭燃气通路的第二个阀门，关闭或堵塞点火燃烧器燃气通路。燃气进口的压力为0.6 kPa，检查是否符合6.2.1的要求。
点火燃烧器所有关闭装置做同样的试验。

d)　试验4：打开起密封作用的所有阀门，并用制造商提供的适当零件代替喷射器来堵塞燃气通路。检查泄漏量或用0-1气明火检查是否符合6.2.1的要求。

7.2.2　燃烧系统密封性

7.2.2.1　概述

试验采用常温下空气检验制造商规定的所有连接部位，在器具最大可能泄漏的情况下进行测试。

7.2.2.2　给排气系统

应对器具本体和给、排气管分别进行测试，或者将给排气管装在器具上进行整体测试。

试验器具的气流通路一端连接压力源，另一端堵塞。试验压力按供应商规定但不少于 50 Pa，对于带有风机并配备分离式给、排气管的器具，试验压力为器具(装制造商规定最长给、排气管)热平衡状态下排烟管内部压力与大气压的压力差。检验是否符合 6.2.2.2 的要求。

7.2.2.3 间接控制方法的排烟管

将排烟管的一端连接到压力源上，另一端封闭。

试验压力应为 200 Pa，按 7.2.2.2 进行试验，检查是否符合 6.2.2.3 的要求。

7.2.2.4 分离式排气烟管

试验压力为 200 Pa，按 7.2.2.2 进行试验，检查是否符合 6.2.2.4 的要求。

7.2.2.5 分离式和同轴式空气供给管

当按照 7.2.2.2 进行试验时，应符合 6.2.2.5 的要求。

7.2.3 水路系统的密封性

7.2.3.1 采暖水系统的密封性

将器具设置成采暖状态。对封闭式器具的采暖水路加 1.5 倍的最大工作压力的水，持续 10 min，检查是否符合 6.2.3.1 的要求；对敞开式器具的采暖水路，充满水，持续 10 min 后目测应无泄漏。

7.2.3.2 生活热水系统的密封性

具有供热水功能的器具，将器具设置成热水状态。给器具的供热水水路施加 1.5 倍的最大工作压力且不小于 1.0 MPa 的水，持续 10 min，检查是否符合 6.2.3.2 的要求。

7.2.3.3 相互之间的渗透性

在 7.2.3.1 和 7.2.3.2 的试验中。检查是否符合 6.2.3 的要求。

7.3 热输入和热输出试验

7.3.1 采暖额定热输入或最大、最小热输入

使用 0-2 气，器具按制造商规定调整在额定或最大负荷状态，运行达到热平衡后，用气体流量计测量燃气流量，气体流量计的指针运行一周以上，且测定时间不少于 1 min，将实测的燃气耗量按公式(1)换算成基准状态下热输入。当使用湿式流量计测量时，应用公式(2)对燃气密度进行修正；用 d_h 取代 d。

$$Q=\frac{1}{3.6}\times H_i\times V\times\sqrt{\frac{101.3+p_g}{101.3}\times\frac{p_a+p_g}{101.3}\times\frac{288.15}{273.15+t_g}\times\frac{d}{d_r}} \qquad \cdots\cdots(1)$$

$$d_h=\frac{d(p_a+p_g-p_s)+0.622p_s}{p_a+p_g} \qquad \cdots\cdots(2)$$

式中：

Q——15 ℃、大气压 101.3 kPa、干燥状态下的折算热输入的数值，单位为千瓦(kW)；

H_i——15 ℃、101.3 kPa 基准气低热值的数值，单位为兆焦每标准立方米(MJ/Nm³)；

V——试验燃气流量的数值，单位为立方米每小时(m³/h)；

p_g——试验时燃气流量计内的燃气压力的数值，单位为千帕(kPa)；

p_a——试验时的大气压力的数值，单位为千帕(kPa)；

t_g——试验时燃气流量计内的燃气温度的数值，单位为摄氏度(℃)；

d——干试验气的相对密度的数值；

d_r——基准气的相对密度的数值；

p_s——在 t_g 时的饱和水蒸气压力的数值，单位为千帕(kPa)；

0.622——理想状态下水蒸气相对密度的数值。

检查是否符合 6.3.1 的要求。

7.3.2 采暖热输入的调节准确度

使用 0-2 气，在主燃烧器喷嘴处测量主燃烧器的压力并调节燃气流量调节器，使主燃烧器的压力达到制造商规定的值。按 7.3.1 的方法检查是否符合 6.3.2 的要求。

7.3.3 点火热输入

按照 7.3.1 的试验方法。测量点火安全时间内热输入总热量，计算单位时间内热输入，检查是否符合 6.3.3 的要求。

7.3.4 采暖额定热输出

用 7.7.1 的方法试验的热效率乘上额定热输入为采暖热输出，检查是否符合 6.3.4 的要求。

7.3.5 热水额定热输入

使用 0-2 气，对快速换热式器具，燃气流量可按制造商说明书调节。当达到额定热水热输入的平衡状态时，测量燃气流量，按公式(1)和(2)计算，检查是否符合 6.3.5 的要求。

7.3.6 产热水率

使用 0-2 气，将热水温升调节到 30 K±1 K，当不能调至此温度时调至最接近的温度，具有自动恒温功能的器具应将温度设置在最高温度，采用增加进水水压等方法，使器具工作在额定热输入或者最大热输入状态，当达到额定热水热输入的平衡状态时，开始测试；对容积式器具，使器具在热水模式工作，将温控器调节到 65 ℃或最接近的温度，当不能调至此温度时调至最接近的温度，当燃烧器熄灭后开始放水，第一次放水结束不能早于第二次熄灭燃烧器并且持续 10 min。试验要连续进行两次。记录冷、热水温度和水流量。器具运行 20 min 后，再进行第二次 10 min 的排水，记录温度和水流量。对每次排水按公式(3)计算：

$$D_i = \frac{M_{i(10)}}{10} \times \frac{\Delta t}{30} \qquad \cdots\cdots(3)$$

式中：

D_i——每次测量的温升 30 K 时的有效流量的数值，单位为升每分钟(L/min)；

$M_{i(10)}$——试验过程中每次测量的水量的数值，单位为升(L)；

Δt——试验过程中每次收集水量平均温升的数值，单位为开尔文(K)。

当 D_1 和 D_2 的差值不超过其平均值的 10%时，按公式(4)计算：

$$\frac{D_1 + D_2}{2} \qquad \cdots\cdots(4)$$

当 D_1 和 D_2 的差值超过其平均值的 10%时，则采用两者中的较小值。

检查是否符合 6.3.6 的要求。

7.4 运行安全性试验

7.4.1 表面温升

按 7.1.3 安装器具，使用 0-2 气，在额定热输入并且可调控制温控器设置在最高温度下达到热平衡时测量表面温升。

7.4.1.1 调节装置、控制装置和安全装置表面温升

用表面温度计测量调节装置、控制装置和安全装置各部位最高温度，检查是否符合 6.4.1.1 的要求。

7.4.1.2 器具侧面、前面和顶部的表面温升

用表面温度计测量器具各部位最高温度，检查是否符合 6.4.1.2 的要求。

7.4.1.3 测试板和地安装板的温度

器具按说明书要求安装在水平或垂直的木质测试板上。

装在墙面附近的器具的侧面和背部与墙面的距离由制造商给出，壁挂式器具由安装方式决定，但不应大于 200 mm。装在顶棚下的器具，测试板放在器具的顶部，最小距离按说明书要求；未给出上述要求的，测试板直接与器具接触。

木质测试板厚 25 mm±1 mm 并被涂成无光泽黑色，尺寸比器具相应尺寸大 5 cm。在测试板上每隔 15 cm 以下设置一温度传感器，温度传感器放入距器具侧表面 3 mm 处。

器具运行后，当测试板温度稳定在±2 K 时测量。

当说明书中要求采取保护措施时，按其要求采取措施后，重新测量一次。

环境温度的测量在距地面 1.5 m、距器具至少 3 m 处，并且不受测试处热辐射的地方进行。

检查是否符合 6.4.1.3 的要求。

7.4.1.4 给排气管表面温升

当说明书中要求采取保护措施时，按其要求采取措施并在器具运行 30 min 后，测量墙体温度。

检查是否符合 6.4.1.4 的要求。

7.4.2 点火及火焰稳定性试验

以下试验在冷机状态和热平衡状态分别进行。

7.4.2.1 试验气极限条件

以下试验不改变燃烧器的初始状态。

a) 使用 0-3 气，按正常操作点火应符合 6.4.2.1a)、c)、d)、f)的要求。
在以上试验合格后，将器具的控制器调至最小热输入状态下进行点火试验，检查是否符合 6.4.2.1b)的要求。

b) 使用 2-3 气，按正常操作点火应符合 6.4.2.1a)、c)、d)、f)的要求。
在以上试验合格后，将器具的控制器调至最小热输入状态下进行点火试验，检查是否符合 6.4.2.1b)的要求。

c) 使用 3-3 气，按正常操作点火应符合 6.4.2.1 a)、c)、d)、f)的要求。
在以上试验合格后，将器具的控制器调至最小热输入状态下进行点火试验，检查是否符合 6.4.2.1b)的要求。

d) 使用 3-1 气，按正常操作点火应符合 6.4.2.1 a)、c)、d)、f)的要求。

e) 对于采用间接指示燃烧状态的器具，使用 3-2 气，点燃后运行达到平衡状态后，测定烟气中 $CO_{\alpha=1}$的含量，检查是否符合 6.4.2.1e)的要求。

7.4.2.2 有风条件

按制造商要求在额定热输入和受控最小热输入下使用 0-2 气。除非另有说明，应分别安装最短、最长给排气管或对应压力损耗的给排气管进行试验。

器具及其附件按要求安装在图 7 的测试台上。

第一步，器具安装最短长度烟道，调至额定热输入，在立向角(0°、+30°、-30°)、平面角 β(0°、45°、90°)组合的方向，用风速为 2.5 m/s 的风，吹向器具的排烟口。观察燃烧火焰的稳定性是否符合 6.4.2.2 的要求。

测定九个点的 CO 含量，计算出各点 $CO_{\alpha=1}$的值，再求出九个点 $CO_{\alpha=1}$的算术平均值是否符合 6.6.2 的要求。

同时测定各点 CO_2 的含量，找出 CO_2 的含量最低的点为“A 风向”，找出 CO_2 的含量最高的点为“B 风向”。

第二步，对“A 风向”试验

器具安装最短长度烟道，调至额定热输入，使用 3-1 气，用风速为 12.5m/s 的风吹向器具的排烟口。

a) 观察点火性能，应正常点燃；

b) 观察燃烧火焰的稳定性，应符合 6.4.2.2 的要求。

器具安装最短长度烟道，调至最小热输入，使用 3-3 气，用风速为 12.5m/s 的风吹向器具的排烟口。

c) 观察点火性能，应正常点燃；

d) 观察燃烧火焰的稳定性，应符合 6.4.2.2 的要求。

第三步，对“B 风向”试验

器具安装最短长度烟道，调至额定热输入，使用 1-1 气，用风速为 12.5 m/s 的风吹向器具的排烟口。

a) 观察点火性能，应正常点燃；

b) 观察燃烧火焰的稳定性，应符合 6.4.2.2 的要求。

器具安装最短长度烟道，调至最小热输入，使用 2-3 气，用风速为 12.5m/s 的风吹向器具的排烟口。

c) 观察点火性能能正常点燃；

d) 观察燃烧火焰的稳定性应符合 6.4.2.2 的要求。

如果制造商提供的配件中有终端保护器，应安装终端保护器进行试验。

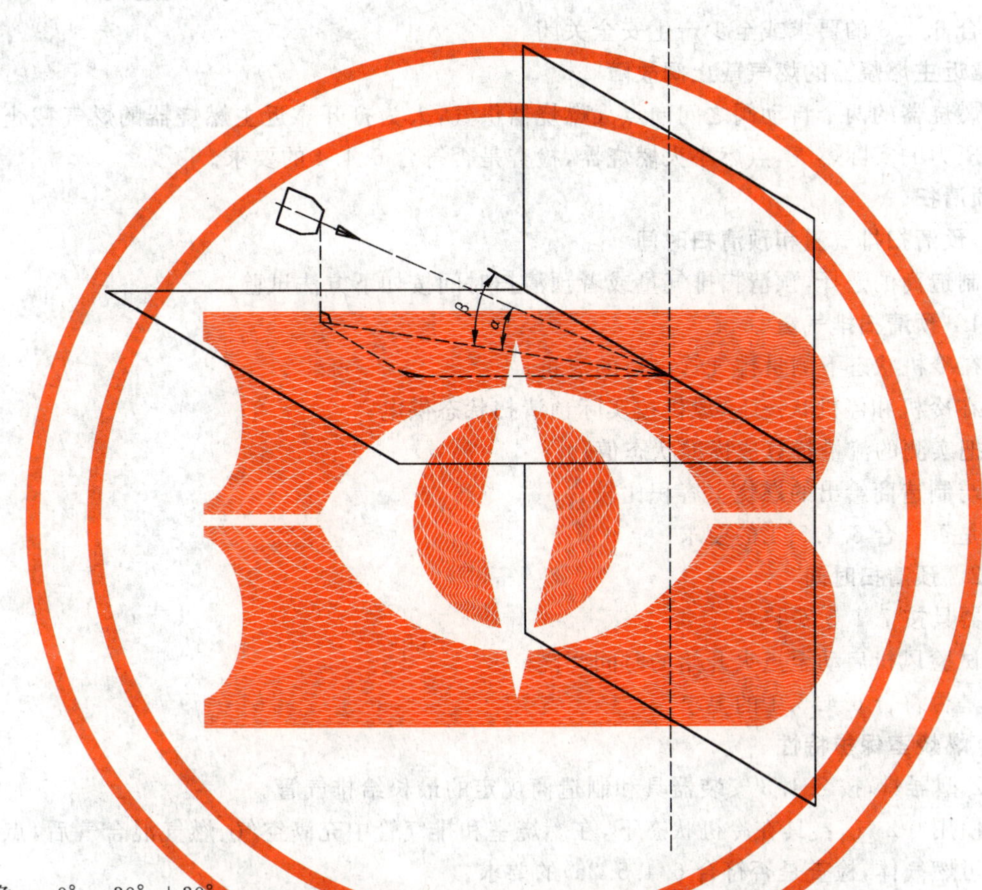

注：立向角 $\alpha=0°$、$-30°$、$+30°$。

平面角 $\beta=0°$、45°、90°(垂直于测试墙壁)。

角度 β 可以随着风筒(固定端)的位置变动或测试墙沿中央垂直轴的旋转而改变。

测试墙是一堵牢固的垂直墙，至少为 1.8 m×1.8 m，墙的中部有一块可移动式面板。安装进、排气装置时对应使其几何中心对准测试墙壁的中心点 O，其在墙壁上的突出部分应符合制造商的要求。

风筒的特点及其和测试墙壁之间的距离在中央面板撤走后，应符合下列标准：

——风的前端约长 90 cm、直径为 60 cm 的圆柱形；

——可以得到风速分别为 1 m/s、2.5 m/s 以及 12.5 m/s 的风，精度为±10%；

——风流应当平行，无残余旋转；

——如果中央可移式面板的大小无法满足上述标准，检查时可以不用测试墙，而是根据测试墙壁和风筒出口之间的距离来确定一个合适的距离。

图 7 垂直墙上装有水平烟管器具的测试平台

7.4.2.3 点火燃烧器低流量时的点火稳定性

使用基准气测试。

a) 对无稳压器或装有燃气/空气比例控制的器具，燃气入口设置为最低压力。

b) 对装有稳压器的器具，出口压力调为：

——人工气：90%额定热输入的对应值；

——天然气：92.5%额定热输入的对应值；

——液化石油气：95%额定热输入的对应值。

将点火燃烧器的气流量降至维持其正常工作的最小气流量检查是否符合6.4.2.3的要求。

如果在以上条件下可以点火，则采用控制器所允许的最低热输入重复进行试验。

7.4.3 燃气压力的降低

器具按7.1.3安装，将燃气入口压力从额定压力的70%以100 Pa为一级逐级降为0。每降一级检查是否符合6.4.3的要求或至少产生安全关闭。

7.4.4 靠近主燃烧器的燃气截止阀故障

在主燃烧器的两个自动阀之间向点火燃烧器供气，人为打开靠近主燃烧器的燃气截止阀，使用0-2气或额定压力的实际燃气，点燃小火燃烧器，检查是否符合6.4.4的要求。

7.4.5 预清扫

7.4.5.1 预清扫排气量和预清扫时间

按照制造商的选择，预清扫排气量或者预清扫时间按如下方法试验。

7.4.5.1.1 预清扫排气量

a) 在冷机状态下测量排气管出口的流量；

b) 在冷机和停机状态下，风机按实际预清扫状态供电；

c) 把实测的流量折算成标准状态值；

d) 与制造商给出的燃烧室容积比较。

检查是否符合6.4.5.1的要求。

7.4.5.1.2 预清扫时间

a) 器具按7.1.3安装；

b) 试验风机启动至点火开始的时间间隔。

检查是否符合6.4.5.1的要求。

7.4.5.2 燃烧室保护特性

a) Z型器具，按7.1.3安装器具和制造商规定的最长给排气管。

使用0-2气，器具在冷机状态下，在燃烧室和排气管中充满空气、燃气混合气后，点燃燃烧室的可燃气体，检查是否符合6.4.5.2a)的要求。

b) P型和G型，按7.1.3安装器具，安装制造商规定的最长给排气管。

使用0-2气，器具在冷机状态下，在燃烧室和排气管中充满空气、燃气混合气后，按正常操作启动器具，目测检查是否符合6.4.5.2b)的要求。

注：本试验具有危险性。

7.4.6 待机状态风机停止时，常明火点火燃烧器的功能

a) 器具按7.1.3安装，用0-2气将点火燃烧器调至额定热输入状态。

b) 停止风机、无风状态使用1-1气，在冷机状态下点燃点火燃烧器并保持1 h。

检查是否符合6.4.6的要求。

7.5 调节、控制和安全装置试验

7.5.1 试验条件

a) 安装位置：该类装置单独试验时，应按其在器具中装配位置固定；

b) 最高工作温度：

——使用0-2气；

——可调温控器调至最高水温指示位置；

——调至额定热输入并处于热平衡状态。

c) 工作电压波动

——将工作电压调整到额定电压的 0.85～1.1 倍之间时检查器具运行是否正常；

——继续将电压调小直至器具关闭，检查在关机之前器具是否运行正常。

7.5.2 控制装置

7.5.2.1 旋钮

用适当的扭力扳手，在旋钮可调节的整个范围内以每分钟 5 次的速度操作，检查扭矩是否符合 6.5.2.1 的要求。

7.5.2.2 按键

用测力计测试执行按键操作的压力，检查按键是否符合 6.5.2.2 的要求。

7.5.3 自动阀

自动燃气阀的组成和气密力要求见附录 D。

7.5.3.1 气密力

首先开关阀门两次，关断电源后，在与闭合部件闭合方向的相反方向施加如附录 D 中表 D.1 所示压力下的空气，空气压力增加速度不大于 0.1 kPa/s，压力稳定后测试漏气量，检查是否符合 6.5.3.1 的要求。

7.5.3.2 关闭功能

a) 阀门在最大额定电压和最大驱动压力下开启，然后缓慢降低电压至 0.15 倍最小额定电压时，检查阀门是否关闭；

b) 阀在额定电压下开启，然后调节电压至 1.1 倍最大额定电压和最大驱动压力(气、液压阀)并保持不变。断开电源后检查阀门是否关闭；对使用交流电的电磁阀，应在交流电的峰值处断开电源；

c) 阀门在最大额定电压下开启，然后调节电压至 0.15 倍最小额定电压和 0.85 倍最大额定电压范围，并保持最大驱动压力不变，断开电源后检查阀门是否关闭。在 0.15 倍最小额定电压和 0.85 倍最大额定电压范围内取三个点进行试验，仍能满足以上要求?

d) 气压或液压驱动阀门，在控制阀最大额定电压和最大驱动压力下开启；然后缓慢降低驱动压力至 0.15 倍最大驱动压力时，检查阀门是否关闭。

检查是否符合 6.5.1 和 6.5.3.2 的要求。

7.5.3.3 关闭时间

阀门工作在最大驱动压力或者 1.1 倍额定电压；分别使用相当于器具最大工作压力和 0.6 kPa 的空气；测量气、液压或电压中断至阀门闭合的时间间隔，检查是否符合 6.5.1 和 6.5.3.3 的要求。

7.5.3.4 耐久性

在阀门入口处输入室温空气，流量不大于制造商规定的 10%。试验次数分配如下：

——60%的试验在最高工作温度和 1.1 倍额定电压下进行；

——40%的试验在室温和 0.85 倍额定电压下进行。

检查是否符合 6.5.1 和 6.5.3.4 的要求。

7.5.4 点火器

7.5.4.1 点火燃烧器的手动点火装置

使用 0-2 气，在冷机状态和额定热输入的条件下进行试验。

使点火燃烧器在第一次成功点火之后，连续点火 40 次，每两次之间的间隔时间不少于 1.5 s。

检查是否符合 6.5.4.1 的要求。

7.5.4.2 点火燃烧器和主燃烧器的自动点火系统

a) 点火

使用 0-2 气,在 0.85 倍额定电压的条件下进行试验。必要时,可按制造商要求调整主燃烧器和点火燃烧器的喷嘴。

1) 冷机状态下的试验:在首次点火成功后,以 30 s 的间隔点火 20 次;

2) 热平衡状态下,将主燃烧器人为熄灭后试验:在首次点火成功后,以 30 s 间隔点火 20 次。

检查是否符合 6.5.4.2a)的要求。

b) 耐久性

在冷机状态施加 1.1 倍额定电压,点火时间和等待时间由自动控制装置确定。反复启动点火 250 000 次后,检查是否符合 6.5.4.2b)的要求。

7.5.4.3 点火燃烧器

使用 0-2 气试验点火燃烧器的热输入。点火燃烧器装有燃气流量调节器时可按照制造商的要求调整。试验方法按 7.3.1 进行。

检查是否符合 6.5.4.3 的要求。

7.5.5 火焰监测装置

7.5.5.1 热电式火焰监测装置

a) 气密力

被测试装置处于关闭位置,其他阀门均处于开启状态。

被测试装置的关闭部件首先开关两次。断电后,在与关闭部件闭合方向的相反方向施加压缩空气,空气压力增加速度不大于 0.1 kPa/s。当压力达到 1 kPa 时,压力稳定后测试漏气量,检查是否符合 6.5.5.1a)的要求。

b) 点火开阀时间

使用 0-2 气,器具在环境温度下,打开燃气,点燃点火燃烧器,在 6.5.5.1b)规定的时间内,取消手动辅助点火,检查是否符合 6.5.5.1b)的要求。

c) 熄火闭阀延迟时间

使用 0-2 气,器具在额定热输入状态下工作 10 min。

人为关断燃气,测量点火燃烧器和主燃烧器火焰熄灭瞬间至在恢复供气之后安全装置引发关闭动作的延迟时间。

可用燃气表或其他类似仪器检测火焰监测装置是否关闭。

检查是否符合 6.5.5.1c)的要求。

d) 耐久性

在最高额定工作温度状态下,从燃气入口供给环境温度下的空气,空气流量不大于制造商规定燃气流量的 10%。

1) 按键式:按键被施以 100 mm/s 的推力,作用力比按 6.5.2.2 测得的力大 30%~50%;

2) 旋钮式:作用力操作速度不大于 20 次/min,比按 6.5.2.1 测得的力大 30%~50%。

试验时,模拟电流应在电枢与磁性元件接触之前供给,供给装置的模拟电流为制造商提供的工作电流的 3 倍。

在整个试验中,应经常检查系统工作是否正常。

试验后,检查是否符合 6.5.5.1d)的要求。

7.5.5.2 自动火焰监测装置

a) 点火安全时间

使用 0-2 气，在最高工作电压、额定热输入下测定未点燃情况下从开阀到关阀的时间，检查是否符合 6.5.5.2a)的要求。

b) 熄火安全时间

使用 0-2 气，器具在额定热输入状态下工作 10 min。

在主燃烧器点燃时，通过人为关断燃气或断开火焰检测器来模拟火焰故障，测量断开瞬间至火焰监测装置有效关断燃气的时间。

可用煤气表或其他适当仪器检测火焰监测装置是否关闭。

检查是否符合 6.5.5.2b)的要求。

c) 再点火安全时间

使用 0-2 气，从人为熄灭主燃烧器到再次点燃，检查再点火时间是否符合 6.5.5.2c)的要求。

d) 再启动安全时间

使用 0-2 气，在运行过程中，从主燃烧器火焰熄灭后，到自动重新启动的时间内，检查燃气通路是否处于关闭状态。

e) 延迟点火安全时间

使用 0-2 气，试验条件下：

——器具安装按 7.1.3 的规定；

——器具在冷机状态下，在最长点火安全时间内每秒至少产生一次点火火花。

检查是否符合 6.5.5.2e)的要求。

f) 耐久性

耐久性试验在联机状态下或连接制造商提供的假负载状态下进行。每次循环由启动运行 30 s 和控制中断 30 s 组成，试验次数分配如下：

——60%试验在最高工作温度和 1.1 倍的额定电压的条件下进行；

——40%试验在环境温度和最低 0.85 倍的额定电压的条件下进行。

然后，将该装置在如下停机条件下进行试验：

——2 500 次没有火焰出现的循环；

——2 500 次火焰在运行过程中消失的循环。

试验后，检查控制系统是否能够正常工作；检查是否符合 6.5.5.2f)的要求。

7.5.6 燃气稳压器

7.5.6.1 稳压性能试验

使用 0-2 气，将器具调至额定热输入。然后调整供气压力为：最小压力和最大压力。

检查是否符合 6.5.6.1 的要求。

7.5.6.2 耐久性

供给环境温度和制造商规定的最大压力的空气，燃气调压器前后各装一个快速关断阀，两个阀交替开、关动作，10 s 一个循环，每次循环中，膜片达到极限状态并保持至少 5 s。

50 000 次试验按下列情况分配：

——25 000 次在制造商规定的最高工作温度并不低于 60 ℃；

——25 000 次在制造商规定的最低工作温度并不高于 0 ℃。

试验后，应符合 6.5.6.2 的要求。

7.5.7 温控器和水温限制装置

7.5.7.1 基本要求

如果温控器和水温限制装置单独试验时，应将传感器和温控器放入一个温控箱，温控器本体的试验条件按 7.5.1 规定,传感器的试验条件按 7.5.7.2b)的规定。

7.5.7.2 控制温控器

a) 调节精度

器具安装按 7.1.3,使用 0-2 气或实际用气将器具调至额定热输入状态.使用图 3 或图 4 的控制阀门Ⅰ调节冷水流量使水流温升大约为 2 K/min。

对可调式控制温控器,分别在最高温度设置点和最低温度设置点试验。

在上述条件下,在冷机状态下启动并保持连续工作,检查是否符合 6.5.7.2a)的要求。

b) 耐久性

60%的循环在 1.10 倍的标称电压下进行;剩余试验在 0.85 倍的标称电压下进行。传感器放入温控箱(房)内,该温控箱在温度开、关之间的温度变化率小于等于 2 K/min。

1) 可调式控制温控器的传感器温度设置在 70%最高设置温度;固定式控制温控器设置在制造商设置的最高温度。

2) 接触式传感器的试验条件相同,用接触温度代替环境温度。

试验后,检查是否符合 6.5.7.1 和 6.5.7.2b)的要求。

7.5.7.3 水温限制装置

a) 循环水量不足试验

器具按 7.1.3 安装。

用图 3 或图 4 中的控制阀门Ⅱ逐渐降低水量以获得大约 2 K/min 的温升。

检查是否符合 6.5.7.3a)的要求。

b) 热水过热试验

封闭式器具可安装一个安全限温器或者一个限制温控器加一个过热保护装置。

1) 装有一个安全限温器

器具按 7.5.7.2a)安装和调整,在热平衡状态和控制温控器停止工作后,用图 3 或图 4 中的控制阀门Ⅰ逐渐降低器具的冷水流量以获得大约 2 K/min 的温升,直到主燃烧器熄灭。检查安全限温器是否符合 6.5.7.3b)的要求。

2) 装有一个限制温控器和一个过热保护装置

器具按 7.5.7.2a)安装和调整。

——使控制温控器停止工作后,用图 3 或图 4 中的控制阀门Ⅰ逐渐降低器具的冷水流量以获得大约 2 K/min 的温升,直到主燃烧器熄灭。检查限制温控器是否符合 6.5.7.3b)的要求。

——使控制温控器和限制温控器停止工作,用图 3 或图 4 中的控制阀门Ⅰ逐渐降低器具的冷水流量以获得大约 2 K/min 的温升,直到主燃烧器熄灭。检查过热保护装置是否符合 6.5.7.3b)的要求。

c) 耐久性:

60%的耐久性循环在 1.1 倍额定电压下、其余在 0.85 倍额定电压下进行。

1) 限制温控器

试验条件同 7.5.7.3 中固定式控制温控器,检查是否符合 6.5.7.3c)的要求。

2) 过热保护装置和安全限温器

在 7.5.7.3a)试验中,除箱内或表面温度在最高关断温度的 70%～95%之间外,其他的试验条件同 7.5.6.2b)中不可调式控制温控器。

在7.5.7.3b)试验中,试验温度为能引发关断和能复位的温度。

耐久性试验后,检查是否符合6.5.7.1和6.5.7.3c)的要求。

7.5.8 气流监控装置

7.5.8.1 概述

器具按7.1.3安装,配制造商规定的最长给排气管,可不装终端或安装件;使用0-2气;按7.6.1的规定测试烟气中CO含量。

7.5.8.2 给、排气压力监测

将器具设定在额定热输入状态,达到热平衡后。连续测量燃烧产物中的CO和CO_2或O_2含量,按制造商的选择做如下之一的试验。

a) 逐渐降低风机工作电压直至熄火,检查是否符合6.5.8.2a)的要求;

b) 使风机工作在能够点燃燃烧器的最小工作电压下,器具从冷机启动直到达到热平衡状态时,检查是否符合6.5.8.2b)的要求。

7.5.8.3 给、排气流量监测

将器具设定在额定热输入状态,达到热平衡后;对于额定热输入可调节器具,将器具分别设定在最大热输入、最小热输入和它们的算术平均热输入状态下,达到热平衡状态后。连续测量CO和CO_2或O_2含量,按制造商的选择做如下之一试验。

如果器具有几种标称热输入,应对每一标称热输入分别试验。

a) 逐渐堵塞给气管或排气管(使用的堵塞方法应当确保不会导致燃烧产物的回流),检查是否符合6.5.8.3a)的要求;

b) 堵塞给气管或排气管在使燃烧器处于刚能点燃的临界状态下(使用的堵塞方法应确保不会导致燃烧产物的回流),器具从冷机启动直到达到热平衡状态时,检查是否符合6.5.8.3b)的要求;

c) 逐渐降低风机工作电压,检查是否符合6.5.8.3c)的要求;

d) 使风机工作在能够点燃燃烧器的最小工作电压下,器具从冷机启动直到达到热平衡状态时,检查是否符合6.5.8.3d)的要求。

7.5.8.4 燃气/空气比例控制器

7.5.8.4.1 燃气/空气比例控制器耐久性

在燃气进口输入环境温度下的空气,空气流量不大于制造商规定燃气流量的10%,进气口压力是最高额定压力。

当装置被拆下做单独试验时,则将装置装在一个测试台上,在比例控制装置的进、出口处各装有一个关断阀,并且可以在出口处装一个抽气装置。测试台应设置成两个阀门交替开、关,每10 s一个循环。

当装置装在器具上时,也应按上述要求做耐久性试验。

检查是否符合6.5.8.4的要求。

7.5.8.4.2 非金属控制管的泄漏

器具按7.1.3安装。用0-2气,额定热输入状态。

在以下各种能够引发泄漏的情况下,检查是否符合6.5.8.4.2的要求。

——从空气压力管泄漏;

——从燃烧室压力管出口泄漏;

——从燃气压力管进口泄漏;

——其他泄漏。

7.5.8.4.3 燃气/空气的比例控制器调节性能

对于可以自动调节的燃气/空气控制器,在其最大、最小比例位置进行试验。检查是否符合 6.5.8.4.3 的要求。

7.5.8.4.4 操作安全

将器具设定在额定热输入状态下,达到热平衡后。连续测量燃烧产物中的 CO 和 CO_2 或 O_2 含量,按制造商的选择做如下之一的试验。

a) 逐渐堵塞给气管或者排气管(使用的堵塞方法应当确保不会导致燃烧产物的回流)。检查是否符合 6.5.8.4.4a)的要求;

b) 堵塞给气管或者排气管在能够点燃燃烧器的最大堵塞状态下(使用的堵塞方法应当确保不会导致燃烧产物的回流),器具从冷机启动直到达到热平衡状态时,检查是否符合 6.5.8.4.4b)的要求;

c) 逐渐降低风机工作电压,检查是否符合 6.5.8.4.4c)的要求;

d) 使风机工作在能够点燃燃烧器的最小工作电压下,器具从冷机启动直到达到热平衡状态时,检查是否符合 6.5.8.4.4d)的要求。

7.6 燃烧试验

7.6.1 概述

除非另有说明,器具安装最长的给排气管或对应压力损耗的给排气管。使用 0-2 气,器具调至额定热输入,在热平衡状态时测量燃烧产物中的 CO 和 CO_2 或 O_2 含量。干燥、过剩空气系数 $\alpha=1$ 时,烟气中 CO 的含量用公式(5)或公式(6)计算:

$$CO_{\alpha=1} = (CO)_m \times \frac{(CO_2)_N}{(CO_2)_m} \quad \cdots\cdots(5)$$

式中:

$(CO)_m$——取样试验的 CO 含量的数值,体积分数(%);

$(CO_2)_N$——干燥、过剩空气系数 $\alpha=1$ 时烟气中 CO_2 的最大含量的数值,体积分数(%);

$(CO_2)_m$——取样试验的 CO_2 含量的数值,体积分数(%)。

注:$(CO_2)_N$ 的数值按实际燃气的理论烟气量计算或参照 GB/T 13611。

$$CO_{\alpha=1} = (CO)_m \times \frac{21}{21-(O_2)_m} \quad \cdots\cdots(6)$$

式中:

$(CO)_m$——取样试验的 CO 含量的数值,体积分数(%);

$(O_2)_m$——取样试验的 O_2 含量的数值,体积分数(%)。

注:当 CO_2 浓度小于 2%时,建议采用此公式。

7.6.2 极限热输入时 CO 含量试验

试验条件为:使用基准气。

a) 对于未装燃气稳压器或装有燃气/空气比例控制装置的器具,在最高供气压力下测试;

b) 对于装有燃气稳压器并使用人工煤气的器具,在 107%额定热输入状态下测试;

c) 对于装有燃气稳压器并使用天然气和液化气的器具在 105%额定热输入状态测试。

检查是否符合 6.6.2 的要求。

7.6.3 特殊燃烧工况时 CO 含量试验

7.6.3.1 不完全燃烧

先用基准气按如下规定调节热输入状态:

a) 对于未装燃气稳压器的器具,调节在107.5%额定热输入状态;

b) 对于装有燃气、空气比例控制的器具,调节在额定热输入状态;

c) 对于装有燃气稳压器的器具或在燃气管路上装有单独稳压器的器具,调节在105%额定热输入状态。

再使用不完全燃烧界限气代替基准气,检查是否符合6.6.3.1的要求。

7.6.3.2 **离焰燃烧**

先用基准气按如下规定调节热输入状态:

a) 对于未装燃气稳压器的器具,调节在最小热输入状态;燃气入口压力为最低压力;

b) 对于装有燃气、空气比例控制的器具,调节在最小热输入状态;

c) 对于装有燃气稳压器的器具,调节在95%最小热输入状态。

再使用离焰界限气代替不完全燃烧界限气,检查是否符合6.6.3.2的要求。

7.6.3.3 **有风燃烧**

器具试验按7.4.2.2a)的进行。计算在风速和入射角的九种组合下测得的烟气中$CO_{\alpha=1}$含量的算术平均值,检查是否符合6.6.3.3的要求。

7.6.4 **积炭**

试验条件同7.6.3.1,使用黄焰界限气、连续运行0.5 h后,检查换热器表面是否符合6.6.4的要求。

7.7 **热效率试验**

7.7.1 **额定热输入时采暖热效率**

7.7.1.1 **试验条件**

器具按7.1.3安装在图3或图4或其他等效的隔热测试台上。

使用0-2气;额定电压;使器具的控制温控器不工作,当器具处在热平衡状态,采暖水流量稳定在±1%时,即可开始进行热效率的测量。

7.7.1.2 **试验方法**

a) 热水流入一个放在秤上的敞口容器内(测试前应称重),同时读取燃气流量;

b) 在此期间连续测量出水温度t_2和给水温度t_1,10 min为一个循环,取其平均值;

c) 在10 min的测试时间内收集到的水的质量为M_1;为了评估在测试期间水的蒸发量,等待10 min,水的质量为M_2。测试期间水的蒸发量为$M_3=M_1-M_2$。修正后水的质量为$M=M_1+M_3$;

d) 连续两次测量热效率,如果两次的测试结果之差与其平均值不超过2%,则取两次测试平均值为测试结果。否则,应重新测试,或者进行连续十次的测试,取十次测试平均值作为测试结果。

e) 用公式(7)计算热效率:

$$\eta_c=\frac{4.186\times M\times(t_2-t_1)+D_p}{10^3\times V_{r(10)}\times H_i}\times 100 \quad\cdots\cdots(7)$$

式中:

η_c——采暖热效率(%);

M——修正后实测出热水量的数值,单位为千克(kg);

D_p——对应平均出水温度下的测试装置热损失,包括循环泵产生的热量,单位为千焦(kJ);

$V_{r(10)}$——实测燃气消耗量折算成基准状态(15 ℃、101.3 kPa)下的数值,单位为立方米(m^3);

H_i——试验燃气在基准状态下的低热值的数值,单位为兆焦每立方米(MJ/m^3);

热效率的确定条件:

——对额定热输入不可调节的器具，在额定热输入 Q_n 条件下测试热效率；

——对额定热输入可调节的器具，分别在最大热输入 Q_n 条件下和在最大额定热输入和最小额定热输入的算术平均值 Q_a 条件下测试热效率。

测试的热效率应符合 6.7.1 的要求。

注：D_p 的实用测试方法：

——使用一个隔热良好的小体积(约 250 mL)容器作为器具（1)的替代物(见图 3)，该容器内要有一个浸没式电加热器。将循环系统充满水，启动水泵使其在正常设置下工作，浸没式电加热器与可调变压器、瓦特表与电源相连接，调节可调变压器使循环水温度达到热平衡(这一过程需 4 h 或更长时间)，记录环境温度并测量热输入。在不同温度下进行一系列测试，可得出环境温度以上的不同温度下的热损失。

——在实际测量时，同时记录环境温度，根据环境温度与测试平台平均温度之差确定热损失 D_p。

7.7.2　部分负荷下采暖热效率

7.7.2.1　概述

测试器具在负荷为 30%额定热输入时的热效率；对于额定热输入可调节器具，负荷为最大额定热输入和最小额定热输入算数平均值的 30%时的热效率。

7.7.2.2　直接测试法

按 7.1.3 规定的安装条件安装器具 ，使用 0-2 气；额定电压。

考虑到温度的波动，在整个测试过程，应使水流量稳定在±1%以内，水泵要连续运行。

7.7.2.2.1　试验方法 1

a)　将器具安装在图 8 所示测试台上，或其他等效隔热测试台。

b)　通过调节控制阀Ⅰ和控制阀Ⅱ，使器具回水温度保持在 47 ℃±1 ℃，在测试期间温度变化不应超过±1 K。当器具控制器不能使器具在足够低的回水温度下运行时，就在器具所能达到的最低回水温度下测试。

c)　按表 8 中的公式，计算出测试时器具运行和停机时间。通过室内温控器或人工操作来控制器具的工作循环，设定 10 min 为一个循环。

d)　在尽可能接近器具的出水和回水处连续测量器具的出水和回水温度。

e)　在测试系统达到热平衡后，按 7.7.1.2 的试验方法连续进行 3 次热效率测量，当 3 次测试结果中的任何两个结果的偏差不超过 0.5%时，最终结果为 3 次测量值的算数平均值。否则，应连续测试至少 10 次，最终结果为各次测量值的平均值。

f)　对于 30%额定热输入，允许测量值与标称值有±1% 的偏差。当偏差更大且不高于±2% 时，应进行两次测试，一次在高于 30%的额定热输入下测试，一次在低于 30%额定热输入下测试，然后采用线性内插法确定对应于 30%额定热输入的热效率。

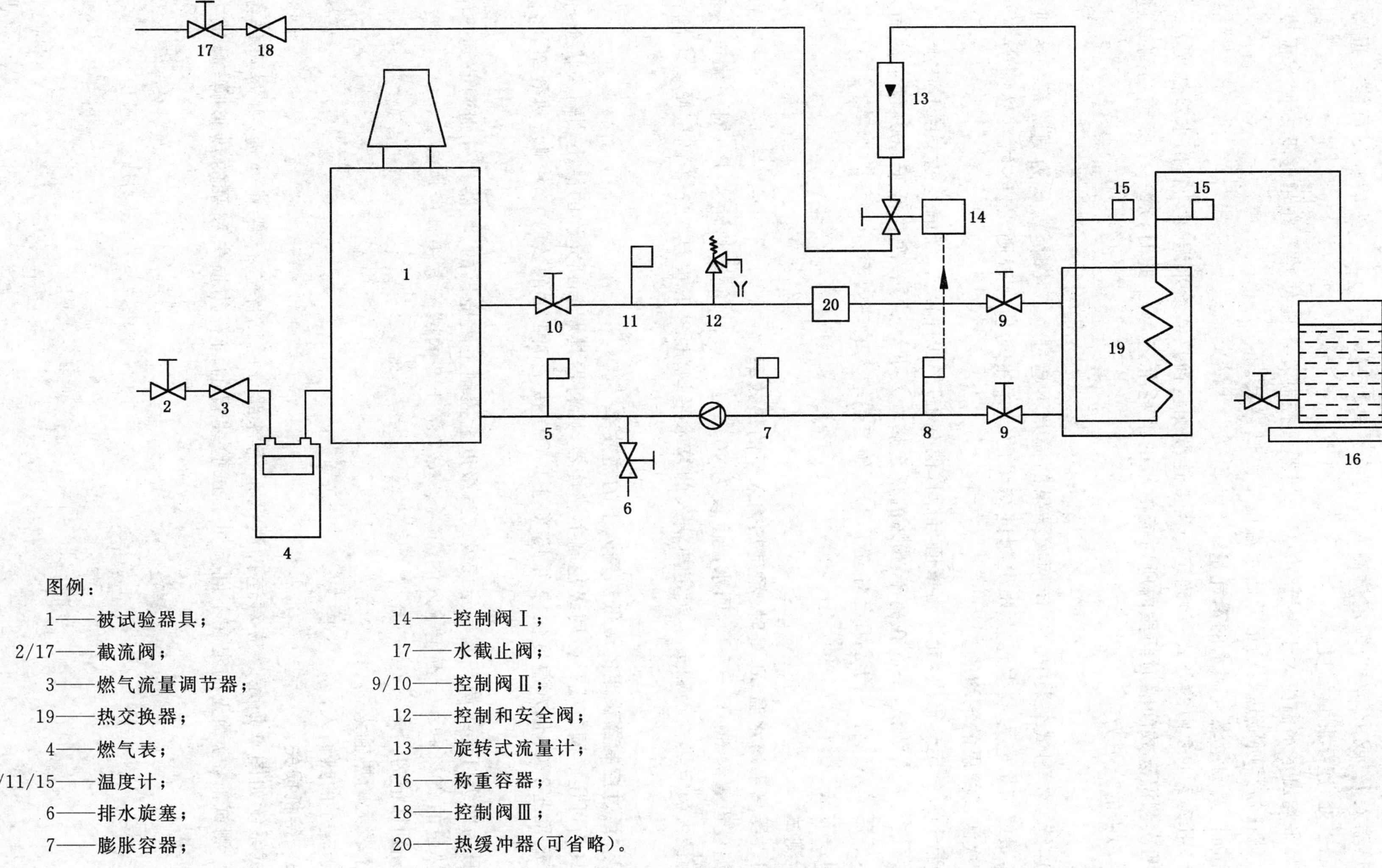

图例：

1——被试验器具；
2/17——截流阀；
3——燃气流量调节器；
19——热交换器；
4——燃气表；
5/8/11/15——温度计；
6——排水旋塞；
7——膨胀容器；
14——控制阀Ⅰ；
17——水截止阀；
9/10——控制阀Ⅱ；
12——控制和安全阀；
13——旋转式流量计；
16——称重容器；
18——控制阀Ⅲ；
20——热缓冲器(可省略)。

图8 热效率测试装置

7.7.2.2.2 试验方法 2

a) 将器具安装在图 3 或图 8 所示的测试台上，或其他等效隔热测试台。

b) 器具进、出水温度，运行和停机时间均由器具控制器控制。

c) 根据换热器入水温度，经预先计算后，调控换热器给水的流量，使得换热器的换热量为器具额定热输入 P_n 或 P_a(对应额定热输入可调节器具)的(30±2)%。然后在尽可能接近器具出水和回水处，连续测量温度。

d) 器具平均出水水温应大于等于 50 ℃。当器具控制器不能使器具在足够低的回水温度下运行时，就在器具所能达到的最低回水温度下测试器具。

e) 测试时，要测量燃气和水的消耗量。

f) 效率用 7.7.1.2 中的公式(7)确定。需要连续测量换热器给水温度 t_{1i} 和出水口温度 t_{2i}，并记录每两次测温读数间隔时间段内所对应的水的消耗量 $\varDelta M_i$。此时，对一个完整的测试过程，公式(7)中的分子为：

$$4.186 \times \sum \varDelta M_i \times (t_{2i} - t_{1i}) + D_p$$

g) 当连续 3 次测试结果中的任何两次结果的偏差不超过 0.5%时，就认为测试系统达到了热平衡，最终结果应为最少连续 3 次测试结果的算术平均值。否则，最终结果必须为至少连续 10 次测试结果的平均值。

h) 对于 30%额定热输入，允许测量值与标称值有±1% 的偏差。当偏差更大且不高于±2% 时，必须进行两次测试，一次在高于 30%的额定热输入下测试，一次在低于 30%额定热输入下测试，然后采用线性内插法确定对应于 30%额定热输入的热效率。

7.7.2.3 间接方法

7.7.2.3.1 测试

7.7.2.3.1.1 器具平均水温 50 ℃时、额定热输入下的热效率

将出水温度设置为 60 ℃±2 ℃，回水温度设为 40 ℃±1 ℃，在额定热输入 P_n(对于额定热输入可调节器具，为最大额定热输入和最小额定热输入的算术平均值 P_a下重复 7.7.1 的试验。将测试值记为 η_1。

7.7.2.3.1.2 通过控制器设定的最低热输入下的热效率

如果器具为可连续调节或是分两级控制主燃烧器，则将器具调节到允许的最小热输入状态，使出水温度保持在 55 ℃±2 ℃，回水温度保持在 45 ℃±1 ℃。按 7.7.1.2 的试验方法测量热效率，将测定值记录为 η_2。

如果器具为两级可连续调节或是分三级或三级以上控制主燃烧器的，将器具分别调节到热输入大于额定输入热量的 30%和小于额定输入的 30%。按 7.7.1.2 的试验方法测量热效率。

测试值分别标记为：

——对于较大的热输入，η_{21}；

——对于较小的热输入，η_{22}。

7.7.2.3.1.3 待机损失

a) 测试系统如图 9 所示。应对连接测试系统各部分的回路进行保温处理，并尽可能缩短回路。测试前，应预先测定在不同流量下试验装置的固有热损失和泵的热影响，测试方法见附录 H。

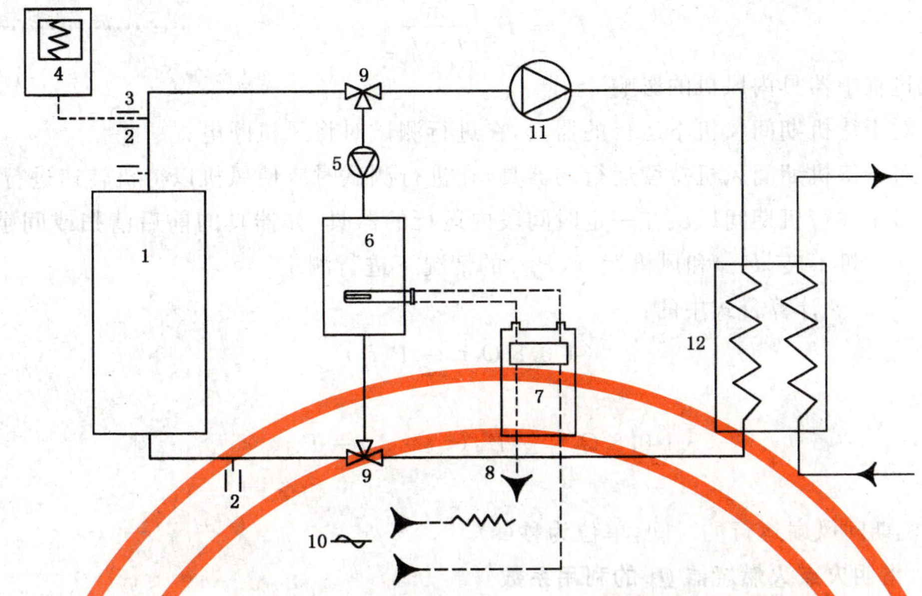

其中：

1——被试验器具；

2——温度探针；

3——低热惰性热电偶；

4——温度记录仪；

5——具有合适功率的泵，使得器具进出水两测温点之间的最大温差为 2 ℃～4 ℃；

6——辅助电热器具；

7——测量电功率的装置；

8——稳压器；

9——三通阀；

10——电源；

11——辅助泵(必要时)；

12——热交换器。

图 9 待机热损失试验装置原理图

b) 将器具装上制造商在技术文件中规定的最大直径的给排气管。

c) 使器具的出水温度处在高于环境温度 30 ℃±5 ℃的一个平均温度值。

d) 关断燃气供应阀门，使泵(11)和器具内置泵(若有的话)停机，并将冷却系统的热交换回路(12)关闭。

e) 调节循环泵(5)的流量，使电热器具(6)和被测试器具之间的水连续循环，并使器具进出水之间的最大温差保持在 2 ℃～4 ℃；调节电热器具(6)的功率，使得稳定状态下，系统平均水温比环境温度高 30 K±5 K。

f) 试验过程中，环境温度变化不应超过 2 ℃/h。

g) 记录以下测试值：

——P_m，对测试装置热损失及泵(5)的热影响校正后，辅助电热器具(6)消耗的电功率，单位 kW；

——t，被测器具进、出水平均水温，单位 ℃；

——t_a，单位 ℃，试验过程中的环境温度。

对平均水温为 50 ℃，环境温度为 20 ℃的待机损失 P_s(kW)，采用如下公式(8)进行计算：

$$P_s = P_m\left[\frac{30}{t - t_a}\right]^{1.25} \quad \cdots\cdots(8)$$

h) 测试过程中器具内风机的影响

——对于待机期间风机不运行的器具，在进行测试时将风机断电；

——对于待机期间风机持续运行的器具，在进行测试时应使风机以待机转速进行运行；

——对于在待机期间风机在一定时间段内运行的器具（如器具的前后清扫或间歇运行），分别在风机不转（P_{s1}）和风机运行（P_{s2}）的情况下进行测定。

在此情况下，表 8 计算公式中的：

$$(+0.8\,Q_3\tau_3 - P_s\tau_3)$$

应替换为：

$$(+0.8\,Q_3\tau_3 - P_{s1}(\tau_3 - \tau_F) - P_{s2}\tau_F)$$

式中：

τ_F——待机期间风扇运行的时间，单位为秒(s)。

7.7.2.3.1.4 常明火点火燃烧器 Q_3 的利用系数

在平均水温为 50 ℃，环境温度为 20 ℃的工况下，常明火点火燃烧器的热量 Q_3 的利用系数为 0.8。

7.7.2.3.2 计算

针对一个控制循环，计算在 30％的额定热输入（对于额定热输入可调节器具，为最大额定热输入和最小额定热输入的算术平均值）和平均水温为 50 ℃时的有效效率。

采用表 7 中给出的符号。

表 7 计算部分负荷下的效率所需要的符号和量

主燃烧器的运行阶段	热输入/kW	运行时间/s	在 50 ℃时测定值效率/％
满负荷	Q_1	τ_1	η_1
部分负荷	Q_2	τ_2	η_2
部分负荷＞0.3Q_1	Q_{21}	τ_{21}	η_{21}
部分负荷＜0.3Q_1	Q_{22}	τ_{22}	η_{22}
受控停机	Q_3	τ_3	待机损失 P_s(kW)

根据在 10 min 一个循环过程中有效能量与燃气供应的能量之间的比值来计算热效率。

根据器具的可调控方式，与表 8 中的公式一一对应，可以将运行的循环方式分类如下：

a) 连续运行，$Q_2 = 0.3Q_1$（固定的部分负荷或可调到该负荷）；

b) 满负荷运行/受控停机（一个固定负荷）；

c) 部分负荷运行/受控停机（一个或多个固定的部分负荷或连续可调负荷，其中最低输入热 $Q_{21} > 0.3Q_1$）（或按循环方式 f，其被设计成在满负荷下点火）；

d) 满负荷运行/部分负荷运行（一个或多个固定的部分负荷，其中的最低输入热 $Q_{22} < 0.3Q_1$）；

e) 在两个部分负荷下运行（其中 $Q_{21} > 0.3Q_1$ 以及 $Q_{22} < 0.3Q_1$）；

f) 满负荷运行/部分负荷运行/受控停机（设计形式为：，在满负荷 Q_1 的条件下、在时间 τ_1 内点火；具有一个或几个固定部分负荷或负荷连续可调，使得循环包括一个受控停机（$\tau_3 > 0$）。

其他情况，采用循环方式 d)。

按表 8 给出的公式计算热效率。

表 8 部分负荷热效率的计算

运行条件		输入热量	周期时间/s	测定值	有效效率/%
a)	部分负荷 30% 额定热输入	$Q_2 = 0.3 \cdot Q_n$	$\tau_2 = 600$	η_2	$\eta_u = \eta_2$
b)	满负荷 受控停机	$Q_1 = Q_n$[a] Q_3[b]=永久点火燃烧器负荷	$\tau_1 = \frac{180Q_1 - 600Q_3}{Q_1 - Q_3}$ $\tau_3 = 600 - \tau_1$	η_2 P_s	$\eta_u = \frac{\eta_1 Q_1 \tau_1 + 0.8Q_3 \tau_3 - P_s \tau_3}{Q_1 \tau_1 + Q_3 \tau_3}$
c)	部分负荷 受控停机	$Q_2 > 0.3 \cdot Q_n$ Q_3[b]=永久点火燃烧器负荷	$\tau_{21} = \frac{180Q_1 - 600Q_3}{Q_{21} - Q_3}$ $\tau_3 = 600 - \tau_{21}$	η_{21} P_s	$\eta_u = \frac{\eta_{21} Q_{21} \tau_{21} + 0.8Q_3 \tau_3 - P_s \tau_3}{Q_{21} \tau_{21} + Q_3 \tau_3}$
d)	满负荷 部分负荷	$Q_1 = Q_n$[a] $Q_{22} < 0.3 \cdot Q_n$	$\tau_1 = \frac{180Q_1 - 600Q_{22}}{Q_1 - Q_{22}}$ $\tau_{22} = 600 - \tau_1$	η_1 η_{22}	$\eta_u = \frac{\eta_1 Q_1 \tau_1 + \eta_{22} Q_{22} \tau_{22}}{Q_1 \tau_1 + Q_{22} \tau_{22}}$
e)	部分负荷 1 部分负荷 2	$Q_{21} > 0.3 \cdot Q_n$ $Q_{22} < 0.3 \cdot Q_n$	$\tau_{21} = \frac{180Q_1 - 600Q_{22}}{Q_{21} - Q_{22}}$ $\tau_{22} = 600 - \tau_{21}$	η_{21} η_{22}	$\eta_u = \frac{\eta_{21} Q_{21} \tau_{21} + \eta_{22} Q_{22} \tau_{22}}{Q_{21} \tau_{21} + Q_{22} \tau_{22}}$
f)	满负荷 部分负荷 受控停机	$Q_1 = Q_n$[a] Q_2 Q_3[b]=永久点火燃烧器负荷	τ_1= 测定值(参见附录 I) $\tau_2 = \frac{(180-\tau_1)Q_1 - (600-\tau_1)Q_3}{Q_2 - Q_3}$ $\tau_3 = 600 - (\tau_1 + \tau_2)$	η_1 η_2 P_s	$\eta_u = \frac{\eta_1 Q_1 \tau_1 + \eta_2 Q_2 \tau_2 + 0.8Q_3 \tau_3 - P_s \tau_3}{Q_1 \tau_1 + Q_2 \tau_2 + Q_3 \tau_3}$

[a] 对于可设置范围的器具,采用最大和最小输入热量的算数平均值 Q_a 来代替额定热输入 Q_n。

[b] 当器具没有永久点火燃烧器时,$Q_3 = 0$。

7.7.3 额定负荷下热水模式热效率

7.7.3.1 试验条件

使用0-2气，调节热水出水温度比进水温度高40 K，当不能调至此温度时，在热水温度可调范围内，调至最接近的温度，具有自动恒温功能的器具应将温度设置在最高温度，采用增加进水水压等方法，使器具工作在额定热输入或最大热输入状态。

在热平衡状态和出水温度保持恒定时，即可开始进行热效率的测量。

7.7.3.2 试验方法

调节方法见7.7.1.2。测定进水和出水温度应该尽量靠近器具。

7.7.3.3 计算方法

热水模式器具热效率 η_s(%)按照公式(9)计算：

$$\eta_s = \frac{4.186 \times M \times (t_2 - t_1)}{10^3 \times V_{r(10)} \times H_i} \times 100 \qquad \cdots\cdots (9)$$

式中：

η_s——温升 $t_2 - t_1$ 时热水模式器具的热效率(%)；

M——试验过程中出生活热水的质量，单位为千克(kg)；

$V_{r(10)}$——实测燃气消耗量折算成基准状态(15 ℃、101.3 kPa)下的数值，单位为立方米(m^3)；

H_i——基准状态下干燃气的低热值，单位为兆焦每立方米(MJ/m^3)。

如果连续两次测试的结果偏差小于等于其平均值的2%，则取两者的平均值；如果偏差大于平均值的2%，则重新试验或者连续测试10次，取其平均值。

根据测试结果，检查是否符合6.7.3的要求。

7.8 生活热水性能试验

7.8.1 试验条件

——器具按7.1.3安装；

——冷水：20 ℃±2 ℃，0.1 MPa±0.004 MPa；

——温升：40 K或尽量接近该值；

——采暖进出水条件：出水80 ℃，回水60 ℃；

——生活热水进、出水温度应在水流中心并尽可能靠近器具测定；

——采用低热惰性温度计。低惰性温度计是指对温度变化响应的时间为：在15 ℃～100 ℃范围，当其传感器浸入静止的水中5 s内能达到最终温升95%的值；

——除非另有规定，器具在“夏季”模式下进行生活热水测试。

7.8.2 温控器故障试验

人为使温控器处于故障状态，进行以下试验：

a) 对热水管路不直接与燃烧产物接触的器具，按水温限制装置(7.5.7.3)或安全温度限制装置(7.5.7.3)的试验方法试验。器具应安全关闭，应符合6.8.2a)的要求。

b) 对热水管路部分或全部与燃烧产物接触的器具，逐渐减少生活热水流量直到燃烧器熄灭为止，热水温度应符合6.8.2b)的要求。

当器具配备有燃气流量调节器时，则以采暖工作方式的最大热负荷进行测试。

7.8.3 最高生活热水温度

7.8.3.1 快速换热式

使用0-2气，在额定热输入下，使热水系统启动运行，逐渐减小供水压力，直到燃烧器熄灭，用低热惰性温度计连续测量生活热水最高温度，检查是否符合6.8.3.1的要求。

7.8.3.2 储水换热式

使用0-2气，把热水温控器调节到最高位置上，使生活热水在额定热负荷下运行。在燃烧器熄灭后排放生活热水，测量其最高生活热水温度，检查是否符合6.8.3.2的要求。

7.8.4 停水温升

7.8.4.1 快速换热式使用0-2气，使器具处于额定热负荷运行，调节水流量或水温控制装置使生活热水处于最高水温下。在器具运行10 min后，迅速关闭热水进水开关，10 s后打开，在尽可能接近热水出水口处，用低热惰性温度计连续测量水流中心的排水温度，直到出热水温度稳定为止。读取其中最高温度。再按照上述步骤测试，但排水停止时间每次增加10 s。直到获得最高温度，检查是否符合6.8.4.1的要求。

7.8.4.2 储水换热式

使用0-2气，将温控器调节到最高温度位置，在额定热负荷下运行。在水箱达到稳定温度且燃烧器由控制装置关闭1 s后，以水箱容积5%的流量排水。直到燃烧器重新点燃，且至少以95%的额定热输入运行，记录最高出水温度。燃烧器熄灭后立即进行再次排水，重复以上试验直到水温不再升高，记录最高水温。检查是否符合6.8.4.2的要求。

对热输入可调或设有几种流量的燃烧器，应在燃气流量减少到满负荷的50%时进行下次排水。每次排水，记录最高出水温度，检查是否符合6.8.4.2的要求。

7.8.5 生活热水过热

使用0-2气，采暖回路的温度设定到最高位置，在采暖模式下以额定热输入不排热水连续运行1 h，然后以标称产热水率进行排放，检测是否符合6.8.5的要求。

7.8.6 加热时间

对快速换热式热水系统按7.8.1的要求用0-2气在0.1 MPa压力下运行，使器具运行在生活热水额定热输入条件下。把出热水温度调定比进水温度高40 K，运行5 min后停止供燃气，水仍然流动，直到出、入水温度相等后再重新启动器具，测量从点燃器具到热水温升达到36 K时所需的时间。检查是否符合6.8.6的要求。

7.8.7 水温控制

7.8.7.1 快速换热式

按7.8.1的要求用0-2气，使器具运行在额定热输入条件下。在水压0.1 MPa、0.2 MPa、0.3 MPa与0.6 MPa或者制造商规定水压下进行排水，达到稳定状态时，若采暖温控器可调节，则在最大和最小位置上分别排水，检查是否符合6.8.7.1的要求。

7.8.7.2 储水换热式

按制造商规定调节储水罐水温，器具燃烧器受控熄灭后，以每分钟5%的储水罐容积的流量或制造商声明的最小流量排放热水10 min，此时允许燃烧器在大于5%的储水罐容积的流量排水时会启动，1 min后检查是否符合6.8.7.2的要求。

7.9 水阻力试验

测试器具对水的阻力(单位为kPa)时，实验用水的流量应对应于器具在额定热输入状态下运行，出水温度为80 ℃，回水温度60 ℃或制造商规定的数值。

用环境温度下的水进行试验。

试验装置如图10所示。在试验之前或之后，将两个试验管直接互相连接，测试其在不同流量时的自身阻力。

在相同的试验条件下，验证制造商为带有内部水泵的器具所提供的压力曲线。

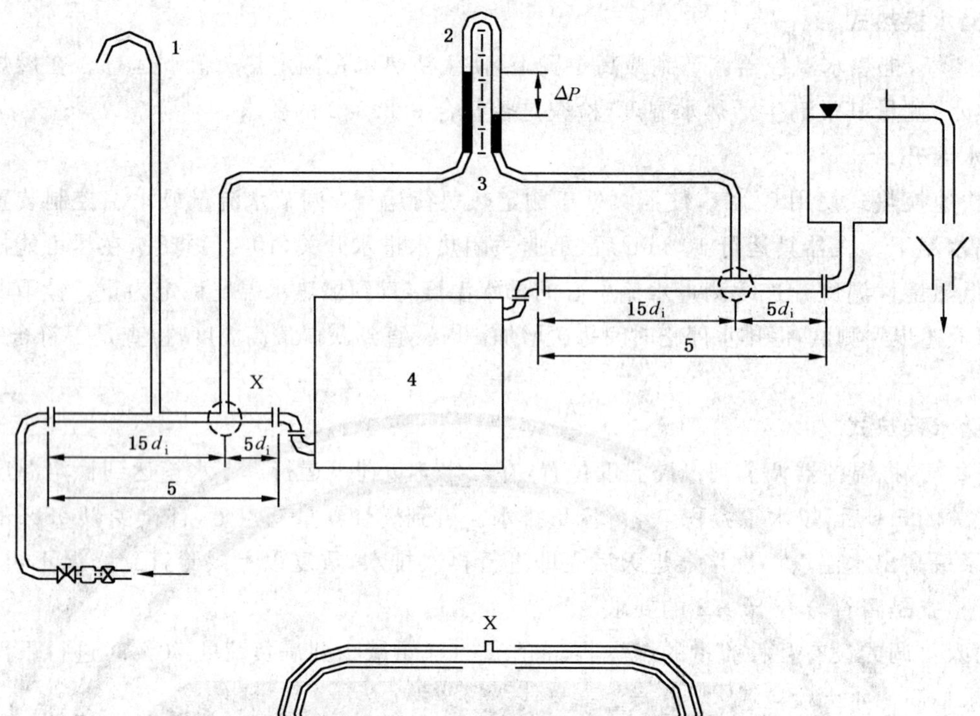

1——通风口；
2——压差计；
3——软管；
4——器具；
5——试验管；
6——软管；
7——孔径 ϕ3，内部光滑；
X——旋转 90°的视图。

图 10 水阻测试原理示意图

7.10 噪声试验

7.10.1 试验气条件

使用 2-1 气。

7.10.2 试验方法

7.10.2.1 燃烧噪声试验

按 7.1.3 安装器具，使用普通声级计，以 A 挡测定。

a) 试验点应放在距燃具外壳中心 1 m 处，正对受测设备噪声源，但不能受到排出烟气的影响；

b) 环境本底噪声应小于 40 dB，或比燃具工作时实测噪声低 10 dB，否则按表 9 修正。

7.10.2.2 熄火噪声试验

以声级计按上述规定进行试验，应读取噪声变动的最大值。

a) 应用普通声级计快速挡试验；

b) 噪声最大值应加 5 dB 作为试验值。

表 9 噪声修正值

燃具实测噪声与环境噪声之差/dB	修正值/dB
＜3	测量无效
3	－3
4	－2

表 9（续）

燃具实测噪声与环境噪声之差/dB	修正值/dB
5	−2
6	−1
7	−1
8	−1
9	−0.5
10	−0.5
>10	0

7.11 电气安全性试验

电气安全性能按附录 F 的要求试验。

7.12 电磁兼容安全性试验

电磁兼容安全性按附录 G 的要求试验。

8 检验规则

8.1 出厂检验

8.1.1 逐台检验

每台器具出厂前应检验下列项目：

a) 外观；

b) 燃气系统密封性(6.2.1)；

c) 采暖水路，生活热水路系统的密封性能(6.2.3)；

d) 火焰监控装置功能(6.5.5.2 b))；

e) 标志与说明(9.1.1,9.1.2,9.2.1)；

f) 电气强度(使用交流电源的器具)(F.6.3,E.8.3)；

g) 接地电阻(使用交流电源的器具)(F.11.5)。

8.1.2 抽样检验

产品批量检查验收时，执行抽样检验。

8.1.2.1 抽样方案

a) 逐批抽验按 GB/T 2828.1 进行，抽样方案由制造商确定，但所选取的抽样方案的接收概率应控制在 94%～96%；对于孤立批按 GB/T 2828.2 执行。

b) 产品抽检不合格时，本批产品判为不合格。本批产品应重新逐台检验后组批。

8.1.2.2 检验项目

除 8.1.1 规定外，还应检验以下项目：

a) 额定热输入准确度(6.3)；

b) 温控器及水温限制装置功能(6.5.7，耐久性除外)；

c) 不完全燃烧条件下 CO 含量(6.6.3.1)；

d) 气流监控装置功能测试(6.5.8，耐久性除外)；

e) 安全关断功能验证(6.5.3.2)；

f) 安全时间验证(6.4.5.1)；

g) 生活热水性能(6.8)；

h) 燃烧系统的密封性能(6.2.2)；

i) 泄漏电流(使用交流电源的器具)(E.6.2,E.8.2)。

8.1.2.3 库存1年以上的产品应按8.1.2的规定复查。

8.2 型式检验

8.2.1 型式检验要求

有下列情况之一时,应进行型式检验,型式检验合格后才允许批量生产和销售。

a) 新产品试制定型鉴定;

b) 产品转厂生产试制定型鉴定;

c) 正式生产后,如结构、材料、工艺有较大改变,可能影响产品性能时;

d) 产品长期停产后,恢复生产时;

e) 出厂检验结果与上次型式检验有较大差异时;

f) 国家质量监督机构提出进行型式检验的要求时。

8.2.2 检验项目

本标准中第5章,第6章,第9章和10.1。

8.2.3 判定原则

单台样机检验时,应按以下判定原则执行:

——有一项不符合强制性条款规定时,即判定该样机不合格;

——有一项或几项不符合推荐性条款规定时,检验报告中应注明该样机不符合标准的相关内容。

9 标志、警示和说明书

9.1 标志

9.1.1 铭牌

每台器具应有铭牌,铭牌应粘贴在器具醒目的位置上,并应包含以下信息:

a) 制造商的名称;

b) 器具生产编号或日期;

c) 器具的名称及型号;

d) 燃气种类及额定压力,单位Pa;

e) 额定热输入,对于热输入可调的器具,标识最高和最低热输入,单位为千瓦(kW);

f) 额定供暖热输出,对于热输出可调的器具,标识最高和最低热输出,单位为千瓦(kW);

g) 标称产热水率(不适用于单采暖器具);单位为千克每分钟(kg/min)。

h) 器具采暖系统耐水压等级或最高工作水压,单位为兆帕(MPa);

i) 生活热水系统适用水压(不适用于单采暖器具),单位为兆帕(MPa);

j) 器具防护等级;

k) 电源性质,直流"═══",交流"~",额定电压,单位V,额定电功率,W;

l) 防水等级的IP代码;

m) 生活热水模式的额定热输入(Q_{nw}),单位:kW(如果对采暖和生活热水有不同的热输入时)。

9.1.2 包装的标志

包装箱上应包括器具的名称、型号、质量、外形尺寸、适用燃气种类、使用地区、燃气供应压力;制造商名称、地址、产品生产日期;符合GB/T 191规定的储运标志。

9.2 警示

9.2.1 警示牌

器具上应有醒目的专用警示牌,且应牢固、耐用,并应包括以下内容:

a) 不应使用规定外的其他燃气;

b) 通风要求和安装环境；

c) 使用交流电的器具应安全接地；

d) 安装前应仔细阅读技术说明书；

e) 用户使用前应仔细阅读使用说明书。

9.2.2 误使用风险警示

在说明书中应对可预期误使用风险提出警示，至少应包括以下内容：

a) 安装不当会引起对人、畜和物的危害；

b) 器具安装应严格按说明书要求和相关规定执行；

c) 只有制造商授权的代理商或技术人员才可以维修、更换零部件或整机；

d) 应使用原装配件，以免降低产品的安全性；

e) 应使用原配烟道，不能随意改用其他烟道，严禁用单管烟道代替同轴烟道；

f) 器具维修时涉及燃气调压阀和控制器的维修应找器具制造商；

g) 不应购买经销商改装的器具，而应买生产企业的原装产品，以确保安全性；

h) 安装器具时应在器具前的管道上安装燃气截止阀；

i) 器具不应靠近电磁炉、微波炉等强电磁辐射电器安装；

j) 严禁拆动器具上的任何密封件；

k) 器具清洁时不应使用有腐蚀性的清洁剂；

l) 器具严禁安装在卧室、客厅、浴室；

m) 儿童和不会使用的人不应操作器具，儿童严禁玩弄器具；

n) 用户自己不应动采暖安全阀和采暖水排泄阀，应由专业人员来处理；

o) 器具不宜暗装；

p) 维修和检查人员在产品维修后应在产品上进行标示维修和检查的结果；

q) 房间的配电系统应有接地线；器具连接的开关不应设置在有浴盆或淋浴设备的房间；插头、插座应通过相关认证；

r) 指出器具防冻功能起作用的条件，提示用户为了避免器具或管路冻坏，在冬季长期停机时，应将器具采暖和生活热水系统内的水全部排空；或者只排生活热水，而在采暖水中加入防冻剂。

9.3 说明书

9.3.1 技术说明书

每台器具均应配有专门用于安装的技术说明书，说明书中应除包含 9.2 以外，还应包含以下内容。

9.3.1.1 概述

a) 铭牌上除生产编号或日期外的所有信息(参见 9.1.1)；

b) 器具及其包装上符号的含义(参见 9.1.1)；

c) 如果有助于器具的正确安装和使用，指定参考的标准或特定的法规；

d) 安装需要的资料(参见 6.4.1.3 和 6.4.1.4)：

——应符合距可燃物的最短距离；

——器具附近不耐热的墙壁，如木墙，应采用隔热保护措施；

——应保证安装器具的墙壁和器具外侧热表面之间的最小间隙；

e) 对器具的大概说明，对于需要拆除的主要零件及部件，应配有插图；

f) 电器安装：

——建筑物的配电系统应有接地线，器具的接地线应牢固并可靠接地；器具连接的开关不应设置在有浴盆或淋浴设备的房间；插头、插座应通过相关认证(Ⅰ类电器)；

——电气端子接线图(包括外部控制装置)；

——Y 型连接的器具，应写有："如果电源软线损坏，为避免危险，应由制造商或制造商认可的维修人员来更换；

g) 推荐的清洁器具方法，在硬水地区（钙、镁化合物大于 450 mg/L），应建议用户使用专用的水垢还原剂。

h) 应对维修和维护时间间隔提出建议；

i) 器具安装之后，安装人员应对器具的给排气系统进行位置标识，安装人员应向用户介绍器具及其安全装置的使用方法。

9.3.1.2 燃气系统的安装和调整说明

a) 检查铭牌上有关数据，检查供气条件是否满足器具要求；

b) 器具说明书中包含有燃气流量和燃气种类的调节参数表；

c) 对于可用多种燃气的器具应有燃气转换操作说明，并强调此类转换和调节只能由制造商认可的专业人员进行，调整结束后应将调节器锁定，并加贴标识。

9.3.1.3 器具供暖系统的安装说明

a) 系统最高工作水温，单位℃；

b) 说明可配套使用的控制装置；

c) 应提供器具出口水压特性曲线图或水泵压力特性曲线图。

9.3.1.4 燃烧系统的安装说明

a) 器具允许的安装类型；

b) 应安装由制造商提供的附件（如烟道及附件、安装部件等）；

c) 附件安装说明；

d) 终端和终端保护装置的安装方法；

e) 对于器具：

——如果烟管附件必须装在墙壁或屋顶上，应提供安装说明；

——分离式烟管附件接头应安装在边长为 50 cm 的区间内。

9.3.2 使用说明书

使用说明书应包含以下内容：

a) 指出器具的安装、气种转换和调节应由制造商认可的专业人员进行；

b) 对器具的启动和停机操作作出说明；

c) 用户应遵守警告事项；

d) 解释器具的正常使用、清洁及日常维护所需进行的操作；

e) 强调锁定装置不应随意调节；

f) 强调应由专业人员进行定期检查和维护；

g) 必要时应提醒用户注意不要直接接触观火窗表面以免烫伤；

h) 说明防冻应采取的预防措施。

9.3.3 转换说明

气源转换至少应包括以下说明内容：

a) 说明气源转换应由制造商认可的专业人员执行；

b) 说明转换所需零件和识别方法；

c) 说明更换零件以及进行正确调整时所需的操作；

d) 断裂的密封应重新封好和所有的调节器应加封；

e) 使用压力接头的器具，在额定压力范围内任何稳压装置应失效或停止工作并保持在该位置。

在提供零件和转换说明的同时提供器具上的自粘标签，标签上可以标注，包括：

——燃气种类和范围；

——燃气类型；

——燃气供应压力或压力接头，所调的热负荷。

10 包装、运输和贮存

10.1 包装

10.1.1 包装箱上应有符合9.1.2规定的标志。

10.1.2 包装箱内的产品应附有合格证明、使用说明书、装箱清单、附件等。

10.1.3 包装材料和方式应符合GB/T 1019—2008中4.5防振包装和5.9跌落试验（流通条件3）的要求。

10.2 运输

10.2.1 器具可采用一般交通工具（车、船、飞机等）运输。

10.2.2 运输过程中应防止剧烈振动、挤压、淋雨及化学物品的侵蚀。

10.2.3 搬运时应轻拿轻放，严禁滚动和抛掷。

10.3 贮存

10.3.1 器具需贮存于干燥通风，周围无腐蚀气体的仓库内。

10.3.2 器具应按型号分类存放，堆码高度符合规定要求。

附 录 A
（资料性附录）
本标准章条编号与 EN 483:1999 和 EN 625:1996 章条编号对照

表 A.1 给出了本标准章条编号与 EN 483:1999 和 EN 625:1996 章条编号对照一览表。

表 A.1 本标准章条编号与 EN 483:1999 和 EN 625:1996 章条编号对照

本标准章编号	对应的 EN 483:1999 标准章编号	对应的 EN 625:1996 标准章编号
1	1	1
2	2	2
3	3	3
4	4	—
5	5	4
6	6	5
7	7	6
8	—	—
9	8	7
10	—	—
附录 A	—	—
附录 B	—	—
附录 C	附录 C	—
附录 D	附录 D	—
附录 E	—	—
附录 F	—	—
附录 G	—	—
附录 H	附录 P	—
附录 I	附录 Q	—

附 录 B
（资料性附录）
本标准与 EN 483:1999 和 EN 625:1996 技术性差异及其原因

表 B.1 给出了本标准与 EN 483:1999 和 EN 625:1996 技术性差异及其原因的一览表。

表 B.1　本标准与 EN 483:1999 和 EN 625:1996 技术性差异及其原因

本标准的章条编号	与 EN 483:1999 技术性差异	与 EN 625:1996 技术性差异	原　因
6.5.6.1. 偏差应不大于±10%	与 6.5.6 一类气：+7.5%和−10%； 二类气，+5% 和−7.5%； 二、三类气，有压力组合+5%； 三类气，没有压力组合：+5%。	无	1) 我国内供气条件与欧洲不同； 2) GB/T 13611 压力波动比 EN483 中附录 E 大
6.3.1 额定热输入 偏差小于±10%	6.3.1 偏差小于±5%	5.4.2.1 偏差小于±5%	目前我国大部分制造厂达不到此精度
附录 E 本部分内容放入作为资料性附录供参考	6.6.2 NO_x 污染	无	公式中的系数复杂(中国气源复杂)，又国内尚无有关 NO_x 取样、分析方法和燃气炉 NO_x、CO 排放值对比分析的资料

附　录　C
（资料性附录）
按给排气安装方式分类

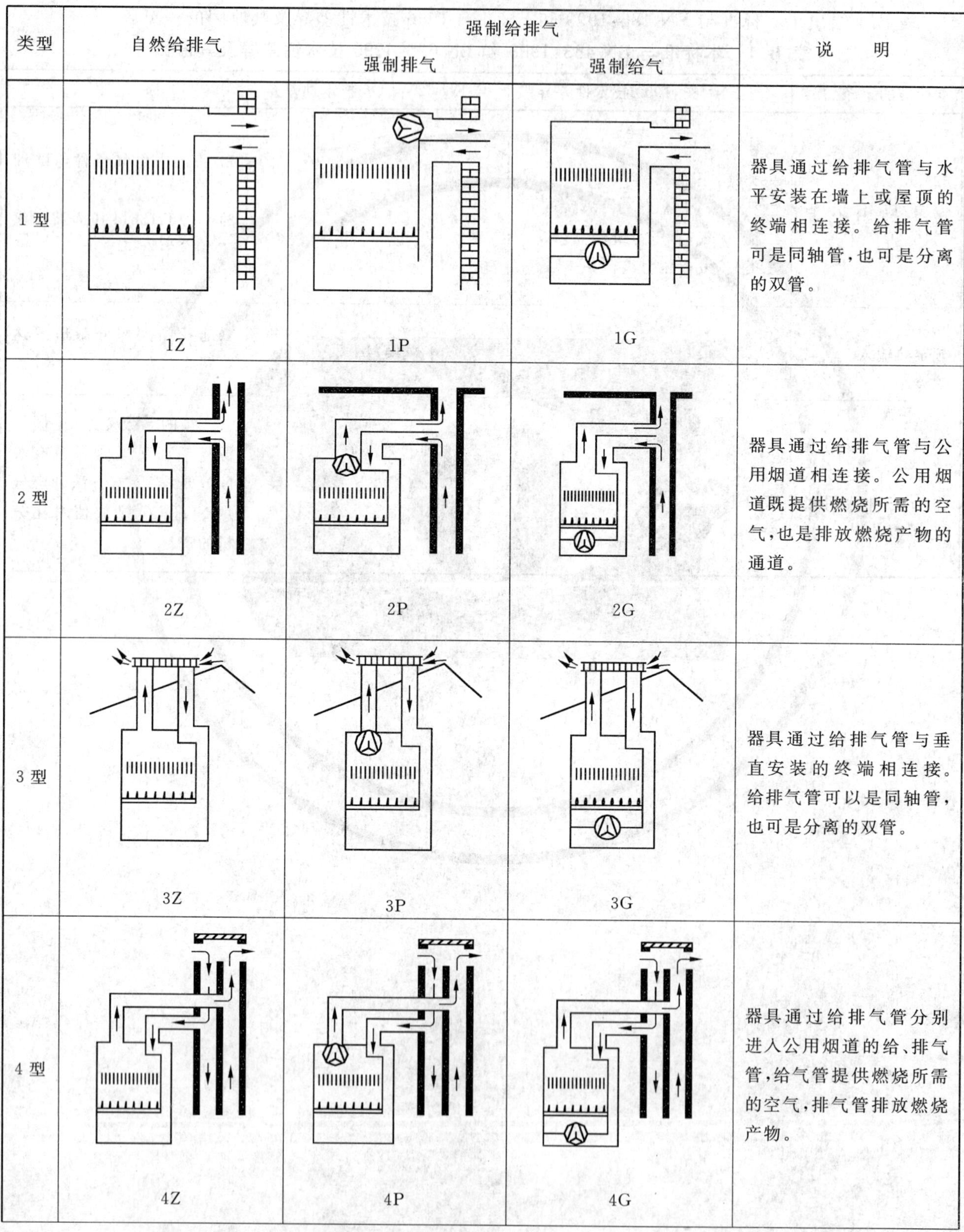

类型	自然给排气	强制给排气		说　　明
		强制排气	强制给气	
1 型	1Z	1P	1G	器具通过给排气管与水平安装在墙上或屋顶的终端相连接。给排气管可是同轴管，也可是分离的双管。
2 型	2Z	2P	2G	器具通过给排气管与公用烟道相连接。公用烟道既提供燃烧所需的空气，也是排放燃烧产物的通道。
3 型	3Z	3P	3G	器具通过给排气管与垂直安装的终端相连接。给排气管可以是同轴管，也可是分离的双管。
4 型	4Z	4P	4G	器具通过给排气管分别进入公用烟道的给、排气管，给气管提供燃烧所需的空气，排气管排放燃烧产物。

类型	自然给排气	强制给排气		说　明
		强制排气	强制给气	
5 型	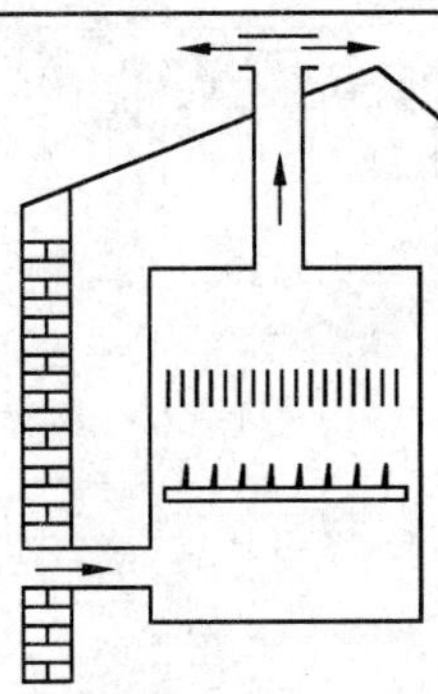 5Z	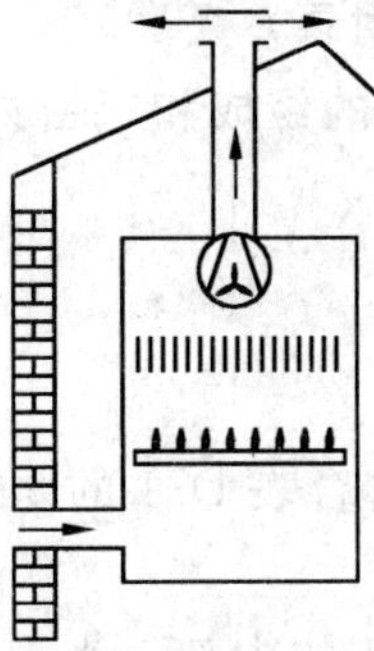 5P	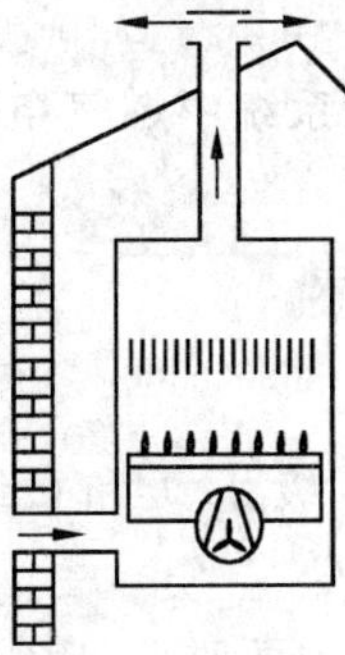 5G	器具通过独立的给排气管与其处于不同压力区域的终端相连接。
6 型	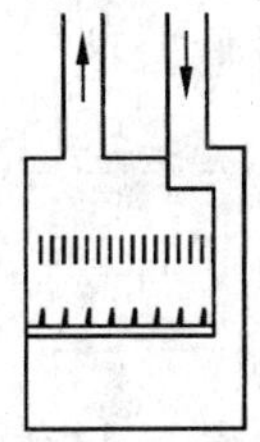 6Z	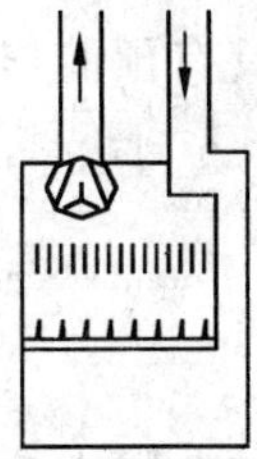 6P	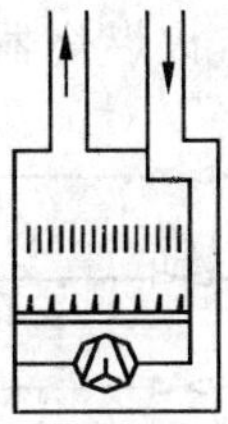 6G	器具与经认证的第三方提供的给排系统相连接。
7 型	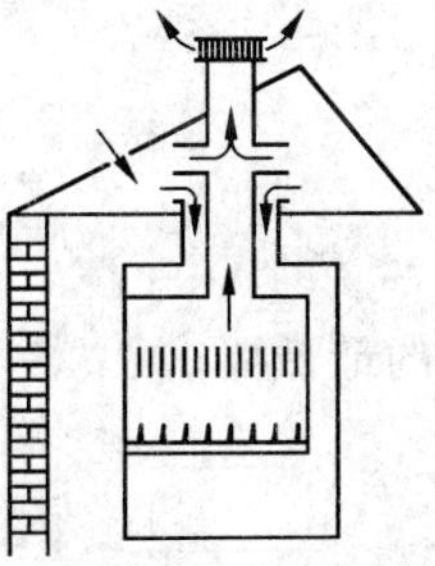 7Z	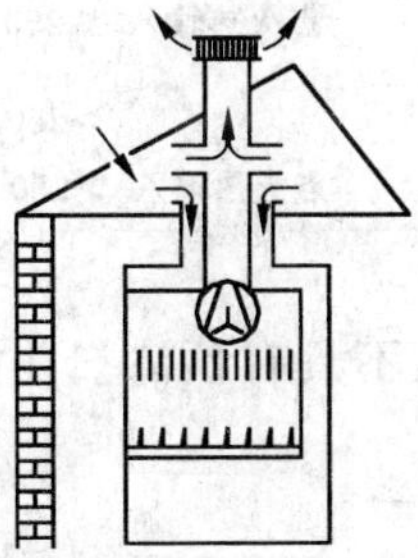 7P	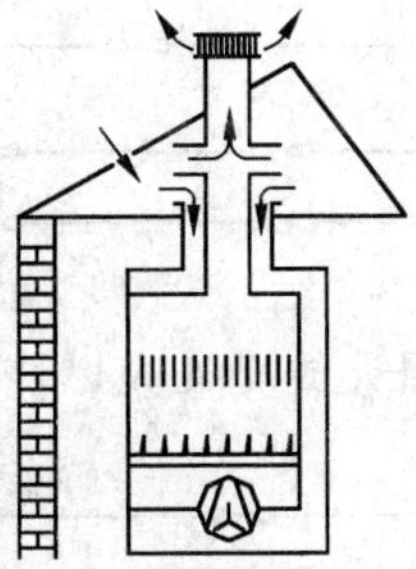 7G	器具通过垂直给排气管和位于屋顶空间的换向器,与次级烟道相连接,燃烧所需空气取自屋顶空间。
8 型	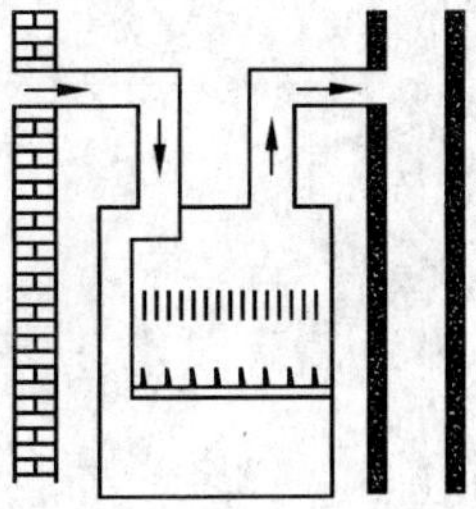 8Z	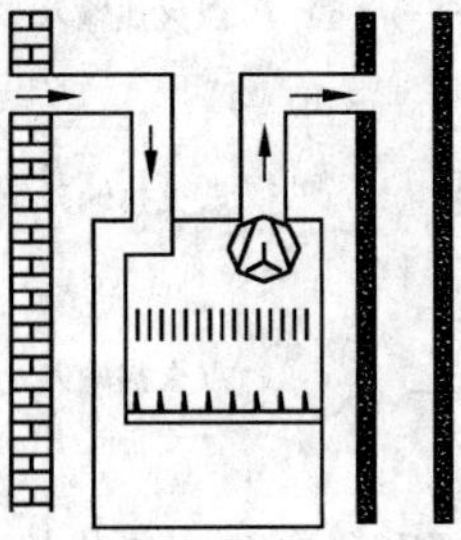 8P	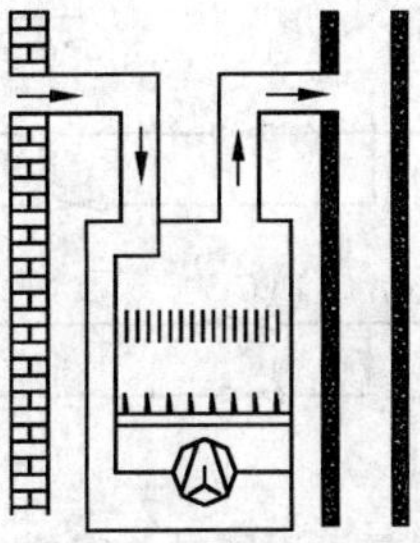 8G	器具给、排气管分别与进气终端和独立的或公用的烟道相连接。

附 录 D
（规范性附录）
燃气系统中燃气自动切断阀的组成和气密力的要求

D.1 燃气系统中燃气阀的组成

D.1.1 燃气阀的分级

——按气密力大小分为 A 级、B 级和 C 级，并应符合表 D.1 的要求；

——D 级无气密力要求；

——E 级气密力随燃气压力而改变，应符合表 D.1 的内部气密力要求。

D.2 燃气系统中燃气阀的组成

应符合 5.4.4 和 6.5.3 的要求。

D.2.1 对装有常明火或交叉点火燃烧器、装有风机并具有预清扫功能器具的最低要求

C D >250 W，同时关闭

C C >250 W，不同时关闭

C C >250 W，不同时关闭
点火热输入 ≤250 W

C D′ >250 W
D′ 点火热输入 >250 W

C D′ >250 W
C′ 点火热输入 ≤250 W

C D′ >250 W
C D′ 点火热输入 >250 W

D.2.2 对装有风机、无常明火或交叉火燃烧器并且不具有预清扫功能器具的最低要求

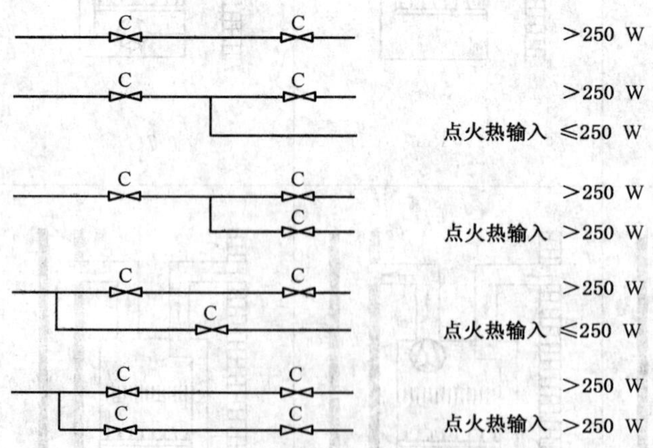

注：单个气路上的两个 C 级阀可用同时关闭的一个 B 级和一个 D′级阀代替。

表 D.1 阀的气密力要求

<table>
<tr><td colspan="2">阀级</td><td>A</td><td>B</td><td>C</td></tr>
<tr><td colspan="2">试验压力(kPa)</td><td>15</td><td>5</td><td>1</td></tr>
<tr><td rowspan="3">内部最大空气泄漏量(mL/h)</td><td>DN≤10</td><td colspan="3">20</td></tr>
<tr><td>10<DN≤25</td><td colspan="3">40</td></tr>
<tr><td>25<DN≤50</td><td colspan="3">60</td></tr>
</table>

注：按照 ISO 23551-1，自动阀被分为 A、B、C 和 D 类。符合本标准的安全和运行要求并且是器具组成部分的自动阀被分别标识为 A′、B′、C′和 D′。

附 录 E
（资料性附录）
NO_x 污染

E.1 NO_x 排放等级

NO_x 排放等级如表 E.1 所示。

表 E.1 NO_x 排放分级

NO_x 排放分级	NO_x 浓度上限/(mg/kW·h)
1	260
2	200
3	150
4	100
5	70

E.2 NO_x 的测试

器具按 7.1.3 安装，使用 0-2 气。

器具在额定热输入状态，出水温度 80 ℃，回水温度 60 ℃。

当器具工作在低于额定热输入 Q_n 的部分热输入状态下时，回水温度 T_r 按公式(E.1)确定：

$$T_r = 0.4Q + 20 \qquad \text{(E.1)}$$

式中：

T_r——回水温度，单位为度(℃)；

Q——部分热输入，用与额定热输入 Q_n 的百分比表示，(%)。

采暖水流量保持恒定。在热平衡状态下，测量 NO_x 浓度。试验方法参见 CR1404。

实验室的基准条件如下：

——温度：20 ℃；

——空气相对湿度：10 g H_2O/kg；

——干式气体流量计。

当试验条件不符合基准条件时，按公式(E.2)折算：

$$(NO_x)_o = (NO_x)_m + \frac{0.02\,(NO_x)_m - 0.34}{1 - 0.02(h_m - 10)} \times (h_m - 10) + 0.85 \times (20 - T_m) \qquad \text{(E.2)}$$

式中：

$(NO_x)_o$——基准条件下的 NO_x 折算值，单位为毫克每千瓦时(mg/kW·h)；

$(NO_x)_m$——在 h_m 和 T_m 时测得的 NO_x 值，单位为毫克每千瓦时(mg/kW·h)，测量范围：50 mg/kW·h～300 mg/kW·h；

h_m——测量 NO_x 时的相对湿度，单位为克每千克(g/kg)，范围：5 g/kg 到 15 g/kg；

T_m——测量 NO_x 时的温度，单位为度(℃)，范围：15 ℃～25 ℃。

E.3 测量值的加权计算

测量值的权重因子见表 E.2。

表 E.2 权重因子

Q_{pi}(%)	70	60	40	20
F_{pi}	0.15	0.25	0.30	0.30

E.3.1 对于热输入不可调节(ON/OFF 型)的器具

在额定热输入下测量 NO_x,按公式(E.2)折算后与表 E.1 比较。

E.3.2 对于分段燃烧(with several rates)的器具

按表 E.2 热输入的要求,在部分热输入的条件下测试 NO_x值,再按公式(E.3)进行加权计算并按公式(E.2)折算后,与表 E.1 进行比较。

$$(NO_x)_{pond} = \sum[(NO_x)_{mi} \cdot F_{pi}] \qquad \text{(E.3)}$$

E.3.3 对于分段燃烧器具,部分热输入不能调节到表 E.2 规定时

用公式(E.4)和(E.5)进行加权计算,再按公式(E.6)进行加权计算并按公式(E.2)折算后,与表 E.1进行比较。

$$(F_p)_{highrate} = F_{pi} \times \frac{Q_{pi} - Q_{lowrate}}{Q_{highrate} - Q_{lowrate}} \times \frac{Q_{highrate}}{Q_{pi}} \qquad \text{(E.4)}$$

$$(F_p)_{lowrate} = F_{pi} - (F_p)_{highrate} \qquad \text{(E.5)}$$

例如部分热输入值是 $0.5Q_n$和 $0.3Q_n$时:

$$F_{(50)} = F_{(40)} \times \frac{Q_{m(40)} - Q_{m(30)}}{Q_{m(50)} - Q_{m(30)}} \times \frac{Q_{m(50)}}{Q_{m(40)}}$$

$$F_{(30)} = F_{(40)} - F_{(50)}$$

$$(NO_x)_{pond} = \sum[(NO_x)_{m(rate)} \cdot F_{p(rate)}] \qquad \text{(E.6)}$$

E.3.4 最小热输入不大于 $0.20Q_n$ 的热输入可连续调节(modulating boilers)的器具

在表 E.2 规定的部分热输入下测量的 NO_x含量,按公式(E.7)加权计算并按公式(E.2)折算后,与表 E.1 进行比较:

$$(NO_x)_{pond} = 0.15\,(NO_x)_{m(70)} + 0.25\,(NO_x)_{m(60)} + 0.30(NO_x)_{m(40)} + 0.30(NO)_{m(20)} \qquad \text{(E.7)}$$

E.3.5 最小热输入大于 $0.20Q_n$的热输入可连续调节的器具

在最小热输入和表 E.2 规定的部分热输入下(均比最小热输入大)测量的 NO_x含量,按公式(E.8)加权计算并按公式(E.2)折算后,与表 E.1 进行比较:

$$(NO_x)_{pond} = [(NO_x)_m]_{Q_{min}} \times \sum F_{pi\ (Q \leqslant Q_{min})} + \sum[(NO_x)_m \cdot F_{pi}] \qquad \text{(E.8)}$$

E.3.6 加权计算符号

在 E.3 中使用了下列符号,其含义如下:

Q_{pi}——部分热输入,用与额定热输入 Q_n的百分比表示,(%);

F_{pi}——对应部分热输入 Q_{pi}的权重;

$(NO_x)_{pond}$——NO_x浓度的权重值,单位为毫克每千瓦时(mg/kW·h);

$(NO_x)_m$——NO_x测量值,单位为毫克每千瓦时(mg/kW·h);

$(F_p)_{high\ rate}$——对应 $Q_{high\ rate}$的权重因子;

$Q_{low\ rate}$——比 Q_{pi}小的热负荷;

$Q_{high\ rate}$——比 Q_{pi}大的热负荷;

$(F_p)_{low\ rate}$——对应 $Q_{low\ rate}$的权重因子;

$(NO_x)_{m(rate)}$——单一功率的额定热输入时的 NO_x测试值,单位为毫克每千瓦时(mg/kW·h);

$[(NO_x)_m]_{Q_{min}}$——最小热输入时(热输入可调器具)的 NO_x测试值,单位为毫克每千瓦时(mg/kW·h);

$\sum F_{pi(Q \leqslant Q_{min})}$——表 E.2 中不超过最小可调输入热量的部分热输入 Q_{pi}所对应的加权因子 F_{pi}相加;

$(NO_x)_{m(70)}$,$(NO_x)_{m(60)}$,$(NO_x)_{m(40)}$,$(NO_x)_{m(20)}$——部分热输入时 NO_x测试值。

表 E.3 人工煤气基准气的 NO_x 排放量的单位换算($\alpha=1$)

GB/T 13611 分类的基准气					
人工煤气	3R	4R	5R	6R	7R
	mg/kW·h	mg/kW·h	mg/kW·h	mg/kW·h	mg/kW·h
1 ppm	1.803 1	1.646 4	1.698 1	1.653 4	1.627 9

表 E.4 天然气基准气 NO_x 排放量的单位换算($\alpha=1$)

GB/T 13611 分类的基准气					
天然气	3T	4T	6T	10T	12T
	mg/kW·h	mg/kW·h	mg/kW·h	mg/kW·h	mg/kW·h
1 ppm	1.752 2	1.755 4	1.932 8	1.788 9	1.755 4

表 E.5 液化石油气基准气 NO_x 的排放换算($\alpha=1$)

GB/T 13611 分类的基准气			
液化石油气	19Y	20Y	22Y
	mg/kW·h	mg/kW·h	mg/kW·h
1 ppm	1.729 6	1.720 9	1.701 5

注：对于 NO_x：1 ppm=2.054 mg/m^3。

附 录 F
（规范性附录）
使用交流电源器具的电气安全

F.1 试验的一般条件

F.1.1 型式试验时按本附录项目进行。

F.1.2 如果Ⅰ类器具带有未接地、易触及的金属部件，而且未使用接地的中间金属部件将其与带电部件隔开，则按对Ⅱ类器具规定的有关要求确定这些部件是否合格。

如果Ⅰ类器具带有易触及的非金属部件，除非这些部件用一个接地的中间金属部件将其与带电部件隔开，否则按对Ⅱ类器具规定的有关要求确定这些部件是否合格。

F.2 防护等级

器具的电击防护等级应为Ⅰ类或Ⅱ类；防水等级应至少是 IPX4。

通过视检和相关的试验确定其是否合格。

注：防水等级在 GB 4208 中给出。

F.3 标志和说明

F.3.1 按 GB 4706.1—2005 中 7.1 的规定进行。

F.3.2 按 GB 4706.1—2005 中 7.8 的规定进行。

F.3.3 按 GB 4706.1—2005 中 7.12.5 的规定进行，器具应该是 Y 型或 Z 型连接。

F.3.4 按 GB 4706.1—2005 中 7.14 的规定进行。

F.4 对触及带电部件的防护

F.4.1 器具的结构和外壳应使其对意外触及带电部件有足够的防护，包括不使用工具打开盖子和取下可拆卸部件的状态。

F.4.2 Ⅱ类器具和Ⅱ类结构，其结构和外壳对与基本绝缘以及仅用基本绝缘与带电部件隔开的金属部件意外接触应有足够的防护。

F.4.3 按 GB 4706.1—2005 第 8 章的要求试验对易触及带电部件的防护。

F.5 工作温度下的泄漏电流和电气强度

F.5.1 在工作温度下，器具的泄漏电流不应过大，而且其电气强度应满足规定要求。

通过 F.5.2 和 F.5.3 的试验确定其是否合格。

器具工作的时间一直延续至正常使用时最不利条件产生所对应的时间。

以 1.06 倍的额定电压供电。

在进行该试验前断开保护阻抗和无线电干扰滤波器。

F.5.2 泄漏电流通过用 GB/T 12113—2003 中图 4 所描述的电路装置进行测量，测量在电源的任一极和连接金属箔的易触及金属部件之间进行。被连接的金属箔面积不超过 20 cm×10 cm，并与绝缘材料的易触及表面相接触。

注 1：GB/T 12113—2003 中图 4 所示的电压表应能测量电压的实际有效值。

对使用单相电源的器具，其测量电路在下述图中给出：

—— 如果是Ⅱ类器具，见 GB 4706.1—2005 中图 1；

—— 如果是非Ⅱ类器具，见 GB 4706.1—2005 中图 2。

将选择开关分别拨到 a、b 的每一个位置来测量泄漏电流。

器具工作的时间一直延续至正常使用时最不利条件产生所对应的时间之后，泄漏电流应不超过下述值：

—— 对Ⅱ类器具　　　　0.25 mA

—— 对Ⅰ类器具　　　　3.5 mA

如果器具装有在试验期间动作的热控制器，则要在控制器断开电路之前的瞬间测量泄漏电流。

注 2：开关处于断开位置来进行试验，是为了验证连接在一个单极开关后面的电容器不产生过高的泄漏电流。

注 3：推荐器具通过一个隔离变压器供电，否则器具应与地绝缘。

注 4：在被测表面上，金属箔要有尽可能大的面积，但不超过规定的尺寸。如果金属箔面积小于被测表面，则将其移动以测量该表面的所有部分。器具的散热不应受此金属箔的影响。

F.5.3 按照 GB/T 17627.1 的规定，断开器具电源后，器具绝缘立即经受频率为 50 Hz 的电压，历时 1 min。

用于此试验高压电源在其输出电压调整到相应试验电压后，应能在输出端子之间供给一个短路电流 I_s，电路的过载释放器对低于跳闸电流 I_r 的任何电流均不动作。不同高压电源的 I_s 和 I_r 值见表 F.1。

试验电压施加在带电部件和易触及部件之间，非金属部件用金属箔覆盖，对在带电部件和易触及部件之间有中间金属件的Ⅱ类结构，要分别跨越基本绝缘和附加绝缘来施加电压。

注 1：应注意避免电子电路元件的过应力。

试验电压值按表 F.2 的规定。

表 F.1　高电压电源的特性

试验电压/V	最小电流/mA	
	I_s	I_r
＜4 000	200	100
≥4 000 和＜10 000	80	40
≥10 000 和≤20 000	40	20
注：此电流是以在该电压范围的上限，短路和释放能量分别为 800 VA 和 400 VA 为基础计算得出的。		

表 F.2　电气强度试验电压

绝　　缘	试验电压/V			
	额定电压[a]			工作电压(U)
	安全特低电压 SELV	≤150 V	＞150 V 和≤250 V[b]	＞250 V
基本绝缘	500	1 000	1 000	$1.2U+700$
附加绝缘	—	1 250	1 750	$1.2U+1\,450$
加强绝缘	—	2 500	3 000	$2.4U+2\,400$

[a] 对多相器具，额定电压是指相线与中性或地线之间的电压。对 480 V 的多相器具，试验电压按照额定电压＞150 V 和≤250 V 的范围进行规定。

[b] 对额定电压≤150 V 的器具，测试电压施加到工作电压在＞150 V 和≤250 V 范围内的部件上。

在试验期间，不应出现击穿。

注 2：不造成电压下降的辉光放电，可忽略。

F.6　耐潮湿

F.6.1 安装在浴室的器具外壳应按器具分类并按 GB 4208 的要求提供相应的防水等级；在器具不接

电源时按F.7的规定接受电气强度试验。

F.6.2 安装在浴室的器具应能抵挡在正常使用中可能出现的潮湿条件，安装在浴室的器具按GB 4706—2005的15.3进行试验。

F.7 泄漏电流和电气强度

F.7.1 器具的泄漏电流不应过大，并且其电气强度应符合规定的要求。

通过F.7.2和F.7.3的试验确定其是否合格。

在进行试验前，保护阻抗要从带电部件上断开。

使器具处于室温，且不连接电源的情况下进行该试验。

F.7.2 交流试验电压施加在带电部件和连接金属箔的易触及金属部件之间。被连接的金属箔面积不超过20 cm×10 cm，它与绝缘材料的易触及表面相接触。

试验电压：

——对单相器具，为1.06倍的额定电压；

在施加试验电压后的5 s内，测量泄漏电流。

泄漏电流不应超过下述值：

——对Ⅱ类器具：0.25 mA

——对Ⅰ类器具：3.5 mA

——器具带有无线电干扰滤波器。在这种情况下，断开滤波器时的泄漏电流应不超过规定的限值。

F.7.3 在6.2试验之后，绝缘要立即经受1 min频率为50 Hz或60 Hz基本正弦波的电压。表F.3中给出了适用于不同类型绝缘的试验电压值。绝缘材料的易触及部分，要用金属箔覆盖。

注1：注意金属箔的放置，以使绝缘的边缘处不出现闪络。

表F.3 试验电压

绝缘方式	试验电压/V			
	额定电压[a]			工作电压(U)
	安全特低电压 SELV	≤150	>150和≤250[b]	>250
基本绝缘	500	1 250	1 250	1.2U+950
附加绝缘	—	1 250	1 750	1.2U+1 450
加强绝缘	—	2 500	3 000	2.4U+2 400

[a] 对多相器具，额定电压是指相线与中性或地线之间的电压。以在>150 V和≤250 V的范围内的额定电压值作为480 V多相器具的试验电压。

[b] 对额定电压≤150 V的器具，测试电压施加到工作电压在>150 V和≤250 V范围内的部件上。

对入口衬套处、软线保护装置处或软线固定装置处的电源软线用金属箔包裹后，在金属箔与易触及金属部件之间施加试验电压，将所有夹紧螺钉用GB 4706.1—2005表14中规定力矩的三分之二值夹紧。对Ⅰ类器具，试验电压为1 250 V，对Ⅱ类器具，试验电压为1 750 V。

注2：6.3对试验用的高压电源做了规定。

注3：对同时带有加强绝缘和双重绝缘的Ⅱ类结构，要注意施加在加强绝缘上的电压不对基本绝缘或附加绝缘造成过应力。

注4：在基本绝缘和附加绝缘不能分开单独试验的结构中，该绝缘经受对加强绝缘规定的试验电压。

注5：在试验绝缘覆盖层时，可用一个砂袋使其有大约为5 kPa的压力来将金属箔压在绝缘上。该试验可限于那些绝缘可能薄弱的地方，例如：在绝缘的下面有金属锐棱的地方。

注6：如果可行，绝缘衬层要单独试验。

注 7：注意避免对电子电路的元件造成过应力。

试验初始，施加的电压不超过规定电压值的一半，然后平缓地升高到规定值。在试验期间不应出现击穿。

F.8 结构

F.8.1 在正常使用时，器具的结构应使其电气绝缘不受到在冷表面上可能凝结的水或从水阀、热交换器、接头和器具的类似部分可能泄漏出的液体的影响。

通过视检确定其是否合格。

F.8.2 器具应具有防止内部水压力过高的安全防护措施。

通过视检，并且必要时，通过适当的试验确定其是否合格。

F.8.3 非自动复位控制器的复位钮，如果其意外复位能引起危险，则应防止或防护使得不可能发生意外复位。

通过视检确定其是否合格。

F.8.4 应有效的防止带电部件与热绝缘的直接接触，除非这种材料是不腐蚀、不吸潮并且不燃烧的。

通过视检确定其是否合格。

F.8.5 木材、棉花、丝、普通纸以及类似的纤维或吸湿性材料，除非经过浸渍，否则不应作为绝缘材料使用。

通过视检确定其是否合格。

F.8.6 操作旋钮、手柄、操纵杆和类似零件的轴不应带电，除非将轴上的零件取下后，轴是不易触及的。

通过视检，并通过取下轴上的零件，甚至借助于工具取下这些零件后，用 GB 4706.1—2005 中 8.1 规定的试验探棒确定其是否合格。

F.9 内部布线

F.9.1 器具内部布线通路应光滑，而且无锐边棱边。

布线的保护应使它们不与那些可引起绝缘损坏的毛刺、冷却或换热用翅片或类似的棱缘接触。

有绝缘导线穿过的金属孔洞，应有平整、圆滑的表面或带有绝缘套管。

应有效地防止布线与运动部件接触。

通过视检确定其是否合格。

F.9.2 内部布线的绝缘应能经受住在正常使用中可能出现的电气应力，按下述试验确定其是否合格。

其绝缘的电气性能应等效于 GB 5023.1 或 GB/T 5013.1 所规定的软线的基本绝缘，或者符合下列的电气强度测试。

在导线和包裹在绝缘层外面的金属箔之间施加 2 000 V 电压，持续 15 min，不应击穿。

注 1：如果导线的绝缘不满足这些条件之一，则认为该导线是裸露的。

注 2：该试验仅对承受电网电压的布线适用。

F.9.3 当套管作为内部布线的附加绝缘来使用时，它应采用可靠的方式保持在位。

通过视检并通过手动试验确定其是否合格。

F.9.4 黄/绿组合双色标识的导线，应只用于接地导线。

通过视检确定其是否合格。

F.9.5 铝线不应用于内部布线。

注：绕组不被认为是内部布线。

通过视检确定其是否合格。

F.9.6 多股绞线在其承受接触压力之处，不应使用铅-锡焊将其焊在一起，除非夹紧装置的结构能使得此处不会出现由于焊剂的冷流变而产生不良接触的危险。

通过视检确定其是否合格。

F.10 电源连接和外部软线

F.10.1 电源软线应通过下述方法之一安装到器具上：

——Y 型连接；

——Z 型连接。

F.10.2 电源软线不应轻于以下规格：

——普通硬橡胶护套的软线为 GB/T 5013.1 的 53 号线；

——普通聚氯乙烯护套软线为 GB 5023.1 的 53 号线，器具质量超过 3 kg。

F.10.3 电源软线的导线，应具有不小于表 F.4 中所示的标称横截面积。

表 F.4 导线的最小横截面积

器具的额定电流/A	标称横截面积/mm^2
≤3	0.5 和 0.75
>3 且≤6	0.75
>6～10	1
>10～16	1.5

1) 只有软线或软线保护装置进入器具的那一点到进入插头的那一点之间的长度不超过 2 m，才可以使用这种软线。

F.10.4 电源软线不应与器具的尖点或锐边接触。

通过视检确定其是否合格。

F.10.5 Ⅰ类器具的电源软线应有一根黄/绿芯线，它连接在器具的接地端子和插头的接地触点之间。

通过视检确定其是否合格。

F.10.6 电源软线的导线在承受接触压力之处，不应通过铅-锡焊将其合股加固，除非夹紧装置的结构使其不因焊剂的冷流变而存在不良接触的危险。

通过视检确定其是否合格。

F.10.7 电源软线入口的结构应使电源软线护套能在没有损坏危险的情况下穿入。除非软线进入开口处的外壳是绝缘材料制成，否则应提供符合 GB 4706.1—2005 中 29.3 附加绝缘要求的不可拆卸衬套或不可拆卸套管。

通过视检确定其是否合格。

F.10.8 对 Y 型连接和 Z 型连接，其软线固定装置应使导线在接线端处免受拉力和扭矩，并保护导线的绝缘免受磨损。

应不可能将软线推入器具，以致于损坏软线或器具内部部件的情况。

通过视检、手动试验并通过下述的试验来检查其合格性。

当软线经受 100 N 的拉力和 0.35 N·m 的扭矩时，在距软线固定装置约为 20 mm 处，或其他合适点做一标记。

然后，在最不利的方向上施加规定的拉力，共进行 25 次，不得使用爆发力，每次持续 1 s。

在此试验期间，软线不应损坏，并且在各个接线端子处不应有明显的张力。再次施加拉力时，软线的纵向位移不应超过 2 mm。

F.11 接地措施

F.11.1 万一绝缘失效可能带电的Ⅰ类器具的易触及金属部件，应永久并可靠地连接到器具内的一个接地端子，或器具输入插口的接地触点。

接地端子和接地触点不应连接到中性接线端子。

Ⅱ类器具不应有接地措施。

通过视检确定其是否合格。

F.11.2 接地端子的夹紧装置应充分牢固，以防止意外松动，接地端子不应兼作它用。器具应设有永久性接地标志。

通过视检确定其是否合格。

F.11.3 器具如果带有接地连接的可拆卸部件插入到器具的另一部分中，其接地连接应在载流连接之前完成，当拔出部件时，接地连接应在载流连接断开之后断开。

带电源软线的器具，其接线端子或软线固定装置与接线端子之间导线长度的设置，应使得如果软线从软线固定装置中滑出，载流导线在接地导线之前先绷紧。

通过视检和手动试验确定其是否合格。

F.11.4 打算连接外部导线的接地端子，其所有零件都不应由于与接地导线的铜接触，或与其他金属接触而引起腐蚀危险。

用来提供接地连续性的部件，应是具有足够耐腐蚀的金属，但金属框架或外壳部件除外。如果这些部件是钢制的，则应在本体表面上提供厚度至少为 5 μm 的电镀层。

如果接地端子主体是铝或铝合金制造的框架或外壳的一部分，则应采取预防措施以避免由于铜与铝或铝合金的接触而引起腐蚀的危险。

通过视检和测量确定其是否合格。

F.11.5 接地端子或接地触点与接地金属部件之间的连接，应具有低电阻值。

通过下述试验确定其是否合格。

从空载电压不超过 12 V(交流或直流)的电源取得电流，并且该电流等于器具额定电流 1.5 倍或 25A(两者中取较大者)，让该电流轮流在接地端子或接地触点与每个易触及金属部件之间通过。

在器具的接地端子或器具输入插口的接地触点与易触及金属部件之间测量电压降。由电流和该电压降计算出电阻，该电阻值不应超过 0.1 Ω。

注 1：有疑问情况下，试验要一直进行到稳定状态建立。

注 2：电源软线的电阻不包括在此测量之中。

注 3：注意在试验时，要使测量探棒顶端与金属部件之间的接触电阻不影响试验结果。

附 录 G
(规范性附录)
电磁兼容安全

G.1 电磁兼容试验条件和判定准则

G.1.1 电磁兼容试验条件

由于器具是金属外壳,且外壳通过接地线和水管接地,因而器具的电磁兼容试验只做符合GB/T 17799.1—1999表4交流电源输入端口抗扰度试验中的4.2、4.3、4.4和4.5试验。

G.1.2 判定准则

准则Ⅰ:进行下面试验时,器具应工作正常。

准则Ⅱ:进行下面试验时,器具应处于安全状态。

G.2 电压暂降和短时中断的抗扰度性能要求

G.2.1 电压暂降和短时中断的抗扰度试验:

——试验条件和试验仪器见GB/T 17626.11。

——试验方法:

器具的电源电压应根据表G.1中规定的幅度和时间减少,观察等候时间至少10 s。

在随机状态下,对以下每一种操作条件的电压暂降和短时中断做3次试验。

a) 预清扫和等候时间;

b) 点火安全时间和熄火安全时间(如果采用);

c) 在运行状态;

d) 在锁定状态。

表G.1 电压暂降和短时中断

时间/ms	额定电压或额定电压范围平均值的百分数	
	50%	0%
10	—	√
20	—	√
50	√	√
500	√	√
2 000	√	√

G.2.2 判定:

对电压暂降、短时中断时间小于等于20 ms时,器具控制器应符合判定准则Ⅰ的要求。

对电压暂降、短时中断时间大于20 ms时,器具控制器应符合判定准则Ⅱ的要求。

G.3 浪涌抗扰度性能要求

G.3.1 浪涌抗扰度试验:

——试验条件和试验仪器见GB/T 17626.5。

——试验方法:

器具应被连接到操作在额定电压的电源上,电源两极连接一个脉冲发生器。在器具的电源端和有关信号端上发生表G.2所述的电压波动时,在不小于60 s时间内,器具电源的每极施加正、负各5个脉冲,脉冲符合表G.2的要求。

施加在每极上的正、负各5个脉冲按以下次序提供：

a） 2个脉冲施加于器具的锁定状态；

b） 1个脉冲施加于器具的运行状态；

c） 2个脉冲随机的施加于起动序列期间。

表 G.2 浪涌抗扰度

严酷等级	主电源/kV	
	L1-L2(线-线)	L1-G,L2-G(线-地)
2	0.5	1.0
3	1.0	2.0

注：浪涌波形(开路状态下)：1.2 μs/50 μs。

G.3.2 判定：

按严酷等级2试验时，器具控制器应符合判定准则Ⅰ的要求。

按严酷等级3试验时，器具控制器应符合判定准则Ⅱ的要求。

G.4 电快速瞬变抗扰度性能要求

G.4.1 电快速瞬变抗扰度试验

——试验条件和试验仪器参见GB/T 17626.4。

——试验方法：

在器具达到运行状态后，对器具执行20次的循环试验，每个循环器具在运行状态至少要维持30 s。在器具处于锁定状态和待机状态的试验时间至少为2 min。试验只适用于与电缆的连接部分(端子)。依制造商的规定，电缆长度可以大于3 m。

表 G.3 快速瞬变抗扰度

严酷等级	电源/kV	重复频率/kHz
2	1.0	5
3	2.0	5

G.4.2 判定：

按严酷等级2试验时，器具控制器应符合判定准则Ⅰ的要求。

按严酷等级3试验时，器具控制器应符合判定准则Ⅱ的要求。

附 录 H
（资料性附录）
间接方法试验台热损失和循环泵散热的测试方法

H.1 测试方法如下：

a) 器具安装在图 9 所示的试验台上，把出水和回水管直接连接起来。

b) 将泵 11 停止，关闭热交换器上的阀 9；启动泵 5，并在需要的水流量下运行。

c) 在以下三种稳定条件下测量($t-t_a$)：

——器具 6 不供电时；

——器具 6 供电，以获得(40±5)K 的($t-t_a$)值；

——器具 6 供电，以获得(60±5)K 的($t-t_a$)值；

其中：

t——由探头 2 在测试器具回水和出水处测得温度的平均值，单位为度(℃)；

t_a——环境温度。

d) 测量值被绘制成电能供热(W)的测量曲线，它是($t-t_a$)值(以 K 表示)的函数，其关系可以被认为是线性的。

e) 对给定的水流量，该直线方程提供了测试循环的热损失及循环泵的散热与($t-t_a$)的函数关系。

附　录　I
（资料性附录）
在满负荷下的点火时间的测试方法

I.1　测试方法如下：

将器具按图 9 所示进行安装。水回路是一个包含一个蓄水槽的保温回路。

该装置所包含的水量至少为 6 L/kW 标称输出热量。

燃气回路装有一个燃气流量表或一个测量喷射器上游压力的压力计 p_1。

使初始水温为(47±1)℃，使器具运行，并测量在控制器作用下从燃烧器点火到如下时刻之间的时间 t_1：

输入热量达到：

$$0.37Q_n + 0.63Q_{red} \quad \text{(I.1)}$$

或者，喷射器处的压力达到：

$$(0.37\sqrt{p_{nom}} + 0.63\sqrt{p_{red}})^2 \quad \text{(I.2)}$$

其中：

Q_n——标称额定功率的输入热量；

Q_{red}——标称最小功率的输入热量；

p_{nom}——标称额定功率的压力；

p_{red}——标称最小功率的压力。

参 考 文 献

[1] ISO 23551.1 《燃气燃烧器具安全和控制装置　特殊要求　第1部分：自动阀门》
[2] CR1404　欧洲标准化委员会技术报告《型式试验中燃气器具污染物排放量的测试》

ICS 91.140.40
P 47

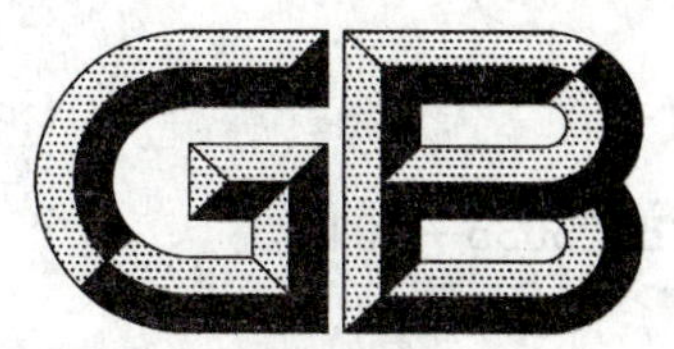

中华人民共和国国家标准

GB 25035—2010

城镇燃气用二甲醚

Dimethyl ether for city gas

2010-09-02 发布　　　　2011-07-01 实施

中华人民共和国国家质量监督检验检疫总局
中国国家标准化管理委员会　发布

前　言

本标准 3.1、3.3 为强制性的，其余为推荐性的。

本标准的附录 A、附录 B 为资料性附录。

本标准由中华人民共和国住房和城乡建设部提出并归口。

本标准起草单位：中国市政工程华北设计研究总院、山东久泰化工科技股份有限公司、新奥集团股份有限公司、河南省安阳贞元集团、汉能控股集团有限公司、河南蓝天集团有限公司、西南化工研究设计院、宁夏宝塔石化集团有限公司、重庆内引燃料有限责任公司、重庆川仪分析仪器有限公司、中国城市燃气协会、全国醇醚燃料及醇醚汽车专业委员会、国家燃气用具质量监督检验中心。

本标准主要起草人：项友谦、王启、李奇、孟令龙、高满红、赵纯亮、耿景堂、刘学渊、曾贤林、徐维昕、张斌、迟国敬、丁淑兰、降连保、严荣松、李文硕、渠艳红。

城镇燃气用二甲醚

1 范围

本标准规定了城镇燃气用二甲醚的要求、试验方法、检验规则、标志、包装、运输和储存。

本标准适用于城镇居民、商业和工业企业用的城镇燃气用二甲醚。

2 规范性引用文件

下列文件中的条款通过本标准的引用而成为本标准的条款。凡是注日期的引用文件，其随后所有的修改单(不包括勘误的内容)或修订版均不适用于本标准，然而，鼓励根据本标准达成协议的各方研究是否可使用这些文件的最新版本。凡是不注日期的引用文件，其最新版本适用于本标准。

GB/T 7376 工业用氟代烷烃中微量水分的测定

GB/T 10410 人工煤气和液化石油气常量组分气相色谱分析法

GB 14193 液化气体气瓶充装规定

GB 18180 液化气体船舶安全作业要求

GB 50016 建筑设计防火规范

GB 50028 城镇燃气设计规范

SH/T 0232 液化石油气铜片腐蚀试验法

气瓶安全监察规程(质技监局锅发[2000]250号)

压力容器安全技术监察规程(质技监局锅发(1999)154号)

液化气体铁路罐车安全管理规程((87)化生字第1174号)

液化气体汽车罐车安全监察规程(劳部发(1994)262号)

3 要求

3.1 城镇燃气用二甲醚的质量应符合表1的规定。

表1 城镇燃气用二甲醚质量要求

项 目	质 量 指 标
二甲醚质量分数/%	≥99.0
甲醇质量分数/%	<1.0
水质量分数/%	≤0.5
铜片腐蚀/级	不大于1

3.2 二甲醚物理化学性能参见附录A。

3.3 城镇燃气用二甲醚应加臭。

3.4 加臭剂宜采用四氢噻酚。加臭量应大于30 mg/m³。

4 试验方法

4.1 城镇燃气用二甲醚中二甲醚及甲醇质量分数检测可按附录B的规定执行。

4.2 城镇燃气用二甲醚中水质量分数检测应按GB/T 7376的规定执行。

4.3 城镇燃气用二甲醚的铜片腐蚀试验应按SH/T 0232的规定执行。

5 检验规则

5.1 生产检验

出现下列情况之一时，城镇燃气用二甲醚应按表2的要求全面检验。

a) 新建生产装置投产、主要工艺流程和设备变更及停产、检修后再投产时；

b) 正常生产过程中，定期或积累一定量时；

c) 出厂检验与上次全面检验结果有较大的差异时。

表2 城镇燃气用二甲醚质量检验项目与要求

项目	质量指标	生产检验	出厂检验
二甲醚质量分数/%	≥99.0	√	√
甲醇质量分数/%	<1.0	√	√
水质量分数/%	≤0.5	√	√
铜片腐蚀，级	不大于1	√	—

5.2 出厂检验

城镇燃气用二甲醚出厂时，应按表2的要求检验。

6 标志、包装、运输和储存

6.1 储存、运输、充装城镇燃气用二甲醚的设施及附件应能耐二甲醚的腐蚀。

6.2 城镇燃气用二甲醚的钢瓶应符合《气瓶安全监察规程》等的规定，并应按GB 14193的规定充装钢瓶。

6.3 城镇燃气用二甲醚的标志、包装应注明“易燃品”、“严禁烟火”等字样。

6.4 城镇燃气用二甲醚可用铁路罐车、汽车罐车、钢瓶汽车和轮船船舱运输或采用管道输送。用铁路罐车、汽车罐车和轮船船舱运输二甲醚时，除了执行《压力容器安全技术监察规程》外，铁路罐车运输应遵守《液化气体铁路罐车安全管理规程》的规定，汽车罐车运输应遵守《液化气体汽车罐车安全监察规程》的规定，钢瓶汽车运输钢瓶应遵守《气瓶安全监察规程》的规定，轮船船舱运输应遵守GB 18180的规定。采用管道输送时，应执行相关标准的规定。

6.5 运输城镇燃气用二甲醚用的铁路罐车、汽车罐车和轮船船舱等应有“易燃品”、“严禁烟火”等字样，

6.6 城镇燃气用二甲醚储存场所应符合GB 50016和GB 50028的相关规定。

附 录 A
（资料性附录）
二甲醚物理化学性能

A.1 二甲醚的物理化学性能见表 A.1。

表 A.1 二甲醚物理化学性能

分子式	CH_3OCH_3	15 ℃气态高热值/(MJ/m^3)	59.87
相对分子量	46.069	15 ℃华白数/(MJ/m^3)	47.45
沸点/℃	−24.9	爆炸下限(体积分数)/%	3.5
凝固点/℃	−141.4	爆炸上限(体积分数)/%	26.7
临界温度/℃	126.8	理论空气量/(m^3/m^3)	14.28
临界压力/MPa	5.37	理论燃烧温度/℃	2 250
20 ℃蒸气压/MPa	0.53	理论烟气量/(m^3/m^3)	16.28
沸点汽化潜热/(kJ/kg)	466.9	自燃温度/℃	235
液态低热值/(MJ/kg)	28.44	动量扩散系数/(m^2/s)	11.00
液态高热值/(MJ/kg)	31.09	热量扩散系数/(m^2/s)	6.01
标准状态气态低热值/(MJ/m^3)	58.80	空气中质量扩散系数/(m^2/s)	11.00
标准状态气态高热值/(MJ/m^3)	63.16	火焰传播速度/(m/s)	0.50
15 ℃气态低热值/(MJ/m^3)	55.46	相对密度	1.592

附 录 B
（资料性附录）
城镇燃气用二甲醚中二甲醚及甲醇气相色谱分析方法

B.1 范围

本附录给出了分析城镇燃气用二甲醚中二甲醚和甲醇常量组分质量分数的气相色谱分析典型工作条件，也可采用能达到同等或更高分析效果的其他色谱工作条件。

B.2 方法原理

用带有热导检测器（TCD）的气相色谱仪，在选定的色谱工作条件下，通过气相色谱柱的分离作用，使城镇燃气用二甲醚试样中的二甲醚、甲醇和二氧化碳等组分得到分离，通过检测器的检测并在记录器、积分仪或微处理机上记录各组分的峰面积数据。

在同样操作条件下，采用外标法分析已知组分质量分数的标准气体，把测得的试样峰面积数据与标准气峰面积数据相比较，通过校正因子的修正来计算各组分的质量分数。

B.3 取样

按 GB/T 10410 的规定执行，气化水浴温度为 70 ℃～90 ℃。

B.4 气相色谱仪

配有热导检测器的气相色谱仪。采用气体六通阀进样器进样，材质为不锈钢。

B.5 标准气

B.5.1 一般要求

分析需要的标准气可采用国家二级标准物质，或自行制备。

自行制备时，可将质量分数在 99.8％以上的二甲醚气体通过填充有分子筛和硅胶的净化装置，使二甲醚中的杂质成分（如甲醇和水等）被充分吸收，经色谱分析未检测出甲醇、水等其他杂质，使二甲醚的质量分数为 99.99％左右，可作为纯二甲醚标准气体使用。

B.5.2 单组分标准气

可采用经过校验的注射器，用纯标准气配制成与试样中组分质量分数尽可能接近的单组分标准气。

连续三次配气，其峰高差或峰面积差不得大于 1％，取三次峰值的平均值作为标准值。

B.5.3 混合标准气

混合标准气中应含有所分析试样中的全部常量组分，其各组分质量分数应与试样中相应组分的质量分数接近。混合标准气中所有组分在气态下使用应是均匀的。

B.6 典型色谱工作条件

所选择的色谱工作条件应保证试样中的所有常量组分都能被有效分离，在色谱图上试样中的所有已知常量组分都能出色谱峰，并且相邻色谱峰的分离度能满足定量要求。

表 B.1 给出了分析二甲醚中二甲醚和甲醇质量分数的气相色谱典型工作条件。

表 B.1 气相色谱典型工作条件

检测器类型	热导检测器(TCD)
载气	氦气或氢气,浓度不低于99.99%
色谱柱类型	GDX-105 填充柱
柱长度/内径	3 m/3 mm
气体六通阀进样器	定量管容积为1 mL,进样温度为100 ℃
程序升温	初温50 ℃,保持8 min,以10 ℃/min的速度升温到120 ℃,保持10 min
气化室温度	150 ℃
检测器温度	360 ℃
载气流量	30 mL/min

B.7 分析方法

B.7.1 气相色谱仪的调整

分析之前首先要按色谱仪说明书调整气相色谱仪。按测定条件设定衰减器后开启记录器,使基线在10 min内稳定在记录仪满刻度的1%以内。

B.7.2 标准气的导入

通过进样定量管采取标准气体,经切换六通阀进样装置导入色谱柱,由记录器记录下色谱图,或由积分仪、微处理机等数据处理装置记录下色谱峰数据。重复操作两次,二次峰高或峰面积的相对偏差不应大于1%,取两次重复性合格数值的平均值作为标准值。

B.7.3 试样的导入

将试样容器或导管接到六通阀进样装置,将试样通入进样定量管反复吹洗,然后经切换六通阀进样装置导入色谱柱,由记录器记录下色谱图,或由积分仪、微处理机等数据处理装置记录下色谱峰数据。重复操作两次,二次峰高或峰面积的相对偏差不得大于1%,取两次重复性合格数值的平均值作为分析值。

B.7.4 组分的定性

试样中二甲醚和甲醇组分的出峰次序为先出二甲醚,后出甲醇。

B.8 组分质量分数的计算

B.8.1 试样中二甲醚或甲醇组分的计算质量分数按式(B.1)计算:

$$X_i = X_i^0 \times \frac{A_i}{A_i^0} \qquad \cdots\cdots(B.1)$$

式中:

X_i——试样中二甲醚或甲醇组分的计算质量分数,单位为百分数(%);

X_i^0——标准气中二甲醚或甲醇组分的质量分数,单位为百分数(%);

A_i——试样中二甲醚或甲醇组分的峰面积数;

A_i^0——标准气中二甲醚或甲醇组分的峰面积数。

B.8.2 二甲醚或甲醇组分的归一化质量分数按式(B.2)计算:

$$X_i' = \frac{X_i}{\sum X_i} \times (100 - X_{H_2O}) \qquad \cdots\cdots(B.2)$$

式中:

X_i'——试样中二甲醚或甲醇组分的归一化质量分数,单位为百分数(%);

X_i——试样中二甲醚或甲醇组分的计算质量分数,单位为百分数(%);

$\sum X_i$——试样中二甲醚和甲醇组分及其他杂质组分的计算质量分数之和，单位为百分数(%)；

X_{H_2O}——试样中水的质量分数，单位为百分数(%)。

B.9 重复性和再现性

B.9.1 重复性

在同一实验室，由同一操作者使用相同设备，按相同的测试方法，并在短时间内对同一被测试样相互独立进行测试，获得的两次独立测试结果的绝对差值应符合表B.2规定。

表B.2 分析结果的重复性和再现性

组　分	质量分数/%	重复性(质量分数绝对差值)/%	再现性(质量分数绝对差值)/%
二甲醚	≥99.0	0.20	0.30
其他杂质组分	≤1.0	0.05	0.10

B.9.2 再现性

在不同的实验室，由不同的操作者使用不相同的设备，按相同的测试方法，对同一被测试样相互独立进行测试，获得两次独立测试结果的绝对差值应符合表B.2规定。

ICS 61.060
Y 78

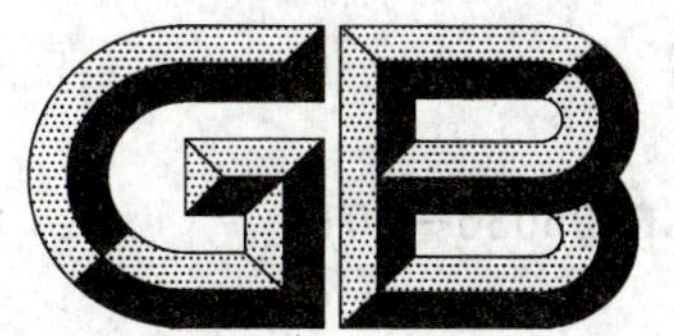

中华人民共和国国家标准

GB 25036—2010

布面童胶鞋

Children's canvas rubber footwear (shoes)

2010-09-02 发布　　　　2011-07-01 实施

中华人民共和国国家质量监督检验检疫总局
中国国家标准化管理委员会　发布

前　言

本标准的5.2(不含pH限量值)、5.3为强制性的,其余为推荐性的。

本标准与JIS S 5002:1995《布面胶鞋》、EN 14602:2004《鞋类　评估生态指标的试验方法》(Footwear—Test methods for the assessment of ecological criteria)、2002/231/EC《制定颁布欧盟鞋类环保标志的环保标准修订版和对1999/179/EC决议的修订决议》(establishing revised ecological criteria for the award of the Community eco-label to footwear and amending Decision 1999/179/EC)、2008/63/EC《关于延长2002/231/EC、2002/255/EC、2002/272/EC、2002/371/EC、2003/200/EC和2003/287/EC等特定产品的欧盟环保标志的环保标准的有效性的修正决议》(amending Decisions 2002/231/EC, 2002/255/EC, 2002/272/EC, 2002/371/EC, 2003/200/EC and 2003/287/EC in order to prolong the ecological criteria for the award of the Community eco-label to certain product)的一致性程度为非等效。

本标准的附录A、附录B为规范性附录。

本标准由中国石油和化学工业协会提出。

本标准由全国橡胶与橡胶制品标准化技术委员会胶鞋分技术委员会(SAC/TC 35/SC 9)归口。

本标准起草单位:上海回力鞋业有限公司、上海市质量监督检验技术研究院、青岛环球集团股份有限公司、上海兄妹猫儿童用品有限公司、江苏张家港贝顺橡胶制品有限公司、温州正益橡胶有限公司、河南日新服饰鞋业有限公司。

本标准主要起草人:马燕红、徐德佳、马庆华、章若红、孙旭、沈丽珠、庄立新、彭新元、屈杨。

布 面 童 胶 鞋

1 范围

本标准规定了布面童胶鞋的术语和定义、分类、要求、试验方法、检验规则以及标志、包装、运输和贮存。

本标准适用于鞋号在245以下，鞋帮取材于各种织物，适合儿童穿用的胶底鞋或其他弹性体为底的鞋。

2 规范性引用文件

下列文件中的条款通过本标准的引用而成为本标准的条款。凡是注日期的引用文件，其随后所有的修改单(不包括勘误的内容)或修订版均不适用于本标准，然而，鼓励根据本标准达成协议的各方研究是否可使用这些文件的最新版本。凡是不注日期的引用文件，其最新版本适用于本标准。

GB/T 528—1998 硫化橡胶或热塑性橡胶 拉伸应力应变性能的测定(eqv ISO 37:1994)

GB/T 531—1999 橡胶袖珍硬度计压入硬度试验方法(idt ISO 7619:1986)

GB/T 532—1997 硫化橡胶或热塑性橡胶与织物粘合强度的测定(idt ISO 36:1993)

GB/T 1689—1998 硫化橡胶耐磨性能的测定(用阿克隆磨耗机)

GB/T 2912.1—1998 纺织品 甲醛的测定 第1部分:游离水解的甲醛(水萃取法)(eqv ISO/FDIS 14184-1:1997)

GB/T 2941—2006 橡胶物理试验方法试样制备和调节通用程序(ISO 23529:2004,IDT)

GB/T 3293.1 鞋号(GB/T 3293.1—1998,idt ISO 9407:1991)

GB/T 3293 中国鞋楦系列

GB 6675—2003 国家玩具安全技术规范(ISO 8124-1:2000,ISO 8124-2,MOD)

GB/T 7573—2002 纺织品 水萃取液pH值的测定(ISO 3071:1980,MOD)

GB/T 17592—2006 纺织品 禁用偶氮染料的测定

GB/T 17593.1—2006 纺织品 重金属的测定 第1部分:原子吸收分光光度法

GB/T 17593.2—2007 纺织品 重金属的测定 第2部分:电感耦合等离子体原子发射光谱法

GB/T 17593.4—2006 纺织品 重金属的测定 第4部分:砷、汞原子荧光分光光度法

GB/T 18414.1—2006 纺织品 含氯苯酚的测定 第1部分:气相色谱-质谱法

GB/T 18414.2—2006 纺织品 含氯苯酚的测定 第2部分:气相色谱法

GB/T 24153—2009 橡胶及弹性体材料 N-亚硝基胺的测定

HG/T 2198—1991 硫化橡胶物理试验方法的一般要求

HG/T 2403 胶鞋检验规则、标志、包装、运输、贮存

QB/T 2882—2007 鞋类 帮面、衬里和内垫试验方法 摩擦色牢度(ISO 17700:2004,IDT)

3 术语和定义

下列术语和定义适用于本标准。

3.1

布面童胶鞋 children's canvas rubber footwear

供14周岁以下儿童(通常鞋号不大于245)穿用的，以鞋帮取材于各种织物，胶底鞋或其他弹性体为底的鞋。

3.2

布面婴幼儿胶鞋　infants' canvas rubber footwear

供年龄在36个月及以下的婴幼儿(通常鞋号不大于170)穿用的，以鞋帮取材于各种织物，胶底鞋或其他弹性体为底的鞋。

3.3

底板厚度　base thickness

外底扣除花纹后最薄的基本厚度。

4　分类

产品按穿用对象分为两类：

——A类：布面婴幼儿胶鞋；

——B类：除布面婴幼儿胶鞋以外的布面童胶鞋。

5　要求

5.1　鞋号、型号

产品的鞋号、型号、鞋楦尺寸及鞋号分档按GB/T 3293.1和GB/T 3293规定执行。出口产品的鞋号、型号可由产、需双方协商选定。

5.2　健康安全性能

健康安全性能应符合表1的规定。

表1　健康安全性能要求

检验部位	项目			单位	限量值	
					A类	B类
鞋面、鞋里和内底鞋(纺织材料、合成革、人造革)	pH值			—	4.0～9.0	
	游离甲醛		≤	mg/kg	75	150
	可萃取的重金属	铅(Pb)	≤	mg/kg	1.0	
		镉(Cd)	≤		0.1	
		砷(As)	≤		1.0	
	可分解有害芳香胺染料[a,b]			—	不应使用	
	含氯酚	五氯苯酚[b](PCP)		mg/kg	不应检出	
		2,3,5,6-四氯苯酚[b](TeCP)			不应检出	
胶制部件	N-亚硝基胺[b,c]			mg/kg	不应检出	
鞋里和内底摩擦色牢度[d](沾色)			≥	级	3	2～3

[a] 在还原条件下，染料中不允许分解出的致癌芳香胺清单见附录A。

[b] 合格限量值：芳香胺为30 mg/kg，五氯苯酚(PCP)和2,3,5,6-四氯苯酚(TeCP)为0.5 mg/kg，N-亚硝基胺为0.5 mg/kg。

[c] 橡胶中不应检出的N-亚硝基胺清单见附录B。

[d] 采用QB/T 2882—2007中方法A，用人工汗液摩擦50次后用灰色样卡评沾色级数。

5.3　物理安全性能

物理安全性能应符合表2的规定。

表 2 物理安全性能要求

<table>
<tr><th rowspan="2">检验部位</th><th rowspan="2">项　目</th><th colspan="2">要　求</th></tr>
<tr><th>A类</th><th>B类</th></tr>
<tr><td>鞋面、鞋里和内底</td><td>断针检测</td><td colspan="2">不应有</td></tr>
<tr><td rowspan="3">全鞋</td><td>可触及的锐利边缘(鞋上装饰件、鞋眼等部件)</td><td colspan="2">不应有</td></tr>
<tr><td>可触及的锐利尖端(鞋上装饰件等部件)</td><td colspan="2">不应有</td></tr>
<tr><td>可拆卸或经可预见的合理滥用测试后脱落的小附件</td><td>可拆卸或经可预见的合理滥用测试后脱落的小附件，不应完全容入 GB 6675—2003 中 A.5.2 所规定的小附件试验器中</td><td>—</td></tr>
<tr><td>包装袋</td><td>鞋用塑料包装袋厚度
(开口周长≥360 mm、深度和开口周长的总和≥584 mm，不包括包裹鞋的热收缩薄膜，当打开此薄膜通常会被破坏)</td><td>平均厚度应大于或等于 0.038 mm</td><td>—</td></tr>
</table>

5.4 物理性能

物理性能应符合表 3 的规定。

表 3 物理性能指标

<table>
<tr><th>检验部位</th><th>项　目</th><th>指　标</th></tr>
<tr><td rowspan="4">外　底</td><td>拉伸强度/MPa</td><td>≥ 7.0</td></tr>
<tr><td>拉断伸长率/%</td><td>≥ 320</td></tr>
<tr><td>磨耗量/cm^3</td><td>≤ 1.8</td></tr>
<tr><td>硬度(邵尔 A 型)/度</td><td>≤ 70</td></tr>
<tr><td>围条与鞋帮</td><td>粘附强度/(N/ mm)</td><td>≥ 1.6</td></tr>
<tr><td colspan="3">注 1：鞋号 S≤125 时，上述指标不做考核。
注 2：围条试样宽度不符合试验条件时粘附强度不作考核。
注 3：外底无法取样时，采用同配方、同工艺条件下制备试样来代替。</td></tr>
</table>

5.5 外底厚度

外底厚度应符合表 4 的规定。

表 4 外底厚度要求

<table>
<tr><td colspan="2">鞋号 S,鞋号分档</td><td colspan="2">S≤140</td><td colspan="2">S>140</td></tr>
<tr><td colspan="2">外底性质</td><td>压延底</td><td>模压底</td><td>压延底</td><td>模压底</td></tr>
<tr><td>前掌着力部位最厚处厚度/mm</td><td>≥</td><td>1.5</td><td>1.5</td><td>3.0</td><td>2.5</td></tr>
<tr><td>底板厚度/mm</td><td>≥</td><td>1.0</td><td>1.0</td><td>1.5</td><td>1.0</td></tr>
<tr><td>后掌着力部位最厚处厚度/mm</td><td>≥</td><td>2.0</td><td>2.0</td><td>3.5</td><td>3.0</td></tr>
<tr><td colspan="6">注 1：鞋号 S≤125 时，上述指标不做考核。
注 2：前、后掌着力部位最厚处厚度包含凸起处厚度。</td></tr>
</table>

5.6 外观质量

外观质量应符合表5的规定。

表5 外观质量要求

部件	项目	一等品	合格品
鞋帮	鞋面布乱纱、跳纱	鞋前部不应有，其他部位乱纱面积80 mm² 以下或跳纱长度10 mm以下，限一处	乱纱面积80 mm² 以下或跳纱长度10 mm以下，限二处（鞋前部限一处）
	缝线跳针、断线	不应有	跳针、断线经修复后不明显影响美观
	破损	不应有	只限口条布破损3 mm以下，限一处，经修复不明显影响美观
	里布帮脚浆超高	高出内底不超过4 mm	超过一等品规定
	污迹	鞋面累计面积不超过80 mm²，浅色制品不明显影响美观	鞋面累计面积不超过400 mm²，浅色制品不明显影响美观
	鞋帮不正	歪斜不超过3 mm	歪斜不超过5 mm
	鞋眼松动	不应有	不应有
内底布	透浆	累计面积不超过200 mm²，帮脚针眼透浆不包括在此限	累计面积不超过500 mm²，帮脚针眼透浆不包括在此限
	脱空	累计面积不超过300 mm²，内底边缘脱空宽度不超过3 mm	累计面积不超过500 mm²，内底边缘脱空宽度不超过5 mm
	破损	不应有	不应有
内底	高低不平及气泡	面积不超过200 mm²，高或低不超过2 mm，限二处	面积不超过400 mm²，高或低不超过2 mm，限二处
围条、外包头、大梗子	砂粒、杂质、气泡	弯曲处不应有，其他部位直径不超过1 mm，高或深不超过0.5 mm，限一处	弯曲处不应有，其他部位直径不超过2 mm，高或深不超过0.5 mm，限二处
	压合不牢	深度不超过1 mm，限一处，弯曲处不应有，鞋帮接缝处长度不超过2 mm	长度不超过10 mm，深度不超过2 mm，限二处，弯曲处不应有，鞋帮接缝处长度不超过4 mm
	脱空	面积不超过5 mm²，限一处	面积不超过20 mm²，限二处
	卷边	包头及围条弯曲处不应有，其他部位卷边长度不超过3 mm，限一处	包头及围条弯曲处不应有，其他部位卷边长度不超过6 mm，限一处
	打褶	不应有	长度不超过5 mm，限一处
	粘着痕迹	面积不超过25 mm²，限一处，花纹基本清晰	面积不超过100 mm²，限一处，花纹基本清晰
	露 浆	0 mm～4 mm，整齐	0 mm～4 mm，基本整齐
	围条露底	允许露外底坡势1/2，模压底鞋露外底不超过3 mm。基本整齐	允许露外底坡势1/2，模压底鞋露外底不超过5 mm。基本整齐
外底	砂粒、杂质、气泡	直径不超过2 mm，高或深不超过0.5 mm，限二处，前掌弯曲处不应有	直径不超过2 mm，高或深不超过1 mm，限二处，前掌弯曲处不应有
	弹开	不应有	前掌弯曲处不应有，其他部位长度不超过10 mm，深不超过2 mm
	脱空	面积不超过200 mm²，基本平坦，限二处	累计面积不超过500 mm²，基本平坦
	花纹缺胶	模压外底一处面积不超过5 mm² 累积面积不超过20 mm²	模压外底一处面积不超过20 mm² 累积面积不超过60 mm²

表 5（续）

部件	项　目	一　等　品	合　格　品
外底	切边气孔	直径不超过 1.5 mm，限三处	直径不超过 2 mm，限五处
	粘着痕迹	面积不超过 50 mm^2，限一处，花纹基本清晰	面积不超过 200 mm^2，限一处，花纹基本清晰
一双鞋相对应	色差	不低于 4 级	不低于 4 级
	包头大小	相差不超过 3 mm	相差不超过 6 mm
	大梗子长短	相差不超过 3 mm	相差不超过 5 mm
	后跟长短	相差不超过 4 mm	相差不超过 8 mm
	后帮高低	低帮鞋相差不大于 3 mm，高帮鞋相差不大于 5 mm	低帮鞋相差不大于 5 mm，高帮鞋相差不大于 7 mm
全鞋	污渍	整鞋表面污渍轻微，不影响美观，颜色迁移不应有	污渍累计面积 500 mm^2 以内，浅色制品 200 mm^2 以内，均不明显影响美观，颜色迁移轻微
	装饰、标志	清晰、一致	基本清晰、一致
	胶部件喷霜	不应有	模压外底喷霜轻微，其他部件不应有
注：上表未列入的质量缺陷，按上表类似项目处理。			

6　试验方法

6.1　健康安全性能

6.1.1　pH 值

纺织材料、人造革、合成革 pH 值的试验，按 GB/T 7573—2002 规定执行。

6.1.2　游离甲醛

纺织材料、人造革、合成革游离甲醛的试验，按 GB/T 2912.1—1998 规定执行。

6.1.3　可萃取的重金属铅(Pb)、镉(Cd)、砷(As)

纺织材料、人造革、合成革可萃取的重金属铅(Pb)、镉(Cd)的试验，按 GB/T 17593.1—2006 规定执行；重金属砷(As)的试验，按 GB/T 17593.4—2006 规定执行。或按 GB/T 17593.2—2007 测定重金属铅(Pb)、镉(Cd)、砷(As)。

6.1.4　可分解有害芳香胺染料

纺织材料、人造革、合成革可分解有害芳香胺染料的试验，按 GB/T 17592—2006 规定执行。

6.1.5　五氯苯酚(PCP)、2,3,5,6-四氯苯酚(TeCP)

纺织材料、人造革、合成革五氯苯酚(PCP)、2,3,5,6-四氯苯酚(TeCP)的试验，按 GB/T 18414.1—2006 或 GB/T 18414.2—2006 规定执行。

6.1.6　*N*-亚硝基胺

胶制部件的 *N*-亚硝基胺的试验，按 GB/T 24153—2009 规定执行。

6.1.7　鞋里和内底摩擦色牢度

鞋里和内底摩擦色牢度的试验，按 QB/T 2882—2007 规定。

6.2　物理安全性能

6.2.1　断针检测，用金属探测仪进行检测。

6.2.2　可触及锐利边缘的测试，按 GB 6675—2003 中的 A.5.8 规定的试验方法执行。

6.2.3　可触及锐利尖端的测试，按 GB 6675—2003 中的 A.5.9 规定的试验方法执行。

6.2.4　可拆卸或经可预见的合理滥用测试后脱落的小附件的测试，按 GB 6675—2003 中的 A.5.2(小零件测试)规定的试验方法执行(其中应先行对可预见的合理滥用小附件进行扭力测试和拉力测试,小附件扭力测试,按 GB 6675—2003 中的 A.5.24.5 规定的试验方法执行;小附件拉力测试,按 GB 6675—2003 中的 A.5.24.6 规定的试验方法执行)。

6.2.5 鞋用塑料包装袋厚度的检测,按 GB 6675—2003 中的 A.5.10 规定执行。

6.3 物理性能

6.3.1 试验条件

按照 GB/T 2941—2006、HG/T 2198—1991 规定执行。试样试验前放置时间不应少于 6 h,成品取片应顺外底方向裁取。

6.3.2 拉伸强度、拉断伸长率试验

按照 GB/T 528—1998 规定执行。试样形状规定为 1 型哑铃状。当试样厚度未达到测试方法标准时,按试样实际厚度试验。

6.3.3 磨耗试验

按照 GB/T 1689—1998 规定执行。应保证磨面为外底着地面,试片长度不够时,应顺外底方向搭接。当试样厚度未达到测试方法标准时,按试样实际厚度试验。

6.3.4 硬度试验

按照 GB/T 531—1999 规定执行。

6.3.5 粘附强度试验

按照 GB/T 532—1997 规定执行。试样的切取在鞋的两腮各取一个试片,有效宽度为(10.0±0.2) mm,有效长度≥80 mm。

6.3.6 外底厚度测定

从样鞋上剥取外底,切除外底的边缘部分,剥离外底上的其他粘附物,以获取外底,沿鞋底纵向中心轴线解剖,用游标卡尺分别测量前掌着力部位最厚处、后掌着力部位最厚处以及底板处的厚度,每个部位测取三次,取三个数据的中位数作为测定值。

使用精度为 0.02 mm 的游标卡尺测量相应部位的厚度,如图 1 所示,但是,带芯孔(抠空部)的外底应是扣除芯孔后的实际厚度。

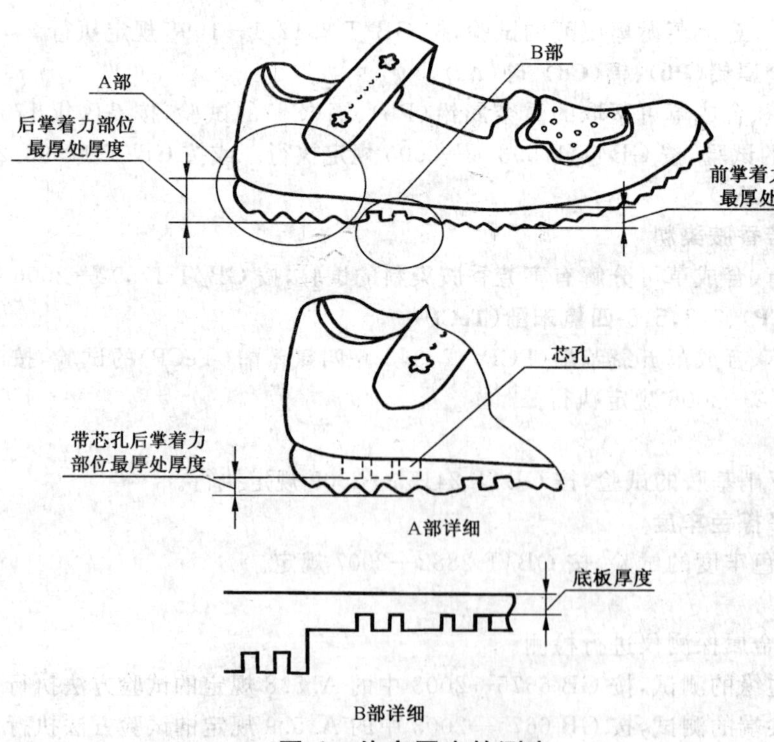

图 1 外底厚度的测定

7 检验规则、标志、包装、运输、贮存

7.1 出厂检验

7.1.1 检查批和批量:按照 HG/T 2403 中有关规定执行。

7.1.2 出厂检验项目为:外观质量、物理性能、外底厚度。

7.1.3 物理性能检验规则、外底厚度检验规则、外观质量检验规则按 HG/T 2403 规定执行

7.2 型式检验

7.2.1 有下列情况之一时,应进行型式检验:

a) 新产品或老产品转厂生产的试制定型鉴定;
b) 正式生产后,如结构、材料、工艺等有较大改变,可能影响产品性能时;
c) 产品长期停产后,恢复生产时;
d) 出厂检验结果与上次型式检验有较大差异时;
e) 合同中有条款规定时;
f) 国家质量监督机构提出要求时。

7.2.2 型式检验项目为:健康安全性能和物理安全性能、出厂检验项目。

7.2.3 健康安全性能的合格判定,在每检查批中,随机抽取满足试验所需的最低数量的成鞋做健康安全性能试验。在成鞋上取样无法满足试验要求时,可用制作该鞋相同部位相同批次的材料进行试验。如有一项指标不符合本标准规定,则判该批鞋不合格。

7.2.4 物理安全性能的合格判定,每检查批中,任意抽取三双鞋进行试验,如一项指标不符合本标准规定,则该批产品判定为不合格。

7.3 标志、包装、运输、贮存

按照 HG/T 2403 规定执行。

附 录 A
（规范性附录）
还原条件下染料中不允许分解出的芳香胺清单

A.1 第一类：对人体有致癌性的芳香胺，见表A.1。

表 A.1 第一类：对人体有致癌性的芳香胺

中文名称	英文名称	化学文摘编号
4-氨基联苯	4-aminodiphenyl	92-67-1
联苯胺	benzidine	92-87-5
4-氯-邻甲苯胺	4-chloro-*o*-toluidine	95-69-2
2-萘胺	2-naphthylamine	91-59-8

A.2 第二类：对动物有致癌性，对人体可能有致癌性的芳香胺，见表A.2。

表 A.2 第二类：对动物有致癌性，对人体可能有致癌性的芳香胺

中文名称	英文名称	化学文摘编号
邻氨基偶氮甲苯	*o*-aminoazotoluene	97-56-3
2-氨基-4-硝基甲苯	2-amino-4-nitrotoluene	99-55-8
对氯苯胺	*p*-chloroaniline	106-47-8
2,4-二氨基苯甲醚	2,4-diaminoanisole	615-05-4
4,4′-二氨基二苯甲烷	4,4′-diaminodiphenylmethane	101-77-9
3,3′-二氯联苯胺	3,3′-dichlorobenzidine	91-94-1
3,3′-二甲氧基联苯胺	3,3′-dimethoxybenzidine	119-90-4
3,3′-二甲基联苯胺	3,3′-dimethylbenzidine	119-93-7
3,3′-二甲基-4,4′-二氨基二苯甲烷	3,3′-dimethyl-4,4′-diaminodiphenylmethane	838-88-0
对甲酚定	*p*-cresidine	120-71-8
4,4′-亚甲基-二-(2-氯苯胺)	4,4′-methylene-bis-(2-chloroaniline)	101-14-4
4,4′-氧化二苯胺	4,4′-oxydianiline	101-80-4
4,4′-硫代二苯胺	4,4′-thiodianiline	139-65-1
邻甲苯胺	*o* -toluidine	95-53-4
2,4-二氨基甲苯	2,4-diaminotoluene	95-80-7
2,4,5-三甲基苯胺	2,4,5-trimethylaniline	137-17-7
邻甲氧基苯胺	*o* -anisidine	90-04-0
2,4-二甲基苯胺	2,4-xylidine	95-68-1
2,6-二甲基苯胺	2,6-xylidine	87-62-7

附 录 B
（规范性附录）
橡胶中不应检出的 *N*-亚硝基胺清单

橡胶中不应检出的 *N*-亚硝基胺见表 B.1。

表 B.1 橡胶中不应检出的 *N*-亚硝基胺

序号	中文名称	英文名称	化学文摘编号	化学分子式
1	*N*-亚硝基二甲胺	*N*-nitrosodimethylamine	62-75-9	$C_2H_6N_2O$
2	*N*-亚硝基二乙胺	*N*-nitrosodiethylamine	55-18-5	$C_4H_{10}N_2O$
3	*N*-亚硝基二丙基胺	*N*-nitrosodipropylamine	621-64-7	$C_6H_{14}N_2O$
4	*N*-亚硝基二丁基胺	*N*-nitrosodibutylamine	924-16-3	$C_8H_{18}N_2O$
5	*N*-亚硝基哌啶	*N*-nitrosopiperidine	100-75-4	$C_5H_{10}N_2O$
6	*N*-亚硝基吡咯烷	*N*-nitrosopyrrolidine	930-55-2	$C_4H_8N_2O$
7	*N*-亚硝基吗啉	*N*-nitrosomorpholine	59-89-2	$C_4H_8N_2O_2$
8	*N*-亚硝基-*N*-甲基苯胺	*N*-nitroso-*N*-methylaniline	614-00-6	$C_7H_8N_2O$
9	*N*-亚硝基-*N*-乙基苯胺	*N*-nitroso-*N*-ethylaniline	612-64-6	$C_8H_{10}N_2O$

ICS 61.060
Y 78

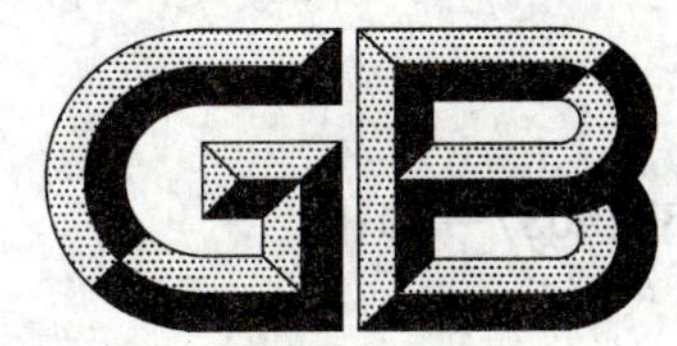

中华人民共和国国家标准

GB 25037—2010

工矿靴

Industrial rubber boots

(ISO 2023:1994,Rubber footwear—Lined industrial vulcanized rubber boots—Specification,MOD)

2010-09-02 发布　　　　2011-07-01 实施

中华人民共和国国家质量监督检验检疫总局
中国国家标准化管理委员会　发布

前　言

本标准的4.3.1、6.1为强制性的,其余为推荐性的。

本标准修改采用国际标准ISO 2023:1994《胶鞋　带衬里的硫化橡胶工业靴　规范》(英文版)。

本标准根据ISO 2023:1994重新起草。为了更适合我国国情,本标准在采用ISO 2023:1994时进行了修改。本标准与ISO 2023:1994主要差异与原因如下:

——ISO 2023:1994标准的第7章“标记”,其内容只对产品的标记有要求,而且不完全与我国现行标准一致,为了规范市场将第7章“标记”更改为“检验规则、标志、包装、运输、贮存”,具体按HG/T 2403标准执行。

——根据矿场地下的实际情况,将靴帮厚度由1.5 mm改为1.7 mm。

本标准的附录A、附录B、附录C、附录D、附录E为规范性附录,附录F为资料性附录。

本标准由中国石油和化学工业协会提出。

本标准由全国橡胶与橡胶制品标准化技术委员会胶鞋分技术委员会(SAC/TC 35/SC 9)归口。

本标准起草单位:中华人民共和国江苏出入境检验检疫局、鹤壁飞鹤股份有限公司、沈阳华宁鞋业有限公司、中华人民共和国淮安出入境检验检疫局、淮安清江胶鞋有限公司。

本标准主要起草人:费跃、孙长庆、王海保、陈石、丁丽婵、肖怀宇、许静。

工 矿 靴

1 范围

本标准规定了带衬里的低统、半中统和高统的男式及女式硫化橡胶工矿靴的要求，也规定了带衬里的高及3/4大腿处和高及大腿根部男式工矿靴的技术要求。

本标准不涉及胶靴的款式。

本标准适用于硫化橡胶制成的工矿企业一般劳动用靴。

2 规范性引用文件

下列文件中的条款通过本标准的引用而成为本标准的条款。凡是注日期的引用文件，其随后所有的修改单(不包括勘误的内容)或修订版均不适用于本标准，然而，鼓励根据本标准达成协议的各方研究是否可使用这些文件的最新版本。凡是不注日期的引用文件，其最新版本适用于本标准。

GB/T 528—1998 硫化橡胶或热塑性橡胶拉伸应力应变性能的测定(eqv ISO 37:1994)

GB/T 3512—2001 硫化橡胶或热塑性橡胶 热空气加速老化和耐热试验(eqv ISO 188:1998)

GB/T 7759—1996 硫化橡胶、热塑性橡胶 常温、高温和低温下压缩永久变形测定(eqv ISO 815:1991)

GB/T 13934—2006 硫化橡胶或热塑性橡胶 屈挠龟裂和裂口增长的测定(德墨西亚型)(ISO 132:1999,MOD)

HG/T 2403 胶鞋检验规则、标志、包装、运输、贮存

HG/T 3083 胶鞋术语(HG/T 3083—2009,ISO 10335:1990,NEQ)

3 术语和定义

HG/T 3083确立的术语和定义适用于本标准。

4 设计要求

4.1 靴帮

靴帮有一层或多层的橡胶及织物构成。

4.2 最低厚度

按附录A方法测量时，胶靴任何部位厚度均不应低于表1所规定的值。

在底后跟带芯孔的条件下，从底后跟的外表面(包括花纹)到芯孔基部，厚度不应小于9.0 mm。

表1 最低厚度

单位为毫米

测量部位	厚 度	包括花纹厚度	花纹条间厚度	无花纹厚度
靴帮	1.7	—	—	—
头部围条	3.0			
底后跟部围条	4.0			
其他部位围条	2.5			
内底、垫片和鞋底(男式)	—	13.0	—	9.0
内底、垫片和鞋底(女式)	—	11.0	—	9.0

表 1（续）

单位为毫米

测量部位	厚　　度	包括花纹厚度	花纹条间厚度	无花纹厚度
有花纹鞋底(男式)	—	9.0	3.0	—
有花纹鞋底(女式)		7.0	2.5	—
无花纹鞋底		—	—	5.0
有花纹底后跟(男式)		25.0	—	—
有花纹底后跟(女式)		20.0	—	—
无花纹底后跟		—	—	20.0

4.3 材料和部件

4.3.1 鞋带、金属部件

4.3.1.1 鞋带

鞋带按附录 B 方法测试时，应经受平均不少于 11 000 次的磨耗。

鞋带按附录 C 方法测试时，拉断力的平均值不应少于 500 N。

4.3.1.2 金属部件

如在易燃、易爆的环境中穿用，不应使用铅、镁或钛金属部件，也不应使用上述三种金属的质量超过总质量的 15%或镁、钛二种金属的质量超过总质量的 6%的金属部件。

注：应严格遵守此要求，以防因生锈的钢或铁与上述金属部件相互摩擦激发火花而引起燃烧或爆炸事故。

4.3.2 附加要求

靴高的建议范围参见附录 F。

5 物理性能

5.1 靴帮拉断力

按附录 D 的方法测试时，拉断力应符合表 2 的规定。

表 2　靴帮最小拉断力

材　料	长、宽方向的最小拉断力/(N/25 mm)
梭织	250
针织	180

5.2 老化后靴帮的耐屈挠性能

沿靴帮长度方向裁取 4 个试样，2 个与长度方向一致，2 个与宽度方向一致，按 GB/T 3512—2001 热空气老化试验方法，在温度为(70±1)℃，老化 168 h 后，按附录 E 方法试验。

4 个试样经受表 3 规定的连续屈挠次数后，目测表面无针孔和龟裂，并符合 GB/T 13934—2006 的第 1 级和第 2 级的要求。为此，只观察试样在试验中被拉伸的部位，即菱形的折叠处，试样中央折叠处的机械损伤的针眼和龟裂不计。

表 3　靴帮的最少屈挠次数

试样厚度 T/mm	屈挠次数/次	
	手工制作型	模制型
$T \leqslant 2.00$	125 000	75 000
$2.00 < T \leqslant 2.25$	110 000	50 000
$T > 2.25$	90 000	40 000

5.3 外底和后跟的拉伸强度和拉断伸长率

应仔细打磨或切削外底和后跟，使之成为薄片。该薄片的大小和厚度要足以冲切至少10个标准的试样。然后按GB/T 528—1998的规定测试外底、底后跟的拉伸强度和拉断伸长率。测试结果应说明哑铃试样的型号。10个试样中有5个在老化前测试5个在老化后测试。

先测试3个试样，结果的中值应符合表4的规定。如果该中值低于表4的规定，其中的最大值又高于表4的规定，则应加试另2个试样。

表4 外底和底后跟的拉伸强度和拉断伸长率

外底厚度 T/mm	拉伸强度(最小)/MPa	拉断伸长率(最小)/%
$T \leqslant 9.0$	8.5	250
$9.0 < T \leqslant 10.0$	8.0	225
$10.0 < T \leqslant 11.0$	7.5	200
$T > 11.0$	7.0	200
底后跟	7.0	200

老化后的拉伸强度和拉断伸长率的中值比老化前的相应中值变化率不应超过表5的规定。

表5 外底和底后跟老化后的拉伸强度和拉断伸长率数值变化

老化方法	老化后的最大变化率	
	拉伸强度	拉断伸长率
按GB/T 3512—2001热空气老化方法在(70±1)℃下老化168 h	老化前值的±20%	老化前值的−30%～+30%

5.4 底后跟的压缩永久变形

用油润滑底后跟截取的小试样，按GB/T 7759—1996规定在(70±1)℃下试验，其压缩永久变形不应超过50%。

6 泄漏及浸泡要求

6.1 要求

胶靴按6.2方法测试时，应无空气泄漏。对低统靴，在鞋眼或鞋叉附近的漏气虽然不算废品，但应再按6.3方法进行浸泡试验，试验后不应有水渗入靴内。

6.2 泄漏试验步骤

密封靴统口，充入气压10 kPa的空气，将靴浸入水中，使水面距统口在75 mm以内，检查有无空气逸出。

6.3 短统靴的浸泡试验

将靴浸入水中，水面距统口在75 mm以内，经16 h后取出并检查是否有水渗入靴内。

7 检验规则、标志、包装、运输、贮存

按HG/T 2403标准执行。

附 录 A
（规范性附录）
最低厚度的测量

A.1 仪器

选用A.1.1～A.1.4的适宜测量仪器。

A.1.1 千分尺

精度为0.1 mm。

A.1.2 工具显微镜

精度为0.1 mm。

A.1.3 测微目镜

带有分度为0.1 mm的刻度尺。

A.1.4 钢尺

毫米刻度。

A.2 测厚用的内底、垫片、外底和底后跟的试样制备

从外包头中点到后跟中点画一条通过靴底中心的直线，沿这条线并垂直于靴底表面，将靴完全切开。

中心线的位置如图A.1所示，将胶靴置于水平面上，抵紧一块垂直平板，使垂直平板与靴的内侧边缘相切于A、B两点。再放置2块分别与第1块垂直平板成直角的垂直平板，这2块主垂直平板与靴底相切于X、Y。画出X、Y的连线。该线即为胶靴的中心线。

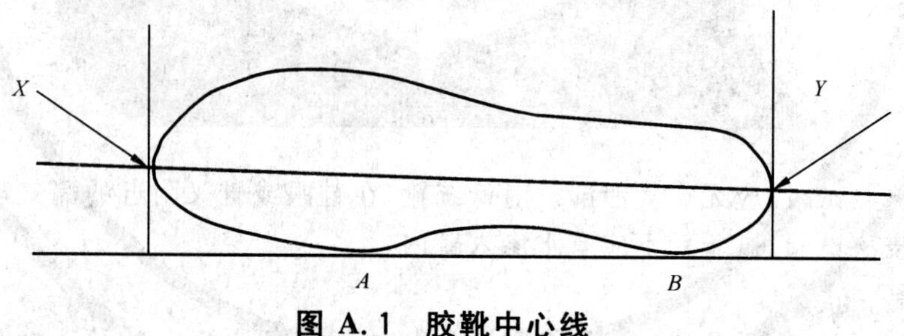

图A.1 胶靴中心线

A.3 步骤

A.3.1 靴帮

距沿口围条以下不多于15 mm，距统口不少3 mm，围绕统口对称地取4点，测量橡胶与织物的总厚度，对高及大腿的胶靴，于接口条以下1.5 mm～3 mm处测量厚度。

A.3.2 头部围条

在距靴头部中心线6 mm内测量不包括任何花纹的橡胶与织物的总厚度。

当靴装有防护包头时，则从防护包头的外表面起测量不包括任何花纹的橡胶与织物总厚度。

A.3.3 底后跟围条

在距后底跟中心线6 mm内测量不包括任何花纹的橡胶与织物的总厚度。

A.3.4 其他部位围条

除头部和后跟部围条外，环绕靴的其他围条对称地取4点，测量不包括花纹的橡胶与织物总厚度。

A.3.5 内底、垫片和外底

从内底上表面到外底的下表面，在切口上测量内底、垫片和外底的总厚度。取 3 个点，包括任何花纹，既在花纹顶，也在花纹条间测量厚度。

A.3.6 鞋底

在切口上从内底和垫片的下表面起，到距底后跟背外侧顶点的 10 mm 以上，在切口上测量底后跟厚度，包括任何花纹。

A.4 结果表示

分别列出所有测量结果，单位为毫米(mm)，精确至 0.1 mm。

附 录 B
（规范性附录）
鞋带耐磨性能的测定

B.1 试验设备

对鞋带进行磨耗的试验机如图 B.1 所示。

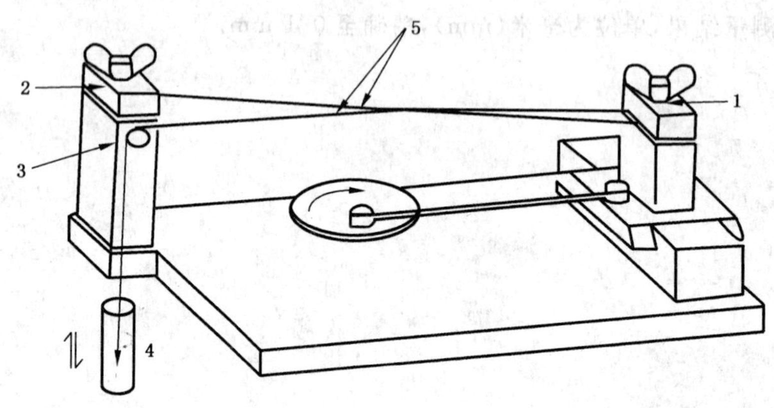

1——夹具 A；
2——夹具 B；
3——支架；
4——重锤；
5——鞋带。

图 B.1 鞋带磨耗试验机

磨耗试验机设计成这样，即一根受试的鞋带弯成环状，夹紧在夹具 A 中，夹具 A 可作行程 35 mm 的前后水平运动，夹具 A 由转速为 60 r/min 的曲柄飞轮机构带动。第 2 根鞋带的一端夹紧在夹具 B 中，夹具 A、B 彼此最近点时，夹具 B 距夹具 A 310 mm。鞋带另一端通过一个固定的环绕过支架悬挂一个重 250 g 的重锤，使鞋带在磨耗试验中始终处于拉紧状态，每个试验位置装有试样断裂时可自动停车的计数器。试验机上也装有预调好的计数开关，当磨到预定次数后，机器由开关控制自动停机。

B.2 试样的调节和试验环境

鞋带应在(23±1)℃，相对湿度(65±2)%环境中调节 48 h，并在此条件下进行试验。

B.3 试样

取 6 对调节好的试样，每对中一根试样长约 200 mm，另一根试样长约 500 mm，也可从长度足够的一根鞋带上截取 2 根试样。

B.4 试验步骤

6 根试样的每根都按以下步骤试验，夹入试样前，用手转动曲柄飞轮机构，使夹具 A、B 彼此牌最近点。按 B.1 要求夹入试样。当机器所有部位都承受负荷后，用手转动一周检查整个试验周期内是否有一根试样与另一根相摩擦的现象。

启动机器使之连续运转直至有一根试样断裂。记下转动次数，继续试验直至全部试样一一磨断，并记录相应的转动次数。

B.5 结果

测验结果用断裂时转动次数表示，计算 6 个结果的算术平均值。

附 录 C
（规范性附录）
鞋带拉断力的测定

C.1 试验设备

拉力试验机：具有 100 mm/min±20 mm/min 的恒定拉伸速度，拉力范围为 0 N～1 000 N。拉力机装有能够夹紧鞋带的夹爪型或系绳型夹具。对夹爪型夹具应采用不会抓破鞋带的夹具。

C.2 试样

从鞋带上截取 3 根试样，每根试样都应保证其夹具间的长度为 200 mm，如果从成品鞋带上取样，则 3 根试样应取自不同的鞋带。

C.3 试样的调节和试验环境

试样在温度(23±1)℃，相对湿度 65%±2%环境下放置 40 h，并在此条件下进行试验。

C.4 试验步骤

将试样夹入系绳型或夹爪型夹具中，使系绳型夹具或夹爪型夹具的边缘之间距离为 20 mm。开动机器，拉伸速度恒定为 100 mm/min±20 mm/min，记录试样断裂时的力。

如果用夹爪型夹具夹试样断裂时，此结果不算，重新取新试样进行测试。

C.5 结果表示

计算 3 个试验结果的平均值并以此表示试样的拉断力，单位为牛顿(N)。

附 录 D
（规范性附录）
靴帮拉断力测试

D.1 试验设备

拉力试验机：有恒定拉伸速度，可指示或能够记录试样断裂时所施加的最大负荷。试验机的2个夹具的中心线与拉力方向应重合，夹具的正面边沿垂直于拉力的方向，2个夹持面在同一平面上，夹持试样时，既不使试样滑动，又不割伤和磨损试样，夹具应略宽于试样。拉伸时夹具的速度为100 mm/min±20 mm/min。

D.2 试样

从鞋帮上截取宽25 mm、长度足够的试样，使它能够适应拉力试验机夹具间75 mm的距离。

按织物的经向和纬向各截取3个试样，当产品高度不允许截出夹具间自由长度为75 mm的试样时，可以截取夹具间自由长度25 mm的试样。

D.3 试验步骤

将每个试样依次夹入拉力机，测定其拉断力。

D.4 结果表示

鞋帮的纵、横向拉断力用3个试样的平均值表示，单位为牛顿(N)。记录所用试样的规格。

附　录　E
（规范性附录）
耐屈挠性能试验的测定

E.1　试验设备

E.1.1　千分尺

精度为0.1 mm。

E.1.2　屈挠试验机

屈挠试验机有可调的宽度为25 mm的固定夹具，用以夹持试样的固定端，类似的可往复运动的夹具可夹持试样的另一端。

往复夹具的安装应使其运动方向与两夹具的中心线重合并在同一平面内，往复夹具的行程调节为两夹具间的最近距离为13 mm±1 mm，最远距离为57 mm±1 mm。

作用于往复运动的偏心机构由屈挠频率(340～400)次/min的恒速电机驱动，电机的功率应能够同时屈挠6个试样，最好可屈挠12个试样。

试样应排成同数量的两组，一组屈挠时另一组是拉直的，从而减少机器震动。同时夹具应能够夹紧试样并可对各试样分别调整。

试验设备应远离任何臭氧源。

E.2　试样

试样尺寸如图E.1所示。在靴统上织物层数量最少且最薄的部位取4个试样。

仔细操作以保证从样品上干净地切取试样。

用千分尺测量各个角及中心的厚度，取5个测试值的中值作为该试样的厚度，精度到0.1 mm。

单位为毫米

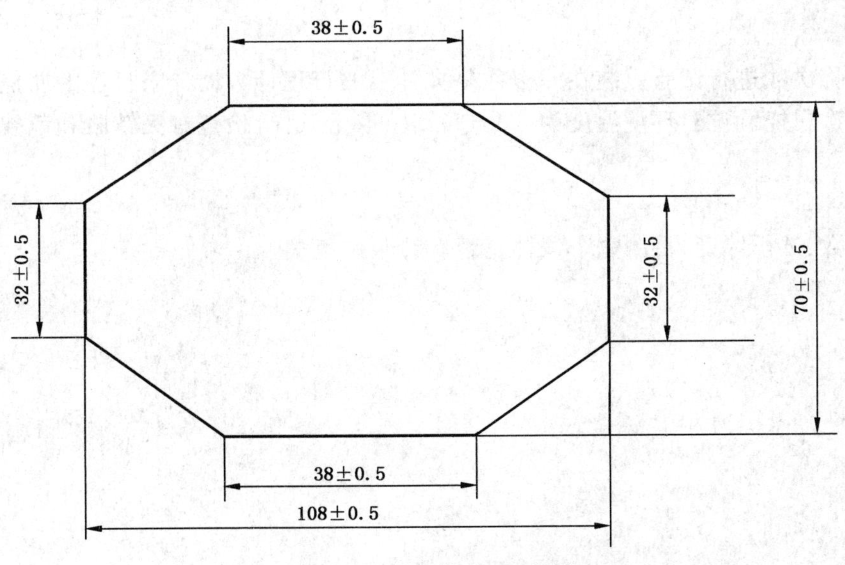

图E.1　屈挠试验试样

E.3　试样安装

将试样沿纵向主轴对称地折叠，使胶面朝外。把折好的试样锥形端插入固定夹具，在两夹具相距最远时，使试样的中心轴位于两夹具中间。试样的两个锥形端应对准相应的夹具边缘。为操作方便，在试样的锥形夹持处作记号，使试样在夹具中放置正确，夹紧固定夹具，将试样另一端插入往复夹具并夹紧。

试样一定不应处于拉伸状态。

图 E.2 为屈挠期间试样和试验机的排布状况。

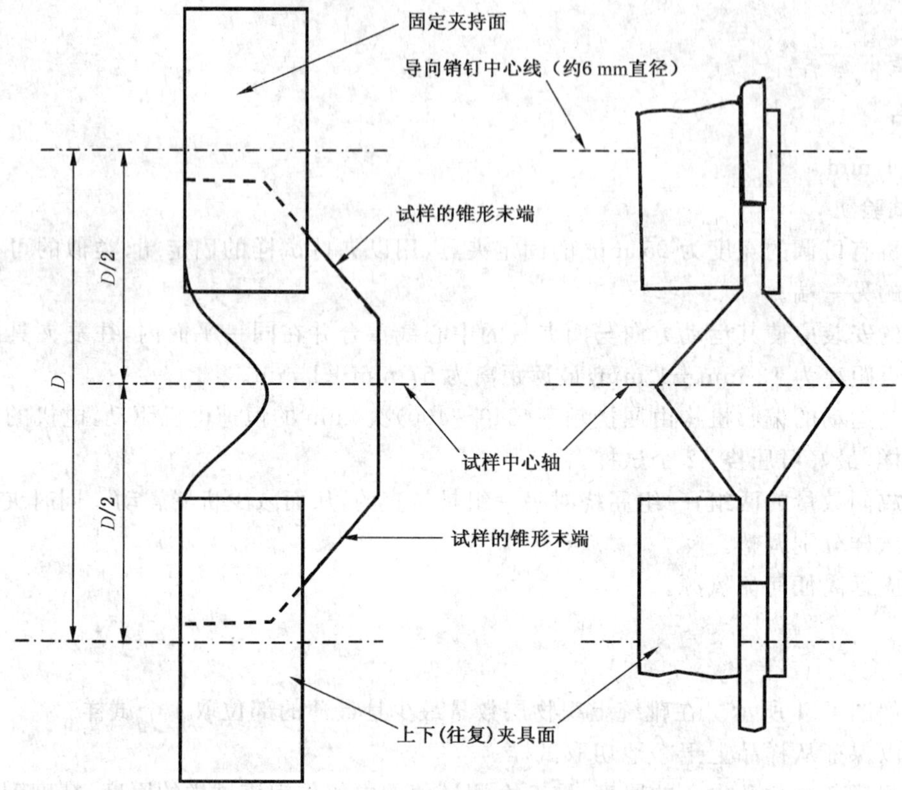

图 E.2 屈挠试验试样及装置的排布状况

E.4 试验步骤

按规定的屈挠次数进行试验。装在一个往复夹具上的行程计数器计录机器的屈挠次数。夹具的一个完全往复为一次屈挠。试验环境温度为(23±2)℃。取下试样，检查有无针眼和龟裂。

E.5 结果表示

记录屈挠次数、试样厚度，目测每个试样是否有针眼和龟裂。

附 录 F
（资料性附录）
靴 高

建议的靴高范围列于表F.1。靴高在靴内后部从内底起往上测量，包括任何延伸的挠性部分。

表 F.1 靴高

单位为毫米

测量项目	高度	
	男式	女式
低统	115～179	115～152
半中统	180～239	153～203
中统	240～329	204～279
高统	330～429	280～380
3/4 统	640～699	—
全统	≥700	—
注：标准靴高及允许偏差由供需双方商定。		

ICS 61.060
Y 78

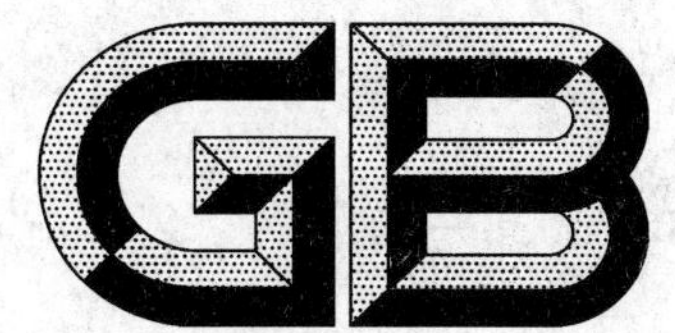

中华人民共和国国家标准

GB 25038—2010

胶鞋健康安全技术规范

Rubber shoes healthy and safe specification

2010-09-02 发布 2011-07-01 实施

中华人民共和国国家质量监督检验检疫总局
中国国家标准化管理委员会 发布

前　言

本标准的第 5 章为强制性的(其中 pH 值限量值为推荐性的),其余为推荐性的。

本标准与 EN 14602:2004《鞋类　评估生态指标的试验方法》(Footwear—Test methods for the assessment of ecological criteria)、2002/231/EC《制定颁布欧盟鞋类环保标志的环保标准修订版和对1999/179/EC 决议的修订决议》(establishing revised ecological criteria for the award of the Community eco-label to footwear and amending Decision 1999/179/EC)、2008/63/EC《关于延长 2002/231/EC、2002/255/EC、2002/371/EC、2003/200/EC 和 2003/287/EC 等特定产品的欧盟环保标志的环保标准的有效性的修正决议》(amending Decisions 2002/231/EC,2002/255/EC,2002/371/EC,2003/200/EC and 2003/287/EC in order to prolong the ecological criteria for the award of the Community eco-label to certain products)的一致性程度为非等效。

本标准的附录 A、附录 B 为规范性附录。

本标准由中国石油和化学工业协会提出。

本标准由全国橡胶与橡胶制品标准化技术委员会胶鞋分技术委员会(SAC/TC 35/SC 9)归口。

本标准起草单位:上海市质量监督检验技术研究院、青岛环球集团股份有限公司、上海回力鞋业有限公司、青岛双星集团有限公司、际华三五三七制鞋有限责任公司、浙江人本鞋业有限公司、国家鞋类检测中心(莆田)、国家鞋类质量监督检验中心(温州)。

本标准主要起草人:徐德佳、章若红、孙旭、马庆华、马燕红、徐秉德、沙淑芬、陈松雄、倪邦国、童玉贵、黄赢、季洪畴、程群、蒋武。

胶鞋健康安全技术规范

1 范围

本标准规定了胶鞋健康安全性能的术语和定义、分类、要求、试验方法、取样和判定。

本标准适用于以合成革、人造革和纺织材料为帮面材料，采用热硫化工艺生产的胶鞋。

2 规范性引用文件

下列文件中的条款通过本标准的引用而成为本标准的条款。凡是注日期的引用文件，其随后所有的修改单(不包括勘误的内容)或修订版均不适用于本标准，然而，鼓励根据本标准达成协议的各方研究是否可使用这些文件的最新版本。凡是不注日期的引用文件，其最新版本适用于本标准。

GB/T 2912.1—1998 纺织品 甲醛的测定 第1部分:游离水解的甲醛(水萃取法)

GB/T 7573—2002 纺织品 水萃取液 pH 值的测定

GB/T 17592—2006 纺织品 禁用偶氮染料的测定

GB/T 17593.1—2006 纺织品 重金属的测定 第1部分:原子吸收分光光度法

GB/T 17593.2—2007 纺织品 重金属的测定 第2部分:电感耦合等离子体原子发射光谱法

GB/T 17593.4—2006 纺织品 重金属的测定 第4部分:砷、汞原子荧光分光光度法

GB/T 18414.1—2006 纺织品 含氯苯酚的测定 第1部分:气相色谱-质谱法

GB/T 18414.2—2006 纺织品 含氯苯酚的测定 第2部分:气相色谱法

GB/T 24153—2009 橡胶及弹性体材料 N-亚硝基胺的测定

QB/T 2882—2007 鞋类 帮面、衬里和内垫试验方法 摩擦色牢度 (ISO 17700:2004,IDT)

3 术语和定义

下列术语和定义适用于本标准。

3.1

胶鞋健康安全性能要求 rubber shoes healthy and safe properties specification

为避免胶鞋产品对人体健康安全造成损害而提出的相关要求。

3.2

婴幼儿胶鞋 infants' rubber shoes

供年龄在36个月及以下的婴幼儿(通常鞋号不大于170)穿用的胶鞋。

4 分类

产品按穿用对象分为二类:

——A类:婴幼儿胶鞋;

——B类:除婴幼儿胶鞋以外的胶鞋。

5 要求

胶鞋健康安全性能要求应符合表1的规定。

表 1　健康安全性能要求

<table>
<tr><th rowspan="2">检验部位</th><th colspan="2" rowspan="2">项　　目</th><th rowspan="2">单　位</th><th colspan="2">限量值</th></tr>
<tr><th>A类</th><th>B类</th></tr>
<tr><td rowspan="8">鞋面、鞋里和内底鞋(纺织材料、合成革、人造革)</td><td colspan="2">pH 值</td><td>—</td><td colspan="2">4.0～9.0</td></tr>
<tr><td colspan="2">游离甲醛　≤</td><td>mg/kg</td><td>75</td><td>150</td></tr>
<tr><td rowspan="3">可萃取的重金属</td><td>铅(Pb)　≤</td><td rowspan="3">mg/kg</td><td colspan="2">1.0</td></tr>
<tr><td>镉(Cd)　≤</td><td colspan="2">0.1</td></tr>
<tr><td>砷(As)　≤</td><td colspan="2">1.0</td></tr>
<tr><td colspan="2">可分解有害芳香胺染料[a,b]</td><td>—</td><td colspan="2">不应使用</td></tr>
<tr><td rowspan="2">含氯酚</td><td>五氯苯酚[b](PCP)</td><td rowspan="2">mg/kg</td><td colspan="2">不应检出</td></tr>
<tr><td>2,3,5,6-四氯苯酚[b](TeCP)</td><td colspan="2">不应检出</td></tr>
<tr><td>胶制部件</td><td colspan="2">N-亚硝基胺[b,c]</td><td>mg/kg</td><td colspan="2">不应检出</td></tr>
<tr><td colspan="3">鞋里和内底摩擦色牢度[d](沾色)　≥</td><td>级</td><td>3</td><td>2～3</td></tr>
<tr><td colspan="6">a 在还原条件下,染料中不应分解出的致癌芳香胺清单见附录 A。
b 合格限量值:芳香胺为 30 mg/kg,五氯苯酚(PCP)和 2,3,5,6-四氯苯酚(TeCP)为 0.5 mg/kg,N-亚硝基胺为 0.5 mg/kg。
c 橡胶中不应检出的 N-亚硝基胺清单见附录 B。
d 采用 QB/T 2882—2007 中方法 A,用人工汗液摩擦 50 次后用灰色样卡评沾色级数。</td></tr>
</table>

6 试验方法

6.1 pH 值

纺织材料、人造革、合成革 pH 值的试验按 GB/T 7573—2002 规定执行。

6.2 游离甲醛

纺织材料、人造革、合成革游离甲醛的试验按 GB/T 2912.1—1998 规定执行。

6.3 可萃取的重金属铅(Pb)、镉(Cd)、砷(As)

纺织材料、人造革、合成革可萃取的重金属铅(Pb)、镉(Cd)的试验按 GB/T 17593.1—2006 规定执行。重金属砷(As)的试验按 GB/T 17593.4—2006 规定执行。或按 GB/T 17593.2—2007 测定重金属铅(Pb)、镉(Cd)、砷(As)。

6.4 可分解有害芳香胺染料

纺织材料、人造革、合成革可分解有害芳香胺染料的试验按 GB/T 17592—2006 规定执行。

6.5 五氯苯酚(PCP)、2,3,5,6-四氯苯酚(TeCP)

纺织材料、人造革、合成革五氯苯酚(PCP)、2,3,5,6-四氯苯酚(TeCP)的试验按 GB/T 18414.1—2006 或 GB/T 18414.2—2006 规定执行。

6.6 *N*-亚硝基胺

胶制部件中的 *N*-亚硝基胺的试验按 GB/T 24153—2009 规定执行。

6.7 鞋里和内底摩擦色牢度

鞋里和内底摩擦色牢度试验按 QB/T 2882—2007 规定执行。

7 取样和判定

7.1 取样方法

7.1.1 在每检查批中，随机抽取满足试验所需的最低数量的成鞋做健康安全性能试验。

7.1.2 鞋面、鞋里、鞋内底材料能分开的，应分开进行试验；鞋面、鞋里无法分开的则取其鞋帮整体，按鞋里材料的试验方法要求进行试验并判定。

7.1.3 在成鞋上取样无法满足试验要求时，可以用制作该鞋相同部位相同批次的材料进行试验。

7.1.4 在检验报告中应注明取样部位或试验材料名称。

7.2 结果判定

7.2.1 如果样品的试验结果全部符合表1的要求，则判定该批产品的健康安全性能合格。

7.2.2 如果样品的试验结果中有一项指标不符合表1的要求，则判定该批产品的健康安全性能不合格。

附　录　A

（规范性附录）

还原条件下染料中不允许分解出的芳香胺清单

A.1　第一类：对人体有致癌性的芳香胺，见表 A.1。

表 A.1　第一类：对人体有致癌性的芳香胺

中文名称	英文名称	化学文摘编号
4-氨基联苯	4-aminobiphenyl	92-67-1
联苯胺	benzidine	92-87-5
4-氯-邻甲苯胺	4-chloro-*o*-toluidine	95-69-2
2-萘胺	2-naphthylamine	91-59-8

A.2　第二类：对动物有致癌性，对人体可能有致癌性的芳香胺，见表 A.2。

表 A.2　第二类：对动物有致癌性，对人体可能有致癌性的芳香胺

中文名称	英文名称	化学文摘编号
邻氨基偶氮甲苯	*o*-aminoazotoluene	97-56-3
2-氨基-4-硝基甲苯	2-amino-4-nitrotoluene	99-55-8
对氯苯胺	*p*-chloroaniline	106-47-8
2,4-二氨基苯甲醚	2,4-diaminoanisole	615-05-4
4,4′-二氨基二苯甲烷	4,4′-diaminodiphenylmethane	101-77-9
3,3′-二氯联苯胺	3,3′-dichlorobenzidine	91-94-1
3,3′-二甲氧基联苯胺	3,3′-dimethoxybenzidine	119-90-4
3,3′-二甲基联苯胺	3,3′-dimethylbenzidine	119-93-7
3,3′-二甲基-4,4′-二氨基二苯甲烷	3,3′-dimethyl-4,4′-diaminodiphenylmethane	838-88-0
对甲酚定	*p*-cresidine	120-71-8
4,4′-亚甲基-二-(2-氯苯胺)	4,4′- methylene-bis-(2-chloroaniline)	101-14-4
4,4′-氧化二苯胺	4,4′-oxydianiline	101-80-4
4,4′-硫代二苯胺	4,4′-thiodianiline	139-65-1
邻甲苯胺	*o*-toluidine	95-53-4
2,4-二氨基甲苯	2,4-diaminotoluene	95-80-7
2,4,5-三甲基苯胺	2,4,5-trimethylaniline	137-17-7
邻甲氧基苯胺	*o*-anisidine	90-04-0
2,4-二甲基苯胺	2,4-xylidine	95-68-1
2,6-二甲基苯胺	2,6-xylidine	87-62-7

附　录　B
（规范性附录）
橡胶中不应检出的 *N*-亚硝基胺清单

橡胶中不应检出的 *N*-亚硝基胺见表 B.1。

表 B.1　橡胶中不应检出的 *N*-亚硝基胺

序号	中文名称	英文名称	化学文摘编号	化学分子式
1	*N*-亚硝基二甲胺	*N*-nitrosodimethylamine	62-75-9	$C_2H_6N_2O$
2	*N*-亚硝基二乙胺	*N*-nitrosodiethylamine	55-18-5	$C_4H_{10}N_2O$
3	*N*-亚硝基二丙基胺	*N*-nitrosodipropylamine	621-64-7	$C_6H_{14}N_2O$
4	*N*-亚硝基二丁基胺	*N*-nitrosodibutylamine	924-16-3	$C_8H_{18}N_2O$
5	*N*-亚硝基哌啶	*N*-nitrosopiperidine	100-75-4	$C_5H_{10}N_2O$
6	*N*-亚硝基吡咯烷	*N*-nitrosopyrrolidine	930-55-2	$C_4H_8N_2O$
7	*N*-亚硝基吗啉	*N*-nitrosomorpholine	59-89-2	$C_4H_8N_2O_2$
8	*N*-亚硝基-*N*-甲基苯胺	*N*-nitroso-*N*-methylaniline	614-00-6	$C_7H_8N_2O$
9	*N*-亚硝基-*N*-乙基苯胺	*N*-nitroso-*N*-ethylaniline	612-64-6	$C_8H_{10}N_2O$

ICS 59.100.10
Q 36

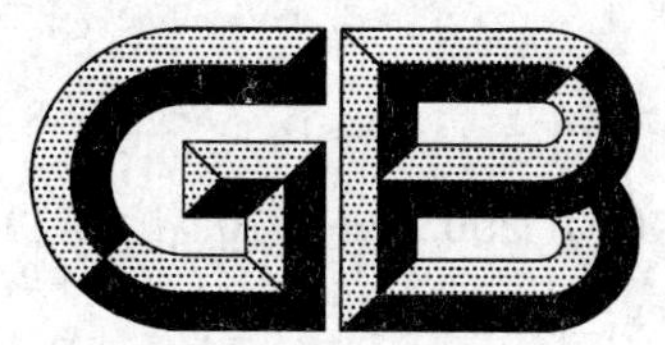

中华人民共和国国家标准

GB/T 25039—2010

玻璃纤维单元窑热平衡测定与计算方法

Determination and calculation of heat balance for fibreglass unit melter

2010-09-02 发布　　2011-05-01 实施

中华人民共和国国家质量监督检验检疫总局
中国国家标准化管理委员会　发布

前　言

本标准的附录A、附录B、附录C、附录D、附录E、附录F、附录G、附录H和附录I为规范性附录。

本标准由中国建筑材料联合会提出。

本标准由全国玻璃纤维标准化技术委员会(SAC/TC 245)归口。

本标准负责起草单位:南京玻璃纤维研究设计院、中材科技股份有限公司。

本标准参加起草单位:巨石集团有限公司。

本标准主要起草人:徐闻天、葛敦世、王玉梅、董鹤崟。

请注意本标准的某些内容有可能涉及专利内容,本标准发布机构不应承担识别这些专利的责任。

玻璃纤维单元窑热平衡测定与计算方法

1 范围

本标准规定了玻璃纤维单元窑热平衡、热效率测定与计算的符号与单位、基准、体系、热平衡框图、记录、测试项目和方法、物料平衡计算、热平衡计算及热效率计算方法。

本标准适用于以液体燃料、气体燃料和以电能为热源的玻璃纤维单元窑。

2 规范性引用文件

下列文件中的条款通过本标准的引用而成为本标准的条款。凡是注日期的引用文件，其随后所有的修改单(不包括勘误的内容)或修订版均不适用于本标准，然而，鼓励根据本标准达成协议的各方研究是否可使用这些文件的最新版本。凡是不注日期的引用文件，其最新版本适用于本标准。

GB/T 384 石油产品热值测定法

GB/T 1884 原油和液体石油产品密度实验室测定法(密度计法)

GB/T 2624.2 用安装在圆形截面管道中的差压装置测量满管流体流量 第2部分:孔板

GB/T 8222 用电设备电能平衡通则

SYL04 天然气流量的标准孔板计量方法

3 符号与单位

本标准采用的符号与单位见附录A。

4 基准

4.1 热平衡计算以0 ℃为基准温度。

4.2 燃料发热量以燃料应用基低位发热量为基准。

4.3 气体的体积均以标准状态(0 ℃,101 325 Pa)下的体积量为基准。

4.4 质量以千克为基准。

4.5 各项计算中的时间均以小时为基准。

4.6 空气采用下列组成:

按体积分数:氧(O_2)21.0%,氮(N_2)79.0%。

按质量分数:氧(O_2)23.2%,氮(N_2)76.8%。

5 体系

5.1 包括二个独立的系统:1)熔窑系统;2)通路系统。在热平衡计算时,对这二个系统分别进行计算。

5.2 熔窑系统包括熔化部、流液洞、水平烟道、垂直烟道、金属换热器、热风管道。熔窑系统的分界面是:窑体的外表面、配合料进投料口及玻璃液离开流液洞的界面、助燃空气进金属换热器以及燃料等物料进入熔化部,放空空气离开换热器放空管,烟气离开换热器的界面。对纯氧助燃的熔窑系统则不包括金属换热器,助燃氧气经氧枪直接进入熔化部,烟气离开熔窑的垂直烟道的界面作为熔窑系统的分界面。其他界面同空气助燃的熔窑系统。

5.3 通路系统包括主通路、过渡通路和成型通路以及各排烟烟囱。通路系统的分界面是:玻璃液离开流液洞进入主通路的界面,玻璃液离开各漏板的流液槽的界面,燃料及助燃气体进入通路,烟气离开各排烟烟囱的界面。

6 热平衡框图

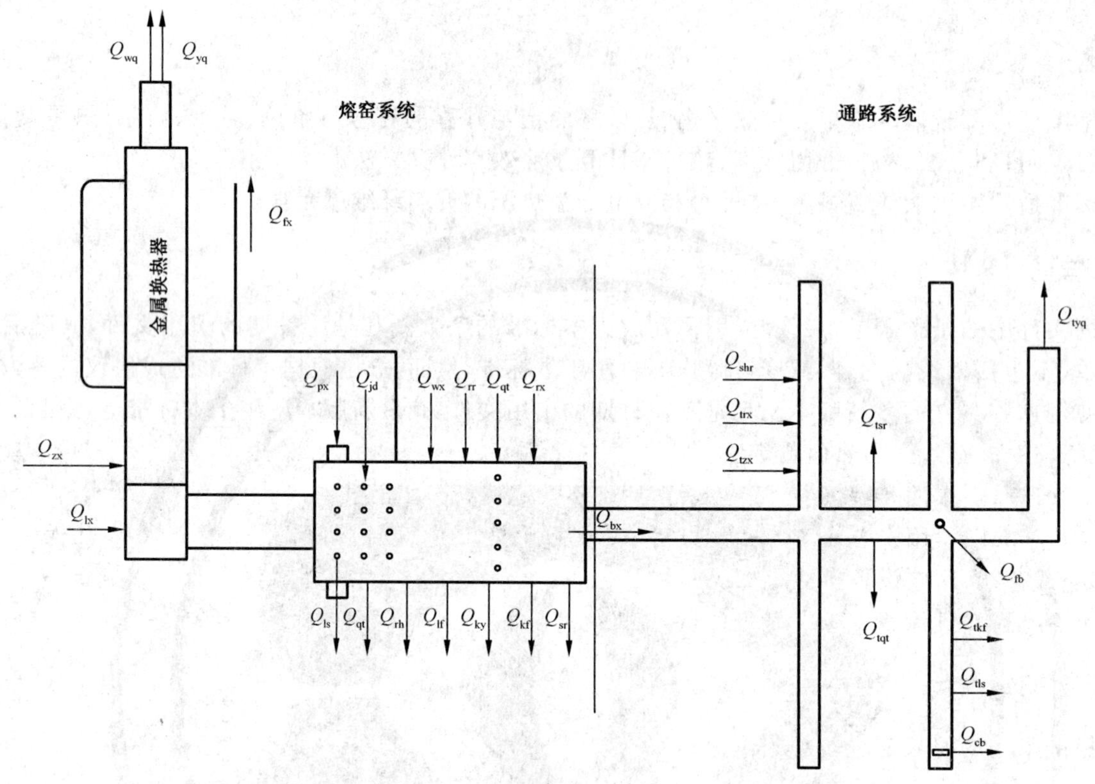

图1 单元窑热平衡体系示意图
(以空气助燃为例)

7 测试准备、要求、记录、项目和方法

7.1 测试准备

7.1.1 根据具体情况制订测定方案,确定测试项目、参数,选择合适的测量位置、测量仪表和测量装置。

7.1.2 测量仪表应经检定合格。

7.1.3 根据测定方案绘出测点布置图,开设必要的测量孔洞。

7.2 测试要求

7.2.1 测试应在正常稳定生产的状况下进行,如遇生产状况不稳应停止测试,待恢复到稳定状态后再进行。停止测试期间的各种物料量(如玻璃液产量、燃料消耗量),不包括在统计数据内。

7.2.2 对所测的各项参数,测前要根据经验有所估计,对一些主要的被测参数要重复测定。

7.2.3 测试周期应尽量缩短。

7.3 测试记录

7.3.1 单元窑基本情况记录表按附录B表B.1。

7.3.2 单元窑主要技术经济指标记录表按附录B表B.2。

7.3.3 各项参数测试记录表按附录B表B.3、表B.4、表B.5、表B.6和表B.7。

7.4 测试项目、参数和方法

按表1的规定。

8 物料平衡计算

8.1 熔窑物料平衡计算

8.1.1 进熔窑体系物料质量计算

表 1 测试项目、参数和方法

项 目	参 数	方 法
燃料	成分	重油成分(C、H、O、N、S、A、W)由燃料供应部门提供，密度和水分含量可在进窑端的管路上取样，密度的测定方法按 GB/T 1884 进行。 气体燃料成分(CO、H_2、CH_4、C_nH_m、O_2、CO_2)在进窑端取样后用奥氏气体分析仪测定，取三次测定平均值
	低位发热量	燃料的低位发热量可用专门的量热计测定，也可根据燃料成分按附录 C 计算
	温度	在进入体系的入口处用温度计测定
	流量	重油流量用容积式流量计测量，并根据油温、密度换算成质量流量，也可用质量流量计直接测得质量流量。 天然气、焦炉煤气的流量采用有温度和压力补偿的标准孔板计量，计量方法按 GB/T 2624.2 或 SYL04
助燃空气	温度	用温度计在助燃空气入体系的界面处测量
	流量	用毕托管或热球风速仪在助燃空气入体系的界面处测量，方法按附录 D，也可采用有温度和压力补偿的孔板流量计，计量方法按 GB/T 2624.2 或 SYL04
换热器放空空气	温度	用温度计在助燃空气出体系的界面处测量
	流量	采用有温度和压力补偿的孔板流量计，计量方法按 GB/T 2624.2 或 SYL04
工业摄像机镜头用压缩空气	温度	用温度计在压缩空气入体系处测量
	流量	采用转子流量计测量。无法测量时可取摄像机的设计值
助燃氧气	温度	用温度计在助燃氧气入体系的界面处测量
	流量	用有温度和压力补偿的孔板流量计，计量方法按 GB 2624.2 或 SYL04
	成分	由氧气站提供
冷却风	温度	吹向窑体前的温度用温度计在支风管内测量。 吹向窑体后的返射风温度用带遮蔽罩的温度计测量，取五点平均值
	流量	在总风管上用毕托管或热球风速仪测量，方法按附录 D
配合料	温度	用温度计在投料机料斗的取样孔内测量料层温度
	用量	统计每班上料次数，折算为每天投料量，取测定期间平均值
	含水率	投料机料斗的取样孔取样分析
	废丝玻璃量	根据废丝玻璃量称量记录或根据配料记录单计算
	成分	各种粉料的化学成分由厂化验室提供
玻璃液	温度	在出体系处用热电偶测量
	产量	根据实测玻璃液出料量或投料量计算

表 1（续）

项　目		参　数	方　法
烟气		温度	对空气助燃单元窑，在出金属换热器后烟气出体系的界面处，分不同部位，测三点温度，求平均值。 对全氧助燃单元窑，在烟道后出体系的界面处，分不同部位，测三点温度，求平均值
		流量、静压	在烟气出体系界面处用毕托管与微差压计测量，方法按附录 D，测三次，取平均值，在测量困难时，可根据理论计算
		成分	用球胆或取样瓶取样，用奥氏气体分析仪测量
		含水率	在烟气出体系界面处按附录 E 方法测定
供给电能		电功率	用单相（或三相）标准电度表，瓦特表或相同精度的电平衡测定仪连续测量一个小时，每个进体系处，每对电极或发热元件的电功率，按 GB/T 8222 进行测定
表面散热量		表面温度	根据窑的结构，各部位所处的环境，将窑的外表面分成若干区域，并根据各区域面积的大小和表面温度的差异，在每个区域内分别布置几个或几十个测点，用表面温度计测量
		表面散热量	根据表面温度计算，或用热流计直接测量
		表面积	根据经核实的设计图纸计算
孔口辐射散热量		辐射温度	用红外辐射高温计或光学高温计测量
		孔口面积	用直尺测量或查阅图纸计算
孔口溢流气体		温度	用热电偶测量
		流量	用微压计测量孔口内外静压差后计算
冷却水		温度	进出口温度用温度计测量
		流量	称量或用盛器、秒表、米尺测量，然后计算质量流量
雾化介质	压缩空气	温度	用温度计测量
		流量	用带有温度、压力补偿的孔板或其他等效的流量计测量，无法测量时可取设计值
	蒸汽	温度	用温度计测量
		压力	用压力表测量
		流量	用蒸汽流量计测量，无法测量时取设计值
	压缩氧气	温度	用温度计测量
		流量	用氧气流量计测量
		成分	由氧气站提供
鼓泡空气		流量	用在线的转子流量计测量
环境温度		温度	对各个不同的区域，分别取区域附近的最低空气温度作为该区域的环境温度，用带遮蔽的温度计测量
大气压		压力	用大气压力表测量，或采用当地气象部门同期的测量数据

8.1.1.1　燃料质量 m_r（kg/h）

8.1.1.1.1　当使用重油作燃料时：

$$m_r = \frac{V_r \times \rho_t}{24} \qquad (1)$$

$$\rho_t = \frac{\rho_{20}}{1+\beta\times(t_r-20)} \quad \cdots\cdots(2)$$

式中：

V_r——测定期间平均日耗油量，单位为立方米每天（m^3/d）；

ρ_t——重油流经流量计时的密度，单位为千克每立方米（kg/m^3），实测或按式(2)计算；

ρ_{20}——20 ℃时重油的密度，单位为千克每立方米（kg/m^3），由实测得；

β——体积膨胀系数，$\beta=0.002\,5-0.002\times\rho_{20}\times10^{-3}$；

t_r——重油流经流量计时的温度，单位为摄氏度（℃）。

8.1.1.1.2 当使用气体燃料时：

$$m_r = V_{or}\times\rho_0 \quad \cdots\cdots(3)$$

式中：

V_{or}——气体燃料量，单位为立方米每小时（m^3/h）；

ρ_0——标准状态下燃气密度，单位为千克每立方米（kg/m^3），按式(4)计算。

$$\rho_0 = 0.01\sum(X_i\rho_{0i}) \quad \cdots\cdots(4)$$

式中：

X_i——气体中各组分的体积百分含量（%）；

ρ_{0i}——标准状态下气体中各组分的密度，单位为千克每立方米（kg/m^3），见附录 F 表 F.1。

8.1.1.2 助燃介质质量 m_{zr}（kg/h）

8.1.1.2.1 当用空气助燃时：

$$m_{zr} = 1.293\times V_{rlf} \quad \cdots\cdots(5)$$

式中：

V_{rlf}——进换热器助燃冷风量，单位为立方米每小时（m^3/h）。

8.1.1.2.2 当用氧气助燃时：

$$m_{zr} = V_{oya}\times\rho_{oya} \quad \cdots\cdots(6)$$

式中：

V_{oya}——进体系助燃氧气量，单位为立方米每小时（m^3/h）；

ρ_{oya}——标准状态下氧气的密度，单位为千克每立方米（kg/m^3），比照式(4)计算。

8.1.1.3 配合料质量 m_p（kg/h）

$$m_p = \frac{n_p\times m_f\times(1+m_{fs})}{24} \quad \cdots\cdots(7)$$

式中：

n_p——测定期间平均日投料付数；

m_f——每付粉料（湿基）的质量，单位为千克（kg）；

m_{fs}——每千克粉料（湿基）配成配合料时添加的废丝玻璃量，单位为千克每千克（kg/kg）。

8.1.1.4 鼓泡空气质量 m_g（kg/h）

$$m_g = 0.077\,58\sum_{i=1}^{n}V_{gi} \quad \cdots\cdots(8)$$

式中：

V_{gi}——窑内第 i 根鼓泡管鼓泡空气体积流量，L/min，由在线鼓泡控制盘测量。

8.1.1.5 雾化介质质量 m_w（kg/h）

8.1.1.5.1 当使用压缩空气作雾化介质时：

$$m_w = 1.293\times V_{wk} \quad \cdots\cdots(9)$$

式中：

V_{wk}——雾化用压缩空气流量，单位为立方米每小时（m^3/h）。

8.1.1.5.2 当使用蒸汽作雾化介质时：

采用实测蒸汽质量 m_w，若实测困难时可取设计值。

8.1.1.5.3 当用氧气作雾化介质时：

$$m_w = V_{wya} \times \rho_{oya} \quad \cdots\cdots(10)$$

式中：

V_{wya}——雾化用氧气流量，单位为立方米每小时（m^3/h）；

ρ_{oya}——标准状态下氧气的密度，单位为千克每立方米（kg/m^3），比照式(4)计算。

8.1.1.6 **漏入空气质量 m_l(kg/h)**

8.1.1.6.1 当使用重油作燃料时：

$$m_l = 1.293 \times (\alpha_c - \alpha_k) \times V_k^o \times m_r \quad \cdots\cdots(11)$$

式中：

α_c——烟气出体系时的过剩空气系数。计算见附录 G；

α_k——烟气离开熔化部时过剩空气系数；

V_k^o——理论空气量，单位为立方米每千克（m^3/kg），计算见附录 G；

m_r——进体系燃料质量，单位为千克每小时（kg/h）。

8.1.1.6.2 当使用气体燃料时：

$$m_l = 1.293 \times (\alpha_c - \alpha_k) \times V_k^o \times V_{or} \quad \cdots\cdots(12)$$

式中：

V_{or}——进体系气体燃料量，单位为立方米每小时（m^3/h）。

注：对于全氧助燃的单元窑，漏入空气量不能忽略时，可根据氧、氮气的比例进行计算。

8.1.1.7 **工业摄像机镜头用压缩空气质量 m_s(kg/h)**

$$m_s = 0.077\,58 V_s \quad \cdots\cdots(13)$$

式中：

V_s——工业摄像机镜头用压缩空气体积流量，单位为升每分钟（L/min）。

8.1.1.8 **进体系物料总质量 m_{zs}(kg/h)**

$$m_{zs} = m_r + m_{zr} + m_p + m_g + m_w + m_l \quad \cdots\cdots(14)$$

8.1.2 **出熔窑体系物料质量计算**

8.1.2.1 **烟气质量 m_y(kg/h)**

$$m_y = V_{oy} \times \rho_0 \quad \cdots\cdots(15)$$

$$V_{oy} = 3\,600 \times S_d \times K_d \times \frac{1}{n}\sum_{i=1}^{n}\sqrt{\Delta P_i} \times \sqrt{\frac{2 \times (P + P_j) \times 273}{\rho_0 \times 101\,325 \times (273 + t_q)}} \quad \cdots\cdots(16)$$

式中：

V_{oy}——出体系时烟气流量，单位为立方米每小时（m^3/h）；

ρ_0——标准状态下气体的密度，单位为千克每立方米（kg/m^3），按式(4)计算；

S_d——测流量断面的截面积，单位为平方米（m^2）；

K_d——毕托管校正系数；

n——测流量断面内的测点数；

ΔP_i——测流量断面内第 i 点的动压值，单位为帕斯卡（Pa）；

P——大气压，单位为帕斯卡（Pa）；

P_j——测流量断面内的静压，单位为帕斯卡（Pa）；

t_q——测流量断面内的气体平均温度，单位为摄氏度（℃）。

8.1.2.2 **玻璃液质量 m_b(kg/h)**

8.1.2.2.1 按出料量计算时：

$$m_{\mathrm{b}}=\sum_{i=1}^{n}\left(\frac{m_{si}}{\tau_{\mathrm{m}i}}\times 60\right)+m_{\mathrm{fb}} \quad \cdots\cdots(17)$$

式中：

n——漏板数量；

m_{si}——第 i 块漏板满筒玻璃纤维原丝(扣除水分和浸润剂)质量,单位为千克(kg)；

$\tau_{\mathrm{m}i}$——第 i 块漏板满筒原丝的拉丝时间,单位为分钟(min)；

m_{fb}——由通路放料孔排放出的玻璃液总流量,单位为千克每小时(kg/h)。

8.1.2.2.2 按投料量计算时：

$$m_{\mathrm{b}}=\frac{m_{\mathrm{p}}}{m_{\mathrm{bf}}+m_{\mathrm{bs}}} \quad \cdots\cdots(18)$$

$$m_{\mathrm{bf}}=\frac{1}{1-m_{\mathrm{fq}}+m_{\mathrm{fs}}} \quad \cdots\cdots(19)$$

$$m_{\mathrm{bs}}=m_{\mathrm{bf}}\times m_{\mathrm{fs}} \quad \cdots\cdots(20)$$

式中：

m_{p}——配合料投料量,单位为千克每小时(kg/h)；

m_{bf}——熔成每千克玻璃液所需粉料(湿基)量,单位为千克每千克(kg/kg),按式(19)计算；

m_{bs}——熔成每千克玻璃液所需废丝量,单位为千克每千克(kg/kg),按式(20)计算；

m_{fq}——每千克粉料(湿基)中逸出气体的质量,单位为千克每千克(kg/kg)；

m_{fs}——每千克粉料(湿基)配成配合料时添加的碎玻璃量,单位为千克每千克(kg/kg)。

8.1.2.3 换热器放空空气质量 m_{fk}(kg/h)

$$m_{\mathrm{fk}}=1.293\times V_{\mathrm{fk}} \quad \cdots\cdots(21)$$

式中：

V_{fk}——换热器放空空气量,单位为立方米每小时($\mathrm{m^3/h}$)。

8.1.2.4 溢流气体质量 m_{ky}(kg/h)

$$m_{\mathrm{ky}}=\sum_{i=1}^{n}V_{\mathrm{k}i}\rho_0 \quad \cdots\cdots(22)$$

式中：

$V_{\mathrm{k}i}$——窑体第 i 个孔口的溢流气体量,单位为立方米每小时($\mathrm{m^3/h}$),按式(23)计算。

$$V_{\mathrm{k}i}=\pm 3\,600\times S_{\mathrm{k}i}\times\mu_i\times\sqrt{\frac{2\times|\Delta P_{\mathrm{k}i}|\times(P+\Delta P_{\mathrm{k}i})\times 273}{\rho_0\times 101\,325\times(t_{\mathrm{k}i}+273)}} \quad \cdots\cdots(23)$$

式中：

$S_{\mathrm{k}i}$——窑体第 i 个孔口的面积,单位为平方米($\mathrm{m^2}$)；

μ_i——窑体第 i 个孔口的溢流系数：

当 $\delta\geqslant 3.5d_{\mathrm{e}}$ 时,$\mu_i=0.82$；

当 $\delta<3.5d_{\mathrm{e}}$ 时,$\mu_i=0.62$。

δ——溢流孔口处窑墙厚度,单位为米(m)；

d_{e}——溢流孔口当量直径,单位为米(m)；

$\Delta P_{\mathrm{k}i}$——孔口内外静压差,单位为帕斯卡(Pa),当 $\Delta P_{\mathrm{k}i}$ 为正值时,$V_{\mathrm{k}i}$ 取正值,当 $\Delta P_{\mathrm{k}i}$ 为负值时,$V_{\mathrm{k}i}$ 取负值；

P——大气压,单位为帕斯卡(Pa)；

ρ_0——标准状态下气体的密度,单位为千克每立方米($\mathrm{kg/m^3}$),按式(4)计算；

$t_{\mathrm{k}i}$——窑体第 i 个孔口溢流气体温度,单位为摄氏度(℃)。

8.1.2.5 出体系其他物料质量 m_{qt}(kg/h)

$$m_{\mathrm{qt}}=m_{\mathrm{zs}}-(m_{\mathrm{y}}+m_{\mathrm{b}}+m_{\mathrm{fk}}+m_{\mathrm{ky}}) \quad \cdots\cdots(24)$$

注：其他出体系物料质量的绝对值占进体系总物料质量的比例应不大于5%,否则应对测定与计算结果进行复核。

8.1.2.6 出体系物料总质量 m_{zc}(kg/h)

$$m_{zc}=m_y+m_b+m_{fk}+m_{ky}+m_{qt} \quad \cdots\cdots (25)$$

8.1.3 熔窑物料平衡表

熔窑物料平衡表见表2。

表2 熔窑物料平衡表

进熔窑物料质量				出熔窑物料质量			
序号	项目	数值 kg/h	百分数 %	序号	项目	数值 kg/h	百分数 %
1	燃料质量 m_r			1	烟气质量 m_y		
2	进熔窑助燃介质质量 m_{zr}			2	玻璃液质量 m_b		
3	配合料质量 m_p			3	换热器放空空气质量 m_{fk}		
4	雾化介质质量 m_w			4	溢流气体质量 m_{ky}		
5	漏入空气质量 m_l			5	其他出体系物料质量 m_{qt}		
6	鼓泡空气质量 m_g						
合计	进体系物料总质量 m_{zs}			合计	出体系物料总质量 m_{zc}		

8.2 通路物料平衡计算

8.2.1 进通路物料

8.2.1.1 通路燃气质量 m_{tr}(kg/h)

$$m_{tr}=V_{tr}\times\rho_0 \quad \cdots\cdots (26)$$

式中:

V_{tr}——进入通路燃气流量,单位为立方米每小时(m^3/h);

ρ_0——标准状态下燃气的密度,单位为千克每立方米(kg/m^3),比照式(4)计算。

8.2.1.2 通路助燃介质质量 m_{tzr}(kg/h)

8.2.1.2.1 当用空气助燃时

$$m_{tzr}=1.293\times V_{tk} \quad \cdots\cdots (27)$$

式中:

V_{tk}——进通路助燃空气流量,单位为立方米每小时(m^3/h)。

8.2.1.2.2 当用氧气助燃时

$$m_{tzr}=V_{tya}\times\rho_{oya} \quad \cdots\cdots (28)$$

式中:

V_{tya}——进体系助燃氧气量,单位为立方米每小时(m^3/h);

ρ_{oya}——标准状态下氧气的密度,单位为千克每立方米(kg/m^3),比照式(4)计算。

8.2.1.3 进入通路的玻璃液量 m_b(kg/h)

同8.1.2.2。

8.2.1.4 进通路物料总质量 m_{tz}(kg/h)

$$m_{tz}=m_{tr}+m_{tzr}+m_b \quad \cdots\cdots (29)$$

8.2.2 出通路物料

8.2.2.1 出通路烟气质量 m_{ty}(kg/h)

$$m_{ty}=\sum_{i=1}^{n}(V_{tyi}\times\rho_{tyi}) \quad \cdots\cdots (30)$$

式中：

V_{tyi}——出通路第 i 个烟道的烟气流量，单位为立方米每小时（m^3/h），计算方法见附录 D；

ρ_{tyi}——通路第 i 个烟道的烟气的密度，单位为千克每立方米（kg/m^3），比照式(4)计算。

8.2.2.2　通路放料漏板放出的玻璃液量 m_{fb}（kg/h）

8.2.2.3　通路成型玻璃液质量 m_{cb}（kg/h）

$$m_{cb} = m_b - m_{fl} \qquad (31)$$

8.2.2.4　出通路其他物料质量 m_{tq}（kg/h）

$$m_{tq} = m_{tz} - (m_{ty} + m_{fb} + m_{cb}) \qquad (32)$$

注：其他出通路物料质量的绝对值占进体系物料总质量的比例应不大于5%，否则应对测定与计算结果进行复核。

8.2.2.5　出通路物料总质量 m_{tzc}（kg/h）

$$m_{tzc} = m_{ty} + m_{fb} + m_{cb} + m_{tq} \qquad (33)$$

8.2.3　通路物料平衡表

通路物料平衡表见表 3。

9　热平衡计算

9.1　熔窑热平衡计算

9.1.1　熔成每千克玻璃液理论耗热量计算

表 3　通路物料平衡表

进通路物料质量　kg/h				出通路物料质量 kg/h			
序号	项　目	数值 kg	百分数 %	序号	项　目	数值 kg	百分数 %
1	燃料质量 m_{tr}			1	通路烟气产出量 m_{ty}		
2	助燃介质质量 m_{tzr}			2	放料漏板放出玻璃液量 m_{fb}		
3	进入通路玻璃液量 m_b			3	成型玻璃液量 m_{cb}		
				4	其他出通路物料质量 m_{tq}		
合计	进通路物料总质量 m_{tz}			合计	出通路物料总质量 m_{tzc}		

9.1.1.1　硅酸盐形成反应耗热 Q_1（kJ/kg）

$$Q_1 = m_{bf} \sum_{i=1}^{n} q_i m_{hi} \qquad (34)$$

式中：

m_{bf}——熔成每千克玻璃液所需粉料（湿基）量，单位为千克每千克（kg/kg）；

q_i——各种原料硅酸盐形成反应热（以千克分解氧化物计），单位为千焦尔每千克（kJ/kg），查附录 F 表 F.4；

m_{hi}——每千克粉料（湿基）中，各种原料引入的分解氧化物质量，单位为千克每千克（kg/kg），见附录 H 表 H.2。

9.1.1.2　形成玻璃液耗热 Q_2（kJ/kg）

$$Q_2 = 347 \times m_{bf} \times (1 - m_{fq}) \qquad (35)$$

式中：

m_{bf}——熔成每千克玻璃液所需粉料（湿基）量，单位为千克每千克（kg/kg）；

m_{fq}——每千克粉料（湿基）中逸出气体的质量，单位为千克每千克（kg/kg）。

9.1.1.3　加热玻璃液到理论澄清温度耗热 Q_3（kJ/kg）

$$Q_3 = c_{bl} \times t_{bl} \qquad (36)$$

式中：

c_{bl}——玻璃液在 0 ℃～t_{bl}℃时的平均比热容，单位为千焦尔每千克每度[kJ/(kg·K)]，计算方法见附录 I；

t_{bl}——玻璃液在黏度为 10 Pa·s 时的温度值，即为玻璃液理论澄清温度，单位为摄氏度(℃)，计算方法见附录 I。

9.1.1.4 蒸发有效水分耗热 Q_4(kJ/kg)

$$Q_4 = 2\ 491 \times m_{bf} \times m_{H_2O} \qquad \cdots\cdots (37)$$

式中：

m_{bf}——熔成每千克玻璃液所需粉料(湿基)量，单位为千克每千克(kg/kg)；

m_{H_2O}——每千克粉料中含有效水质量，单位为千克每千克(kg/kg)。

注：本标准规定，实测水分小于 5%时，有效水分取实测水分值，实测水分大于 5%时，有效水分取 5%。

9.1.1.5 加热配合料中逸出气体各组分到玻璃液理论澄清温度耗热 Q_5(kJ/kg)

$$Q_5 = m_{bf} \times V_{fq} \times c_{fq} \times t_{bl} \qquad \cdots\cdots (38)$$

式中：

m_{bf}——熔成每千克玻璃液所需粉料(湿基)，单位为千克每千克(kg/kg)；

V_{fq}——每千克粉料中逸出气体的体积，单位为立方米每千克(m^3/kg)，计算方法见附录 H 表 H.1；

c_{fq}——在 0 ℃～t_{bl}℃时逸出气体的平均比热容，单位为千焦尔每立方米每度[kJ/(m^3·K)]，按式(39)计算；

$$c_{fq} = 0.01(\sum X_i c_{pi}) \qquad \cdots\cdots (39)$$

式中：

X_i——气体中各组分的体积百分含量(%)；

c_{pi}——气体中第 i 组分的平均定压比热容，单位为千焦尔每立方米每度[kJ/(m^3·K)]，见附录 F 表 F.2、表 F.3；

t_{bl}——玻璃液理论澄清温度。

9.1.1.6 配合料入窑显热 Q_6(kJ/kg)

$$Q_6 = m_{bf} \times c_{fl} \times t_{fl} + m_{bs} \times c_s \times t_s \qquad \cdots\cdots (40)$$

式中：

m_{bf}——熔成每千克玻璃液所需粉料(湿基)量，单位为千克每千克(kg/kg)；

c_{ft}——粉料在 0 ℃～t_{fl}℃时的平均比热容，单位为千焦尔每千克每度[kJ/(kg·K)]，一般取 c_{ft}＝0.963kJ/(kg·K)；

t_{fl}——粉料入窑温度，单位为摄氏度(℃)；

m_{bs}——熔制每千克玻璃液所需废丝玻璃量，单位为千克每千克(kg/kg)；

c_s——废丝玻璃在 0 ℃～t_s℃时的平均比热容，单位为千焦尔每千克每度[kJ/(kg·K)]，计算方法见附录 I；

t_s——废丝玻璃入窑温度，单位为摄氏度(℃)。

9.1.1.7 熔成每千克玻璃液理论耗热量 Q_b(kJ/kg)

$$Q_b = Q_1 + Q_2 + Q_3 + Q_4 + Q_5 - Q_6 \qquad \cdots\cdots (41)$$

注：熔成每千克玻璃液理论耗热量 Q_b，本标准规定：普通无碱玻璃为 3 135 kJ/kg，中碱玻璃为 2 926 kJ/kg。

9.1.2 熔窑有效热 Q_{yx}(kJ/h)

$$Q_{yx} = m_b \times Q_b \qquad \cdots\cdots (42)$$

式中：

m_b——出熔窑玻璃液质量，单位为千克每小时(kg/h)。

9.1.3 **输入体系热量计算**

9.1.3.1 **燃料燃烧热 Q_{rr}(kJ/h)**

9.1.3.1.1 **当使用重油时：**

$$Q_{rr}=m_r\times Q_{dw}^{y} \tag{43}$$

式中：

m_r——进体系燃料质量，单位为千克每小时(kg/h)；

Q_{dw}^{y}——重油低位发热量，单位为千焦尔每千克(kJ/kg)，计算方法见附录C。

9.1.3.1.2 **当使用气体燃料时：**

$$Q_{rr}=V_{or}\times Q_{dw}^{y} \tag{44}$$

式中：

V_{or}——进体系气体燃料量，单位为立方米每小时(m^3/h)；

Q_{dw}^{y}——气体燃料低位发热值，单位为千焦尔每立方米(kJ/m^3)，计算方法见附录C。

9.1.3.2 **燃料显热 Q_{rx}(kJ/h)**

9.1.3.2.1 **当使用重油时：**

$$Q_{rx}=m_r\times c_z\times t_z \tag{45}$$

式中：

m_r——进体系燃料质量，单位为千克每小时(kg/h)；

c_z——重油入体系时的平均比热容，单位为千焦尔每千克每度[kJ/(kg·K)]，按式(46)计算；

$$c_z=1.74+0.002\,5t_z \tag{46}$$

t_z——重油入体系时温度，单位为摄氏度(℃)。

9.1.3.2.2 **当使用气体燃料时：**

$$Q_{rx}=V_{or}\times c_{qr}\times t_{qr} \tag{47}$$

式中：

V_{or}——进体系气体燃料量，单位为立方米每小时(m^3/h)；

c_{qr}——气体燃料在0 ℃～t_{qr}℃时的平均比热容，单位为千焦尔每立方米每度[$kJ/(m^3\cdot K)$]，比照式(38)计算；

t_{qr}——气体燃料入体系时温度，单位为摄氏度(℃)。

9.1.3.3 **助燃介质显热 Q_{zx}(kJ/h)**

9.1.3.3.1 **当使用助燃空气时**

$$Q_{zx}=V_{rlf}\times c_k\times t_k \tag{48}$$

式中：

V_{rlf}——进换热器助燃冷风量，单位为立方米每小时(m^3/h)；

c_k——助燃空气在0 ℃～t_k℃时的平均比热容，单位为千焦尔每立方米每度[$kJ/(m^3\cdot K)$]，查附录F表F.2；

t_k——助燃空气入体系时温度，单位为摄氏度(℃)。

9.1.3.3.2 **当使用助燃氧气时**

$$Q_{zx}=V_{oya}\times c_{ya}\times t_{ya} \tag{49}$$

式中：

V_{oya}——氧气入体系时的流量，单位为立方米每小时(m^3/h)；

c_{ya}——氧气在0 ℃～t_{ya}℃时的平均比热容，单位为千焦尔每立方米每度[$kJ/(m^3\cdot K)$]，比照式(39)计算；

t_{ya}——氧气入体系时的温度，单位为摄氏度(℃)。

9.1.3.4 雾化介质带入热量 Q_{wx}(kJ/h)

9.1.3.4.1 压缩空气作雾化介质时：

$$Q_{wx} = V_{wk} \times c_{wk} \times t_{wk} \qquad \cdots\cdots(50)$$

式中：

V_{wk}——雾化压缩空气流量，单位为立方米每小时(m^3/h)；

c_{wk}——雾化压缩空气在 0 ℃～t_{wk}℃时的平均比热容，单位为千焦尔每立方米每度[$kJ/(m^3 \cdot K)$]，查附录 F 表 F.2；

t_{wk}——雾化压缩空气入体系温度，单位为摄氏度(℃)。

9.1.3.4.2 蒸汽作雾化介质时：

$$Q_{wx} = m_w \times i'' \qquad \cdots\cdots(51)$$

式中：

m_w——雾化蒸汽质量，单位为千克每小时(kg/h)；

i''——入体系蒸汽热焓，单位为千克每千克(kJ/kg)，根据蒸汽压力查饱和蒸汽表或根据蒸汽压力、温度查过热蒸汽表。

9.1.3.4.3 氧气作雾化介质时：

$$Q_{wx} = V_{wya} \times c_{wya} \times t_{wya} \qquad \cdots\cdots(52)$$

式中：

V_{wya}——雾化氧气流量，单位为立方米每小时(m^3/h)；

c_{wya}——雾化氧气在 0 ℃～t_{wya}℃时的平均比热容，单位为千焦尔每立方米每度[$kJ/(m^3 \cdot K)$]，比照式(39)计算；

t_{wya}——雾化氧气入体系时温度，单位为摄氏度(℃)。

9.1.3.5 鼓泡空气显热 Q_g(kJ/h)

$$Q_g = 0.077\ 58 \times c_g \times t_g \times \sum_{i=1}^{n} V_{gi} \qquad \cdots\cdots(53)$$

式中：

c_g——鼓泡空气在 0 ℃～t_g℃时的平均比热容，单位为千焦尔每立方米每度[$kJ/(m^3 \cdot K)$]，查附录 F 表 F.2；

t_g——鼓泡空气入体系时温度，单位为摄氏度(℃)；

V_{gi}——第 i 根鼓泡管进入体系的鼓泡空气量，单位为升每分钟(L/min)。

9.1.3.6 漏入空气显热 Q_{lx}(kJ/h)

9.1.3.6.1 当使用重油时：

$$Q_{lx} = (\alpha_c - \alpha_k) \times V_k^o \times m_r \times c_l \times t_l \qquad \cdots\cdots(54)$$

式中：

α_c——烟气出体系时的空气系数。计算见附录 G；

α_k——烟气离开熔化部时平均空气系数；

V_k^o——理论空气量，单位为立方米每千克(m^3/kg)；

m_r——进体系燃料量，单位为千克每小时(kg/h)；

c_l——漏入空气在 0 ℃～t_l℃时的平均比热容，单位为千焦尔每立方米每度[$kJ/(m^3 \cdot K)$]，查附录 F 表 F.2；

t_l——漏入空气平均温度，单位为摄氏度(℃)。

9.1.3.6.2 当使用气体燃料时：

$$Q_{lx} = (\alpha_c - \alpha_k) \times V_k^o \times V_{or} \times c_l \times t_l \qquad \cdots\cdots(55)$$

式中：

V_{or}——熔窑气体燃料量，单位为立方米每小时(m^3/h)。

9.1.3.7 配合料显热 Q_{px}(kJ/h)

$$Q_{px}=m_b\times Q_6 \quad \cdots\cdots(56)$$

式中：

m_b——出熔窑玻璃液质量，单位为千克每小时(kg/h)；

Q_6——熔成每千克玻璃的配合料入窑显热，单位为千焦尔每千克(kJ/kg)。

9.1.3.8 电能供入热 Q_{jd}(kJ/h)

$$Q_{jd}=\sum_{i=1}^{n}P_{di}\times 3.6\times 10^3 \quad \cdots\cdots(57)$$

式中：

P_{di}——进入熔化部、流液洞上升道等各部分的电功率，单位为千瓦(kW)。

9.1.3.9 输入体系总热量 Q_{zs}(kJ/h)

$$Q_{zs}=Q_{rr}+Q_{rx}+Q_{zx}+Q_{wx}+Q_g+Q_{lx}+Q_{px}+Q_{jd} \quad \cdots\cdots(58)$$

9.1.4 输出体系热量计算

9.1.4.1 玻璃液带出显热 Q_{bx}(kJ/h)

$$Q_{bx}=m_b\times c_{bc}\times t_{bc} \quad \cdots\cdots(59)$$

式中：

m_b——出体系玻璃液质量，单位为千克每小时(kg/h)；

c_{bc}——玻璃液在 0 ℃～t_{bc} ℃时的平均比热容，单位为千焦尔每千克每度[kJ/(kg·K)]，计算方法见附录 I；

t_{bc}——玻璃液出熔窑体系时温度，单位为摄氏度(℃)。

9.1.4.2 玻璃液带出潜热 Q_{bq}(kJ/h)

$$Q_{bq}=m_b\times(Q_1+Q_2+2\,491\times m_{bf}\times m'_{H_2O}) \quad \cdots\cdots(60)$$

式中：

m_b——出熔窑玻璃液质量，单位为千克每小时(kg/h)；

Q_1——硅酸盐形成反应热，单位为千焦尔每千克(kJ/kg)；

Q_2——形成玻璃液耗热，单位为千焦尔每千克(kJ/kg)；

m_{bf}——熔成每千克玻璃液所需粉料(湿基)量，单位为千克每千克(kg/kg)；

m'_{H_2O}——每千克粉料中实测含水质量，单位为千克每千克(kg/kg)。

9.1.4.3 池窑表面散热 Q_{sr}(kJ/h)

$$Q_{sr}=\sum_{i=1}^{n}(S_{bi}q_{sri}) \quad \cdots\cdots(61)$$

式中：

S_{bi}——池窑表面第 i 部位的表面积，单位为平方米(m^2)；

q_{sri}——池窑表面第 i 部位的表面热流密度，单位为千焦尔每平方米每度[kJ/(m^2·h)]，用热流计直接测量，或按式(62)计算。

$$q_{sri}=\alpha_i\times(t_{wi}-t_{0i}) \quad \cdots\cdots(62)$$

式中：

α_i——对流辐射换热系数，单位为千焦尔每平方米每小时每度[kJ/(m^2·h·K)]，按式(63)计算。

$$\alpha_i=A_w\times(t_{wi}-t_{0i})^{1/4}+\frac{20.4\times\varepsilon_i\times\left[\left(\frac{t_{wi}+273}{100}\right)^4-\left(\frac{t_{0i}+273}{100}\right)^4\right]}{t_{wi}-t_{0i}} \quad \cdots\cdots(63)$$

式中：

A_w——取决于散热面位置的系数，按表4取值；

ε_i——窑墙第 i 部位外表面黑度；

t_{wi}——窑体第 i 部位外表面温度，单位为摄氏度(℃)；

t_{0i}——环境温度，单位为摄氏度(℃)。

表4　A_w 系数值

散热面位置	散热面向上	散热面垂直	散热面向下
A_w	11.7	9.2	7.5

9.1.4.4　孔口辐射散热 Q_{kf}(kJ/h)

9.1.4.4.1　孔口敞开时：

$$Q_{kf}=\sum_{i=1}^{n}\left\{c_0\times\left[\left(\frac{t_{fi}+273}{100}\right)^4-\left(\frac{t_{0i}+273}{100}\right)^4\right]\times\Phi_i\times S_{ki}\right\} \quad\cdots\cdots(64)$$

式中：

c_0——黑体辐射系数，$c_0=20.4\ \mathrm{kJ/(m^2\cdot h\cdot K^4)}$；

t_{fi}——窑体第 i 个孔口的辐射温度，单位为摄氏度(℃)；

t_{0i}——环境温度，单位为摄氏度(℃)；

Φ_i——窑体第 i 个孔口的门孔系数，取决于孔的形状、尺寸及窑墙的厚度，查图2；

S_{ki}——窑体第 i 个孔口的面积，单位为平方米($\mathrm{m^2}$)。

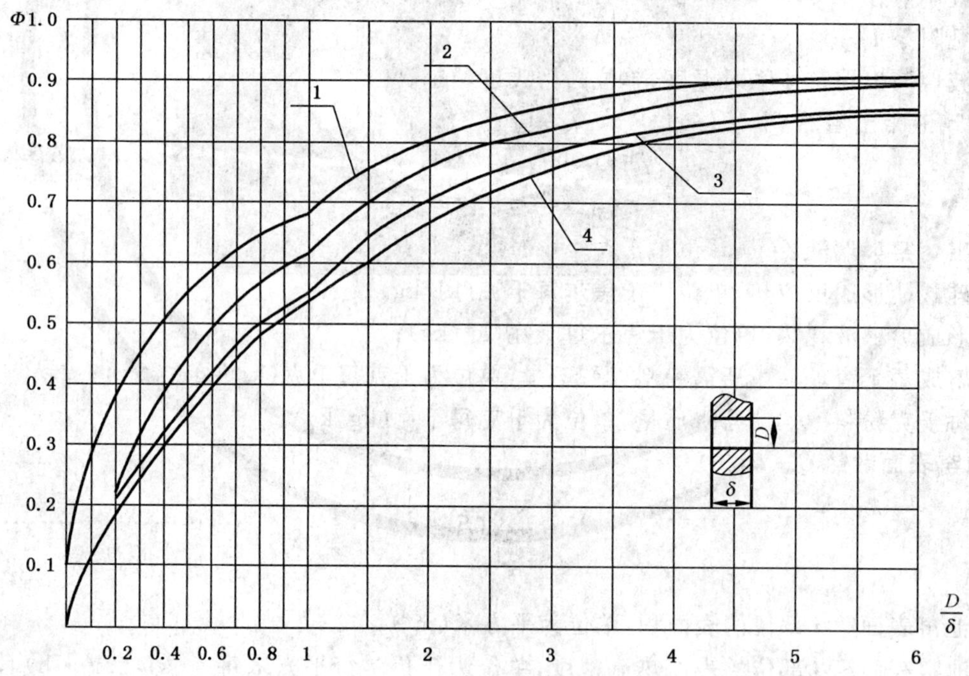

1——伸长的长方形；

2——长方形(2∶1)；

3——正方形；

4——圆形；

$\frac{D}{\delta}$——孔的直径或最小宽度与墙厚之比。

图2　门孔系数计算图

9.1.4.4.2 孔口用金属板盖住时：

$$Q_{\mathrm{kf}}=\sum_{i=1}^{n}\left\{\varepsilon_{\mathrm{m}}\times c_0\times\left[\left(\frac{t_{\mathrm{f}i}+273}{100}\right)^4-\left(\frac{t_{0i}+273}{100}\right)^4\right]\times\frac{\Phi_i}{1+\Phi_i}\times S_{\mathrm{k}i}\right\} \quad\cdots\cdots(65)$$

式中：

ε_{m}——金属板的黑度，一般取 $\varepsilon_{\mathrm{m}}=0.8$。

9.1.4.4.3 孔口用板砖盖住时：

$$Q_{\mathrm{kf}}=3.6\times\sum_{i=1}^{n}\left(\frac{\lambda}{\delta_i}\times S_{\mathrm{k}i}\times\Delta t_i\right) \quad\cdots\cdots(66)$$

式中：

λ——板砖的导热系数，单位为瓦每米每度[W/(m·K)]；

δ_i——板砖的厚度，单位为米(m)；

$S_{\mathrm{k}i}$——窑体第 i 个孔口的面积，单位为平方米(m^2)；

Δt_i——窑体第 i 个孔口板砖的内外表面温差，单位为摄氏度(℃)。

9.1.4.5 换热器放空空气散热 Q_{fx}(kJ/h)

$$Q_{\mathrm{fx}}=V_{\mathrm{fk}}\times t_{\mathrm{fk}}\times c_{\mathrm{fk}} \quad\cdots\cdots(67)$$

式中：

V_{fk}——换热器放空空气量，单位为立方米每小时(m^3/h)；

t_{fk}——换热器放空空气温度，单位为摄氏度(℃)；

c_{fk}——换热器放空空气在 0 ℃～t_{fk}℃时的平均比热容，单位为千焦尔每立方米每度[kJ/(m^3·K)]。

9.1.4.6 孔口溢流气体显热 Q_{ky}(kJ/h)

$$Q_{\mathrm{ky}}=\sum_{i=1}^{n}(V_{\mathrm{k}i}\times c_{\mathrm{k}i}\times t_{\mathrm{k}i}) \quad\cdots\cdots(68)$$

式中：

$V_{\mathrm{k}i}$——窑体第 i 个孔口的溢流气体量，单位为立方米每小时(m^3/h)；

$c_{\mathrm{k}i}$——窑体第 i 个孔口的溢流气体在 0 ℃～$t_{\mathrm{k}i}$℃时的平均比热容，单位为千焦尔每立方米每度[kJ/(m^3·K)]，比照式(39)计算；

$t_{\mathrm{k}i}$——窑体第 i 个孔口的溢流气体温度，单位为摄氏度(℃)。

9.1.4.7 冷却水带出热 Q_{ls}(kJ/h)

$$Q_{\mathrm{ls}}=4.186\,8\sum_{i=1}^{n}[m_{\mathrm{ls}i}\times(t'_{\mathrm{ls}i}-t_{\mathrm{ls}i})] \quad\cdots\cdots(69)$$

式中：

$m_{\mathrm{ls}i}$——进出第 i 个冷却水箱的冷却水质量，单位为千克每小时(kg/h)；

$t'_{\mathrm{ls}i}$——第 i 个冷却水箱出水温度，单位为摄氏度(℃)；

$t_{\mathrm{ls}i}$——第 i 个冷却水箱进水温度，单位为摄氏度(℃)。

9.1.4.8 冷却风带出热 Q_{lf}(kJ/h)

$$Q_{\mathrm{lf}}=V_{\mathrm{lf}}\times(c'_{\mathrm{lf}}\times t'_{\mathrm{lf}}-c_{\mathrm{lf}}\times t_{\mathrm{lf}}) \quad\cdots\cdots(70)$$

式中：

V_{lf}——冷却风量，单位为立方米每小时(m^3/h)，用毕托管测量时，计算方法见附录 D；

c'_{lf}——0 ℃～t'_{lf}℃返射风平均比热容，单位为千焦尔每立方米每度[kJ/(m^3·K)]，查附录 F 表 F.2；

t'_{lf}——吹向窑体后的返射风温度，单位为摄氏度(℃)；

c_{lf}——0 ℃～t_{lf}℃冷却风平均比热容，单位为千焦尔每立方米每度[kJ/(m^3·K)]，查附录 F 表 F.2；

t_{lf}——吹向窑体前的冷却风温度，单位为摄氏度(℃)。

9.1.4.9 **烟气显热 Q_{yq}(kJ/h)**

$$Q_{yq}=V_{oy}\times c_y\times t_y \qquad (71)$$

式中：

V_{oy}——出熔窑体系的烟气流量，单位为立方米每小时(m^3/h)；

c_y——0 ℃～t_y℃烟气平均比热容，单位为千焦尔每立方米每度[kJ/(m^3·K)]，比照式(39)计算；

t_y——烟气出体系时平均温度，单位为摄氏度(℃)。

9.1.4.10 **蒸汽潜热 Q_{wq}(kJ/h)**

$$Q_{wq}=r\times W_{ym}\times V_{oy} \qquad (72)$$

式中：

r——水的汽化热，单位为千焦尔每千克(kJ/kg)；

W_{ym}——烟气中水汽的质量含量，单位为千克每立方米(kg/m^3)，计算见附录E；

V_{oy}——出体系的烟气流量，单位为立方米每小时(m^3/h)。

9.1.4.11 **燃料化学不完全燃烧热损失 Q_{rh}(kJ/h)**

$$Q_{rh}=(126\times V'_{co}+108\times V'_{H_2})\times V_{oy} \qquad (73)$$

式中：

V'_{co}、V'_{H_2}——出体系烟气中一氧化碳、氢气的体积百分含量。

9.1.4.12 **其他热损失 Q_{qt}(kJ/h)**

$$Q_{qt}=Q_{zs}-(Q_{bx}+Q_{bq}+Q_{sr}+Q_{kf}+Q_{fx}+Q_{ky}+Q_{ls}+Q_{lf}+Q_{yq}+Q_{wq}+Q_{rh}) \qquad (74)$$

注：其他热损失的绝对值占总收入热的比例不大于5%，否则应对测定与计算结果进行复核。

9.1.4.13 **输出体系总热量 Q_{zc}(kJ/h)**

$$Q_{zc}=Q_{bx}+Q_{bq}+Q_{sr}+Q_{kf}+Q_{fx}+Q_{ky}+Q_{ls}+Q_{lf}+Q_{yq}+Q_{wq}+Q_{rh}+Q_{qt} \qquad (75)$$

9.1.5 熔窑热平衡表

熔窑热平衡表见表5。

9.2 通路热平衡计算

9.2.1 通路收入热量计算

9.2.1.1 **通路输入热 Q_{shr}(kJ/h)**

9.2.1.1.1 **使用气体燃料时**

$$Q_{shr}=V_{tr}\times Q_{dw}^{y} \qquad (76)$$

式中：

V_{tr}——进入通路的气体燃料量，单位为立方米每小时(m^3/h)；

Q_{dw}^{y}——通路气体燃料低位发热值，单位为千焦尔每立方米(kJ/m^3)。

9.2.1.1.2 **使用电能供给热量时(不包括成型漏板供给电能)**

$$Q_{shr}=\sum_{i=1}^{n}P_{di}\times 3.6\times 10^3 \qquad (77)$$

式中：

P_{di}——进入通路各部分的电功率，单位为千瓦(kW)。

9.2.1.2 **通路气体燃料显热 Q_{trx}(kJ/h)**

$$Q_{trx}=V_{tr}\times c_{qr}\times t_{qr} \qquad (78)$$

式中：

c_{qr}——气体燃料在0 ℃～t_{qr}℃时进通路时的平均比热容，单位为千焦尔每立方米每度[kJ/(m^3·K)]，比照式(39)计算；

t_{qr}——气体燃料进通路时的温度，单位为摄氏度(℃)。

表 5　熔窑热平衡表

输入体系热量				输出体系热量			
序号	项目	数值 kJ/h	百分数 %	序号	项目	数值 kJ/h	百分数 %
1	燃料燃烧热 Q_{rr}			1	玻璃液带出显热 Q_{px}		
2	燃料显热 Q_{rx}			2	玻璃液带出潜热 Q_{bq}		
3	助燃介质显热 Q_{zx}			3	池窑表面散热 Q_{sr}		
4	雾化介质显热 Q_{wx}			4	孔口辐射散热 Q_{kf}		
5	鼓泡空气显热 Q_{g}			5	换热器放空空气散热 Q_{fx}		
6	漏入空气显热 Q_{lx}			6	孔口溢流气体显热 Q_{ky}		
7	配合料显热 Q_{px}			7	冷却水带出热 Q_{ls}		
8	电能供给热 Q_{jd}			8	冷却风带出热 Q_{lf}		
				9	烟气显热 Q_{yq}		
				10	蒸汽潜热 Q_{wq}		
				11	燃料化学不完全燃料热损失 Q_{rh}		
				12	其他热损失 Q_{qt}		
合计	输入体系总热量 Q_{zs}			合计	输出体系总热量 Q_{zc}		

9.2.1.3　通路助燃介质显热 Q_{tzx}(kJ/h)

9.2.1.3.1　当使用助燃空气时

$$Q_{tzx}=V_{tk}\times c_{k}\times t_{k} \qquad \cdots\cdots(79)$$

式中：

V_{tk}——进通路助燃空气量，单位为立方米每小时(m^3/h)；

c_{k}——助燃空气在 0 ℃～t_k℃时的平均比热容，单位为千焦尔每立方米每度[kJ/(m^3·K)]，查附录 F 表 F.2；

t_{k}——助燃空气入体系的温度，单位为摄氏度(℃)。

9.2.1.3.2　当使用助燃氧气时

$$Q_{tzx}=V_{tya}\times c_{ya}\times t_{ya} \qquad \cdots\cdots(80)$$

式中：

V_{tya}——进通路助燃氧气流量，单位为立方米每小时(m^3/h)；

c_{ya}——氧气在 0 ℃～t_{ya}℃时的平均比热容，单位为千焦尔每立方米每度[kJ/(m^3·K)]，比照式(39)计算；

t_{ya}——助燃氧气进体系的温度，单位为摄氏度(℃)。

9.2.1.4　玻璃液带入热量 Q_{bx}(kJ/h)

同 9.1.4.1。

9.2.1.5　输入通路总热量 Q_{tz}(kJ/h)

$$Q_{tz}=Q_{shr}+Q_{trx}+Q_{tzx}+Q_{bx} \qquad \cdots\cdots(81)$$

9.2.2　通路支出热量

9.2.2.1　成型玻璃液带走热量 Q_{cb}(kJ/h)

$$Q_{cb}=\sum_{i=1}^{n}(m_{cbi}\times c_{cbi}\times t_{cbi}) \qquad \cdots\cdots(82)$$

式中：

m_{cbi}——第 i 块漏板玻璃液流量，单位为千克每小时(kg/h)；

c_{cbi}——玻璃在 0 ℃～t_{cbi}℃时的平均比热容，单位为千焦尔每千克每度[kJ/(kg·K)]；

t_{cbi}——第 i 块流液槽砖中玻璃液的温度，单位为摄氏度(℃)。

9.2.2.2 放料玻璃流股带走的热量 Q_{fb}(kJ/h)

$$Q_{fb}=m_{fb}\times c_{fb}\times t_{fb} \quad \cdots\cdots(83)$$

式中：

m_{fb}——放料玻璃液的质量，单位为千克每小时(kg/h)；

c_{fb}——玻璃液在 0 ℃～t_{fb}℃时的平均比热容，单位为千焦尔每千克每度[kJ/(kg·K)]；

t_{fb}——放料玻璃液温度，单位为摄氏度(℃)。

9.2.2.3 通路表面散热 Q_{tsr}(kJ/h)

$$Q_{tsr}=\sum_{i=1}^{n}(q_{sri}\times S_{bi}) \quad \cdots\cdots(84)$$

式中：

n——通路表面的测定部位数；

q_{sri}——通路第 i 部位表面散热热流密度，单位为千焦尔每平方米每度[kJ/(m²·h)]，用热流计直接测量，或按式(62)计算；

S_{bi}——通路表面第 i 部位的表面积，单位为平方米(m²)。

9.2.2.4 通路烟气带走热量 Q_{tyq}(kJ/h)

$$Q_{tyq}=\sum_{i=1}^{n}(V_{tyi}\times c_{tyi}\times t_{yi}) \quad \cdots\cdots(85)$$

式中：

n——烟囱的数量；

V_{tyi}——第 i 个烟囱的烟气流量，单位为立方米每小时(m³/h)；

c_{tyi}——第 i 个烟囱烟气在 0 ℃～t_{yi}℃时的平均比热容，单位为千焦尔每千克每度[kJ/(kg·K)]，比照式(39)计算；

t_{yi}——第 i 个烟囱烟气的温度，单位为摄氏度(℃)。

9.2.2.5 通路水箱冷却水带走热量 Q_{tls}(kJ/h)

$$Q_{tls}=4.186\,8\sum[m_{lsi}\times(t'_{lsi}-t_{lsi})] \quad \cdots\cdots(86)$$

式中：

m_{lsi}——进出第 i 个冷却水箱的冷却水量，单位为千克每小时(kg/h)；

t'_{lsi}——第 i 个冷却水箱的出水温度，单位为摄氏度(℃)；

t_{lsi}——第 i 个冷却水箱的进水温度，单位为摄氏度(℃)。

9.2.2.6 通路孔口辐射热损失 Q_{tkf}(kJ/h)

$$Q_{tkf}=c_0\sum_{i=1}^{n}\left\{\left[\left(\frac{t_{fi}+273}{100}\right)^4-\left(\frac{t_{0i}+273}{100}\right)^4\right]\times \Phi_i\times S_{ki}\right\} \quad \cdots\cdots(87)$$

式中：

c_0——黑体辐射系数；

t_{fi}——通路第 i 个孔口的辐射温度，单位为摄氏度(℃)；

t_{0i}——环境温度，单位为摄氏度(℃)；

Φ_i——通路第 i 个孔口的门孔系数，取决于孔的形状、尺寸及窑墙厚度，查图 2；

S_{ki}——通路第 i 个孔口的面积，单位为平方米(m²)。

9.2.2.7 通路其他热损失 Q_{tqt}(kJ/h)

$$Q_{tqt}=Q_{tz}-(Q_{cb}+Q_{fb}+Q_{tsr}+Q_{tyq}+Q_{tls}+Q_{tkf}) \quad \cdots\cdots(88)$$

注:通路其他热损失的绝对值占总收入热的比例不大于5%,否则应对测定与计算结果进行复核。

9.2.2.8 输出通路总热量 Q_{tzc}(kJ/h)

$$Q_{tzc}=Q_{cb}+Q_{fb}+Q_{tsr}+Q_{tyq}+Q_{tls}+Q_{tkf}+Q_{tqt} \quad \cdots\cdots(89)$$

9.2.3 通路热平衡表

通路热平衡表见表6。

表6 通路热平衡表

输入体系热量				输出体系热量			
序号	项目	数值 kJ/h	百分数 %	序号	项目	数值 kJ/h	百分数 %
1	通路输入热 Q_{shr}			1	成型玻璃液带走热量 Q_{cb}		
2	气体燃料显热 Q_{trx}			2	放料玻璃液带走热量 Q_{fb}		
3	助燃介质显热 Q_{tzx}			3	通路表面散热 Q_{tsr}		
4	玻璃液带入热量 Q_{bx}			4	通路烟气带走热量 Q_{tyq}		
				5	水箱冷却水带走热量 Q_{tls}		
				6	辐射热损失 Q_{tkf}		
				7	其他热损失 Q_{tqt}		
合计	输入通路总热量 Q_{tz}			合计	输出通路总热量 Q_{tzc}		

10 热效率计算

10.1 熔窑热效率 η(%)

$$\eta=\frac{Q_{yx}}{Q_{zs}}\times 100\% \quad \cdots\cdots(90)$$

式中:

Q_{yx}——熔窑有效热,单位为千焦尔每小时(kJ/h);

Q_{zs}——输入熔窑体系总热量,单位为千焦尔每小时(kJ/h)。

10.2 全窑(熔窑+通路)热效率 η_z(%)

$$\eta_z=\frac{Q_{yx}}{Q_{zs}+Q_{tz}-Q_{bx}}\times 100\% \quad \cdots\cdots(91)$$

式中:

Q_{tz}——输入通路总热量,单位为千焦尔每小时(kJ/h);

Q_{bx}——玻璃液带入通路热量,单位为千焦尔每小时(kJ/h)。

10.3 熔窑单位玻璃能耗 q_{rh}(kJ/kg)

$$q_{rh}=\frac{Q_{zs}}{m_b} \quad \cdots\cdots(92)$$

式中:

Q_{zs}——输入熔窑体系总热量,单位为千焦尔每小时(kJ/h);

m_b——玻璃液质量,单位为千克每小时(kg/h)。

10.4 全窑(熔窑+通路)单位玻璃的能耗 q_{qh}(kJ/kg)

$$q_{qh}=\frac{Q_{zs}+Q_{tz}-Q_{bx}}{m_b} \quad \cdots\cdots(93)$$

式中:

Q_{zs}——输入熔窑体系总热量,单位为千焦尔每小时(kJ/h);

Q_{tz}——输入通路总热量,单位为千焦尔每小时(kJ/h);

Q_{bx}——玻璃液带入通路热量,单位为千焦尔每小时(kJ/h);

m_b——玻璃液质量,单位为千克每小时(kg/h)。

附 录 A
（规范性附录）
符号与单位

符号与单位见表 A.1。

表 A.1

序号	符号	说　　明	单　位
1	A_w	取决于散热面位置的系数	
2	c_b	玻璃液的平均比热容	kJ/(kg·K)
3	c_{bc}	玻璃液出熔窑体系时的平均比热容	kJ/(kg·K)
4	c_{cbi}	玻璃液出流液槽砖的平均比热容	kJ/(kg·K)
5	c_{bl}	玻璃在理论澄清温度时的平均比热容	kJ/(kg·K)
6	c_{fb}	玻璃液放料流股的平均比热容	kJ/(kg·K)
7	c_{fl}	粉料入窑时的平均比热容	kJ/(kg·K)
8	c_{fq}	逸出气体在理论澄清温度时的平均比热容	kJ/(m^3·K)
9	c_k	助燃空气入体系时的平均比热容	kJ/(m^3·K)
10	c_l	漏入空气的平均比热容	kJ/(m^3·K)
11	c_{lf}	吹向窑体前的冷却风平均比热容	kJ/(m^3·K)
12	c'_{lf}	吹向窑体后的返射风平均比热容	kJ/(m^3·K)
13	c_0	黑体辐射系数	kJ/(m^2·K^4·h)
14	c_{pi}	气体中第 i 组分的平均定压比热容	kJ/(m^3·K)
15	c_{qr}	气体燃料入体系时的平均比热容	kJ/(m^3·K)
16	c_s	碎玻璃入窑时的平均比热容	kJ/(kg·K)
17	c_{wk}	雾化用压缩空气入体系时的平均比热容	kJ/(m^3·K)
18	c_y	烟气出体系时的平均比热容	kJ/(m^3·K)
19	c_{ya}	氧气进体系时的平均比热容	kJ/(m^3·K)
20	c_{tyi}	通路第 i 个烟囱烟气平均比热容	kJ/(m^3·K)
21	c_{ki}	窑体第 i 个孔口的溢流气体平均比热容	kJ/(m^3·K)
22	c_z	重油入体系时的平均比热容	kJ/(kg·K)
23	c_{wya}	雾化氧气入体系时的平均比热容	kJ/(m^3·K)
24	c_{fk}	换热器放空空气在出体系时的平均比热容	kJ/(m^3·K)
25	c_g	鼓泡空气入体系时的平均比热容	kJ/(m^3·K)
26	d_e	孔口当量直径	m
27	I	平均电流	A
28	I_i	测定的某次电流	A
29	I''	入体系蒸汽比热焓	kJ/kg
30	K_d	毕托管校正系数	

表 A.1（续）

序号	符号	说　　明	单　位
31	K_i	电流互感器倍率	
32	K_u	电压互感器倍率	
33	m_b	出熔窑体系玻璃液质量(进通路玻璃液质量)	kg/h
34	m_{bf}	熔成每千克玻璃液所需粉料(湿基)量	kg/kg
35	m_{bs}	熔制每千克玻璃液所需废丝量	kg/kg
36	m_{cb}	通路成型玻璃液质量	kg/h
37	m_f	每付粉料(湿基)的质量	kg
38	m_{fq}	每千克粉料(湿基)中逸出气体的质量	kg/kg
39	m_{fs}	每千克粉料(湿基)配成配合料时添加的碎玻璃量	kg/kg
40	m_g	鼓泡空气质量	kg/h
41	m_{H_2O}	每千克粉料中含有效水质量	kg/kg
42	m'_{H_2O}	每千克粉料中实测含水质量	kg/kg
43	m_{hi}	每千克粉料(湿基)中,各种原料引入的分解氧化物质量	kg/kg
44	m_{ky}	溢流气体质量	kg/h
45	m_l	漏入空气质量	kg/h
46	m_s	工业摄像机镜头用压缩空气质量	kg/h
47	m_{si}	第 i 块漏板满筒玻璃纤维原丝(扣除水分和浸润剂)质量	kg
48	m_{lsi}	进出第 i 个冷却水箱的冷却水质量	kg/h
49	m_p	入窑配合料质量	kg/h
50	m_{fk}	换热器放空空气质量	kg/h
51	m_{qt}	出体系其他物料质量	kg/h
52	m_{rlf}	进换热器助燃冷风质量	kg/h
53	m_r	进体系燃料质量	kg/h
54	m_w	雾化介质质量	kg/h
55	m_y	出体系烟气质量	kg/h
56	m_{zr}	进体系助燃介质质量	kg/h
57	m_{zc}	出体系物料总质量	kg/h
58	m_{zs}	进体系物料总质量	kg/h
59	m_{tr}	进通路燃气质量	kg/h
60	m_{tzr}	进通路助燃介质质量	kg/h
61	m_{tya}	进通路氧气质量	kg/h
62	m_{tz}	进通路物料总质量	kg/h
63	m_{ty}	出通路烟气质量	kg/h
64	m_{fb}	放料玻璃液总流量	kg/h
65	m_{cb}	通路成型玻璃液质量	kg/h

表 A.1(续)

序号	符号	说　　明	单　位
66	m_{tq}	出通路其他物料质量	kg/h
67	m_{tzc}	出通路物料总质量	kg/h
68	m_{cbi}	第 i 块漏板玻璃液流量	kg/h
69	n_p	测定期间平均日投料付数	
70	V_{N_2}	气体燃料中氮气中的体积分数	%
71	V'_{N_2}	烟气中氮气的体积分数	%
72	V_{O_2}	气体燃料中氧气的体积分数	%
73	V'_{O_2}	烟气中氧气的体积分数	%
74	V_S	工业摄像机镜头用压缩空气体积流量	L/min
75	V_{CH_4}	气体燃料中甲烷的体积分数	%
76	$V_{C_nH_m}$	气体燃料中不饱和烃的体积分数	%
77	V_{CO}	气体燃料中一氧化碳的体积分数	%
78	V'_{CO}	烟气中一氧化碳的体积分数	%
79	V_{CO_2}	气体燃料中二氧化碳的体积分数	%
80	V'_{CO_2}	烟气中二氧化碳的体积分数	%
81	V_{H_2}	气体燃料中氢气的体积分数	%
82	V'_{H_2}	烟气中氢气的体积分数	%
83	P	大气压	Pa
84	P_{cp}	平均电功率	kW
85	P_{di}	供入体系各部分电功率	kW
86	ΔP_i	测流量断面内第 i 点的动压值	Pa
87	P_j	测流量断面内的静压	Pa
88	ΔP_{ki}	孔口内外静压差	Pa
89	q_i	各种原料硅酸盐形成反应热(以千克分解氧化物计)	kJ/kg
90	Q_1	硅酸盐形成反应耗热	kJ/kg
91	Q_2	形成玻璃液耗热	kJ/kg
92	Q_3	加热玻璃液到理论澄清温度耗热	kJ/kg
93	Q_4	蒸发有效水分耗热	kJ/kg
94	Q_5	加热配合料逸出气体各组分到玻璃液理论澄清温度耗热	kJ/kg
95	Q_6	配合料入窑显热	kJ/kg
96	Q_b	熔成每千克玻璃液理论耗热量	kJ/kg
97	Q_{bx}	玻璃液带出熔窑显热(玻璃液带入通路显热)	kJ/h
98	Q_{bq}	玻璃液带出潜热	kJ/h
99	Q_{cb}	通路成型玻璃液带走热量	kJ/h
100	Q_{dw}^{y}	燃料低位发热量	kJ/kg 或 kJ/m^3

表 A.1（续）

序号	符号	说　　明	单　位
101	Q_{fb}	放料玻璃液流股带走的热量	kJ/h
102	Q_{jd}	电能供入热	kJ/h
103	Q_{kf}	孔口辐射散热	kJ/h
104	Q_{zx}	助燃介质显热	kJ/h
105	Q_{ky}	孔口溢流气体显热	kJ/h
106	Q_{lf}	冷却风带出热	kJ/h
107	Q_{ls}	冷却水带出热	kJ/h
108	Q_{lx}	漏入空气显热	kJ/h
109	Q_{px}	配合料显热	kJ/h
110	Q_{gr}	电供给热	kJ/h
111	Q_{qt}	其他热损失	kJ/h
112	Q_{rh}	燃料化学不完全燃烧热损失	kJ/h
113	Q_{rr}	燃料燃烧热	kJ/h
114	Q_{rx}	燃料显热	kJ/h
115	Q_{sr}	池窑表面散热	kJ/h
116	Q_{rlx}	进换热器冷助燃空气显热	kJ/h
117	Q_{gx}	鼓泡空气显热	kJ/h
118	Q_{wq}	蒸汽潜热	kJ/h
119	Q_{wx}	雾化介质带入热量	kJ/h
120	Q_{yq}	烟气显热	kJ/h
121	Q_{yx}	有效热	kJ/h
122	Q_{zc}	输出体系总热量	kJ/h
123	Q_{zs}	输入熔窑体系总热量	kJ/h
124	Q_{shr}	通路输入热	kJ/h
125	Q_{trx}	通路气体燃料显热	kJ/h
126	Q_{tzx}	通路助燃介质显热	kJ/h
127	Q_{tz}	输入通路总热量	kJ/h
128	Q_{tsr}	通路表面散热	kJ/h
129	Q_{tyq}	通路烟气带走热量	kJ/h
130	Q_{tls}	通路冷却水带走热量	kJ/h
131	Q_{tkf}	通路孔口辐射热损失	kJ/h
132	Q_{tqt}	通路其他热损失	kJ/h
133	Q_{tzc}	输出通路总热量	kJ/h
134	Q_{fx}	换热器放空空气带走热量	kJ/h
135	q_{sri}	池窑表面第 i 部位的表面热流密度	kJ/(m^2·h)

表 A.1（续）

序号	符号	说　　明	单　位
136	q_{rh}	熔窑单位玻璃的能耗	kJ/kg
137	q_{qh}	全窑(熔窑＋通路)单位玻璃的能耗	kJ/kg
138	r	水的汽化热	kJ/kg
139	S_{bi}	熔窑表面第 i 部位的表面积	m^2
140	S_d	测流量断面的截面积	m^2
141	S_{ki}	窑体第 i 个孔口的面积	m^2
142	S_{tbi}	通路表面第 i 部位的表面积	m^2
143	t_{bc}	玻璃液出熔窑体系时温度	℃
144	t_{cbi}	出第 i 块流液槽砖中玻璃液的温度	℃
145	t_{bl}	玻璃液理论澄清温度	℃
146	t_{fi}	窑体第 i 个孔口的辐射温度	℃
147	t_{fb}	放料玻璃液温度	℃
148	t_{fl}	粉料入窑温度	℃
149	Δt_i	窑体第 i 个孔口板砖的内外表面温差	℃
150	t_k	助燃空气入体系时温度	℃
151	t_l	漏入空气平均温度	℃
152	t_g	鼓泡空气入熔窑体系时的温度	℃
153	t_{lf}	吹向窑体前的冷却风温度	℃
154	t'_{lf}	吹向窑体后的返射风温度	℃
155	t_{lsi}	第 i 个冷却水箱进水温度	℃
156	t'_{lsi}	第 i 个冷却水箱出水温度	℃
157	t_{0i}	环境温度	℃
158	t_q	测流量断面内的气体平均温度	℃
159	t_{qr}	气体燃料入体系温度	℃
160	t_r	重油流经流量计时的温度	℃
161	t_s	碎玻璃入窑温度	℃
162	t_{wi}	窑体第 i 部位外表面温度	℃
163	t_{wk}	压缩空气入体系时温度	℃
164	t_{ya}	助燃氧气入体系时的温度	℃
165	t_{wya}	雾化氧气入体系时的温度	℃
166	t_y	烟气出体系时平均温度	℃
167	t_{yi}	通路第 i 个烟囱烟气温度	℃
168	t_{ki}	窑体第 i 个孔口溢流气体温度	℃
169	t_{fk}	换热器放空空气温度	℃
170	t_z	重油入体系时温度	℃

表 A.1(续)

序号	符号	说　　明	单　位
171	U	平均电压	V
172	U_i	测定的某次电压	V
173	V_{fq}	每千克粉料中逸出气体的体积	m^3/kg
174	V_{gi}	窑内第 i 根鼓泡管鼓入空气流量	L/min
175	V_k^o	理论空气量	m^3/kg 或 m^3/m^3
176	V_{lf}	冷却风量	m^3/h
177	V_{or}	熔窑气体燃料量	m^3/h
178	V_{rlf}	进换热器助燃冷风量	m^3/h
179	V_{fk}	换热器放空空气流量	m^3/h
180	V_{oq}	测流量断面内气体(烟气、空气、煤气等)的流量	m^3/h
181	V_{wk}	雾化压缩空气流量	m^3/h
182	V_{wya}	雾化用氧气流量	m^3/h
183	V_{oy}	出熔窑体系的烟气流量	m^3/h
184	V_{oya}	进熔窑体系助燃氧气量	m^3/h
185	V_r	测定期间平均日耗油量	m^3/d
186	V_{tyi}	通路第 i 个烟囱的烟气流量	m^3/h
187	V_{ki}	窑体第 i 个孔口的溢流气体量	m^3/h
188	V_{tr}	进通路燃气流量	m^3/h
189	V_{tk}	进通路助燃空气流量	m^3/h
190	V_{tya}	进通路助燃氧气流量	m^3/h
191	V_{tyi}	通路第 i 个烟道的烟气流量	m^3/h
192	W_{ym}	烟气中水蒸气的质量含量	kg/m^3
193	W_i	电度表或瓦特表某次测定值	kWh
194	ΔW	首末电度表的数差值	kWh
195	X_i	气体中各组分的体积分数	%
196	ω_i	测流量断面内第 i 点气体流速	m/s
197	w_S	燃料中硫的质量分数	%
198	w_C	燃料中碳的质量分数	%
199	w_H	燃料中氢的质量分数	%
200	w_N	燃料中氮的质量分数	%
201	w_O	燃料中氧的质量分数	%
202	α	空气系数	
203	α_c	烟气出体系时空气系数	
204	α_i	对流辐射换热系数	$kJ/(m^2 \cdot h \cdot K)$
205	α_k	烟气离开熔化部时平均空气系数	

表 A.1（续）

序号	符号	说　　明	单　位
206	β	重油的体积膨胀系数	
207	δ	窑墙厚度	m
208	δ_i	板砖厚度	M
209	ε_i	窑墙第 i 部位外表面黑度	
210	ε_m	金属板黑度	
211	η	熔窑热效率	%
212	η_z	全窑(熔窑＋通路)热效率	%
213	λ	板砖的导热系数	W/(m·K)
214	μ_i	窑体第 i 个孔口的溢流系数	
215	ρ_0	标准状态下气体的密度	kg/m^3
216	ρ_{0i}	标准状态下气体中各组分的密度	kg/m^3
217	ρ_{oya}	标准状态下氧气的密度	kg/m^3
218	ρ_{20}	20 ℃时重油的密度	kg/m^3
219	ρ_t	重油流经流量计时的密度	kg/m^3
220	ρ_{tyi}	通路第 i 个烟道的烟气密度	kg/m^3
221	τ_{mi}	各块漏板拉制满筒原丝所用时间	min
222	Φ_i	门孔系数	

附 录 B
（规范性附录）
单元窑基本情况及热平衡参数测定结果记录表

单元窑基本情况及热平衡参数测定结果记录表见表 B.1～表 B.7。

表 B.1 单元窑基本情况

工厂名称				
工厂厂址				
窑的编号				
熔窑类型				
燃料种类	单元窑		通路	
产品种类				

序号	项　　目	单位	数　值
1	熔化部长×宽×深	m	
2	熔化部面积	m^2	
3	投料池长×宽	m	
4	燃烧器数量	个	
5	流液洞长×宽×高	m	
6	金属换热器高×直径	m	
7	总换热面积	m^2	
8	单相供电电极对数或三相供电区域数		
9	鼓泡器数量		
10	通路形式		
11	漏板数量及孔数		

表 B.2 单元窑主要技术经济指标

序号	项目	单位	设计值	实际值
1	熔化能力	t/d		
2	熔化率	t/(m^2·d)		
3	熔化部燃料消耗量	t/d 或 m^3/d		
4	熔化部助熔电功率	kW		
5	通路燃料消耗量	m^3/d		
6	每公斤玻璃液耗热量	kJ/kg		
7	每公斤玻璃液耗电量	kWh/kg		

表 B.3 玻璃成分

	$w(SiO_2)$	$w(B_2O_3)$	$w(Al_2O_3)$	$w(Fe_2O_3)$	$w(CaO)$	$w(MgO)$	$w(Na_2O)$	$w(K_2O)$	$w(FeO)$	$w(F)$
设计成分%										
分析成分%										

表 B.4 投料量及出料量表

日期	理论产量/(t/d)	成品产量/(t/d)	干配合料/(t/d)	废丝玻璃量/(t/d)
平均				

表 B.5 原料成分和料方

原料名称	每付料质量 kg	w (SiO_2)	w (B_2O_3)	w (Al_2O_3)	w (Fe_2O_3)	w (CaO)	w (MgO)	w (Na_2O)	w (K_2O)	w (BaO)	w (PbO)	烧失量
	m_1											
	m_i											
	m_n											
水分	m_{n+1}											
合计	$\sum_{i=1}^{n+1} m_i$											

注 1：水分：m_{n+1} 包括原料中原有水分和外加水。

注 2：含水量：$m'_{H_2O}=\frac{m_n+1}{\sum_{i=1}^{n+1} m_i}$。

注 3：含碎玻璃量：$m_{fs}=\frac{碎玻璃量}{\sum_{i=1}^{n+1} m_i}$。

表 B.6 热平衡实测数据综合表

测定人员					
测定时间	起 年 月 日				
	止 年 月 日				
测 定 项 目				单 位	数 值
燃料	重油	流量 V_r		m^3/h	
		温度 t_r		℃	
		密度 ρ_t		kg/m^3	
		应用基低位发热量 Q_{dw}^y		kJ/kg	
		组成	C	%	
			H		
			O		
			N		
			S		
			A（灰含量）		
			W（水含量）		
	煤气	静压 P_j		Pa	
		密度 ρ_0		kg/m^3	
		流量 V_{or}		m^3/h	
		温度 t_{qr}		℃	
		应用基低位发热量 Q_{dw}^y		kJ/m^3	
燃料	煤气	组成	V_{CO}		
			V_{CH_4}		
			V_{H_2}		
			$V_{C_nH_m}$		
			V_{CO_2}		
			V_{O_2}		
			V_{N_2}		
			V_{H_2O}		
助燃空气	静压 P_j			Pa	
	动压(平均值) $\dfrac{\sum_{i=1}^{n}\sqrt{\Delta P_i}}{n}$				
	测流量断面的截面积 S_d			m^2	
	温度 t_k			℃	
	流量 V_{ok}			m^3/h	

表 B.6（续）

测定项目			单位	数值
助燃氧气	静压 P_j		Pa	
	温度 t_k		℃	
	流量 V_{oy}		m^3/h	
	组成	V_{O_2}	%	
		V_{N_2}		
雾化介质	种类			
	温度 t_{wk}（或压力 P_w）		℃(Pa)	
	流量 V_{ow}（或 m_w）		m^3/h 或 kg/h	
漏入空气	烟气出体系时空气系数 α_c			
	烟气离开熔化部时平均空气系数 α_k			
	理论空气量 V_k^o		m^3/kg 或 m^3/m^3	
	温度 t_l		℃	
配合料	温度 t_{fl}、t_s		℃	
	用量 m_p		kg/h	
	含水量 m'_{H_2O}		kg/kg	
	测定期间平均日投料付数 n_p			
	每付粉料（湿基）的质量 m_f		kg	
玻璃液	出体系时温度 t_{bc}		℃	
	玻璃液质量 m_b		kg/h	
	理论澄清温度 t_{bl}		℃	
	满筒玻璃纤维原丝（扣除水分和浸润剂）质量 m_{si}		kg	
	每小时的原丝筒数 n			
烟气	静压 P_i		Pa	
	动压（平均值）$\dfrac{\sum_{i=1}^{n}\sqrt{\Delta P_i}}{n}$			
	密度 ρ_0		kg/m^3	
	温度 t_y		℃	
	测量断面的截面积 S_d		m^2	
	流量 V_{oy}		m^3/h	
	组成	V'_{CO}	%	
		V'_{CO_2}		
		V'_{O_2}		
		V'_{N_2}		
		V'_{H_2O}		

表 B.6（续）

<table>
<tr><th colspan="3">测 定 项 目</th><th>单位</th><th>数 值</th></tr>
<tr><td rowspan="6">冷却水</td><td rowspan="3">熔窑</td><td>进水温度 t_{ls}</td><td>℃</td><td></td></tr>
<tr><td>出口温度 t'_{ls}</td><td>℃</td><td></td></tr>
<tr><td>流　　量</td><td>kg/h</td><td></td></tr>
<tr><td rowspan="3">通路</td><td>进水温度 t_{ls}</td><td>℃</td><td></td></tr>
<tr><td>出水温度 t'_{ls}</td><td>℃</td><td></td></tr>
<tr><td>流　　量</td><td>kg/h</td><td></td></tr>
<tr><td rowspan="5">冷却风</td><td colspan="2">静压 P_j</td><td rowspan="2">Pa</td><td></td></tr>
<tr><td colspan="2">动压(平均值) $\frac{\sum_{i=1}^{n}\sqrt{\Delta P_i}}{n}$</td><td></td></tr>
<tr><td colspan="2">温度 t_{lf}、t'_{lf}</td><td>℃</td><td></td></tr>
<tr><td colspan="2">测流量断面的截面积 S_d</td><td>m^2</td><td></td></tr>
<tr><td colspan="2">流量 V_{lf}</td><td>m^3/h</td><td></td></tr>
<tr><td rowspan="11">孔口溢流气体</td><td colspan="2">孔口内外静压差 ΔP_{ki}</td><td>Pa</td><td></td></tr>
<tr><td colspan="2">温度 t_{yi}</td><td>℃</td><td></td></tr>
<tr><td colspan="2">孔口面积 S_{ki}</td><td>m^2</td><td></td></tr>
<tr><td colspan="2">溢流气体量 V_{yi}</td><td>m^3/h</td><td></td></tr>
<tr><td rowspan="7">组成</td><td>V'_{CO}</td><td rowspan="7">%</td><td></td></tr>
<tr><td>V'_{H_2}</td><td></td></tr>
<tr><td>V'_{CH_4}</td><td></td></tr>
<tr><td>V'_{CO_2}</td><td></td></tr>
<tr><td>V'_{O_2}</td><td></td></tr>
<tr><td>V'_{N_2}</td><td></td></tr>
<tr><td>V'_{H_2O}</td><td></td></tr>
<tr><td rowspan="7">表面散热</td><td colspan="2">测点数 n_b</td><td>个</td><td></td></tr>
<tr><td colspan="2">表面积 S_{bi}</td><td>m^2</td><td></td></tr>
<tr><td colspan="2">表面散热量 Q_{sri}</td><td>kJ/(m^2·h)</td><td></td></tr>
<tr><td colspan="2">表面温度 t_{wi}</td><td rowspan="2">℃</td><td></td></tr>
<tr><td colspan="2">环境温度 t_{0i}</td><td></td></tr>
<tr><td colspan="2">表面黑度 ε_i</td><td></td><td></td></tr>
<tr><td colspan="2">位置系数 A_w</td><td></td><td></td></tr>
<tr><td rowspan="4">孔口辐射</td><td colspan="2">孔内温度 t_{fi}</td><td rowspan="2">℃</td><td></td></tr>
<tr><td colspan="2">环境温度 t_{0i}</td><td></td></tr>
<tr><td colspan="2">孔口面积 S_{ki}</td><td>m^2</td><td></td></tr>
<tr><td colspan="2">门孔系数 Φ_i</td><td></td><td></td></tr>
<tr><td colspan="3">大气压 P</td><td>Pa</td><td></td></tr>
</table>

表 B.7　电能记录表

序号	1	2	3	4	5	6	7	8	9	10
时间/min	0	5	10	15	20	25	30	35	40	45
W_i										
U_i										
I_i										

电流倍率 K_i

电压倍率 K_v

测量仪表型号：

测定时间：

测定区位：

附　录　C
（规范性附录）
燃料低位发热量的计算

C.1　液体燃料低位发热量 Q_{dw}^{y}(kJ/kg)

C.1.1　已知燃料的元素分析时：

$$Q_{dw}^{y}=339w_{C}^{y}+1\,030w_{H}^{y}-109(w_{O}^{y}-w_{S}^{y})-25w_{W}^{y} \quad \cdots\cdots\cdots\cdots(C.1)$$

式中：

w_{C}^{y}、w_{H}^{y}、w_{O}^{y}、w_{S}^{y}、w_{W}^{y}——分别表示应用基时燃料中碳、氢、氧、硫、水的质量分数。

C.1.2　已知重油的相对密度时，可查表C.1得到重油的低位发热量。

表C.1　重油相对密度和低位发热量的关系

相对密度 d_{15}^{15}	低位发热量 Q_{dw}^{y} kJ/kg	相对密度 d_{15}^{15}	低位发热量 Q_{dw}^{y} kJ/kg
1.076 0	39 599.8	0.959 3	41 314.2
1.067 9	39 725.2	0.952 9	41 397.8
1.059 9	39 850.6	0.946 5	41 481.5
1.052 0	39 976.1	0.940 2	41 565.1
1.044 3	40 101.5	0.934 0	41 648.7
1.033 6	40 227.0	0.927 4	41 732.4
1.029 1	40 352.4	0.921 8	41 816.0
1.021 7	40 436.1	0.915 9	41 899.6
1.014 3	40 519.7	0.910 0	41 983.3
1.007 1	40 645.2	0.904 2	42 025.1
1.000 0	40 728.8	0.893 4	42 108.7
0.993 0	40 854.2	0.892 7	42 192.3
0.986 1	40 937.9	0.887 1	42 276.0
0.979 2	41 021.5	0.881 6	42 317.8
0.972 5	41 146.9	0.876 2	42 401.4
0.965 9	41 230.6		
注：d_{15}^{15} 为15 ℃时重油密度与15 ℃时水的密度之比。			

C.1.3　除根据燃料的组成计算外，还可以采用量热计法测定燃料的低位发热量。测试和计算按照GB/T 384进行。

C.2　气体燃料低位发热量 Q_{dw}^{y}(kJ/m³)

$$Q_{dw}^{y}=126V_{CO}+108V_{H_2}+358V_{CH_4}+590V_{C_2H_4}+637V_{C_2H_6}+806V_{C_3H_6}+912V_{C_3H_8}+1\,187V_{C_4H_{10}}+1\,460V_{C_5H_{12}}+232V_{H_2S} \quad \cdots\cdots\cdots\cdots(C.2)$$

式中：

V_{CO}，V_{H_2}，V_{CH_4}，$V_{C_2H_4}$，$V_{C_2H_6}$，$V_{C_3H_6}$，$V_{C_3H_8}$，$V_{C_4H_{10}}$，V_{H_2S}——气体燃料中各可燃组分的体积分数。

附 录 D
（规范性附录）
测定气体流量时测点的选择与计算方法

D.1 测定位置的选择

气体流量在管道上的测定位置，即测定截面应尽量避开弯曲、变形和有闸板的部位，避免涡流和漏风的影响。测定截面的上游最好具有大于5倍于管道直径的直段长，下游最好具有大于3倍于管道直径的直段长，但测定现场往往满足不了这些要求，则应尽可能选择较适宜的部位作为测定截面。

D.2 测定方法

D.2.1 圆形管道

采用对数线性法求平均流速的测点位置（测点在相距90°的四个半径上取），取法见表D.1。

表 D.1 圆形管道测点位置

每个半径的测点数	测点离管壁的距离 y/管道当量直径 D
3	0.032 0.135 0.321
5	0.019 0.077 0.153 0.217 0.361

D.2.2 矩形管道

矩形管道中流量的测量方法可采用等面积小矩形法，即把矩形截面划分为若干个等面积的小矩形，在每一个小矩形对角线的交点上测流速，取平均值。划分方法如图D.1所示。小矩形的数量取决于管道的边长，沿管道任一边长均匀分布的小矩形数量（测点排数）一般不应小于表D.2中所列的数值。

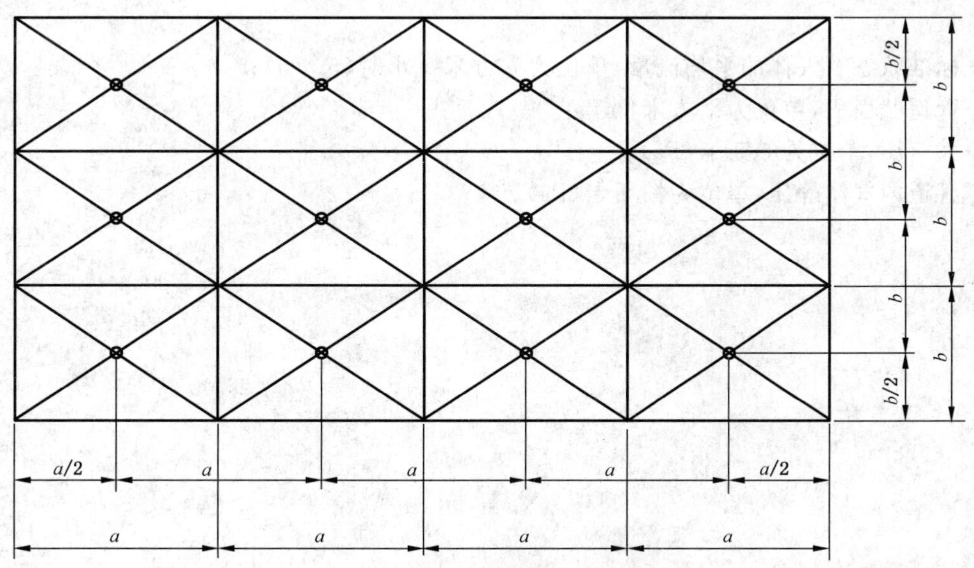

图 D.1 矩形截面测点分布图

表 D.2 矩形管道测点数的选择

矩形管道截面边长 mm	<500	>500～1 000	>1 000～1 500	>1 500～2 000	>2 000～2 500	>2 500
测点排数	3	4	5	6	7	8

D.3 计算方法

D.3.1 气体的平均流速

用毕托管测得截面上各点的动压头、就可以求出流体在各测点的流速 $\omega_1, \omega_2, \cdots, \omega_n$，然后求得该截面流体的平均流速 ω，单位为米每秒(m/s)。

$$\omega = K_d \times \sqrt{\frac{2}{\rho_t}} \times \frac{\sum_{i=1}^{n} \sqrt{\Delta P_i}}{n} \qquad \text{(D.1)}$$

式中：

K_d——毕托管校正系数；

n——测点数；

ΔP_i——各测点的动压值，单位为帕斯卡(Pa)；

ρ_t——工作状态下气体的密度，单位为千克每立方米(kg/m^3)，按式(D.2)计算。

$$\rho_t = \rho_0 \frac{273}{273 + t} \qquad \text{(D.2)}$$

式中：

ρ_0——标准状态下气体的密度，单位为千克每立方米(kg/m^3)，按式(D.3)计算。

t——管道内气体温度，单位为摄氏度(℃)

$$\rho_0 = 0.01 \sum X_i \rho_{0i} \qquad \text{(D.3)}$$

X_i——气体中各种成分的百分含量；

ρ_{0i}——各种气体成分在标准状态下的密度，单位为千克每立方米(kg/m^3)，见附录 F 表 F.1。

D.3.2 气体的平均流量

$$V_0 = 3\,600 F\omega \times \frac{P + P_j}{101\,325} \times \frac{273}{273 + t} \qquad \text{(D.4)}$$

式中：

V_0——标准状态下气体的平均流量，单位为立方米每小时(m^3/h)；

F——管道截面积，单位为平方米(m^2)；

P——大气压，单位为帕斯卡(Pa)；

P_j——管道内气体静压，单位为帕斯卡(Pa)。

附　录　E
（规范性附录）
烟气中水分含量测定方法

E.1　原理

从烟道中抽出一定体积的烟气，使之通过装有吸湿剂的U型管，烟气中的水分被吸湿剂吸收。U型管的增重即为已知体积烟气中含有的水分量。

E.2　测定装置

测定装置如图E.1所示。

1——采样管；
2——进口管；
3——U型管；
4——压力计；
5——温度计；
6——冷却器；
7——吸湿剂；
8——流量计。

图E.1　水分测量采样装置图

E.3　测定步骤

E.3.1　将粒状吸湿剂(如无水氯化钙、硅胶等)装入U型管内，吸湿剂上面要填充少量玻璃棉，以防止吸湿剂的飞散，封闭U型管管口，擦去表面的附着物，用分析天平称重。

E.3.2　取样装置按图E.1连接，检查系统无漏气现象后，打开U型管进口阀，以一定的流量抽气。采样后，关闭进口阀，取下U型管，擦去表面的附着物，用分析天平称重。

E.4　计算公式

$$W_{ym}=\frac{m_w}{\frac{22.4}{18}\times m_w+V_y\times\frac{P_j+P}{101\ 325}\times\frac{273}{273+t_y}}\times 100 \qquad \cdots\cdots\cdots\cdots(E.1)$$

$$W_y = \frac{\frac{22.4}{18} m_w}{\frac{22.4}{18} \times m_w + V_y \times \frac{P_j + P}{101\ 325} \times \frac{273}{273 + t_y}} \times 100 \qquad \cdots\cdots\cdots\cdots\cdots (E.2)$$

式中：

W_{ym}——烟气中水分的质量浓度，单位为千克每立方米（kg/m^3）；

m_y——吸湿剂吸收的水量，单位为克（g）；

V_y——流量计显示的烟气流量，单位为升（L）；

P_j——压力计显示的烟气静压，单位为帕斯卡（Pa）；

P——大气压，单位为帕斯卡（Pa）；

W_y——烟气中水分的体积分数（%）；

t_y——温度计显示的烟气温度，单位为摄氏度（℃）。

E.5 注意事项

E.5.1 采样前应检查整个采样系统，使之不存在漏气现象。

E.5.2 采样管应插入烟道截面中部。

E.5.3 烟气自烟道内抽出到进入U型管的距离应尽量短，注意加热和保温，使烟气温度在露点温度以上。

E.5.4 抽气装置的抽力要保持稳定。

E.5.5 U型管外表面须擦干，不能高温烘干。

附 录 F
（规范性附录）
各类数据表

各类数据表见表 F.1～表 F.5。

表 F.1 常用气体的一般性质表

名 称	分子式	分子量	密度 ρ_0 kg/m³	低位发热量 Q^y_{dw} kJ/m³
甲烷	CH_4	16.04	0.717	3.57×10^4
乙烷	C_2H_6	30.07	1.356	6.24×10^4
乙烯	C_2H_4	28.05	1.261	5.90×10^4
乙炔	C_2H_2	26.04	1.171	5.60×10^4
丙烷	C_3H_8	44.09	2.004	9.11×10^4
丙烯	C_3H_6	42.08	1.915	8.59×10^4
丁烷	C_4H_{10}	58.12	2.703	11.8×10^4
丁烯	C_4H_8	56.10	2.500	11.3×10^4
戊烷	C_5H_{12}	72.14	3.457	14.6×10^4
硫化氢	H_2S	34.08	1.539	2.33×10^4
一氧化碳	CO	28.01	1.250	1.26×10^4
氢	H_2	2.02	0.090	1.08×10^4
二氧化碳	CO_2	44.01	1.965	
二氧化硫	SO_2	64.06	2.850	
三氧化硫	SO_3	80.06	3.575	
水蒸气	H_2O	18.01	0.804	
氧	O_2	32.0	1.429	
氮	N_2	28.02	1.251	
空气(干)		28.96	1.293	

表 F.2 常用气体的平均定压比热容 c_p kJ/(m³·K)

温度 ℃	CO_2	N_2	O_2	H_2O	空气（干）	H_2	CO	H_2S	SO_2
0	1.593	1.293	1.305	1.494	1.295	1.277	1.302	1.264	1.733
100	1.713	1.296	1.317	1.506	1.300	1.290	1.302	1.541	1.813
200	1.796	1.300	1.338	1.522	1.308	1.298	1.311	1.574	1.888
300	1.871	1.306	1.357	1.542	1.318	1.302	1.319	1.608	1.959
400	1.938	1.317	1.378	1.565	1.329	1.302	1.331	1.645	2.018
500	1.997	1.329	1.398	1.585	1.343	1.306	1.344	1.683	2.073
600	2.049	1.341	1.417	1.613	1.357	1.311	1.361	1.721	2.114
700	2.097	1.354	1.432	1.641	1.371	1.315	1.373	1.759	2.152
800	2.140	1.367	1.450	1.668	1.385	1.319	1.390	1.796	2.186

表 F.2（续）

kJ/(m^3·K)

温度 ℃	CO_2	N_2	O_2	H_2O	空气 （干）	H_2	CO	H_2S	SO_2
900	2.179	1.380	1.465	1.696	1.398	1.323	1.403	1.830	2.215
1000	2.214	1.392	1.478	1.722	1.410	1.327	1.415	1.863	2.240
1 100	2.245	1.404	1.490	1.750	1.422	1.336	1.428	1.892	2.261
1 200	2.275	1.415	1.501	1.777	1.433	1.344	1.440	1.922	2.278
1 300	2.301	1.426	1.511	1.803	1.444	1.352	1.449	1.947	
1 400	2.325	1.436	1.520	1.824	1.454	1.361	1.461	1.972	
1 500	2.345	1.446	1.529	1.853	1.463	1.369	1.465	1.997	
1 600	2.368	1.454	1.538	1.877	1.472	1.378	1.470		
1 700	2.387	1.458	1.546	1.900	1.480	1.386	1.478		
1 800	2.405	1.470	1.554	1.922	1.487	1.394	1.486		

表 F.3 烃类气体的平均定压比热容 c_p

kJ/(m^3·K)

温度 ℃	CH_4	C_2H_2	C_2H_4	C_3H_6	C_4H_8	C_3H_3	C_4H_{10}	C_5H_{12}
0	1.566	1.871	1.716	2.178	3.069	3.831	4.207	5.212
100	1.658	2.047	2.106	2.504	3.533	4.295	4.752	5.924
200	1.767	2.185	2.328	2.797	4.140	4.743	5.233	6.631
300	1.892	2.290	2.529	3.077	4.400	5.162	5.715	7.293
400	2.022	2.370	2.721	3.337	4.798	5.564	6.196	7.929
500	2.144	2.437	2.893	3.571	5.129	5.916	6.627	8.474
600	2.269	2.508	3.048	3.806	5.455	6.271	7.058	9.022
700	2.357	2.575	3.190	4.015	5.769	6.589	7.452	9.319
800	2.470	2.629	3.341	4.207	6.041	6.887	7.812	9.901
900	2.596	2.684	3.450	4.379	6.305	7.159	8.139	10.265
1 000	2.709	2.734	3.567	4.542	6.523	7.410	8.444	10.600

表 F.4 各种硅酸盐形成反应热

序号	组分		分解氧化物	最后产物	耗热量/(kJ/kg)		逸出气体产物	气体数量(标准体积)/(m^3/kg)		比率	
	名称	分子式			以千克分解氧化物计	以千克组分计		以千克分解氧化物计	以千克组分计	组分/分解氧化物	分解氧化物/组分
1	石灰石	$CaCO_3$	CaO	$CaSiO_3$	1 536.6	860.4	CO_2	0.400	0.224	1.785	0.560
2	纯碱	Na_2CO_3	Na_2O	Na_2SiO_3	951.7	556.8	CO_2	0.360	0.210	1.710	0.585
3	芒硝	Na_2SO_4	Na_2O	Na_2SiO_3	3 467.1	1 514.0	SO_2+CO_2	0.363+ 0.180	0.158+ 0.079	2.290	0.437
4	硝酸钠	$NaNO_3$	Na_2O	Na_2SiO_3	4 144.9	1 507.3	NO_2+O_2				
5	冰晶粉	Na_3AlF_6	Na_2O	Na_2SiO_3	951.7		F				
6	碳酸钾	K_2CO_3	K_2O	K_2SiO_3	996.5	678.7	CO_2	0.236	0.160	1.470	0.680

表 F.4（续）

序号	组分 名称	组分 分子式	分解氧化物	最后产物	耗热量/(kJ/kg) 以千克分解氧化物计	耗热量/(kJ/kg) 以千克组分计	逸出气体产物	气体数量(标准体积)/(m^3/kg) 以千克分解氧化物计	气体数量(标准体积)/(m^3/kg) 以千克组分计	比率 组分/分解氧化物	比率 分解氧化物/组分
7	硝　石	KNO_3	K_2O	K_2SiO_3	3 166.1	1 473.3	N_2O_5	0.239	0.111	2.150	0.465
8	菱镁石	$MgCO_3$	MgO	$MgSiO_3$	3 466.7	1 657.1	CO_2	0.553	0.264	2.090	0.479
9	白云石	$CaMg(CO_3)_2$	CaO+MgO	$CaMg(SiO_3)_2$	2 757.4	1 441.5	CO_2	0.463	0.241	1.913	0.523
10	硼　酸	H_3BO_3	B_2O_3	B_2O_3	3 018.7	1 693.6	H_2O	0.960	0.541	1.70	0.565
11	硼　砂	$Na_2B_4O_7 \cdot 10H_2O$	B_2O_3	Na_2SiO_3	1 364.9		H_2O				
12	碳酸钡	$BaCO_3$	BaO	$BaSiO_2$	988.1	768.3	CO_2	0.146	0.013	1.290	0.775
13	硝酸钡	$Ba(NO_3)_2$	BaO	$BaSiO_3$	2 260.9	1 327.2	N_2O_5	0.146	0.085	1.710	0.585
14	硫酸钡	$BaSO_4$	BaO	$BaSiO_3$	2 260.9						
15	红　丹	PbO		$PbSiO_3$	1 256.0						
16	氢氧化铝	$Al(OH)_3$	Al_2O_3	Al_2O_3	1 766.8	1 155.6	H_2O	0.656	0.430	1.530	0.655

注：萤石(分子式：CaF_2)的硅酸盐形成反应热可以按石灰石的值计算。

表 F.5　饱和水蒸气物理参数

温度 t/℃	压力 P/kPa	密度 ρ/(kg/m^3)	汽化热 r/(kJ/kg)	比热容 c_p/kJ/(kg·K)	导热系数 λ/[10^{-2} W/(m·K)]	热扩散率 α/(10^{-6} m^2/s)	运力黏度 μ/(10^{-6} Pa·K)	运动黏度 ν/(10^{-6} m^2/s)
100	101.3	0.598	2 257	2.14	2.37	18.6	11.97	20.02
110	143	0.826	2 230	2.18	2.49	13.8	12.45	15.07
120	199	1.121	2 203	2.21	2.59	10.5	12.85	11.46
130	270	1.496	2 174	2.26	2.69	7.97	13.20	8.85
140	362	1.966	2 145	2.32	2.79	6.13	13.50	6.89
150	476	2.547	2 114	2.39	2.88	4.728	13.90	5.47
160	618	3.258	2 083	2.48	3.01	3.722	14.30	4.39
170	792	4.122	2 050	2.58	3.13	2.939	14.70	3.57
180	1 003	5.157	2 015	2.71	3.27	2.340	15.10	2.93
190	1 255	6.394	1 979	2.86	3.42	1.870	15.60	2.44
200	1 555	7.862	1 941	3.02	3.55	1.490	16.00	2.03
210	1 908	9.588	1 900	3.20	3.72	1.210	16.40	1.71
220	2 320	11.62	1 858	3.41	3.90	0.983	16.80	1.45
230	2 798	13.99	1 813	3.63	4.10	0.806	17.30	1.24
240	3 348	16.76	1 766	3.88	4.30	0.658	17.80	1.06
250	3 978	19.98	1 716	4.16	4.51	0.544	18.20	0.913

附 录 G
（规范性附录）
理论空气量、烟气量及空气系数计算

G.1 理论空气量 V_k^o 和理论烟气量 V_y^o 的计算

G.1.1 液体燃料理论空气量 V_k^o，m^3/kg，理论烟气量 V_y^o，m^3/kg，

$$V_k^o=\frac{0.203Q_{dw}^y}{1\,000}+2 \qquad \text{(G.1)}$$

$$V_y^o=\frac{0.265Q_{dw}^y}{1\,000} \qquad \text{(G.2)}$$

G.1.2 气体燃料理论空气量 V_k^o，m^3/m^3，理论烟气量 V_y^o，m^3/m^3

G.1.2.1 煤气

当 $Q_{dw}^y>12\,500\ kJ/m^3$ 时，

$$V_k^o=\frac{0.26Q_{dw}^y}{1\,000}-0.25 \qquad \text{(G.3)}$$

$$V_y^o=\frac{0.272Q_{dw}^y}{1\,000}+0.25 \qquad \text{(G.4)}$$

G.1.2.2 天然气

$$V_k^o=\frac{0.263\,9Q_{dw}^y}{1\,000}+0.02 \qquad \text{(G.5)}$$

$$V_y^o=\frac{0.263\,9Q_{dw}^y}{1\,000}+1.02 \qquad \text{(G.6)}$$

G.2 过剩空气系数的计算

$$\alpha=\frac{V'_{N_2}}{V'_{N_2}-\left(V'_{O_2}-\frac{1}{2}V'_{CO}-\frac{1}{2}V'_{H_2}-2V'_{CH_4}\right)\times\frac{79}{21}} \qquad \text{(G.7)}$$

式中：

V'_{N_2}、V'_{O_2}、V'_{CO}、V'_{H_2}、V'_{CH_4}——分别表示烟气中氮气、氧气、一氧化碳、氢气和甲烷的体积分数。

附　录　H
（规范性附录）
每千克粉料（湿基）逸出气体产物量和形成氧化物量计算

H.1　每千克粉料（湿基）逸出气体产物量计算

见表 H.1。

表 H.1　逸出气体产物量计算

原料名称	逸出气体产物量计算式	逸出气体产物量					
		V_{CO_2}	V_{NO_2}	V_{SO_2}	V_{H_2O}	V_{O_2}	合计
硅砂	$m_{CO_2}=m_1/\sum_{i=1}^{m_{n+1}}m_i\times LOI\%$						
…							
水	$m_{H_2O}=m_{n+1}/\sum_{i=1}^{n+1}m_i$						
合计(kg/kg)							m_{fq}
体积$=\frac{质量}{分子量}\times 22.4$							V_{fq}
体积分数/%							100

注 1：其他原料逸出气体产物见附录 F 表 F.4。
注 2：当原料实测含水率小于 5%时，按实测含水率计算，当实测水分大于 5%时，按 5%计算。

H.2　每千克粉料（湿基）形成氧化物量计算

见表 H.2。

表 H.2　形成氧化物量计算

原料名称	形成氧化物量计算式	氧化物量										
		SiO_2	B_2O_3	Al_2O_3	Fe_2O_3	CaO	MgO	BaO	PbO	Na_2O	K_2O	合计
硅砂	$m_{SiO_2}=m_1/\sum_{i=1}^{n+1}m_i\times w_{SiO_2}\%$											
	$m_{Al_2O_3}=m_1/\sum_{i=1}^{n+1}m_i\times w_{Al_2O_3}\%$											
	$m_{Fe_2O_3}=m_1/\sum_{i=1}^{n+1}m_i\times w_{Fe_2O_3}\%$											
	$m_{CaO}=m_1/\sum_{i=1}^{n+1}m_i\times w_{CaO}\%$											
	$m_{MgO}=m_1/\sum_{i=1}^{n+1}m_i\times w_{MgO}\%$											
	$m_{Na_2O}=m_1/\sum_{i=1}^{n+1}m_i\times w_{Na_2O}\%$											
	$m_{K_2O}=m_1/\sum_{i=1}^{n+1}m_i\times w_{K_2O}\%$											
合计，kg												
玻璃计算成分(%)$=\frac{氧化物量}{氧化物总量}\times 100$												100%

附 录 I
(规范性附录)
玻璃液理论澄清温度和平均比热容计算方法

I.1 玻璃液理论澄清温度的计算

I.1.1 按温度-黏度曲线确定

I.1.1.1 按实测的该玻璃的温度-黏度曲线，取黏度 10 Pa·s 时所对应的温度为该玻璃的理论澄清温度。

I.1.1.2 如需外延温度-黏度曲线才能求出理论澄清温度，则必须遵循下列原则：

a) 外延前对温度-黏度曲线按式(I.1)进行非曲线性化回归。

$$\lg\eta = \mathrm{A} + \frac{\mathrm{B}}{T^2} \qquad \cdots\cdots (\mathrm{I}.1)$$

式中：

η——玻璃液黏度，单位为帕斯卡秒(Pa·s)；

A、B——常数；

T——绝对温度，单位为开氏度(K)。

b) 采用曲线板直接外延。

I.1.2 按玻璃类型确定

I.1.2.1 一般方法

一般按式(I.2)计算玻璃液理论澄清温度。对含氟玻璃，理论澄清温度按计算值下降 10%～15%计。

$$T = \frac{B'}{A' + \lg\eta} + T_0 \qquad \cdots\cdots (\mathrm{I}.2)$$

式中：

T——玻璃液理论澄清温度，单位为开氏度(K)；

A'、B'、T_0——根据玻璃组分计算得到的数值。

$A' = -1.478\,8P_{\mathrm{Na_2O}} + 0.835P_{\mathrm{K_2O}} + 1.603\,0P_{\mathrm{CaO}} + 5.493\,6P_{\mathrm{MgO}} - 1.518\,3P_{\mathrm{Al_2O_3}} + 1.455\,0$

$B' = -6\,039.7P_{\mathrm{Na_2O}} - 1\,439.6P_{\mathrm{K_2O}} - 3\,919.3P_{\mathrm{CaO}} + 6\,285.3P_{\mathrm{MgO}} + 2\,253.4P_{\mathrm{Al_2O_3}} + 5\,736.4$

$T_0 = -25.07P_{\mathrm{Na_2O}} - 321.0P_{\mathrm{K_2O}} + 544.3P_{\mathrm{CaO}} - 384.0P_{\mathrm{MgO}} + 294.4P_{\mathrm{Al_2O_3}} + 198.1$

式中：

$P_{\mathrm{Na_2O}}$、$P_{\mathrm{K_2O}}$、…——分别表示玻璃中各组分摩尔数与 SiO_2 摩尔数之比。

I.1.2.2 E 玻璃、离心喷吹与火焰喷吹玻璃棉，按式(I.3)计算理论澄清温度。

$$t_{\mathrm{b1}} = t_0 + \sum_{i=1}^{n} P_i C_i \qquad \cdots\cdots (\mathrm{I}.3)$$

式中：

t_{b1}——玻璃液理论澄清温度，单位为摄氏度(℃)；

t_0——1 345 ℃；

P_i——组成玻璃各氧化物质量分数(%)；

C_i——氧化物计算系数，见表 I.1。

表 I.1 氧化物计算系数

氧化物	SiO_2	Al_2O_3	CaO	MgO	B_2O_3	Na_2O	K_2O
C_i	4.467 5	1.962 4	−4.051 3	−1.363 8	−4.871 5	−10.594 0	−8.217 8

I.1.2.3 硼硅酸盐、乳白玻璃按式(I.4)计算理论澄清温度

$$t_{b1}=1\,240+40K \qquad \cdots\cdots(I.4)$$

式中：

t_{b1}——玻璃液理论澄清温度，单位为摄氏度(℃)；

K——玻璃的熔融系数，按式(I.5)或式(I.6)计算：

当 $w_{B_2O_3}<15\%$时

$$K=\frac{w_{SiO_2}+w_{Al_2O_3}+w_{ZrO_2}}{2.0w_{F_2}+1.5w_{Li_2O}+w_{Na_2O}+0.75w_{K_2O}+0.50w_{B_2O_3}+0.25w_{PbO}+0.20w_{BaO}} \qquad \cdots\cdots(I.5)$$

当 $w_{B_2O_3}>15\%$

$$K=\frac{w_{SiO_2}+w_{Al_2O_3}+w_{ZrO_2}}{2.0w_{F_2}+1.5w_{Li_2O}+w_{Na_2O}+0.75w_{K_2O}+0.25w_{PbO}+0.20w_{BaO}+0.20w_{B_2O_3}} \qquad \cdots\cdots(I.6)$$

式中：

$w_{SiO_2}, w_{Al_2O_3}, \cdots, w_{B_2O_3}, w_{PbO}, w_{BaO}$——分别为玻璃中该组分的质量分数。

I.1.2.4 中碱纤维玻璃，按式(I.7)计算：

$$t_{bi}=a_0+a_1\times 2+a_2\times 2^2+a_3\times 2^3 \qquad \cdots\cdots(I.7)$$

式中：

t_{bi}——玻璃液理论澄清温度；

a_0、a_1、a_2、a_3——与玻璃组分有关的温度系数，

$$a_0=2\,909.46-44.858w_{Na_2O}-38.323w_{CaO}-22.754w_{MgO}+8.579w_{Al_2O_3} \qquad \cdots\cdots(I.8)$$

$$a_1=-543.757\,5+9.902\,0w_{Na_2O}+9.601\,3w_{CaO}+6.796w_{MgO}-0.754\,4w_{Al_2O_3} \qquad \cdots\cdots(I.9)$$

$$a_2=46.579\,9-0.930\,57w_{Na_2O}-0.742\,13w_{CaO}-0.570\,5w_{MgO}+0.011\,40w_{Al_2O_3} \qquad \cdots\cdots(I.10)$$

$$a_3=-1.414\,017+0.030\,53w_{Na_2O}+0.019\,206w_{CaO}+0.013\,65w_{MgO}+0.001\,376w_{Al_2O_3} \qquad \cdots\cdots(I.11)$$

I.2 玻璃液平均比热容计算

采用夏普法计算：

$$c_b=\frac{1}{0.001\,46t+1}[w_1(a_1t+c_1)+w_2(a_2t+c_2)+\cdots+w_i(a_it+c_i)] \qquad \cdots\cdots(I.12)$$

式中：

c_b——0 ℃～t ℃时玻璃液平均比热容，单位为千焦尔每千克每度[kJ/(kg·℃)]；

t——玻璃液温度，单位为摄氏度(℃)；

$w_1, w_2, \cdots, \omega_i$——分别为玻璃组分中各氧化物的质量分数；

$a_1, a_2, \cdots, a_i$——与氧化物种类有关的常数，见表 I.2；

$c_1, c_2, \cdots, c_i$——与氧化物种类有关的常数，见表 I.2。

表 I.2 夏普比热容计算常数表

	SiO_2	B_2O_3	Al_2O_3	SO_3	MgO	CaO	PbO	Na_2O	K_2O
a_i	0.001 96	0.002 50	0.001 90	0.003 48	0.002 15	0.001 72	0.000 05	0.003 47	0.001 86
c_i	0.693 8	0.810 1	0.739 0	0.791 3	0.896 8	0.715 5	0.205 2	0.933 2	0.735 2

参 考 文 献

[1] 孙承绪.玻璃工业热工设备[M].武汉:武汉工业大学出版社,1996.
[2] JC/T 488—1992 玻璃池窑热平衡测定与计算方法[S].
[3] 西北轻工业学院.玻璃工艺学[M].北京:轻工业出版社,1982.

ICS 59.100.10
Q 36

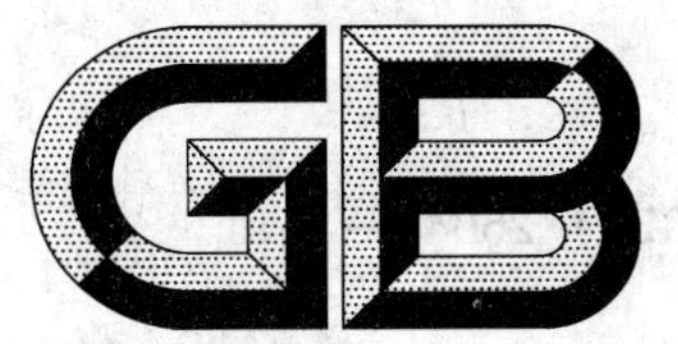

中华人民共和国国家标准

GB/T 25040—2010

玻璃纤维缝编织物

Glass fibre stitched fabrics

2010-09-02 发布　　2011-05-01 实施

中华人民共和国国家质量监督检验检疫总局
中国国家标准化管理委员会　发布

前　言

本标准与EN 13473—2003《增强材料—多轴向多层织物规范》的一致性程度为非等效。

本标准附录A为资料性附录。

本标准由中国建筑材料联合会提出。

本标准由全国玻璃纤维标准化技术委员会(SAC/TC 245)归口。

本标准负责起草单位:南京玻璃纤维研究设计院、常州天马集团有限公司、振石集团恒石纤维基业有限公司、重庆国际复合材料有限公司、江苏九鼎新材料股份有限公司、泰山玻璃纤维有限公司。

本标准主要起草人:王玉梅、陈尚、宣维栋、李辉、任玉华、沈兴海、张国。

玻璃纤维缝编织物

1 范围

本标准规定了玻璃纤维缝编织物(以下简称缝编织物)的术语和定义、产品代号、产品规格、要求、试验方法、检验规则、标志、包装、运输和贮存。

本标准适用于以玻璃纤维为主要原料,以线圈缝编而形成的玻璃纤维缝编毡、多轴向缝编织物和缝编复合织物。该织物主要用作纤维增强塑料的增强材料,例如制作风机叶片、船艇、体育器材、贮罐、管道等。

2 规范性引用文件

下列文件中的条款通过本标准的引用而成为本标准的条款。凡是注日期的引用文件,其随后所有的修改单(不包括勘误的内容)或修订版均不适用于本标准,然而,鼓励根据本标准达成协议的各方研究是否可使用这些文件的最新版本。凡是不注日期的引用文件,其最新版本适用于本标准。

GB/T 191 包装储运图示标志

GB/T 1447 纤维增强塑料拉伸性能试验方法

GB/T 1449 纤维增强塑料弯曲性能试验方法

GB/T 1549 纤维玻璃化学分析方法

GB/T 2577—2005 玻璃纤维增强塑料树脂含量试验方法

GB/T 3354 定向纤维增强塑料拉伸性能试验方法

GB/T 3356 单向纤维增强塑料弯曲性能试验方法

GB/T 4202—2007 玻璃纤维产品代号

GB/T 6006.2 玻璃纤维毡试验方法 第2部分:拉伸断裂强力的测定

GB/T 9914.3 增强制品试验方法 第3部分:单位面积质量的测定

GB/T 17470—2007 玻璃纤维短切原丝毡和连续原丝毡

GB/T 18374 增强材料术语及定义

GB/T 20309 玻璃纤维毡和织物覆模性的测定

3 术语和定义

GB/T 18374 确立的以及下列术语和定义适用于本标准。

3.1

多轴向缝编织物 stitched multi-axial fabric

由一层或一层以上的无捻粗纱平行无皱褶排列,各层纱线以相同或不同的方向层叠,再用有机纤维线缝编而成的制品。

主要包括以下几种形式:

——单轴向缝编织物。无捻粗纱平行无皱褶排列,纤维排列角度与织物长度方向呈0°或90°;

——双轴向缝编织物。由两层或两层以上平行无皱褶排列的无捻粗纱构成,纤维排列角度与织物长度方向分别呈0°,90°或$+\alpha$,$-\alpha$;

——三轴向缝编织物。由三层或三层以上平行无皱褶排列的无捻粗纱构成,各层纤维排列角度与织物长度方向分别呈0°,$+\alpha$,$-\alpha$或$+\alpha$,90°$-\alpha$;

——四轴向缝编织物。由四层或四层以上平行无皱褶排列的无捻粗纱构成,各层纤维排列角度与织物长度方向分别呈 0°,+α,90°−α。

3.2

缝编复合织物　stitched combination fabric

由两种或两种以上的纤维形式构成的,并用有机纤维线一次缝编而成的制品。

主要有以下两种形式:

——以由一层或一层以上多轴向平行无皱褶排列的无捻粗纱为基材,加入短切玻璃纤维原丝、有机纤维短切丝、玻璃纤维表面毡或有机纤维无纺布等辅材,用有机纤维线一次缝编而成的制品。

——以玻璃纤维无捻粗纱布为基材,加入短切玻璃纤维原丝、有机纤维短切丝、玻璃纤维表面毡或有机纤维无纺布等辅材,用有机纤维线一次缝编而成的制品。

4　产品代号

4.1　缝编毡

按 GB/T 4202 的规定。

示例:公称单位面积质量 450 g/m²,宽度 1 600 mm 的中碱玻璃纤维缝编毡代号为:CMK 450-1600

4.2　多轴向缝编织物

代号包括下列要素:

a)　用数字表示织物的层数,对于单层织物可以省略;

b)　用字母 LF 表示多层织物,后接方括号"[]",对于单层织物可以省略;

c)　方括号内依次为:玻璃代号,代号按 GB/T 4202—2007 表 1 的规定,后接织物总的单位面积质量(以 g/m² 为单位)和纱线排列方向,单位面积质量和纱线各排列方向之间用逗号隔开。

——0°表示纱线排列方向与织物的长度方向平行;

——90°表示纱线排列方向与织物的长度方向垂直;

——+α 表示纱线排列方向与织物的长度呈+α 夹角;

——−α 表示纱线排列方向与织物的长度呈−α 夹角。

如有必要,也可以按每层单位面积质量和纱线的排列方向表述,各层间以"//"号连接,并以从下到上为序;

d)　制造商标记,放在圆括号内;

e)　用数字表示织物的宽度,以 mm 为单位。

示例 1:由单层单位面积质量均为 900 g/m²,排列角度为 90°,幅宽为 1 600 mm,制造商标记为 UD 的无碱玻璃纤维多轴向缝编织物代号为:

E900,90°(UD)—1600

示例 2:由二层单位面积质量均为 500 g/m²,排列角度为 0°和 90°,幅宽为 1 270 mm,制造商标记为 BX 的无碱玻璃纤维多轴向缝编织物代号为:

2LF[E1000,0°,90°](BX)—1270

或 2LF [E500,0° //E500,90°](BX)—1270

4.3　缝编复合织物

代号包括下列要素:

a)　用数字表示复合织物的总层数;

b)　用字母 LC 表示复合织物,后接方括号"[]";

c)　方括号表述复合层的结构,以"//"号连接,并以从下到上为序;

d)　制造商标记,放在圆括号内;

e)　用数字表示织物的宽度,以 mm 为单位。

示例 1:由三层单位面积质量均为 500 g/m²,排列角度为 0°+45°和−45°的无碱玻璃纤维无捻粗纱与单位面积质量为 450 g/m² 的无碱缝编毡构成的宽度为 2 400 mm 的缝编复合织物代号为:

4LC［E1500，0°，45°，－45°//EMK450］－2400

示例 2：由一层单位面积质量为 800 g/m² 的无碱玻璃纤维无捻粗纱布与单位面积质量为 50 g/m² 的聚丙烯短切纤维构成的宽度为 1 600 mm 的缝编复合织物代号为：

2LC［EWR800//PP50］—1600

5 产品规格

5.1 缝编毡

缝编毡的典型规格见表 1。

表 1 缝编毡典型规格

预定用途	相溶基材	典型单位面积质量/(g/m²)	典型宽度值/mm	典型宽度范围/mm
拉挤成型、注射模塑成型(RTM)、缠绕成型、手糊成型	不饱和聚酯树脂、乙烯基酯树脂、丙烯酸树脂、环氧树脂	225、300、380、450、600、900	200、400、1 000、1 270、2 600	200～2 600

5.2 多轴向缝编织物、缝编复合织物

多轴向缝编织物、缝编复合织物的组合方式及典型规格见表 2。

表 2 多轴向缝编织物、缝编复合织物的组合方式与典型规格

轴向	典型轴向组合方式	典型单位面积质量/(g/m²)			典型宽度范围/mm
		多轴向缝编织物	缝编复合织物		
			基材	辅材	
单轴向	0°或 90°	950、1150	950、1150	50、225、300、450	200～2 600
双轴向	0°/90° ＋45°/－45°	450、600、800、850、1050、1200、1250	450、600、800、850、1050、1200、1250	50、225、300、450	200～2 600
三轴向	0°/＋45°/－45° ＋45°/90°/－45°	850、900、1200、1400	850、900、1200、1400	50、225、300、450	200～2 600
四轴向	0°/＋45°/90°/－45°	1200、1400、1700、1800	1200、1400、1700、1800	50、225、300、450	200～2 600
—	无捻粗纱布	—	600、800、1200	50、225、300、450	200～2 600

6 要求

6.1 缝编毡

6.1.1 外观

6.1.1.1 毡面不得有影响使用的污渍、油渍、杂物、原丝团等疵点。

6.1.1.2 毡卷应边缘平直，卷绕紧密、均匀。

6.1.2 碱金属氧化物含量

应符合下列要求：

a) 中碱玻璃碱金属氧化物含量应为 11.6％～12.4％。

b) 其他玻璃碱金属氧化物含量应不大于 0.8％。

6.1.3 单位面积质量

单位面积质量偏差应不超过表3的规定。

表3 缝编毡单位面积允许偏差

标称单位面积质量/(g/m²)	单值允许偏差/%	平均值允许偏差/%
≤450	±20	±10
>450	±15	±8

6.1.4 拉伸断裂强力

缝编毡纵向拉伸断裂强力应符合表4的规定。

表4 缝编毡拉伸断裂强力要求

标称单位面积质量/(g/m²)	纵向拉伸断裂强力/N,≥
≤300	200
301～599	250
≥600	300
注：试样有效尺寸：宽度75 mm，长度200 mm。	

6.1.5 层合板力学性能

缝编毡与聚酯树脂或环氧树脂制作的层合板力学性能应符合表5的规定，试样方向为纵向和横向。

6.1.6 覆模性

用于手糊成型时，其覆模性由供需双方商定。

表5 缝编毡层合板力学性能 单位为兆帕

力学性能	指标
拉伸强度	$\geqslant 1\,278\psi^2-510\psi+123$
拉伸弹性模量	$\geqslant(37\psi-4.75)\times10^3$
弯曲强度	$\geqslant 502\psi^2+106.8$
注：ψ为按GB/T 2577—2005测得的层合板中玻璃纤维质量含量，$0.25\leqslant\psi\leqslant0.35$。	

6.1.7 树脂浸透速率

当用于手糊成型、缠绕成型时，树脂浸透速度应小于60 s。

6.1.8 边和宽度

边由供需双方商定，可以是经过修剪的光边，也可以是未经修剪的羽边。

宽度由供需双方商定，允许偏差为±5 mm。

6.2 多轴向缝编织物和缝编复合织物

6.2.1 外观

6.2.1.1 表面不得有影响使用的污渍、油渍、杂物等缺陷。

6.2.1.2 外观疵点程度及分类见表6。每个主要疵点计2分，每个次要疵点计1分，每100 m² 不得超过20分，且主要疵点不超过3个。

表6　外观疵点程度及分类

疵点名称		疵点程度	疵点分类	
			主要疵点⊙	次要疵点△
断经		1根,长度<500 mm或连续2根,长度<150 mm		△
		1根,长度≥500 mm或连续2根长度≥150 mm	⊙	
间隙	90°或α纱线	≥5 mm,<8 mm	⊙	
		≥8 mm	不允许	
破边		超过10 mm	⊙	
污渍		宽度与长度之和小于50 mm		△
		宽度与长度之和大于或等于50mm	⊙	
油渍			不允许	

6.2.2　碱金属氧化物含量

碱金属氧化物含量应不大于0.8%。

6.2.3　单位面积质量

单位面积质量偏差应不超过表7的规定。

表7　单位面积允许偏差

标称单位面积质量/(g/m²)	单值允许偏差/%	平均值允许偏差/%
≤1 000	±10	±7
>1 000	±8	±5

6.2.4　层合板力学性能

多轴向缝编织物和缝编复合织物与聚酯或环氧树脂制作的层合板拉伸强度、拉伸弹性模量、弯曲强度、弯曲弹性模量应不小于按式(1)计算的X_{min}值。当采用无捻粗纱布为基材时,应不小于按式(1)计算的X_{min}值的95%。

对单轴向缝编织物和单轴向缝编复合织物试样方向为其纤维增强方向,对其他多轴向缝编织物和复合缝编织物,试样方向为其主要纤维增强方向。

$$X_{min}=K\left[X_{ref}\left(\frac{\varphi}{0.4}\right)\right] \quad \cdots\cdots(1)$$

式中:

X_{min}——要求的力学性能最小值,单位为兆帕(MPa);

X_{ref}——力学性能标准值,单位为兆帕(MPa),见表8;

K——铺层折算系数,见表8;

φ——层合板中玻璃纤维体积含量,$0.2\leqslant\varphi\leqslant0.6$。层合板中玻璃纤维体积含量计算方法参见附录A(资料性附录)。

表8　力学性能标准值及铺层折算系数

力学性能	X_{ref}/MPa	K			
		单轴向	双轴向	三轴向	四轴向
拉伸强度	500	1.00	0.55	0.50	0.45
拉伸弹性模量	26×10³	1.00	0.67	0.57	0.55
弯曲强度	650	1.00	0.55	0.45	0.40
弯曲弹性模量	20×10³	1.00	0.55	0.45	0.40

6.2.5 边和宽度

边由供需双方商定,可以是经过修剪的光边,也可以是未经修剪的羽边。

宽度由供需双方商定,允许偏差为±10 mm。

7 试验方法

7.1 碱金属氧化物含量

按 GB/T 1549 的规定。

7.2 单位面积质量

按 GB/T 9914.3 的规定。

7.3 拉伸断裂强力

按 GB/T 6006.2 的规定。采用长 316 mm,宽 75 mm 的试样,只裁取纵向试样。

7.4 层合板力学性能

7.4.1 采用手糊法或真空袋式成型法制作层合板。缝编毡层合板玻璃纤维质量含量应控制在 25%~35%,层合板厚度约为 4 mm。多轴向缝编织物和缝编复合织物层合板玻璃纤维体积含量应控制在 20%~60%,层合板的厚度约为:单轴向 2 mm,双轴向 4 mm,三轴向及四轴向 5 mm,无捻粗纱布为基材的缝编复合织物 4 mm。

7.4.2 沿纤维的主要增强方向切取足够数量的试样,切取时试样的长边应平行于纤维的增强方向。

7.4.3 按 GB/T 1447、GB/T 1449、GB/T 3354 和 GB/T 3356 的规定测定试样的拉伸强度、拉伸弹性模量、弯曲强度和弯曲弹性模量。

7.5 覆模性

按 GB/T 20309 的规定。

7.6 树脂浸透速率

按 GB/T 17470—2007 附录 A 的规定。

7.7 宽度

若两个边均为光边,则用精度为 1 mm 的钢卷尺,沿卷装的外表面,平行于卷轴,作 3 次分布均匀的测量,计算测定结果的平均值。

若含有羽边,则按 GB/T 17470—2007 附录 B 的规定。

7.8 外观

正常光照度下,距离 0.5 m 目测检验。

8 检验规则

8.1 出厂检验和型式检验

8.1.1 出厂检验

产品出厂时,应进行出厂检验。出厂检验项目,缝编毡应包括:单位面积质量、拉伸断裂强力、树脂浸透速率、宽度和外观;多轴向缝编织物和缝编复合织物应包括:单位面积质量、宽度和外观。

8.1.2 型式检验

有下列情况之一时,应进行型式检验,型式检验项目应包括标准中规定的全部要求。

a) 新产品投产时;

b) 原材料或生产工艺有较大的改变时;

c) 停产时间超过三个月,恢复生产时;

d) 正常生产时,每年至少进行一次;

e) 出厂检验结果与上次型式检验有较大差异时;

f) 供需双方合同有要求时。

8.2 批与抽样

8.2.1 检查批

同一规格品种、同一生产工艺稳定连续生产的一定数量的单位产品为一检查批。

8.2.2 抽样

采用计数检验抽样方案，按表9的规定从检查批中随机抽取检验用样本。

8.3 判定规则

8.3.1 外观、单位面积质量、拉伸断裂强力、树脂浸透速率、宽度采用计数检验，判定规则按表9的规定。

8.3.2 碱金属氧化物含量、层合板力学性能按表9中第Ⅴ栏所列的抽样数进行抽样，以样本测定结果平均值进行判定。

8.3.3 按8.3.1和8.3.2判定均为可接收的批为合格批，否则为不合格批。

表9 计数检验的抽样与判定

批量范围	除碱金属氧化物含量和层合板力学性能项目外的抽样与判定			碱金属氧化物含量和层合板力学性能抽样数
	样本大小	接收数 Ac	拒收数 Re	
Ⅰ	Ⅱ	Ⅲ	Ⅳ	Ⅴ
3～25	3	0	1	1
26～280	13	1	2	
281～500	20	2	3	
501～1 200	32	3	4	
1 201～3 200	50	5	6	2
3 201～10 000	80	7	8	

9 标志、包装、运输和贮存

9.1 标志

9.1.1 产品标志应包括：

a) 产品名称、产品代号、本标准号；
b) 生产厂名称和地址；
c) 生产日期(或批号)；
d) 质量(或卷长)；
e) 偶联剂(或浸润剂)种类或适用树脂。

9.1.2 产品标志应在产品上标明，或预先向用户提供有关资料。

9.2 包装

9.2.1 应卷绕在硬纸管上，使用防潮材料密封，妥善包装。确保在搬动、贮存和运输过程中避免损坏和受潮。

9.2.2 包装外表面应标明：

a) 产品名称、产品代号、本标准号；
b) 生产厂名称和地址；
c) 生产日期(或批号)；
d) 质量(或卷长)；
e) 按GB/T 191规定的“怕雨”、“堆码层数极限”二种图示。

9.2.3 特殊包装由供需双方商定。

9.3 运输

应采用干燥遮篷工具运输，运输过程中应避免机械损伤、日光直射和受潮。

9.4 贮存

应放置在干燥、通风的室内贮存。避免阳光直射和热源。堆码高度符合要求。

适宜的长期贮存条件为温度 10 ℃～35 ℃，相对湿度小于 70%。贮存期一般为 12 个月。

附 录 A
（资料性附录）
层合板中玻璃纤维体积含量的计算

层合板中玻璃纤维体积含量可以根据按 GB/T 2577—2005 测得的玻璃纤维质量含量、树脂质量含量、玻璃纤维密度和树脂浇铸体密度进行计算，计算公式如式 A.1。

$$\varphi=\frac{\psi_g\rho_s}{\psi_g\rho_s+\psi_s\rho_g} \quad \cdots\cdots\cdots\cdots(A.1)$$

式中：

φ——玻璃纤维体积含量；

ψ_g——玻璃纤维质量含量；

ψ_s——树脂质量含量；

ρ_g——玻璃纤维密度，单位为克每立方厘米（g/cm^3）；

ρ_s——树脂浇铸体密度，单位为克每立方厘米（g/cm^3）。

ICS 59.100.10
Q 36

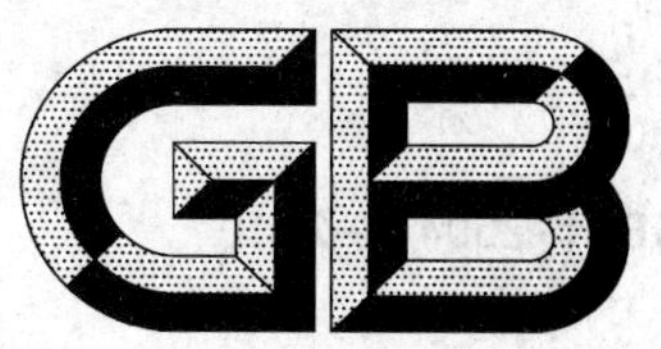

中华人民共和国国家标准

GB/T 25041—2010

玻璃纤维过滤材料

Glass fibre filter

2010-09-02 发布　　　　2011-05-01 实施

中华人民共和国国家质量监督检验检疫总局
中国国家标准化管理委员会　发布

前　言

请注意本标准的某些内容有可能涉及专利内容，本标准发布机构不应承担识别这些专利的责任。

本标准的附录 A 为规范性附录。

本标准由中国建筑材料联合会提出。

本标准由全国玻璃纤维标准化技术委员会(SAC/TC 245)归口。

本标准负责起草单位：中材科技股份有限公司。

本标准参加起草单位：美龙环保滤材科技(营口)有限公司、阜宁县正大玻璃纤维有限公司。

本标准主要起草人：严荣楼、李淑晶、程立春、匡新波。

玻璃纤维过滤材料

1 范围

本标准规定了玻璃纤维过滤材料的术语和定义、分类和代号、要求、试验方法、检验规则、包装、标志、运输及贮存。

本标准适用于以玻璃纤维为主要原料生产的干法收尘过滤用布、针刺毡及覆膜材料。

2 规范性引用文件

下列文件中的条款通过本标准的引用而成为本标准的条款。凡是注日期的引用文件，其随后所有的修改单(不包括勘误的内容)或修订版均不适用于本标准，然而，鼓励根据本标准达成协议的各方研究是否可使用这些文件的最新版本。凡是不注日期的引用文件，其最新版本适用于本标准。

GB/T 191　包装贮运图示标志(GB/T 191—2008,ISO 780:1997,MOD)

GB/T 1549　纤维玻璃化学分析方法

GB/T 4202　玻璃纤维产品代号

GB/T 5453　纺织品　织物透气性的测定(GB/T 5453—1997，eqv ISO 9237:1995)

GB/T 7689.2　增强材料　机织物试验方法　第2部分:经、纬密度的测定(GB/T 7689.2—2001，idt ISO 4602:1997)

GB/T 7689.3　增强材料　机织物试验方法　第3部分:宽度和长度的测定(GB/T 7689.3—2001,idt ISO 5025:1997)

GB/T 7689.5　增强材料　机织物试验方法　第5部分:玻璃纤维拉伸断裂强力和断裂伸长的测定(GB/T 7689.5—2001,idt ISO 4606:1995)

GB/T 7690.5　增强材料　纱线试验方法　第5部分:玻璃纤维纤维直径的测定(GB/T 7690.5—2001,idt ISO 1888:1996)

GB/T 9914.2　增强制品试验方法　第2部分:玻璃纤维可燃物含量的测定(GB/T 9914.2—2001，eqv ISO 1887:1995)

GB/T 9914.3　增强制品试验方法　第3部分:单位面积质量的测定(GB/T 9914.3—2001,idt ISO 3374:2000)

GB/T 18374　增强材料术语及定义

3 术语和定义

GB/T 18374确立的以及下列术语和定义适用于本标准。

3.1

PTFE微孔薄膜　expanded microporous PTFE membrane

以聚四氟乙烯(PTFE)为主要原料，经双向拉伸工艺制备而成的具有微观网状结构的薄膜。

3.2

覆膜玻璃纤维滤料　membrane fibreglass filter

以玻璃纤维为主要原料生产的过滤布或针刺毡为基材，与PTFE微孔薄膜热压覆合而成的过滤材料。

3.3

覆合牢度　bonding strength

PTFE 微孔薄膜与基材之间结合的强度。

4　分类和代号

4.1　分类

4.1.1　按结构形式分为过滤布、针刺毡和覆膜滤料三种产品。

每种产品分为以下几个类别：

a)　过滤布分为连续纱玻璃纤维过滤布和膨体纱玻璃纤维过滤布两类。

b)　针刺毡分为针刺毡玻璃纤维滤料、玻璃纤维与其他纤维复合的复合针刺毡玻璃纤维滤料两类。

c)　覆膜滤料按基材的品种分为覆膜连续纱玻璃纤维过滤布、覆膜膨体纱玻璃纤维过滤布、覆膜针刺毡玻璃纤维滤料和覆膜复合针刺毡滤料四类。

4.1.2　按基材化学成份分为无碱玻璃纤维滤料、中碱玻璃纤维滤料和复合滤料三个品种。

4.2　代号

4.2.1　过滤布

按 GB/T 4202 的规定。

示例 1：标称单位面积质量为 450 g/m²，标称宽度为 84 cm 的中碱连续纱玻璃纤维过滤布表示为：CWF450-84。

示例 2：标称单位面积质量为 550 g/m²，标称宽度为 90 cm 的无碱膨体玻璃纤维过滤布表示为：EWTF550-90。

4.2.2　针刺毡

针刺毡玻璃纤维滤料的代号按 GB/T 4202 的规定，复合针刺毡的代号按如下规定：

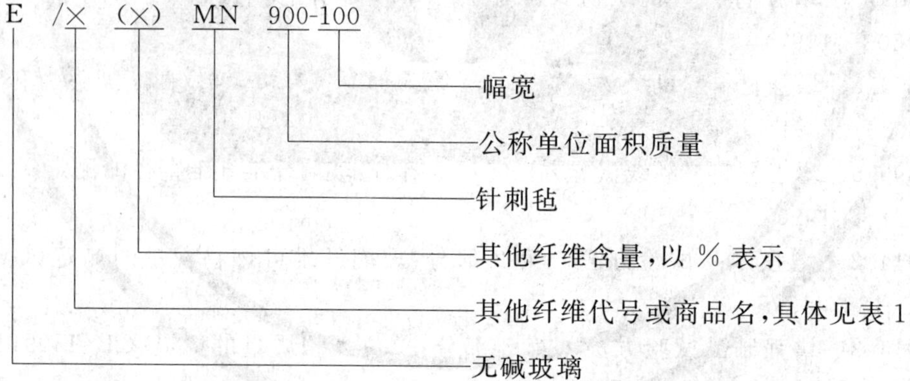

示例 1：标称单位面积质量为 1 050 g/m²，标称宽度为 90 cm 的针刺毡玻璃纤维滤料表示为：EMN1050-90。

示例 2：标称单位面积质量为 900 g/m²，标称宽度 100 cm，含 15% 的 P84 纤维的复合针刺毡表示为：E/PI(15)MN900-100。

表 1　其他纤维代号

序号	材质名称	商品名	英文名	代号
1	聚丙烯	丙纶	polypropylene	PP
2	聚酯	涤纶	polyester	PET
3	聚丙烯腈	腈纶	polyacrylic	PAc
4	聚酰胺	锦纶、尼龙	Polyamide	PA
5	聚间苯二甲酰间苯二胺(芳香族聚酰胺)	芳纶，Nomex，Conex	Aramind	AR
6	聚苯硫醚	普抗	Polyphenylene sulfide	PPS

表 1（续）

序号	材质名称	商品名	英文名	代号
7	聚酰亚胺	P84	Polyimide	PI
8	聚酰胺-酰亚胺（聚乙撑二胺）	克麦尔，Kermel	Polyarnide-imide	PAI
9	聚四氟乙烯	特氟隆（teflon）	polytetrafuorcethylene（teflon）	FTFE
10	玄武岩	—	ContinuousBasalt Fibre	CBF

4.2.3 覆膜滤料

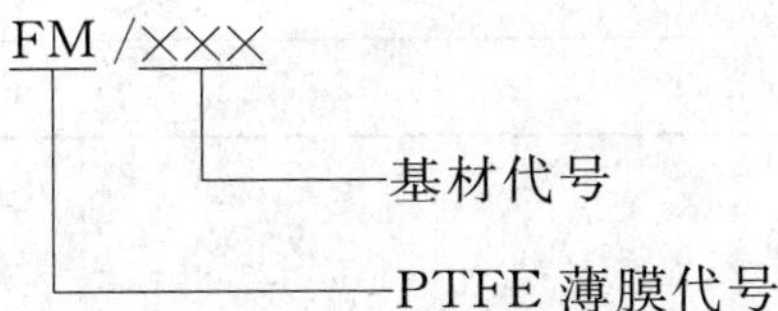

示例 1：标称单位面积质量为 750 g/m²，宽度为 168 cm 的覆膜无碱膨体纱玻璃纤维过滤布表示为：FM/EWTF750-168。

示例 2：标称单位面积质量为 900 g/m²，宽度为 100 cm 的，含 15%的 P84 纤维的覆膜复合针刺毡表示为：FM/E/PI(15)MN900-100。

5 要求

5.1 过滤布

5.1.1 碱金属氧化物含量

——无碱过滤布应不大于 0.8%；

——中碱过滤布应为(11.6～12.4)%。

5.1.2 组织结构和物理性能应符合表 2 的规定。

表 2 组织结构和物理性能要求

产品代号	玻璃纤维直径/μm	组织结构	密度 根/cm		质量/(g/m²)≥	拉伸断裂强力/(N/25 mm)≥		透气率/(cm/s)
			经向	纬向		经向	纬向	
CWF450	7.0±1.0	1/3 斜纹	20±1	450	14±1	1 700	1 200	20～50
CWF550	7.0±1.0	缎纹纬二重	20±1	550	20±1	1 700	1 700	20～50
CWF600	7.0±1.0	缎纹纬二重	20±1	600	20±1	1 850	1 750	20～60
CWTF450	7.0±1.0	1/3 斜纹	20±1	450	14±1	1 700	1 000	20～45
CWTF550	7.0±1.0	缎纹纬二重	20±1	550	20±1	1 700	1 200	15～40
CWTF600	7.0±1.0	1/3 斜纹	20±1	600	20±1	1 700	1 300	15～40
CWTF700	7.0±1.0	缎纹纬二重	20±1	700	20±1	1 850	1 550	10～40
CWTF750	7.0±1.0	缎纹纬二重	18±1	750	20±1	1 800	2 000	10～40
CWTF850	7.0±1.0	缎纹纬二重	20±1	850	17±1	2 250	1 500	15～40
EWF600	5.5±0.8	缎纹纬二重	20±1	600	20±1	2 400	2 400	15～40
EWTF400	5.5±0.8	1/3 斜纹	20±1	400	13±1	1 400	1 200	20～45
EWTF450	5.5±0.8	1/3 斜纹	19±1	450	10±1	1 750	1 000	25～50
EWTF550	5.5±0.8	1/3 斜纹	18±1	550	12±1	2 200	1 500	15～35
EWTF750	5.5±0.8	缎纹纬二重	18±1	750	17±1	2 200	2 400	10～45
EWTF750A	6.0±0.9	缎纹纬二重	18±1	750	16±1	2 200	2 400	10～45
EWTF900	5.5±0.8	缎纹纬二重	24±1	900	18±1	2 800	2 100	5～25

5.1.3 处理剂含量

处理剂含量应符合表3的规定。

5.1.4 宽度

允许正偏差≤1 cm,不允许负偏差。

表3 处理剂含量

产品类型	处理剂含量/%,≥	
	滤料类	覆膜基材类
连续纱玻璃纤维过滤布	2.0	10
膨体纱玻璃纤维过滤布	3.0	10

5.1.5 外观

5.1.5.1 过滤布的外观疵点分类见表4。

表4 过滤布的外观要求

序号	疵点名称	疵点程度	分类
1	断经		不允许
2	断纬(百脚)		不允许
3	蛛网;跳花		主要疵点
4	经纬圈	① 经向0.5 m内20个以下,每处 ② 经向0.5 m内20个或以上	次要疵点 主要疵点
5	双纬;拖纬		次要疵点
6	错纬(多股;缺股)	① 经向1 cm内 ② 经向1 cm～5 cm ③ 经向5 cm以上	次要疵点 主要疵点 不允许
7	接头	>9 cm,每个	次要疵点
8	稀密路	① 经向1 cm内比允许少(多)1根的 ② 经向1 cm内比允许少(多)2根的	次要疵点 主要疵点
9	污渍	① 宽度在2根纱线以上的污渍,每长5 cm ② 经向0.5 m内密集的污渍(20个以上)	次要疵点 主要疵点
10	错松 紧经	① 松紧经纱,单根每长1 m ② 错经(包括双经,多股,缺股纱)每长0.5 m	次要疵点
11	起毛	目视明显,严重影响使用的挠损	主要疵点

5.1.5.2 每100 m长度内主要疵点不得超过5个。5个次要疵点相当于一个主要疵点,不得有不允许出现的疵点。

5.2 针刺毡

5.2.1 碱金属氧化物含量

应采用无碱玻璃,其碱金属氧化物含量应不大于0.8%。

5.2.2 物理性能

针刺毡玻璃纤维滤料应符合表5的规定,复合针刺毡玻璃纤维滤料应符合表6的规定。

5.2.3 宽度偏差

不允许负偏差。

5.2.4 外观

不应有分层、破洞、裂纹、折皱和衬底上无毡层纤维等缺陷,不应有1 cm^2 以上的油污。

表 5 针刺毡玻璃纤维滤料物理性能要求

代号	玻璃纤维直径/μm	单位面积质量/(g/m^2)	拉伸断裂强力/(N/25 mm)≥		处理剂含量/%,≥		透气率/(cm/s)
			经向	纬向	滤料类	覆膜基材类	
EMN900	5.5±0.8	900±90	1 100	1 100	12	15	15-40
EMN950	5.5±0.8	950±95	1 100	1 100	12	15	15-40
EMN1050	5.5±0.8	1 050±105	1 200	1 200	12	15	15-40

表 6 复合针刺毡玻璃纤维滤料物理性能要求

代号	玻璃纤维直径/μm	单位面积质量/(g/m^2)	拉伸断裂强力/(N/50 mm)≥		透气率/(cm/s)
			经向	纬向	
E/××MN850	5.5±0.8	850±85	1 600	1 600	15-45
E/××MN900	5.5±0.8	900±90	1 600	1 600	15-45
E/××MN950	5.5±0.8	950±95	1 600	1 600	15-45
E/××MN1050	5.5±0.8	1 050±105	2 000	2 000	15-45

5.3 覆膜滤料

5.3.1 组织结构和理化性能

5.3.1.1 透气率应为(2～8)cm/s。

5.3.1.2 以过滤布为基材的覆膜滤料应符合5.1的规定。

5.3.1.3 以针刺毡为基材的覆膜滤料应符合5.2的规定。

5.3.2 覆合牢度

薄膜表面不允许破损,薄膜与基材之间不允许脱离。

5.3.3 外观

基材的外观应分别符合5.1.5和5.2.4的规定,PTFE薄膜不得有折皱、破损和污渍等疵点,PTFE薄膜与基材之间不得有杂物和分离。

6 试验方法

6.1 碱金属氧化物含量

按GB/T 1549的规定。

6.2 纤维直径

按GB/T 7690.5的规定。

6.3 密度

按GB/T 7689.2的规定。

6.4 拉伸断裂强力

按GB/T 7689.5的规定。

6.5 单位面积质量

按GB/T 9914.3的规定。

6.6 透气率

按GB/T 5453的规定,试样的有效面积为50 cm^2,固定压差127 Pa;单位样品的试样数量为5。

6.7 处理剂含量的测定

按GB/T 9914.2的规定。

6.8 宽度

按 GB/T 7689.3 的规定。

6.9 覆合牢度

按附录 A(规范性附录)的规定。

6.10 外观

在正常(光)照度,距离 0.5 m,目测检验。

7 检验规则

7.1 出厂检验和型式检验

7.1.1 出厂检验

产品出厂时必须进行出厂检验,出厂检验项目应包括:密度、单位面积质量、拉伸断裂强力、处理剂含量、透气率、宽度、覆合牢度和外观质量。

7.1.2 型式检验

有下列情况之一时,应进行型式检验:

a) 新产品投产时;

b) 正式生产后,原材料、工艺有了较大改变时;

c) 停产时间超过六个月恢复生产时;

d) 正常生产每年至少进行一次;

e) 出厂检验结果与上次型式检验有较大差异时;

f) 国家质量监督机构提出进行型式检验要求时;

g) 供需双方合同有要求时。

型式检验项目应包括标准要求中的所有项目。

7.2 检查批与抽样

7.2.1 检查批

同一规格品种、同一生产工艺稳定连续生产的一定数量的单位产品为一个检查批。从提交的检查批中随机抽取规定数量的单位产品为批样本。

7.2.2 抽样

7.2.2.1 按表 7 的规定从检查批中随机抽取计数检验用样本。

表 7 计数检验的抽样与判定

批量大小	样本大小	AQL=4.0	
		Ac	Re
≤25	3	0	1
26～90	13	1	2
91～150	20	2	3
151～280	32	3	4
281～500	50	5	6
501～1 200	80	7	8
1 201～3 200	125	10	11
3 201～10 000	200	14	15
≥10 001	315	21	22

7.2.2.2 按表8的规定从外观检查合格批中随机抽取碱金属氧化物含量及纤维直径检验用样本。

表8 碱金属氧化物含量及纤维直径抽样

批量大小	样本大小
≤280	1
281～3 200	2
≥3 200	3

7.2.2.3 按表9的规定从外观检查合格批中随机抽取其他计量检验用样本。

表9 其他计量检验的抽样与判定

批量大小	样本大小	接收常数 k，AQL＝4.0	批量大小	样本大小	接收常数 k，AQL＝4.0
≤15	2	0.958	281～400	20	1.33
16～25	3	1.01	401～500	25	1.35
26～50	5	1.07	501～1 200	35	1.39
51～90	7	1.15	1 201～3 200	50	1.42
91～150	10	1.23	3 201～10 000	75	1.46
151～280	15	1.30	≥10 001	100	1.48

7.3 判定规则

7.3.1 外观

采用计数检验，每卷应符合5.1.5、5.2.4和5.3.3的规定。批质量的判定按表7的规定。

7.3.2 理化性能的判定

7.3.2.1 宽度采用计数检验，每卷应符合相应的指标要求，批质量的判定按表7的规定。

7.3.2.2 覆合牢度采用计数检验，每卷应符合5.3.2的规定，批质量的判定按表7的规定。

7.3.2.3 碱金属氧化物含量、纤维直径按表8所列抽样数进行抽样，以测定结果平均值进行判定。

7.3.2.4 密度、单位面积质量、透气率、处理剂含量按表9的规定进行抽样，以样本测试平均值的修约值判定。

7.3.2.5 拉伸断裂强力按表9的规定进行抽样，以质量统计量 Q_U、Q_L 进行判定，其合格质量水平AQL＝4.0。若 Q_U 和 $Q_L \geqslant k$，判该项物理性能合格，若 Q_U 和 $Q_L < k$，则判该项物理性能不合格。

7.3.3 外观质量和各项物理性能均合格，判该批产品合格。否则判该批产品不合格。

8 标志、包装、运输和贮存

8.1 标志

8.1.1 产品标志应包括：

a) 产品名称、产品代号、本标准号；

b) 生产厂名称和地址；

c) 生产日期(或批号)；

d) 匹长。

8.1.2 产品标志应在包装上标明，或者预先向用户提供有关资料。

8.2 包装

8.2.1 应卷绕在硬纸管上，使用防潮材料密封。确保在搬动、贮存和运输过程中避免受潮和损坏。

8.2.2 包装外表面应标明：

a) 产品名称、产品代号、本标准号；

b) 生产厂名称和地址；

c) 生产日期(或批号)；

d) 长度；

e) 按 GB/T 191 规定的“怕雨”、“堆码层数极限”二种图示；

f) 贮存期。

8.2.3 特殊包装由供需双方商定。

8.3 运输

应采用干燥遮篷工具运输，运输过程中应避免机械损伤、日光直射和受潮。

8.4 贮存

应放置在干燥、通风的室内贮存。堆码高度符合要求。

最适宜的贮存条件为温度 10 ℃～35 ℃、相对湿度小于 85%。贮存期一般为 12 个月。

附 录 A
（规范性附录）
覆合牢度的测定

A.1 测试仪器

A.1.1 纺织品色牢度测试仪。

A.1.2 体式显微镜，放大倍数10～80倍。

A.2 试样

样品无外观疵点，在幅宽的左中右各取一块尺寸为20 mm×12 mm的试样。

A.3 试验步骤

A.3.1 将试样薄膜面朝上，放置于色牢度测定仪工作台面上，用夹具将试样夹持牢固，保证试样平整无松动。

A.3.2 启动测定仪，摩擦30次。

A.3.3 将另两块试样重复A.3.1和A.3.2的步骤。

A.3.4 用显微镜观察并记录观测结果。

A.4 结果表示

三块试样的薄膜均不破损，薄膜与基材不脱离，则该样品的覆合牢度既为合格。

ICS 59.100.10
Q 36

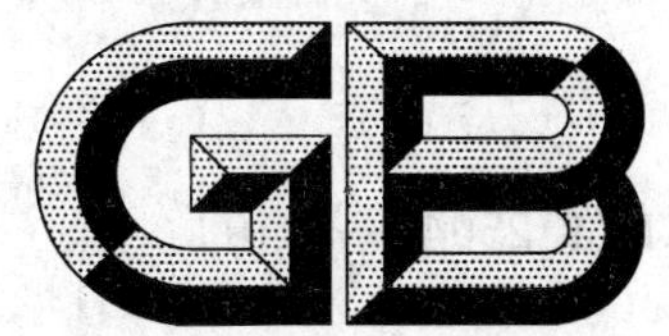

中华人民共和国国家标准

GB/T 25042—2010

玻璃纤维建筑膜材

Fiberglass fabric for architectural membrane

2010-09-02 发布　　2011-05-01 实施

中华人民共和国国家质量监督检验检疫总局
中国国家标准化管理委员会　发布

前　言

本标准的附录A、附录B、附录C、附录D、附录E为规范性附录。

本标准由中国建筑材料联合会提出。

本标准由全国玻璃纤维标准化技术委员会(SAC/TC 245)归口。

本标准负责起草单位:南京玻璃纤维研究设计院、深圳金台纤维有限公司、南京康特复合材料有限公司。

本标准主要起草人:汪辉、方允伟、竺林、赵洁、吴永坤、郭晓明。

玻璃纤维建筑膜材

1 范围

本标准规定玻璃纤维建筑膜材(以下简称膜材)的术语和定义、分类和代号、要求、试验方法、检验规则、标志、包装、运输和贮存。

本标准适用于以玻璃纤维为基材浸渍聚四氟乙烯的建筑膜材,不适合采用其他基材和其他浸渍材料的建筑膜材。

2 规范性引用文件

下列文件中的条款通过本标准的引用而成为本标准的条款。凡是注日期的引用文件其随后所有的修改单(不包括勘误的内容)或修订版均不适用于本部分,然而,鼓励根据本标准达成协议的各方研究是否可使用这些文件的最新版本。凡是不注日期的引用文件,其最新版本适用于本标准。

GB/T 191 包装储运图示标志

GB/T 2408 塑料 燃烧性能的测定 水平法和垂直法

GB/T 7689.3 增强材料 机织物试验方法 第3部分:宽度和长度的测定

GB/T 7689.5 增强材料 机织物试验方法 第5部分:玻璃纤维拉伸断裂强力和断裂伸长的测定

GB/T 9914.3 增强制品试验方法 第3部分:单位面积质量的测定

GB/T 18374 增强材料术语及定义

3 术语和定义

GB/T 18374 确定的以及下列术语和定义适用于本标准。

3.1

玻璃纤维建筑膜材 fibreglass fabric for architectural membrane

以无碱玻璃纤维织物为基材浸渍聚四氟乙烯后制成的玻璃纤维涂塑布,用于建筑物或构筑物。

3.2

内膜 inner membrane

双层膜结构中用于内侧的膜材。

3.3

外膜 outer membrane

双层膜结构中用于外侧的膜材。

4 分类与代号

4.1 产品分类

产品按用途分为内膜和外膜。

4.2 产品代号

产品代号依次应包括的要素为:

a) 用字母G表示玻璃纤维;

b) 用字母WPF表示浸渍聚四氟乙烯的涂塑布;

c) 膜材的公称单位面积质量以 g/m^2 为单位的数值;

d) 表示产品分类的字母,A表示外膜,B表示内膜,后接“—”;

e) 膜材的公称宽度以 mm 为单位的数值。

示例：公称单位面积质量为 1 150 g/m²，公称宽度为 2 000 mm 的玻璃纤维膜材外膜代号为：GWPF 1150A—2000。

5 要求

5.1 理化性能

5.1.1 单位面积质量

推荐膜材的典型单位面积质量规格为：350；500；800；1 000；1 150；1 300；1 550。其中外膜单位面积质量应不小于 800 g/m²；内膜单位面积质量应不小于 350 g/m² 且小于 800 g/m²。

膜材单位面积质量的测量单值的允许偏差为±6％。

5.1.2 宽度和长度

膜材产品的宽度由供需双方商定，允许偏差为±3 mm。

除非另行商定，每卷布长度为 50 m，100 m，200 m，400 m 四种规格，实际长度应不小于公称长度。

5.1.3 拉伸断裂强力

膜材的拉伸断裂强力应符合表 1。其他规格的拉伸断裂强力及折叠后的拉伸断裂强力指标按表 1 取高者或由供需双方商定。

表 1 膜材拉伸断裂强力及折叠后的拉伸断裂强力的要求

公称单位面积质量/(g/m²)	拉伸断裂强力/(N/50 mm) ≥		折叠后的拉伸断裂强力/(N/50 mm) ≥	
	经向	纬向	经向	纬向
350	1 500	1 200	1 200	960
500	2 100	1 800	1 680	1 440
800	3 200	2 800	2 560	2 240
1 000	4 000	3 400	2 800	2 380
1 150	4 800	4 200	3 360	2 940
1 300	5 600	5 000	3 920	3 500
1 550	6 400	5 800	4 480	4 060

5.1.4 折叠后的拉伸断裂强力

膜材折叠后的拉伸断裂强力应符合表 1 的规定。

5.1.5 撕裂强力

膜材的撕裂强力应符合表 2 的规定。其他规格的撕裂强力指标按表 2 取高者或由供需双方商定。

5.1.6 耐湿热老化性能

膜材外膜的拉伸断裂强力保留率应不小于 80％。

5.1.7 耐酸性能

膜材外膜的拉伸断裂强力保留率应不小于 80％。

表 2 膜材的撕裂强力的要求

公称单位面积质量/(g/m²)	撕裂强力/N，≥	
	经向	纬向
350	50	50
500	90	90

表 2（续）

公称单位面积质量/(g/m²)	撕裂强力/N，≥	
	经向	纬向
800	150	150
1 000	190	190
1 150	240	240
1 300	300	300
1 550	400	400

5.1.8 **透光率**

膜材的透光率应符合表 3 的规定。其他规格的透光率指标按表 3 取高者或供需双方商定。

表 3 膜材透光率的要求

公称单位面积质量/(g/m²)	透光率/%，≥
350	31
500	26
800	15
1 000	12
1 150	10
1 300	8
1 550	6

5.1.9 **燃烧性能**

膜材的燃烧性能应达到 FV-0 级。

5.2 **外观**

膜材表面应光滑平整，不得有折皱、裂纹、纤维裸露等疵点。

6 试验方法

6.1 **单位面积质量**

按 GB/T 9914.3 的规定。

6.2 **宽度和长度**

按 GB/T 7689.3 的规定。

6.3 **拉伸断裂强力**

按 GB/T 7689.5 的规定。

6.4 **折叠后的拉伸断裂强力**

按附录 A 的规定。

6.5 **撕裂强力**

按附录 B 的规定。

6.6 **耐湿热老化性能**

按附录 C 的规定。

6.7 **耐酸性能**

按附录 D 的规定。

6.8 透光率

按附录E的规定。

6.9 燃烧性能

按 GB 2408 的规定。

6.10 外观

在正常(光)照度下，距布面 0.5 m 处目测检验。

7 检验规则

7.1 出厂检验和型式检验

7.1.1 出厂检验

产品出厂时，应进行出厂检验。出厂检验项目应包括：宽度、长度、单位面积质量、拉伸断裂强力、撕裂强力、外观。

7.1.2 型式检验

有下列情况之一时，应进行型式检验：

a) 新产品投产时；

b) 原材料或生产工艺有较大的改变时；

c) 停产时间超过三个月，恢复生产时；

d) 正常生产时，每年至少进行一次；

e) 出厂检验结果与上次型式检验有较大差异时；

f) 供需双方合同有要求时。

型式检验应对标准中规定的全部技术要求进行检验。

7.2 检查批与抽样

7.2.1 检查批

同一规格品种、同一生产工艺稳定连续生产的一定数量的单位产品为一检查批。

7.2.2 抽样

按表4的规定从检查批中随机抽取理化性能检验用样本。

按表5的规定从检查批中随机抽取外观检验用样本。

7.3 判定规则

7.3.1 理化性能的判定

7.3.1.1 长度、宽度、单位面积质量、拉伸断裂强力、撕裂强力按表4的规定以质量统计量 Q_L 进行判定，其质量接收限 AQL=4.0。若 $Q_L \geqslant k$，则判该项理化性能合格；若 $Q_L < k$，则该项性能不合格。

7.3.1.2 其他性能以样本测试平均值的修约值判定。

表4 理化性能的抽样与判定

批量范围	样本大小	AQL=4.0；接收常数，k
≤25	3	0.958
26～50	4	1.01
51～90	5	1.07
91～150	7	1.15
151～280	10	1.23
281～500	15	1.30
501～1 200	20	1.33

表 4（续）

批量范围	样本大小	AQL＝4.0；接收常数，k
1 201～3 200	25	1.35
3 201～10 000	35	1.39
≥10 001	50	1.42

7.3.2 外观质量的判定

按表 5 的规定进行判定。

表 5 外观质量的抽样与判定

批量范围	样本大小	AQL＝4.0	
		接收数，Ac	拒收数，Re
≤25	3	0	1
26～280	13	1	2
281～500	20	2	3
501～1 200	32	3	4
1 201～3 200	50	5	6
3 201～10 000	80	7	8
≥10 001	125	10	11

7.3.3 综合判定

理化性能和外观质量均合格，判该批产品合格，否则判该批产品不合格。

8 标志、包装、运输、贮存

8.1 标志

应包括：

a) 产品名称、产品代号、产品标准号；

b) 生产厂厂名和厂址；

c) 产品质量等级；

d) 生产日期(或批号)；

e) 卷长；

f) 净质量。

8.2 包装

8.2.1 应使用防潮材料密封，确保在贮存与运输过程中避免受潮和损坏。

8.2.2 特殊包装由供需双方商定。

8.2.3 包装外表面应标明：

a) 产品名称、产品代号、产品标准号；

b) 生产厂厂名和厂址；

c) 产品质量等级；

d) 生产日期(或批号)；

e) 卷长；

f) 净质量；

g) 按 GB/T 191 规定的“怕雨”、“堆码层数极数”二种图示；片材包装时加注“向上”箭头。

8.3 运输

应采用干燥有遮篷的运输工具运输。运输过程中应避免受潮。

8.4 贮存

应放置在干燥、通风的室内，防止重物压伤、尖锐物品划伤，避免水蒸汽、酸碱等物的腐蚀。

附　录　A
（规范性附录）
玻璃纤维建筑膜材折叠后的拉伸断裂强力的测定

A.1　原理

通过测量经反复折叠后的试样拉伸断裂强力来评价材料的抗折叠性能。

A.2　试验装置与仪器

A.2.1　拉伸试验机。等速伸长型(CRE)。

A.2.2　压辊。钢制圆柱体，质量 4.50 kg，直径 90 mm，高度 100 mm。

A.3　试样准备

按 GB/T 7689.5 类型Ⅰ的要求进行试样准备。试样准备数量为经向、纬向各 5 片。

A.4　试验步骤

A.4.1　把每个试样端对端地卷成圈，圈的边对齐。两端不用粘。

A.4.2　用压辊滚压试样。滚压的方法为：把压辊放在靠近不成圈的一端，向前垂直滚过试样圈，时间控制在 1 s 内。在滚压辊时只水平向前推，不要向下按压。

A.4.3　在同一试样上再重复 A.4.2 步骤滚压试样 9 次。

A.4.4　并将全部 10 片试样进行滚压折叠试验。

A.4.5　展平试样，采用等速拉伸试验机按照 GB/T 7689.5 测定试样的拉伸断裂强力。

A.5　试验结果

分别计算 5 个经向试样和 5 个纬向试样的拉伸断裂强力的平均值，精确到 1 N。

附　录　B
（规范性附录）
玻璃纤维膜材的撕裂性能的测定

B.1　原理

将试样呈梯形夹入拉伸试验机的夹具内，其梯形短边剪一裂缝，拉伸时，其底布纱线相继受力而断裂，记录试验机显示最大的撕裂强力。

B.2　仪器

B.2.1　等速拉伸试验机(CRE)，拉伸速度可控制在 200 mm/min±10 mm/min 的范围内。

B.2.2　试验机夹具的有效宽度应大于 75 mm，在钳口上有中心标记线，夹具应带有线条槽或波纹面。试验时，夹持面上可衬垫适当的材料。

B.3　试样准备

B.3.1　试样的裁取

整个宽度方向距膜材边 100 mm 均匀分布的裁取 5 组试样，每组包括经向撕裂和纬向撕裂各一个试样。试样长边平行于经向称为“纬向撕裂试样”，试样长边平行于纬向称为“经向撕裂试样”。

B.3.2　试样的尺寸

试样尺寸为长不小于 200 mm，宽 50 mm。按图 B.1 画出夹持线，并在梯形短边的正中处，剪开一条垂直于短边的长 10 mm 的切口。试样尺寸如图 B.1 所示。

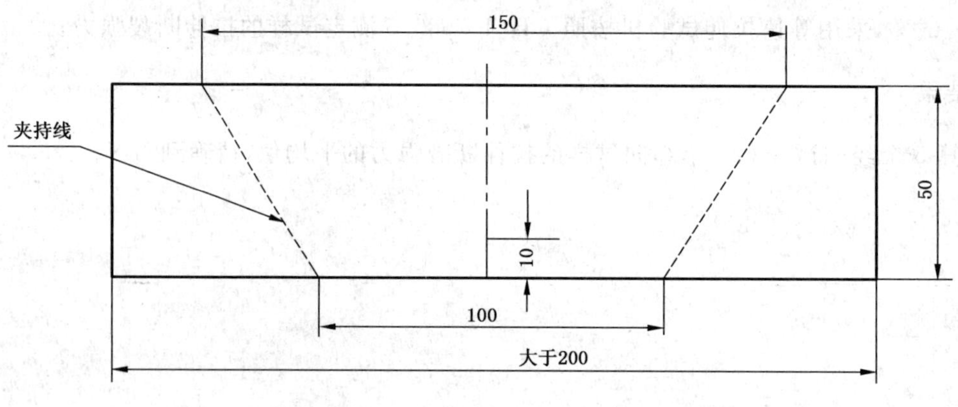

图 B.1

B.4　试验步骤

B.4.1　调整上、下夹具钳口间距离为 100 mm。

B.4.2　检查上、下夹具的平行程度、指针或记录装置的零点及摆动灵敏性。

B.4.3　将试样的一端置于上夹具中间对称位置，使钳口线和夹持线相吻合，拧紧上夹具。试样的另一端，按同样的方法夹于下夹具夹钳内，拧紧下夹具。

B.4.4　启动试验机，直至试样沿中间切口线全部撕裂，记录最大撕裂强力值。

B.5　结果计算

分别计算 5 个经向撕裂试样和 5 个纬向撕裂试样的最大撕裂强力的平均值，精确到 1 N。

附 录 C
（规范性附录）
玻璃纤维建筑膜材的耐湿热老化性能的测定

C.1 原理

本试验是将试样在高温、高湿的空气中经受快速老化，对老化前后的试样拉伸断裂强力性能进行测定。

C.2 试验装置与仪器

C.2.1 恒温恒湿试验箱

C.2.2 温度计（精度±2 ℃）

C.2.3 湿度计（精度±5%）

C.2.4 拉伸试验机

C.2.5 干燥器

C.3 试样准备

按 GB/T 7689.5 类型Ⅰ的要求进行试样准备。试样准备数量为经纬向各 10 片，进行老化试验的试样各为 5 片，对比空白试样各为 5 片。

C.4 试验步骤

C.4.1 将恒温恒湿试验箱调节温度至 70 ℃，湿度为 95%，待温度和湿度稳定。

C.4.2 将经纬向各 5 片试样同时放入箱中，要求试样无变形。

C.4.3 经过 168 小时，将试样从箱中取出，放入干燥器内冷却。

C.4.4 将老化试样和空白试样按 GB/T 7689.5 测定拉伸断裂强力并进行对比。

C.5 结果计算

按 GB/T 7689.5 的规定分别测定浸泡前后经向和纬向试样的拉伸断裂强力，并计算经向试样和纬向试样拉伸断裂强力保留率。

$$R_a = \frac{F_{后}}{F_{前}} \times 100\% \qquad \text{(C.1)}$$

式中：

R_a——拉伸断裂强力保留率，%；

$F_{后}$——5 个经老化处理的试样拉伸断裂强力的平均值，N/50 mm；

$F_{前}$——5 个原始状态试样拉伸断裂强力的平均值，N/50 mm。

附 录 D
(规范性附录)
玻璃纤维建筑膜材的耐酸性能的测定

D.1 原理

本试验是将试样在亚硫酸溶液中浸泡后,对浸泡酸溶液前后试样的拉伸断裂强力进行测定。

D.2 试验仪器及试剂

D.2.1 温度计

D.2.2 拉伸试验机

D.2.3 干燥箱

D.2.4 亚硫酸(分析纯)

D.3 试样准备

按 GB/T 7689.5 类型Ⅰ的要求进行试样准备。试样准备数量为经纬向各 10 片,进行酸浸泡试验的试样各为 5 片,对比空白试样各 5 片。在试样条的两端分别作上标记,应确保标记清晰,不被化学介质破坏。

D.4 试验步骤

D.4.1 将经纬向各 5 片试样在 0.8 mol/L 的亚硫酸的密闭干燥皿中常温浸泡试样 28 天,放置时试样不能折叠。

D.4.2 取出后用清水冲洗,放置在 105 ℃±2 ℃的干燥箱内烘干。

D.4.3 将老化试样和空白试样按 GB/T 7689.5 测定拉伸断裂强力并进行对比。

D.5 结果计算

按 GB/T 7689.5 的规定分别测定浸泡前后经向和纬向试样的拉伸断裂强力,并计算经向试样和纬向试样拉伸断裂强力保留率。

$$R_b = \frac{F_{后}}{F_{前}} \times 100\% \qquad \cdots\cdots (D.1)$$

式中:

R_b——拉伸断裂强力保留率,%;

$F_{后}$——5 个经化学介质浸泡过的试样拉伸断裂强力的平均值,N/50 mm;

$F_{前}$——5 个原始状态试样拉伸断裂强力的平均值,N/50 mm。

附　录　E
（规范性附录）
玻璃纤维建筑膜材的透光率的测定

E.1　原理

通过测定试样装入前后光谱仪所测得的光通量之比，评价玻璃纤维建筑膜材的透光率。

E.2　仪器

E.2.1　可见光源，能提供波长 380 nm～780 nm；

E.2.2　积分球（总开口面积不得超过整球内表面积的 1/10）；

E.2.3　光谱仪，带有计算机数据处理系统。

E.3　试样准备

裁取洁净、平整、表面均匀的 40 mm×40 mm 正方形试样三块，放置于清洁处待用。

E.4　试验步骤

E.4.1　仪器预热 20 min。

E.4.2　在积分球无光照射的条件下，将光谱仪置零。

E.4.3　使光源完全射入积分球内，测得积分球所获得的光通量（I_0）。

E.4.4　将试样固定在试样架上，并使试样紧贴积分球的入光孔壁，测得光通量（I）。

E.4.5　实测的可见光光谱透射比 $\tau(\lambda)$为 I_0/I。

E.4.6　透光率按公式 E.1 计算。

$$\tau_\gamma = \frac{\int_{380}^{780} \tau(\lambda) \cdot D_\lambda \cdot V(\lambda) \cdot \Delta\lambda}{\int_{380}^{780} D_\lambda \cdot V(\lambda) \cdot \Delta\lambda} \qquad \text{(E.1)}$$

式中：

τ_γ——试样的透光率，%；

$\tau(\lambda)$——实测的可见光光谱透射比，%；

$D_\lambda \cdot V(\lambda) \cdot \Delta\lambda$——标准照明体 D65 的相对光谱功率分布 D_λ 与明视觉光谱光视效率 $V(\lambda)$和波长间隔 $\Delta\lambda$ 的乘积，数值见表 E.1。

表 E.1　标准照明体 D_{65} 的相对光谱功率分布 D_λ 与明视觉光谱光视效率 $V(\lambda)$和波长间隔 $\Delta\lambda$ 的乘积

λ/nm	$D_\lambda \cdot V(\lambda) \cdot \Delta\lambda$	λ/nm	$D_\lambda \cdot V(\lambda) \cdot \Delta\lambda$	λ/nm	$D_\lambda \cdot V(\lambda) \cdot \Delta\lambda$	λ/nm	$D_\lambda \cdot V(\lambda) \cdot \Delta\lambda$
380	0.000 0	450	0.419 2	520	7.052 3	590	6.330 6
390	0.000 5	460	0.666 3	530	8.799 0	600	5.354 2
400	0.003 0	470	0.985 0	540	9.442 7	610	4.249 1
410	0.010 3	480	1.518 9	550	9.807 7	620	3.150 2
420	0.035 2	490	2.133 6	560	9.430 6	630	2.081 2
430	0.094 8	500	3.349 1	570	8.689 1	640	1.381 0
440	0.227 4	510	5.139 3	580	7.899 4	650	0.807 0

表 E.1（续）

λ/nm	$D_\lambda \cdot V(\lambda) \cdot \Delta\lambda$	λ/nm	$D_\lambda \cdot V(\lambda) \cdot \Delta\lambda$	λ/nm	$D_\lambda \cdot V(\lambda) \cdot \Delta\lambda$	λ/nm	$D_\lambda \cdot V(\lambda) \cdot \Delta\lambda$
660	0.461 2	700	0.027 6	740	0.002 1	780	0.000 0
670	0.248 5	710	0.014 6	750	0.000 8		
680	0.125 5	720	0.005 7	760	0.000 1		
690	0.053 6	730	0.003 5	770	0.000 0		

E.4.7 对另外两个试样重复 E.4.4～E.4.6 操作，共获得三个透光率的测定值，取其算术平均值，保留至整数位。

参 考 文 献

[1] 中国工程建设标准化协会. CECS 158:2004 膜结构技术规程[M]. 北京:中国计划出版社,2004.

ICS 59.100.10
Q 36

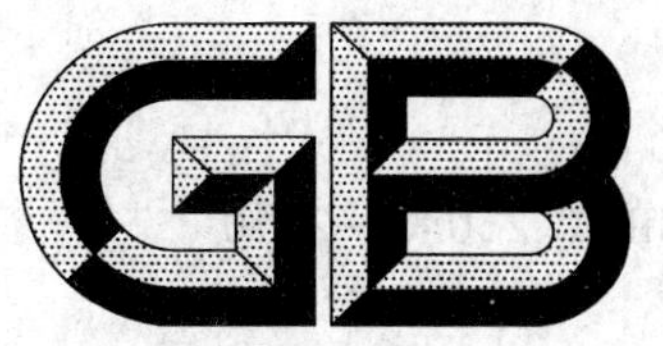

中华人民共和国国家标准

GB/T 25043—2010

连续树脂基预浸料用多轴向经编增强材料

Multiaxial warp-knitted reinforcement for resin-matrix prepreg

2010-09-02 发布　　2011-05-01 实施

中华人民共和国国家质量监督检验检疫总局
中国国家标准化管理委员会　发布

前 言

请注意本标准的某些内容可能涉及专利内容，本标准发布机构不应承担识别这些专利的责任。

本标准由中国建筑材料联合会提出。

本标准由全国玻璃纤维标准化技术委员会(SAC/TC 245)归口。

本标准负责起草单位：南京玻璃纤维研究设计院、常州市宏发纵横新材料科技有限公司、重庆国际复合材料有限公司、振石集团恒石纤维基业有限公司、泰山玻璃纤维有限公司、江苏九鼎新材料股份有限公司。

本标准主要起草人：师卓、何亚勤、刘黎明、谈昆伦、方允伟、郝郑涛。

连续树脂基预浸料用多轴向经编增强材料

1 范围

本标准规定了连续树脂基预浸料用多轴向经编增强材料的术语和定义、产品代号、要求、试验方法、检验规则、标志、包装、运输及贮存。

本标准适用于以玻璃纤维为主要原料,经有机纤维沿经向缝编而成的多轴向增强材料。该材料主要用于制作连续树脂基预浸料。

2 规范性引用文件

下列文件中的条款通过本标准的引用而成为本标准的条款。凡是注日期的引用文件,其随后所有的修改单(不包括勘误的内容)或修订版均不适用于本标准,然而,鼓励根据本标准达成协议的各方研究是否可使用这些文件的最新版本。凡是不注日期的引用文件,其最新版本适用于本标准。

GB/T 191 包装储运图示标志

GB/T 1549 纤维玻璃化学分析方法

GB/T 7689.3 增强材料 机织物试验方法 第3部分:宽度和长度的测定

GB/T 7689.5 增强材料 机织物试验方法 第5部分:玻璃纤维拉伸断裂强力和断裂伸长的测定

GB/T 9914.1 增强制品试验方法 第1部分:含水率的测定

GB/T 9914.2 增强制品试验方法 第2部分:玻璃纤维可燃物含量的测定

GB/T 9914.3 增强制品试验方法 第3部分:单位面积质量的测定

GB/T 17470—2007 玻璃纤维短切原丝毡和连续原丝毡

GB/T 18374 增强材料术语及定义

GB/T 25040—2010 玻璃纤维缝编织物

3 术语和定义

GB/T 18374 确立的以及下列术语和定义适用于本标准。

3.1

连续树脂基预浸料 resin-matrix prepreg

增强材料在连续的生产方式下由树脂系统浸渍后的一种用于制造复合材料的中间体。

3.2

经编增强材料 warp-knitted reinforcement

由玻璃纤维无捻粗纱为主要纤维形式层叠而成,并以一组或几组有机纤维沿经向编织成圈、相互串套而成的织物。按铺层方向可分为单向和多轴向经编增强材料。

4 产品代号

代号按 GB/T 25040—2010 中第4章的规定,在括号内中用字母P表示连续树脂基预浸料。

示例1:由一层单位面积质量均为 600 g/m²,排列角度为 90°的无碱玻璃纤维无捻粗纱构成的幅宽为 1 270 mm 的连续树脂基预浸料用单轴向经编增强材料代号为:E600,90°(P)-1270

示例2:由两层单位面积质量均为 400 g/m²,排列角度为 +45°和 −45°的无碱玻璃纤维无捻粗纱构成的幅宽为 1 270 mm 的连续树脂基预浸料用双轴向经编增强材料代号为:

2LF[E800,+45°,−45°](P)-1270

示例 3：由三层单位面积质量均为 300 g/m²,排列角度为 0°、+45°和−45°的无碱玻璃纤维无捻粗纱与单位面积质量为 50 g/m² 的无碱玻璃纤维湿法毡构成的幅宽为 1 270 mm 的连续树脂基预浸料用三轴向经编增强材料代号为：

3LF[E900,0°,45°,−45°//EMW50](P)-1270

5 要求

5.1 碱金属氧化物含量

碱金属氧化物含量应不大于 0.8%。

5.2 含水率

含水率应不大于 0.10%。

5.3 可燃物含量

除非另有商定,可燃物含量应不大于 3.0%。

5.4 树脂浸透速率

除非另有商定,树脂浸透速率应符合表 1 的规定。

表 1 树脂浸透速率

标称单位面积质量 /(g/m²)	树脂浸透速率 s,≤			
	单轴向	双轴向	三轴向	四轴向
≤1 000	40	50	80	150
>1 000	50	60	100	200

5.5 单位面积质量

单位面积质量应不超过表 2 的规定。

表 2 单位面积质量允许偏差

标称单位面积质量 /(g/m²)	单值允许偏差 /%	平均值允许偏差 /%
≤1 000	±8	±6
>1 000	±6	±5

5.6 拉伸断裂强力

典型规格经编增强材料的拉伸断裂强力应符合表 3 的规定。其他规格的拉伸断裂强力指标可由供需双方商定。

表 3 拉伸断裂强力

轴 向	典型规格产品代号	拉伸断裂强力 N/50 mm,≥			
		0°	+α°	90°	−α°
单轴向	E600,0°	8 500	—	—	—
双轴向	2LF[E600,+45°,−45°]	—	5 200	—	5 200
	2LF[E800,+45°,−45°]	—	5 500	—	5 500
三轴向	3LF[E900,0°,+45°,−45°]	6 800	4 100	—	4 100
	3LF[E1200,+60°,90°,−60°]	—	5 000	9 000	5 000
四轴向	4LF[E1500,0°,+45°,90°,−45°]	6 500	6 000	5 000	6 000

5.7 **层合板力学性能**

层合板力学性能应符合 GB/T 25040—2010 中 6.2.4 的规定。

5.8 **幅宽**

幅宽允差应不大于±5 mm。

5.9 **长度**

卷长不允许负偏差。

5.10 **端面整齐度**

卷装端面最高处与最低处的垂直距离不大于 10 mm。

5.11 **外观**

5.11.1 外观疵点的程度及分类见表 4。

表 4 外观疵点程度及分类

<table>
<tr><th colspan="2" rowspan="2">疵点名称</th><th rowspan="2">疵点程度</th><th colspan="2">疵点分类</th></tr>
<tr><th>主要疵点⊙</th><th>次要疵点△</th></tr>
<tr><td colspan="2">结头</td><td>纱线打结</td><td>不允许</td><td></td></tr>
<tr><td colspan="2" rowspan="2">缝编线断头</td><td>>1 次/m 或
1 次/m,>20 cm/次</td><td>⊙</td><td></td></tr>
<tr><td>1 次/m,≤20 cm/次</td><td></td><td>△</td></tr>
<tr><td colspan="2">断经</td><td></td><td>不允许</td><td></td></tr>
<tr><td rowspan="2">间隙</td><td rowspan="2">90°或 α°纱线</td><td>≥5 mm,<8 mm</td><td>⊙</td><td></td></tr>
<tr><td>≥8 mm</td><td>不允许</td><td></td></tr>
<tr><td colspan="2" rowspan="2">毛边</td><td>>8 mm</td><td>⊙</td><td></td></tr>
<tr><td>≤8 mm</td><td></td><td>△</td></tr>
<tr><td colspan="2">杂物</td><td>废丝、杂质等</td><td>不允许</td><td></td></tr>
<tr><td colspan="2">破洞</td><td></td><td>不允许</td><td></td></tr>
<tr><td colspan="2" rowspan="2">污渍</td><td>>1 处/卷或
1 处/卷,>3 cm/处</td><td>不允许</td><td></td></tr>
<tr><td>1 处/卷,≤3 cm/处</td><td>⊙</td><td></td></tr>
</table>

5.11.2 外观要求

5.11.2.1 凡临近的各类疵点应分别计算,疵点混在一起按主要疵点计。

5.11.2.2 四个次要疵点计为一个主要疵点,每百米长度主要疵点应不超过 6 个,不得有不允许出现的疵点。

6 试验方法

6.1 **碱金属氧化物含量**

按 GB/T 1549 的规定。

6.2 **含水率**

按 GB/T 9914.1 的规定。

6.3 **可燃物含量**

按 GB/T 9914.2 的规定。

6.4 **树脂浸透速率**

按 GB/T 17470—2007 附录 A 的规定。

6.5 **单位面积质量**

按 GB/T 9914.3 的规定。

6.6 拉伸断裂强力

按 GB/T 7689.5 的规定。

6.7 层合板力学性能

按 GB/T 25040—2010 中 7.5 的规定。

6.8 宽度和长度

按 GB/T 7689.3 的规定。

6.9 卷装端面整齐度

用精度为 1 mm 的钢直尺测量卷装端面最低处到端面最高处的垂直距离，测三组数据，取其最大值。

6.10 外观

在正常(光)照度，距离 0.5 m，目测和钢直尺检验。

7 检验规则

7.1 出厂检验和型式检验

7.1.1 出厂检验

产品出厂时，必须进行出厂检验，出厂检验项目包括含水率、可燃物含量、单位面积质量、宽度、长度、外观。

7.1.2 型式检验

有下列情况之一时，应进行型式检验：

a) 新产品投产时；

b) 原材料或生产工艺有较大改变时；

c) 停产时间超过三个月恢复生产时；

d) 正常生产时，每年至少进行一次；

e) 出厂检验结果与上次型式检验有较大差异时；

f) 供需双方合同有要求时。

型式检验应包括标准要求中全部检验项目。

7.2 检查批和抽样

7.2.1 检查批

同一批次原料、同一规格品种、同一生产工艺稳定连续生产的一定数量的单位产品为一检查批。

7.2.2 抽样

采用计数检验抽样方案，按表 5 的规定从检查批中随机抽取检验用样本。

表 5 计数检验的抽样与判定

批量范围	除 5.1、5.6 和 5.7 项目外的抽样与判定			碱金属氧化物含量、拉伸断裂强力和层合板力学性能抽样数
	样本大小	接收数 Ac	拒收数 Re	
Ⅰ	Ⅱ	Ⅲ	Ⅳ	Ⅴ
25	3	0	1	1
26～90	13	1	2	
91～150	20	2	3	
151～280	32	3	4	
281～500	50	5	6	
501～1 200	80	7	8	
1 201～3 200	125	10	11	2
3 201～10 000	200	14	15	

7.3 判定规则

7.3.1 外观、含水率、可燃物含量、树脂浸透速率、单位面积质量、长度、宽度、卷装端面整齐度采用计数检验，判定规则按表5的规定。

7.3.2 碱金属氧化物含量、拉伸断裂强力、层合板力学性能按表5中第V栏所列的抽样数进行抽样，以样本测定结果平均值进行判定。

7.3.3 按7.3.1和7.3.2判定均为可接收的批为合格批，否则为不合格批。

8 标志、包装、运输、贮存

8.1 标志

8.1.1 产品标志应包括：

a) 产品名称、产品代号、本标准号；

b) 生产厂名称和地址；

c) 生产日期(或批号)；

d) 质量(或卷长)；

e) 适用树脂。

8.1.2 产品标志应在包装上标明，或预先向用户提供有关资料。

8.2 包装

8.2.1 应紧密、整齐地卷绕在硬纸管上，使用防潮材料密封，妥善包装。确保在搬动、贮存和运输过程中避免损坏和受潮。

8.2.2 包装外表面应标明：

a) 产品名称、产品代号、本标准号；

b) 生产厂名称和地址；

c) 生产日期(或批号)；

d) 质量(或卷长)；

e) 按GB/T 191规定的“怕雨”、“堆码层数极限”二种图示。

8.2.3 特殊包装由供需双方商定。

8.3 运输

应采用干燥遮篷工具运输，运输过程中应避免机械损伤、日光直射和受潮。

8.4 贮存

贮存应放置在干燥、通风的室内，避免阳光直射。堆码高度应符合要求。适宜的贮存条件为：温度10 ℃～35 ℃，相对湿度小于70%。贮存期为12个月。

ICS 25.010
J 04

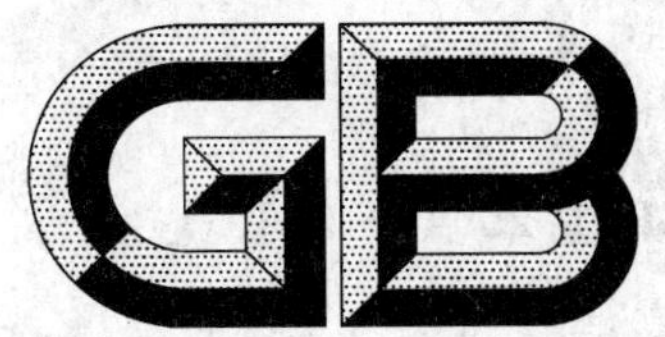

中华人民共和国国家标准

GB/T 25044—2010

砌墙砖抗压强度试样制备设备通用要求

General request of the preparation equipment used in compressive strength test of wall bricks

2010-09-02 发布　　2011-05-01 实施

中华人民共和国国家质量监督检验检疫总局
中国国家标准化管理委员会　发布

前　言

本标准由中国建筑材料联合会提出。

本标准由全国墙体屋面及道路用建筑材料标准化技术委员会(SAC/TC 285)归口。

本标准负责起草单位:中国建材西安墙体材料研究设计院、广州市建筑材料工业研究所有限公司。

本标准参加起草单位:中国建筑砌块协会、中国砖瓦工业协会、河南建筑材料研究设计院有限公司、浙江省建材科技有限公司、甘肃省建筑材料产品质量监督检验站、南京市产品质量监督检验院、大连市建材产品质量监督检验站、贵州省建材行业产品质量监督检验站、郴州市建筑材料产品质量检验站、宁夏建材产品质量监督检验站、吉林省建材产商品质量监督检验站、辽宁省建材产品质量监督检验院、重庆市墙体材料工业协会、陕西沃特建材科技发展有限公司。

本标准主要起草人:王博、陈少青、杨展。

砌墙砖抗压强度试样制备设备通用要求

1 范围

本标准规定了砌墙砖抗压强度试样制备设备的术语和定义、型式、技术要求、检验方法、检验规则、标志和包装的通用要求。

本标准适用于工业与民用建筑砌墙砖抗压强度试样制备用试验设备。

2 规范性引用文件

下列文件中的条款通过本标准的引用而成为本标准的条款。凡是注日期的引用文件，其随后所有的修改单(不包括勘误的内容)或修订版均不适用于本标准，然而，鼓励根据本标准达成协议的各方研究是否可使用这些文件的最新版本。凡是不注日期的引用文件，其最新版本适用于本标准。

GB/T 699 优质碳素结构钢

GB/T 1184 形状和位置公差 未注公差值

GB/T 1804 一般公差 未注公差的线性和角度尺寸的公差

GB/T 5226.1 机械电气安全 机械电气设备 第1部分:通用技术条件

JC/T 401.2 建材机械用碳钢和低合金钢铸件技术条件

JC/T 402 水泥机械涂漆防锈技术条件

JC/T 532 建材机械钢焊接件通用技术条件

3 术语和定义

下列术语和定义适用于本标准。

3.1

砌墙砖抗压强度试样制备搅拌设备 mixing equipment used in compressive strength test of wall bricks

利用搅拌臂与搅拌锅之间的相对运动进行砌墙砖抗压强度试验用净浆搅拌的装置。

3.2

砌墙砖抗压强度试样制备振动设备 vibrating equipment used in compressive strength test of wall bricks

利用电磁引力将试样模具吸引到振动台台面上，然后利用偏心轮产生振动原理使得台面产生振动的装置。

3.3

砌墙砖抗压强度试样制备试模 molds used in compressive strength test of wall bricks

用可拆卸模板形成密封型腔来进行抗压强度试验样品受压面处理的模具装置。

4 型式

4.1 砌墙砖抗压强度试样制备搅拌设备采用立式结构，搅拌臂为主动轴，搅拌桶采用固定旋转式，使得搅拌臂和搅拌桶之间产生搅拌作用。

4.2 砌墙砖抗压强度试样制备振动设备由台盘和使其跳动凸轮等组成，台盘上安装有固定分布的试验模具吸盘，吸盘利用电磁产生引力，跳动凸轮有电机带动，通过控制器按照一定的运转时间和运转速度运行，在运行的过程中使得台盘平稳地按照预定的跳动范围上下运动，试样模具在吸盘的吸引力下与台盘保持同步运动，使得试样达到振动的目的。

4.3 砌墙砖抗压强度试样制备试模由侧板、端板、底板、紧固装置及定位密封装置组成，可根据试样大小任意调节成型尺寸。按照试模使用形式将试模分为两种型式，一次成型式和二次成型式，一次成型式主要用于普通砖的抗压强度试验试样制备，二次成型式用于除普通砖外其他砌墙砖抗压强度试验试样制备。

5 技术要求

5.1 砌墙砖抗压强度试样制备搅拌设备基本要求

5.1.1 设备切削加工尺寸应符合 GB/T 1804 要求，形状和位置公差及未注公差值应符合 GB/T 1184 要求。

5.1.2 焊接件应符合 JC/T 532 的规定。

5.1.3 铸钢件应符合 JC/T 401.2 的规定。

5.1.4 搅拌叶片：严格按照 JC/T 401.2 中有关耐磨件的规定加工。

5.1.5 搅拌桶：按照 GB/T 699 的规定选定厚度不小于 6 mm 的材料加工制作，搅拌桶深度不大于 350 mm。

5.1.6 搅拌机机架：按照 GB/T 699 的规定选用型材加工制作。

5.1.7 整机性能通用要求：

a) 整机第一次大修前工作时间大于 15 000 h；

b) 整机配备电机、减速机寿命应大于 12 000 h；

c) 整机运转灵活、无碰擦、无异常声响和振动，紧固件无松动；

d) 搅拌系统相对运动速度小于 75 r/min；

e) 空负荷试车时的噪音值小于 75 dB(A)。

5.2 砌墙砖抗压强度试样制备振动设备基本要求

5.2.1 振动台的振幅：0.3 mm～0.6 mm。

5.2.2 振动台的频率：2 600 r/min～3 000 r/min。

5.2.3 振动台吸盘吸引力：750 N±10 N。

5.2.4 振动台整机绝缘电阻≥2.5 MΩ。

5.2.5 振动台台面尺寸为：1 000 mm×1 000 mm。

5.2.6 振动台吸盘型式、尺寸和数量：圆周形均匀排列，ϕ100(mm)×12。

5.2.7 吸盘的工作面为圆形平面，与振动台台面在同一水平面上。

5.3 砌墙砖抗压强度试样制备试模基本要求

5.3.1 一次成型试模组装后型腔尺寸为：长 120 mm±15 mm(可调节)，宽 120 mm±10 mm(可调节)，高 115 mm±5 mm。

5.3.2 二次成型试模组装后型腔尺寸为：长 240 mm±15 mm(可调节)，宽 120 mm±10 mm(可调节)，高 65 mm±5 mm。

注：对于不同规格的砌墙砖可根据规格尺寸进行设计。

5.3.3 试模操作要求方便、简单、灵活、快捷。

5.3.4 试模模腔应具有很好的密封性，四周观察无水滴。

5.4 装配与安装要求

5.4.1 所有零部件经检验合格，外购件应符合相关的国家和行业标准，有合格证方可进行装配。

5.4.2 搅拌系统与搅拌锅装配时，搅拌叶片旋转外沿应与搅拌锅内壁保持 1 mm～3 mm 的间隙。

5.4.3 电气设备及其系统应符合 GB/T 5226.1 的规定。

5.5 空载试车要求

5.5.1 运转时应无异常声响和强烈的振动。

5.5.2 润滑部位应不漏油。

5.5.3 轴承温升应不大于 35 ℃，最高温度应不超过 70 ℃。

5.6 负载试车要求

5.6.1 负载试车应符合 5.5.1、5.5.2 的要求。

5.6.2 轴承温升应不大于 35 ℃，最高温度应不超过 75 ℃。

5.7 外观要求

5.7.1 表面应平整光洁，不得有碰伤、划伤、锈蚀等缺陷。

5.7.2 外露连接部分两部件安装相对误差，机械加工时不大于 0.5 mm，非机械加工时不大于 1 mm。

5.7.3 涂漆防锈应符合 JC/T 402 的要求。

6 检验方法

6.1 检验条件

6.1.1 检验室里保持清洁，无腐蚀性气体。

6.1.2 电源的电压波动不超过±10%。

6.2 检验用仪器

a) 转速测量仪：精度不低于 1 r/min；

b) 秒表：精度不低于 0.1 s；

c) 深度尺：分度值不大于 0.02 mm；

d) 内径千分尺：分度值不大于 0.02 mm；

e) 游标卡尺：分度值不大于 0.02 mm；

f) 测厚卡规：分度值不大于 0.02 mm；

g) 万用表 500 V，准确度不低于 2.5 级；

h) 拉秤：分度值不大于 0.01 kg；

i) 其他辅助性工具器具。

6.3 搅拌设备搅拌叶片转速的检测

搅拌叶片转速可以在负载也可在空载情况下检测，有争议时以负载为准。

检测时，在搅拌叶片所连接的轴上贴一块黑色胶布，再在黑色胶布上贴反光片，用转速测量仪直接检测搅拌轴的转速，读出数据也就是搅拌叶片的转速。

6.4 振动设备绝缘电阻的检测

用万用表电阻挡直接进行检测。

6.5 振动设备振幅、频率的检查

以机器本身振动元件为检查对象进行核实并记录。

6.6 振动设备吸盘吸力的检测

用拉秤进行现场测量，当设备电磁元件产生电磁吸力的时候，用拉秤在操作平台拉动事先在平台上准备好的拉件，读出数据，反复进行三次取其算数平均值。

拉件为厚度 5 mm、ϕ60 mm 大小钢板加工。

6.7 对振动、搅拌设备外观和部分零件的检查

目测检查为主，关键元件用相关仪器进行检查。

6.8 对振动、搅拌设备整机运转状态的检查

通过运行检查观察成套设备运转情况。

6.9 整套试模操作检查

在现场实际操作，以求达到方便、灵活、快捷。

6.10 试模模腔密封性的检测

检测时，在试模的下端垫上一层玻璃板，然后在装配好的试模中加入水观察其四周密封性能，看是否有水滴产生。主要以目测为主。

7 检验规则

检验分为出厂检验和型式检验。

7.1 出厂检验

出厂检验为除国家标准件外全部的内容。出厂检验的主要项目的实际测量数据应记入随机文件中。

7.2 型式检验

型式检验为本标准技术要求中的全部内容。

有下列情况之一时，应进行型式检验：

a) 新产品试制或老产品转厂生产的试制定型检定；

b) 产品正式生产后，其结构设计、材料、工艺以及关键的零部件有较大改变可能影响产品性能时；

c) 正常生产时，定期或积累一定产量后，应周期性进行一次检验；

d) 产品长期停产后，恢复生产时；

e) 国家质量监督机构提出进行型式检验要求时。

7.3 判定规则

7.3.1 出厂检验

每台设备均符合出厂要求时判为出厂检验合格。其中任何一项不符合要求，判为出厂检验不合格。

7.3.2 型式检验

当批量不大于50台时，抽样两台，若检验后有一台不合格，则判定该批产品不合格，否则判定合格；当批量大于50台时，抽样五台，若检验后出现两台及两台以上的不合格品，则判定该批产品不合格，否则判定合格。

8 标志和包装

8.1 标志

设备应具有标志，其内容包括：

a) 名称；

b) 型号；

c) 生产日期；

d) 生产编号；

e) 制造厂家。

8.2 包装

8.2.1 装箱前除表面喷漆部分外均须采取防锈措施。

8.2.2 装箱时用螺栓固定在箱底上，机器上方及四周应加以支撑，使其在运输途中不致发生任何方向

的移动。包装箱应满足相应运输方式的要求。

8.2.3 随包装箱附有产品合格证、检验报告、使用说明书、装箱单和备用件等。

8.2.4 包装箱上要清楚标明：

a) 设备全称与型号、上下标志、制造厂名及出厂编号；

b) 收货单位及地址；

c) “请勿倒置”、“小心轻放”、“防潮”等字样。

ICS 59.100.10
Q 36

中华人民共和国国家标准

GB/T 25045—2010

玄武岩纤维无捻粗纱

Basalt fiber roving

2010-09-02 发布　　　　2011-05-01 实施

中华人民共和国国家质量监督检验检疫总局
中国国家标准化管理委员会　发布

前 言

本标准附录 A、附录 B 为规范性附录。

本标准由中国建筑材料联合会提出。

本标准由全国玻璃纤维标准化技术委员会(SAC/TC 245)归口。

本标准负责起草单位:浙江石金玄武岩纤维有限公司、南京玻璃纤维研究设计院。

本标准参加起草单位:四川航天拓鑫玄武岩实业有限公司。

本标准主要起草人:胡显奇、王玉梅、黄英、陈兴芬、石钱华。

玄武岩纤维无捻粗纱

1 范围

本标准规定了玄武岩纤维无捻粗纱的术语和定义、分类和标记、要求、试验方法、检验规则、标志、包装、运输和贮存。

本标准适用于玄武岩纤维直接无捻粗纱或经合股而成的玄武岩纤维无捻粗纱。

2 规范性引用文件

下列文件中的条款通过本标准的引用而成为本标准的条款。凡是注日期的引用文件,其随后所有的修改单(不包括勘误的内容)或修订版均不适用于本标准,然而,鼓励根据本标准达成协议的各方研究是否可使用这些文件的最新版本。凡是不注日期的引用文件,其最新版本适用于本标准。

GB/T 191 包装储运图示标志

GB/T 1549 纤维玻璃化学分析方法

GB/T 7690.1 增强材料 纱线试验方法 第1部分:线密度的测定

GB/T 7690.3 增强材料 纱线试验方法 第3部分:玻璃纤维断裂强力和断裂伸长的测定

GB/T 7690.4 增强材料 纱线试验方法 第4部分:硬挺度的测定

GB/T 7690.5 增强材料 纱线试验方法 第5部分:玻璃纤维纤维直径的测定

GB/T 9914.1 增强制品试验方法 第1部分:含水率的测定

GB/T 9914.2 增强制品试验方法 第2部分:玻璃纤维可燃物含量的测定

GB/T 14208.2 纺织玻璃纤维增强塑料 无捻粗纱增强树脂棒机械性能的测定 第2部分:弯曲强度的测定

GB/T 18369—2008 玻璃纤维无捻粗纱

GB/T 18374 增强材料术语及定义

GB/T 20310 玻璃纤维无捻粗纱 浸胶纱试样的制作和拉伸强度的测定

ISO 15039 玻璃纤维无捻粗纱 浸润剂溶解度的测定

3 术语和定义

GB/T 18374 规定的以及下列术语和定义适用于本标准。

3.1

玄武岩 basalt

玄武岩是由火山喷发时喷出的岩浆冷凝而成的火成岩中的一种矿物岩石。

3.2

玄武岩纤维无捻粗纱 basalt continuous roving

多股平行玄武岩纤维丝束或单股玄武岩丝束不加捻并合而成的集束体,包括玄武岩纤维合股无捻粗纱和玄武岩纤维直接无捻粗纱两种。

4 分类和代号

4.1 产品分类

按制造工艺分为直接无捻粗纱和合股无捻粗纱。

按使用工艺分为短切类无捻粗纱与非短切类无捻粗纱。

4.2 产品代号

产品代号应符合以下规定：

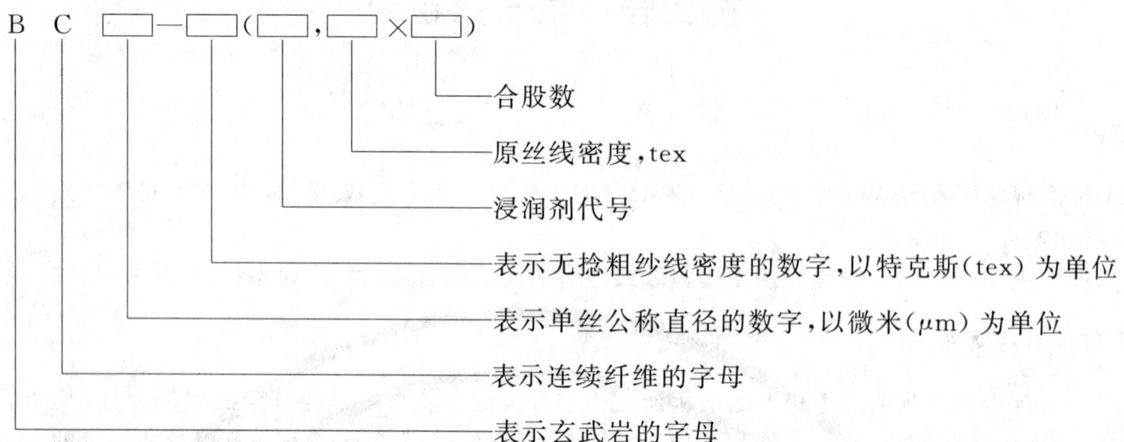

示例1:公称纤维单丝直径为17 μm,线密度为460 tex,采用G101浸润剂(制造商标记)的玄武岩纤维直接无捻粗纱代号为:BC17—460(G101)

示例2:公称纤维单丝直径为13 μm,线密度为800 tex(原丝密度为66 tex,12股),采用G261浸润剂(制造商标记)的玄武岩纤维合股无捻粗纱代号为:BC13—800(G261,66×12)

5 要求

5.1 外观

不应有影响使用的污渍、杂质、毛羽等缺陷,其颜色应均匀,呈深褐色,富有金属光泽;纱筒应紧密卷绕成规则的圆筒状,保证退绕方便。

5.2 氧化铁含量

三氧化二铁和氧化亚铁($FeO+Fe_2O_3$)的质量分数应大于7%。

5.3 纤维直径

纤维直径应不超过公称直径的±15%,变异系数应不大于14%。

5.4 线密度

线密度平均值相对于公称值的允差为:

——短切粗纱类为±8%,变异系数应不大于6%;

——非短切粗纱类为±5%,变异系数应不大于5%。

5.5 含水率

含水率应不大于0.2%。

5.6 浸润剂

应使用塑料型(增强型)浸润剂,制造商应标明适用的树脂。

可燃物含量应不超过标称值的±0.2或±20%,取范围较大者。

5.7 断裂强度

断裂强度应不小于0.40 N/tex。

5.8 硬挺度

短切类无捻粗纱硬挺度为80 mm～200 mm,极差应不大于30 mm。

5.9 短切率、分散率

短切类无捻粗纱短切率应不小于95%。

短切类无捻粗纱单束线密度在30 tex及以下的,分散率应不小于80%;单束线密度在30 tex以上的,分散率应不小于95%。

5.10 **悬垂度**

非短切类合股无捻粗纱悬垂度应不大于 50 mm。

5.11 **耐碱性**

以单丝拉伸强度保留率表示,应不小于 70%。

5.12 **耐温性**

以单丝拉伸强度保留率表示,应不小于 70%。

5.13 **应用性能**

应符合表 1 的规定。

表 1 应用性能

用　　途	项　　目	要　　求	
喷射、模塑料	浸胶后丙酮溶解度/%	标称值的±20	
拉挤、缠绕	浸胶纱力学性能	拉伸强度/MPa	≥2 000
		弹性模量/GPa	≥85
		断裂伸长率/%	≥2.5
织造、拉挤、缠绕	棒状复合材料[a] 弯曲强度/MPa	标准状态	≥850
		潮湿状态[b]	≥700

a 棒状复合材料树脂基材包括:不饱和聚酯树脂、乙烯基树脂、环氧树脂。

b 潮湿状态指 100 ℃沸水煮 2 h。

6 试验方法

6.1 **外观**

在正常(光)照度,距离 0.5 m,目测法逐个检验。

6.2 **氧化铁含量**

按 GB/T 1549 的规定。

6.3 **纤维直径**

按 GB/T 7690.5 的规定。

6.4 **线密度**

按 GB/T 7690.1 和规定。操作时应去除浸润剂,每个单位产品测定 3 次。

6.5 **含水率**

按 GB/T 9914.1 的规定。

6.6 **可燃物含量**

按 GB/T 9914.2 的规定。

6.7 **断裂强度**

按 GB/T 7690.3 的规定。

6.8 **硬挺度**

按 GB/T 7690.4 的规定。

6.9 **短切率、分散率**

按 GB/T 18369—2008 附录 A 的规定。

6.10 **悬垂度**

按 GB/T 18369—2008 附录 B 的规定。

6.11 **耐碱性**

按附录 A 的规定。

6.12 耐温性

按附录 B 的规定。

6.13 丙酮溶解度

按 ISO 15039 的规定。

6.14 浸胶纱拉伸强度、弹性模量和断裂伸长率

按 GB/T 20310 的规定。

6.15 棒状复合材料弯曲强度

按 GB/T 14208.2 的规定。

7 检验规则

7.1 出厂检验和型式检验

7.1.1 出厂检验

产品出厂时,应进行出厂检验。

出厂检验项目,短切类无捻粗纱应包括外观、线密度、含水率、可燃物含量、断裂强度、硬挺度、短切率和分散率;非短切类无捻粗纱应包括外观、线密度、含水率、可燃物含量、断裂强度和悬垂度。

7.1.2 型式检验

有下列情况之一时,应进行型式检验:

a) 新产品投产时;

b) 材料或生产工艺有较大的改变时;

c) 停产时间超过三个月,恢复生产时;

d) 正常生产时,每年至少进行一次;

e) 出厂检验结果与上次型式检验有较大差异时;

f) 供需双方合同有要求时。

型式检验应包括本标准要求中的全部项目。

7.2 检查批与判定规则

7.2.1 检查批

同一原料产地、同一生产工艺、同一品种规格,稳定连续生产的一定数量的单位产品为一个检查批。

7.2.2 判定规则

7.2.2.1 外观、断裂强度、含水率、可燃物含量、悬垂度、短切率、分散率采用表 2 中第Ⅰ栏的规定进行抽样与判定。

表 2 抽样与判定

<table>
<tr><th rowspan="2">批量范围</th><th colspan="3">Ⅰ</th><th rowspan="2">Ⅱ</th></tr>
<tr><th>样本大小</th><th>接收数 Ac</th><th>拒收数 Re</th></tr>
<tr><td>3～25</td><td>3</td><td>0</td><td>1</td><td rowspan="4">1</td></tr>
<tr><td>26～280</td><td>13</td><td>1</td><td>2</td></tr>
<tr><td>281～500</td><td>20</td><td>2</td><td>3</td></tr>
<tr><td>501～1 200</td><td>32</td><td>3</td><td>4</td></tr>
<tr><td>1 201～3 200</td><td>50</td><td>5</td><td>6</td><td rowspan="2">2</td></tr>
<tr><td>3 201～10 000</td><td>80</td><td>7</td><td>8</td></tr>
</table>

7.2.2.2 棒状复合材料弯曲强度、浸胶纱拉伸强度、丙酮溶解度按表 2 第Ⅱ栏的规定进行抽样,以测定结果平均值的修约值进行判定。

7.2.2.3 线密度按表2第Ⅰ栏所列样本数抽样，以批样本测定结果的平均值和变异系数进行判定。

7.2.2.4 所有单项合格，判该批产品合格，否则判该批产品不合格。

8 标志、包装、运输和储存

8.1 标志

8.1.1 产品标志应包括：

——生产厂名和厂址；

——产品标记；

——生产日期或批号；

——主要适用树脂；

——可燃物含量的公称值；

——指导使用的必要说明；

——产品质量检验的合格证明；

——包装储运的图示标志。

8.1.2 标志应当在包装上表明，或者预先向客户提供有关资料。

8.2 包装

8.2.1 每个纱筒需用柔软的材料包装。

8.2.2 将包装好的纱筒装在清洁、干燥的包装箱内，保持纱筒干燥，箱内要有纱筒固定和隔离装置，避免纱筒互相碰撞。包装箱封箱或捆扎应牢固。其他包装要求，由供需双方商定。

8.2.3 包装箱外表面应标明：

——生产厂名和厂址；

——产品名称和代号；

——净质量；

——生产日期或批号；

——按GB/T 191规定标明“怕湿”、“禁止翻滚”和“堆码层数极限”三种图示。

8.3 运输

应采用干燥的遮蓬运输工具运输，运输中应避免翻滚。

8.4 储存

应放置在干燥、通风的室内储存，堆码层数不得超过包装上标明的堆码层数极限。

附　录　A
（规范性附录）
玄武岩纤维耐碱性的测定

A.1　范围

本附录规定了测定玄武岩纤维耐碱性的方法。

A.2　原理

分别测定经碱溶液处理和未经碱溶液处理的玄武岩纤维单丝的拉伸强度，以碱溶液处理后单丝强度保留率表示耐碱性。处理条件：1 mol/L NaOH 溶液，60 ℃，浸泡 120 min±5 min。

A.3　仪器和试剂

A.3.1　多联恒温水浴，温度能控制在 60 ℃±1 ℃；
A.3.2　银杯或塑料杯，带有与蛇形冷凝管相连的接口；
A.3.3　蛇形冷凝管；
A.3.4　电子单丝强力试验仪；
A.3.5　显微镜，放大倍数至少 500 倍；
A.3.6　干燥箱，温度能控制在 105 ℃±3 ℃；
A.3.7　氢氧化钠（化学纯）、蒸馏水、盐酸。

A.4　试样

从纱筒上取一束玄武岩纤维，切成长约 6 cm 的丝段，分成 A、B 二份。A 份用于直接测定单丝拉伸强度，B 份用于测定碱溶液处理后单丝拉伸强度，B 份质量为 0.35*d* 克[1]（*d* 为单丝平均直径，单位为微米）。

A.5　试验步骤

A.5.1　测定 A 份试样的单丝拉伸断裂强力和纤维直径，按 A.1 式计算单丝拉伸强度，结果保留三位有效数字。

$$P=\frac{4F\times 10^4}{\pi d^2} \qquad \text{(A.1)}$$

式中：

P——单丝拉伸强度，单位为兆帕斯卡（MPa）；

F——单丝拉伸强力，单位为厘牛顿（cN）；

d——纤维平均直径，单位为微米（μm）。

A.5.2　将 B 份试样放入盛有 250 mL 浓度为 1 mol/L 的 NaOH 溶液的银杯中，接上蛇形回流冷凝管，将银杯置于温度控制在 60 ℃±1 ℃的恒温水浴中，经 120 min±5 min 取出。用蒸馏水漂洗试样三次，然后用 1%浓度的盐酸溶液浸泡 1 min～2 min，再用蒸馏水漂洗三次。将试样置于温度为 105 ℃的干燥箱中干燥 60 min±5 min，干燥器中冷却后测定单丝拉伸断裂强力和纤维平均直径，按 A.1 式计算单丝拉伸强度。

1）　根据总表面积 5 000 cm^2 和玄武岩纤维密度计算而得到。

A.6 结果表示

按A.2式计算单丝强度保留率，修约至小数点后一位。

$$R_{\varepsilon}=\frac{P_1}{P_0}\times 100\% \qquad \text{(A.2)}$$

式中：

R_{ε}——单丝拉伸强度保留率，%；

P_1——经碱溶液处理后的10个单丝拉伸强度平均值，单位为兆帕斯卡(MPa)；

P_0——未经碱溶液处理的10个单丝拉伸强度平均值，单位为兆帕斯卡(MPa)。

附 录 B
（规范性附录）
玄武岩纤维的耐温性的测定

B.1 范围

本附录规定了测定玄武岩纤维耐温性的方法。

B.2 原理

分别测定经高温处理和未经高温处理的玄武岩纤维的单丝拉伸强度，以高温处理后单丝强度保留率表示耐温性。处理条件：300 ℃，保温 120 min±5 min。

B.3 仪器

B.3.1 干燥箱，温度能控制在 300 ℃±3 ℃。
B.3.2 电子单丝强力试验仪。
B.3.3 显微镜，放大倍数至少 500 倍。

B.4 试样

从纱筒上取一束玄武岩纤维，切成长约 6 cm 的丝段，分成 A、B 二份。A 份用于直接测定单丝拉伸强度，B 份用于测定高温处理后单丝拉伸强度。

B.5 试验步骤

B.5.1 测定 A 份试样的单丝拉伸断裂强力和纤维平均直径，按 A.1 式计算单丝拉伸强度。
B.5.2 取 B 份试样，放入温度控制在 300 ℃±3 ℃的干燥箱中，经 120 min±5 min 取出，干燥器中冷却至室温，测定单丝拉伸断裂强力和纤维平均直径，按 A.1 式计算单丝拉伸强度。

B.6 结果表示

按 B.1 式计算单丝强度保留率，修约至小数点后一位。

$$R_{\varepsilon}=\frac{P_1}{P_0}\times 100\% \qquad \text{(B.1)}$$

式中：
R_{ε}——单丝强度保留率，%；
P_1——经高温处理后的 10 个单丝拉伸强度平均值，单位为兆帕斯卡（MPa）；
P_0——未经高温处理的 10 个单丝拉伸强度平均值，单位为兆帕斯卡（MPa）。

ICS 77.140.40
H 53

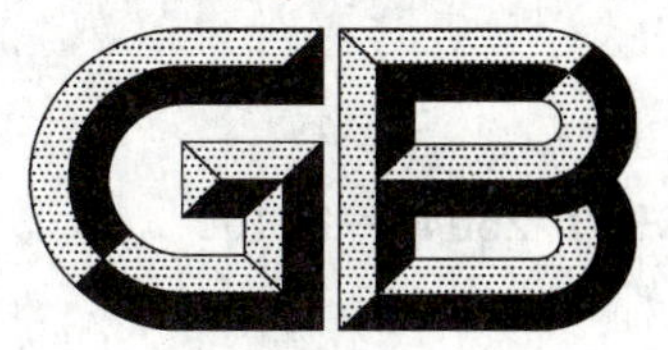

中华人民共和国国家标准

GB/T 25046—2010

高磁感冷轧无取向电工钢带(片)

High magnetic induction cold-rolled non-oriented electrical steel strip and sheet

2010-09-02 发布　　2011-06-01 实施

中华人民共和国国家质量监督检验检疫总局
中国国家标准化管理委员会　发布

前　　言

本标准附录A为规范性附录。

本标准由中国钢铁工业协会提出。

本标准由全国钢标准化技术委员会归口。

本标准起草单位：武汉钢铁(集团)公司、冶金工业信息标准研究院、鞍钢股份有限公司。

本标准主要起草人：张新仁、杨春甫、王晓虎、祝晓波、谢晓心、管吉春、叶九美、邱忆、杨大可、骆忠汉、万正武、毛炯辉、刘其中、姚腊红、亓福荣。

高磁感冷轧无取向电工钢带(片)

1 范围

本标准规定了公称厚度为0.35 mm和0.50 mm的高磁感冷轧无取向电工钢带(片)的牌号、技术要求、检查、测试、包装、标志和质量证明书等。

本标准适用于磁路结构中使用的全工艺高磁感冷轧无取向电工钢带(片)。

2 规范性引用文件

下列文件对于本文件的应用是必不可少的。凡是注日期的引用文件,仅所注日期的版本适用于本文件。凡是不注日期的引用文件,其最新版本(包括所有的修改单)适用于本文件。

GB/T 228 金属材料 室温拉伸试验方法

GB/T 235 金属材料 厚度等于或小于3 mm薄板和薄带 反复弯曲试验方法

GB/T 247 钢板和钢带包装、标志及质量证明书的一般规定

GB/T 2521 冷轧取向和无取向电工钢带(片)

GB/T 2522 电工钢片(带)表面绝缘电阻、涂层附着性测试方法

GB/T 3655 用爱泼斯坦方圈测量电工钢片(带)磁性能的方法

GB/T 4340.1 金属材料 维氏硬度试验 第1部分:试验方法

GB/T 13789 用单片测试仪测量电工钢片(带)磁性能的方法

GB/T 17505 钢及钢产品交货一般技术要求

GB/T 18253 钢及钢产品 检验文件的类型

GB/T 19289 电工钢片(带)的密度、电阻率和叠装系数的测量方法

3 术语和定义

GB/T 2521界定的术语和定义适用于本文件。

4 牌号

钢的牌号是按照下列给出的次序组成:

1) 以mm为单位,材料公称厚度的100倍。

2) 特征字符:

——W表示无取向电工钢;

——G表示高磁感。

3) 磁极化强度在1.5 T和频率在50 Hz,以W/kg为单位及相应厚度产品的最大比总损耗值的100倍。

示例:50WG400表示公称厚度为0.50 mm、最大比总损耗 $P_{1.5/50}$ 为4.0 W/kg的高磁感冷轧无取向电工钢。

5 一般要求

5.1 生产工艺

钢的生产工艺和化学成分由生产者决定。

5.2 供货形式

1) 钢带以卷供货,钢片以箱供货。

2) 卷、箱的重量应符合订货协议的要求。

3) 推荐钢卷内径为 510 mm,钢卷重量一般不小于 3 t。

4) 组成每箱的片应使侧面平直地堆叠,近似垂直于上表面。

5) 钢卷应由同一宽度的钢带卷成,卷的侧面应尽量平直。

6) 钢卷应非常紧的卷绕以使其在自重下不塌卷。

7) 钢带可能由于去除缺陷而产生接带,接带处应做标记。

8) 钢带焊缝和接带前、后部分应为同一牌号。

9) 焊缝处应平整,不影响材料后续加工。

5.3 交货条件

钢带(片)在两面涂有绝缘涂层,绝缘涂层的种类一般由需方提出,需方未提出时由供方确定。

5.4 表面质量

钢带(片)表面应光滑、清洁,不应有锈蚀,不允许有妨碍使用的孔洞、重皮、折印、分层、气泡等缺陷。分散的擦伤、划伤、气泡、沙眼、裂缝、结疤、麻点、凹坑、凸包等缺陷,如果它们在厚度公差范围之内并不影响所供材料的正确使用时是允许的。

材料表面的绝缘涂层应牢固地粘附,以使它们在剪切操作中和在生产者推荐的消除应力退火条件下退火时不脱落,涂层颜色应均匀。

5.5 剪切适应性

当使用合适的剪切设备剪切时,材料应在任何部位都能被剪切或冲压成通常的形状。

6 技术要求

6.1 磁特性

6.1.1 概述

高磁感冷轧无取向电工钢的磁特性应符合表 1 的规定,时效试样也应符合表 1 的规定。

6.1.2 最小磁极化强度

在 5 000 A/m 交变磁场(峰值)、频率为 50 Hz 时,规定的最小磁极化强度值 B_{5000}(峰值)应符合表 1 的规定。

6.1.3 最大比总损耗

在磁极化强度为 1.5 T、频率为 50 Hz 时,规定的最大比总损耗值 $P_{1.5/50}$ 应符合表 1 的规定。

表 1 高磁感冷轧无取向电工钢带(片)的磁特性和工艺特性

牌号	公称厚度/mm	理论密度/(kg/dm³)	最大比总损耗 $P_{1.5/50}$/(W/kg)	最小磁极化强度 B_{5000}/T	最小弯曲次数	最小叠装系数	硬度[a] HV_5
35WG230	0.35	7.65	2.30	1.66	2	0.95	—
35WG250		7.65	2.50	1.67	2		
35WG300		7.70	3.00	1.69	3		
35WG360		7.70	3.60	1.70	5		
35WG400		7.75	4.00	1.71	5		
35WG440		7.75	4.40	1.71	5		

表 1（续）

牌号	公称厚度/mm	理论密度/(kg/dm³)	最大比总损耗 $P_{1.5/50}$/(W/kg)	最小磁极化强度 B_{5000}/T	最小弯曲次数	最小叠装系数	硬度[a] HV_5
50WG250	0.50	7.65	2.50	1.67	2	0.97	—
50WG270		7.65	2.70	1.67	2		
50WG300		7.65	3.00	1.67	3		
50WG350		7.70	3.50	1.70	5		
50WG400		7.70	4.00	1.70	5		
50WG470		7.75	4.70	1.72	10		⩾120
50WG530		7.75	5.30	1.72	10		⩾105
50WG600		7.75	6.00	1.72	10		
50WG700		7.80	7.00	1.73	10		⩾100
50WG800		7.80	8.00	1.74	10		
50WG1000		7.85	10.00	1.75	10		⩾100
50WG1300		7.85	13.00	1.76	10		

注：多年来习惯上采用磁感应强度，实际上爱泼斯坦方圈测量的是磁极化强度。

定义为：$J=B-\mu_0 H$

式中：J 是磁极化强度；B 是磁感应强度；μ_0 是真空磁导率，其值为：$4\pi\times10^{-7}$ H/m；H 是磁场强度。

[a] 当需方提出，经供需双方协议，可执行表 1 中的硬度规定。

6.2 几何特性和偏差

6.2.1 厚度及厚度偏差

6.2.1.1 厚度

公称厚度为 0.35 mm 和 0.50 mm。

6.2.1.2 厚度偏差

同一验收批内公称厚度的允许偏差：0.35 mm 厚度的材料应不超过公称厚度的 ±0.028 mm；0.50 mm 厚度的材料应不超过公称厚度的 ±0.040 mm；焊缝处厚度增加值不应超过 0.050 mm。

平行于轧制方向上 2 m 长钢带或一张钢片的纵向厚度允许偏差：公称厚度 0.35 mm 材料应不超过 0.018 mm；公称厚度 0.50 mm 材料应不超过 0.025 mm。

垂直于轧制方向上的厚度允许偏差：公称厚度 0.35 mm 及 0.50 mm 材料应不超过 0.020 mm，这种偏差仅适用于宽度大于 150 mm 材料，对于窄带需要另外签订协议。

6.2.2 宽度及宽度偏差

钢带(片)公称宽度一般不大于 1 300 mm，用户可以在生产方指定的宽度范围内选择宽度，可以是切边或毛边状态交货。

切边交货的钢带(片)宽度允许偏差为 0～+15 mm。不切边产品的宽度偏差 0～+5 mm。

以最终使用宽度交货的材料，宽度允许偏差应符合表 2 的规定。

表 2 高磁感冷轧无取向电工钢带(片)的宽度允许偏差

公称宽度 L/mm	宽度偏差[a]/mm
$L \leqslant 150$	$^{+0.2}_{0}$
$150 < L \leqslant 300$	$^{+0.3}_{0}$
$300 < L \leqslant 600$	$^{+0.5}_{0}$
$600 < L \leqslant 1\,000$	$^{+1.0}_{0}$
$1\,000 < L \leqslant 1\,250$	$^{+1.5}_{0}$
[a] 经协议,宽度偏差可以是负偏差。	

6.2.3 长度及长度偏差

钢片的长度允许偏差应不超过公称长度的 0.5%,但最大不超过 6 mm。

6.2.4 镰刀弯

镰刀弯的检测只适用于宽度 L 大于 30 mm 的材料。长度为 2 m 材料的镰刀弯不应超过:

30 mm$<L\leqslant$150 mm 时为 2.0 mm;$L>$150 mm 时为 1.0 mm。

6.2.5 不平度(波形因数)

不平度的检测只适用于宽度大于 150 mm 的材料,其不平度不应超过 2.0%。

6.2.6 残余曲率

用户对残余曲率有要求并在协议中有规定时才进行检验。残余曲率的检验适用于宽度大于 150 mm 的材料。钢片的残余曲率是通过测试钢片底部和支撑板之间的距离确定,应不超过 35 mm,钢卷的残余曲率应符合订货协议。

6.2.7 毛刺高度

剪切毛刺高度的测定仅适用于以最终使用宽度交货的材料。其剪切毛刺高度应不超过 0.035 mm。

6.3 工艺特性

6.3.1 密度

用于计算磁性、叠装系数的密度,各牌号应符合表 1 规定。

6.3.2 叠装系数

叠装系数最小值应符合表 1 的规定,表中规定的叠装系数最小值理论上是在无绝缘涂层状态下测量的。

6.3.3 弯曲次数

弯曲次数的最小值应符合表 1 的规定,表中规定的弯曲次数的最小值是用垂直于轧制方向的试样测定的。

6.3.4 表面绝缘涂层电阻

根据需方要求,可以提供交货状态下表面绝缘涂层电阻的参考最小值,单位为欧姆平方毫米($\Omega \cdot mm^2$)。

6.3.5 力学性能

根据需方要求,经供需双方协议,硬度可按表 1 的规定,其他力学性能可按表 3 的规定。

表 3 高磁感冷轧无取向电工钢带(片)的力学性能

牌号	抗拉强度 R_m/(N/mm²)	断后伸长率 A/%	牌号	抗拉强度 R_m/(N/mm²)	断后伸长率 A/%
35WG230	≥450	≥14	50WG300	≥425	≥15
35WG250	≥445		50WG350	≥410	
35WG300	≥410		50WG400	≥400	≥18
35WG360	≥405	≥16	50WG470	≥370	
35WG400	≥395	≥18	50WG530	≥370	≥20
35WG440	≥370		50WG600	≥350	
50WG250	≥450	≥12	50WG700	≥330	≥25
50WG270	≥445	≥14	50WG800	≥310	
			50WG1000	≥300	≥25
			50WG1300	≥300	

7 检查和测试

7.1 概述

按本标准签订订货协议时，协议可含有按引用文件中的电工钢检验标准指定或不指定检验项目的条款，在没有指定检验项目的条款时，制造方应提供所供材料的最大比总损耗值和最小磁极化强度值。

在指定检验项目要求订货时。应明确 GB/T 18253 涉及的检验内容。

一般以一卷组成一个验收批。允许有由同一级别、同一公称厚度的钢带并卷组成验收批。

除特殊协议外，以上规定适用于表面绝缘涂层电阻和形状尺寸偏差的检查。

当产品以分卷的形式供货时，原验收批上的测试结果适用于该分卷。

7.2 取样

应从每一个验收批上取测试试样。

磁性试样应从每卷头尾各取一副试样。

试样应从离钢卷头尾不小于 3 m 处截取，且应避开焊缝和接带区域。对钢片产品，试样应优先从捆包的上部选取。通过合理地安排测试次序，同一副试样可以用于测试多种特性。

7.3 试样制备

7.3.1 磁特性

用 25 cm 爱泼斯坦方圈测试材料的最大比总损耗和最小磁极化强度时，一副试样由 4 倍的样片组成，推荐重量为 0.50 kg 左右。试样的取样方法、尺寸及尺寸偏差应符合 GB/T 3655 的规定。

用 GB/T 13789 规定的单片法测试最大比总损耗和最小磁极化强度时，单片试样的取样方法、尺寸及尺寸偏差应符合 GB/T 13789 的规定。

测试时效试样的最大比总损耗时，时效试样应在 225 ℃±5 ℃温度中持续保温 24 h，而后空冷到环境温度。

7.3.2 几何特性和偏差

测试厚度、宽度、不平度和镰刀弯的试样为 2 m 长的钢带或一张钢片。

测试残余曲率的试样为($500^{+2.5}_{0}$)mm 长，宽度等于公称宽度钢带或钢片。

7.3.3 工艺特性

7.3.3.1 叠装系数

试样至少由相同尺寸的 16 片组成。在有争议的情况下，试样应由 100 片组成。试样最小宽度

20 mm，最小表面积 5 000 mm^2。试样的宽度和长度偏差小于等于±0.10 mm。测试前应仔细去除试样毛刺。

7.3.3.2 弯曲次数

沿垂直轧制方向取最小宽度为 20 mm 的 1 片试样。试样应避开母材的边缘。

试样应保持平整、防止变形。

7.3.3.3 表面绝缘涂层电阻

宽度大于等于 600 mm 的钢带，应在材料的整个宽度上选择 1 片横向试样。每一片试样的宽度取决于所使用的测试方法，按 GB/T 2522 中 A 方法测量时，推荐试样宽度不小于 50 mm。

宽度小于 600 mm 的钢带或钢片，选择检查表面绝缘涂层电阻的试样尺寸应符合订货协议。

7.3.4 力学性能

力学性能的测试按 GB/T 228 的规定取样。

7.4 测试方法

对于规定的每一个特性，每一个验收批都应进行测试。除非另有规定，测试应在(23±5)℃的温度下进行。

7.4.1 磁特性

磁特性应按照 GB/T 3655 进行测试，测试试样片数为纵横向各半。通过协议也可按照 GB/T 13789 进行测试，测试值应符合表 1 的规定。

注：对同一材料按 GB/T 3655 和 GB/T 13789 两种方法所得结果会有差异。

7.4.2 几何特性和偏差

7.4.2.1 厚度

厚度在距离钢带或钢片边部大于 30 mm 的任何地方进行测试。

厚度的测试应使用精度为 0.001 mm 的千分尺进行。

7.4.2.2 宽度

宽度应沿垂直钢带或钢片的纵轴测试。

7.4.2.3 镰刀弯

用直尺紧靠钢带(片)的凹侧边，测量直尺与凹侧边的最大距离，见附录 A 图 A.1。

7.4.2.4 不平度

将钢片自由地放在固定平台上，除钢片自身重量外，不施加任何压力，用直尺测量钢片最大波(全波)的高度 H 和波长 L，不平度等于$(H/L)\times 100\%$，见附录 A 图 A.2。

7.4.2.5 残余曲率

钢带纵向的残余曲率应按照附录 A 图 A.3 测试。

7.4.2.6 毛刺高度

用千分尺测量钢带(片)的剪切处和内侧的厚度，毛刺高度等于两者厚度之差，见附录 A 图 A.4。

7.4.3 工艺特性

7.4.3.1 叠装系数

叠装系数应按 GB/T 19289 测试。

7.4.3.2 弯曲次数

弯曲次数应按 GB/T 235 测试。弯曲测试是把测试试样的每一面从它的初始位置交替地弯曲到 90°。从初始位置弯曲 90°后再返回到初始位置算作一次弯曲。

在基板上用肉眼第一次看到裂纹时应停止测试，最后的弯曲不记作弯曲次数。

7.4.3.3 硬度

硬度应按 GB/T 4340.1 进行测试。

7.4.3.4 **表面绝缘涂层电阻**

表面绝缘涂层电阻应按 GB/T 2522 进行测试。

7.4.3.5 **力学性能**

力学性能应按 GB/T 228 进行测试。

7.5 **复验**

当某一项性能的检验结果不符合本标准规定时，应取双倍试样复验，复验应按 GB/T 17505 进行。

8 包装、标志和质量证明书

8.1 包装、标志

钢带(片)的包装、标志应符合 GB/T 247 的规定。

8.2 质量证明书

提交的每批钢带(片)应附有证明该批钢带(片)所应检验项目的性能符合本标准规定的订货合同的质量证明书。质量证明书的条款应符合 GB/T 247 的规定。

9 异议

在所有的情况下，异议的条款和条件应符合 GB/T 17505 的规定。

10 订货资料

按本标准订货时应提供下列信息：

a) 本标准号；

b) 牌号；

c) 产品名称(钢带或钢片)；

d) 数量；

e) 钢带或钢片的尺寸；

f) 钢卷或钢片(捆)重量的限定；

g) 其他特殊要求。

附 录 A
（规范性附录）
几种测试方法示例图

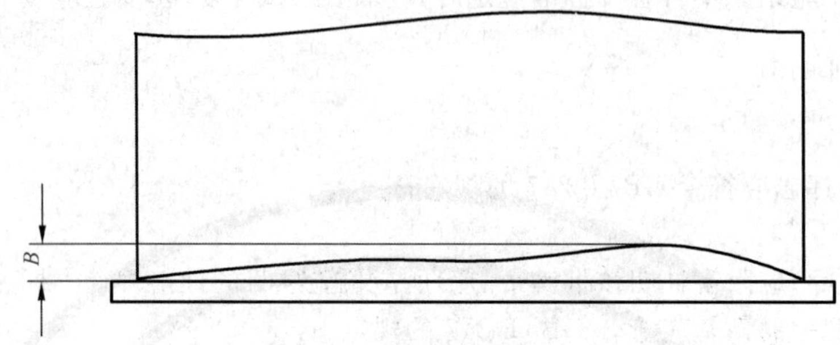

图 A.1 镰刀弯测试图

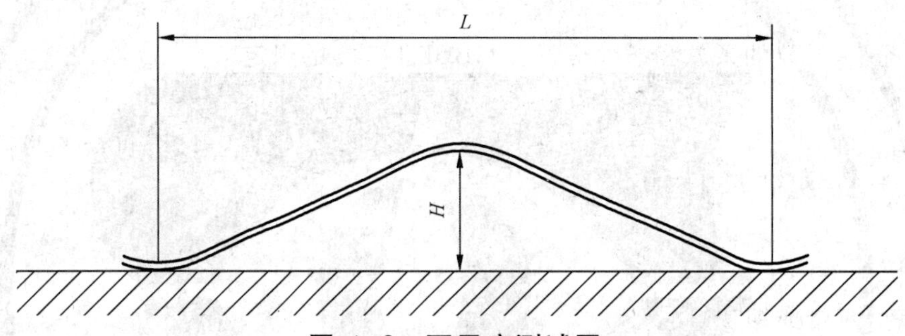

图 A.2 不平度测试图

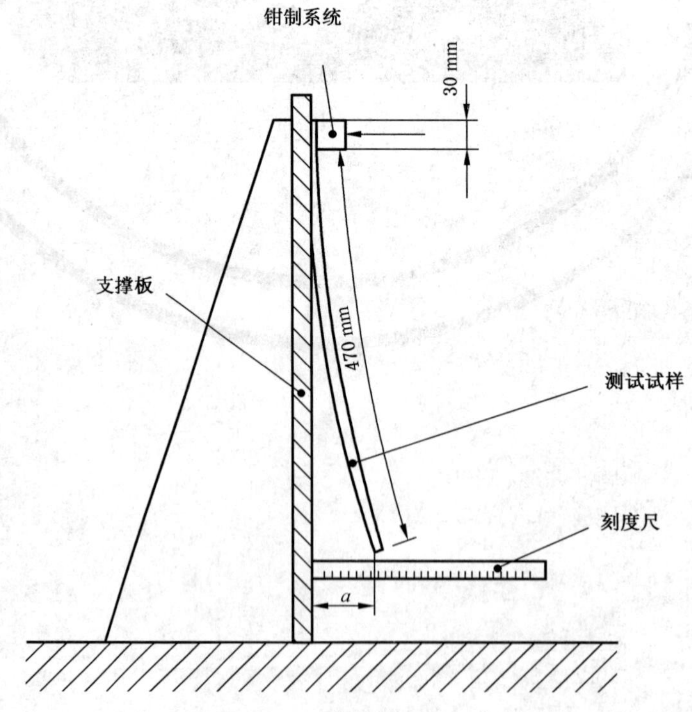

图 A.3 残余曲率测试图

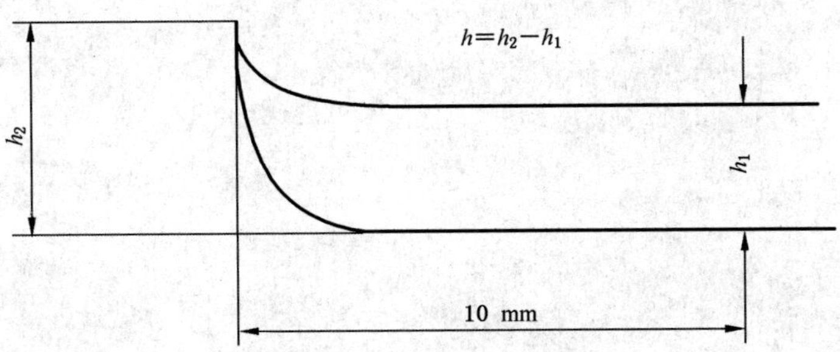

图 A.4 毛刺高度测试图

ICS 77.040.10
H 23

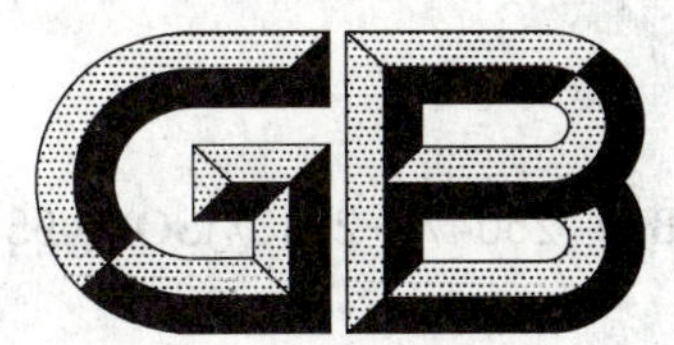

中华人民共和国国家标准

GB/T 25047—2010/ISO 8495:1998

金属材料　管　环扩张试验方法

Metallic materials—Tube—Ring-expanding test

(ISO 8495:1998,IDT)

2010-09-02 发布　　2011-06-01 实施

中华人民共和国国家质量监督检验检疫总局
中国国家标准化管理委员会　发布

前　言

本标准使用翻译法等同采用 ISO 8495:1998《金属材料　管　环扩张试验方法》(英文版)。

为了便于使用,本标准作了下列修改:

——“本国际标准”一词改为“本国家标准”;

——删除了国际标准的前言。

本标准由中国钢铁工业协会提出。

本标准由全国钢标准化技术委员会归口。

本标准起草单位:上海出入境检验检疫局、江苏省不锈钢制品质量监督检验中心、冶金工业信息标准研究院。

本标准主要起草人:吴益文、董莉、陈安源、胥成民、吉静、冯健、徐凌云。

金属材料　管　环扩张试验方法

1　范围

本标准规定了采用圆锥状顶芯将金属管环试样扩大直至发生断裂，以揭示金属管环试样表面和管环壁内部的缺陷的管环扩张试验方法。本标准也可用来评定金属管承受塑性变形的能力。

本标准适用于外径为 18 mm～150 mm(包括 150 mm)、壁厚为 2 mm～16 mm(包括 16 mm)的金属管。

2　符号、名称和单位

本标准使用的符号、名称和单位见表 1 和图 1 中的规定。

表 1　符号、名称和单位

符　号	名　称	单　位
a[a]	金属管壁厚	mm
D	金属管原始外径	mm
$D_{m\,max}$	圆锥状顶芯的最大直径	mm
$D_{m\,min}$	圆锥状顶芯的最小直径	mm
D_u	扩张试验后金属管环的最大外径	mm
k	圆锥状顶芯带有锥度部分的长度	mm
L	试验前金属管环试样的长度	mm

a　在钢管的标准中也用 T 来表示钢管的壁厚。

3　原理

从金属管的一端切取一段管环试样。用圆锥状顶芯扩大金属管环试样的一端，直至断裂或者金属管被扩大端的最大外径达到相关产品标准中规定的值(见图 1)。

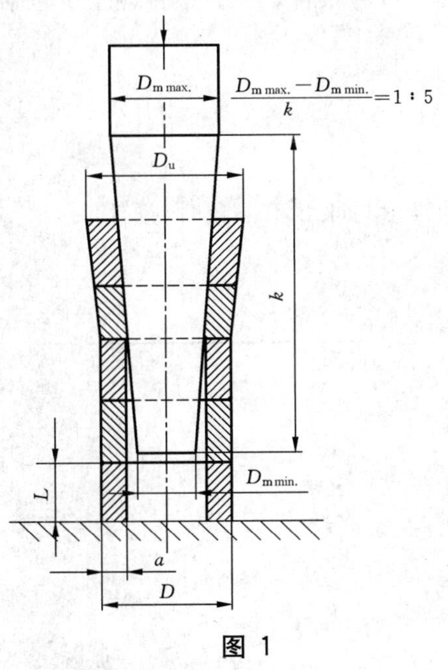

图 1

4 试验设备

4.1 可调速的压力机或万能试验机

4.2 圆锥状顶芯，除非相关金属管产品标准中另有规定，圆锥状顶芯应有足够的工作面长度，见图1所示，并且优先满足锥度$\frac{D_{\mathrm{m\,max}}-D_{\mathrm{m\,min}}}{k}=1:5$。而且圆锥状顶芯的工作表面应磨光，没有划痕并且具有足够的硬度。

5 试样

5.1 试样的长度应控制在10 mm～16 mm之间。金属管试样应在定尺之前从无毛刺的原金属管一端上截取，管环试样的两个端面应相互平行且垂直于金属管的轴线。

5.2 试样棱边可用锉或者其他方法将其倒圆或倒角。

注：如果试验结果满足试验要求，可不对其进行倒角或倒圆。

5.3 试验焊接管时，可以去除其管内焊缝余高。

6 试验程序

6.1 试验一般在10 ℃～35 ℃室温范围内进行。对要求在控制条件下进行的试验，温度应控制在23 ℃±5 ℃。

6.2 试验前，可对试验管环和圆锥状顶芯进行润滑。对于相同尺寸和相同材料的金属管环允许叠放。管环试样的轴线和圆锥状顶芯的轴线一致(见图1)。

6.3 对圆锥状顶芯施加压力使其压入管环试样端部，直至达到要求的扩张程度或者金属管环断裂。

6.4 圆锥状顶芯的压入速度不应超过30 mm/s。

6.5 管环试样的相对扩张率应按照相关产品标准的要求进行计算。

6.6 应按照相关金属管产品标准中的要求进行管环扩张试验的评定。在产品标准中没有规定时，在不使用放大镜的情况下，如果金属管环没有可见裂纹，则应认为试样检验合格。

7 试验报告

应根据相关产品标准的要求提供试验报告。试验报告应至少包括以下内容：

a) 本国家标准号；

b) 试样标识；

c) 试样尺寸；

d) 试样的扩张程度；

e) 若试验用的圆锥状顶芯的锥度与4.2不一致时，须注明；

f) 试验结果。

ICS 77.040.10
H 23

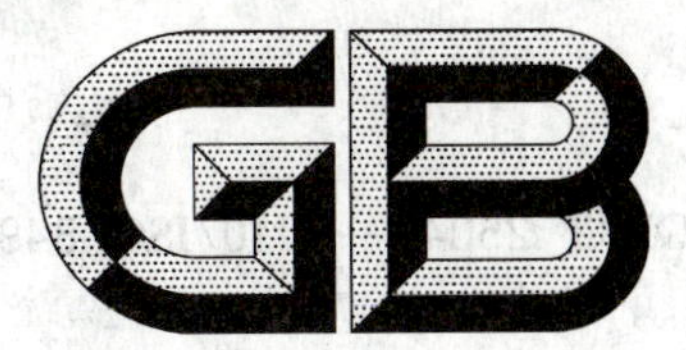

中华人民共和国国家标准

GB/T 25048—2010/ISO 8496:1998

金属材料　管　环拉伸试验方法

Metallic materials—Tube—Ring tensile test

(ISO 8496:1998,IDT)

2010-09-02 发布　　2011-06-01 实施

中华人民共和国国家质量监督检验检疫总局
中国国家标准化管理委员会　发布

前　言

本标准使用翻译法等同采用ISO 8496:1998《金属材料　管　环拉伸试验方法》(英文版)。

为了便于使用,本标准作了下列修改:

a)“本国际标准”一词改为“本国家标准”;

b)删除了国际标准的前言。

本标准由中国钢铁工业协会提出。

本标准由全国钢标准化技术委员会归口。

本标准起草单位:上海出入境检验检疫局、钢铁研究总院。

本标准主要起草人:华沂、吴益文、高怡斐、徐凌云、楚民生、吉静。

金属材料　管　环拉伸试验方法

1　范围

本标准规定了拉伸金属管环试样直至断裂而使金属管环试样表面和内部的缺陷暴露出来的试验方法。本标准也可用于评定金属管的延展性能。

本标准适用于外径大于 150 mm、管壁厚不大于 40 mm 且内径大于 100 mm 的金属管。

2　原理

从金属管的一端切取一段管环试样，使金属管环试样发生环向应变直至断裂。

3　试验设备

3.1　**两根圆柱销**，两根直径相同且轴线平行的圆柱销可相对移动，并在移动过程中仍保持平行。

单位为毫米

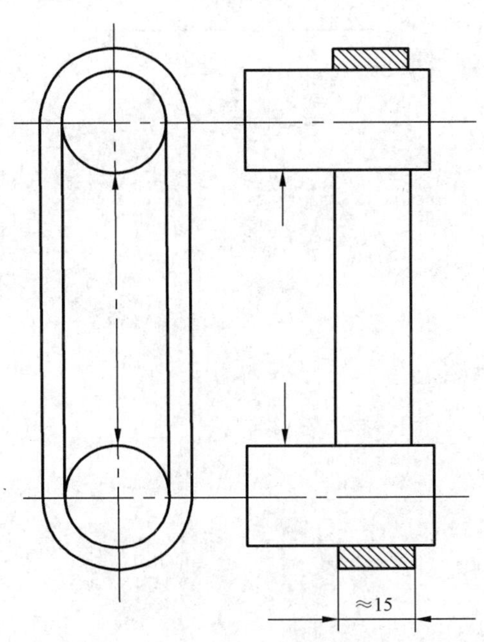

图 1　试验装置示意图

原则上，圆柱销的直径选择应保证其能达到试验所需的最低强度要求，在金属管环试样内径允许的情况下，圆柱销的直径应至少为管环壁厚的 3 倍。(如图 1 所示)

4　试样

4.1　试样应当是从原金属管上截取的一段管环，且其两个端面垂直于金属管的轴线。

4.2　试样的长度(管环的宽度)应为 15 mm 左右。如果金属管壁厚大于 15 mm，此时试样长度可等于管壁厚度。

4.3　管环试样的端面应无毛刺，试样的棱边允许用锉或者其他方法使其倒圆或倒角。

注：如果试验结果满足试验要求，可不对其进行倒圆或倒角。

5 试验程序

5.1 试验一般在 10 ℃～35 ℃室温条件下进行。对要求在控制条件下进行的试验，温度应控制在 23 ℃±5 ℃。

5.2 将金属管上切割下来的管环试样放在两根圆柱销上，通过两根圆柱销一定速度的相对移动使管环发生变形直至断裂。

在有争议的情况下，试验速度不得超过 5 mm/s。

5.3 应按照相关产品标准的要求进行管环拉伸试验的评定，产品标准中没有规定时，在不使用放大镜的情况下，如果试样没有可见裂纹，则应认为试样检验合格。

6 试验报告

应根据相关产品标准的要求提供试验报告。试验报告应至少包括以下内容：

a) 本国家标准标准号；

b) 试样标识；

c) 试样尺寸；

d) 试验结果。

ICS 77.100
H 42

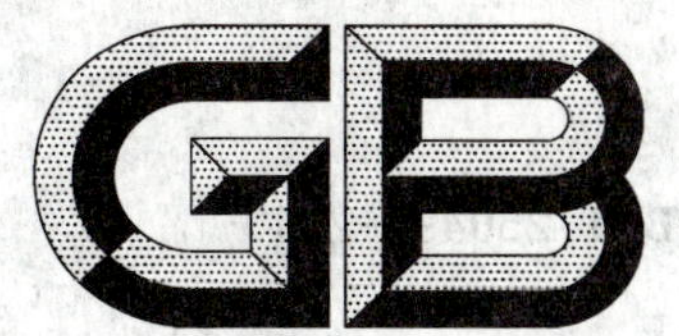

中华人民共和国国家标准

GB/T 25049—2010

镍 铁

Ferronickel

(ISO 6501:1988,Ferronickel—Specification and delivery requirements,MOD)

2010-09-02 发布　　　　2011-06-01 实施

中华人民共和国国家质量监督检验检疫总局
中国国家标准化管理委员会　发布

前　言

本标准修改采用国际标准 ISO 6501:1988《镍铁—交货技术条件》(英文版)。

本标准与 ISO 6501:1988 比较,技术上的主要不同之处为:

——增加“2 规范性引用文件”;

——在表 1 中增加了关于砷、铋、铅、锑和锡含量的要求;

——“4.2.3 粒状镍铁”中增加“粒状镍铁的粒度检查按照 GB/T 13247 进行。”;

——将表 1 移至 4.1.1 条款中;

——将 ISO 标准中“交货信息”部分内容并入“6 包装、运输和储存、标志、质量证明书”部分;

——将 ISO 标准中“争议处理”部分移入附录 A;

——将 ISO 标准中“5.2 化学分析”部分以列表形式列出各元素的国家标准分析方法。

本标准的附录 A 和附录 B 均为资料性附录。

本标准由中国钢铁工业协会提出。

本标准由全国生铁及铁合金标准化技术委员会归口。

本标准起草单位:山西太钢不锈钢股份有限公司。

本标准主要起草人:王立新、李志斌、范光伟、王贵平。

镍　　铁

1　范围

本标准规定了炼钢和铸造用不同形态镍铁(锭、块、粒)的交货技术要求。

2　规范性引用文件

下列文件中的条款通过本标准的引用而成为本标准的条款。凡是注日期的引用文件,其随后所有的修改单(不包括勘误的内容)或修订版均不适用于本标准,然而,鼓励根据本标准达成协议的各方研究是否可使用这些文件的最新版本。凡是不注日期的引用文件,其最新版本适用于本标准。

GB/T 21931.1　镍、镍铁和镍合金　碳含量的测定　高频燃烧红外吸收法(GB/T 21931.1—2008,ISO 7524:1985,IDT)

GB/T 21931.2　镍、镍铁和镍合金　硫含量的测定　高频燃烧红外吸收法(GB/T 21931.2—2008,GB/T 21931.1—2008,ISO 7526:1985,IDT)

GB/T 21931.3　镍、镍铁和镍合金　磷含量的测定　磷钒钼黄分光光度法(GB/T 21931.3—2008,ISO 11400:1992,IDT)

GB/T 21932　镍和镍铁　硫含量的测定　氧化铝色层分离-硫酸钡重量法

GB/T 21933.1　镍铁　镍含量的测定　丁二酮肟重量法(GB/T 21933.1—2008,ISO 6352:1985,IDT)

GB/T 21933.2　镍铁　硅含量的测定　重量法(GB/T 21933.2—2008,ISO 8343:1985,MOD)

GB/T 21933.3　镍铁　钴含量的测定　火焰原子吸收光谱法(GB/T 21933.3—2008,ISO 7520:1985,IDT)

GB/T 24198　镍铁　镍、硅、磷、锰、钴、铬和铜含量的测定　波长色散 X-射线荧光光谱法(常规法)

GB/T 24585　镍铁　磷、锰、铬、铜、钴和硅含量的测定　电感耦合等离子体原子发射光谱法

GB/T 25050　镍铁锭或块　成分分析用样品的采取(GB/T 25050,ISO 8050:1988,IDT)

GB/T 25051　镍铁颗粒　成分分析用样品的采取(GB/T 25051,ISO 8049:1988,IDT)

3　术语和定义

下列术语和定义适用于本标准。

3.1

镍铁　Ferronickel

从氧化物矿石或其他含镍材料中得到的,镍含量大于等于15%(质量分数)小于80%(质量分数)的铁和镍的合金。

4　技术要求

4.1　化学成分

4.1.1　不同牌号的镍铁的化学成分见表1。

表 1 镍铁化学成分

牌号	化学成分(质量分数)/%											
	Ni	C	Si	P	S	Cu	Cr	As	Sn	Pb	Sb	Bi	Co
			不大于										
FeNi20LC FeNi30LC FeNi40LC FeNi50LC FeNi70LC	15.0～25.0 25.0～35.0 35.0～45.0 45.0～65.0 60.0～80.0	≤0.030	0.20	0.030	0.030	0.20	0.10	0.010	0.010	0.010	0.010	0.010	
FeNi20LC LP FeNi30LC LP FeNi40LC LP FeNi50LC LP FeNi70LC LP	15.0～25.0 25.0～35.0 35.0～45.0 45.0～65.0 60.0～80.0	≤0.030	0.20	0.020	0.030	0.20	0.10	0.010	0.010	0.010	0.010	0.010	
FeNi20MC FeNi30MC FeNi40MC FeNi50MC FeNi70MC	15.0～25.0 25.0～35.0 35.0～45.0 45.0～65.0 60.0～80.0	0.030～1.0	1.0	0.030	0.10	0.20	0.50	0.010	0.010	0.010	0.010	0.010	
FeNi20MC LP FeNi30MC LP FeNi40MC LP FeNi50MC LP FeNi70MC LP	15.0～25.0 25.0～35.0 35.0～45.0 45.0～65.0 60.0～80.0	0.030～1.0	1.0	0.020	0.10	0.20	0.50	0.010	0.010	0.010	0.010	0.010	
FeNi20HC FeNi30HC FeNi40HC FeNi50HC FeNi70HC	15.0～25.0 25.0～35.0 35.0～45.0 45.0～65.0 60.0～80.0	1.0～2.5	4.0	0.030	0.40	0.20	2.0	0.010	0.010	0.010	0.010	0.010	

注 1：Co/Ni=1/20 至 1/40，仅供参考。

注 2：牌号中 L 代表低，M 代表中，H 代表高。

4.1.2 表 1 中仅给出主元素和常见杂质元素的范围。经供需双方协商并在合同中注明，可供应其他化学成分要求的镍铁。

4.1.3 表 1 给出的化学成分符合镍铁取制样及分析方法的精度要求。

4.2 交货及组批方式

镍铁以锭状、块状或粒状交货。如有特殊情况，由供需双方商定。

4.2.1 锭状镍铁

最大质量为 100 kg；厚度范围：30 mm～150 mm，长度不超过 800 mm。

锭状镍铁有单炉镍铁组批和多炉镍铁组批两种组批方式。除非特别商定，多炉镍铁组批应选择镍含量范围在 $K\%\sim(K+1)\%$ 的镍铁。

4.2.2 块状镍铁

块状镍铁是由铸造，或从锭状镍铁上切割而来。交货批只能由以上两种成块方式中任一种构成。块状镍铁尺寸为25 mm～100 mm。一批中，块的尺寸应该一致。

块状镍铁有单炉镍铁组批和多炉镍铁组批两种组批方式。除非特别商定，多炉镍铁组批应选择镍含量范围在$K\%\sim(K+1)\%$的镍铁。

4.2.3 粒状镍铁

由液体造粒制得的粒状镍铁，粒度范围为2 mm～50 mm。粒状镍铁的粒度检查按照GB/T 13247进行。

经供需双方商定，粒状镍铁可在干燥后交货。

粒状镍铁有单炉镍铁组批、多炉镍铁混合组批和多炉镍铁非混合组批等三种组批方式。除非特别商定，多炉镍铁混合组批应选择镍含量范围在$K\%\sim(K+n)\%$的镍铁混合均匀，n最大可为5，多炉镍铁非混合组批应选择镍含量范围在$K\%\sim(K+n)\%$的镍铁，n小于1，这种情况下，组批时可不必混匀。

4.3 污染

镍铁的内部及其表面不应有目视显见的炉渣、矿砂等杂物。

5 试验方法

取、制样和分析方法应执行相应的国家标准。仲裁时若采用具有相同精度的其他方法，须供需双方认可。

5.1 取制样

镍铁成分分析用样品的采取和制备按照GB/T 25050和GB/T 25051的规定进行。

5.2 化学分析

镍铁的化学分析按照表2的方法进行。

表2 镍铁各元素化学分析方法

序号	元素	分析方法
1	C	GB/T 21931.1
2	Si	GB/T 21933.2 或 GB/T 24585 或 GB/T 24198
3	P	GB/T 21931.3 或 GB/T 24585 或 GB/T 24198
4	S	GB/T 21931.2 或 GB/T 21932
5	Ni	GB/T 21933.1 或 GB/T 24198
6	Co	GB/T 21933.3 或 GB/T 24585 或 GB/T 24198
7	Cu	GB/T 24585 或 GB/T 24198
8	Cr	GB/T 24585 或 GB/T 24198
9	As、Sn、Pb、Sb、Bi	参照附录B的方法

5.3 分析结果与争议处理参见附录A。

6 包装、储运、标志和质量证明书

镍铁一般以散装交货，可以用卡车、火车或其他装载工具装运，装载量一般为5 t～30 t，火车车厢装载量可达60 t。粒状或块状镍铁也可以其他包装形式交货，每个包装单位重量通常为50 kg～1 000 kg。包装外应有明显的标志。

镍铁的包装、储运、标志和质量证明书应符合GB 3650的规定。

附　录　A
（资料性附录）
分析结果与争议处理

A.1　分析结果可由以下三种方法获得。如有争议时，双方可按照本附录 A.2 的规定，对分析或制样进行仲裁。

方法一，由供方提供的证书获得

供货方提供的分析证书，需给出表 1 中规定或供需双方商定的其他元素的含量。

方法二，由需方现场取样、分析获得

需方现场取样、分析，应按照规范性引用文件中标准方法的要求进行。

方法三，双方交换分析获得

双方交换分析，应按照规范性引用文件中标准方法的要求进行取制样和化学分析，得到的镍铁中镍（或其他元素）的分析结果应该相互交换。

如果双方分析结果的差不超过双方商定的允许偏差，双方分析结果的平均值应该被双方接受。

如果双方分析结果的差超过双方商定的允许偏差，执行本附录中“A.2 争议处理”的规定。

A.2　争议处理

协商方案和仲裁方案对取制样和化学分析的争议处理均适用，可独立使用或依次使用。

协商方案和仲裁方案可接受的分析结果应该在如下规定的限制范围内：

低限——争议双方中低含量值减去双方商定的允许偏差；

高限——争议双方中高含量值加上双方商定的允许偏差。

A.2.1　协商方案

此方案在双方认同的地方，由其中一方在另一方或另一方认可的代表在场时执行检验操作。

若已进行分析且得到的分析结果在 A.2 中规定的范围内，此结果作为最终结果。若分析结果超出此范围，应依照 A.2.1 的规定，另行组织检验程序重新检验或按 A.2.2 规定执行。

A.2.2　仲裁方案

双方协商选定仲裁者。

仲裁制得的试样是最终试样。

仲裁结果是最终结果。

如果试样经双方分析后再由仲裁者分析，且得到的仲裁结果在 A.2 中规定的范围之内，则此仲裁结果作为最终裁定的基础。若分析结果超出此范围，应依照 A.2.1 执行新的检验，或按 A.2.2 重新选定仲裁者执行新的仲裁。

附 录 B
（资料性附录）
镍铁 砷、锡、锑、铋和铅含量的测定 电感耦合等离子体发射光谱法

B.1 范围

本部分规定了用电感耦合等离子体发射光谱法测定砷、锡、锑、铋和铅的含量。

本部分适用于镍铁中砷、锡、锑、铋、铅含量的测定。各元素测定范围见表B.1。

表B.1 各元素测定范围

元素	测定范围(质量分数)/%
As	0.005～0.20
Sn	0.005～0.20
Sb	0.005～0.10
Bi	0.005～0.10
Pb	0.005～0.10

B.2 方法提要

试料用硝酸-盐酸分解，用电感耦合等离子体(ICP)发射光谱仪测量溶液中待测元素的强度，根据标准溶液制作的校准曲线求出待测元素含量。

B.3 试剂

除非另有说明，在分析中仅使用确认为分析纯的试剂和蒸馏水或与其纯度相当的水。

B.3.1 盐酸，ρ1.19 g/mL。

B.3.2 硝酸，ρ1.42 g/mL。

B.3.3 氩气，>99.99%。

B.3.4 标准溶液

B.3.4.1 砷标准溶液，100 μg/mL。

称取0.132 0 g三氧化二砷(光谱纯)，置于100 mL烧杯中，慢慢加入10 mL硝酸(B.3.2)，加热溶解，待全溶后，加入2 mL硫酸(2.5 mol/L)，缓慢加热，并蒸发除去大部分硝酸后，移至高温处冒烟，取下稍冷，加10 mL水，加热溶解盐类，待全溶后取下，冷却至室温，移入1 000 mL容量瓶中，用水稀释至刻度，混匀。此溶液1 mL含100 μg砷。

B.3.4.2 砷标准溶液，10 μg/mL。

移取10.00 mL砷标准溶液(B.3.4.1)，于100 mL容量瓶中，用水稀释至刻度，混匀。此溶液1 mL含10 μg砷。

B.3.4.3 锡标准溶液，100 μg/mL。

称取0.100 0 g高纯金属锡(质量分数大于99.9%)，精确至0.000 1 g。置于200 mL烧杯中，加入20 mL盐酸(1+1)，加热溶解，冷至室温，转移入1 000 mL容量瓶中，用盐酸(1+9)稀释至刻度，混匀。此溶液1 mL含100 μg锡。

B.3.4.4 锡标准溶液，10 μg/mL。

分取10.00 mL锡标准溶液(B.3.4.3)于100 mL容量瓶中，用盐酸(1+19)稀释至刻度，混匀。此溶液1 mL含10 μg锡。

B.3.4.5 锑标准溶液,100 μg/mL。

称取 0.100 0 g 金属锑(质量分数大于 99.9%),精确至 0.000 1 g。溶解于 20 mL 盐酸中,转移至 1 000 mL容量瓶中,用稀盐酸(1+9)稀释至刻度,混匀。此溶液 1 mL 含 100 μg 锑。

B.3.4.6 锑标准溶液,10 μg/mL。

移取 10 mL 锑的标准溶液(B.3.4.5)至 100 mL 容量瓶中,用盐酸(1+19)稀释至刻度,混匀。此溶液 1 mL 含 10 μg 锑。

B.3.4.7 铋标准储备溶液,100 μg/mL。

称取 0.100 0 g 纯金属铋(质量分数大于 99.9%),精确至 0.000 1 g。置于 100 mL 烧杯中,慢慢加入 20 mL 硝酸(1+1),加热溶解,取下稍冷,移入 1 000 mL 容量瓶中,用稀硝酸(1+4)稀释至刻度,混匀。此溶液 1 mL 含 100 μg 铋。

B.3.4.8 铋标准溶液,10 μg/mL。

移取 10.00 mL 铋标准溶液(B.3.4.7),于 100 mL 容量瓶中,用稀硝酸(2+98)稀释至刻度,混匀。此溶液 1 mL 含 10 μg 铋。

B.3.4.9 铅标准溶液,100 μg/mL。

称取 0.100 0 g 纯金属铅溶解(质量分数大于 99.9%),精确至 0.000 1 g。置于 100 mL 烧杯中,慢慢加入 20 mL(1+1)硝酸,煮沸,赶尽氮氧化物,冷却后移入 1 000 mL 容量瓶中,用水稀释至刻度,混匀。此溶液 1 mL 含 100 μg/mL 铅。

B.3.4.10 铅标准溶液,10 μg/mL。

移取 10 mL 铅标准储备液(B.3.4.9)至 100 mL 容量瓶中,用稀硝酸(2+98)稀释至刻度,混匀。此溶液 1 mL 含 10.0 μg/mL 铅。

B.3.5 高纯度镍,待测元素含量低于 0.001%(质量分数)。

B.3.6 高纯度铁,待测元素含量低于 0.001%(质量分数)。

B.4 仪器

B.4.1 单刻度移液管和单刻度容量瓶。

B.4.2 分析天平,能够精确地称至 0.000 1 g。

B.4.3 电感耦合等离子发射光谱分析仪

B.4.3.1 一般要求

可以使用任何型号的电感耦合等离子发射光谱分析仪,在测定之前,按照制造商的仪器使用说明书的建议和实验室定量分析操作来初始调节电感耦合等离子发射光谱分析仪,并进行性能试验。仪器短期稳定性不超过 1.0% 和长期稳定性不超过 1.5%。

B.4.3.2 分析谱线

表 B.2 列出建议的分析谱线。在采用之前,应仔细评价光谱干扰,如果有干扰应进行光谱干扰校正。

表 B.2 建议的分析谱线

元素	As	Sn	Sb	Bi	Pb
分析线波长/nm	189.042,193.496	189.989	206.838	179.193,206.170	220.351,405.781

B.5 分析步骤

B.5.1 试样量

称 0.50 g 试样,精确到 0.000 1 g,置于 150 mL 锥形瓶中。

B.5.2 空白试样

随同试料做空白试验。

B.5.3　试液的制备

B.5.3.1　分析试液的制备

将称有试料(B.5.1)的容器中加入 25 mL 水,再加入 10 mL 硝酸(B.3.2)、5 mL 盐酸(B.3.1),低温加热至完全溶解,稍冷,转移于 100 mL 的容量瓶中,用水稀释至刻度,混匀。

B.5.3.2　标准校准溶液的制备

为了符合试样与校准溶液之间相类似的要求,分别称取数份与分析试料中镍铁含量相近的纯镍(B.3.5)和纯铁(B.3.6)于 150 mL 三角瓶中,按 B.5.3.1 操作。在最终稀释到 100 mL 之前,按表 B.3 加入标准溶液浓度所需的标准溶液。

注:如果镍含量在 20%～50%的镍铁分析,可采用 0.175 g 纯镍 0.325 g 纯铁(相当于试料 35%镍含量的镍铁)。

另外,为了符合试验的一致性,制备校准溶液和试料时应同样同批操作,并使用同一瓶试剂,以使它们的试剂差别减小到最小。

建议的校准曲线的标准溶液浓度见表 B.3。

表 B.3　建议的校准曲线的溶液浓度

标准溶液序号		STD 1	STD 2	STD 3	STD 4	STD 5	STD 6
As	样品的质量分数/%	0	0.005	0.01	0.05	0.10	0.20
	加入标液(3.4.1)体积/mL	—	—	—	2.50	5.00	10.00
	加入标液(3.4.2)体积/mL	0	2.50	5.00	—	—	—
Sn	样品的质量分数/%	0	0.005	0.01	0.05	0.10	0.20
	加入标液(3.4.3)体积/mL	—	—	—	2.50	5.00	10.00
	加入标液(3.4.4)体积/mL	0	2.50	5.00	—	—	—
Sb	样品的质量分数/%	0	0.005	0.01	0.03	0.05	0.10
	加入标液(3.4.5)体积/mL	—	—	—	1.50	2.50	5.00
	加入标液(3.4.6)体积/mL	0	2.50	5.00	—	—	—
Bi	样品的质量分数/%	0	0.005	0.01	0.03	0.05	0.10
	加入标液(3.4.7)体积/mL	—	—	—	1.50	2.50	5.00
	加入标液(3.4.8)体积/mL	0	2.50	5.00	—	—	—
Pb	样品的质量分数/%	0	0.005	0.01	0.03	0.05	0.10
	加入标液(3.4.9)体积/mL	—	—	—	1.50	2.50	5.00
	加入标液(3.4.10)体积/mL	0	2.50	5.00	—	—	—

B.5.4　测定

B.5.4.1　校正溶液

先使用零校正溶液,并按照浓度增大的顺序吸入校准溶液,在每次吸入溶液之间吸入去离子水。至少重复测定 2 次,取两次读数平均值。

B.5.4.2　试验溶液

测定完校正溶液后,立即进行试验溶液的测量,然后是有证标准样品溶液的测量。然后再次吸入试验溶液和标准样品。每次测定之间吸入去离子水,试验溶液和标准样品至少重复进行两次。

B.6　结果计算

B.6.1　校准曲线

从校准溶液测出的强度值对其元素的相应浓度绘制校准曲线。

根据读出试验溶液的强度值从校准曲线中分别计算各自的浓度值。

注 1：如果发现存在光谱干扰，应按 B.6.2 规定进行修正。

注 2：使用统计程序（如最小二乘法）得出校准曲线，计算机控制的光谱仪一般都有此程序，相关系数应大于 0.999。

B.6.2　光谱干扰的修正

建议使用合成标准溶液作为对光谱干扰的修正方法，程序如下：

使用二元（镍、铁加溶样酸和分析物）合成溶液系列对分析物元素"i"绘制校准曲线。只要校准溶液的制备是独立二元的，可以使用该溶液。

使用分析物的校准曲线，用测量二元（镍、铁加溶样酸）和干扰元素"j"合成溶液系列的强度来测定分析物"i"的可能干扰元素"j"的表观含量。

干扰元素的实际含量（X_j）和干扰元素的表观含量（X_{ij}）两者之间的关系用最小二乘法按式（B.1）计算。

$$X_{ij} = I_{ij} \times X_j + b \quad \cdots\cdots\cdots\cdots (\text{B.1})$$

式中：

I_{ij}——分析物"i"中元素"j"的光谱干扰系数；

b——常数（非常小）。

I_{ij} 值是通过各个干扰元素对 i 元素的分别干扰测定来确定的。

有干扰元素修正时，每一元素含量，应按式（B.2）计算，用质量分数表示：

$$X_i = \frac{(\rho_1 - \rho_0)V}{m \times 10^6} \times 100 - \Sigma W_j\, I_{ij} \quad \cdots\cdots\cdots\cdots (\text{B.2})$$

式中：

X_i——元素（分析物）含量（质量分数），（%）；

m——试料质量，单位为克（g）；

ρ_1——试样溶液中分析物的浓度，单位为微克每毫升（μg/mL）；

ρ_0——空白试验溶液中分析物的浓度，单位为微克每毫升（μg/mL）；

W_j——试样溶液中干扰元素的质量分数（%）；

I_{ij}——干扰元素（j）对试样分析物（i）的光谱干扰系数，相当于干扰元素 1%时分析物的质量分数（%）；

V——校正和试验溶液的最终体积（标准中为 100 mL），单位为毫升（mL）。

光谱干扰的过度修正是不可取的。允许最大的修正值大约为验证中分析物含量重复性误差的 10 倍。如果大于此数，该修正不适用。

注 1：如果没有元素干扰，公式（B.2）中的干扰元素的质量分数 W_j 项等于零。

ICS 77.100
H 42

中华人民共和国国家标准

GB/T 25050—2010/ISO 8050:1988

镍铁锭或块 成分分析用样品的采取

Ferronickel ingots or pieces—Sampling for analysis

(ISO 8050:1988,IDT)

2010-09-02 发布　　2011-06-01 实施

中华人民共和国国家质量监督检验检疫总局
中国国家标准化管理委员会　发布

前　言

本标准等同采用国际标准 ISO 8050:1988《镍铁锭或块　成分分析用样品的采取》(英文版)。

为便于使用,本标准做了下列编辑性修改:

——“本国际标准”一词改为“本标准”;

——用小数点“.”代替作为小数点的逗号“,”;

——删除国际标准的前言;

——规范性引用文件采用国家标准;

本标准附录 A 为规范性附录;附录 B、附录 C 和附录 D 为资料性附录。

本标准由中国钢铁工业协会提出。

本标准由全国生铁及铁合金标准化技术委员会归口。

本标准起草单位:山西太钢不锈钢股份有限公司。

本标准主要起草人:刘爱坤、王珺、戴学谦、刘伟。

镍铁锭或块
成分分析用样品的采取

1 范围

本标准规定了镍铁锭或块成分分析用样品采取的方法。

本标准适用于镍铁锭或块成分分析用样品的采取。

2 规范性引用文件

下列文件中的条款通过本标准的引用而成为本标准的条款。凡是注日期的引用文件，其随后所有的修改单(不包括勘误的内容)或修订版均不适用于本标准，然而，鼓励根据本标准达成协议的各方研究是否可使用这些文件的最新版本。凡是不注日期的引用文件，其最新版本适用于本标准。

GB/T 21933.1 镍铁 镍含量的测定 丁二酮肟重量法(GB/T 21933.1—2008,ISO 6352:1985,IDT)

GB/T 25049 镍铁(GB/T 25049—2010,ISO 6501:1988,MOD)

3 浇铸取制样

3.1 取样

3.1.1 采用取样勺取出份样[1)]浇铸于模中，以获得适于化学分析和仪器分析的小锭样品。小锭一般呈椎台形。其尺寸范围如下：

——高:100 mm～140 mm;

——上台直径:35 mm～50 mm;

——下台直径:30 mm～40 mm。

应使用可使样品迅速冷却锭模材料，如采用大型铜模。小锭样品应无裂纹和气孔，通常加入线状的或片状的铝(每 kg 使用 1 g～2 g 的铝)来保证其无裂纹和气孔。较高的小锭顶部常常出现气孔疏松等缺陷，但可以保证小锭底部完好、致密均匀、无缺陷，适合分析。一般 120 mm 高的样品，从底部算起，至少有 70 mm 完好。

3.1.2 小锭样品切成圆片后用于仪器分析，需要用若干个样品，对每个样品进行数次分析，以获得与屑状样品化学分析同样准确的结果。

因此，在浇铸时，要按一定时间间隔，取一定数量的小锭样品。附录 A 中规定了所取的小锭样品的个数和每个小锭分析的次数。

由于某种意外原因导致个别样品小锭不能使用或含有裂纹或气孔，以至于分析的样品不足，则应从浇铸的锭上再取样，每炉选择 5 个锭，按 4.1.3 步骤进行。

3.2 制样

3.2.1 切割

可以使用切割砂轮(如金刚砂或刚玉砂轮)，从每个小锭样品底部(直径小的一端)10 mm～15 mm 处将其切割成两块。为了避免样品受热导致金属组织结构改变，切割时宜用水冷却。

3.2.2 制备碎屑样品

切片后较大部分按照以下方式之一制备碎屑样品，将从选择的小锭样品中获取的所有屑状样品合

1) 份样是在单次操作中取得批的一部分，本标准中指熔融金属的部分。

在一起构成实验室样品，再按第5章的程序处理制得分析样品。

注：从小锭上切割下来较小的片，切割表面经适当加工后，可用于仪器分析(如X射线荧光分析或发射光谱分析)。

所分析的小锭样品的数量和每个小锭样品的测定次数见附录A。

3.2.2.1 钻取

将切片后较大部分的新切割的表面朝上，对试料块钻取碎屑。规定使用直径为20 mm的钻头，钻孔的深度为50 mm(不要钻透)，以得到100 g以上的屑状样品。可以使用类似附录D中图D.3的装置[2)]收集所有屑状样品。钻屑技术条件参见附录D。

3.2.2.2 铣削

将切片后较大部分的新切割面的四周用刚玉或金刚石砂轮研磨干净，在切割表面上铣削约20 mm，以获得100 g铣屑，收集所有铣屑。铣削技术条件参见附录D。

4 锭或块的取制样

4.1 取样

4.1.1 单炉组批

使用3.1条中规定执行(按随机取样规则取5个锭或块)。

4.1.2 多炉组批

所取的锭或块的最少数量 N 与一批镍铁的质量 T 有如下关系，计算结果见表1：

5 t～80 t的批量：$N=50$；

80 t～500 t的批量：$N=54-T/20$。

其中：T 为一批镍铁的质量，单位吨(t)。

表1 多炉组批锭或块的取样数量

镍铁吨位 T/t	所取锭或块数 N
5～80	50
100	49
140	47
200	44
240	42
300	39
340	37
400	34
440	32
500	29
500～1 000	29

经供需双方协商，可以增加锭或块的数量。当采用不同运货方式时，参见附录B随机取样规则。

4.1.3 清洗

通过洗、刷或擦仔细清洁每个锭或块的表面，消除铸造金属上的所有杂物(土、灰尘、油等)。

将选取的锭或块组成大样。

4.2 制样

制样分为钻取或铣取，应保证碎屑不受工具、灰尘或油脂的污染，特别要保持干燥。机械加工的技

2) 该装置应由不污染碎屑的材料构成，适合于油冷钻头而不适用于压缩空气冷却的钻头。

术条件参见附录D。

有些镍铁样品很硬,需要注意选择适宜的刀具和切削条件。如果样品经预先退火,易加工性将大大提高,比较容易制取碎屑。参见附录D中D.2。

4.2.1 钻取

采用高速工具钢或碳化钨钻头在每个锭或块上一点钻取,其深度达厚度的一半。钻取时,如果先从一个锭或块的上表面钻取,则下一个从其下表面钻取。钻头直径为12 mm～20 mm,最常用的是15 mm～17 mm。适宜的钻头例子及其使用条件参见附录D。

弃掉最初钻取的表皮碎屑,收集之后的所有屑状样品。收集屑状样品的装置应由不污染屑状样品的材料制成,参见附录D中D.3。

4.2.2 铣取

采用金刚砂或刚玉(氧化铝)砂轮切割锭或块,选择合适的薄片进行铣取。用刚玉或金刚砂研磨砂轮将待铣面的四周清理干净,再用合适的铣刀铣取碎屑,收集所有屑状样品。适宜的铣刀及使用条件参见附录D。

钻取或铣取的屑状样品至少为1 kg。

5 实验室样品的处理

实验室样品由3.2.2或4.2得到的屑状样品组成。

5.1 清洗

所有实验室样品用丙酮清洗两次(或一次用纯丙酮,一次用纯乙醚),消除机械工具给屑状样品带来的污染(润滑剂、灰尘等)。然后在空气中挥发排除溶剂[3],将样品置于100 ℃～110 ℃的烘箱中至少干燥0.5 h。

5.2 破碎

由单炉(见4.1.1)得到的屑状样品比较均匀,不需要破碎,可以直接按照5.3进行处理。

由从多炉(见4.1.2)组批得到的屑状样品,均匀化很重要。如果屑状样品不相互粘连,则很容易混合。

注:碎屑的形状主要由钻取或铣取工艺决定,参见附录D。

在所有情况下,将屑状样品破碎,均匀性会更好。

屑状样品的易破碎性取决于:

——镍含量:如果超过35%,合金具有延展性,不能破碎;

——杂质含量(特别是碳):高碳镍铁比低碳镍铁更易破碎。

使用不会造成污染的合适破碎机破碎镍铁。实验室常用振动式破碎机,破碎时间一般为10 s～30 s。可以使用碳化钨材质或特种耐磨钢材质的研钵。不能使用球式或棒式破碎机。

对于镍含量小于35%的镍铁,采用破碎时间30 s一般可全部过筛:

——对于低碳镍铁(LC)用筛孔2.5 mm的筛子;

——对于中、高碳镍铁(MC和HC)用筛孔0.8 mm的筛子。

如果破碎机不能一次处理全部样品,则将屑状样品分成几份逐次破碎。

5.3 均匀化

样品必须充分均匀化,可以利用机械均质器或反复交替铲取,或通过二分器数次混匀全部材料。

5.4 样品分配

对于低碳(LC)镍铁,每份样品应存放在带塞玻璃瓶中。不能因塞子磨损造成污染,特别是碳污染;不允许与纸、纸板、橡胶、软木或塑性材料接触。采制样的所有阶段同样要注意这些问题。特别是碎屑

3) 使用纯的有机溶剂,使其尽可能完全挥发,保证能够使用仪器分析方法测定碳和硫。

不应在纸上处理(最好用铝箔)。

对于中、高碳(MC 和 HC)镍铁,每份样品可以存放在厚的聚乙烯袋中,样品份数根据相关方的要求。

用二分器或旋转式分配器把样品分成若干份,每份 100 g。最少份数应为:

——买方 1 份;

——卖方 1 份;

——仲裁 1 份;

——保留 1 份。

附　录　A
（规范性附录）
浇铸小锭所取个数和分析次数的规定

A.1　采用仪器分析浇铸的小锭时，其精密度与屑状样化学分析近似。尤其是镍含量的测定[4)]。

为了达到此精度，浇铸和分析的小锭数量应足够充分，以保证样品对于供货批具有代表性。此外，可对每个小锭进行单次或多次测定，计算平均值。

再者，各生产厂进行浇铸、取样或仪器分析的条件可能各不相同。因此，规定了浇铸小锭所取个数和分析次数的通用规则。

A.2　通用规则

小锭所取数量：(4～8)个。

小锭所分析数量：(2～5)个。

每个小锭的测定次数：(1～3)个。

所取小锭的数量要大于所分析小锭的数量，因为必须保证足够的小锭数量，以避免例外情况，比如有的小锭有夹杂和气孔等缺陷[5)]。

用三个实例简单描述如何遵守通用规则。

例一：

在浇铸过程中定期取8个小锭，然后切割其中5个，每个测量1次。如果有1个小锭有缺陷，则从剩余的3个小锭中任取1个测量。最终结果是5个测定结果的平均值。

例二：

在浇铸过程中定期取5个小锭，切割后，选其中3个小锭，任选2个小锭各分析2次，分别计算平均值。如果2个小锭镍含量平均值的偏差小于0.2%，则4次测定的平均值为最终结果。

如果偏差大于0.2%，则将选出的3个小锭，重新处理表面后，分别再测定1次，最终结果为7个测定结果的平均值。若有偏离的数据，可去掉1或2个数据后再取平均值。

例三：

使用小锭制取碎屑。

在浇铸过程中定期取5个小锭，切割后选其中3个小锭的较大的部分，然后按照3.2.2.2操作制取碎屑。也可以从例一和例二所述的小锭上取碎屑。

收集所有碎屑，按正文第5章进行操作。

以上例子所描述的程序，是为了使镍含量测定达到所期望的精密度。实际上，作为一种简单的方法还可以得到所有别的待测元素十分准确的测定结果。

---

4)　化学分析方法采用GB/T 21933.1。

5)　如有争议，切割所有小锭，选取所需数量的完好的片进行测定。

附 录 B
（资料性附录）
在提供的 M 个样本中选择其中 N 个的方法

B.1 概述

从总体中抽取一个样本，不管采用何种方法，首先应注意两点：

a) 对抽样的(镍铁锭或块)样本的定义；

b) 抽样过程本身。

为了保证抽样代表性，抽样总体中的任一样本都有相同的概率被抽取。

B.2 样本构成总体的定义方法

可以使用两种方法：一是从总体中随机取样；另一种是按规则定期取样，只是第一个样本设置为随机抽取。

B.2.1 随机取样

在这个方法中，N 个样本(或从 M 个对象中组合 N 个)中任何可能的样本具有同等的概率。

我们假定一批货物包含 M 个样本，编号从 1 到 M。那么问题就简化为从 M 个整数中随机取出 N 个不同的整数。

为了达到这个目的，首先将 N 个随机数均匀分布在 0～1 的间隔内，有些表格直接给出了这些数。其他(如表 B.1)只给出了 0～9 的几行，随机排列，真正的均匀分布可以很容易的获得，即将整数部分设为零，按表中显示的设定 n 位，取 n 位。

例如：

表 B.2 是一随机数表的摘录，该随机数表在本标准中可以找到的一些具体情况。

从 0～1 均匀分布的随机数字是 5 位小数，5 位一组按照行或列或其他有规则的方式排列。取每列的头 5 个数为例，获得如下数字排列：

10275

28415

34214

61817

……

数字实际上是：0.102 75—0.284 15—0.342 14—0.618 17，等等。

注：在表 B.2 中，行和列之间的空格只是为了阅读的方便。

假设 $x_1, x_2, \cdots\cdots, x_N$ 是一系列均匀分布得到的 N 个数字，所有的这些数乘以整数 M，是 0～M 之间随机选择的一个数。

$Mx_1, Mx_2, \cdots, Mx_N$

将这些实数取整后加 1：

$E_1 = [Mx_1] + 1$

$E_2 = [Mx_2] + 1$

……

$E_N = [Mx_N] + 1$

式中：$[Mx_i]$ 是 Mx_i 的整数部分。

这些整数 $E_1, E_2, \cdots, E_N$ 就标记了 M 个对象中的 N 个样本。

如果在这个过程中有 E_i 的结果相同，那么就添加另外的 x_i 值，直到获得 N 个不同的 E_i 值。

B.2.2　系统定期制样

在本方法中，提供的 M 个样本中组成 N 个，不是所有这些样品具有相同的概率。

实际上，在这些数很大时，这种概率是零，虽然任何指定样本有(至少接近)成为样品一部分的相同概率。这个近似荒谬的结果可以用单个样品的不独立性来解释。

M/N 的系数，比如说是 Q，计算后，如果这个除法还有余数，比如 $R(R<N)$，就忽略了。

在序列 1，2……，$Q-1$，Q 中随机选择一个整数，举例，按照 B.2.1 中描述的方法，选取这个数为 H，组成样品的样本用整数来定义：

$$H_1Q + H_12Q + H_1\cdots(N-1)Q + H$$

从中可以看出，用这个方法 $M-NQ$ 个样本被忽略了，在随机数表中只有一个描述是必要的。因为被描述样本的所有可能的样品具有不等概率，因此，在这种情况下不能应用的样品变动，有必要指定理论公式来计算。除非是这些样本是精心搭配的，而实际上这是非常困难的。

B.3　*N* 个锭或块的选取

在构成样本的 M 项中在理论上已经用整数 E_1，E_2，…，E_N 加以区别的 N 个锭或块，取样的操作仍然在不可忽略以下事实的情况下进行，因为锭或块一般是没有识别标志的。

可考虑两种情况：要加以取样的供货批可能是整批(不加包装)的，或者是被分批装在托盘、卡车、小手推车等工具中的。

B.3.1　供货批以整批提供的情况

以整批提供的供货批，只有在其所有部分都可移动的情况下才能正确的取样。当这样做时，可取出数字 E_1，E_2，…，E_N 的锭或块，以组成所需的一次样品。

B.3.2　供货批以若干批或若干组件提供的情况

在这种情况下，可以通过先区别不同组件(托盘或小手推车)中的不同的锭或块，避免移动所有供货批中的锭或块。

这样做，要对指明它们中每一种的锭或块号码(数字)的供货批起草一份清单，以及在这些批次中所有的锭数或块数(当它们在接连的计算中显示出来时，正如在表 B.1 第三列中示出的例子)。

让之前已经用 B.2 条款中标明的方法定义过的指明锭或块的数字 E_1，E_2，…，E_N 为例，如：

110，132，167，404，489，827，859，959，1 109，1 288；

那么通过将这些数字与批次顺序中累积的分组件数字相比较，就可很容易地确定特定的，从中选取样品的每一个锭或块的分组件。

有可能发生这样的情况，即从某些批次中不需要选取锭或块。在由大量分批次组成的重要委托情况下，它们中多数可能是这样的情况，特别是如果样本规模比较小时更是如此。这将会使搬运作业很节省。

这样区别的锭或块将从它们各自的分组件中，用 B.3.1 中叙述的方法取样。

表 B.1　锭或块的累积数量

分组件	锭或块的数量	锭或块的累计数量	取自分组件的锭或块的顺序数
A	200	200	110,132,167
B	200	400	
C	150	550	404,489
D	250	800	
E	250	1 050	827,859,959
F	150	1 200	1 109
G	100	1 300	1 288

表 B.2 随机数表

10 27 53 96 23	71 50 54 36 23	54 31 04 82 98	04 14 12 15 09	26 78 25 47 47
28 41 56 61 88	64 85 27 20 18	83 36 36 05 56	39 71 65 09 62	94 76 62 11 89
34 21 42 57 02	59 19 18 97 48	80 30 03 30 98	05 24 67 70 07	84 97 50 87 46
61 81 77 23 23	82 82 11 54 06	53 28 70 58 96	44 07 39 55 43	42 34 43 39 28
61 15 18 13 54	16 86 20 26 88	90 74 80 55 09	14 53 90 51 17	52 01 63 01 59
91 76 21 64 64	44 91 13 32 97	75 31 62 66 54	84 80 32 75 77	56 08 25 70 29
00 97 79 08 06	37 30 28 59 85	53 56 68 53 40	01 74 39 59 73	30 19 99 85 48
36 46 18 34 94	75 20 80 27 77	78 91 69 16 00	08 43 18 73 68	67 69 61 34 25
88 98 99 60 50	65 95 79 42 94	93 62 40 89 96	43 56 47 71 66	46 76 29 67 02
04 37 59 87 21	05 02 03 24 17	47 97 81 56 51	92 34 86 01 82	55 51 33 12 91
63 62 06 34 41	94 21 78 55 09	72 76 45 16 94	29 95 81 83 83	79 88 01 97 30
78 47 23 53 90	34 41 92 45 71	09 23 70 70 07	12 38 92 79 43	14 85 11 47 23
87 68 62 15 43	53 14 36 59 25	54 47 33 70 15	59 24 48 40 35	50 03 42 99 36
47 60 92 10 77	88 59 53 11 52	66 25 69 07 04	48 68 64 71 06	61 65 70 22 12
56 88 87 59 41	65 20 04 67 53	95 79 88 37 31	50 41 00 94 70	81 83 17 10 33
02 57 45 86 67	73 43 07 34 48	44 26 87 93 29	77 09 61 67 84	06 69 44 77 75
31 54 14 13 17	48 62 11 90 60	68 12 93 64 28	46 24 79 18 76	14 60 25 51 01
28 50 16 43 36	28 97 85 58 99	67 22 52 76 23	24 70 36 54 54	59 28 61 71 96
63 29 62 66 50	02 63 45 52 38	67 63 47 54 75	83 24 78 43 20	92 63 13 47 48
45 65 58 26 51	76 96 59 38 72	86 57 45 71 46	44 67 76 14 55	44 88 01 62 12
39 65 36 63 70	77 45 85 50 51	74 13 39 35 22	30 53 36 02 95	49 34 88 73 61
73 71 98 16 04	29 18 94 51 23	76 51 94 84 86	79 93 96 38 63	08 58 25 58 94
72 20 56 20 11	72 65 71 08 86	79 57 95 13 91	97 48 72 66 48	09 71 17 24 89
75 17 26 99 76	89 37 20 70 01	77 31 61 95 46	26 97 05 73 51	53 33 18 72 87
37 48 60 82 29	81 30 15 39 14	48 38 75 93 29	06 87 37 78 48	45 56 00 84 47
68 08 02 80 72	83 71 46 30 49	89 17 95 88 29	02 39 56 03 46	97 74 06 56 17
14 23 98 61 67	70 52 85 01 50	01 84 02 78 43	10 62 98 19 41	18 83 99 47 99
49 08 96 21 44	25 27 99 41 28	07 41 08 34 66	19 42 74 39 91	41 96 53 78 72
78 37 06 08 43	63 61 62 42 29	39 68 95 10 96	09 24 23 00 62	56 12 80 73 16
37 21 34 17 68	68 96 83 23 56	32 84 60 15 31	44 73 67 34 77	91 15 79 74 58
14 29 09 34 04	87 83 07 55 07	76 58 30 83 64	87 29 25 58 84	86 50 60 00 25
58 43 28 06 36	49 52 83 51 14	47 56 91 29 34	05 87 31 06 95	12 45 57 09 09
10 43 67 29 70	80 62 80 03 42	10 80 21 38 84	90 56 35 03 09	43 12 74 49 14
44 38 88 39 54	86 97 37 44 22	00 95 01 31 76	17 16 29 56 63	38 78 94 49 81
90 69 59 19 51	85 39 52 85 13	07 28 37 07 61	11 16 36 27 03	78 86 72 04 95
41 47 10 25 82	97 05 31 03 61	20 26 36 31 62	68 69 86 95 44	84 95 48 46 45
91 94 14 63 19	75 89 11 47 11	31 56 34 19 09	79 57 92 36 59	14 93 87 81 40
80 06 54 18 66	09 18 94 06 19	98 40 07 17 81	22 45 44 84 11	24 62 20 42 31
67 72 77 63 48	84 08 31 55 58	24 33 45 77 58	80 45 67 93 82	75 70 16 08 24
59 40 24 13 27	79 26 88 86 30	01 31 60 10 39	53 56 47 70 93	85 81 56 39 38
05 90 35 89 95	01 61 16 96 34	50 78 13 69 36	37 68 53 37 31	71 26 35 03 71
44 43 80 69 98	46 68 05 14 82	90 78 50 05 62	77 79 13 57 44	59 60 10 39 66
61 81 31 96 98	00 57 25 60 59	46 72 60 18 77	55 66 12 62 11	08 99 55 64 57
42 88 07 10 05	24 98 65 63 21	47 21 61 88 32	27 80 30 21 60	10 92 35 36 12
77 94 30 05 39	28 10 99 00 27	12 73 73 99 12	49 99 57 94 82	96 88 57 17 91
78 83 19 76 16	94 11 68 84 26	23 54 20 86 85	23 86 66 99 07	36 37 34 92 09
87 76 59 61 81	43 63 64 61 61	65 76 38 95 90	18 48 27 45 68	27 23 65 30 72
91 43 05 96 47	55 78 99 95 24	37 55 86 78 78	01 48 41 19 10	35 19 54 07 73
84 97 77 72 73	09 62 06 65 72	87 12 49 03 60	41 15 20 76 27	50 47 02 29 16
87 41 60 76 83	44 88 96 07 80	83 05 83 38 96	73 70 66 81 90	30 56 10 48 59

附 录 C
（资料性附录）
计算要选取组成一次样品的锭或块数 N 的公式

C.1 概述

数学推理和实例是根据镍含量来确定的，也适用于其他元素。

确定镍有关的方差 V 包括取样方差和分析方差：

$$V = V_e + \frac{V_a}{a} \qquad \cdots\cdots (C.1)$$

式中：

V_e——取样方差；

V_a——分析方差；

a——分析数目。

取样方差可以按如下分解：

$$V_e = \frac{1}{N} \times \left(\frac{V_f}{r} + V_1 + V_c\right) \qquad \cdots\cdots (C.2)$$

式中：

N——选取的锭或块数；

r——每个锭或块的取样点数（用于钻孔的钻孔数，或用于铣削的铣削面数）；

V_f——每个锭或块内镍含量波动的方差（在锭或块中的变异）；

V_1——炉内镍含量波动的方差（同一炉内锭或块之间的变异）；

V_c——炉间镍含量波动的方差（不同炉之间的变异）。

在实际情况中，炉间镍含量的波动范围为$(k-\varepsilon)$到$(k+1+\varepsilon)$。k 是一个整数，ε 是镍含量在 k% 到$(k+1)$%，每一炉镍含量测量的不确定度。在应用中 ε 取 0.15%，则波动范围为 1.30%。在所有情况下，这一数字都大于实际情况，因此可以保证大样的代表性。

C.2 V_c 的计算

在一批 M 个锭或块中消耗性地（取而不补充）随机取 N 个锭或块，V_c 就可以明确的使用纯数学的方法计算。在两种定义明确的情况下，计算可以得出了以下公式。

C.2.1 最不利的情况

批次由两炉组成，第一炉镍含量为$(k-\varepsilon)$，第二炉镍含量为$(k+1+\varepsilon)$：

$$V_c = \frac{(1+2\varepsilon)^2}{4} \times \frac{M-N}{M-1} \qquad \cdots\cdots (C.3)$$

C.2.2 中等情况

某一批次的镍铁，镍含量在$(k-\varepsilon)$～$(k+1+\varepsilon)$之间规律地分布：

$$V_c = \frac{(1+2\varepsilon)^2}{12} \times \frac{M-N}{M-1} \qquad \cdots\cdots (C.4)$$

也就是说，对于 V_c 来说，其值是之前情况的 1/3。

在 $N/M \leqslant 0.10$ 的情况下，假设非消耗性地（取但补充）取样，也就是用 1 代替$(M-N)/(M-1)$项，没有引入明显的误差：

在 $\varepsilon=0.15$ 时，

$V_c=0.42$（在第一种情况下），

$V_c=0.14$(在第二种情况下)。

C.3 V_f 和 V_l 的估计

在生产商的工厂里对每炉进行的观察,其数值均在 0.005～0.05 之间(仅在例外情况下才会出现最大值)。

C.4 V_e 的值

由式(2)表明,V_f 项和 V_l 项对于 V_c 来说很小,所以可以得出结论:

——每个锭或块选择多个取样点是没有用的,因此选择 $r=1$;

——V_e 的值基本上来自于炉内的变化和随机抽取的锭或块的数目。

在实际情况中,$V_a \approx 0.01$,这相当于单独的确定 0.1%的标准偏差(质量分数)。

为了得到 $a=1$ 和 $V_e=V_a \approx 0.01$,采用上面提到的 V_e、V_l 和 V_f 的数值,对 N 选择以下数值:

在最不利的情况下,$N=50$;在中等情况下,$N=20$。

当 a 大于 1 时;V_a/a 的值减小,如果要减小 V_e 相对于 V_a/a 的重要性,那么就应增加上面的 N 值。需要指出,N 翻倍的实验成本大于 a 翻倍,然而,在 N 翻倍前,V_e 等于 V_a 时,对 V 的测定影响是相同的。

C.5 根据批次规模的 N 值

C.5.1 一炉组批

在锭中和锭间的方差是很小的,而在这种情况下,V_c 为零。若选 $N=5$,则有 $V_e<0.01$。

C.5.2 在 20 t 和 80 t 之间的批

这些批有(2～5)个组成,每个 16 t～20 t。

采用最不利的情况,有 $N=50$。

C.5.3 在 80 和 500 t 之间的批(最大吨位)

500 t 的情况,存在很大的概率是上面提到的中等情况,或者说比较有利的情况。于是合乎逻辑的是抽取的锭或块的数目在吨位从 80 t 逐步增加到 500 t 时逐步减少。

得出公式:

$$N = 55 - \frac{T}{15}$$

式中,T 为批次的吨位。

谨慎起见,最后采用了以下公式:

$$N = 54 - \frac{T}{20}$$

这样稍稍增加了 N 的数值。

注:在原则上,某一批次的吨位不应该超过 500 t。如果买方和供应方之间有协议,那么委托件可以处于 500 t 和 1 000 t,显然,上面的公式不再适用,因为 1 000 t,得到 $N=4$,小于 C.5.1 的值。

事实上,20 t 混合的条件与 500 t(25 炉)或 1 000 t(50 炉)是相同的,于是可以认为始终是在 C.2.2 所述的中等情况下。

可以认为,抽取的锭或块的数目,从 500 t 到 1 000 t 是恒定的($N=29$)。

因此在实际情况中可以采用两个步骤:

——将委托件以不超过 500 t 的吨位划分;

——从整个委托件中抽取 $N=29$ 个锭或块。

显然,第二个解决方案显著减小了从锭或块取屑状样品的工作量,同时又能确保同样的精度;前提是对单一批反复分析,从而使分析的不确定度不超过两批以上批次分析时的不确定度。

C.6 结论

单炉组批时，一般取(2～4)个锭或块就有代表性了。若采用 $N=5$ 肯定更加有代表性。

多炉组批时，取样的不确定度与组批的范围和被抽取的锭或块的数目 N 有关。

在 C.5.1、C.5.2 和 C.5.3 中的三个例子中，推荐的取样方法对于保证 $V_e<0.01$ 是足够的。

如果分析本身重复几次，而且要求 $V_e \leqslant V_a/a$，那么增加 N 值。

上述推论和结论只有在批次的 M 样本中取 N 个(锭或块)，在随机取样的基础上进行的才是有效的。(参见附录 B)

附 录 D
（资料性附录）
钻和磨的技术条件

D.1 概述

小块镍铁之间的硬度有相当大地变化，这取决于镍含量的级别以及其他元素的含量（主要是碳和硅）。

当硬度在180维氏硬度到600维氏硬度之间（或相当的硬度范围），小块镍铁被认为是非常硬。也可使用切片工具，当在使用切片工具是需要谨慎选择。因为切片时需要一直保持干燥以避免任何污染。

注意：钻和磨是最常用的加工手段。在一般需求时，也可能使用刨平工具修磨，需要在切下来的表面上修磨。这种设备是速度比较慢。

D.2 镍铁硬度非常大的情况

当加工非常困难，包括工具装备以及随之严重的碎屑污染，或者根本无法制样，对材料进行热处理（回火）。实际操作过程依金属硬度和金相结果而定。比如，回火对硬度超过180维氏硬度的情况有效，回火可能用于小块样品或者是小锭上切下来的片，按如下操作：

将锭、锭的部分或块在高温炉中，于650 ℃～800 ℃加热2 h ～4 h，然后停止加热，缓慢冷却一晚上。

如果时间有要求，锭、部分锭或块样品可以使用沙浸冷却至200 ℃以下。这种方法与在空气中操作比较，减少了样品表面的氧化，脱碳层有0.5 mm～1 mm厚度。切片的表面经过热处理之后不能使用。表层往下的2 mm～3 mm需要切掉，余下的保留，或者弃掉表层2 mm～3 mm的样品。

D.3 切片工具的选择

使用的切片工具应该由合适类型和等级的钢制成，尽可能的降低工具导致的碎屑污染。

表D.1是高速工具钢的列表。

对于高碳、铬和钴含量的样品，要确认工具硬度；钼可以防止碎屑粘附在工具上。

对高硬度镍铁（比如硬度大于180维氏硬度），工具中钴含量大于或等于7.5%，S11型最合适。

对低硬度镍铁，钴含量大约5%，如S12型。

表D.1 高速工具钢

类型	S9	S10	S11	S12
名称	HS12-1-5-5	HS10-4-3-10	HS2-9-1-8	HS7-4-2-5
C/%	1.45～1.60	1.20～1.35	1.05～1.20	1.05～1.20
Co/%	4.70～5.20	9.50～10.5	7.50～8.50	4.70～5.20
Cr/%	3.50～4.50	3.50～4.50	3.50～4.50	3.50～4.50
Mo/%	0.70～1.00	3.20～3.90	9.00～10.0	3.50～4.20
V/%	4.75～5.55	3.00～3.50	0.90～1.40	1.70～2.20
W/%	11.5～13.0	9.00～10.0	1.30～1.90	6.40～7.40
回火后最低硬度	65	66	66	66
HRC66 相当于约900维氏硬度。				

对碳化钨工具，选择的类型耐磨而有韧性，避免工具磨损或破裂，可以从 M10，M20，M30 类型中选择。

注：本条款中的数据仅供参考。资料来源于该领域有实践经验的实验室。

D.4 其他注意事项

尽可能避免切片工具和样品加工间的震动。

金属钻取时，应使用短但不是很薄的钻头(直径不小于 12 mm，最好是 15 mm～20 mm)。小螺纹角对钻取也是有利的；比如，15°螺纹角的钻头比 30°螺纹角的钻头更有益于减少震动。

使用锥柄钻头(莫尔斯锥度座 No.2 和 No.3)令人满意。

铣刀相对于其直径也应短。

最后，设备应牢固。这对于研磨加工容易实现，而对于钻取，不管是否装备了磨样台都更难以达到。将工具装配到轴上时，应使用满足要求的固体媒介：标准锥度 SA40 或者 SA50。

D.5 加工参数

加工规格包括：

——刀具很少加热，所以不会变旧；刀具磨损可以根据检验加工的碎屑判断；轻微的发黄可以接受，但决不能发蓝。

每齿的走刀量，不能低于磨或钻的最小值，因此，样品不能经过加工硬化；正常操作刀具，避免震动、磨损和非正常加热。

必须考虑表 D.2 中参数，以获得一个好的折衷方案。

这些参数的关系表达式如下：

$$V_1 = \frac{\pi DN}{1\ 000} \qquad \text{(D.1)}$$

$$\alpha = \frac{V_2}{N_d} \qquad \text{(D.2)}$$

(涉及上述内容时有效)

好的加工条件需要选择合适的 V_1 和 α 值，然后根据仪器调整 N 和 V_2 的值。

表 D.3 给出了推荐参数实例。

对低硬度的金属加工，可增加表 D.3 中给出的最大值。

在实际操作中要获得这些规范，加工过程中应在下列范围内操作：

N=30～100 转/min 钻取

40～100 转/min 磨

V_2=3～10 钻取

5～20 mm/min 磨

表 D.2 推荐参数

符　　号	参　　数	测量单位
N	刀具转速	转/min
D	钻头和铣刀的直径	mm
d	齿数[a]	
V_1	刀速线速度	m/min
V_2	磨样时横进刀或纵进刀率钻取时纵进刀率	mm/min
α	每齿进刀量	mm/齿

[a] 机械术语，每一齿对应一格槽。

表 D.3 推荐参数实例

刀具	V_1 最大 m/min	V_1 一般 m/min	α 最大 mm/齿	α 一般 mm/齿	α 最小 mm/齿
高速钢钻头	4	2～3	0.05	0.04	0.03
碳化钨钻头	10～12	4～7	0.03	0.02	0.015
高速钢(带破碎功能)铣刀	6	2～3	0.03	0.015～0.02	0.01
高速钢端铣刀	6	2～4	0.05	0.03～0.04	0.02

D.6 适合的刀具实例

以下描述仅供参考。每个国家不同的制造厂商提供适当的切削工具，选择这些工具进行实验，读者应能很容易得到这些参数。

只有现场的亲眼检查切削唇缘试验才可以得到值得信赖的结论。某种类型的刀具在某家实验室表现出色，也许在另一家没有那么好。以下仅仅是一部分实例。

D.6.1 高速钢钻头

直径：15 mm～20 mm。

莫尔斯锥度：No.2～3。

可用长度：60 mm～70 mm。

螺纹角：15°(或，低于该值，30°)。

点角度：140°(或低于该值，130°，但不能更低)。

后角(间隙角)：5°～7°。

后间隙角：约 15°。

前角(刀面角)：

钻头刃：3 倾角，后角、后间隙角和 web clearance 修磨后角。

修磨横刃允许有 1 mm～2 mm 的十字刀刃。

D.6.2 碳化物钻头

直径：大约 15 mm。

可用长度：约 35 mm。

莫尔斯锥度：No.2。

螺纹角：10°～15°(或，低于该值，30°)。

点角度：130°。

后角：2°～4°。

后间隙角：约 15°。

前角：正的(与螺纹角在同一个方向)，可能是 2°～5°。

钻头刃：3 倾角，后角、后间隙角和修磨横刃。

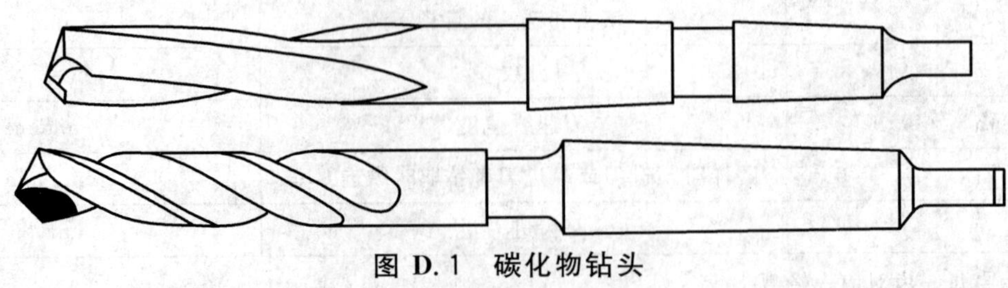

图 D.1 碳化物钻头

在D.6.1中提到的修磨横刃应用在此。在这里,不要将十字刀刃减小到小于1 mm是非常重要的,否则,这点破碎的风险非常高。

这种钻头不能用于最硬的镍铁,当硬度增加,点破碎的风险越高。碳化物末端非常重要,由于堵塞在孔洞里的碎屑产生摩擦力。

D.6.3 钻头

见表D.4和图D.2。

这些钻头用压缩空气代替机油。出于这种目的需要用一种特殊的连接环。

这种钻头不使用高钴和钼的钢制造。因此,它们不能用于非常高硬度的镍铁。

图D.3所示的碎屑接收器,应用于碎屑钻取技术。

表D.4 油孔钻头的特点

	钻头直径	
	15 875 mm	19 050 mm
总长	241.3 mm	266.7 mm
钻取深度	123.825 mm	149.225 mm
螺旋角	34°	34°
点角	118°	118°
后角[a]	10°	10°
后间隙角[b](大概值)	10°	10°

[a] 在钻头的空白边和侧面的交叉处测量。

[b] 可以改变此角度以提高性能。

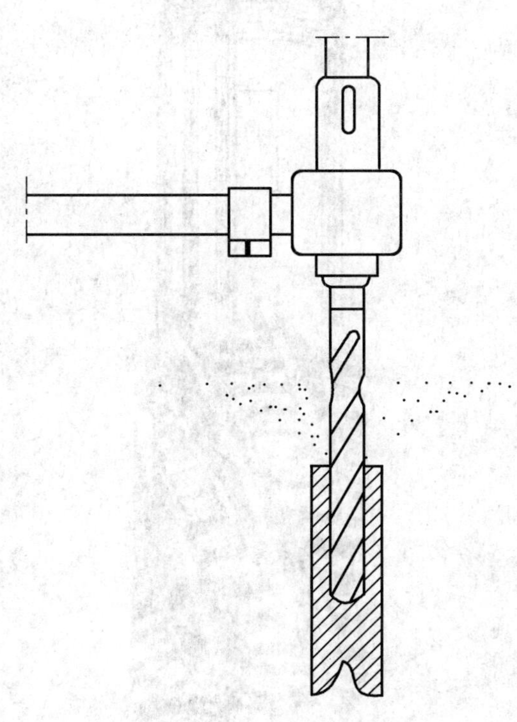

图D.2 油孔钻

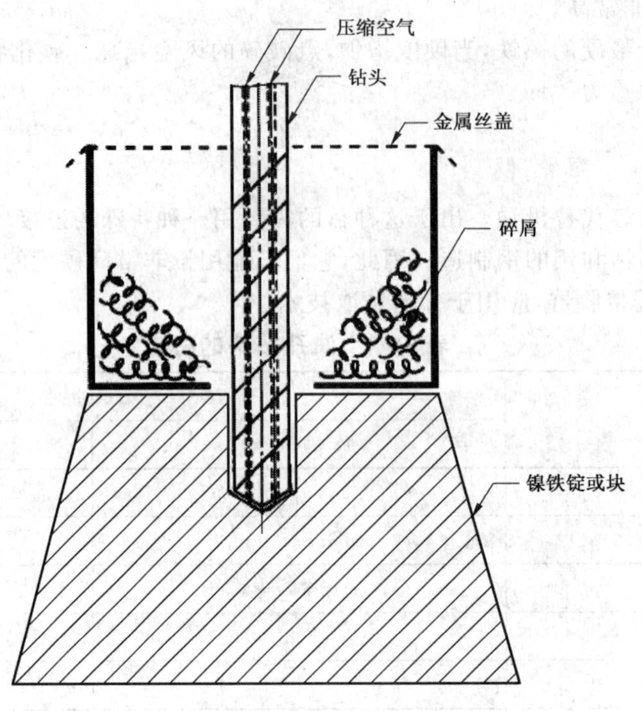

图 D.3 收集钻屑的装置

D.6.4 碎屑铣刀

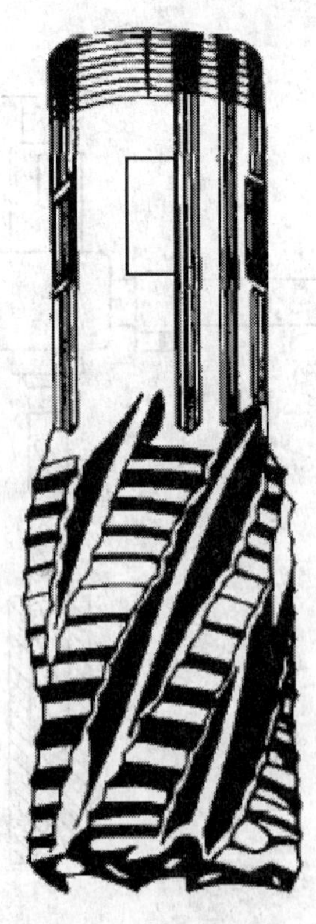

图 D.4 碎屑铣刀

直径:20 mm～30 mm。

齿(凹槽)数:4,5 或 6。

纵向剖面图:

每个凹槽边缘的长度:大致成型的切边,圆形切面。

可用长度:30 mm～45 mm。

后角:3°～4°。

前角:2°～5°。

底托:SA40 或 SA50 锥度的底座。

这种铣刀可用于圆柱体。

切削深度:0.5 mm～2 mm,依据材料的硬度。

D.6.5 端头铣刀

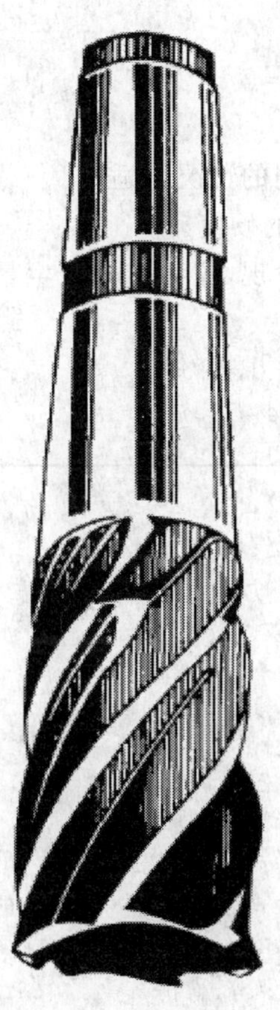

图 D.5 端头铣刀

直径:20 mm～50 mm。

莫尔斯锥度:No.3 或 No.4。

齿(凹槽)数:4,5 或 6。

可用长度:35 mm～75 mm。

后角:4°～6°。

前角:2°～5°。

这种铣刀更适用于圆柱体的端面。

D.6.6 模制铣刀头

图 D.6 模制铣刀头

直径:50 mm～80 mm。

齿(凹槽)数:6 或者 10。

可用长度:10 mm～15 mm。

后角:4°～6°。

前角:2°～5°。

底托:SA40 或 SA50 锥度的底座。

这种铣刀只用于端面,和端头铣刀相同的情况下适用。

切削深度:0.5 mm～2 mm,依据材料的硬度。

在一些生产厂家的现场实验中,可以发现,这种刀具产生最小的磨损(或铣刀使用至报废最大可能的允许次数)。

注:在用于镍铁加工时,碳化钨铣刀比钢制铣刀寿命短。

ICS 77.100
H 42

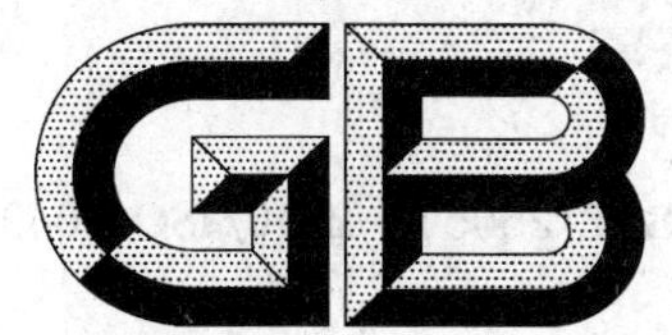

中华人民共和国国家标准

GB/T 25051—2010/ISO 8049:1988

镍铁颗粒　成分分析用样品的采取

Ferronickel shot—Sampling for analysis

(ISO 8049:1988,IDT)

2010-09-02 发布　　　　2011-06-01 实施

中华人民共和国国家质量监督检验检疫总局
中国国家标准化管理委员会　发布

前言

本标准等同采用 ISO 8049:1988《镍铁颗粒 成分分析用样品的采取》(英文版)。

为了便于使用,本标准做了下列编辑性修改:

——“本国际标准”一词改为“本标准”;

——用小数点“.”代替作为小数点的逗号“,”;

——删除国际标准的前言;

——规范性引用文件采用国家标准。

本标准的附录 A、附录 B 和附录 C 为资料性附录。

本标准由中国钢铁工业协会提出。

本标准由全国生铁及铁合金标准化技术委员会归口。

本标准起草单位:山西太钢不锈钢股份有限公司。

本标准主要起草人:刘伟、戴学谦、王珺、刘爱坤、李乐斌。

镍铁颗粒　成分分析用样品的采取

1　范围

本标准规定了粒状镍铁成分分析用样品的采取。

本标准适用于 GB/T 25049 中规定的粒状镍铁的成分分析用样品的采取。

2　规范性引用文件

下列文件中的条款通过本标准的引用而成为本标准的条款。凡是注日期的引用文件，其随后所有的修改单(不包括勘误的内容)或修订版均不适用于本标准，然而，鼓励根据本标准达成协议的各方研究是否可使用这些文件的最新版本。凡是不注日期的引用文件，其最新版本适用于本标准。

GB/T 21933.1　镍铁　镍含量的测定　丁二铜肟重量法(GB/T 21933.1—2008，ISO 6352:1985，IDT)

GB/T 25049　镍铁(GB/T 25049—2010，ISO 6501:1988，MOD)

3　产品组批和包装

粒度：2 mm～50 mm

批重量：≥5 t

如果要混合组批，每批的镍含量在 $k\%\sim(k+n)\%$ 之间，其中：

$15\leqslant k\leqslant 59$

$1\leqslant n\leqslant 5$

$16\leqslant k+n\leqslant 60$[1)]

镍铁颗粒一般以散装交货，可以用卡车、火车或其他装载工具装运，装载量一般为 5 t～30 t，火车车厢装载量可达 60 t。

这种镍铁也可以按桶、袋或其他方式交货。

4　原理

对于同一炉的镍铁，均匀性应该可以得到保证，因此很容易从少量份样中得到有代表性的大样。

对于由多炉镍铁组成的混合批，必须取得较大的份样数量 N_p，所有份样构成大样。

大样混合缩分后，获得适合实验室处理的中间样品。中间样品经处理后制得实验室样品。实验室样品按表 1 要求缩分成 N_s 个分析样品，每个分析样品的量不超过 1 kg。然后，将每个分析样品在适当的条件下重熔，保证成分不发生偏差，这样制得 N_s 个均匀的小锭[2)]。将小锭用于仪器分析，或者加工得到屑状样品用于化学分析。

5　大样和中间样品的采取

5.1　混合批

5.1.1　自动散装取样

如果有适宜的大样取样系统，取样这样进行。例如，将颗粒倒入料仓由皮带输送，在卸料端，出现下

1)　如果不混合组批(即 n 小于等于 1)则不按本标准执行。

2)　一般认为，在需要的条件下，实验室内熔融炉能重熔的最大质量是 1 kg，通常为了取样有代表性，实验室样品的制样量超过 1 kg，因此有必要熔化成小锭。

列两种可能性：

——具有遵循颗粒材料取样工艺规律的理想取样系统(例如采用横截料流取样器)；

——用取样铲按一定的时间间隔截取颗粒料流，取有代表性的份样。

在这种情况下，每份样量应不小于 20 kg，一般为 20 kg～50 kg。

份样数 N_p 列于表 1。

表 1　最小的份样数

	吨位/t	镍含量波动范围 n				
		$n<1$	$1\leqslant n<2$	$2\leqslant n<3$	$3\leqslant n<4$	$4\leqslant n\leqslant 5$
份样数 N_p	5～50	5	10	15	20	30
	50～200	7	12	17	22	35
	200～500	10	15	20	25	40
	500～2 500	15	20	25	30	45
实验室样品数 N_s[a]		1	2	3	4	5

[a] 为假定每个重熔炉容量为 1 kg 的情况下，熔炼样品的个数。如果重熔炉的最大容量为 $1/x$ kg，那么重熔的样品数为 $x\cdot N_s$。

注 1：为了达到这个目的，应采用附录 B 中的随机采样规则。

注 2：大多数情况下，对于小批量样品，表中的第一行都是适用的。

然后将份样缩分成较小量，制得 20 kg～50 kg 的中间样品，送到实验室进一步制备。

用自动缩分设备(如旋转缩分器)缩分时，其大小要适合于待处理材料的粒度。如果没有自动缩分设备，可以从大样堆中手工铲取，进行缩分。在铲取期间防止洒落。例如，每第五满铲(或不到五铲取一铲)取为缩分样，然后将得到的缩分样品继续缩分，直到获得所要求的样品量 20 kg～50 kg。

5.1.2　手动散装取样

在没有适宜的大样取样系统的情况下，采用手动取样。从被检查的每个单元(卡车、火车车厢、容器等)中交替铲取。被检查单元数为表 1 中的 N_p；如果单元总数小于 N_p 时，则被检查的单元数为所有的装料单元数。

例如，当 20 t 的卡车将料卸到地上时，取样步骤可以如下：

——铲运 20 t，将每第五铲的料倒到一边；

——再铲运获得的 4 t，将每第五铲的料倒到一边；

——再铲运获得的 800 kg，将每第五铲的料倒到一边；

——再铲运获得的 160 kg，将每第五铲的料倒到一边；

——将获得的 32 kg 的镍铁送往实验室。

这是从一个被检查单元获得中间样品的实例。

如果被检查单元超过一个，那么将每个单元中获得的中间样品混和，再缩分，直至代表该批的中间样品量为 10 kg～20 kg。

5.1.3　桶(袋)装取样

表 1 中的 N_p 数是必需的取样桶(袋)数，如果总的桶(袋)数小于 N_p，那么取样桶(袋)数为总的桶(袋)数。

从选择的每桶(袋)中最少取 1 kg 的颗粒，得到 20 kg 以上的样品，一般为 20 kg～50 kg。

如果每桶(袋)中的颗粒是均匀的，那么可以从桶(袋)上面取样。否则，应将桶(袋)倒空，用铲交替铲取。

5.2　单炉组批

如果均匀，取最少量的颗粒做重熔样品(例如 1 kg)。

为保险起见，可从运输或包装单元中，取 3～5 份份样组成大样，然后混和，缩分获得 5 kg～10 kg 中间样品。

如果不是单炉组批，则按 5.1 执行。

6 中间样品的处理和实验室样品的制备

一般在实验室的制样间进行。

6.1 混合批

中间样品经混匀后，用适宜尺寸的二分器进行缩分，或用交替铲取缩分，直到缩分量等于或稍大于表 1 中 N_s的数值(以 kg 为单位)。

表 1 中的取样量 N_s是用于重熔和代表性分析的采样量，如果还要保留一定的余料或未重熔的实验室样品，那么在缩分时就应将相应数量的颗粒存放在一边。

6.2 单炉组批

将 5.2 制得的中间样品混匀并缩分，直到获得重熔所要求的量。为了保证代表性，每个重熔小锭的质量为 250 g～1 000 g。

7 实验室样品的重熔

应保证实验室样品(棒、丸或小锭)在熔融或浇铸期间，镍或其他待测杂质元素的含量不出现偏差。

实际操作过程中，采用感应加热重熔可以提高速度，一般要求氩气保护。如果提供氩气保护，熔融的样品可以在重熔坩埚中自然冷却和凝固。但是重熔后离心浇铸更好，这样可以保证：

——由于熔融的金属在注入模中时进行了混合，因此产生的样品均匀性好；

——组织结构均一，仪器分析重现性好。在离心浇铸期间最好用氩气保护。

加入一种试剂(例如(1 g～2 g)/kg 的铝屑)以避免试样氧化。最终分析时应考虑试样的稀释，校正镍含量。

8 重熔样品(实验室样品)的应用

8.1 将重熔样品在接近底部平行底面切割，获得厚约为 15 mm～20 mm 的样片。

样片用于仪器分析，计算分析结果平均值。

8.2 钻或铣重熔样品，得到屑状样品，用作碳硫分析和其他元素的化学分析。

8.2.1 屑状样品加工注意事项

加工(最好是切削)时应注意不要污染试样(刀具磨损污染或者被灰尘、油脂污染)。尤其要在干燥条件下加工。

有些种类的镍铁样品很硬，因此需要特别注意选择适宜的刀具和切削条件。

如果将样品预先退火，易加工性将大大提高。

8.2.2 屑状样品的处理

8.2.2.1 洗涤

如果担心屑状样品表面污染(用刀具切削时不可避免受到润滑油、灰尘等的污染)，用纯丙酮洗涤两次(或者用纯丙酮洗涤一次，再用纯乙醚洗涤一次)。

排除溶剂，然后在空气中挥发残余溶剂，在 100 ℃～110 ℃的烘箱中干燥至少 0.5 h。

8.2.2.2 破碎

如果屑状样品取自单个重熔样品，由于浇铸的样品棒很均匀，没有必要破碎。

如果屑状样品取自多个重熔样品，将样品进行破碎，均匀性和代表性会更好。

实际上，屑状样品的破碎性能取决于：

——镍含量：如果超过 35%，合金具有延展性，难以破碎；

——杂质含量,尤其是碳。高碳镍铁比低碳镍铁更容易破碎。

对于可破碎镍铁,应使用不会造成污染的破碎机,破碎时间为 10 s～30 s。要求破碎盘或钵为碳化钨材质,也可用特种耐磨钢材质(不允许使用球式或棒式破碎机)。

对于镍含量小于 35%的镍铁,每次破碎时间不超过 30 s,直至全部过筛:

——低碳镍铁(LC)用筛孔 2.5 mm 的筛子;

——中、高碳镍铁(MC 和 HC)用筛孔 0.8 mm 的筛子。

8.2.2.3 均匀化和装瓶

当屑状样品采自几个重熔样品时,必须均匀化,可以利用机械均质器或反复交替铲取,或通过二分器数次混匀全部材料。

低碳镍铁(LC),必须注意所有的操作,以防止产生碳的污染。不接触纸张,纸板,橡胶,软木或塑料;可以使用金属材料和铝箔。

装瓶时也要注意这些操作。

中碳和高碳镍铁(MC 和 HC)样品可以保存在玻璃或铝制的瓶中,或者高质量的厚聚乙烯包中。

利用二分器或样品分配器将样品分成若干份。份数取决于有关方的要求。

最少应为:

——买方 1 份;

——卖方 1 份;

——仲裁 1 份;

——保留 1 份。

附 录 A
（资料性附录）
一次份样和二次份样数量的选择理由

A.1 总则

以下原因适用于混合批的情况。样品应符合本标准第3章中产品定义。

样品的制备程序应考虑以下几方面的情况：

a) 颗粒样品非常均匀，不管是同一部位的不同粒度，或是同一炉的不同部位，碳、钴、铬、硫和硅等与镍含量无偏差；

b) 在一个混合批中，一炉与另一炉粒度会有变动；

c) 如有可能，在不损失镍、钴、铬、硅、硫等元素的情况下，可在氩气下重熔镍铁。但是，碳含量会有轻微的损失。

实际上，已知最大容量的重熔炉为1 kg，在此基础上，在表1中选择N_s值。

这些研究主要是针对镍含量展开的，以期得到最好的精密度。

A.2 制样方案

一般原则按图A.1进行。

将用到以下符号：

N_p：一次份样的数量；

V_p：一次方差，评估一次份样中镍含量分散情况。

一次方差是在买方卸货时，在整批中可观察到轻微的不均匀现象而做的评估。

这个数量是一个综合变动值（如果一次份样非常均匀，则为零）。一般不用理论公式计算，而是在卸货时根据经验观察得到结果。

N_s：二次份样的数量，重熔小锭的数量。

V_s：二次方差，评估二次份样中镍含量分散情况（质量≤1 kg）。

如果原材料由分散的小颗粒组成，或者是将镍含量在一定范围内的多炉样品混合，混合料的最小质量对于二次份样必须要有代表性。

二次方差是天然存在的基本方差，因为块与块之间总是存在成分的变化，即便是晶粒度（或混匀）的非常好。

计算这个量的数学模型应用在镍铁批上，则质量超过1 kg。这就是多个铸块要进行重熔，以及要对V_s和N_s进行评估的原因。

V_e是抽样方差。

公式：

$$V_e = \frac{V_s}{N_s} + \frac{V_p}{N_p} \qquad \text{(A.1)}$$

注：中间样品在程序操作里不考虑。在所有其他手工混匀和缩分中只有一个样品。在生产和实验室一次制样的之间传送时，要选择一个合适的量。

如果分析每个重熔的样品小锭，

$$V_{Ni} = \frac{V_s}{N_s} + \frac{V_p}{N_p} + \frac{V_r}{N_s} + V_A + V_L \qquad \text{(A.2)}$$

式中：

V_{Ni}——数个实验室之间比对时，整个制样和分析过程中镍含量方差；

V_r——分析精密度的方差；[3)]

V_A——分析实验员之间的波动方差(分析上的)；

V_L——多个实验室之间的波动方差(分析上的)。

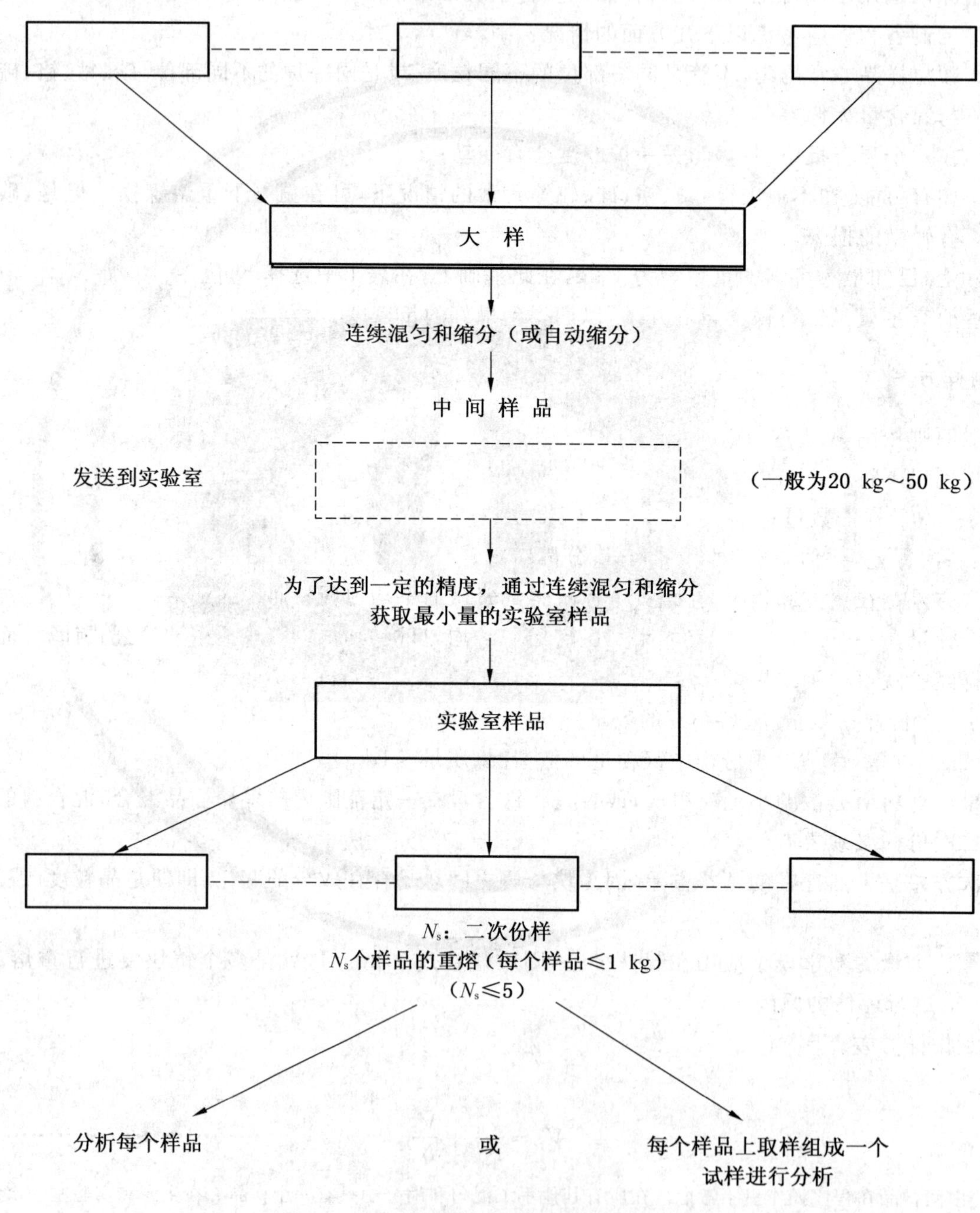

图 A.1 一般制样程序

3) V_r、V_A、V_L的具体含义见 GB/T 21933.1—2008 的附录 B。

A.3 一次方差的评估

观察数据由一些生产者在工厂获得样品时或发往用户时获得。

当 $n=5$ 时(镍含量的最大范围),V_p 通常是很小的。

$n=5$ 时保留 $V_p=0.01$,这明显超过了所有收集到的确定观测值,因此被认为是安全值。

此外,也假设:V_p 采用上限值,当 n 降低时,V_p 随之降低。

为保险起见,再稍微降低该值,设 $S_p=\sqrt{V_p}$ 。见表 A.1。

表 A.1 S_p 的变动

n	$S_p=\sqrt{V_p}$	V_p
1	0.06	0.003 6
2	0.07	0.004 9
3	0.08	0.006 4
4	0.09	0.008 1
5	0.10	0.010 0

A.4 二次方差的评估

通过一个数学模型对这种基本方差进行评估,以获得最后结论。

A.4.1 如果在镍含量和每个颗粒的重量之间没有相关性,那么,不同粒度和镍含量的铸锭混和之后对基本方差无影响。

A.4.2 不同铸锭之间方差 V_c 的评估

这种方差是指只由于铸锭之间镍含量的不同导致的变化(不考虑小颗粒的材料组成)。

这个方差有如下公式:

$$V_c=\frac{(n+2\varepsilon)^2}{\alpha}\times\frac{M-N}{M-1} \qquad \cdots\cdots\cdots\cdots(A.3)$$

式中:

ε——表示铸锭中镍含量测量的不确定度,即如果定义 $k\%\sim(k+n)\%$ 这个范围的镍铁组批,那么就可能为 $(k-\varepsilon)\%\sim(k+n+\varepsilon)\%$。理论范围是 n,实际范围是 $n+2\varepsilon$;

M——一批中锭的总数量;

N——一次份样中锭的数量;

α——是一个系数,是通过假定的镍含量范围计算得到的数值。如下:

假设情况 1(最差的情况):铸锭一半处于低限 $(k-\varepsilon)\%$,而另一半处于高限 $(k+n+\varepsilon)\%$,此时 $\alpha=4$;

假设情况 2(稍差的情况):铸锭中的含量,在上下限范围内均一的分布,此时 $\alpha=12$;

假设情况 3(最好的情况):平均值正态(高斯)分布,位于范围的中间,标准偏差位于 1/6 的范围。此时,$\alpha=36$;

实际上,制造商总是希望将要组批的铸锭集中起来;正态分布的情况是理论上的;对一批而言,假设情况 2 经常出现。

A.4.3 为达到一定的不确定度,实验室样品质量的评估(基本偏差)

为达到一定的不确定度(用标准偏差 s_S 表示)颗粒镍铁取样数量 N,满足如下方程:

$$N=\frac{(1+\vartheta_m^2)V_c}{s_S^2}+\vartheta_m^2 \qquad \cdots\cdots\cdots\cdots(A.4)$$

在式中参数 ϑ_m 表示颗粒质量 m 的变异系数,如果所有的颗粒质量都相同,那么这个系数就不存在

($\vartheta_m=0$)，这个参数用来说明取样的变异取决于产品粒度的均匀性。大颗粒和小颗粒的并排呈现对样品颗粒的一个总数 N 的基本方差造成不好的影响。

粒度大小分布的对数曲线被用来评估 $1+\vartheta_m^2$ 的量及下式中的平均粒度质量 $\widetilde{m}$ 和 $\sigma_{\ln m}$ 的量。比如，累计的小粒度比例(或大粒度)作为纵坐标，粒度大小的对数作为横坐标，

$$E(m)=\widetilde{m}\exp\left(-\frac{\sigma\ln^2 m}{2}\right) \quad \text{(A.5)}$$

如果质量小于 $\widetilde{m}$ 的粒度，占了整个产品质量的50%，因此，质量大于 $\widetilde{m}$ 的粒度也占了总量的50%，颗粒质量 $\widetilde{m}$ 就可以根据切割后的粒度得到，也有相同的比例。同样，颗粒质量对数的标准偏差 $\sigma_{\ln m}$，可以从粒度大小分布曲线的斜率得到。

最后，($1+\vartheta_m^2$)可以由 $\sigma_{\ln m}$ 按下式得到：

$$1+\vartheta_m^2=\exp(\sigma\ln^2 m)$$

从式(A.4)和(A.5)，为了使二次份样有代表性，取颗粒样品的质量 M_e：

$$M_e=N\cdot E(m) \quad \text{(A.6)}$$

$$M_e=\widetilde{m}\left(\frac{(1+\vartheta_m^2)V_c}{s_S^2}+\vartheta_m^2\right)\exp\left(-\frac{\sigma_{\ln^2 m}}{2}\right) \quad \text{(A.6a)}$$

相对的，s_S^2 可以用方程式(A.6a)中 M_e 的形式表示。如果 s_S^2 小与 V_c 有关，一般来说是这样的，式(A.4)[4] 中第二个元素的第二种形式就可忽略不计，那么就有如下关系式：

$$s_S^2=\frac{\text{常量}}{M_e} \quad \text{(A.7)}$$

因为，参数 $\widetilde{m}$，$\sigma_{\ln m}$，ϑ_m 和 V_c 为已经制样的产品的特征常量。

作为近似值，所要求小锭的数量可以由式(A.6a)中的 M_e(任意形式)和重熔得到的小锭的质量 M_1 得来：

$$N_s=\frac{M_e}{M_1} \quad \text{(A.8)}$$

很明显，比值 M_e/M_1 是向上进位取整。

A.5 实例应用

表A.2给出各个铸锭之间方差 V_c 的变化值。

表A.3给出在假定一个大范围内的 N 和 M_e 值。

份样 N_p 和 N_s 的值在表A.1中，由下式推导出，

$$V_c=\frac{(n+2\varepsilon)^2}{24} \quad \text{(A.9)}$$

有：

$\alpha=24$[5]

$1+\vartheta_m^2=4.5$[6]

$\varepsilon=0.10$

4) 换句话说，在此情况下，ϑ_m^2 与 $\frac{(1+\vartheta_m^2)V_c}{s_S^2}$ 相比可忽略不计。

5) $\alpha=12$(见A.4.2)相当于是由多炉组成一批时一种不利的假设情况，$\alpha=36$ 相当于是一种正态的假设情况，$\alpha=24$ 是为了保险起见而采用的一个中间值。

6) 这些数值相对于一个非常大的粒度范围，这个粒度范围不能超过正常的产品粒度($d_{50}=12$ mm，$d_{95}=25$ mm)。

表 A.2 各个铸锭之间方差 V_c 的变动

一批中铸锭成分含量的分布假定情况 镍含量				
$\varepsilon=0.10$	在上下限等同分布	整个范围内的均匀分布	中间分布	正态分布
$V_c=$	$\frac{(n+2\varepsilon)^2}{4}$	$\frac{(n+2\varepsilon)^2}{12}$	$\frac{(n+2\varepsilon)^2}{24}$	$\frac{(n+2\varepsilon)^2}{36}$
$n=1$	0.360	0.120	0.060	0.040
$n=2$	1.210	0.403	0.202	0.134
$n=3$	2.560	0.853	0.426	0.284
$n=4$	4.410	1.470	0.735	0.490
$n=5$	6.760	2.253	1.127	0.751

表 A.3 N 和 M_e 的变动

范围大小	颗粒大小分布假设	镍含量分布范围							
		$V_c=\frac{(n+2\varepsilon)^2}{4}$		$V_c=\frac{(n+2\varepsilon)^2}{12}$		$V_c=\frac{(n+2\varepsilon)^2}{24}$		$V_c=\frac{(n+2\varepsilon)^2}{36}$	
		N	M_e(kg)	N	M_e(kg)	N	M_e(kg)	N	M_e(kg)
$n=1$	G-1	475	0.636	160	0.214	81	0.109	55	0.073
	G-2	740	1.68	249	0.566	127	0.288	86	0.194
	G-3	614	3.34	207	1.12	105	0.571	71	0.387
$n=2$	G-1	1 590	2.13	531	0.712	267	0.358	178	0.239
	G-2	2 477	5.62	828	1.90	417	0.947	278	0.631
	G-3	2 055	11.18	687	3.74	346	1.88	231	1.25
$n=3$	G-1	3 361	4.50	1 119	1.50	559	0.749	375	0.502
	G-2	5 237	11.89	1 748	3.97	875	1.99	585	1.33
	G-3	4 345	23.64	1 450	7.89	726	3.95	485	2.64
$n=4$	G-1	5 788	7.76	1 931	2.59	967	1.30	645	0.864
	G-2	9 018	20.47	3 009	6.83	1 506	3.42	1 006	2.28
	G-3	7 483	40.71	2 496	13.58	1 249	6.80	834	4.54
$n=5$	G-1	8 871	11.89	2 958	3.96	1 481	1.98	988	1.32
	G-2	13 822	31.37	4 609	10.46	2 308	5.24	1 539	3.49
	G-3	11 468	62.39	3 824	20.80	1 915	10.42	1 277	6.95

N:所取颗粒的数量;

M_e:为了使 $s_S=0.05$ 和 $V_s=0.002\,5$,实验室样品的质量;

$\varepsilon=0.10$

按照三种假设情况进行计算:

G-1:有利的假设;

G-2:一般的假设;

G-3:非常不利的假设。

1 kg 小锭(或取 1 000 g 为例)的质量

$E(m)=2.0g$

则有

$V_s=s_S^2=0.375\times10^{-3}(n+0.2)^2$

见表 A.4 中显示计算值。

表 A.4 V_s 的变动

n	V_s	s_S
1	0.000 54	0.023 2
2	0.001 83	0.042 6
3	0.003 84	0.062 0
4	0.006 62	0.081 3
5	0.010 14	0.100 7

一次和二次份样数(N_p和 N_s)的选择

在附录 A.2 中,式(A.1)显示这种方差 V_e 是由于取样的影响,有下式:

$$V_e=\frac{V_p}{N_p}+\frac{V_s}{N_s} \qquad \text{(A.10)}$$

为制样的方差 V_e,取一个可接受的值,已知一次方差 V_p,二次方差 V_s,就可以确定一次份样数 N_p 和二次份样数 N_s的可接受的值。

出于贸易的考虑,就希望使制样的方差 V_e 尽可能的小。然而,使制样的方差小于分析方法的方差没有意义。分析方法的方差(分析者之间,实验室内和实验室间)一般在 0.002 5～0.010 之间,因此有理由为制样方差设定一个目标值,约为 0.002 5 或者更低。

$$V_e=\frac{V_p}{N_p}+\frac{V_s}{N_s}\leqslant 0.002\,5 \qquad \text{(A.10a)}$$

V_p 的值见表 A.1,V_s的值见表 A.4,在两个表中,可看出方差取决于镍含量的范围 n。把两个表合在一起如下。

n	V_p 表 A.1	V_s 表 A.4
1	0.003 6	0.000 54
2	0.004 9	0.001 82
3	0.006 4	0.003 84
4	0.008 1	0.006 62
5	0.010 0	0.010 14

显然,当 V_p和 V_s固定时,等式(A.10a)允许 N_p和 N_s的选择范围很大,所以,表 A.5 给出推荐值。

表 A.5 一次份样和二次份样的推荐值(使 V_e小于 0.002 5)

镍变动范围 N	一次方差 V_p	二次方差 V_s	推荐份样数		计算的制样方差 V_e
			一次 N_p	二次 N_s	
1	0.003 6	0.000 54	5	1	0.001 26
2	0.004 9	0.001 82	10	2	0.001 40
3	0.006 4	0.003 84	15	3	0.001 71
4	0.008 1	0.006 62	20	4	0.002 06
5	0.010 0	0.010 14	30	5	0.002 36

附　录　B
（资料性附录）
在提供的 M 个样本中选择其中 N 个的方法

B.1　概述

从总体中抽取一个样本，不管采用何种方法，首先应注意两点：

a）对抽样的样本进行定义；

b）抽样过程本身。

为了保证抽样代表性，抽样总体中的任一样本都有相同的概率被抽取。

B.2　由样本构成总体的定义方法

可以使用两种方法：一是从总体中随机取样；另一种是按规则定期取样，只是第一个样本随机抽取。

B.2.1　随机取样

在这个方法中，N 个样本（或从 M 个对象中组合 N 个）中任何可能的样本具有同等概率。

我们假定一批货物包含 M 个样本，编号从 1 到 M。那么问题就简化为从 M 个整数中随机取出 N 个不同的整数。

为了达到这个目的，首先将 N 个随机数均匀分布在 0～1 的间隔内，有些表格直接给出了这些数。其他（如表 B.1）只给出了 0～9 的几行，随机排列，真正的均匀分布可以很容易的获得，即将整数部分设为零，按表中显示的设定 n 位，取 n 位。

例如：

表 B.1 是一个随机数表的实例，这些随机数在本标准中可以找到一些具体情况。

从 0～1 均匀分布的随机数字是 5 位小数，5 位一组按照行或列或其他有规则的方式排列。取每列的头 5 个数为例，获得如下数字排列：

10 275

28 415

34 214

61 817

等等

这些数字是：0.212 75—0.284 15—0.342 14—0.618 17，等等。

注：在表 B.1 中，行和列之间的空格只是为了阅读的方便。

假设 $x_1, x_2, \cdots\cdots, x_N$ 是一系列均匀分布得到的 N 个数字，所有的这些数乘以整数 M，是 0～M 之间随机选择的一个数。

$Mx_1, Mx_2, \cdots, Mx_N$

将这些实数取整后加 1：

$E_1 = [Mx_1] + 1$

$E_2 = [Mx_2] + 1$

……

$E_N = [Mx_N] + 1$

式中：$[Mx_i]$ 是 Mx_i 的整数部分。

这些整数 $E_1, E_2, \cdots, E_N$ 就标记了从包含 M 个对象的总体中抽取的 N 个样本。

在这个过程中如果 E_i 有相同的结果，那么就增加另外的 x_i 值，直到获得 N 个不同的 E_i 值。

B.2.2 按规则定期取样

在本方法中，提供的 M 个样本中组成 N 个，不是所有这些项目的样品具有相同的概率。

实际上，在这些数很大时，这种概率是零，虽然任何指定的样本(至少接近)成为样品一部分的概率相同。这个近似荒谬的结果可以用单个样品的不独立性来解释。

M/N 的系数，比如说是 Q，计算后，如果这个除法式还有余数就忽略了，比如 $R(R<N)$。

在序列 1,2,……,$Q-1$,Q 中随机选择一个整数，举例，按照 B.2.1 中描述的方法，选取这个数为 H，组成样品的项目用整数来定义：

$$H_1Q+H_12Q+H_1\cdots(N-1)Q+H$$

从中可以看出，用这个方法 $(M-NQ)$ 个项目被忽略了，在随机数表中只有一个描述是必要的。因为被描述项目的所有可能的样品具有不等概率，因此，在这种情况下不能应用的样品方差，有必要指定理论公式来计算。除非这些项目是精心搭配的，而实际上这是非常困难的。

B.3 N 个确定样本的抽取

在一批 M 个样本中的 N 个，理论上由整数 E_1,E_2,……,E_N 确定，制样按自然操作继续执行，但不要忽视以下情况，即这些样本一般没有可以识别的标志。这些样本有卡车、敞车、集装箱、桶等等，它们可以从 1 到 M[7] 编号，然后由整数 E_1,……,E_N 表示的 N 个项目，按照 5.1.2 或 5.1.3 描述的过程进行取样，然后执行第 6 章及接下来的部分。

表 B.1 随机数表

10 27 53 96 23	71 50 54 36 23	54 31 04 82 98	04 14 12 15 09	26 78 25 47 47
28 41 50 61 88	64 85 27 20 18	83 36 36 05 56	39 71 65 09 62	94 76 62 11 89
34 21 42 57 02	59 19 18 97 48	80 30 03 30 98	05 24 67 70 07	84 97 50 87 46
61 81 77 23 23	82 82 11 54 08	53 28 70 58 96	44 07 39 55 43	42 34 43 39 28
61 15 18 13 54	16 86 20 26 88	90 74 80 55 09	14 53 90 51 17	52 01 63 01 59
91 76 21 64 64	44 91 13 32 97	75 31 62 66 54	84 80 32 75 77	56 08 25 70 29
00 97 79 08 06	37 30 28 59 85	53 56 68 53 40	01 74 39 59 73	30 19 99 85 48
36 46 18 34 94	75 20 80 27 77	78 91 69 16 00	08 43 18 73 68	67 69 61 34 25
88 98 99 60 50	65 95 79 42 94	93 62 40 89 96	43 56 47 71 66	46 76 29 67 02
04 37 59 87 21	05 02 03 24 17	47 97 81 56 51	92 34 86 01 82	55 51 33 12 91
63 62 06 34 41	94 21 78 55 09	72 76 45 16 94	29 95 81 83 83	79 88 01 97 30
78 47 23 53 90	34 41 92 45 71	09 23 70 70 07	12 38 92 79 43	14 85 11 47 23
87 68 62 15 43	53 14 36 59 25	54 47 33 70 15	59 24 48 40 35	50 03 42 99 36
47 60 92 10 77	88 59 53 11 52	66 25 69 07 04	48 68 64 71 06	61 65 70 22 12
56 88 87 59 41	65 28 04 67 53	95 79 88 37 31	50 41 06 94 76	81 83 17 16 33
02 57 45 86 67	73 43 07 34 48	44 26 87 93 29	77 09 61 67 84	06 69 44 77 75
31 54 14 13 17	48 62 11 90 60	68 12 93 64 28	46 24 79 16 76	14 60 25 51 01
28 50 16 43 36	28 97 85 58 99	67 22 52 76 23	24 70 36 54 54	59 28 61 71 96
63 29 62 66 50	02 63 45 52 38	67 63 47 54 75	83 24 78 43 20	92 63 13 47 48
45 65 58 26 51	76 96 59 38 72	86 57 45 71 46	44 67 76 14 55	44 88 01 62 12

7) 术语“样本”(item)是统计上的一个概念，用于标明各种不同的条件形式。

表 B.1（续）

39 65 36 63 70	77 45 85 50 51	74 13 39 35 22	30 53 36 02 95	49 34 88 73 61
73 71 98 16 04	29 18 94 51 23	76 51 94 84 86	79 93 96 38 63	08 58 25 58 94
72 20 56 20 11	72 65 71 08 86	79 57 95 13 91	97 48 72 66 48	09 71 17 24 89
75 17 26 99 76	89 37 20 70 01	77 31 61 95 46	26 97 05 73 51	53 33 18 72 87
37 48 60 82 29	81 30 15 39 14	48 38 75 93 29	06 87 37 78 48	45 56 00 84 47
68 08 02 80 72	83 71 46 30 49	89 17 95 88 29	02 39 56 03 46	97 74 06 56 17
14 23 98 61 67	70 52 85 01 50	01 84 02 78 43	10 62 98 19 41	18 83 99 47 99
49 08 96 21 44	25 27 99 41 28	07 41 08 34 66	19 42 74 39 91	41 96 53 78 72
78 37 06 08 43	63 61 62 42 29	39 68 95 10 96	09 24 23 00 62	56 12 80 73 16
37 21 34 17 68	68 96 83 23 56	32 84 60 15 31	44 73 67 34 77	91 15 79 74 58
14 29 09 34 04	87 83 07 55 07	76 58 30 83 64	87 29 25 58 84	86 50 60 00 25
58 43 28 06 36	49 52 83 51 14	47 56 91 29 34	05 87 31 06 95	12 45 57 09 09
10 43 67 29 70	80 62 80 03 42	10 80 21 38 84	90 56 35 03 09	43 12 74 49 14
44 38 88 39 54	86 97 37 44 22	00 95 01 31 76	17 16 29 56 63	38 78 94 49 81
90 69 59 19 51	85 39 52 85 13	07 28 37 07 61	11 16 36 27 03	78 86 72 04 95
41 47 10 25 62	97 05 31 03 61	20 26 36 31 62	68 69 86 95 44	84 95 48 46 45
91 94 14 63 19	75 89 11 47 11	31 56 34 19 09	79 57 92 36 59	14 93 87 81 40
80 06 54 18 66	09 18 94 06 19	98 40 07 17 81	22 45 44 84 11	24 62 20 42 31
67 72 77 63 48	84 08 31 55 58	24 33 45 77 58	80 45 67 93 82	75 70 16 08 24
59 40 24 13 27	79 26 88 86 30	01 31 60 10 39	53 58 47 70 93	85 81 56 39 38
05 90 35 89 95	01 61 16 96 94	50 78 13 69 36	37 68 53 37 31	71 26 35 03 71
44 43 80 69 98	46 68 05 14 82	90 78 50 05 62	77 79 13 57 44	59 60 10 39 66
61 81 31 96 98	00 57 25 60 59	46 72 60 18 77	55 66 12 62 11	08 99 55 64 57
42 88 07 10 05	24 98 65 63 21	47 21 61 88 32	27 80 30 21 60	10 92 35 36 12
77 94 30 05 39	28 10 99 00 27	12 73 73 99 12	49 99 57 94 82	96 88 57 17 91
78 83 19 76 16	94 11 68 84 26	23 54 20 86 85	23 86 66 99 07	36 37 34 92 09
87 76 59 61 81	43 63 64 61 61	65 76 36 95 90	18 48 27 45 68	27 23 65 30 72
91 43 05 96 47	55 78 99 95 24	37 55 85 78 78	01 48 41 19 10	35 19 54 07 73
84 97 77 72 73	09 62 06 65 72	87 12 49 03 60	41 15 20 76 27	50 47 02 29 16
87 41 60 76 83	44 88 96 07 80	83 05 83 38 96	73 70 66 81 90	30 56 10 48 59

附 录 C
（资料性附录）
钻和磨的技术条件

C.1 概述

小块镍铁的硬度会有相当大的变化，取决于镍含量的级别，特别是其他元素的含量（主要是碳和硅）。

当硬度在180维氏硬度到600维氏硬度之间（或相当的硬度范围），则认为小块镍铁是非常硬的。

也可使用切片工具。在使用切片工具时需要谨慎选择。切片是非常困难的，因为需要一直保持干燥以避免任何污染。

注意：钻和磨加工是最常用的手段。在一般需求时，也可能使用刨平工具修磨，需要在切下来的表面上修磨。这种设备速度比较慢。

C.2 镍铁硬度非常大的情况

当加工非常困难，包括工具装备以及随之严重的碎屑污染，或者根本无法制样，对材料进行热处理（回火）。实际操作过程根据金属硬度和晶粒结构而定。比如，回火一般对硬度超过180维氏硬度的情况有用，回火可能用于小块样品或者是小锭上切下来的片，按如下操作：

将小块或片在高温炉中，于650 ℃～800 ℃加热2 h～4 h，然后停止加热，缓慢冷却一晚上。如果时间有要求，小块或片试样可以使用沙浸冷却至200 ℃以下。

这种方法与在空气中操作比较，减少了试样表面的氧化，脱碳层有0.5 mm～1 mm厚，不管炉内是什么气氛。切片的表面经过热处理之后不能使用。从表面往下2 mm～3 mm需要切掉，余下的保留，或者加工切片时，表面2 mm～3 mm得到的试样要抛弃。

C.3 切片工具的选择

使用的切片工具应该由合适类型和等级的钢制成，这样由工具导致的碎屑污染可以尽可能的降低。

表C.1是ISO 4975中高速工具钢的列表。

对于高碳、铬和钴含量的试样，要确认工具硬度；钼可以防止碎屑粘附在工具上。

对高硬度镍铁（比如硬度大于180 V）经验表明，工具中含钴量大于或等于7.5%是不可缺少的；S11型是最合适的。

对低硬度镍铁，如S12型，含大约5%的钴就可以满足条件。

表C.1 高速工具钢

类型	S9	S10	S11	S12
名称	HS 12-1-5-5	HS 10-4-3-10	HS 2-9-1-8	HS 7-4-2-5
C/%	1.45～1.60	1.20～1.35	1.05～1.20	1.05～1.20
Co/%	4.70～5.20	9.50～10.5	7.50～8.50	4.70～5.20
Cr/%	3.50～4.50	3.50～4.50	3.50～4.50	3.50～4.50
Mo/%	0.70～1.00	3.20～3.90	9.00～10.0	3.50～4.20
V/%	4.75～5.55	3.00～3.50	0.90～1.40	1.70～2.20
W/%	11.5～13.0	9.00～10.0	1.30～1.90	6.40～7.40
回火后最低硬度	65	66	66	66
HRC66相当于约900维氏硬度。				

对碳化钨工具:需要选择的类型能够耐磨和有韧性,避免工具摩擦或破裂。因此可以从 ISO 513 所列的 M10,M20,M30 类型中选择。

注意:本条款中的数据仅供参考。这些资料来源于在该领域有实践经验的实验室。

C.4 其他注意事项

切片工具和试样加工间的震动应尽可能避免。

金属钻取时,应使用短但不是很薄的钻头(直径不小于 12 mm,最好是 15 mm～20 mm)。小螺纹角也是有利;比如,15°螺纹角的钻头对应于标准 30°螺纹角的钻头更有益于减少震动。

使用锥柄钻头(莫氏锥度座 No. 2 和 No. 3)令人满意。

铣刀相对于其直径也应短。

最后,设备应牢固。这对于研磨加工容易实现,而对于钻取,不管是否装备了磨样台,都更难以达到。

不管是哪种情况,将工具装配到轴上时,应使用满足要求的固体媒介:标准锥度 SA40 或者 SA50

C.5 加工参数

加工规格包括:

——刀具很少加热,所以不会变旧;刀具磨损可以根据检验加工的碎屑判断;轻微的发黄可以接受,但决不能发蓝。

每齿的走刀量,不能低于磨或钻的最小值,因此,试样不能经过加工硬化;正常操作刀具是必要的,避免震动,磨损和非正常加热。

必须考虑表 C.2 中参数,以获得一个好的折衷方案。

这些参数的关系表达式如下:

$$V_1 = \frac{\pi DN}{1\ 000}$$

$$\alpha = \frac{V_2}{N_d}$$

(涉及上述内容时有效)

好的加工条件需要选择合适的 V_1 和 α 值,然后根据仪器调整 N 和 V_2 的值。

表 C.3 给出了推荐规范的例子。对低硬度的金属加工,表 C.3 中给出的最大值可能会增大。

在实际操作中要获得这些规范,加工过程中应在下列范围内操作:

N 为	30 r/min～100 r/min	钻取
	40 r/min～100 r/min	磨
V_2 为	3～10	钻取
	5 mm/min～20 mm/min	磨

表 C.2 推荐参数

符号	参数	测量单位
N	刀具转速	r/min
D	钻头和铣刀的直径	mm
d	齿数[a]	
V_1	刀速线速度	m/min
V_2	磨样时横进刀或纵进刀率 钻取时纵进刀率	mm/min
α	每齿进刀量	mm/齿

a 机械术语,每一齿对应一格槽。

表 C.3 推荐参数实例

刀具	V_1 最大 m/min	V_1 一般 m/min	α 最大 mm/齿	α 一般 mm/齿	α 最小 mm/齿
高速钢钻头	4	2～3	0.05	0.04	0.03
碳化钨钻头	10～12	4～7	0.03	0.02	0.015
高速钢(带破碎功能)铣刀	6	2～3	0.03	0.015～0.02	0.01
高速钢端铣刀	6	2～4	0.05	0.03～0.04	0.02

C.6 适合的刀具实例

以下描述仅供参考。每个国家不同的制造厂商提供适当的切削工具，选择这些工具进行实验，读者应能很容易得到这些参数。

只有现场的亲眼检查切削唇缘试验才可以得到值得信赖的结论。某种类型的刀具在某家实验室表现出色，也许在另一家没有那么好。以下仅仅是一部分实例。

C.6.1 高速钢钻头

直径：15 mm～20 mm；

莫氏锥度：No.2～3；

可用长度：60 mm～70 mm；

螺纹角：15°(或，低于该值，30°)；

点角度：140°(或低于该值，130°，但不能更低)；

后角(间隙角)：5°～7°；

后间隙角：约 15°；

前角(刀面角)：

钻头刃：3 倾角，后角、后间隙角和 web clearance 修磨后角。

修磨横刃允许有 1 mm～2 mm 的十字刀刃。

C.6.2 碳化物钻头

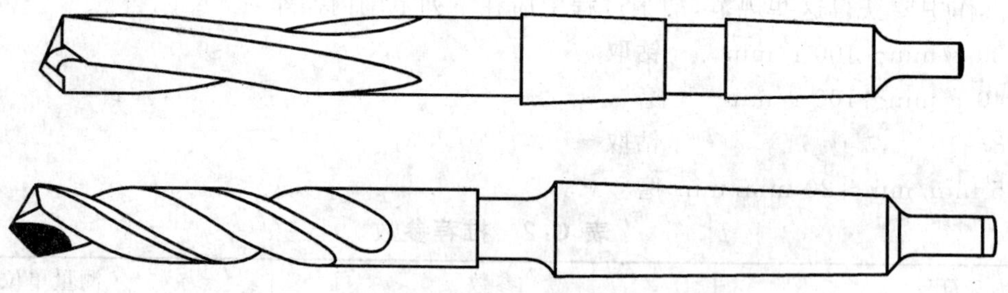

图 C.1 碳化物钻头

直径：大约 15 mm；

可用长度：约 35 mm；

莫氏锥度：No.2；

螺纹角：10°～15°(或，低于该值，30°)；

点角度：130°；

后角：2°～4°；

后间隙角：约 15°；

前角:正的(与螺纹角在同一个方向),可能是 2°～5°;

钻头刃:3 倾角,后角、后间隙角和修磨横刃。

在 C.6.1 中提到的修磨横刃应用在此。在这里,不要将十字刀刃减小到小于 1 mm 是非常重要的,否则,这点破碎的风险非常高。

这种钻头不能用于最硬的镍铁,当硬度增加,点破碎的风险越高。碳化物末端的 Steel land wear 非常重要,由于堵塞在孔洞里的碎屑产生摩擦力。

C.6.3 油孔钻头(见表 C.4 和图 C.2)

这些钻头用压缩空气代替机油。出于这种目的需要用一种特殊的连接环。

这种钻头不使用高钴和钼的钢制造。因此,它们不能用于非常高硬度的镍铁。

图 C.6 所示的碎屑接收器,应用于碎屑钻取技术。

表 C.4 油孔钻头的特点

	钻头直径	
	15 875 mm	19 050 mm
总长	241.3 mm	266.7 mm
钻取深度	123.825 mm	149.225 mm
螺旋角	34°	34°
点角	118°	118°
后角[a]	10°	10°
后间隙角[b](大概值)	10°	10°

a 在钻头的空白边和侧面的交叉处测量。

b 可以改变此角度以提高性能。

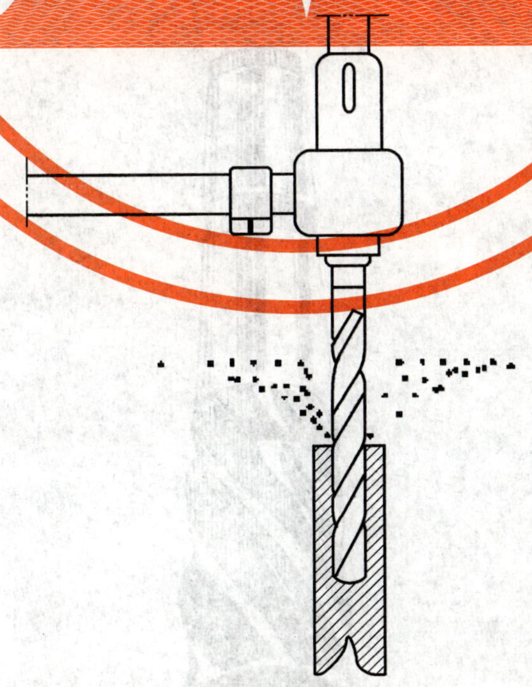

图 C.2 油孔钻

C.6.4 碎屑铣刀

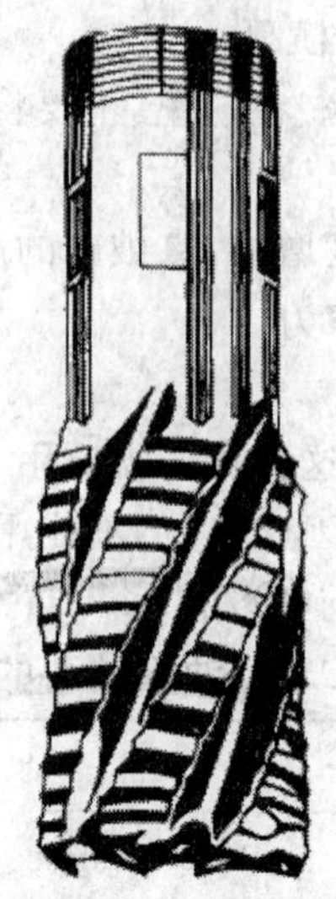

图 C.3 碎屑铣刀

直径:20 mm～30 mm;

齿(凹槽)数:4,5 或 6;

纵向剖面图:

每个凹槽边缘的长度:大致成型的切边,圆形切面;

可用长度:30 mm～45 mm;

后角:3°～4°;

前角:2°～5°;

底托:SA40 或 SA50 锥度的底座;

这种铣刀可用于圆柱体。

切削深度:0.5 mm～2 mm,依据材料的硬度。

C.6.5 端头铣刀

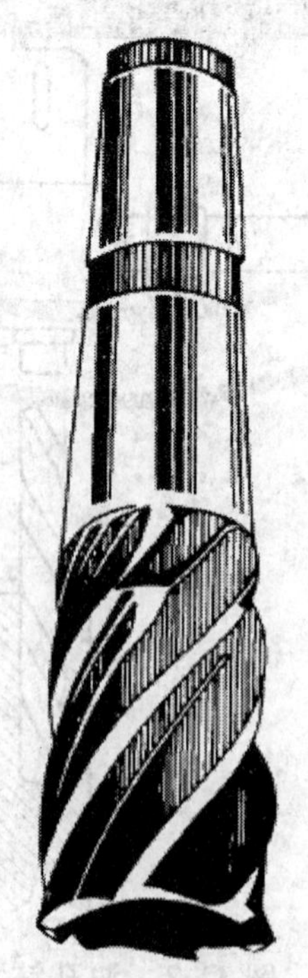

图 C.4 端头铣刀

直径:20 mm～50 mm;

莫氏锥度:No.3 或 No.4;

齿(凹槽)数:4,5 或 6;

可用长度:35 mm～75 mm;

后角:4°～6°;

前角:2°～5°。

这种铣刀更适用于圆柱体的端面。

C.6.6 模制铣刀头

图 C.5 模制铣刀头

直径:50 mm～80 mm;

齿(凹槽)数:6 或者 10;

可用长度:10 mm～15 mm;

后角:4°～6°;

前角:2°～5°;

底托:SA40 或 SA50 锥度的底座。

这种铣刀只用于端面和端头铣刀相同的情况下适用。

切削深度:0.5 mm～2 mm,依据材料的硬度。

在一些生产厂家的现场实验中,可以发现,这种刀具产生最小的磨损(或铣刀使用至报废最大可能的允许次数)。

注意:在用于镍铁加工时,碳化钨铣刀比钢制铣刀寿命短。

C.7 钻屑收集装置

如图 C.6 所示的装置可能用于收集试样,当使用压缩空气动力(见 C.6.3)时比较适用。这种装置的材料不能对试样产生污染。

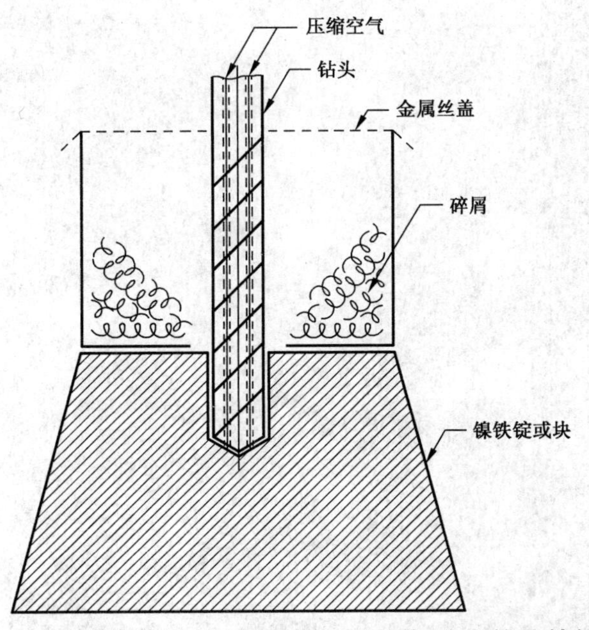

图 C.6 钻屑收集装置(适用于压缩空气动力的油钻钻头)

参 考 文 献

ISO 513:1975　切削加工用硬切削材料的用途——切屑形式大组和用途小组的分类代号

ISO 4957:1980　工具钢

ICS 77.140.50
H 46

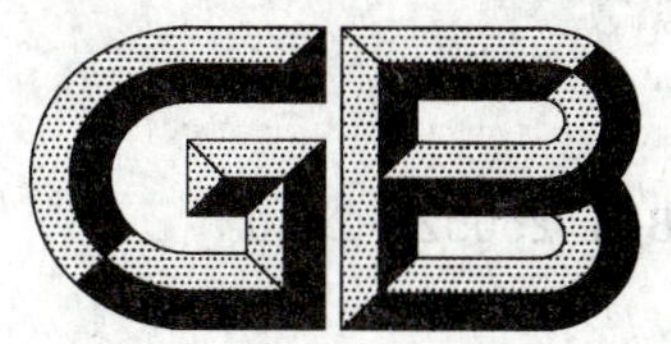

中华人民共和国国家标准

GB/T 25052—2010

连续热浸镀层钢板和钢带尺寸、外形、重量及允许偏差

Continuously hot-dip coated steel sheet and strip—Tolerances on dimensions, shape and weight

2010-09-02 发布 2011-06-01 实施

中华人民共和国国家质量监督检验检疫总局
中国国家标准化管理委员会 发布

前　言

本标准按照 GB/T 1.1—2009 给出的规则起草。

本标准由中国钢铁工业协会提出。

本标准由全国钢标准化技术委员会归口。

本标准起草单位：本溪钢铁(集团)有限责任公司、冶金工业信息标准研究院、鞍钢股份有限公司、首钢总公司。

本标准主要起草人：蒋光炜、张险峰、王晓虎、陈玥、王大勇、李志伟、赵亮。

连续热浸镀层钢板和钢带尺寸、外形、重量及允许偏差

1 范围

本标准规定了连续热镀层钢板和钢带的尺寸、外形、重量及允许偏差。

本标准适用于厚度不大于6.5 mm的连续热镀层宽钢带及其剪切钢板(以下简称钢板)、纵切钢带。

注:厚度指包括镀层在内的最终产品厚度。

2 规范性引用文件

下列文件对于本文件的应用是必不可少的。凡是注日期的引用文件,仅注日期的版本适用于本文件。凡是不注日期的引用文件,其最新版本(包括所有的修改单)适用于本文件。

GB/T 8170 数值修约规则与极限数值的表示和判定

3 分类和代号

3.1 钢板和钢带按尺寸精度分为:

普通厚度精度 PT.A

高级厚度精度 PT.B

普通宽度精度 PW.A

高级宽度精度 PW.B

普通长度精度 PL.A

高级长度精度 PL.B

3.2 钢板和钢带按不平度精度分为:

普通不平度精度 PF.A

高级不平度精度 PF.B

4 尺寸、外形及允许偏差

4.1 厚度允许偏差

4.1.1 对于规定的最小屈服强度小于260 MPa的钢板及钢带,其厚度允许偏差应符合表1的规定。

表1 单位为毫米

公称厚度	下列公称宽度时的厚度允许偏差[a]					
	普通精度 PT.A			高级精度 PT.B		
	≤1 200	>1 200~1 500	>1 500	≤1 200	>1 200~1 500	>1 500
0.20~0.40	±0.04	±0.05	±0.06	±0.030	±0.035	±0.040
>0.40~0.60	±0.04	±0.05	±0.06	±0.035	±0.040	±0.045

表 1（续）

单位为毫米

公称厚度	下列公称宽度时的厚度允许偏差[a]					
	普通精度 PT. A			高级精度 PT. B		
	≤1 200	>1 200～1 500	>1 500	≤1 200	>1 200～1 500	>1 500
>0.60～0.80	±0.05	±0.06	±0.07	±0.040	±0.045	±0.050
>0.80～1.00	±0.06	±0.07	±0.08	±0.045	±0.050	±0.060
>1.00～1.20	±0.07	±0.08	±0.09	±0.050	±0.060	±0.070
>1.20～1.60	±0.10	±0.11	±0.12	±0.060	±0.070	±0.080
>1.60～2.00	±0.12	±0.13	±0.14	±0.070	±0.080	±0.090
>2.00～2.50	±0.14	±0.15	±0.16	±0.090	±0.100	±0.110
>2.50～3.00	±0.17	±0.17	±0.18	±0.110	±0.120	±0.130
>3.00～5.00	±0.20	±0.20	±0.21	±0.15	±0.16	±0.17
>5.00～6.50	±0.22	±0.22	±0.23	±0.17	±0.18	±0.19

[a] 钢带焊缝附近 10 m 范围的厚度允许偏差可超过规定值的 50%。对双面镀层重量之和不小于 450 g/m² 的产品，其厚度允许偏差应增加±0.01 mm。

4.1.2 对于规定的最小屈服强度不小于 260 MPa，其厚度允许偏差应符合表 2 的规定。

表 2

单位为毫米

公称厚度	下列公称宽度时的厚度允许偏差[a]					
	普通精度 PT. A			高级精度 PT. B		
	≤1 200	>1 200～1 500	>1 500	≤1 200	>1 200～1 500	>1 500
0.20～0.40	±0.05	±0.06	±0.07	±0.035	±0.040	±0.045
>0.40～0.60	±0.05	±0.06	±0.07	±0.040	±0.045	±0.050
>0.60～0.80	±0.06	±0.07	±0.08	±0.045	±0.050	±0.060
>0.80～1.00	±0.07	±0.08	±0.09	±0.050	±0.060	±0.070
>1.00～1.20	±0.08	±0.09	±0.11	±0.060	±0.070	±0.080
>1.20～1.60	±0.11	±0.13	±0.14	±0.070	±0.080	±0.090
>1.60～2.00	±0.14	±0.15	±0.16	±0.080	±0.090	±0.110
>2.00～2.50	±0.16	±0.17	±0.18	±0.110	±0.120	±0.130
>2.50～3.00	±0.19	±0.20	±0.20	±0.130	±0.140	±0.150
>3.00～5.00	±0.22	±0.24	±0.25	±0.17	±0.18	±0.19
>5.00～6.50	±0.24	±0.25	±0.26	±0.19	±0.20	±0.21

[a] 钢带焊缝附近 10 m 范围的厚度允许偏差可超过规定值的 50%。对双面镀层重量之和不小于 450 g/m² 的产品，其厚度允许偏差应增加±0.01 mm。

4.1.3 对于规定的最小屈服强度不小于 360 MPa 且小于等于 420 MPa 的钢板及钢带，其厚度允许偏差应符合表 3 的规定。

表 3

单位为毫米

公称厚度	下列公称宽度时的厚度允许偏差[a]					
	普通精度 PT. A			高级精度 PT. B		
	≤1 200	>1 200～1 500	>1 500	≤1 200	>1 200～1 500	>1 500
0.35～0.40	±0.05	±0.06	±0.07	±0.040	±0.045	±0.050
>0.40～0.60	±0.06	±0.07	±0.08	±0.045	±0.050	±0.060
>0.60～0.80	±0.07	±0.08	±0.09	±0.050	±0.060	±0.070
>0.80～1.00	±0.08	±0.09	±0.11	±0.060	±0.070	±0.080
>1.00～1.20	±0.10	±0.11	±0.12	±0.070	±0.080	±0.090
>1.20～1.60	±0.13	±0.14	±0.16	±0.080	±0.090	±0.110
>1.60～2.00	±0.16	±0.17	±0.19	±0.090	±0.110	±0.120
>2.00～2.50	±0.18	±0.20	±0.21	±0.120	±0.130	±0.140
>2.50～3.00	±0.22	±0.22	±0.23	±0.140	±0.150	±0.160
>3.00～5.00	±0.22	±0.24	±0.25	±0.17	±0.18	±0.19
>5.00～6.50	±0.24	±0.25	±0.26	±0.19	±0.20	±0.21

[a] 钢带焊缝附近 10 m 范围的厚度允许偏差可超过规定值的 50%。对双面镀层重量之和不小于 450 g/m² 的产品，其厚度允许偏差应增加±0.01 mm。

4.1.4 对于规定的最小屈服强度大于 420 MPa 且小于等于 900 MPa 的钢板及钢带，其厚度允许偏差应符合表 4 的规定。

表 4

单位为毫米

公称厚度	下列公称宽度时的厚度允许偏差[a]					
	普通精度 PT. A			高级精度 PT. B		
	≤1 200	>1 200～1 500	>1 500	≤1 200	>1 200～1 500	>1 500
0.35～0.40	±0.06	±0.07	±0.08	±0.045	±0.050	±0.060
>0.40～0.60	±0.06	±0.08	±0.09	±0.050	±0.060	±0.070
>0.60～0.80	±0.07	±0.09	±0.11	±0.060	±0.070	±0.080
>0.80～1.00	±0.09	±0.11	±0.12	±0.070	±0.080	±0.090
>1.00～1.20	±0.11	±0.13	±0.14	±0.080	±0.090	±0.110
>1.20～1.60	±0.15	±0.16	±0.18	±0.090	±0.110	±0.120
>1.60～2.00	±0.18	±0.19	±0.21	±0.110	±0.120	±0.140
>2.00～2.50	±0.21	±0.22	±0.24	±0.140	±0.150	±0.170
>2.50～3.00	±0.24	±0.25	±0.26	±0.170	±0.180	±0.190
>3.00～5.00	±0.26	±0.27	±0.28	±0.23	±0.24	±0.26
>5.00～6.50	±0.28	±0.29	±0.30	±0.25	±0.26	±0.28

[a] 钢带焊缝附近 10 m 范围的厚度允许偏差可超过规定值的 50%，对双面镀层重量之和不小于 450 g/m² 的产品，其厚度允许偏差应增加±0.01 mm。

4.2 宽度允许偏差

4.2.1 对于宽度不小于 600 mm 的宽钢带，其宽度允许偏差应符合表 5 的规定。

表 5

单位为毫米

公称宽度	宽度允许偏差	
	普通精度 PW.A	高级精度 PW.B
600～1 200	+5 0	+2 0
>1 200～1 500	+6 0	+2 0
>1 500～1 800	+7 0	+3 0
>1 800	+8 0	+3 0

4.2.2 纵切钢带的宽度允许偏差应符合表 6 的规定。

表 6

单位为毫米

	公称厚度	宽度允许偏差			
		公称宽度			
		<125	125～<250	250～<400	400～<600
普通精度 PW.A	<0.6	+0.4 0	+0.5 0	+0.7 0	+1.0 0
	0.6～<1.0	+0.5 0	+0.6 0	+0.9 0	+1.2 0
	1.0～<2.0	+0.6 0	+0.8 0	+1.1 0	+1.4 0
	2.0～<3.0	+0.7 0	+1.0 0	+1.3 0	+1.6 0
	3.0～<5.0	+0.8 0	+1.1 0	+1.4 0	+1.7 0
	5.0～6.5	+0.9 0	+1.2 0	+1.5 0	+1.8 0
高级精度 PW.B	<0.6	+0.2 0	+0.2 0	+0.3 0	+0.5 0
	0.6～<1.0	+0.2 0	+0.3 0	+0.4 0	+0.6 0
	1.0～<2.0	+0.3 0	+0.4 0	+0.5 0	+0.7 0
	2.0～<3.0	+0.4 0	+0.5 0	+0.6 0	+0.8 0
	3.0～<5.0	+0.5 0	+0.6 0	+0.7 0	+0.9 0
	5.0～6.5	+0.6 0	+0.7 0	+0.8 0	+1.0 0

4.3 长度允许偏差

钢板的长度允许偏差应符合表7的规定。

表7

单位为毫米

公称长度	长度允许偏差	
	普通精度 PL.A	高级精度 PL.B
<2 000	$^{+6}_{0}$	$^{+3}_{0}$
≥2 000～8 000	+0.3%×公称长度 0	+0.15%×公称长度 0
>8 000	双方协议	

4.4 不平度

4.4.1 对于规定的最小屈服强度小于260 MPa的钢板的不平度允许偏差应符合表8的规定。

表8

单位为毫米

公称宽度	不平度，不大于							
	普通精度 PF.A				高级精度 PF.B			
	公称厚度							
	<0.7	0.7～<1.6	1.6～<3.0	3.0～6.5	<0.7	0.7～<1.6	1.6～<3.0	3.0～6.5
<1 200	10	8	8	15	5	4	3	8
1 200～<1 500	12	10	10	18	6	5	4	9
≥1 500	17	15	15	23	8	7	6	12

4.4.2 对于规定的最小屈服强度不小于260 MPa，且小于360 MPa的钢板的不平度允许偏差应符合表9的规定。

表9

单位为毫米

公称宽度	不平度，不大于							
	普通精度 PF.A				高级精度 PF.B			
	公称厚度							
	<0.7	0.7～<1.6	1.6～<3.0	3.0～6.5	<0.7	0.7～<1.6	1.6～<3.0	3.0～6.5
<1 200	13	10	10	18	8	6	5	9
1 200～<1 500	15	13	13	25	9	8	6	12
≥1 500	20	19	19	28	12	10	9	14

4.4.3 规定的最小屈服强度不小于360 MPa钢板的不平度需双方协议确定。

4.5 镰刀弯

钢板和钢带的镰刀弯在任意2 000 mm长度上应不大于5 mm；钢板的长度小于2 000 mm时，其镰刀弯应不大于钢板实际长度的0.25%。对于纵切钢带，当规定的屈服强度不大于280 MPa时，其镰刀弯在任意2 000 mm长度上不大于2 mm；当规定的屈服强度大于280 MPa时，其镰刀弯供需双方协商。

4.6 切斜

钢板应切成直角，切斜应不大于钢板宽度的1%。

5 重量

钢板按理论或实际重量交货，钢带按实际重量交货。

5.1 钢板理论重量交货时，理论计重采用公称尺寸。

5.2 理论计重时的重量计算方法

5.2.1 镀层公称厚度的计算方法

公称镀层厚度=[两面镀层公称重量之和(g/m²)/50(g/m²)]×r×10^{-3}(mm)

r为镀层材料的特征值，如锌、锌铁合金镀层的特征值为7.1，铝锌(55% Al)镀层的密度系数为13.3。

5.2.2 钢板理论计重时的重量计算方法按表10的规定。

表10

计算顺序		计 算 方 法	结果的修约
基板的基本重量/(kg/mm·m²)		7.85(厚度1 mm，面积1 m²的重量)	—
基板的单位重量/(kg/m²)		基板基本重量(kg/mm·m²)×(订货公称厚度－公称镀层厚度)(mm)	修约到有效数字4位
镀后的单位重量/(kg/m²)		基板单位重量(kg/m²)＋公称镀层重量(kg/m²)	修约到有效数字4位
钢板	钢板的面积/m²	宽度(mm)×长度(mm)×10^{-6}	修约到有效数字4位
	1块板重量/kg	镀锌后的单位重量(kg/m²)×面积(m²)	修约到有效数字3位
	单捆重量/kg	1块板重量(kg)×1捆中同规格钢板块数	修约到kg的整数值
	总重量/kg	各捆重量(kg)相加	kg的整数值

6 尺寸及外形的测量

6.1 厚度

在距离边部不小于40 mm处测量。

6.2 宽度

宽度应在垂直于钢板或钢板中心线的方位测量。

6.3 长度

长度沿平行于产品纵轴的方向测定。

6.4 不平度

钢板和一个平坦的水平面之间未接触的最大距离作为不平度偏差如图 1 所示。

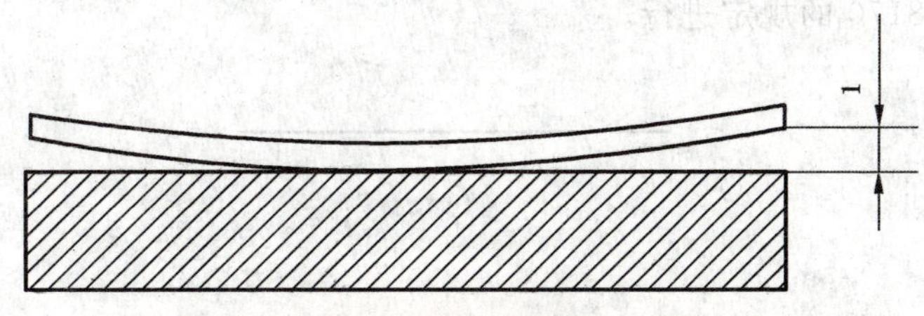

1——不平度。

图 1 不平度的测量

6.5 切斜

切斜为钢板的宽边向轧制方向边部的垂直投影长度，或者为钢板对角线之差的一半，如图 2 所示。

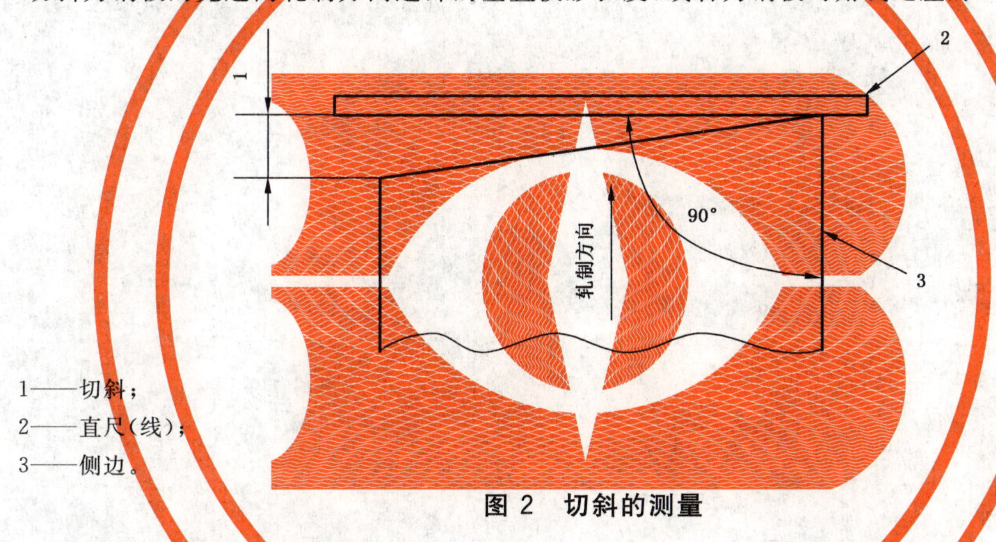

1——切斜；
2——直尺(线)；
3——侧边。

图 2 切斜的测量

6.6 镰刀弯

镰刀弯 q 是指一条纵边与一条直线之间的最大距离。镰刀弯应在凹形边上测量。测量长度为在任意位置取 2 m，对于钢板和窄带，长度小于 2 m 时，测量长度即为产品的长度，如图 3 所示。

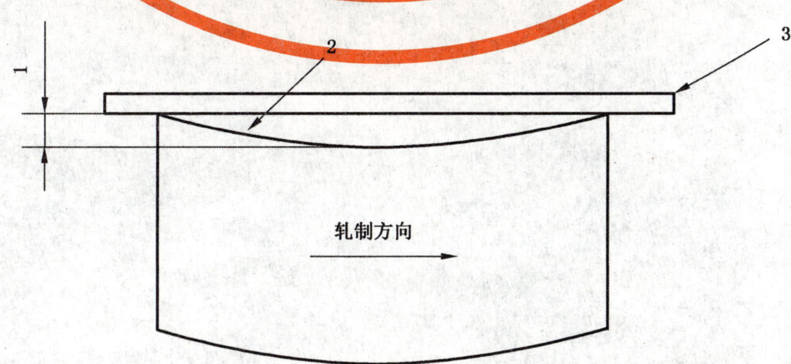

1——镰刀弯；
2——凹形侧边；
3——直尺(线)。

图 3 镰刀弯的测量

7 数值修约

数值修约按 GB/T 8170 的规定进行。

ICS 77.140.50
H 46

中华人民共和国国家标准

GB/T 25053—2010

热连轧低碳钢板及钢带

Continuously hot rolled low carbon steel sheet and strip

2010-09-02 发布 2011-06-01 实施

中华人民共和国国家质量监督检验检疫总局
中国国家标准化管理委员会 发布

前　言

本标准按照GB/T 1.1—2009给出的规则起草。

本标准由中国钢铁工业协会提出。

本标准由全国钢标准化技术委员会归口。

本标准起草单位：本溪钢铁(集团)有限责任公司、江苏沙钢集团有限公司、唐山钢铁集团有限责任公司、湖南华菱涟源钢铁有限公司、鞍钢股份有限公司、首钢总公司、冶金工业信息标准研究院。

本标准主要起草人：张险峰、蒋光炜、黄正玉、邓翠青、温德智、管吉春、师莉、王晓虎、宋涛、李晓波、孙晓玲、张正祥、韩革、郭万行。

热连轧低碳钢板及钢带

1 范围

本标准规定了热连轧低碳钢板及钢带的分类和代号、尺寸、外形、重量及允许偏差、技术要求、试验方法、检验规则、包装、标志及质量证明书。

本标准适用于冷成形用热连轧低碳钢板及钢带。

2 规范性引用文件

下列文件对于本文件的应用是必不可少的。凡是注日期的引用文件，仅注日期的版本适用于本文件。凡是不注日期的引用文件，其最新版本(包括所有的修改单)适用于本文件。

GB/T 222 钢的成品化学成分允许偏差

GB/T 223.3 钢铁及合金化学分析方法 二安替比林甲烷磷钼酸重量法测定磷量

GB/T 223.9 钢铁及合金 铝含量的测定 铬天青S分光光度法

GB/T 223.16 钢铁及合金化学分析方法 变色酸光度法测定钛量

GB/T 223.17 钢铁及合金化学分析方法 二安替比林甲烷光度法测定钛量

GB/T 223.40 钢铁及合金 铌含量的测定 氯磺酚S分光光度法

GB/T 223.58 钢铁及合金化学分析方法 亚砷酸钠-亚硝酸钠滴定法测定锰量

GB/T 223.59 钢铁及合金 磷含量的测定 铋磷钼蓝分光光度法和锑磷钼蓝分光光度法

GB/T 223.60 钢铁及合金化学分析方法 高氯酸脱水重量法测定硅含量

GB/T 223.61 钢铁及合金化学分析方法 磷钼酸铵容量法测定磷量

GB/T 223.62 钢铁及合金化学分析方法 乙酸丁酯萃取光度法测定磷量

GB/T 223.63 钢铁及合金化学分析方法 高碘酸钠(钾)光度法测定锰量

GB/T 223.64 钢铁及合金 锰含量的测定 火焰原子吸收光谱法

GB/T 223.67 钢铁及合金 硫含量的测定 次甲基蓝分光光度法

GB/T 223.68 钢铁及合金化学分析方法 管式炉内燃烧后碘酸钾滴定法测定硫含量

GB/T 223.69 钢铁及合金 碳含量的测定 管式炉内燃烧后气体容量法

GB/T 223.71 钢铁及合金化学分析方法 管式炉内燃烧后重量法测定碳含量

GB/T 223.72 钢铁及合金 硫含量的测定 重量法

GB/T 223.79 钢铁 多元素含量的测定 X-射线荧光光谱法(常规法)

GB/T 228 金属材料 室温拉伸试验方法

GB/T 232 金属材料 弯曲试验方法

GB/T 247 钢板和钢带包装、标志及质量证明书的一般规定

GB/T 709 热轧钢板和钢带的尺寸、外形、重量及允许偏差

GB/T 2975 钢及钢产品 力学性能试验取样位置及试样制备

GB/T 4336 碳素钢和中低合金钢 火花源原子发射光谱分析方法(常规法)

GB/T 8170 数值修约规则与极限数值的表示和判定

GB/T 17505 钢及钢产品交货一般技术要求

GB/T 20066 钢和铁 化学成分测定用试样的取样和制样方法

GB/T 20123 钢铁 总碳硫含量的测定 高频感应炉燃烧后红外吸收法(常规方法)

GB/T 20125　低合金钢　多元素含量的测定　电感耦合等离子体发射光谱法

GB/T 20126　非合金钢　低碳含量的测定　第2部分:感应炉(经预加热)内燃烧后红外吸收法

3　分类和代号

3.1　牌号命名方法

钢板及钢带的牌号由两部分组成,第一部分为“热轧”英文“Hot rolled”的首位字母“HR”,第二部分为数字序列号,代表压延级别。

3.2　钢板及钢带按压延级别分类如表1的规定。

表1

牌号	公称厚度/mm	压延级别
HR1	1.2～16.0	一般用
HR2	1.2～16.0	冲压用
HR3	1.2～11.0	深冲用
HR4	1.2～11.0	特深冲用

3.3　按表面状态分:

a)　热轧;

b)　酸洗。

4　订货所需信息

4.1　订货时需方应提供如下信息:

a)　产品名称(钢板或钢带);

b)　本标准编号;

c)　牌号;

d)　重量;

e)　规格及尺寸、不平度精度;

f)　边缘状态(EC或EM);

g)　表面状态;

h)　用途;

i)　特殊要求。

4.2　如订货合同中未注明尺寸精度、表面状态等信息,则按普通尺寸和不平度精度和热轧表面供货。按酸洗表面交货时,如未说明是否涂油,则以涂油交货。

5　尺寸、外形、重量及允许偏差

钢板和钢带的尺寸、外形、重量及允许偏差应符合GB/T 709的规定。

6　技术要求

6.1　牌号和化学成分

钢的化学成分(熔炼分析)应符合表2的规定。

表 2

牌 号	化学成分[b](质量分数)/%			
	C	Mn	P	S
HR1	≤0.15	≤0.60	≤0.035	≤0.035
HR2[a]	≤0.10	≤0.50	≤0.035	≤0.035
HR3[a]	≤0.10	≤0.50	≤0.030	≤0.030
HR4[a]	≤0.08	≤0.50	≤0.025	≤0.025

[a] 为特殊镇静钢。

[b] 钢中可添加微量合金元素 Ti、Nb、V、B 等，并在质量证明书中注明。

6.2 成品化学成分允许偏差

成品钢板和钢带化学成分的允许偏差应符合 GB/T 222 的相应规定。

6.3 冶炼方法

钢采用转炉或电炉冶炼。

6.4 交货状态

6.4.1 钢板和钢带以热轧状态交货。

6.4.2 酸洗钢板及钢带通常涂油供货，所涂油膜应能用碱水溶液去除，在通常的包装、运输、装卸和储存条件下，供方应保证自生产完成之日起 3 个月内不生锈。如需方要求不涂油供货，应在订货时协商。

注：对于需方要求的不涂油产品，供方不承担产品锈蚀的风险。订货时，需方被告知，在运输、装卸、储存和使用过程中，不涂油产品表面易产生轻微划伤。

6.5 力学性能及工艺性能

钢板和钢带的力学性能和工艺性能应符合表 3 的规定。弯曲试验后，试样弯曲处的外面和侧面不得有肉眼可见的裂纹、断裂或起层。

表 3

牌号	拉伸试验[a]							180°弯曲试验[b,c]	
	抗拉强度 R_m/MPa	断后伸长率 $A_{50\,mm}$/% ($L_0=50$ mm、$b=25$ mm)						d—弯心直径 a—试样厚度	
		厚度/mm						厚度/mm	
		1.2～<1.6	1.6～<2.0	2.0～<2.5	2.5～<3.2	3.2～<4.0	≥4.0	<3.2	≥3.2
HR1	270～440	≥27	≥29	≥29	≥29	≥31	≥31	$d=0$	$d=a$
HR2	270～420	≥30	≥32	≥33	≥35	≥37	≥39	—	—
HR3	270～400	≥31	≥33	≥35	≥37	≥39	≥41	—	—
HR4	270～380	≥37	≥38	≥39	≥39	≥40	≥42	—	—

[a,b] 拉伸、弯曲试验取纵向试样。

[c] 供方如能保证，可不进行弯曲试验。

6.6 表面质量

6.6.1 钢板和钢带表面不应有裂纹、气泡、折叠、夹杂、结疤和压入氧化铁皮，钢板不允许有分层。

6.6.2 钢板和钢带不允许有妨碍检查表面缺陷的薄层氧化铁皮或铁锈及凹凸度不大于钢板和钢带厚度公差之半的麻点、凹面、划痕及其他局部缺陷，且应保证钢板和钢带允许最小厚度。以酸洗表面交货的钢板和钢带的表面允许有不影响成型性的缺陷，如轻微划伤、轻微麻点、轻微压痕、轻微辊印和色差。

6.6.3 钢板表面局部缺陷允许清理，清理处应平滑无棱角，并应保证钢板允许最小厚度。

6.6.4 钢带在开卷过程中易产生横折印表面缺陷。作为冷成形原料使用时，用户应使用经过平整工艺处理后的钢带。

6.6.5 对于钢带，由于没有机会切除带缺陷的部分，所以允许带缺陷，但有缺陷的部分不得超过每卷总长度的8%。

7 试验方法

7.1 钢板和钢带的外观用肉眼检查。

7.2 钢板和钢带的尺寸、外形用合适的工具测量。

7.3 每批钢板和钢带的检验项目、取样数量、取样方法及试验方法应符合表4的规定。

表 4

序号	试验项目	取样数量	取样方法	试验方法
1	化学分析	1个/每炉	GB/T 20066	GB/T 223、GB/T 4336、GB/T 20123、GB/T 20125、GB/T 20126
2	拉伸试验	1个/批	GB/T 2975	GB/T 228
3	弯曲试验	1个/批	GB/T 2975	GB/T 232

8 检验规则

8.1 钢板和钢带的检查和验收由供方质量技术监督部门进行。

8.2 钢板和钢带应成批检查和验收。每批由同一炉号、同一牌号、同一厚度、同一轧制制度的钢板和钢带组成。

8.3 钢板及钢带的复验应符合GB/T 17505的规定。

9 包装、标志和质量证明书

钢板和钢带的包装、标志和质量证明书应符合GB/T 247的规定。

10 数值修约

数值修约按GB/T 8170的规定。

11 国内外牌号近似对照

本标准牌号与国内外标准牌号的近似对照参见附录A。

附 录 A
（资料性附录）
国内外牌号近似对照

A.1 本标准牌号与被替代标准及国内外标准的近似对照见表 A.1。

表 A.1

本标准	GB/T 710—2008 GB/T 711—2008	EN 10111—2008	JIS G 3131—2005	ISO 3573:2008
HR1	08	DD11	SPHC	HR1
HR2	08、08Al	DD12	SPHD	HR2
HR3	08Al	DD13	SPHE	HR3
HR4	—	DD14	SPHF	HR4

ICS 07.060;13.020
Z 06

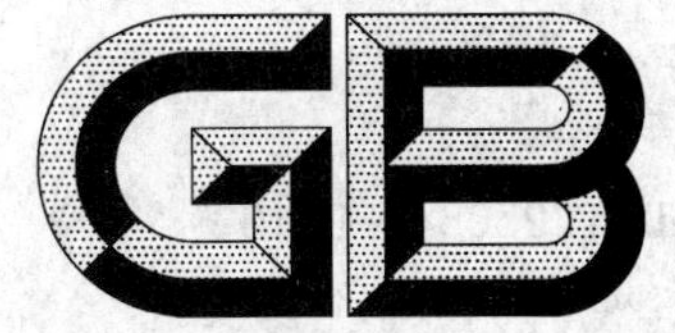

中华人民共和国国家标准

GB/T 25054—2010

海洋特别保护区选划论证技术导则

Technical directives for the designation of special marine protected area

2010-09-26 发布　　2011-02-01 实施

中华人民共和国国家质量监督检验检疫总局
中国国家标准化管理委员会　发布

前　言

本标准的附录B和附录C为规范性附录，附录A和附录D为资料性附录。

本标准由国家海洋局提出。

本标准由全国海洋标准化技术委员会(SAC/TC 283)归口。

本标准起草单位：国家海洋环境监测中心、国家海洋局海洋环境保护司。

本标准主要起草人：杨新梅、王斌、丛丕福、梁斌、马明辉、林新珍、姜文博、霍传林、韩庚辰。

海洋特别保护区选划论证技术导则

1 范围

本标准规定了海洋特别保护区选划论证工作的基本程序、内容、方法和技术要求。

本标准适用于我国管辖海域内海洋特别保护区选划论证技术工作。

2 规范性引用文件

下列文件中的条款通过本标准的引用而成为本标准的条款。凡是注日期的引用文件，其随后所有的修改单(不包括勘误的内容)或修订版均不适用于本标准，然而，鼓励根据本标准达成协议的各方研究是否可使用这些文件的最新版本。凡是不注日期的引用文件，其最新版本适用于本标准。

GB/T 12763.2 海洋调查规范 第2部分:海洋水文观测

GB/T 12763.8 海洋调查规范 第8部分:海洋地质地球物理调查

GB/T 17108 海洋功能区划技术导则

GB 17378.4 海洋监测规范 第4部分:海水分析

GB 17378.5 海洋监测规范 第5部分:沉积物分析

GB 17378.7 海洋监测规范 第7部分:近海污染生态调查和生物调查

HY/T 117 海洋特别保护区分类分级标准

HY/T 118 海洋特别保护区功能分区和总体规划编制技术导则

海岛海岸带卫星遥感调查技术规程 2005 海洋出版社

3 术语和定义

下列术语和定义适用于本标准。

3.1

海洋特别保护区 special marine protected area

具有特殊地理条件、生态系统、生物与非生物资源及满足海洋资源利用特殊要求，需要采取有效保护措施和科学利用方式予以特殊管理的区域。

3.2

海洋公园 marine park

海洋特别保护区的一种类型，是指为保护海洋生态系统、自然文化景观，发挥其生态旅游功能，在特殊海洋生态景观、历史文化遗迹、独特地质地貌景观及其周边海域划定的区域。

3.3

领海基点 territorial sea base point

用作计算领海、毗连区和专属经济区而划定的组成领海基线的各起始点。

3.4

旅游资源容量 tourism resources capacity

在保证旅游资源环境质量和生态环境不发生明显退化的条件下，一定时空范围内可容纳的最大游客量。

4 论证原则及选划重点

4.1 论证原则

4.1.1 科学公正、实事求是原则

从海洋生态环境保护与资源可持续利用的实际情况出发，按照自然和社会客观规律，科学评价保护对象或保护目标的价值，合理提出选划论证结论。

4.1.2 加强保护、兼顾开发原则

以生态保护为基点，从维持生态功能需求的角度出发，兼顾与保护目标保持一致的可持续开发利用活动，建立生态保护与可持续开发利用的协调关系。

4.1.3 突出重点、共同协商原则

根据保护目标的生态系统特点及其保护目的，有针对性地设置分析评价重点，征求相关管理部门及社区公众意见，通过协商，落实保护管理对策。

4.1.4 方法适用、便于管理原则

选择适用的分析与评价方法，科学确定海洋特别保护区建区的主导因素，合理把握区内外的相似性和差异性，从方便管理的角度出发，适度划定海洋特别保护区的空间范围。

4.2 选划重点

海洋特别保护区的选划重点包括以下几个方面：

——海洋生态系统敏感脆弱、具有重要生态服务功能的区域；

——生态脆弱易灭失的海岛；

——领海基点等涉及国家海洋权益或具有重要战略意义的区域；

——具有特定保护和生态旅游价值的海洋自然、历史、文化遗迹分布区域；

——海洋资源和生态环境亟待恢复、修复和整治后仍可发挥服务功能的区域；

——具有重要资源价值或对维护资源可持续开发利用具有重要意义的区域；

——具有潜在开发价值或对未来海洋产业发展具有预留意义的区域；

——其他需要予以特殊保护的区域。

5 选划论证工作程序

5.1 准备工作

5.1.1 组建选划技术队伍

根据选划技术工作的需要，由相应的专业技术人员组建海洋特别保护区选划技术队伍，并建立选划质量保障体系。

5.1.2 编制海洋特别保护区选划工作方案

内容包括海洋特别保护区选划的任务与分工、采用的有关标准和规定、组织形式、资料收集与补充调查内容、选划论证方法、成果要求、进度安排与经费预算等。

5.2 资料收集与补充调查

5.2.1 资料收集与补充调查的内容

根据海洋特别保护区选划工作需要，收集拟选划海域自然环境、自然资源及开发现状、海洋功能区划、海域使用现状、社会经济及相关规划等方面的资料，资料收集内容参见附录A。

5.2.2 资料时效

有关资料的时效尽可能满足下列要求：

——水质及生态环境资料有效期为3年；

——沉积物环境资料、水文动力环境历史资料和地形地貌与冲淤环境历史资料的有效期为10年；

——社会经济以选划论证工作前一年或最新的政府统计资料为主。

5.2.3 补充调查

当收集资料的内容缺失或超过有效期时，应对相应的内容进行补充调查。调查方法及技术要求按附录B的要求执行。

5.3 选划论证

5.3.1 资料分析与评价

在资料收集和补充调查的基础上，进行海区自然环境与资源状况分析、社会经济背景状况分析、生态环境现状评价、建区条件分析、海洋公园总体规划布局分析、海洋特别保护区管理基础保障分析、建区效益分析，明确保护对象、保护目标，确定海洋特别保护区类型。海洋特别保护区类型划分按照HY/T 117的有关要求执行。

5.3.2 保护区范围的确定

保护区范围的确定原则为：

——区域范围涵盖保护对象或保护目标，保持海洋、海岸或海岛生态系统的基本完整，利于生态功能的有效发挥；

——功能区划分满足HY/T 118的有关要求；

——面积适中，与周边其他海洋开发活动无明显的矛盾；

——便于保护区的日常监管及相关措施的落实。

5.4 报告编制及图件编绘

按照附录C的要求编制选划论证报告，同时编绘相应的图件。

5.5 专家评审

由负责审批海洋特别保护区的海洋行政主管部门邀请相关专家，组织召开选划论证报告的专家评审会，向专家征询对特别保护区选划论证报告的意见。

6 拟选划区域自然环境状况分析

6.1 自然环境

6.1.1 地理概况

主要内容包括：海洋特别保护区地理位置，所含陆域、海域及滩涂面积，岸线长度，海岛地理位置、形态、海拔高度、岛陆面积、岸线类型及长度、海岛中心点或制高点距大陆的最短距离等。

6.1.2 气象与气候

主要内容包括：气温、降水、风、雾、日照等因素。

6.1.3 地质地貌

主要内容包括：

——海岸及海岛地层、岩性、地质构造、地貌、第四纪地质基本情况；

——潮间带地貌类型、分布、物质组成及典型岸滩的冲淤动态分析等；

——海底地貌、沉积物类型分布等。

6.1.4 海洋水文

主要内容包括：

——入海河流径流量、输沙量等；

——海域水温、盐度、潮汐、海流、波浪及海冰等。

6.2 主要灾害

主要内容包括：

——台风、风暴潮、灾害性海浪、海冰、赤潮、外来物种侵害、溢油、滑坡与泥石流、海岸侵蚀、海水倒灌等灾害发生时间、频率、影响范围、损失程度；

——灾害对特别保护区生态保护、资源可持续开发利用、国家海洋权益维护等方面的制约及其所产生的压力。

6.3 生态环境现状评价

6.3.1 污染源评价

主要评价拟选划区域或毗邻区域主要污染源类型、分布、排放污染物种类、入海数量，分析主要污染物入海途径。

6.3.2 海域环境质量现状与评价

主要内容包括：

——海水溶解氧、化学耗氧量、活性磷酸盐、无机氮（亚硝酸盐氮、硝酸盐氮及氨氮）、油类、重金属等要素含量的评价；

——沉积物 pH、有机碳、硫化物、油类、重金属等要素含量评价。

海域环境质量评价要求按照 GB/T 17108 的有关规定执行。

6.3.3 生物生态条件评价

主要内容包括：

——海岸及岛陆植被类型、面积、覆盖率和物种种类组成，主要野生动物物种数量及珍稀、濒危物种数量与分布，特殊生态景观；

——海洋生物物种组成、分布、生物量、密度，物种多样性、珍稀濒危物种数量与分布等；

——典型海洋生态系统类型、分布及其变化趋势等。

7 社会经济背景状况分析

7.1 人口

主要内容包括：

——所在县（市、区）域、乡（镇、街道）人口总数、从事海洋产业的劳动力人数、各海洋产业劳动力分布情况等；

——海岛常驻人口与季节性居住人口数量、非常驻人口在岛上居住时间、临时上岛居住的目的等；

——特别保护区内人口数量、从事海洋产业的劳动力人数、各海洋产业劳动力分布情况等。

7.2 社会经济发展状况

主要内容包括：

——所在县（市、区）域、乡（镇、街道）经济总量、经济增长情况等；

——所在县（市、区）域、乡（镇、街道）海洋产业类型、分布、规模、产量、产值及其增长情况等。

7.3 主要基础设施建设

主要内容包括：拟选划区内现有各类用房、道路交通、供电和给排水工程、卫生设施、广播电视和通信通讯以及重要仪器设备等基础设施建设规模、能力及运行状况等。

8 自然资源及开发利用状况分析

8.1 港口航运资源

主要内容包括：

——港口位置、码头岸线长度、泊位、水深条件、底质类型、避风条件、锚泊条件、吞吐量等；

——港址位置、岸线类型、水深条件、底质类型、避风条件等；

——航道或航线水深条件、底质类型、航行标志等；

——港口航运资源可持续利用中存在的问题。

8.2 生物资源

主要内容包括：

——岛屿或海岸带生物资源种类、分布、数量，开发利用情况等；

——海域海洋捕捞种类及产量；
——主要经济鱼、虾、贝、藻等资源量、分布、可捕量、渔汛等；
——禁渔区位置、范围、面积、禁渔期、禁渔类别、禁渔效果等；
——增养殖品种、范围、面积、方式、产量等；
——生物资源可持续开发利用中存在的问题。

8.3 旅游资源

主要内容包括：
——自然景观类型、名称、分布、特征、价值、保护与开发利用情况等；
——人文景观或遗迹类型、名称、分布、历史年代、历史意义、保护与开发利用情况等；
——海水浴场岸线长度、沙滩宽度、每年可浴时间、浴期水温及浪流特征、生物致害及开发利用情况等；
——其他旅游资源类型、名称、分布、资源特征、开发利用情况等；
——旅游资源可持续开发利用中存在的问题。

8.4 矿产资源

主要内容包括：
——陆域矿产资源种类、分布、储量、开发利用情况等；
——海域矿产资源种类、分布、储量、开发利用情况等；
——矿产资源可持续开发利用中存在的问题。

8.5 海洋能及风能资源

主要内容包括：
——海洋能(波浪能、潮汐能、海流能及温差能)资源类型、位置、资源量、开发利用情况等；
——风能位置、蕴藏量、能量利用率、开发利用情况等；
——海洋能及风能资源可持续开发利用中存在的问题。

8.6 其他资源

主要内容包括：资源类型、分布、资源量、开发利用情况及存在问题等。

8.7 海洋功能区划及海域使用现状

主要内容包括：
——海洋功能区类型、分布及生态环境管理目标；
——海域使用类型、面积及确权情况等。

9 建区条件分析

9.1 自然环境与资源特殊条件

9.1.1 地理条件

主要内容包括：
——海岛或海域所处地理位置对维护国家海洋权益的作用；
——海岛或海域所处地理位置的战略地位或潜在的国防意义；
——海岛或海域所处地理位置的其他意义。

9.1.2 生态系统重要性

主要内容包括：
——对维护周围海域生态功能的作用；
——对维持生物多样性的重要作用；
——是否为珍稀、濒危生物物种的栖息地、迁徙地；
——海域是否为产卵场、索饵场、越冬场或洄游通道等重要渔业水域；

——经生态恢复、修复或整治后生态服务功能仍可得以发挥的区域。

9.1.3 生物与非生物资源条件

主要内容包括：

——特殊生物资源价值；

——科学、文化价值；

——环境动力价值。

9.1.4 生态旅游条件

主要内容包括：

——观赏性、奇特性、原生性、珍贵性及多样性等方面的特征；

——科学考察、科普教育及文化等科学与文化价值；

——舒适性、参与性、康体性及休闲性等休闲娱乐价值。

9.1.5 特殊海洋开发利用条件

主要内容包括：

——资源可持续开发利用潜力及价值；

——对维护周围海域资源可持续利用的作用；

——对未来海洋产业发展的潜在价值。

9.1.6 海岛本身保护价值

主要内容包括：海岛等自然客体本身易灭失性及其保护价值分析。

9.1.7 其他价值

分析海区其他潜在价值，评估其保护后的可持续开发利用前景。

9.2 社会经济条件

9.2.1 社会经济发展规划等对海洋特别保护区建设指导作用

明确社会经济发展规划、海洋环境保护规划等对海洋特别保护区建设与管理指导作用，分析海洋特别保护区的建立与社会经济发展规划、海洋环境保护规划等相关规划目标、保护行动及措施的协调性。

9.2.2 社会经济条件对海洋特别保护区建设与管理的支撑

分析社会经济条件给海洋特别保护区建设与管理奠定的支撑条件与有利因素等。

9.2.3 经济发展需求与压力分析

主要内容包括：

——社会经济可持续发展对海洋生态环境的需求；

——海洋产业可持续发展对海洋资源的需求；

——社会经济及海洋产业飞速发展给海洋生态保护产生的压力。

9.3 公众参与

了解公众对海洋特别保护区关心、重视和支持程度，评估海洋特别保护区建立的公众基础。公众参与调查内容参见附录D。

9.4 现有相关保护与管理工作基础

主要内容包括：当地政府或相关管理部门制定的有关管理政策或已采取的对策、已有的相关管理设施等。

10 海洋公园旅游资源容量分析

10.1 生态旅游区域布局

按照海洋特别保护区功能区的管理要求，充分考虑海洋公园生态保护要求及旅游资源特点，合理发挥生态旅游功能优势，适度安排旅游活动区域。

10.2 旅游资源容量评估原则

10.2.1 资源可持续利用原则

在保证旅游资源质量不下降和生态环境不退化的前提下，旅游资源容量的评估结果利于实现资源的可持续利用。

10.2.2 舒适安全原则

旅游资源容量应充分满足旅游活动所必需的舒适、安全、快乐、卫生、便利等旅游需要。

10.2.3 规模有限原则

游客规模应控制在适度的范围内，使旅游资源利用强度、对环境和当地社区干扰程度等保持在较低水平，以取得游览、科学考察、科普教育、休闲度假等方面的最佳效果。

10.3 日旅游资源容量测算方法

日旅游资源容量的测算采用面积法，即：

$$C=\frac{A}{A_0}\times\frac{T}{T_0} \qquad \cdots\cdots(1)$$

式中：

C——日旅游资源容量，单位为人；

A——旅游活动区域面积，单位为平方米（m^2）；

A_0——每位游人应拥有的合理面积，单位为平方米（m^2）；在实际测算中，应按照旅游资源类型特征及其生态保护目标，根据海洋公园实际情况合理确定每位游人应拥有的合理面积；

T——旅游活动区域全天开放的时间，单位为小时（h）；

T_0——游人在旅游活动区域内停留的平均时间，单位为小时（h）；应按照旅游资源类型合理确定游人在旅游活动区域内停留的平均时间。

10.4 游客规模控制

针对旅游季节的特点，根据海洋公园日旅游资源容量的测算结果，合理提出不同旅游活动区域及不同期游客规模控制目标，明确控制措施。

11 海洋特别保护区管理基础保障分析

11.1 管理机构

根据海洋特别保护区级别及管理特点，分析管理任务需求，提出管理机构设置及其内部组成的方案。

11.2 管理职责与制度

依据国家及地方有关法律法规、政策的规定，分析管理机构应承担的责任，提出管理机构职责划分方案与管理制度。

11.3 人员编制

根据海洋特别保护区管理范围及主要工作内容，分析所需管理人员数量、专业配置等，提出管理机构人员组成方案。

11.4 基础设施与仪器设备

根据海洋特别保护区管理任务类型、性质及工作量等，分析所需基础设施与仪器设备类型、内容、数量，提出基础设施与仪器设备配置方案。

11.5 投资概算

参照有关标准或市场价格，分析海洋特别保护区管理所需的投资额度与资金来源等，提出投资方案。对于拟建的海洋公园，还应分析自力能力情况，包括：自力手段，每年总收入、总支出和纯收入等概算。

11.6 社区共建共管措施

分析社区内单位或人员组成结构、各方利益关系及共建共管运行机制，评估各方责任、权力与利益，提出社区共建共管措施。

12 建区综合效益分析

12.1 生态环境效益

分析海洋特别保护区建成后，对海洋生物多样性的保护，以及对保护、保全珍稀物种及其生态环境，保护海岸带、海岛地貌和岛礁生态方面可能产生的明显的生态效益。

12.2 资源效益

分析海洋特别保护区建成后，在实施生态保护的前提下，海洋资源得到合理开发利用，最大限度地发挥当地的海洋资源而获取的经济效益。

12.3 社会效益

分析海洋特别保护区建成后，对保护区内产业结构的调整和居民生活的改善，及对于维护社会稳定、促进当地经济持续发展、建设和谐社会而产生的社会效益。

12.4 经济效益

分析海洋特别保护区建成后，对改善区域的社会经济面貌，促进相关产业的发展，扩大居民就业领域，增加收入等方面产生的经济效益。

13 成果要求

13.1 论证报告

13.1.1 报告主体结构

报告由封面、技术承担单位及人员相关信息、目录、报告正文、参考资料及附件等部分组成。

13.1.2 编制基本要求

论证报告编制基本要求如下：

——报告的编制应依据国家现行法律、法规、规范、标准，总体内容符合附录C的要求。内容全面客观，重点突出；

——数据可靠，资料翔实，选用的计算方法科学合理，计算结果准确；

——计量单位采用法定计量单位；

——观点鲜明，结论客观公正，建议切实可行；

——文字简洁通顺，条理清楚，前后对应，图表清晰无误。

13.2 图件

选划论证图件主要包括地理位置图、海洋特别保护区功能分区图等图件。图件要求如下：

——基础地理要素，包括海岸线、岛屿、海湾、行政区、主要居民点、主要入海河流、等深线等海域基础地理数据及相应的文字注记；

——专题要素，专题要素应包括特别保护区边界线、功能区名称及类型，海洋功能区类型、位置、分布等，主要资源类型、位置、分布等信息；

——必要的整饰内容，包括图名、图廓、图例、比例尺、投影、制作时间等。

附 录 A
（资料性附录）
资料收集内容

A.1 自然环境资料

主要内容包括：

a) 地质地貌：主要包括地形、地貌、地质、沉积物等；

b) 气候和陆地水文：主要包括气温、风、湿度、日照、降水、雾、蒸发量等气候要素，主要入海河流径流量、输沙量等；

c) 海洋水文：主要包括水温、盐度、潮汐、潮流、波浪、海流等；

d) 海水化学：pH 值及溶解氧、COD_{Mn}、活性磷酸盐、无机氮（硝酸盐、亚硝酸盐和氨氮等）、油类和重金属含量等；

e) 海洋生物：初级生产力、海洋微生物、浮游生物、底栖生物、潮间带生物和游泳生物等；

f) 海洋环境质量：主要污染源、污染物入海途径、污水和污染物入海量、主要污染物在海洋中的含量和分布、区域环境质量等；

g) 自然灾害：地震、热带气旋、风暴潮、风暴风浪、海冰、寒潮、霜冻、冰雹、海雾、赤潮、海水倒灌、海岸侵蚀、滑塌等。

A.2 资源和开发利用资料

主要内容包括：

a) 港口、航道和锚地：主要包括位置、面积、水深、水文、底质条件、避风条件、水下障碍、冲淤状况；泊位、占用岸线长度、吞吐能力、营运状况、拟建和扩建计划及相关资料等；

b) 旅游：范围、面积、自然景观和人文景观（包括质和量）、体育运动和娱乐价值、旅游设施、知名度、旅游区等级、基础设施、客源、容纳人数、土特产、接待人数、产值和外汇收入；

c) 林木和植被：范围、面积、种类分布、林木蓄积量、林业产量和产值、繁衍、保护措施及效果、破坏情况等；

d) 油气资源及开发：地理位置、范围、面积、资源量、油气构造、地层和岩性、油气层厚度、原油性质、生产量、产值、开采年限、后方基地情况等；

e) 固体矿产及开发：地理位置、范围、面积、品位、矿层厚度、储量、地层和岩性、水深、埋深、生产量、产值、开采年限、开发限制条件、后方基地情况等；

f) 海水养殖：位置、范围、面积、养殖品种和方式、饵料情况、产量和产值等；

g) 海水增养殖：位置、范围、面积、资源类型和资源量、资源演化趋势、资源破坏情况、增殖保护措施和效果等；

h) 海洋捕捞：初级生产力、生物种类和生物量、资源种类和资源量、资源分布和渔场、渔汛、产量和产值等；

i) 禁渔：位置、范围、面积、禁渔期限、禁渔效果等；

j) 盐业：滩面坡度、底质类型和质量情况、降水量、蒸发量、海水盐度、日照、风况；盐田位置、范围和面积；产量、产值、成盐等级等；

k) 地下卤水资源和开发：地理位置、范围、面积、储量、卤水浓度、埋藏深度、产量、产值、开采限制条件等；

l) 海洋能资源和开发：地理位置、范围、面积、海洋能的分布和储量、开发利用条件、开发利用现状等；

m） 风能资源和开发：地理位置、范围、面积、能源蕴藏量、能量、能量利用律、效益、开采限制条件等；

n） 地下水资源和现状：地理位置、范围、面积、储量、水质状况、开采现状、地下水位下降情况、地面沉降、海水倒灌情况、禁采或限采层位和限采量及效果等。

A.3 灾害资料

主要内容包括：

a） 台风：发生的时间、频度、影响范围、造成的损害等；

b） 风暴潮：侵袭的海岸长度和纵深、灾害频度、造成的损害等；

c） 灾害性海浪：发生的时间、频度、影响范围、造成的损害等；

d） 海冰：成灾年份、影响范围、造成的损害等；

e） 赤潮：成灾年份、持续时间、赤潮藻种类及其毒性、影响范围、造成的损害等；

f） 外来物种侵害：外来物种侵害名称、影响范围、造成的损害等；

g） 溢油：发生时间、影响范围、造成的损害、处理措施等；

h） 海岸侵蚀：侵蚀海岸位置和长度、向陆推进距离和速度、侵蚀原因、造成的损害等。

A.4 社会经济背景资料

主要内容包括：

a） 县、乡、村、岛各级行政区划单元人口及从事海洋产业的劳动力人数等；

b） 县、乡、村、岛各级行政区划单元国民生产总产值及其增长情况；

c） 县、乡、村、岛各级行政区划单元主要海洋产业名称、分布、规模、产量、产值及其增长情况等；

d） 县、乡、村、岛各级行政区划单元内主要基础设施情况等。

A.5 有关区划与规划资料

主要内容包括：

a） 县、乡社会经济发展规划；

b） 海洋环境保护规划；

c） 海岛保护规划；

d） 海洋经济发展规划；

e） 海域使用规划；

f） 相关海洋产业开发规划；

g） 海洋功能区划文本、登记表、报告及图件。

A.6 其他有关资料

主要内容包括：

a） 毗邻区域自然保护区建设情况：主要包括自然保护区位置、范围、面积、级别、核心区和缓冲区、主要保护对象和目标、级别、主管部门及建区时间等；

b） 毗邻区域海洋特别保护区建设情况：主要包括海洋特别保护区位置、范围、面积、级别、主要保护对象和保护目标、级别及建区时间等；

c） 毗邻区域其他保护区（地质公园、森林公园、湿地公园、风景名胜区等）建设情况：主要包括位置、范围、面积、级别、主要保护对象和保护目标、管理机构、级别及建区时间等。

附　录　B
（规范性附录）
补充调查方法及技术要求

B.1　地质地貌

第四纪地质（成因类型、岩性、分布、时代等）、地貌类型、形态及分布、海岛岸滩动力地貌主要查明岸滩现代过程、物质来源及成分、分带性、微地貌等项内容的补充调查按照 GB/T 12763.8 的有关要求执行。

B.2　海洋水文

盐度、水色、透明度、水温等相关要素的补充调查按照 GB/T 12763.2 的要求执行。

B.3　海洋生态环境质量

海水质量补充调查按照 GB 17378.4 的有关要求执行。

沉积物质量补充调查按照 GB 17378.5 的有关要求执行。

海洋生物补充调查按照 GB 17378.7 的有关要求执行。

B.4　海岸线及海岛位置

海岸线、海岛位置、面积等的补充调查可采用现场勘测、图面量算或遥感等方法，遥感调查按照《海岛海岸带卫星遥感调查技术规程》的有关要求执行。

附 录 C
（规范性附录）
海洋特别保护区选划论证报告编制大纲

海洋特别保护区选划论证报告编制大纲见表 C.1 和 C.2。

表 C.1 海洋特别保护区(除海洋公园外)选划论证报告编制大纲

前言 阐明海洋特别保护区建区的目的、意义及必要性，简要介绍拟建海洋特别保护区概况及选划论证工作的实施情况等。 一、建区依据、指导思想及其原则 1. 建区依据 (1) 国家与地方相关法律法规依据 (2) 相关规划(社会经济发展规划、海洋环境保护规划、海洋经济发展规划、海域使用规划、其他有关规划) (3) 海洋功能区划 2. 指导思想 3. 原则 二、自然环境状况 1. 地理概况 主要包括地理位置、海岸线长度、海域及滩涂面积、岛屿数量及其基本情况等。 2. 气象与气候 3. 地质地貌 4. 海洋水文 5. 主要灾害 6. 生态环境现状与评价 (1) 污染源 主要包括污染源类型、分布及其排放的主要污染物数量等。 (2) 海域环境质量现状与评价 主要包括海水、沉积物质量等要素现状与评价。 (3) 生物生态环境现状及评价 1) 海岸及岛陆生物生态 2) 海洋生物生态 3) 典型海洋生态系统状况评价 三、社会经济背景状况 1. 人口 2. 经济发展状况 3. 主要基础设施建设情况 四、资源开发利用状况及存在问题 1. 资源开发利用状况 资源类型、分布、数量、开发利用历史及现状等。 (1) 港口航运资源 (2) 生物资源 (3) 旅游资源 (4) 矿产资源 (5) 海洋能及风能资源 (6) 其他资源

表 C.1（续）

2. 海域使用现状 3. 资源开发利用存在问题 五、建区条件 1. 自然环境与资源条件 (1) 地理条件特殊性 (2) 生态系统特殊性 (3) 生物与非生物资源特殊性 (4) 海洋开发利用特殊性 2. 社会经济条件 3. 公众参与 4. 现有相关保护与管理工作基础 5. 拟建保护区类型与级别 六、海洋特别保护区功能分区 1. 功能分区 区划类型、分布范围、面积、资源环境特征等。 2. 各功能区生态环境保护目标 3. 各功能区保护与开发活动安排 七、海洋特别保护区管理基础保障 1. 管理机构设置 2. 管理机构职责 3. 管理制度 4. 人员编制 5. 基础设施与仪器设备 6. 投资概算 投资额度与计划安排、资金来源等。 7. 社区共建共管措施 八、建区综合效益分析 1. 生态环境效益 2. 资源效益 3. 社会效益 4. 经济效益 九、结论与建议 附件:1. 拟建海洋特别保护区位置图 2. 拟建海洋特别保护区功能分区图

表 C.2　海洋公园选划论证报告编制大纲

前言 阐明海洋公园建立的目的、意义及必要性，简要介绍拟建海洋公园概况及选划论证工作的实施情况等。 一、建园依据、指导思想及其原则 1. 建园依据 (1) 国家与地方相关法律法规依据 (2) 相关规划(社会经济发展规划、海洋环境保护规划、海洋经济发展规划、海域使用规划、其他有关规划) (3) 海洋功能区划 2. 指导思想 3. 原则

表 C.2（续）

二、自然环境状况
1. 地理概况
　　主要包括地理位置、海岸线长度、海域及滩涂面积、岛屿数量及其基本情况等。
2. 气象与气候
3. 地质地貌
4. 海洋水文
5. 主要灾害
6. 生态环境现状与评价
(1) 污染源
　　主要包括污染源类型、分布及其排放的主要污染物数量等。
(2) 海域环境质量现状与评价
　　主要包括海水、沉积物质量等要素现状与评价。
(3) 生物生态环境现状及评价
1) 海岸及岛陆生物生态
2) 海洋生物生态
3) 典型海洋生态系统状况评价
三、社会经济背景状况
1. 人口
2. 经济发展状况
3. 主要基础设施建设情况
四、资源开发利用状况及存在问题
1. 资源开发利用状况
　　资源类型、分布、数量、开发利用历史及现状等。
(1) 旅游资源
(2) 生物资源
(3) 港口航运资源
(4) 矿产资源
(5) 海洋能及风能资源
(6) 其他资源
2. 海域使用现状
3. 资源开发利用存在问题
五、海洋公园建立条件
1. 自然环境与资源条件
(1) 地理条件特殊性
(2) 生态系统特殊性
(3) 生物与非生物资源特殊性
(4) 生态旅游条件
2. 社会经济条件
3. 公众参与
4. 现有相关保护与管理工作基础
5. 拟建海洋公园级别
六、海洋公园功能分区
1. 功能分区
　　区划类型、分布范围、面积、资源环境特征等。
2. 各功能区生态环境保护目标

表 C.2（续）

3. 各功能区保护与开发活动安排 七、海洋公园旅游资源容量分析 1. 生态旅游区域布局 2. 旅游资源容量评估 3. 游客规模控制目标 八、海洋公园管理基础保障 1. 管理机构设置 2. 管理机构职责 3. 管理制度 4. 人员编制 5. 基础设施与仪器设备 6. 投资概算 投资额度与计划安排、资金来源等。 7. 社区共建共管措施 九、建区综合效益分析 1. 生态环境效益 2. 资源效益 3. 社会效益 4. 经济效益 十、结论与建议 附件：1. 拟建海洋公园位置图 2. 拟建海洋公园功能分区图 3. 海洋公园旅游资源分布图 4. 拟建的海洋公园旅游活动区域布局图

附 录 D
（资料性附录）
公众参与调查内容与要求

D.1 调查对象

涉及海区管理的行政部门、资源开发利用的企事业单位、居民和其他年满18周岁具独立思考判断能力的个人等均可作为公众调查对象，如果海岛有人居住，则海岛居民参与调查的人数不低于调查总人数的30％。

D.2 调查内容

公众调查内容主要包括：

- 对海洋特别保护区建设的总体看法和态度；
- 对海洋特别保护区的总体了解程度；
- 对当地社会经济发展现状的看法；
- 保护区建设是否有利于推动社会经济的发展；
- 保护区建设是否有利于提高居民的生活质量；
- 保护区建设对旅游业的发展是否有利；
- 保护区建设是否有利于改善海洋环境；
- 保护区建设是否有利于提高海区及所在(市、区)县域的知名度；
- 保护区建设对本地区渔业生产的影响；
- 认为拟选海区目前最需要做的是什么；
- 认为拟选海区今后应采用什么发展方式；
- 是否同意海洋特别保护区的功能区划分。

公众参与调查表参见表D.1。

表 D.1 公众参与情况调查表

<table>
<tr><td>

一、被调查者情况

姓名　　　　性别　　　　职业　　　　年龄　　　　文化程度

工作单位　　　　住址　　　　电话

</td></tr>
<tr><td>

二、拟建海洋特别保护区情况简介

</td></tr>
<tr><td>

三、公众对海洋特别保护区选划的了解程度及态度

1 您对海洋特别保护区的总体了解程度？　比较了解（　）　不了解（　）　比较了解（　）

2 您认为当地社会经济发展现状如何　好（ ）　一般（　）　较差（　）

3 您认为当地的海岛、海域环境状况如何　好（ ）　一般（　）　较差（　）

4 您认为拟选海区目前最需要做的是什么？

资源、环境保护（　）　资源开发（　）　基础设施建设（　）　说不清楚（　）

5 海洋特别保护区建设是否有利于推动拟选海区及所在（市、区）县域社会经济的发展？

有利（　）　不利（　）　作用不大（　）　说不清楚（　）

6 海洋特别保护区建设是否有利于提高海区居民的生活质量？

有利（　）　不利（　）　作用不大（　）　说不清楚（　）

7 海洋特别保护区建设对海区旅游业的发展是否有利？

有利（　）　不利（　）　作用不大（　）　说不清楚（　）

8 海洋特别保护区建设对本地区渔业生产的影响？

影响较大（　）　影响不大（　）　采取措施后可以接受（　）　不清楚（　）

9 海洋特别保护区建设是否有利于改善海洋环境？

有利（　）　不利（　）　作用不大（　）　说不清楚（　）

10 您认为海洋特别保护区建设是否有利于提高拟选海区及所在（市、区）县域的知名度？

有利（　）　不利（　）　作用不大（　）　说不清楚（　）

11 您认为拟选海区今后应采用什么发展方式？

更多保护（　）　更多开发（　）　保护与开发并重（　）　说不清楚（　）

12 您是否同意将海洋特别保护区功能区的划分？

同意（　）　基本同意（　）　不同意（　）　无所谓（　）

13 您对海洋特别保护区建设的总体看法和态度？

支持（　）　反对（　）　无所谓（　）

如反对，请您写出反对该特别保护区建设的原因。

</td></tr>
</table>

ICS 35.040
L 80

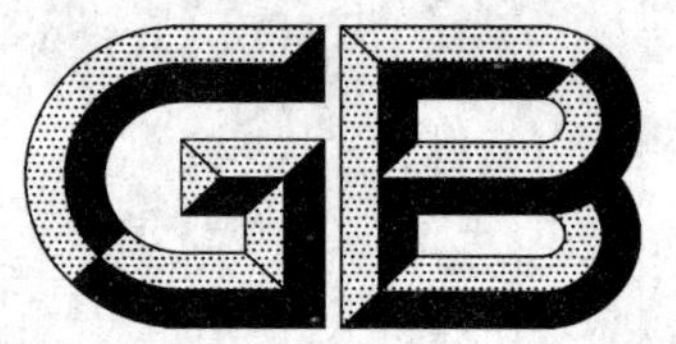

中华人民共和国国家标准

GB/T 25055—2010

信息安全技术 公钥基础设施安全支撑平台技术框架

**Information security techniques—
Public Key Infrastructure security supporting platform framework**

2010-09-02 发布 2011-02-01 实施

中华人民共和国国家质量监督检验检疫总局
中 国 国 家 标 准 化 管 理 委 员 会 发 布

前　言

本标准的附录A、附录B和附录C为资料性附录。

本标准由全国信息安全标准化技术委员会(SAC/TC 260)提出并归口。

本标准主要起草单位:上海信息安全工程技术研究中心、国家信息安全工程技术研究中心。

本标准主要起草人:袁文恭、刘平、何义大、郭晓雷、袁峰、洪焕健。

引　言

我国信息化的快速发展，使构建安全支撑平台成为国家信息系统安全建设急需解决的重要问题。本标准提出了一个基于PKI技术的安全支撑平台技术框架，规定了各子系统应遵循的通用技术框架标准，为我国信息安全基础设施建设、为应用系统的安全需求提供带共性的安全技术支撑。安全支撑平台以密码技术为基础，为信息系统提供统一、通用的网络信任服务、信息安全保护服务、网络安全保护服务、密码与密钥支撑服务，以满足信息系统实体对网络通信的真实性、保密性、完整性、抗抵赖性等安全保障需求。

本标准与我国已经制定的信息安全国家标准GB/T 20518—2006、GB/T 19714—2005和GB/T 25056—2010等标准紧密结合，能更好地规范我国信息安全基础设施中安全支撑平台的建设，更好地解决信息安全基础设施的互操作性问题，进一步促进我国的信息化建设和国民经济的发展。

在本标准实施过程中，涉及到公钥密码基础设施应用技术体系及其相关接口技术和密码技术的具体应用时，应按照国家密码管理局发布的有关规定和相关技术规范执行。

本标准涉及的数字签名系统的实施与运行应遵守《中华人民共和国电子签名法》。

信息安全技术
公钥基础设施安全支撑平台技术框架

1 范围

本标准规定了基于公钥基础设施的安全支撑平台的技术框架。

本标准适用于网络信息系统中安全支撑平台的设计、建设、检测、运营及管理，为网络信息系统和业务应用系统提供统一可信的软、硬件安全支撑服务。同时，本标准还可为安全产品生产商提供产品和技术的标准定位以及标准化的参考，指导安全产品生产商对安全支撑平台的设计和建设，提高安全产品的可信性与互操作性。对于特定的安全支撑平台的建设，可根据具体的业务需求和情况进行灵活配置。

2 规范性引用文件

下列文件中的条款通过本标准的引用而成为本标准的条款。凡是注日期的引用文件，其随后所有的修改单(不包括勘误的内容)或修订版均不适用于本标准。然而，鼓励根据本标准达成协议的各方研究是否可使用这些文件的最新版本。凡是不注日期的引用文件，其最新版本适用于本标准。

GB/T 19713—2005 信息技术 安全技术 公钥基础设施 在线证书状态协议

GB/T 19714—2005 信息技术 安全技术 公钥基础设施 证书管理协议

GB/T 20275—2006 信息安全技术 入侵检测系统技术要求和测试评价方法

GB/T 20281—2006 信息安全技术 防火墙技术要求和测试评价方法

GB/T 20518—2006 信息安全技术 公钥基础设施 数字证书格式

GB/T 20519—2006 信息安全技术 公钥基础设施 特定权限管理中心技术规范

GB/T 20520—2006 信息安全技术 公钥基础设施 时间戳规范

GB/T 20984—2007 信息安全技术 信息安全风险评估规范

GB/T 20988—2007 信息安全技术 信息系统灾难恢复规范

GB/T 21052—2007 信息安全技术 信息系统物理安全技术要求

GB/T 25056—2010 信息安全技术 证书认证系统密码及其相关安全技术规范

GB/T 25059—2010 信息安全技术 公钥基础设施 简易在线证书状态协议

RFC 1777 LDAP 轻量级目录访问协议

国家密码管理局 《数字证书认证系统密码协议规范》，2007 年 8 月 13 日第 11 号公告

3 术语和定义

下列术语和定义适用于本标准。

3.1

属性授权机构 Attribute Authority

通过发布属性证书来分配特权的证书认证机构。

3.2

属性证书 attribute certificate

属性授权机构进行数字签名的数据结构，把持有者的身份信息与一些属性值绑定。

3.3

属性证书注册机构 Attribute Registration Authority

属性证书的审核注册申请机构，又称属性注册权威。

3.4

应用支撑平台　application supporting platform

由一系列支持安全应用服务的软硬件设备按照统一的体系结构和技术规范组成的系统集合，可为各种应用提供安全的基础应用支撑服务。

3.5

桥证书认证机构　Bridge Certificate Authority

为了建立多个CA的相互信任关系，设置一个桥接证书认证机构，由它用自己的私钥为各个互相信任的CA签发证书，简称桥CA。这些CA配置有桥CA的证书，桥CA必须是各CA信任的权威认证机构。

3.6

证书认证机构　Certification Authority

负责创建和分配证书，受用户信任的权威机构。用户可以选择该机构为其创建密钥。

3.7

数字证书　digital certificate

由认证权威数字签名的包含公开密钥拥有者信息、公开密钥、签发者信息、有效期以及一些扩展信息的数字文件。

3.8

轻量目录访问协议　Lightweight Directory Access Protocol

一种简便的目录查询协议，通过网络到目录服务器查询系统中的证书或证书撤销列表。

3.9

在线证书状态协议　online certificate status protocol

一种实时查询证书状态的协议，通过网络到OCSP服务器实时查询系统中证书的当前有效/无效状态。

3.10

私钥　private key

在公钥密码体制中，用户的密钥对中只有用户本身才能持有的密钥。

3.11

特定权限　privilege

由属性权威机构分配给用户实体的对某种资源所具有的访问权利。

3.12

特定权限管理基础设施　Privilege Management Infrastructure

支持对用户进行授权服务的特定权限管理基础设施，它与公钥基础设施(PKI)有密切的联系，依靠公钥基础设施对用户的身份进行认证。

3.13

公开密钥　public key

公钥

在公钥密码体制中，用户密钥对中公布给公众的密钥。

3.14

公钥基础设施　Public Key Infrastructure

一个能够对公私钥对进行管理，支持身份验证、保密性、完整性以及不可否认性服务的信息安全基础设施。

3.15

注册机构　Registration Authority

为用户办理证书申请、身份审核、证书下载、证书更新、证书注销以及密钥恢复等实际业务的办事机构或业务受理点。也叫证书审核注册中心。

3.16

角色　role

在应用系统中，对资源进行访问的实体的一种权限属性，实体通常可以具有不同的权限，对于具有某种特定权限的实体类，我们称它们属于同一种角色。

3.17

角色分配属性证书　role assignment attribute certificate

由某个受信任的AA签发的属性证书，封装了用户所拥有的角色列表。

3.18

安全策略　security ploicy

由安全权威机构发布的用于约束安全服务以及设施的使用和提供方式的规则集合。

3.19

源机构　Source of Authority

一个属性权威，它是特定资源的权限管理者。它验证用户实体的权限，并作为最终认证中心为用户实体分配相应的权限。

3.20

托管证书认证机构　trusted certificate authority

一种证书认证服务机构，该机构接受其他某个安全域的证书认证系统的委托，为该系统代理签发与保存其根证书，并用此根证书为该系统代理签发用户证书。

4　缩略语

下列缩略语适用于本标准。

AA	属性授权机构	(Attribute Authority)
AEF	访问执行功能模块	(Access Executive Function)
ARA	属性证书注册机构	(Attribute Registration Authority)
BCA	桥证书认证机构	(Bridge Certificate Authority)
CA	证书认证机构	(Certification Authority)
CARL	证书认证机构撤销列表	(Certification Authority Revocation List)
CRL	证书撤销列表	(Certificate Revocation List)
LA	本地证书代理点	(Local Agency)
LDAP	轻量目录访问协议	(Lightweight Directory Access Protocol)
OCSP	在线证书状态协议	(Online Certificate Status Protocol)
PKCS	公钥密码标准	(Public Key Cryptographic Standards)
PKI	公钥基础设施	(Public Key Infrastructure)
PMI	特定权限管理基础设施	(Privilege Management Infrastructure)
RA	注册机构	(Registration Authority)
RCA	根认证机构	(Root Certification Authority)
SOA	源机构	(Source of Authority)
SOCSP	简明在线证书状态协议	(Simple Online Certificate Status Protocol)
TCA	托管认证机构	(Trusted Certification Authority)

5 概述

5.1 安全支撑平台同安全应用体系的关联

安全支撑平台是公钥密码基础设施应用技术体系的一部分，也是国家网络信任体系的重要组成部分。安全支撑平台为公钥密码基础设施应用技术体系提供基础性安全技术支持，它与安全应用体系的关系参见附录A。

5.2 安全支撑平台结构

安全支撑平台基于公钥基础设施为网络信息系统和应用体系提供统一可信的信息安全保障服务。该平台主要包括：证书认证服务、密钥管理、密码服务、权限管理、时间戳服务、安全审计或责任认定、故障恢复及容灾备份、基本安全防护等系统。见图1。

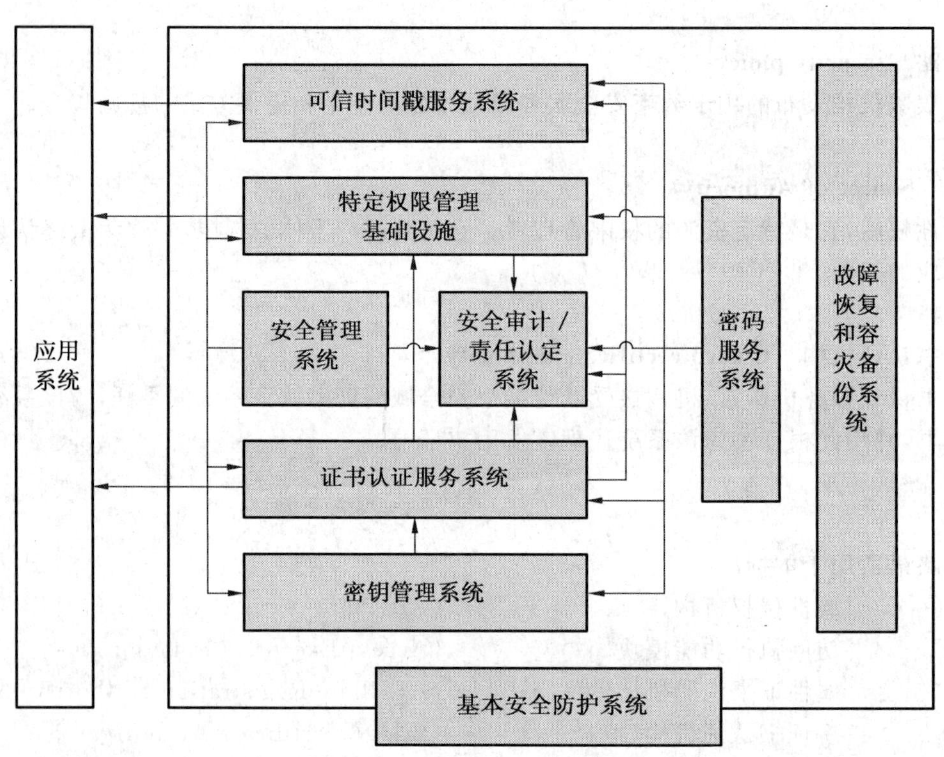

图1 安全支撑平台体系架构

5.3 安全支撑平台功能

安全支撑平台的主要功能是为网络信息系统提供可靠的安全服务，包括：

a) 提供基于数字证书的信任服务，进行证书管理，包括证书的签发、撤销、发布、存储等服务；

b) 提供基于统一安全管理的密钥服务，进行非对称密钥和(或)对称密钥的服务管理；

c) 提供基于国家政策和统一安全管理的密码服务；

d) 提供基于授权管理系统的权限管理服务和资源访问控制服务；

e) 提供基于国家权威时间源和公钥技术的可信时间戳服务；

f) 提供数字证书、证书撤销列表的目录查询服务，进行证书、证书撤销列表的目录管理，以及证书状态在线查询服务；

g) 提供网络安全防护服务；

h) 提供对系统的安全审计与证据管理服务；

i) 提供系统的责任认定服务；

j) 提供系统故障恢复及容灾备份服务；

k) 提供对系统的安全管理服务。

6 证书认证系统

6.1 认证体系

一个完整的证书认证系统一般采用 RCA—CA—SCA—RA—LA 等层次结构，根据系统的实际需求可灵活设计为 RCA—CA—RA—LA 等 4 层结构或 RCA—CA—RA，RCA—CA—LA 等 3 层结构。根据需要也可设置 BCA—CAs 或 TCA—LRA 结构。其中，RCA 为根认证机构。CA 为证书认证服务系统的主体机构，包含行业 CA 和品牌 CA。SCA 为子 CA，包括下级 CA 和地区 CA。RA 为用户证书申请注册机构，分为远程注册机构与本地注册机构。LA 为接受用户申请证书的受理点，直接面向客户服务。BCA 为桥证书认证服务系统。BCA 为一个独立的、有权威的可信 CA。TCA 为托管证书认证服务系统。

6.2 逻辑结构

证书认证服务系统在逻辑上分为核心层、管理层、服务层和基础层，参见附录 A。

a) 核心层：由证书与证书撤销列表签发系统、证书与证书撤销列表数据库服务器系统、证书与证书撤销列表主发布服务器系统，主 LDAP 系统和主 OCSP 系统以及相关密码设备和管理终端组成；

b) 管理层：由证书管理系统、安全管理系统、审计与责任认定系统以及相关密码设备和管理终端组成；

c) 服务层：由用户注册系统、基于 LDAP 的证书与证书撤销列表发布系统、基于 OCSP 的证书状态实时查询系统、录入终端、审核终端、制卡终端，以及相关密码设备和可信时间戳服务系统、接入服务系统组成；

d) 公共层：由远程注册系统、代理点及分布式的证书与证书撤销列表发布系统 LDAP 服务器、证书状态实时查询系统 OCSP 服务器和用户实体等组成。

6.3 CA

6.3.1 总体描述

CA 是证书认证服务系统的核心，主要提供证书的签发和管理、证书撤销列表的签发和管理、证书与证书撤销列表的发布、系统自身的安全审计与安全管理以及用户注册中心的设立、审核、维护及管理。

6.3.2 系统组成

CA 由 CA 管理服务器、证书签名服务器、证书管理服务器、策略服务系统、密码服务系统以及基本安全防护系统等组成，参见附录 B。

6.3.3 功能要求

6.3.3.1 证书与证书撤销列表签发服务

采用国家密码主管部门批准的签名算法完成签名操作，提供各种数字证书及证书撤销列表的签发服务。

a) 证书与证书撤销列表签发——

根 CA 的数字证书与证书撤销列表由根 CA 自己签发；用户的数字证书与证书撤销列表由本系统的 CA 签发；下级 CA 的数字证书与证书撤销列表由上级 CA 签发；用于 CA 之间交叉认证的数字证书可由 CA 互相签发。证书与证书撤销列表的签发可采用证书链机制。证书链的标志由相应的证书扩展项给出。

b) 数字证书格式模板管理——

系统应配置人员证书、设备证书、机构证书、应用软件证书等不同的证书模板，供证书签发系统调用。数字证书格式遵照 GB/T 20518—2006。

c) 证书机制——

数字证书采用双证书机制,一张用于数字签名,另一张用于数据加密。用于数字签名的密钥对由用户利用具有密码运算功能的证书载体产生,用于数据加密的密钥对由密钥管理系统产生。签名证书、加密证书及其对应的密钥一起安全保存在用户的证书载体中。

6.3.3.2 证书管理服务

主要对系统中的各种数字证书,包括内部管理员证书、操作员证书和内部设备证书的有关操作进行管理。

6.3.3.3 证书撤销列表管理服务

证书撤销列表是在证书有效期之内,CA 签发的终止证书有效性的信息,分为用户证书撤销列表和 CA 证书撤销列表两类。对超过有效期的证书 CA 能够自行撤销。

6.3.3.4 交叉认证服务

系统可提供各个证书认证机构之间的交叉认证服务。对属于不同结构 CA 的用户,提供不同的交叉认证方式。

a) 层次结构 CA 的用户相互通联,按照证书链进行证书验证;
b) 非层次结构 CA 的用户相互通联,通过查找 CA 的信任列表进行证书验证,或利用桥 CA 进行验证;
c) 网状结构 CA 的用户相互通联,通过根 CA 为各方签发交叉证书或 CA 间双向交叉证书进行验证。

6.3.4 性能要求

CA 系统性能要求如下:

a) 证书认证机构应根据实际需要满足用户注册机构、目录服务和在线状态查询的正常访问,具有签发本系统所需最大数量的数字证书和 5 年以上保存期的能力,并设计有 3 倍以上的冗余;
b) CA 的处理性能,包括证书签发性能、证书管理性能等需具备可伸缩配置及动态平滑扩展能力。业务量小时通过配置系统基本框架和相应服务单元以具备良好的性能价格比,业务量大时通过平滑增配相应的服务单元,以适应业务的发展;
c) CA 在硬件和系统软件选型配置上需充分考虑到系统可靠性,在关键部分采用双机备份系统和磁盘镜像技术,保证系统不间断运行、在线故障修复和在线升级。另外,还需要考虑建立异地容灾备份系统。

6.3.5 接口要求

CA 系统接口要求如下:

a) 密码函数接口遵照 GB/T 25056—2010 与 RFC1777 LDAP 轻量级目录访问协议,证书管理系统接口遵照 GB/T 19714—2005;
b) CA 与 RA 系统之间的安全协议应遵照国家密码管理局发布的《证书认证系统密码协议规范》;
c) CA 内部模块之间通信可采用国际标准协议或自主编写的具有身份认证功能的安全通信协议,保证各接口的安全与稳定。

6.4 注册机构 RA

6.4.1 总体描述

注册机构 RA 是信任服务体系的重要节点,是证书认证服务系统的用户申请证书的注册与审核机构,由 CA 中心授权运作。

6.4.2 系统组成

a) RA 由安全网关、接入服务器、证书注册服务系统、密码服务系统、安全审计、策略发布和安全防护子系统等组成。LDAP 服务器、OCSP 服务器和时间戳服务系统也可设置于 RA 对外服务层。

b) RA 层可分为后台和前台两部分。后台用于服务器管理和离线签发证书,前台用于直接面对客户服务。

6.4.3 功能要求

6.4.3.1 证书申请服务

证书申请可采用在线或离线两种方式:

a) 在线方式:用户通过网络登录到证书注册服务系统申请证书。通过 RA—CA—KMC 完成签名证书和加密证书的在线申请。初次申请不应采用在线方式。

b) 离线方式:用户携带可证明自身身份的有效法律证件,到指定的审核注册机构申请签名证书和加密证书,审核注册机构对用户的身份进行审核,确认系用户本人亲自申请或委托可信任者代理申请,按照程序给用户签发证书。

6.4.3.2 身份审核服务

身份审核可采用在线审核或离线审核:

a) 在线审核:审核人员通过注册系统,连接相关权威机构的应用系统,对证书申请者通过网络进行身份审核。初次申请证书不应采用在线审核方式。

b) 离线审核:审核人员通过注册系统,对证书申请者进行现场身份审核。

6.4.3.3 证书下载服务

证书下载可采用实时下载或非实时下载两种方式:

a) 实时方式:用户携带可证明自身身份的有效法律证件,到特定的审核注册机构申请签名证书和加密证书,审核注册机构按照规则对用户的身份进行审核,按照程序为用户向 CA 申请签发证书并实时下载于用户证书载体。

b) 非实时方式:用户到指定的注册机构申请签发证书,注册机构按照程序对用户进行审核,并向 CA 申请签发用户证书。CA 将签发的用户证书置于 LDAP 服务器,用户在约定的时间可从 LDAP 服务器非实时下载申请的证书。用户密钥下载,要依照国家密码管理局规范要求进行。

6.4.3.4 证书管理服务

提供证书认证策略及操作策略的管理;对自身证书进行安全管理;对内部管理员证书、操作员证书进行统一管理;支持个别处理和批处理两种方式发放数字证书。

6.4.4 性能要求

RA 的设置须能满足本系统最大数量用户正常访问的需求,并设计有 3 倍的冗余;在硬件和系统软件选型配置上充分考虑到系统可靠性,在关键部分采用双机备份系统和磁盘镜像技术,保证系统的不间断运行、在线故障修复和在线系统升级。产品的选择应优先采用具有自主知识产权的安全产品。RA 应具备可伸缩系统配置及动态平滑可扩展能力。

6.4.5 接口要求

密码函数接口遵照 GB/T 25056—2010。

RA 与 CA 系统之间的安全协议应遵照国家密码管理局发布的《证书认证系统密码协议规范》,实现各系统之间的数据加密传输和身份认证,保证各接口的安全与稳定。CA、RA 同外部有关系统的通信须采用通用安全协议、标准编码和标准数据格式。

6.5 证书目录服务系统

6.5.1 总体描述

证书目录服务系统包括 LDAP 服务器和 OCSP 服务器,为应用支撑平台及业务应用系统提供证书发布、CRL 发布、证书状态发布以及在线查询服务。

6.5.2 系统组成

证书目录服务系统组成包括:

a) 在 CA 核心区部署一个主目录服务系统,在服务区设置从目录服务系统,为应用支撑平台及业务应用提供证书目录查询服务。若一个网络信任域不建设独立的CA中心，而利用其他已有的CA系统，则该网络信任域须部署一套与该CA中心一样的证书查询验证服务系统，为应用支撑平台及业务应用提供证书验证服务。

b) 对应某一具体的证书目录服务系统，如果业务量相对较大，则有必要按地域或业务的不同，增设证书目录服务系统。

c) 证书目录服务系统在密码服务系统的基础上，基于分布式计算技术进行构建，以支持系统灵活配置和性能动态按需扩展。其主要业务单元包括LDAP服务单元和OCSP服务单元。

d) LDAP服务单元基于LDAP协议，提供证书与证书撤销列表的目录发布，主要针对非实时的证书状态查询应用或服务器端应用。

e) OCSP服务单元基于OCSP协议，提供证书状态的实时在线查询。

6.5.3 功能要求

证书目录服务系统包括如下基本功能：

a) 基于LDAP技术的目录管理与证书查询服务——LDAP轻量目录访问协议提供的目录管理服务可根据系统网络设置需求，采用集中式与分布式两种方式进行构建。目录管理服务提供以下安全服务功能：

   1) 证书和证书撤销列表的发布；
   2) 证书和证书撤销列表的下载；
   3) 证书和证书撤销列表的更新；
   4) 基于LDAP技术的目录查询控制服务。

   目录查询：用户或应用系统利用数字证书中标识的CRL地址，利用LDAP目录服务技术下载CRL，检验证书有效性。

b) 基于OCSP技术的证书在线状态查询服务——在线状态查询，用户或应用系统采用OCSP协议，在线查询证书的实时状态。支持各分布式证书查询验证服务系统的数据一致性。

c) 基于SOCSP技术的证书在线状态查询服务——SOCSP为应用系统提供实时快速的证书在线状态查询服务，应遵照GB/T 25059—2010。

d) 目录结构——目录结构应遵照RFC1777《LDAP轻量级目录访问协议》。

e) LDAP和OCSP目录服务系统的部署——证书目录服务系统在密码服务系统的基础上，基于分布式计算技术进行构建，以支持系统灵活配置和性能动态按需扩展。其主要业务单元包括LDAP服务单元和OCSP服务单元。LDAP和OCSP目录服务系统部署在证书认证服务系统的核心层，同时根据需要可部署在服务层，分布在不同的地域。

6.5.4 性能要求

证书查询验证服务系统应根据实际需要满足基本的LDAP服务的查询和OCSP服务的查询并发数。证书查询验证服务系统应具备可伸缩配置及动态平滑扩展能力。业务量小时通过配置系统基本框架和相应服务单元，以具备良好的性能价格比，业务量大时通过平滑增配相应的服务单元，以适应业务发展的需要。

6.5.5 接口要求

应遵照GB/T 19713—2005，为应用系统提供在线证书状态查询接口服务；

可采用RFC 1777协议标准，为应用系统提供LDAP查询接口。

7 密钥管理系统KMS

7.1 总体描述

密钥管理系统KMS与证书认证服务系统应按照“统一规划、同步建设、独立设置、分别管理、有机结合”的原则进行建设和管理。密钥管理系统组成结构示意图参见附录B。

7.2 系统组成

密钥管理系统 KMS 主要由以下部分组成：

a) 密钥生成系统——根据密钥管理系统的策略，密钥生成系统负责密钥生产任务的制定、调度、运行和保存。密钥生成系统需要其他系统的支持，包括密码服务系统和密钥存储系统。具体部署遵照 GB/T 25056—2010。

b) 密钥服务系统——为密钥管理系统 KMS 的运行提供密码服务支持，包括产生密钥、数据加解密、数字签名、数字验签以及数字摘要等服务支持。为密钥管理中心的密钥生成、认证管理、密钥管理等模块提供最底层的支持。具体部署遵照 GB/T 25056—2010。

c) 密钥存储系统——也称密钥库管理系统，为密钥管理系统 KMS 提供与密钥及其相关信息的存储服务。该系统完成所有密钥数据、相关签名公钥证书信息的存储、归档，并为密钥管理模块的运行提供数据调度。该系统对密钥数据的存储可使用成型的数据库系统，也可以自行开发数据存储模式。不管使用何种操作系统、存储方式或存储介质，应保证数据存储的安全性、真实性、完整性和不可否认性。密钥存储系统还要为存储的数据提供数据级别的备份。具体部署遵照 GB/T 25056—2010。

d) 管理系统——根据策略设置，负责制定密钥分发的策略和任务调度，负责处理密钥数据在数据库管理模块中的基本管理策略，完成密钥的存储、分发、恢复、归档以及操作员管理等多项任务。具体部署遵照 GB/T 25056—2010。

e) 密钥恢复系统——根据密钥管理中心职能设置，实施已分发密钥的恢复功能。用户因密钥丢失或其他原因需要恢复原先密钥时，用户通过 CA 向密钥管理中心要求恢复密钥。当国家有关执法部门需要依法恢复指定用户密钥时，可到密钥管理中心申请恢复特定密钥。密钥恢复系统根据安全设置，可将需要的密钥对恢复并安全下载。具体部署遵照 GB/T 25056—2010。

f) 安全审计——是密钥管理中心的必要部分。除密码服务系统属于底层模块不涉及密钥管理系统 KMS 应用层的安全审计模块外，其他所有应用层逻辑系统均需要安全审计的支持。具体部署遵照 GB/T 25056—2010。

g) 认证管理系统——为密钥管理系统 KMS 提供操作控制管理。为密钥管理系统 KMS 自身的操作管理提供证书认证服务，为 CA 等系统与 KMS 的连接提供双向证书认证服务。具体部署遵照 GB/T 25056—2010。

7.3 功能要求

密钥管理系统 KMS 应具备如下功能：

a) 安全认证——接受 CA 系统有关密码服务的请求，与 CA 系统之间进行安全通信认证，这种方式的认证过程要求双向数字证书认证。

b) 密钥生成——根据指定算法、密钥长度，产生非对称加密密钥对。产生方式支持批量预生产方式或应答实时生产方式。

c) 密钥存储——将生成的密钥对和与之对应的相关信息进行安全存储，其中私钥对必须加密存储。

d) 密钥分发——将密钥管理系统生成的密钥对通过安全协议导入用户的证书载体。密钥对在分发过程中应进行加密保护，通过 CA 将用户私钥的密文传给用户。

e) 密钥备份——将密钥管理系统 KMS 的密钥对和与之对应的相关信息进行本地冷备份和热备份。

f) 密钥撤销——根据 CA 的请求，撤销相对应的密钥，并将撤销的密钥由在用库移到历史库中，同时记录 CA 撤销密钥时相应的日志信息和证据信息。要求具备批量撤销能力。

g) 密钥归档——将撤销的密钥及其相关签名公钥证书信息移到历史库中，并安全长期存储。

h) 密钥恢复

1) 一般用户密钥恢复，可通过CA向KM服务系统请求，通过KMC的安全认证后实施密钥恢复操作，密钥恢复结果通过CA安全传给用户，安全下载于特定载体。一般用户仅限于恢复自身密钥。

2) 法律凭证进行密钥恢复，直接通过密钥管理系统实施。执法部门恢复密钥至少由两个操作员共同操作，依据安全策略将恢复的密钥加密并保存到指定位置。

i) 系统管理——KMS设置超级管理员、审计管理员、业务管理员等管理人员和一般操作人员。规定各个岗位职责和权限，权限分散、相互制约与协调工作。

j) 安全审计——主要功能包括：日志查询、证据查询、执法部门恢复密钥、服务器状态查询、密钥状态查询等功能。审计员登录审计系统应经过身份鉴别。

7.4 性能要求

KMS性能要求如下：

a) KMS具有根据实际需要满足加密密钥对的批量生产能力和应答响应能力；

b) KMS对加密密钥的保存时间，应大于CA签发的公钥证书的保存期；

c) KMS中加密密钥的存储数量，应有CA签发公钥证书数量3倍以上的冗余；

d) KMS在硬件和系统软件选型配置上需充分考虑到系统可靠性，在关键部分采用双机备份系统和磁盘镜像技术，保证系统不间断运行、在线故障修复和在线升级。另外，还需要考虑建立异地容灾备份系统。

7.5 接口要求

KMS接口要求如下：

a) 密钥管理系统使用的密码接口函数应遵照GB/T 25056—2010；

b) 密钥管理系统与CA系统之间的安全协议应遵照国家密码管理局发布的《证书认证系统密码协议规范》；

c) 密钥管理系统内部的通信接口和安全协议可采用自主编写的具有证书认证功能的安全通信协议，实现身份认证和操作流程的签名验证。

8 特定权限管理基础设施PMI

8.1 总体描述

特定权限管理基础设施PMI是网络信任体系基础设施的一个重要组成部分，目的是向用户和应用程序提供权限管理服务，提供用户身份到应用授权的映射功能，提供与实际应用处理模式相对应的、与具体应用系统开发和管理无关的授权访问控制机制，简化具体应用系统的开发与维护。特定权限管理基础设施PMI是一个属性证书、属性权威、属性证书库等部件构成的综合系统，用来实现权限和证书的产生、管理、存储、分发和撤销等功能。PMI使用属性证书表示和容纳权限信息，通过管理证书的生命周期实现对权限生命周期的管理。属性证书的申请、签发、注销、使用、验证过程对应着权限的申请、发放、撤销、使用和验证的过程。使用属性证书进行权限管理使得权限的管理不必依赖具体的应用，有利于权限的安全分布式应用。

特定权限管理基础设施PMI以资源管理为核心，把资源的访问控制权交由权限管理机构统一处理，即由资源的所有者来进行访问控制。

8.2 系统组成

8.2.1 逻辑结构

特定权限管理基础设施的逻辑结构如下：

a) 特定权限管理基础设施主要包括策略管理系统、授权管理系统、资源管理系统、属性证书管理系统、访问控制执行系统、访问控制决策系统和安全审计系统；

b) 权限管理系统可支持多权限管理域。每个权限管理域管理一类应用的授权和访问控制。各个权限管理域在逻辑上是相互独立的，分别独立地管理相应的应用资源、用户授权和访问控制。

8.2.2 层次结构

特定权限管理基础设施的层次结构如下：

a） 特定权限管理基础设施建立在身份认证体系的基础上，通过建设权限管理机构 SOA 或者 AA、属性证书注册中心 ARA 提供属性证书的生产服务。完整的属性证书服务系统一般采用 SOA—AA—ARA 层次结构。

b） SOA 为信任源点，由应用系统主管部门主持设置，为权限管理总中心。AA 为属性证书服务系统的主体机构，提供属性证书签发、发布、管理、撤销等服务，为权限管理中心。ARA 为属性证书申请注册机构，提供属性证书的申请注册或注销等服务。ARA 还可以根据上级授权委托下一级代理点办理属性证书的申请或注销服务。权限管理中心层次结构建设应遵照 GB/T 20519—2006。

8.2.3 权限管理模式

特定权限管理基础设施管理模式包括：

a） 特定权限管理基础设施可以采用一般模式、控制模式、委托模式和角色模式等多种机制。本标准推荐采用基于角色的访问控制机制。通过对资源进行统一管理，制定资源的访问策略，生成策略证书，并对策略证书进行完整性保护，为系统中用户确定不同的角色，发放属性证书，属性证书中包含用户担任的角色集合。

b） 基于角色的访问控制模式的逻辑关系可表示为：人员—角色—权限（对象—操作）。通过依据策略制定的人员—角色、角色—权限（对象—操作）构成的权限控制列表实施权限管理。

8.3 功能要求

8.3.1 系统管理模块

特定权限管理基础设施管理模块包括：

a） 策略管理——策略管理服务、策略管理终端和策略库组成策略管理系统，实现策略的制定、发布、维护和管理。策略管理服务提供一组策略制定、维护、检查、翻译、解析的工具，通过接入服务向策略管理终端提供操作界面，由策略管理人员进行操作。生成的策略存放于策略库，通过属性证书管理系统签发与发布；撤销的策略从库中删除，由属性证书管理系统撤销该策略证书。策略管理终端对策略管理人员实施身份认证，确认其相应的权限。策略库存放资源管理策略、授权管理策略、访问控制策略。策略可实行分级管理。

b） 资源管理——资源管理服务、资源管理终端和资源库组成资源管理系统，实现对系统中各类资源的定义、划分、描述、管理和维护，制定资源访问控制策略，生成资源访问策略证书，并对策略证书进行完整性、可靠性保护。提供资源的添加、删除和修改功能。按照资源的组织形式对资源进行管理。根据实际的应用，把资源对象、操作和角色关联起来，标识角色对资源的访问权限。策略证书可以放在某数据库中，也可以放在 LDAP 服务器中。对资源的各种操作提供审计接口。资源管理终端对资源管理人员实施身份认证。

注：依据特定权限基础设施应用技术体系的不同规模或要求，该项可定义为必选项或可选项。

c） 授权管理——权限分配服务、权限分配终端和授权信息库组成授权策略管理系统，它提供一组授权管理工具，对权限进行委派、分配、修改或撤销等功能。权限分配服务提供一组授权管理工具，对权限进行委派、分配、修改或撤销，向属性证书管理系统签发或撤销权限属性证书，将一个用户与一组角色绑定，使用户具有可访问应用系统中一组资源对象的权限。

d） 属性证书管理——属性证书总管理机构、属性证书管理机构、属性证书注册机构、属性证书库、属性证书发布服务系统等组成属性证书管理系统，实现属性证书的签发、撤销、证书及证书撤销信息的发布与管理。

e) 用户管理——提供用户信息管理功能，包括用户注册、用户角色分配、用户信息修改、用户注销等，其中用户的注册和角色分配是用户管理的核心内容。

f) 角色管理——根据实际应用环境，制定出恰当的角色目录，使之同用户的实际身份相映射，可以根据部门、级别、岗位、职责划分角色；角色之间应该可以支持继承，以方便管理员的管理工作。对角色的管理支持委托方式，减轻管理员负担；将角色信息同步到资源管理模块；提供角色的增加、修改、删除功能；对角色的操作提供审计接口。

注：依据特定权限基础设施应用技术体系的不同规模或要求，该项可定义为必选项或可选项。

8.3.2 安全审计

安全审计包括安全审计系统、审计终端和审计日志库。安全审计系统对日志的信息进行采集、分析，提供安全运行情况和安全事件报告，支持对安全日志的查询，为保障应用系统安全运行提供基础依据。

8.4 性能要求

特定权限管理基础设施应具有良好的通用性，针对不同的应用，系统能提供良好的统一接口。

权限管理服务系统应根据实际需要满足基本的授权服务并发数。系统应具备可伸缩配置及动态平滑扩展能力。业务量小时通过配置系统基本框架和相应服务单元以具备良好的性能价格比，业务量大时通过平滑增配相应的服务单元，以适应业务的发展。

8.5 接口要求

AA与ARA系统之间的通信接口和安全协议遵照GB/T 20519—2006。系统内部的通信接口和安全协议可采用自主编写的具有双向证书认证功能的安全通信协议，实现各系统之间的数据加密传输和身份认证，要保证各接口的安全与稳定。

PMI配置的LDAP查询服务系统和通信接口遵照RFC1777。ARA与注册客户端之间的通信接口和安全协议遵照GB/T 20519—2006。

PMI需要使用密码服务接口，实现各种与密码相关的服务。具体密码函数接口遵照GB/T 25056—2010。

9 密码服务系统

9.1 总体描述

密码服务系统为安全支撑平台中各个系统提供基础密码服务。密码服务系统基本要求：

a) 密码算法必须采用国家密码管理局指定的算法；

b) 私钥和对称密钥不能以任何明文形态出现在密码设备外；

c) 私钥和对称密钥长期存储在密码设备中必须进行加密保护。

9.2 系统组成

密码服务系统由密码设备和服务接口组成。密码设备包括密码机、密码卡以及终端设备。其中密码机包括服务器密码机和客户端密码机。终端设备包括Ukey和智能卡等产品。

9.3 功能要求

密码服务系统需要提供如下功能：

a) 产生随机数：生成指定长度的随机序列；

b) 产生密钥：生成指定算法类型和长度的密钥对，根据需要保存或返回给用户；

c) 非对称密码运算：包括了私钥运算（私钥加解密）、公钥运算（公钥加解密）、数字签名和签名验签等；

d) 对称密码运算：数据加密、解密，要求能支持长数据包运算；

e) 数字摘要运算：要求能支持长数据包；

f) MAC运算：要求能支持长数据包；

g) 符合运算：带原文的数字签名和验签、制作数字信封和解数字信封，要求能支持长数据包；
h) 证书运算：可提供证书签名验证、证书解析等附加功能；
i) 密钥与证书管理：各种密钥的导入、导出、备份、恢复、检查验证，设备证书的导入、导出、备份、恢复、检查验证，密码算法的检查验证；
j) 系统管理：设备状态查询和检测。

9.4 性能要求

密码服务系统应具备如下基本性能：

a) 密码服务系统应根据实际情况能满足各种密码功能的需求；
b) 密码服务系统应根据实际情况能满足各种性能指标的需求；
c) 密码服务系统应有长期安全保存密钥的能力；
d) 密码服务系统需充分考虑到系统可靠性，保证系统不间断运行。

9.5 接口要求

密码服务接口包括为服务器系统提供的密码接口和为客户端提供的客户端接口。密码服务系统需要提供多种类型的接口形态，以满足应用的需求，比如：C、Jave、. NET、C＃、Jsp 等语言接口。

接口协议应遵照 GB/T 25056—2010，对于特殊需求也可遵照 PKCS 11 或 CSP 的标准。

10 可信时间戳服务系统

10.1 总体描述

可信时间戳服务系统基于国家权威时间源和公钥技术，为信息系统提供精确可信的时间戳，保证处理数据在某一时间(之前)的存在性及相关操作的相对时间顺序，为业务处理的抗抵赖性和可审计性提供有效支持；

可信时间戳服务系统必须从国家权威的时间源即国家授时中心获得全系统统一的时间，国家授时中心和时间服务器之间的通信应进行安全认证，确保时间的正确性。

10.2 系统组成

可信时间戳服务系统由以下主要部分组成：基准时间源系统、时间同步系统、时间戳签发系统、密码服务系统、时间戳取证系统、管理系统、认证管理系统。

可信时间戳服务系统建设的具体内容应遵照 GB/T 20520—2006。

10.3 功能要求

可信时间戳服务系统的基本功能要求如下：

a) 基准时间服务——获取国家基准时间，提供各种时区的换算能力。根据策略具备时时、定时与国家基准时间实现效准的功能；
b) 时间校准——为网络、信息系统提供时间同步和校准，可根据策略要求设置实时或定时校准的功能；
c) 时间戳签发——接收待签发的数据，对数据进行摘要，签发带有基准时间的时间戳，返回签名数据；
d) 时间戳验证——接收待验证数据，对时间戳进行验签，返回结果；
e) 系统管理——负载系统的初始化，设置管理员。系统管理员负责各种时间策略设置、系统与网络配置、日志查看等。系统管理员要求使用安全客户端的技术登录系统，系统验证系统管理员身份和权限，通过后允许系统管理员进行管理操作。

10.4 性能要求

可信时间戳系统应具备如下基本性能：

a) 能够可靠地与国家基准时间同步；
b) 能根据实际需要生成时间戳，实施应答响应；

c) 在硬件和系统软件选型配置上需充分考虑到系统可靠性，在关键部分采用双机备份系统和磁盘镜像技术，保证系统不间断运行、在线故障修复和在线升级。

10.5 接口要求

可信时间戳系统应具备如下接口：

a) 可信时间戳系统同用户间的通信接口应遵照 GB/T 20520—2006。系统自身的管理系统与操作员之间的通信接口和安全协议可采用自主编写的具有证书认证功能的安全通信协议，实现身份认证和操作流程的签名验证；

b) 可信时间戳系统需要使用密码服务接口，实现各种与密码相关的服务。具体密码函数接口遵照 GB/T 25056—2010。

11 故障恢复和容灾备份系统

11.1 总体描述

故障恢复和容灾备份系统主要包括：

a) 系统中关键设备的本地冗余配置和重要数据的备份，保证系统发生局部故障时能够及时恢复。当主中心的某些子系统发生故障时，系统自动地快速切换到主中心的其他设备，确保系统正常运行。

b) 建设异地容灾备份系统，保证当灾难发生，导致主中心整个系统瘫痪时，能马上检测到这种异常情况，及时向管理员发送各种警报，并按照预定的规则在备份中心启动整个备份应用系统。主中心系统修复后，将备份中心的当前数据复制回主中心，然后将业务处理从备份中心切换回主中心，备份中心重新回到备份状态。

c) 故障恢复与容灾备份系统的安全保护等级应依据国家要求或系统要求确定。

11.2 故障恢复

11.2.1 总体描述

对于关键性应用系统，必须能够有效避免单点故障，这些故障范围包括应用程序错误、数据库系统故障、网络端口故障、磁盘系统介质故障等。一旦上述故障发生，能够保证系统继续正常运转。

11.2.2 数据备份

数据备份的内容包括：

a) 对所有关键的业务，应至少保证各种必要的热备份机制，包括双机热备份、双机备份、磁盘镜像等；

b) 对于所有业务，应提供磁带备份和恢复机制，保证系统能根据备份策略恢复至指定时间的状态。

11.2.3 功能要求

故障恢复系统包括如下基本功能：

a) 集群配置——多台计算机组成集群结构，使整个系统不存在单点故障；

b) 双机备份——当任何一台设备失效时，按照预先定义的规则快速切换；

c) 磁盘镜像——部署两台服务器通过光纤连接共享磁盘阵列，实现主机系统到磁盘系统的高速连接。

11.3 容灾备份

11.3.1 总体描述

建设异地备份中心，当主中心发生灾难性事件时，由异地备份中心接管所有的业务。

11.3.2 建设要求

容灾系统的建设要求包括：

a) 异地备份中心与主中心的距离根据具体工程建设的需要，参照相关国家标准制定；

b) 数据备份线路要与应用服务线路分开，数据备份线路要保证有不少于两条；

c) 主要系统和存储设备建议采用同构模式；

d) 数据备份建议采用硬件设备备份方式；

e) 异地备份中心要有足够的带宽确保与主中心的数据同步；

f) 异地备份中心要有足够的处理能力来接管主中心的业务；

g) 异地备份中心与主中心的应用切换要确保快速可靠；

h) 灾备区的网络环境安全要与生产区等同。

具体建设要求遵照 GB/T 20988—2007。

11.4 容灾备份等级

容灾备份系统的安全保护等级依据系统策略要求确定，其中 CA、KMS、PMI、可信时间戳服务建议按照主系统的安全保护等级进行规划和建设。

12 安全审计系统

12.1 系统组成

安全审计系统的组成包括：

a) 数据采集。各系统应将运行中的重要操作记入日志文件，包括操作人员的签名信息、时间戳信息、对重要数据库的操作信息、系统运行成功或失败的信息等。

b) 策略管理。根据每一个系统的具体情况，制定出对各系统的审计策略。

c) 监控代理。在系统中部署监控代理服务程序，实时分析各系统的日志文件，及时根据审计策略审计系统行为，一旦发现系统异常，及时记录、报警和阻断。

d) 输出与显示。为应用系统提供输出或显示审计数据。

12.2 功能要求

安全审计系统的要求包括：

a) 安全审计系统能够对安全支撑平台中各子系统进行审计，在满足基本的审计策略的基础上，安全审计员能灵活添加自定义的审计策略；

b) 安全审计系统能实时或定时采集各子系统产生的数据，通过有效的转换和整合，满足审计系统安全数据挖掘的需求；

c) 安全审计系统对各系统的资源利用情况进行监控；

d) 安全审计系统根据审计策略，判断出违规行为，并对违规行为进行记录、报警和阻断；

e) 安全审计系统须具有较强的事件处理记录功能，对用户的操作进行签名记录，并利用时间戳功能实现操作和违规的不可抵赖性，提供与安全有关事件的复查和取证功能。

12.3 性能要求

安全审计系统运行于各系统的监控代理服务程序应占用较少的系统资源，不影响系统正常工作性能。

13 责任认定系统

13.1 总体描述

责任认定系统以数字签名、时间戳和强审计技术为基础，收集实体在网络中的应用、授权、管理、维护等有关操作的各种证据，通过签名回执机制实现证据保留，为整个网络系统提供关于人或设备等主体在网络活动中的可靠记录，为系统分析有关事件或操作提供有关的时间、地址、操作类型、目标、结果等证据。对实体在网络中的操作行为进行责任认定与证据管理，为系统提供事后追究的能力。

13.2 系统组成

责任认定系统的组成包括：

a) 责任认定系统主要由操作行为审计系统、数据采集代理服务系统、数据库管理服务系统、责任分析与认定服务系统和策略管理系统等组成。

b) 责任认定系统的技术模块包括采集代理、海量存储设备、接口提供、消息通信、查询控制、数据处理、应用操作、报表生成、系统管理和安全支持等。

c) 责任认定系统的实施一般通过安全管理平台。依据策略收集实体在网络中行为的各种证据，分析和审计网络行为的合法性，通过服务类设备提供责任认定服务。

13.3 功能要求

责任认定系统应能提供如下证据数据和认定功能：

a) 对需要责任认定的业务系统注册，提供操作人员及其属性定义信息。

b) 提供操作设备及目标信息，收集实体操作行为信息并分类存储。

c) 定义各种常见的入侵和误用模式，实时地发现各种安全事件。

d) 提供关键词检索和标记功能，对存储的记录进行快速智能匹配查询和标记。

e) 提供操作类型标识。

f) 提供操作性质标识。

g) 记录源地址信息。

h) 记录操作时间段落信息。通过时间戳记载，实现基于时间的责任认定。

i) 实时记载操作结果信息，实现基于事件后果的责任认定。

j) 输出责任认定内容，生成报表。

k) 提供查询和检索功能。

13.4 性能要求

责任认定系统应具备如下基本性能：

a) 认定的主体可控制；

b) 认定的项目可选择；

c) 认定的目录可扩充；

d) 输出的内容可灵活编辑；

e) 认定的资料应安全保护；

f) 对认定的数据应做数字签名。

14 基本安全防护系统

14.1 网络安全防护

14.1.1 防火墙

防火墙主要保障网络系统的边界安全。在安全支撑平台中，需要在证书服务系统、密钥管理系统和网络接入平台中配置防火墙；

防火墙应符合 GB/T 20281—2006 的相应安全要求。

14.1.2 入侵检测系统

入侵检测系统是基于主机和网络的实时安全监控系统，对来自内部和外部的非法入侵行为做到及时响应、告警和记录日志；

入侵检测系统应符合 GB/T 20275—2006 的相应安全技术要求。

14.1.3 漏洞扫描系统

漏洞扫描系统能定期或不定期地对整个内部系统进行安全扫描，及时发现系统的安全漏洞、报警并提出补救建议；

漏洞扫描系统应符合 GB/T 20984—2007 的相应安全技术要求。

14.1.4 病毒防治系统

病毒防治系统主要对安全支撑平台中可能感染的病毒进行查杀，应具有如下基本功能：

a) 支持对网络、服务器和工作站进行实时病毒监控；

b) 能够在中心控制台上向多个目标系统分发新版杀毒软件；

c) 能够在中心控制台上对多个目标系统监视病毒防治情况；

d) 支持多种平台的病毒防范；

e) 支持对 Internet 或者 Intranet 服务器的病毒防治，能够阻止恶意的 Java 或 Active X 小程序的破坏；

f) 支持对电子邮件附件的病毒防治，包括 WORD、EXCEL 中的宏病毒；

g) 支持对压缩文件的病毒检测；

h) 支持广泛的病毒处理选项，如对染毒文件进行实时杀毒，移出，删除，重新命名等；

i) 提供对病毒特征信息和检测引擎的定期在线更新服务；

j) 支持日志记录功能；

k) 支持多种方式的告警功能，包括声音、图像、EMAIL 等；

l) 防病毒系统应支持如下操作系统：UNIX 系列、Windows 系列、Linux 系列。

14.2 物理安全

14.2.1 功能要求

保证安全支撑平台各种设备的物理安全是安全支撑平台安全的前提。物理安全的主要功能是保护信息网络设备、设施以及其他信息载体免遭地震、水灾、火灾等环境事故以及人为错误及犯罪而导致的破坏。应遵照 GB/T 21052—2007 的要求进行配置。

14.2.2 主要内容

物理安全必须包括以下几个方面：

a) 环境安全——机房选址、结构防火、机房装修、配电、空调系统、火灾报警及消防设施、门禁监测系统、防水、防静电、防雷击、电磁波的防护等方面，应严格按照国家有关标准设计建设；

b) 设备安全——包括设备的防盗、防毁、防止线路截获、电磁兼容及电源保护等，均应严格按照国家有关标准设计建设。

14.3 系统安全

包括主机系统安全防护、操作系统的安全保护、数据库管理系统安全保护和应用软件系统的安全保护。应分别参照 GB/T 21028—2007，GB/T 20272—2006，GB/T 20273—2006，GB/T 20158—2006 等国家标准进行配置。

15 安全管理系统

15.1 功能要求

安全支撑平台应设置安全管理系统，并能实现如下管理功能：网络安全管理、入侵检测管理、漏洞扫描管理、病毒防治管理、系统运行状态管理、物理设备安全管理、审计日志分析与处理、数据采集与管理，并设置安全策略库和安全管理数据库。

15.2 机制设置

15.2.1 安全管理机制

安全管理系统应设置安全管理机制。根据平台规模设置相应管理组织；依据安全等级划分制定安全管理策略；设置系统正常安全运行机制；配置相应的安全管理人员，包括主管领导、系统超级管理员、审计管理员、业务管理员和相应的操作员等。

15.2.2 安全管理制度与规定

安全管理系统应制定安全管理制度与规定，包括人员管理制度、工作值班制度、设备安全维护制度、设备安全销毁制度、安全保密规定、安全操作技术规范、应急处理机制、文档管理规定、标准与规范的维护等服务功能。

15.2.3 安全管理平台

安全管理系统应设置安全管理平台，对15.1提出的安全管理功能实施集中控制与管理。

附　录　A
（资料性附录）
安全支撑平台与安全应用体系的关系

安全支撑平台为安全应用系统提供基础性安全技术支持，它们之间的关系如图 A.1 所示。

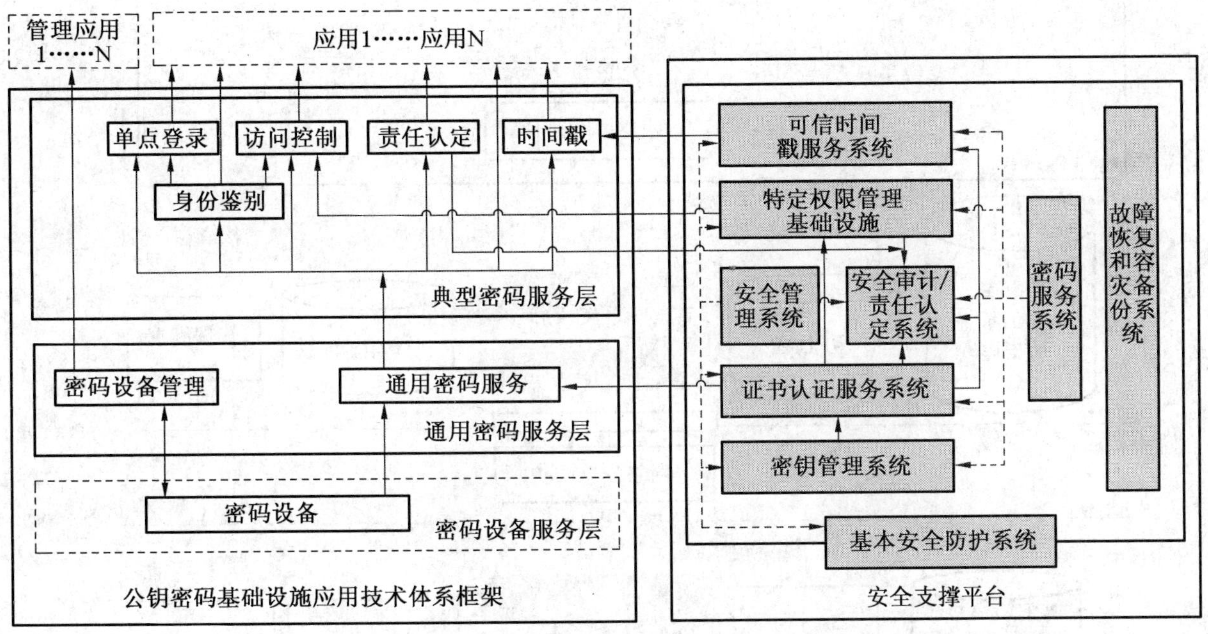

图 A.1　安全支撑平台与安全应用体系的关系图示

附　录　B
（资料性附录）
证书认证系统分层逻辑结构

证书认证系统分层逻辑结构见图 B.1。

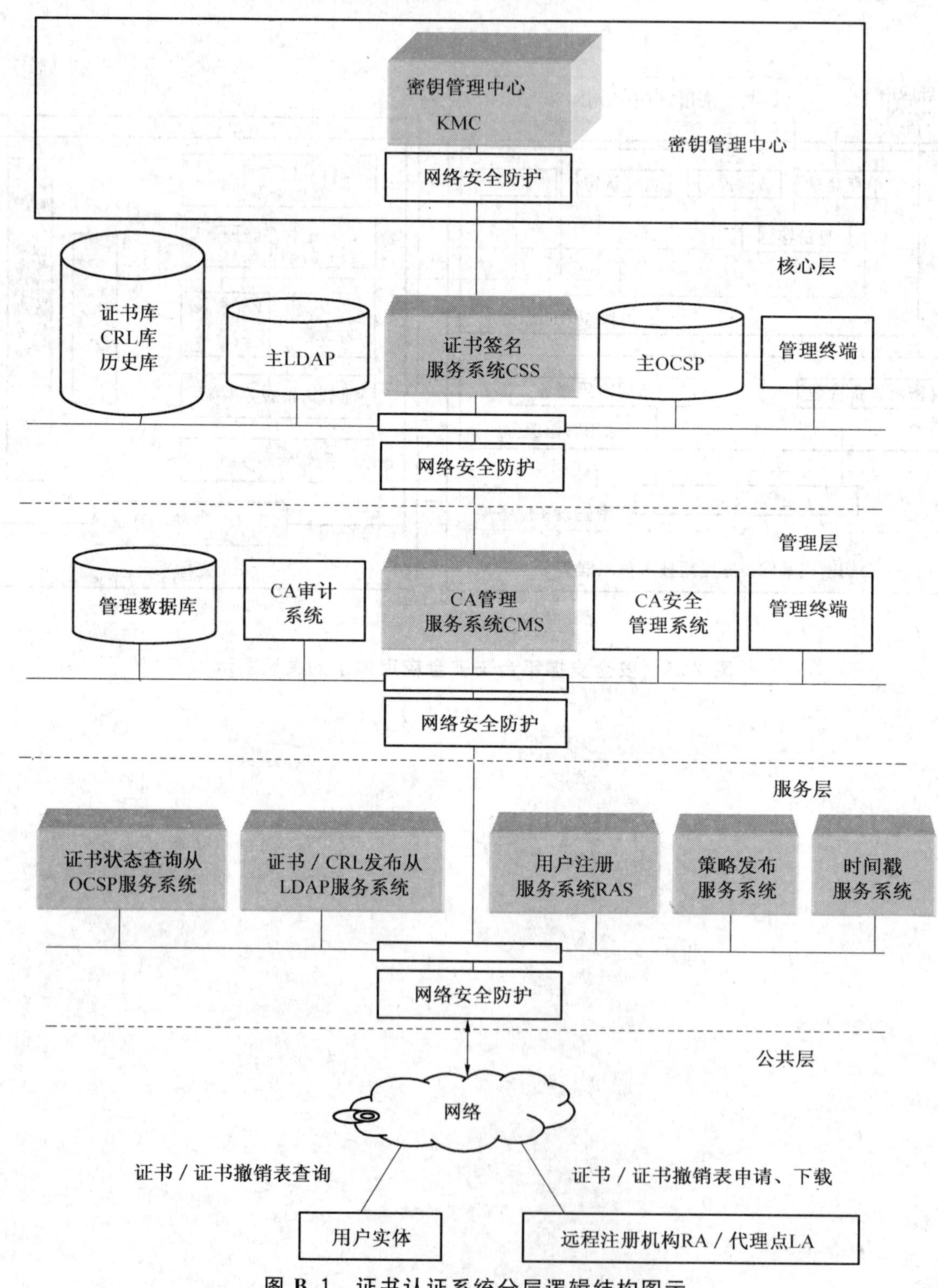

图 B.1　证书认证系统分层逻辑结构图示

附 录 C
（资料性附录）
密钥管理系统组成结构

密钥管理系统组成结构见图 C.1，引自 GB/T 25056—2010。

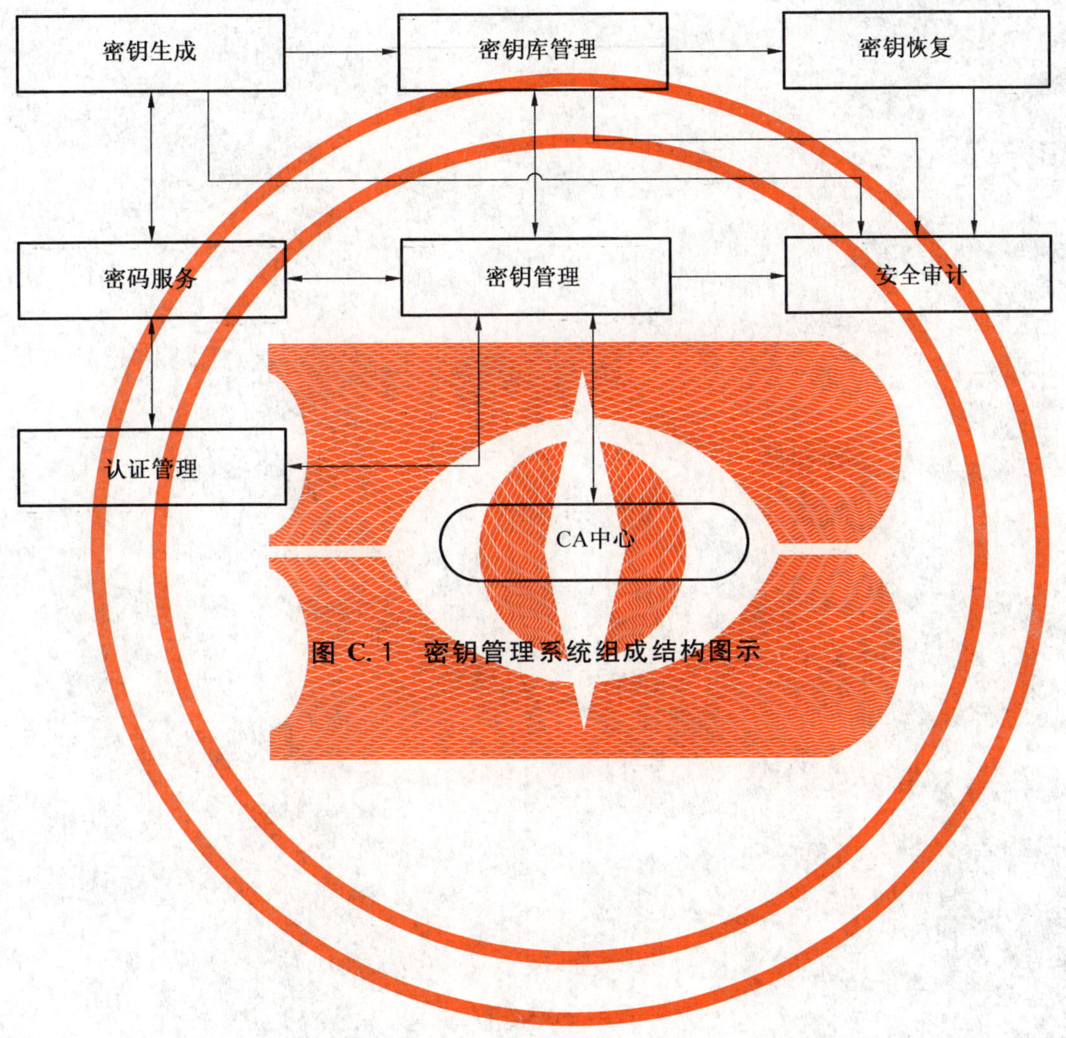

图 C.1 密钥管理系统组成结构图示

参 考 文 献

［1］ GB/T 21028—2007 信息安全技术 服务器安全技术要求
［2］ GB/T 20272—2006 信息安全技术 操作系统安全技术要求
［3］ GB/T 20273—2006 信息安全技术 数据库管理系统安全技术要求
［4］ GB/T 20158—2006 信息技术 软件生存周期过程 配置管理

ICS 35.040
L 80

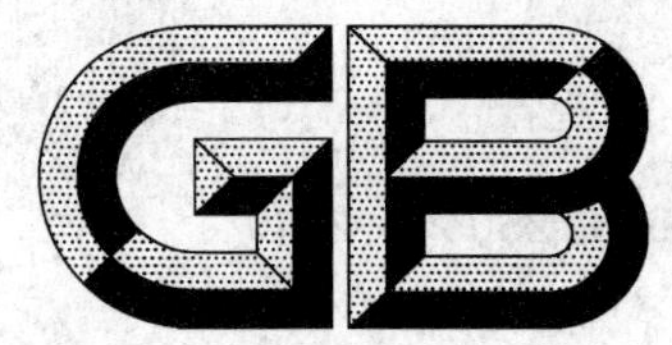

中华人民共和国国家标准

GB/T 25056—2010

信息安全技术　证书认证系统密码及其相关安全技术规范

Information security techniques—Specifications of cryptograph and related security technology for certificate authentication system

2010-09-02 发布　　2011-02-01 实施

中华人民共和国国家质量监督检验检疫总局
中国国家标准化管理委员会　发布

前　言

本标准附录 A、附录 B、附录 C、附录 D 均为资料性附录。

本标准由国家密码管理局提出。

本标准由全国信息安全标准化技术委员会(SAC/TC 260)归口。

本标准主要起草单位:长春吉大正元信息技术股份有限公司、国家密码管理局商用密码研究中心、国家信息安全工程技术研究中心。

本标准相关参与起草单位:无锡江南信息安全工程技术中心、上海格尔软件股份有限公司、北京信安世纪科技有限公司、济南得安计算机技术有限公司、北京创原天地科技有限公司、卫士通信息产业股份有限公司、天津市国瑞数码安全系统有限公司、兴唐通信科技股份有限公司、中国科学院数据与通信保护研究教育中心、北京格方网络技术有限公司、北京天融信科技有限公司、维豪信息技术有限公司等。

本标准主要起草人:邱泽军、王永传、何立波、谢永泉、姜玉琳、刘海龙、邓开勇、罗鹏、田景成、赵丹、张文建、李大为。

袁文恭、刘平、何良生、邱钢、陈连俊等专家指导了本标准的起草。

信息安全技术　证书认证系统密码及其相关安全技术规范

1　范围

本标准规定了为公众服务的数字证书认证系统的设计、建设、检测、运行及管理规范。本标准为实现数字证书认证系统的互连互通和交叉认证提供统一的依据，指导第三方证书认证机构的数字证书认证系统的建设和检测评估，规范数字证书认证系统中密码及相关安全技术的应用。

本标准适用于第三方证书认证机构的数字证书认证系统的设计、建设、检测、运行及管理。非第三方证书认证机构的数字证书认证系统的建设、运行及管理，可参照本标准。

2　规范性引用文件

下列文件中的条款通过本标准的引用而成为本标准的条款。凡是注日期的引用文件，其随后所有的修改单(不包括勘误的内容)或修订版均不适用于本标准，然而，鼓励根据本标准达成协议的各方研究是否可使用这些文件的最新版本。凡是不注日期的引用文件，其最新版本适用于本标准。

GB/T 2887—2000　电子计算机场地通用规范

GB/T 9361—1988　计算机场地安全要求

GB/T 20518—2006　信息安全技术　公钥基础设施　数字证书格式

GB 50174—2008　电子信息系统机房设计规范

SJ/T 10796—1996　计算机机房用活动地板技术条件

3　术语和定义

下列术语和定义适用于本标准。

3.1

认证机构证书　authority certificate

签发给证书认证机构的证书。

3.2

CA 证书　CA certificate

由一个 CA 给另一个 CA 签发的证书，一个 CA 也可以为自己签发证书，这是一种自签名的证书。

3.3

证书认证系统　certificate authentication system

对生命周期内的数字证书进行全过程管理的安全系统。

3.4

证书策略　certificate policy

是一个指定的规则集合，它指出证书对于具有普通安全需求的一个特定团体和(或)具体应用类的适用性。例如，一个特定的证书策略可以指出一个类型的证书对在一定的价格幅度下商品交易的电子数据处理的认证的适用性。

3.5

证书撤销列表　certificate revocation list;CRL

标记一系列不再被证书发布者所信任的证书的签名列表。

3.6

证书验证　certificate validation

确定证书在指定的时间内是否有效的过程。证书验证包括有效期验证、签名验证以及证书状态的检验。

3.7

证书认证机构　certificate authority;CA

又称为认证中心或CA,它是被用户所信任的签发公钥证书及证书撤销列表的管理机构。

3.8

CA注销列表　certificate authority revocation list;ARL

标记已经被注销的CA的公钥证书的列表,表示这些证书已经无效。

3.9

证书认证路径　certification path

在目录信息树中对象证书的一个有序的序列。路径的初始节点是最初待验证对象的公钥,可以通过路径获得最终的顶点的公钥。

3.10

证书撤销列表分布点　certificate revocation list distribution point

一个目录条目或其他的证书撤销列表分布源,一个通过证书撤销列表分布点发布的证书撤销列表,可以包括由一个CA发布的所有证书中的一个证书子集的注销条目,也可以包括全部证书的注销条目。

3.11

增量证书撤销列表　delta-CRL;dCRL

是一个部分的证书撤销列表,它只包括那些在基础证书撤销列表确认后注销状态改变的证书的条目。

3.12

证书序列号　certificate serial number

在一个证书认证机构所签发的证书中用于唯一标识数字证书的一个整数。

3.13

数字证书　digital certificate

由证书认证机构签名的包含公开密钥拥有者信息、公开密钥、签发者信息、有效期以及一些扩展信息的数字文件。

3.14

完全的证书撤销列表　full CRL

在给定的范围内,包含所有已经被注销的证书的证书撤销列表。

3.15

私钥　private key

在公钥密码系统中,用户的密钥对中只有用户本身才能持有的密钥。

3.16

公钥　public key

在公钥密码系统中,用户的密钥对中可以被其他用户所持有的密钥。

3.17

证书注册机构　registration authority;RA

证书认证体系中的一个组成部分,它是接收用户证书及证书撤销列表申请信息、审核用户真实身份、为用户颁发证书的管理机构。

3.18

依赖方　relying party

使用证书中的数据进行决策的用户或代理。

3.19

安全策略　security policy

由证书认证机构发布的用于约束安全服务以及设施的使用和提供方式的规则集合。

3.20

信任　trust

通常说一个实体信任另一个实体表示后一个实体将完全按照第一个实体的规定进行相关的活动。在本标准中，信任用来描述一个认证实体与证书认证机构之间的关系。

4　缩略语

ARL　Certificate Authority Revocation List　CA注销列表
CA　Certificate Authority　证书认证机构
CRL　Certificate Revocation List　证书撤销列表
dCRL　Delta-CRL　增量证书撤销列表
DIT　Derectory Information Tree　目录信息树系统
HTTP　Hypertext Transfer Protocol　超文本传输协议
HTTPS　Secure Hypertext Transfer Protocol　安全超文本传输协议
KMC　Key Management Centre　密钥管理中心
LDAP　Lightweight Directory Access Protocol　轻量目录访问协议
OCSP　Online Certificate Status Protocol　在线证书状态查询协议
OID　Object ID　对象标识符
RA　Registration Authority　证书注册机构
SOCSP　Simple Online Certificate Status Protocol　简明在线证书状态查询协议

5　证书认证系统

5.1　概述

证书认证系统是对生命周期内的数字证书进行全过程管理的安全系统。证书认证系统必须采用双证书(用于数字签名的证书和用于数字加密的证书)机制，并建设双中心(证书认证中心和密钥管理中心)。证书认证系统在逻辑上可分为核心层、管理层和服务层，其中，核心层由密钥管理中心、证书/证书撤销列表签发系统、证书/证书撤销列表存储发布管理系统构成；管理层由证书管理系统和安全管理系统构成；服务层由证书注册管理系统(包括远程用户注册管理系统)和证书查询系统构成。建议的证书认证系统的逻辑结构如图1所示。

5.2　功能描述

5.2.1　概述

证书认证系统提供了对生命周期内的数字证书进行全过程管理的功能，包括用户注册管理、证书/证书撤销列表的生成与签发、证书/证书撤销列表的存储与发布、证书状态的查询和密钥的生成与管理以及安全管理等。

5.2.2　用户注册管理系统

用户注册管理系统负责用户的证书申请、身份审核和证书下载，可分为本地注册管理系统和远程注册管理系统。

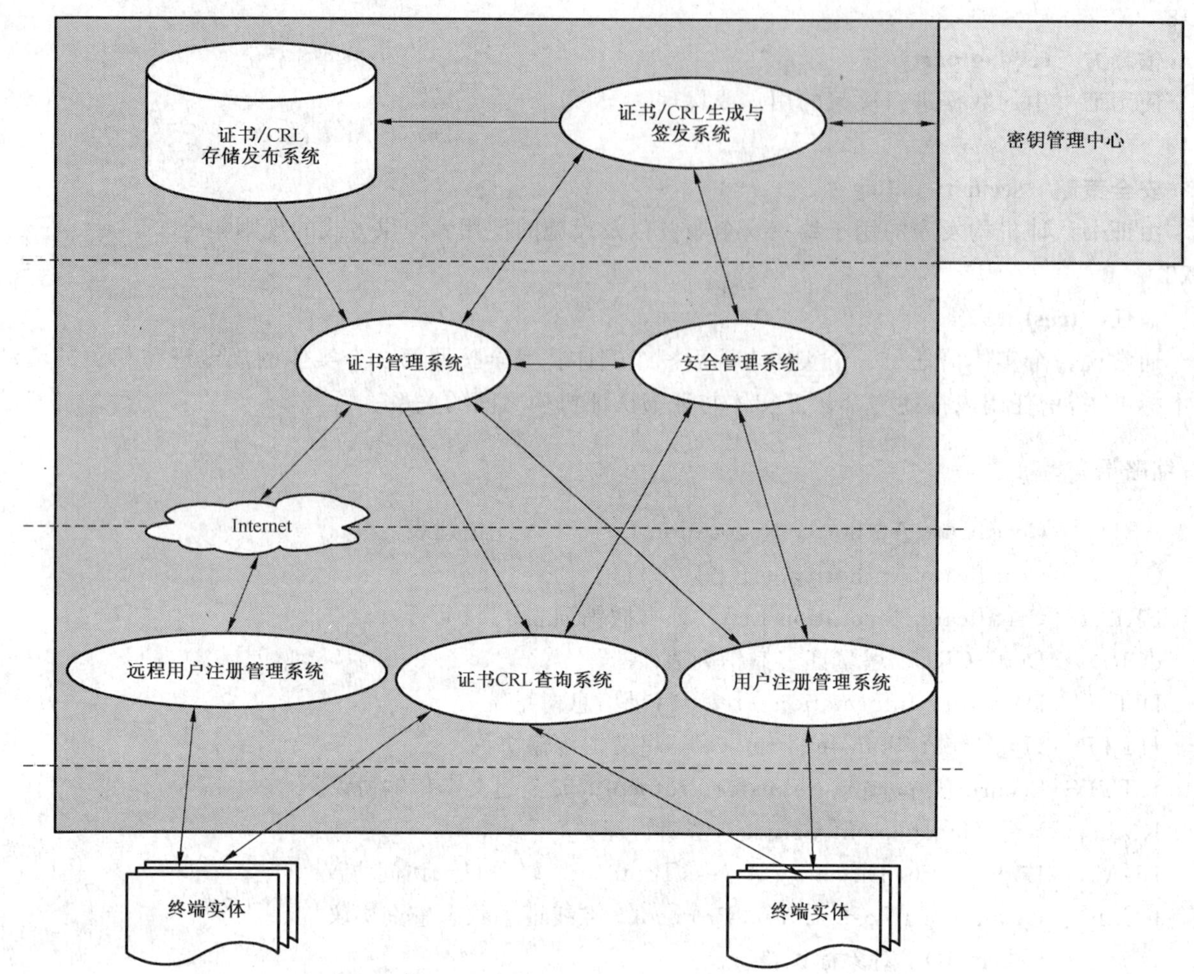

图 1　证书认证系统逻辑结构

5.2.2.1　证书申请

证书申请可采用在线或离线两种方式：

——在线方式：用户通过互联网等登录到用户注册管理系统申请证书；

——离线方式：用户到指定的注册机构申请证书。

5.2.2.2　身份审核

审核人员通过用户注册管理系统，对证书申请者进行身份审核。

5.2.2.3　证书下载

证书下载可采用在线或离线两种方式：

——在线方式：用户通过互联网等登录到用户注册管理系统下载证书；

——离线方式：用户到指定的注册机构下载证书。

5.2.3　证书/证书撤销列表生成与签发系统

5.2.3.1　功能

证书/证书撤销列表生成与签发系统负责生成、签发数字证书和证书撤销列表。

5.2.3.2　证书类型

按主体对象，证书分为人员证书、设备证书和机构证书三种类型。

按功能，证书分为加密证书和签名证书两种类型。

5.2.3.3　证书机制

证书认证系统采用双证书机制。每个用户拥有两张数字证书，一张用于数字签名，另一张用于数据加密。用于数字签名的密钥对可以由用户利用具有密码运算功能的证书载体产生；用于数据加密的密钥对由密钥管理中心产生并负责安全管理。签名证书和加密证书一起保存在用户的证书载体中。

5.2.3.4 证书生成/签发

用户的数字证书由该系统的CA签发，根CA的数字证书由根CA自己签发，下级CA的数字证书由上级CA签发。

5.2.3.5 证书撤销列表

证书撤销列表是在证书有效期之内，CA签发的终止使用证书的信息，分为用户证书撤销列表(CRL)和CA证书撤销列表(ARL)两类。在证书的使用过程中，应用系统通过检查CRL/ARL，获取有关证书的状态。

5.2.4 证书/证书撤销列表存储与发布系统

证书/证书撤销列表存储与发布系统负责数字证书、证书撤销列表的存储和发布。

根据应用环境的不同，证书/证书撤销列表存储与发布系统应采用数据库或目录服务方式，实现数字证书/证书撤销列表的存储、备份和恢复等功能，并提供查询服务。

使用目录服务方式，应采用主、从目录结构以保证主目录服务器的安全，同时从目录服务器可以采用分布式的方式进行设置，以提高系统的效率。用户只能访问从目录服务器。

5.2.5 证书状态查询系统

证书状态查询系统应为用户和应用系统提供证书状态查询服务，包括：

——CRL查询：用户或应用系统利用数字证书中标识的CRL地址，下载CRL，并检验证书有效性。

——在线证书状态查询：用户或应用系统按照OCSP协议，实时在线查询证书的状态。

在实际应用中，可以根据具体情况采用上述两种查询方式之一或全部。

5.2.6 证书管理系统

证书管理系统是证书认证系统中实现对证书/证书撤销列表的申请、审核、生成、签发、存储、发布、注销、归档等功能的管理控制系统。

5.2.7 安全管理系统

安全管理系统主要包括安全审计系统和安全防护系统。

安全审计系统提供事件级审计功能，对涉及系统安全的行为、人员、时间等记录进行跟踪、统计和分析。

安全防护系统提供访问控制、入侵检测、漏洞扫描、病毒防治等网络安全功能。

5.3 系统设计

5.3.1 概述

证书认证系统的设计包括系统的总体设计和各子系统设计，本标准提供证书认证系统的设计原则以及各个子系统的实现方式，在具体实现过程中，应根据所选择的开发平台和开发环境进行详细设计。

5.3.2 总体设计原则

证书认证系统的总体设计原则如下：

a) 证书认证系统遵循标准化、模块化设计原则；
b) 证书认证系统设置相对独立的功能模块，通过各模块之间的安全连接，实现各项功能；
c) 各模块之间的通信采用基于身份鉴别机制的安全通信协议；
d) 各模块使用的密码运算都必须在密码设备中完成；
e) 各模块产生的审计日志文件采用统一的格式传递和存储；
f) 用户注册管理系统、证书/证书撤销列表生成与签发系统和密钥管理中心可以设置独立的数据库；
g) 证书认证系统的各模块应设置有效的系统管理功能；
h) 系统必须具备访问控制功能；

i) 系统在实现证书管理功能的同时，必须充分考虑系统本身的安全性。

5.3.3 用户注册管理系统设计

5.3.3.1 用户注册管理系统功能

用户注册管理系统负责用户证书/证书撤销列表的申请、审核以及证书的制作，其主要功能如下：

——用户信息的录入：录入用户的申请信息，用户申请信息包括签发证书所需要的信息，还包括用于验证用户身份的信息，这些信息存放在用户注册管理系统的数据库中。用户注册管理系统应能够批量接受从外部系统生成的、以电子文档方式存储的用户信息。

——用户信息的审核：提取用户的申请信息，审核用户的真实身份，当审核通过后，将证书签发所需要的信息提交给签发系统。

——用户证书下载：用户注册管理系统提供证书下载功能，当签发系统为用户签发证书后，用户注册管理系统能够下载用户证书，并将用户证书写入指定的用户证书载体中，然后分发给用户。

——安全审计：负责对用户注册管理系统的管理人员、操作人员的操作日志进行查询、统计以及报表打印等。

——安全管理：对用户注册管理系统的登陆进行安全访问控制，并对用户信息数据库进行管理和备份。

——多级审核：用户注册管理系统可根据需要采用分级部署的模式，对不同种类和等级的证书，可由不同级别的用户注册管理系统进行审核。用户注册管理系统应能够根据需求支持多级注册管理系统的建立和多级审核模式。

用户注册管理系统应具有并行处理的能力。

5.3.3.2 用户注册管理系统结构

用户注册管理系统有本地注册管理和远程注册管理两种方式，分别由注册管理、数据库、信息录入、身份审核、证书制作、安全管理以及安全审计几部分构成。其结构如图 2 所示。

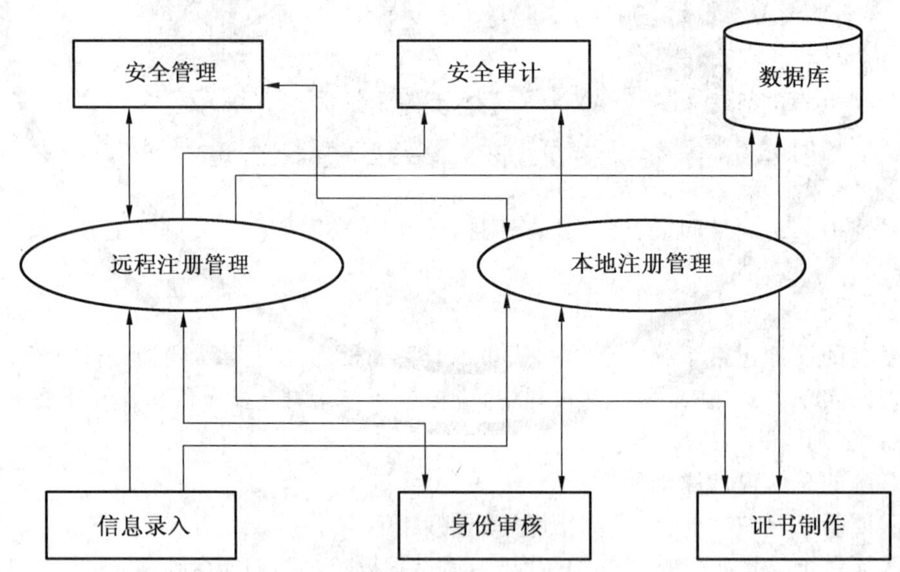

图 2 用户注册管理系统逻辑结构

5.3.4 证书/证书撤销列表生成与签发系统设计

5.3.4.1 证书/证书撤销列表生成与签发系统功能

证书/证书撤销列表生成与签发系统是证书认证系统的核心，不仅为整个证书认证系统提供签发证书/证书撤销列表的服务，还承担整个证书认证系统中主要的安全管理工作。

其主要功能如下：

——证书生成与签发：从数据库中读取与核对用户信息，根据拟签发的证书类型向密钥管理中心申请加密密钥对，生成用户的签名证书和加密证书，将签发完成的证书发布到目录服务器和数据库中。根据系统的配置和管理策略，不同种类或用途的证书可以采用不同的签名密钥。

——证书更新：系统应提供CA证书及用户证书的更新功能。

——证书撤销列表生成与签发：接收注销信息，验证注销信息中的签名，然后签发证书撤销列表，将签发后的注销列表发布到数据库或目录服务器中。签发证书撤销列表的签名密钥可以与签发证书的签名密钥相同或不同。

——安全审计：负责对证书/证书撤销列表生成与签发系统的管理人员、操作人员的操作日志进行查询、统计以及报表打印等。

——安全管理：对证书/证书撤销列表生成与签发系统的登录进行安全访问控制，并对证书/证书撤销列表数据库进行管理和备份；设置管理员、操作员，并为这些人员申请和下载数字证书；配置不同的密码设备；配置不同的证书模板。

证书/证书撤销列表生成与签发系统应具有并行处理的能力。

5.3.4.2 证书/证书撤销列表生成与签发系统结构

证书/证书撤销列表生成与签发系统由证书/证书撤销列表生成与签发、安全管理、安全审计、数据库、目录服务器以及密码设备等组成。

证书/证书撤销列表生成与签发

主要功能包括证书的生成与签发和CRL/ARL的生成与签发。

a) 证书的生成/签发：根据接收的请求信息，从数据库中提取用户的信息，向密钥管理中心申请加密密钥对，然后生成并签发签名证书和加密证书，签发的证书和加密证书的私钥通过证书管理系统下传给申请者，同时将证书发布到数据库和目录服务器中。在此过程中，必须保证私钥传递的安全。

b) 证书撤销列表的生成/签发：首先验证申请信息中的数字签名和相关数据，然后签发证书撤销列表，并将注销列表发布到数据库或目录服务器指定的位置。

密码设备

密码设备完成签名以及验证工作，并负责与其他系统通信过程中的密码运算，CA的签名密钥保存在密码设备中。在进行上述工作中，必须保证所使用的密钥不能以明文形式被读出密码设备。

安全管理

主要包括：

a) 证书模板配置：不同的证书种类由不同的证书模板确定，证书模板包括相应种类证书的基本项和证书的扩展项；

b) CRL发布策略配置：配置CRL的发布策略，包括自动/人工发布模式选择、发布时间间隔；

c) 进行CA密钥的更新；

d) 进行证书的备份和归档；

e) 进行服务器安全配置，包括服务器可接受的主机访问列表；

f) 为其他子系统定义管理员以及为这些管理员签发数字证书；

g) 数据库系统的配置：数据源的选择，数据库连接的用户名和口令设置。

安全审计

查询证书/证书撤销列表生成与签发系统中的安全审计日志，并进行统计与打印。

5.3.5 证书/证书撤销列表存储发布系统设计

5.3.5.1 证书/证书撤销列表存储发布系统功能

证书/证书撤销列表存储发布系统负责证书和证书撤销列表的存储与发布，是证书认证系统的基础组成部分。证书的存储和发布必须采用数据库、目录服务器或其中之一。

该系统主要功能如下：

——证书存储；

——证书撤销列表存储；

——证书和 CRL 发布；

——安全审计：负责对证书/证书撤销列表存储发布系统的管理人员、操作人员的操作日志进行查询、统计以及报表打印等；

——安全管理：对证书/证书撤销列表存储发布系统的登陆进行访问控制，并定期对数据库和目录服务器进行管理和备份；

——数据一致性检验：对数据库和目录服务器中的数据进行一致性检验。

5.3.5.2 证书/证书撤销列表存储发布系统结构

证书/证书撤销列表存储与发布系统由数据库或主/从目录服务器、安全管理模块、安全审计模块组成。

数据库

存放证书和证书撤销列表以及用户的其他信息。

目录服务器

证书/证书撤销列表存储发布系统采用主从结构的目录服务器，签发完成的数据直接写入主目录服务器中，然后由目录服务器的主从映射功能自动映射到从目录服务器中。主、从目录服务器通常配置在不同等级的安全区域。用户只能访问从目录服务器。

安全管理

主要包括：

a) 定期对数据库和目录服务器的内容进行数据的备份和归档。

b) 对数据库和目录服务器中的数据进行一致性检查，发现不一致时，应进行数据恢复。

安全审计

查询证书/证书撤销列表存储与发布系统中的安全审计日志，并进行统计与打印等。

5.3.6 证书状态查询系统设计

5.3.6.1 证书状态查询系统功能

证书状态查询系统为用户及应用系统提供证书状态查询服务。

证书状态查询系统所提供的服务可以采用以下两种方式：

——CRL 查询：用户或应用系统利用证书中标识的 CRL 地址，查询并下载 CRL 到本地，进行证书状态的检验。

——在线证书状态查询：用户或应用系统利用 OCSP 协议，在线实时查询证书的状态，查询结果经过签名后返回给请求者，进行证书状态的检验。

5.3.6.2 证书状态查询系统结构

证书状态查询系统由证书状态数据库/OCSP 服务器、安全管理模块、安全审计模块以及密码设备组成。

证书状态数据库/OCSP 服务器

接受用户及应用系统的证书状态查询请求，根据请求信息中的证书序列号，从证书状态数据库中查询证书的状态，查询结果返回给请求者。

密码设备

验证请求信息中的签名，并对查询结果进行签名。

安全管理

主要包括：

a) OCSP 服务器的配置，定义可接受的访问控制信息以及查询的证书状态数据库的地址。

b) 启动/停止查询服务，配置可接受的用户请求数量等。

安全审计

查询证书状态查询系统中的安全审计日志，并进行统计与打印等。

5.3.7 证书管理系统设计

证书管理系统是证书认证系统的综合信息控制和调度服务系统，它接收用户的各种请求信息，并将请求信息提交给相应的子系统。证书管理系统是一个逻辑上独立的系统，在进行系统设计过程中，可根据证书认证系统提供的服务，由不同的处理模块组成，这些模块可以采用分布式的结构，以增强系统的处理能力，提高系统的效率。

5.3.8 安全管理系统设计

安全管理系统主要包括安全审计系统和安全防护系统。

安全审计系统

提供事件级审计功能，对涉及系统安全的行为、人员、时间的记录进行跟踪、统计和分析。安全审计系统可以分别查询各子系统中的日志记录，也可以通过查询证书/证书撤销列表存储与发布系统中的数据库，进行集中审计。

日志记录的主要内容包括：

a) 操作员姓名；

b) 操作项目；

c) 操作起始时间；

d) 操作终止时间；

e) 证书序列号；

f) 操作结果。

日志管理的主要内容包括：

a) 日志参数设置，设置日志保存的最大规模和日志备份的目录；

b) 日志查询，查询操作员、操作事件信息；

c) 日志备份，当日志保存到日志参数设置的最大规模时，将保存的日志备份；

d) 日志处理，对日志记录的正常业务流量和各类事件进行分类整理；

e) 证据管理，对证据数据进行审计、统计和记录。

安全防护系统

提供访问控制、入侵检测、漏洞扫描、病毒防治等网络安全功能。

5.4 数字证书

关于数字证书结构和格式见 GB/T20518—2006。

其中，证书结构中的颁发者名称和主体名称的 DN 顺序应符合下列规则：

a) 如果有 C 项，则放在最后，且 C=CN；

b) 如果有 CN 项，则放在 DN 的最前面；

c) 如果同时存在 OU 和 O 项，则 OU 在 O 前面；如果同时存在 S 和 L 项，则 L 在 S 前面。

证书结构中的签名算法域中标识的密码算法必须是国家密码主管部门批准的算法。

5.5 证书撤销列表

本标准的证书撤销列表结构和格式遵照国家相关标准。

其中，证书撤销列表结构中的签名算法域中标识的密码算法必须是国家密码主管部门批准的算法。

6 密钥管理中心

6.1 结构描述

密钥管理中心由密钥生成、密钥管理、密钥库管理、认证管理、安全审计、密钥恢复和密码服务等模块组成，建议的密钥管理中心逻辑结构如图 3 所示。

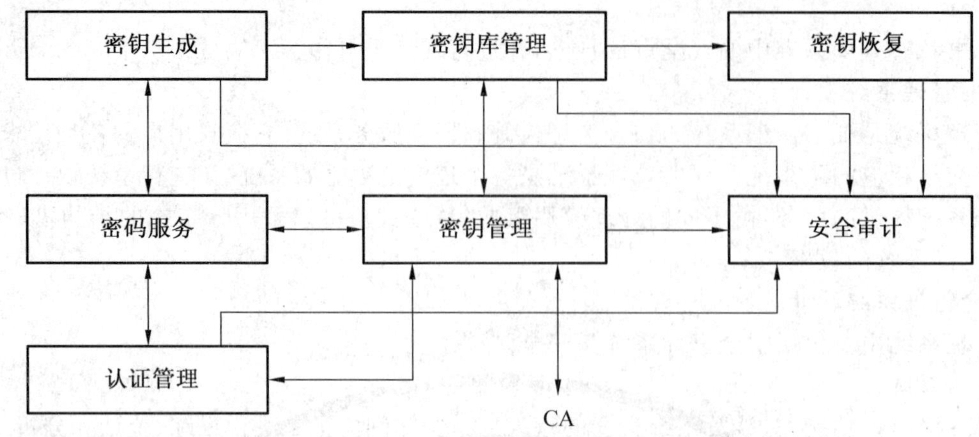

图 3　密钥管理中心逻辑结构

6.2　功能描述

6.2.1　概述

密钥管理中心提供了对生命周期内的加密证书密钥对进行全过程管理的功能，包括密钥生成、密钥存储、密钥分发、密钥备份、密钥更新、密钥撤消、密钥归档、密钥恢复以及安全管理等。

6.2.2　密钥生成

根据CA的请求为用户生成非对称密钥对，该密钥对由密钥管理中心的硬件密码设备生成。

6.2.3　密钥存储

密钥管理中心生成的非对称密钥对，经硬件密码设备加密后存储在数据库中。

6.2.4　密钥分发

密钥管理中心生成的非对称密钥对通过证书认证系统分发到用户证书载体中。

6.2.5　密钥备份

密钥管理中心采用热备份、冷备份和异地备份等措施实现密钥备份。

6.2.6　密钥更新

当证书到期或用户需要时，密钥管理中心根据CA请求为用户生成新的非对称密钥对。

6.2.7　密钥撤消

当证书到期、用户需要或管理机构依据合同规定认为必要时，密钥管理中心根据CA请求撤消用户当前使用的密钥。

6.2.8　密钥归档

密钥管理中心为到期或撤消的密钥提供安全长期的存储。

6.2.9　密钥恢复

密钥管理中心可为用户提供密钥恢复服务和为司法取证提供特定密钥恢复。密钥恢复需依据相关法规并按管理策略进行审批，一般用户只限于恢复自身密钥。

6.3　系统设计

6.3.1　概述

密钥管理中心的设计包括系统的整体设计和各子系统设计。本标准提供密钥管理中心的设计原则以及各个子系统的实现方式，在具体实现过程中，应根据所选择的开发平台和开发环境进行详细设计。

6.3.2　总体设计原则

a）密钥管理中心遵循标准化、模块化设计原则；

b）密钥管理中心设置相对独立的功能模块，通过各模块之间的安全连接，实现各项功能；

c）各模块之间的通信采用基于身份验证机制的安全通信协议；

d）各模块使用的密码运算都必须在密码设备中完成；

e) 各模块产生的审计日志文件采用统一的格式传递和存储；
f) 系统必须具备访问控制功能；
g) 系统应设置有效的系统管理功能；
h) 系统在实现密钥管理功能的同时，必须充分考虑系统本身的安全性；
i) 系统可为多个 CA 提供密钥服务，当为多个 CA 提供密钥服务时，由上级 CA 为密钥管理中心签发证书。

6.3.3 密钥生成模块

密钥生成模块应提供以下主要功能：

a) 非对称密钥对的生成，并将其保存在备用库中；当备用库中密钥数量不足时，自动进行补充。
b) 对称密钥的生成。
c) 随机数的生成。

6.3.4 密钥管理模块

密钥管理模块应提供以下主要功能：

a) 接收、审核 CA 的密钥申请；
b) 调用备用密钥库中的密钥对；
c) 向 CA 发送密钥对；
d) 对调用的备用密钥库中的密钥对进行处理，并将其转移到在用密钥库；
e) 对在用密钥库中的密钥进行定期检查，将超过有效期的或被撤销的密钥转移到历史密钥库；
f) 对历史密钥库中的密钥进行处理，将超过规定保留期的密钥转移到规定载体；
g) 接收与审查关于恢复密钥的申请，依据安全策略进行处理；
h) 对进入本系统的有关操作及操作人员进行身份与权限的认证。

6.3.5 密钥库管理模块

6.3.5.1 概述

密钥库管理模块负责密钥的存储管理，按照其存储的密钥的状态，密钥库分为备用库、在用库和历史库等三种类型，密钥库中的密钥数据必须加密存放。

6.3.5.2 备用库

备用库存放待使用的密钥对。密钥生成模块预生成一批密钥对，存放于备用库中；CA 需要时，可及时调出，将其提供给 CA 后转入在用库。

备用密钥库应保持一定数量的待用密钥对，存放的密钥数量依系统的用户数量而定，若少于设定的最低数量时应自动补足到规定数量。

6.3.5.3 在用库

在用库存放当前使用的密钥对。在用库中的密钥记录包含用户证书的序列号、ID 号和有效时间等标志。

6.3.5.4 历史库

历史库存放过期或已被注销的密钥对。历史库中的密钥记录包含用户证书的序列号、ID 号有效时间和作废时间等标志。

6.3.6 认证管理模块

认证管理模块负责对进入本系统的有关操作及操作人员进行身份与权限的认证。

6.3.7 安全审计模块

安全审计模块负责各个功能模块的运行事件检查、有关资料分析和密钥申请统计等服务。审计项目主要包括：

a) 运行事件记录；
b) 服务器状态记录；

c) 系统重要策略设置。

审计记录不能进行修改。

6.3.8 密钥恢复模块

密钥恢复模块负责为用户和司法取证恢复用户的加密私钥，被恢复的私钥必须安全地下载到载体。

a) 用户密钥恢复：用户通过 RA 申请，经审核后，由 CA 向密钥管理中心提出密钥恢复请求，密钥恢复模块恢复用户的密钥并通过 CA 返回 RA，下载于用户证书载体中；

b) 司法取证密钥恢复：司法取证人员必须到 KMC 进行司法取证密钥恢复，KMC 对司法取证人员的身份进行认证，认证通过后，由密钥恢复模块恢复所需的密钥并下载于特定载体中。

6.3.9 密码服务模块

密码服务模块负责为密钥管理中心的各项业务提供密码支持。

密码服务模块配置经国家密码主管部门审批的非对称密钥密码算法、对称密钥密码算法和数据摘要算法等。

密码算法必须在硬件密码设备中运行，有关密码算法、密码设备和密码接口的要求在本标准第 6 章中规定。

6.3.10 审计模块

密钥管理中心设置日志审计模块，包括全程审计和事件审计。审计员定时调出审计记录，制作统计分析表。审计员可以处理但不能修改日志审计数据。

日志记录的主要内容包括：

a) 操作员姓名；

b) 操作项目；

c) 操作起始时间；

d) 操作终止时间；

e) 证书序列号；

f) 操作结果。

日志管理的主要内容包括：

a) 日志参数设置，设置日志保存的最大规模和日志备份的目录；

b) 日志查询，日志查询主要是查询操作员、认证机构操作事件信息；

c) 日志备份，当日志保存到日志参数设置的最大规模时，将保存的日志备份；

d) 日志处理，对日志记录的正常业务流量和各类事件进行分类整理；

e) 证据管理，对证据数据进行审计、统计和记录。

6.4 KMC 与 CA 的安全通信协议

KMC 与 CA 之间采用基于身份鉴别机制的安全通信协议，并进行双向身份鉴别。

有关安全通信协议的详细内容可参见本标准 8.3“安全通信协议”。

KMC 接收来自 CA 的请求，检查确定请求合法后，为 CA 提供相应的服务，并将结果返回给 CA。KMC 与 CA 之间的消息格式参见附录 A。

7 密码算法、密码设备及接口

7.1 密码算法

证书认证系统使用对称密码算法、非对称密码算法和数据摘要算法等三类算法实现有关密码服务各项功能，其中，对称密钥密码算法实现数据加/解密以及消息认证；非对称密钥密码算法实现签名/验证以及密钥交换；数据摘要算法实现待签名消息的摘要运算。

证书认证系统使用的密码算法要求如下：

——对称密钥密码算法：采用国家密码主管部门批准使用的对称密码算法。

——非对称密钥密码算法:采用国家密码主管部门批准使用的非对称密钥密码算法。

——数据摘要算法:采用国家密码主管部门批准使用的数据摘要算法。数据摘要算法在实现待签名消息的摘要运算过程中,至少对部分数据要采取密码保护。

7.2 密码设备

7.2.1 概述

应采用国家密码主管部门批准使用的密码设备,包括:

——应用类密码设备:在证书认证系统中提供签名/验证、数据加密/解密、数据摘要、数字信封、密钥生成和管理等密码作业服务。

——通信类密码设备:用于 KMC 与 CA 之间、CA 与 RA 间的传输加密。

——证书载体:具有数字签名/验证、数据加/解密等功能的智能 IC 卡或智能密码钥匙等载体,用于用户的证书存储及相关的密码作业。

7.2.2 密码设备的功能

密码设备必须具备如下基本功能:

a) 随机数生成;

b) 非对称密钥的产生;

c) 对称密钥的产生;

d) 非对称密钥密码算法的加解密运算;

e) 对称密钥密码算法的加解密运算;

f) 数据摘要运算;

g) 密钥的存储;

h) 密钥的安全备份和安全导入导出;

i) 多密码设备并行工作时,密钥的安全同步。

7.2.3 密码设备的安全要求

密码设备应满足下列要求:

a) 接口安全,不执行规定命令以外的任何命令和操作;

b) 协议安全,所有命令的任意组合,不能得到密钥的明文;

c) 密钥安全,密钥不以明的形式出现在密码设备之外;

d) 物理安全,密码设备应具有物理防护措施,任何情况下的拆卸均应立即销毁设备内保存的密钥。

7.3 密码服务接口

密码服务接口为调用密码服务提供统一的基本接口函数,密码设备的其他管理函数可自行定义。

本标准仅定义基本接口函数,包括:密钥对生成、非对称加解密函数、对称加解密函数、数据摘要函数等,有关函数定义以及功能说明参见附录 C。

8 协议

8.1 证书管理协议

8.1.1 证书的注册申请

用户要获得证书首先必须向 RA 提交申请,可以采用两种申请模式:

a) 用户将自己的身份信息提交给 RA,在这个过程中用户不提交自己的签名公钥;

b) 用户将自己的身份信息、签名公钥、随机选取的一段信息及签名提交给 RA。

8.1.2 证书申请的审核

为用户签发证书之前,必须对用户的真实身份进行确认,要求用户提交的注册申请信息与其真实身份信息相符,同时还要验证用户拥有与签名公钥对应的签名私钥。

a) 身份确认：身份确认可以采用面对面的方式，即要求用户或其代理者携带证明资料到 RA 进行验证；也可以通过查询其他的安全应用系统的用户资料，进行自动验证。身份确认的方式需要在发布认证策略时发布。

b) 拥有签名私钥的验证：对申请信息进行数据摘要运算，然后用申请信息中的公钥，对申请信息中的签名进行解密，得到申请者计算的数据摘要，然后进行比较。如相等则验证通过。该过程也可以在证书签发时进行。

8.1.3 证书的签发

证书签发由证书签发系统完成，包括根证书、CA 证书以及用户证书的签发。

a) 根证书和 CA 证书的签发：根证书是一张自签名证书，使用证书中的公钥即可验证证书的签名。在系统初始化时，首先要签发一张根证书。下级 CA 的数字证书由上级 CA 签发。在证书中需要在扩展域标识该证书可以用来签发证书。

b) 用户证书的签发：认证系统签发用户证书时，首先根据用户的申请信息，以及审核信息确认是否为该用户签发证书，当确认可以签发后，向密钥管理中心申请一对加密密钥，再根据申请信息为用户签发两张数字证书并将两张数字证书发布到目录服务器上，然后将数字证书以及加密证书的私钥回传给用户。

8.1.4 证书的下载

a) 根证书、CA 证书的下载：根证书、CA 证书可以由用户通过证书/证书撤销列表存储与发布系统下载，也可以与用户证书一起下载。

b) 用户证书的下载：用户或其代理者进行证书的下载时，首先向 RA 提供确认信息。通过确认后，将签发好的用户证书和加密证书的私钥，下载到用户的证书载体中。

8.1.5 证书的注销

证书注销由证书/证书撤销列表生成与签发系统完成，分为两种情况：

a) 强制注销：证书认证系统的管理人员可以在策略规定的范围内强制注销证书。

b) 用户申请注销：当用户因某种原因不再或不能使用证书时，可以通过 RA 申请注销证书。

证书注销的过程与证书的申请过程相同。

8.1.6 证书撤销列表的发布

a) 发布的时间策略：可以采取实时发布和定时发布两种策略。实时发布是指签发系统接到注销请求后，立刻根据请求信息签发注销列表；定时发布是指签发系统接到注销请求信息后不立刻签发注销列表，而是按照系统的设定，在确定的时间里签发注销列表；

b) 发布的形式：可以采用完全的注销列表、增量证书撤销列表以及证书分布点技术发布证书撤销列表。

8.1.7 证书的更新

证书的更新包括根证书、CA 证书的更新和用户证书的更新：

a) 根证书和 CA 证书更新：

根证书和 CA 证书密钥更新根据证书密钥更新的策略进行。

证书密钥更新时，证书认证系统需要签发三个新证书：

1) 新私钥签名的包含新公钥的证书；

2) 新私钥签名的包含旧公钥的证书；

3) 旧私钥签名的包含新公钥的证书。

在过渡期中，系统中存在着的四个证书，保证所有实体能够在各种情况下对所接到的证书进行验证。过渡期结束，只保留新私钥签名的包含新公钥的证书。

b) 用户证书更新：

用户证书的更新包括签名证书的更新和加密证书的更新。

用户证书更新应向RA提出申请。证书/证书撤销列表生成与签发系统接到证书更新申请后，首先将旧的证书作废，如果是加密证书更新则向密钥管理中心申请新的加密密钥对，然后签发新的证书，将新证书传递给用户并发布到证书/证书撤销列表存储与发布系统中。

8.2 证书验证协议

8.2.1 概述

用户在使用数字证书进行加密和验证数字签名时，必须首先验证证书的有效性，验证证书的有效性包括三个方面的内容：

a) 用CA的证书验证用户证书中的签名，确认该证书是该CA签发的，并且证书的内容没有被篡改；
b) 检验证书的有效期，确认该证书在有效期之内；
c) 查询CRL，确认该证书没有被注销。

8.2.2 认证路径

在进行证书验证时，需要根据证书的签发者查询签发者证书，并验证其有效性，直到找到一个预先确定的可信任的CA证书，在这个过程中，形成了一个包含多个CA证书的证书列表，这个列表就是证书的认证路径。

证书认证路径的获取可以在用户申请证书之前从CA下载，也可以在需要时实时分别从不同CA下载。

有关认证路径的具体处理过程，参见国家相关标准。

8.2.3 证书状态查询

证书状态查询为用户和应用提供查询证书状态的查询服务。

a) CRL的获取：用户或应用系统可通过证书中的CRL地址标识下载；
b) CRL验证：验证时，首先检查CRL文件是否在有效期间内，否则重新下载；然后验证CRL的签名以确认其正确性；最后检查CRL文件中是否包含所需要验证的证书的序列号，如果包含则说明该证书已经被注销；
c) dCRL验证：dCRL中包含了最新注销的证书信息，dCRL需要与某一个基本的CRL一起才能验证。验证的方法与CRL相同。

8.2.4 在线证书状态查询协议(OCSP)

使用在线证书状态查询需要客户端与OCSP服务器保持实时的连接，证书中包含OCSP服务器的地址，通过这个地址，可以使用在线证书状态查询服务。

具体的查询过程，参见国家相关标准。

8.2.5 简明在线证书状态查询协议(SOCSP)

简明在线证书状态查询服务为用户和应用系统提供快速在线状态查询服务。

具体的查询协议，参见国家相关标准。

8.3 安全通信协议

证书认证系统各子系统之间需要采用安全通信协议以保证通信安全。

有关安全通信协议的详细内容可参见附录B。

9 证书认证中心建设

9.1 系统

9.1.1 功能要求

CA提供的服务功能主要有：

a) 提供各种证书在其生命周期中的管理服务；
b) 提供RA的多种建设方式，RA可以全部托管在CA系统，也可以部分托管在CA，部分建在远端；

c） 提供人工审核或自动审核两种审核模式；

d） 支持多级 CA 认证；

e） 提供证书查询、证书状态查询、证书撤销列表下载、目录服务等功能。

9.1.2 性能要求

CA 系统的性能应满足如下要求：

a） 系统对用户接口采用标准的 HTTP、HTTPS 和 LDAP 协议，确保各种用户都能够使用本系统服务；

b） 系统各模块的状态信息保存在配置文件和数据库内部，保证系统的部署方便性和配置方便性，当系统需改变配置时无需中断系统的服务；

c） 各模块的功能可以通过配置文件进行控制，系统可以根据不同的需求进行设置；

d） 系统某一功能模块可有多个实例，并且多个实例可运行在一台或多台计算机上；

e） 系统应有冗余设计，保证系统的不间断运行。

9.1.3 管理员配置要求

在 CA 应设置下列管理和操作人员：

——超级管理员；

——审计管理员；

——业务管理员；

——业务操作员。

“超级管理员”负责 CA 系统的策略设置，设置各子系统的业务管理员并对其管理的业务范围进行授权。

“业务管理员”负责 CA 系统的某个子系统的业务管理，设置本子系统的业务操作员并对其操作的权限进行授权。

“业务操作员”按其权限进行具体的业务操作。

“审计管理员”负责对涉及系统安全的事件和各类管理和操作人员的行为进行审计和监督。

上述各类人员使用证书进行登录，其中“超级管理员”和“审计管理员”的证书应在 CA 系统进行初始化时同时产生。

另外，CA 应设置安全管理员，全面负责系统的安全工作。

9.1.4 网络划分

CA 系统的计算机网络需要合理分段，原则上要求整个网络应划分为四部分：

a） 公共部分：为 CA 用户所在的网络，所有用户将通过该网络访问 CA；

b） 服务部分：为外部用户提供域名解析功能，并负责内部系统对外邮件的收发功能；包括系统的各种 Web 服务器和从目录服务器，是外部用户访问内部功能的接口，为用户提供访问界面；

c） 管理部分：仅供 CA 的工作人员使用的网络；

d） 核心部分：包括各种核心应用、数据库和密码设备等在内的实现系统功能的安全网络。

当 RA 采用客户机/服务器(C/S)模式时，应该按照上述方式划分网络；当 RA 采取浏览器/服务器(B/S)模式时，可将服务与管理网络放在同一网段。网络结构示意图参见附录 D《证书认证系统网络结构图》。

9.1.5 初始化要求

CA 的初始化过程必须完成下列工作：

a） 产生本 CA 的机构密钥并安全备份；

b） 若本 CA 为根 CA，则使用根 CA 的签名密钥进行自签名；若本 CA 从属于某一根 CA，则将产生的签名公钥提交根 CA 签发本 CA 的证书；

c） 由 CA 签发 CA 服务器证书；

d) 由 CA 签发 RA 服务器证书(可选);

e) 由 CA 签发超级管理员和审计管理员证书;

f) 由 CA 签发其他管理员和操作员证书。

9.2 安全

9.2.1 概述

CA 系统的安全包括系统安全、通信安全、密钥安全、证书管理安全、安全审计、物理安全、人员安全等各方面的安全。

9.2.2 系统安全

系统安全的主要目标是保障网络、主机系统、应用系统及数据库运行的安全。应采取防火墙、病毒防治、漏洞扫描、入侵监测、数据备份、灾难恢复等安全防护措施。

9.2.3 通信安全

通信安全的主要目标是保障 CA 系统各子系统之间、CA 与 KMC 之间、CA 与 RA 之间的安全通信,应采取通信加密、安全通信协议等安全措施。

9.2.4 密钥安全

9.2.4.1 概述

密钥安全的主要目标是保障 CA 系统中所使用的密钥,在其生成、存储、使用、更新、废除、归档、销毁、备份和恢复整个生命周期中的安全。应采取硬件密码设备、密钥管理安全协议、密钥存取访问控制、密钥管理操作审计等多种安全措施。

9.2.4.2 基本要求

密钥安全的基本要求是:

a) 密钥的生成和使用必须在硬件密码设备中完成;

b) 密钥的生成和使用必须有安全可靠的管理机制;

c) 存在于硬件密码设备之外的所有密钥必须加密;

d) 密钥必须有安全可靠的备份恢复机制;

e) 对密码设备操作必须由多个操作员实施。

9.2.4.3 根 CA 密钥

根 CA 密钥的安全性除了满足基本要求外,还应满足下列要求:

a) 根 CA 密钥的产生:

CA 系统的根密钥由硬件密码设备生成并存放在该密码设备中,应采用密钥分割或秘密共享机制进行备份,保存分割后的根密钥的人员称为分管者。

生成根 CA 密钥时,应先选定分管者,数量可以限定为 3 个或 5 个。选定的分管者应分别用自己输入的口令保护分管的密钥,分管的密钥应存放在智能 IC 卡或智能密码钥匙中。智能 IC 卡或智能密码钥匙也应备份,并安全存放。

根 CA 密钥的产生过程必须进行记录。

b) 根 CA 密钥的恢复:

恢复根 CA 密钥时,要有满足根 CA 密钥恢复所必需的分管者人数。各个分管者输入各自的口令和分管的密钥成份在密码设备中恢复。

c) 根 CA 密钥的更新:

根 CA 密钥的更新,需重新生成根 CA 密钥,其过程同根 CA 密钥的生成。

d) 根 CA 密钥的废除:

根 CA 密钥的废除应与根 CA 密钥的更新同步。

e) 根 CA 密钥的销毁:

根 CA 密钥的销毁应与备份的根 CA 密钥一同销毁。由密码主管部门授权的机构实施。

9.2.4.4 非根CA密钥

非根CA密钥的安全性要求与根CA密钥的安全性要求一致。

9.2.4.5 管理员证书密钥

管理员包括超级管理员、审计管理员、业务管理员和业务操作员等。管理员证书密钥应由证书载体来产生和存储。

管理员证书密钥的安全性应满足下列要求：

a) 管理员证书密钥的产生和使用必须在证书载体中完成；

b) 密钥的生成和使用必须有安全可靠的管理机制；

c) 管理员的口令长度为8个字节以上；

d) 管理员的账号要和普通用户账号严格分类管理。

9.2.5 证书管理安全

证书的管理安全应满足下列要求：

a) 验证证书申请者的身份；

b) 防止非法签发和越权签发证书，通过审批的证书申请必须提交给CA，由CA签发与申请者身份相符的证书；

c) 保证证书管理的可审计性，对于证书的任何处理都应作日志记录。通过对日志文件的分析，可以对证书事件进行审计和跟踪。

9.2.6 安全审计

9.2.6.1 概述

CA系统在运行过程中涉及大量功能模块之间的相互调用，以及各种管理员的操作，对这些调用和操作需要以日志的形式进行记载，以便用于系统错误分析、风险分析和安全审计等工作。

9.2.6.2 功能模块调用日志

系统内的各功能模块在运行过程中会调用其他功能模块或被其他功能模块所调用，对于这些相互之间的功能调用，各模块应该记录如下数据：

a) 调用请求的接收时间；

b) 调用请求来自的网络地址；

c) 调用请求发起者的身份；

d) 调用请求的内容；

e) 调用请求的处理过程；

f) 处理结果等。

9.2.6.3 CA系统管理员审计

CA系统管理员的下列操作应被记录：

a) 根CA证书加载；

b) CA证书加载；

c) 证书撤销列表加载；

d) 证书撤销列表更新等。

e) 系统配置；

f) 权限分配。

9.2.6.4 CA业务操作员审计

CA业务操作员的下列操作应被记录：

a) 证书请求批准；

b) 证书请求拒绝；

c) 证书请求分配；

d） 证书注销。

9.2.6.5 RA业务操作员审计

RA业务操作员的下列操作应被记录：

a） 证书请求批准；

b） 证书请求拒绝；

c） 证书请求分配；

d） 证书注销。

9.3 数据备份

数据备份的目的是确保CA的关键业务数据在发生灾难性破坏时，系统能够及时和尽可能完整地恢复被破坏的数据。应选择适当的存储备份系统对重要数据进行备份。

不同的应用环境可以有不同的备份方案，但应满足以下基本要求：

a） 备份要在不中断数据库使用的前提下实施；

b） 备份方案应符合国家有关信息数据备份的标准要求；

c） 备份方案应提供人工和自动备份功能；

d） 备份方案应提供实时和定期备份功能；

e） 备份方案应提供增量备份功能；

f） 备份方案应提供日志记录功能；

g） 备份应提供归档检索与恢复功能。

9.4 可靠性

9.4.1 概述

CA必须提供7×24 h服务，对影响系统可靠性的主要因素如网络故障、主机故障、数据库故障和电源故障等应采取冗余配置等措施。

9.4.2 网络链路冗余

为保证CA的服务，CA网络对外接口应根据具体情况，可有两条物理上独立的链路，同时考虑交换机、路由器、防火墙的冗余配置。

9.4.3 主机冗余

CA系统中与关键业务相关的主机、在服务网段和核心网段中的服务器应采用双机热备份或双机备份措施。

9.4.4 数据库冗余

CA系统的数据库应采用磁盘阵列、磁盘镜像等措施，具备容错和备份能力。

9.4.5 电源冗余

CA系统应采用高可靠的电源解决方案，并应采用UPS为系统提供不间断电源。

9.5 物理安全

9.5.1 物理环境建设

CA的建筑物及机房建设应按照国家密码管理相关政策要求，并按照下列标准实施：

a） GB/T 9361—1988；

b） GB/T 2887—2000；

c） SJ/T 10796—1996；

d） GB 50174—2008。

9.5.2 对CA的分层访问

9.5.2.1 概述

CA系统按功能分为四个区域，由外到里分别是：公共区、服务区、管理区和核心区，各区的功能及设备配置参见附录D。

9.5.2.2 公共区

入口之外的区域为公共区。

9.5.2.3 服务区

所有进入此区的人员使用身份识别卡刷卡进入。该区的每扇窗户都应安装玻璃破碎报警器。

9.5.2.4 管理区

所有进入此区人员需要同时使用身份识别卡和人体特征鉴别才可以进入,人员进出管理区要有日志记录。所有的房间不应安装窗户,所有的墙体应采用高强度防护墙。

9.5.2.5 核心区

所有进入此区人员需要同时使用身份识别卡和人体特征鉴别才可以进入,人员进出该区要有日志记录。

核心区应为屏蔽机房,应加装高强度的钢制防盗门。所有进出屏蔽室的线路都要采取防电磁泄漏措施。屏蔽效果应符合国家密码管理相关政策要求并达到国家相关标准要求。

9.5.2.6 安全监控和配电消防

CA 应设置安全监控室、系统监控室、配电室和消防器材室。

安全监控室是安全管理人员值班的地方,可对整个 CA 的进出人员实行监控,处理日常的安全事件。只有安全管理人员同时使用身份识别卡和人体特征鉴别才可以进入,刷卡离开。

系统监控室是网络管理人员工作的地方。需要同时使用身份识别卡和人体特征鉴别才可以进入,刷卡离开。

配电室是放置所有供电设备的房间,只有相应的授权人员同时使用身份识别卡和人体特征鉴别才可以进入,刷卡离开。

消防器材室是存放消防设备的房间,建议使用身份识别卡进入消防器材室。

9.5.3 门禁和物理侵入报警系统

CA 应设置门禁和物理侵入报警系统。

门禁系统控制各层门的进出。工作人员都需使用身份识别卡或结合人体特征鉴别才能进出,并且进出每一道门都应有时间记录和相关信息提示。

任何非法的闯入、非正常手段的开门、以及授权人刷卡离开后房内还有非授权的滞留人员,都应触发报警系统。报警系统应明确地指出报警部位。

门禁和物理侵入报警系统应自备有 UPS,并应提供至少 8 h 的供电。

与门禁和物理侵入报警系统配合使用的还应有录像监控系统。对监控区域进行 24 h 不间断的录像。所有的录像资料要根据需要保留一段时间,以备查询。

9.6 人事管理制度

人事管理制度包括人员的可信度鉴别、岗位设置等。

CA 应制定可信人员策略并据此进行人员的可信度鉴别和聘用。可信人员必须接受并通过广泛的背景调查,才能证明他们有能力进行那些关键操作所必需的信任级别。

CA 对人员的教育水平、从业经历、信用情况等方面进行调查,来评估人员的可信度。进行可信人员背景调查必须遵循国家的有关法律、法规和政策。

10 密钥管理中心建设

10.1 建设原则

密钥管理中心的工程建设按照与 CA 统一规划、有机结合、独立设置、分别管理的原则建设。

10.2 系统

10.2.1 功能要求

密钥管理中心应提供下列服务功能:

a) 为 CA 提供密钥生成服务；

b) 为司法机关提供密钥恢复服务；

c) 为用户提供密钥更新、密钥恢复、密钥撤销服务。

10.2.2 性能要求

密钥管理中心的性能应满足如下要求：

a) 密钥的保存期应大于 10 年；

b) 系统应支持多并发服务请求；

c) 系统各模块的状态信息保存在配置文件和数据库内部，保证系统的部署方便性和配置方便性，当系统需改变配置时无需中断系统的服务；

d) 各模块的功能可以通过配置文件进行控制，系统可以根据不同的需求进行设置；

e) 系统应有冗余设计，保证系统的不间断运行。

10.2.3 管理员配置要求

在 KMC 应设置下列管理和操作人员：

——超级管理员

——审计管理员

——业务管理员

——业务操作员

“超级管理员”负责 KMC 系统的策略设置，设置各子系统的业务管理员并对其管理的业务范围进行授权。

“业务管理员”负责 KMC 系统的某个子系统的业务管理，设置本子系统的业务操作员并对其操作的权限进行授权

“业务操作员”按其权限进行具体的业务操作。

“审计管理员”负责对涉及系统安全的事件和各类管理和操作人员的行为进行审计和监督。

上述各类人员使用证书进行登录，其中“超级管理员”和“审计管理员”的证书应在 KMC 系统进行初始化时同时产生。

另外，KMC 应设置安全管理员，全面负责系统的安全工作。

10.2.4 初始化要求

KMC 的初始化过程必须完成下列工作：

a) 生成 KMC 的机构密钥并安全备份；

b) 由授权的 CA 签发 KMC 服务器证书；

c) 由授权的 CA 签发超级管理员和审计管理员证书；

d) 由授权的 CA 签发业务管理员和业务操作员证书。

10.3 安全

KMC 的安全参照本标准 9.2 的要求进行。

10.4 数据备份

KMC 的数据备份参照本标准 9.3 的要求进行。

10.5 可靠性

KMC 的可靠性参照本标准 9.4 的要求进行。

10.6 物理安全

KMC 的物理安全参照本标准 9.5.2.5 的要求进行。

10.7 人事管理制度

KMC 的人事管理制度参照本标准 9.6 的要求进行。

11 证书认证中心运行管理要求

11.1 人员管理要求

为防止非授权人员操作CA系统，在每一个操作终端上应设有操作员身份鉴别系统，对系统的所有操作都要对有关操作员进行身份鉴别和权限控制。

CA系统的每个操作人员配置有标明个人身份与相关资料的证书载体，证书载体具有口令保护机制，以保证私钥和应用的安全。

人员管理的主要内容是：增加操作员、注销操作员、设置操作员权限、修改操作员权限。

操作员信息包括：操作员编号、操作员姓名、操作员部门、操作员权限。

超级管理员由系统初始化时产生，主要职责是设置业务管理员并进行管理。其权限为：

a) 增加业务管理员；

b) 注销业务管理员；

c) 设置业务管理员权限；

d) 修改业务管理员权限。

业务管理员由超级管理员授权，主要职责是设置业务操作员并进行管理。其权限为：

a) 增加业务操作员；

b) 注销业务操作员；

c) 设置业务操作员权限；

d) 修改业务操作员权限。

业务操作员由业务管理员授权，主要职责是对业务系统进行各种操作。

审计管理员由系统初始化时产生，主要职责是负责对涉及系统安全的事件和各类管理和操作人员的行为进行审计和监督。其权限为：

a) 证据访问操作；

b) 日志访问操作。

管理员和操作员登录CA系统以及在CA中的所有操作都采用基于证书的身份鉴别。当此类人员离职或是被撤职时，应及时注销其证书。

11.2 CA业务运行管理要求

11.2.1 概述

CA应制定业务运行管理规范来指导CA日常业务开展。业务运行管理规范通常应包括CA管理制度、信息系统安全操作与维护以及客户服务等。

11.2.2 CA管理制度

CA管理制度包括CA运行场所进出管理制度、客户信息保密制度、CA工作人员管理制度、机房安全管理制度等，应按国家有关标准执行。

11.2.3 安全操作与维护规范

11.2.3.1 系统管理

系统管理的操作与维护规范应包括以下内容：

a) 对CA系统进行任何操作之前，应充分考虑并预计操作之后的结果，每次操作都必须记录；

b) 改变系统的配置，应制订实施计划和相关文档说明，经上级主管批准后才能进行操作，操作时应有双人在场；

c) 系统出现故障时，应由系统管理人员检查处理，其他人员未经批准不得处理；

d) 未经批准不得在服务器上安装任何软件和硬件；

e) 未经批准不得删除服务器上的任何文件。

11.2.3.2 数据备份

数据备份的操作与维护规范应包括以下内容：

a) 系统升级后，应立即进行全备份；
b) 对数据变化量大的服务器，应每天做一次增量备份，每周做一次全备份；
c) 对数据变化量少的服务器，可每周做一次备份；
d) 对重要数据应准备两套备份，其中异地存放一套；
e) 对数据库的备份应单独进行；
f) 对重要的目录应单独进行备份；
g) 手工进行的备份，应在介质上标明备份的服务器及路径；
h) 自动进行的备份，应将备份介质有效区分；
i) 选择的备份介质应能保证数据的长期可靠，否则应定期更新。

11.2.3.3 口令管理

口令管理规范应包括以下内容：

a) 口令长度应为8个字节以上，应是字母、数字和特殊字符组成的混合体，口令不得采用有特殊意义的(如姓名、生日、电话号码等)数字和词组；
b) 应规定口令的使用期限并定期更换；
c) 口令应妥善保管，防止泄漏；
d) 通过网络传输的口令必须保护；
e) 应检查网络设备、主机和应用程序中是否设置有缺省口令的缺省用户名，找出并禁止。

11.2.3.4 应急处理

CA应制订应急处理预案，当出现重大故障或灾难性事故时，应启动预定的应急处理方案进行处理。

应急处理预案应根据事件的严重程度、紧急程度和事件类别，分别规范告警、报告、保护、处置、善后、总结等处理流程和处置措施。

系统恢复正常运行后，应对应急处理过程进行总结，总结中应详细记录事件起因、处理过程、经验教训、改进建议等。

应针对应急事件处理中暴露的问题，不断完善和修改应急处理预案。

11.2.4 客户服务规范

CA应对客户提供全面、及时、有效的服务，保证客户在证书使用过程中出现的任何问题都能及时得到响应和解决。

服务的过程应作记录。

11.3 密钥分管要求

CA和KMC的根密钥需要用密钥分割或秘密共享机制分割备份出来，分别交予分管者保管。恢复时，到场的分管者的人数应满足恢复所需的人数。

分管者的选择条件如下：

a) 分管者应符合可信人员策略规定的条件；
b) 符合下列条件之一者，不能成为分管者：
   1) 本证书认证系统的超级管理员；
   2) 本证书认证系统的业务管理员；
   3) 本证书认证系统的业务操作员；
   4) 本证书认证系统的系统维护人员。

11.4 安全管理要求

安全管理员的职责主要包括：

a） 制定 CA 的安全策略；

b） 指导 CA 的安全管理；

c） 设计和指导 CA 的安全策略实施；

d） 对 CA 的安全管理进行定期的检查和评估；

e） 对安全策略和执行程序的日常维持；

f） 定期对相关人员开展安全教育。

安全管理员对安全的三个关键领域负有全面的责任，即：

a） 开发与执行安全策略；

b） 维护与完善安全策略；

c） 保持与安全审计的一致性。

安全管理员有责任来定义和委托 CA 的特定个人或部门的安全职责。

11.5 安全审计要求

审计管理员应定期对 CA 进行安全审计，包括：

a） 人员审计：CA 的人员必须是可信任的；必须理解安全策略和安全操作程序；

b） 物理安全审计：物理安全防护措施是否完善；安全物品的管理是否符合 CA 的安全管理规定；

c） 通信安全审计：CA 的所有安全通信设备的使用是否符合 CA 的安全管理规定；

d） 操作安全审计：CA 所有的人员的操作记录必须完整保存，并且所有操作必须符合 CA 的安全管理规定；

e） 系统安全审计：检查 CA 的操作系统、数据库系统、入侵检测系统、漏洞扫描系统、防病毒系统、防火墙系统、CA 系统等的日志记录，以确定系统是否异常。

11.6 文档配备要求

11.6.1 概述

CA 应配备相关的文档用于指导 CA 的建设、运行、服务、应急和日常管理。可分为技术实现、物理建设、人事管理、运行管理以及审计与评估五类。

11.6.2 技术实现类

技术实现类主要包括 CA 系统设计、CA 系统安全、CA 系统安装与配置手册、CA 系统安全目标、CA 系统用户手册五类文档，技术实现类文档主要描述内容如下：

a） CA 系统设计：描述 CA 系统的逻辑结构、网络结构、数据通信设计、密钥管理、业务处理流程以及系统的软硬件配置等。

b） CA 系统安全：描述 CA 系统通过采用防火墙、入侵检测、漏洞扫描、病毒防治、访问控制、安全配置等措施，保证 CA 的安全性。同时，从数据通讯、密钥管理、证书管理、安全审计、物理安全等各个方面阐述 CA 安全措施的实现。

c） CA 系统安装与配置手册：介绍 CA 系统的安装与配置。

d） CA 系统安全目标：描述 CA 系统对国家相关安全标准的满足情况。

e） CA 系统用户手册：描述用户对 CA 系统使用和操作的技术手册。

11.6.3 物理建设类

物理建设类主要包括物理场地安全手册、物理场地安全管理规定两类文档，物理建设类文档主要描述内容如下：

a） 物理场地安全手册：描述物理场地的安全的要求及实现等；

b） 物理场地安全管理规定：描述人员进出 CA 各个区域的权限、来访者的接待和管理、门禁系统的使用、监控报警系统的操作使用等管理规定。

11.6.4 人事管理类

人事管理类文档主要包括可信人员策略、可信人员职位划分原则与鉴别两类文档，人事管理类文档主要描述内容如下：

a) 可信人员策略：描述可信人员策略及其如何进行可信人员调查；

b) 可信人员职位划分原则与鉴别：描述可信人员职位划分原则，可信人员鉴别和背景调查及分析等。

11.6.5 运行管理类

运行管理类文档主要包括账号管理、CA 管理规范、认证业务声明、操作手册、安全应急预案、客户报务规范六类文档，运行管理类文档主要描述内容如下：

a) 账号管理：描述账号的处理和管理；

b) CA 管理规范：描述 CA 的操作与安全维护管理的规定；

c) 认证业务声明：对外公布的证书认证业务服务声明；

d) 操作手册：描述认证业务流程；

e) 安全应急预案：描述 CA 电力系统、消防系统、业务系统、人员变动、安全等方面出现事故时的应急处理流程和措施；

f) 客户服务规范：是由 CA 制定出的系列客户服务文档，包括客户法律协议、隐私保护政策、客户保障计划等。

11.6.6 审计与评估类

审计与评估类文档主要包括 CA 安全与审计规范、安全审核与评估规范两类文档，审计与评估类文档主要描述内容如下：

a) CA 安全与审计规范：规定了 CA 运行系统的审核方法；

b) 安全审核与评估规范：规定了 CA 运行系统的审核范围和评价标准。

12 密钥管理中心运行管理要求

12.1 人员管理要求

按本标准 11.1 的要求执行。

12.2 运行管理要求

按本标准 11.2 的要求执行。

12.3 密钥分管要求

按本标准 11.3 的要求执行。

12.4 安全管理要求

按本标准 11.4 的要求执行。

12.5 安全审计要求

按本标准 11.5 的要求执行。

12.6 文档配备要求

按本标准 11.6 的要求执行。

13 检测

13.1 概述

证书认证系统建成后，应按照本章要求对证书认证系统进行功能、性能以及安全性方面的检测。测试部门可根据本标准的要求及被测系统的具体情况，制订测试大纲，进行测试。

13.2 系统初始化

系统应能按照本标准 9.1.5 和 10.2.4 的要求正确进行初始化。

13.3 用户注册管理系统

13.3.1 用户证书申请信息的录入功能

系统应能对认证系统定义的各类证书所要求的信息正确地录入，对于证书本身所需信息之外的用户信息也能够正确地录入。

系统应能批量读取按照系统规定格式存储在外部介质中的或通过网络传输的用户证书申请信息。

13.3.2 用户信息审核功能

系统应能读取需要进行审核的证书申请信息，与可以证明用户真实身份的信息进行比较和审核。应能将审核通过的信息正确提交给签发系统并反馈给证书申请者。不能通过审核的信息应退回录入者并说明理由。

13.3.3 用户证书下载功能

系统应能根据认证系统的规定和用户的选择，正确地下载证书，并且将证书和私钥信息安全地写入证书载体中。

13.3.4 系统的多级审核功能

系统应能正确地将信息提交给上一级注册管理系统，并能够根据系统的策略，对不同种类的用户采用不同的审核模式；

13.3.5 用户信息归档和恢复功能

系统应能自动或人工进行用户信息的归档，并且能够根据归档的用户信息将系统的数据恢复到某一时刻的状态。

13.3.6 日志处理功能

系统应能准确清晰地记录日志，应能提供完善的查询、归档和防篡改能力。

日志中应记录包括事件发生的时间、事件的请求者和执行者以及系统和相关者的签名等信息。

13.4 证书/证书撤销列表生成与签发系统

13.4.1 多层结构支持功能

系统应能将所下载的根证书和下级 CA 证书导入到证书存储区中，并能正确识别出根证书和下级 CA 证书，建立正确的认证路径。

13.4.2 CRL 签发功能

系统应能根据 CRL 签发策略正确签发 CRL 文件，并且能够通过证书中的 CRL 分布点地址，进行 CRL 的查询和下载。

13.4.3 证书模板功能

系统应能根据用户的要求，使用证书模板对所签发的证书类型及内容进行灵活的定义。

13.4.4 CA 证书签发功能

系统应能利用签名密钥签发证书。

13.4.5 CA 证书更新功能

系统应能正确完成 CA 证书的更新，在证书认证系统的发布系统中，生成新的 CA 与旧的 CA 证书的认证证书链，供不同情况下为用户提供证书验证服务。

13.4.6 证书归档和恢复功能

系统应能自动或人工进行证书的归档，并且能够根据归档证书将系统的数据恢复到某一时刻的状态，实现系统的恢复功能。

13.4.7 用户证书更新功能

系统应能为已经注册的用户重新签发证书，并将证书和加密证书的私钥安全地传递到用户的证书载体中。在证书载体中，不仅存放新的证书和私钥，还要存放旧的证书和私钥。

13.4.8 并发处理能力

系统应能实现所声明的并发处理能力。

13.4.9 日志处理功能

系统应能准确清晰地记录日志，应能提供完善的查询、归档和防篡改能力。

日志中应记录包括事件发生的时间、事件的请求者和执行者以及系统和相关者的签名等信息。

13.4.10 管理员配置功能

超级管理员和审计管理员必须是平级的关系，并且在系统初始化时同时生成。审计管理员独立于超级管理员，不能由超级管理员来进行授权。

超级管理员能够添加、删除业务管理员，并能够为其分配权限、申请和制作证书。

业务管理员能够添加、删除业务操作员，并能够为其分配权限、申请和制作证书。

审计管理员能够审计超级管理员、业务管理员和业务操作员的全部操作。

13.5 证书/证书撤销列表存储与发布系统

13.5.1 数据库备份和恢复功能

系统应能自动或人工进行数据库信息的备份，并且能够根据备份信息将系统的数据恢复到某一时刻的状态。

13.5.2 目录服务器的目录信息树定义功能

系统应能进行目录服务系统的目录信息树的结构定义，能够根据认证系统的具体要求，灵活地定制信息树的结构。

13.5.3 目录服务器管理功能

系统应能正确地将证书信息以及 CRL 信息写入目录服务器中；能够根据一定的查询条件，查询有关用户和证书以及 CRL 的信息。

13.5.4 目录服务器的主从映射功能

系统应能将信息自动地由主目录服务器实时映射到从目录服务器中，可支持一主多从的目录服务器结构。

13.5.5 目录服务器备份和恢复功能

系统应能自动或人工进行目录服务器信息的备份，并且能够根据备份信息将系统的数据恢复到某一时刻的状态。

13.5.6 数据库系统和目录服务器一致性检验功能

系统应能对在数据库系统和目录服务器系统中的信息进行一致性检查，当出现信息不一致的情况时，管理人员能够根据策略要求进行修改。

13.6 证书状态查询系统

13.6.1 CRL 查询功能

系统应能提供 CRL 查询功能，使用户或应用系统利用证书中标识的 CRL 的地址，查询并下载。

13.6.2 OCSP 功能。

系统应能提供在线证书状态查询功能，查询的返回信息带有 OCSP 服务器的数字签名，并能正确返回所查询的证书状态。

13.6.3 SOCSP 功能

系统应能提供简易在线证书状态查询功能，查询的返回信息带有 SOCSP 服务器的数字签名，并能正确返回所查询的证书状态。

此功能为可选项。

13.7 安全审计系统

系统应能分别查询各子系统中的日志记录，也可以通过查询证书/证书撤销列表存储与发布系统的数据库，进行审计。

系统应能对证书认证系统中的有关事件、管理员的操作行为等进行审计，能够根据时间、事件、人员等条件进行统计。

13.8 密钥管理中心检测

13.8.1 密钥生成与分发

系统能够支持预生成和实时生成密钥对两种方式：

——系统能够根据配置参数,在确定的时间,正确地批量生成密钥对;
——系统能够在CA提出密钥申请时,实时地分发密钥对。

13.8.2 密钥状态转移

系统密钥状态转移应满足:

——在系统生成密钥对后,所有生成的密钥对都在备用库中;
——当密钥分发给用户后,密钥在在用库中;
——当用户的证书注销后,证书中对应的密钥在历史库中;
——密钥库中的密钥必须加密存放。

13.8.3 密钥信息归档和密钥恢复

系统密钥信息归档和密钥恢复应满足:

——系统能够提供密钥信息归档功能;
——能够自动/人工进行密钥信息的归档;
——当且仅当符合操作规程时可以实现密钥恢复功能。

13.8.4 司法取证密钥恢复

系统能够在符合相关管理规定的条件下,提供司法取证密钥恢复服务。恢复的密钥不能以明文的形式出现在载体之外,加密该密钥的密钥也不能以明文的形式出现在载体之外。

13.8.5 管理功能

人员管理应符合人员管理制度;运行管理应符合运行管理流程,应具备应急处理能力。

13.9 系统安全性检测

13.9.1 密钥管理安全检测

密钥管理安全应满足:

a) 密钥的生成必须由国家密码主管部门认可的密码设备生成;
b) 系统中使用的密钥必须存储在硬件密码设备中;
c) 存储在密码设备之外的密钥必须加密;
d) 密钥必须加密传输。

13.9.2 系统的访问控制检测

系统的访问控制应满足:

a) 非授权人员无法访问系统;
b) 非授权的IP地址的主机无法访问被保护的主机;
c) 管理和操作人员不能进行非授权的操作。

13.9.3 系统的审计日志检测

系统的审计日志应满足:

a) 操作事件的日志必须具有数字签名;
b) 日志不可篡改。

13.9.4 系统的数据安全检测

系统的数据安全应满足:

a) 保护口令等敏感信息必须加密存储;
b) 各子系统之间通信必须进行身份鉴别和加密传输。

13.10 其他安全产品和系统

其他安全产品和系统包括防火墙、入侵检测、漏洞扫描、病毒防治等安全产品以及机房、门禁、供电、消防、电磁泄漏、数据备份、灾难恢复等物理安全措施,检验内容及其标准如下:

a) 采用符合国家相关标准和规范、并取得相应资质的产品;
b) 根据系统的具体情况对产品进行了正确的配置和设置。

附 录 A
（资料性附录）
KMC 与 CA 之间的消息格式

A.1 概述

KMC 为 CA 提供用户加密密钥对。KMC 在接收到来自 CA 的请求后，首先检查请求的合法性与正确性，然后根据 CA 的请求进行相应的处理，并将结果返回给 CA。

KMC 为 CA 提供服务的完整过程包括请求、响应、回执，以及异常情况的处理。

A.1.1 请求

请求指来自 CA 的请求，包含 CA 请求的类型、性质以及特性数据等，该请求将被发送到 KMC 并得到服务。服务请求包括如下内容：

——协议版本；

——服务请求标识符；

——CA 证书标识符；

——扩展的请求信息；

——请求信息的签名。

A.1.2 响应

响应指 KMC 对来自 CA 请求的处理响应。KMC 的响应包括如下内容：

——协议版本；

——响应标识符；

——KMC 证书标识符；

——响应信息；

——响应信息的签名。

A.1.3 回执

回执指 CA 在接受到 KMC 的响应数据后，应答 KMC 发送的回执信息。回执包括如下内容：

——协议版本；

——回执标识符；

——CA 证书标识符；

——回执信息；

——回执信息的签名。

A.1.4 异常情况

当 KMC 和 CA 任何一方发生错误时，均需要向对方发送错误信息。错误可以是下列几类：

——验证请求失败：KMC 验证来自 CA 证书或 CA 请求数据失败，CA 收到后应重新进行申请；

——内部处理失败：KMC 处理 CA 的请求过程中发生内部错误，通知 CA 该请求处理失败，需要重新申请；

——验证响应失败：CA 验证 KMC 证书或者来自 KMC 的响应数据失败；

——验证回执失败：KMC 验证来自 CA 的回执信息失败，通知 CA 需要重新处理。

A.2 协议

A.2.1 约定

本规范采用抽象语法表示法（ASN.1）来描述具体协议内容。如果无特殊说明，默认使用 ASN.1

显式标记。

引用的其他术语还有：Extensions，CertificateSerialNumber，SubjectPublicKeyInfo，Name，AlgorithmIdentifier，CRLReason。

A.2.2 请求

A.2.2.1 请求数据格式

CA请求的基本格式如下：

```
CARequest ::=SEQUENCE {
ksRequest             TBSRequest,
signatureAlgorithm    AlgorithmIdentifier,
signatureValue        OCTET STRING
}
```

其中：

```
KSRequest ::=SEQUENCE {
version            Version DEFAULT v1,
caName             EntName,
taskNO             TaskNO,
reqType            ReqType,
requestList        SEQUENCE OF Request,
requestTime        RequestTime,
requestProof       RequestProof
}
Version ::=INTEGER { v1(0)}
EntName ::=SEQUENCE {
hashAlgorithm      AlgorithmIdentifier,
entName            OCTET STRING,
entPubKeyHash      OCTET STRING,
serialNumber       CertificateSerialNumber
}
TaskNO ::=INTEGER
ReqType ::=CHOICE {
applyKey           INTEGER { apply(11) }
restoreKey         INTEGER { restore(21) }
cancelKey          INTEGER { cancel(31) }
}
Request ::=CHOICE {
applykeyreq        AppKeyReq,
restorekeyreq      RestoreKeyReq,
cancelkeyreq       CancelKeyReq
}
RequestTime ::=GeneralizedTime;
RequestProof ::=OCTET STRING。
```

A.2.2.2 KSRequest及其结构解释

KSRequest包含了请求语法中的重要信息，本条将对该结构作详细的描述和解释。

A.2.2.2.1 版本

本项描述了请求语法的版本号，当前版本为 1，取整型值 0。

A.2.2.2.2 请求者标识符

本项描述了请求者标识符。结构如下：

```
EntName ::=SEQUENCE {
hashAlgorithm                AlgorithmIdentifier,
entName                      OCTET STRING,
entPubKeyHash                OCTET STRING,
serialNumber                 CertificateSerialNumber
}
```

entName 是申请者的唯一名称，该值由运行 CA 和 KMC 约定。

entPubKeyHash 是申请者公钥的摘要值。该值将通过对发布者证书中的主体公钥字段(不含标记和长度)进行计算。hashAlgorithm 字段用来指明这些摘要计算所使用的数据摘要算法。

serialNumber 是申请者的证书序列号。

A.2.2.2.3 任务序列号

本项描述了请求的任务序列号，该任务序列号是申请者用来区分多次申请时候的一个标识符。

任务序列号是一个整型值，KMC 应能处理不大于 20 字节的任务序列号，而 CA 应确保不使用大于 20 字节的任务序列号。

A.2.2.2.4 请求类型

本项描述了请求包类型，当值为 applyKey 时，表明该请求为申请密钥，为 restoreKey 时表明该请求为恢复密钥，值为 cancelKey 时表明该请求为撤销密钥。

本项的取值决定了下面一项——详细请求子包 Request 的取值。

A.2.2.2.5 详细请求子包

本项描述申请者请求中的详细请求子包，每个子包的格式如下：

```
Request ::=CHOICE {
applykeyreq          ApplyKeyReq,       当 ReqType 取值 applyKey 时
restorekeyreq        RestoreKeyReq,     当 ReqType 取值 restoreKey 时
cancelkeyreq         CancelKeyReq       当 ReqType 取值 cancelKey 时
}
```

上面三种数据格式解释如下：

a) ApplyKeyReq 包

ApplyKeyReq 包为密钥申请格式包，当 ReqType 取值 applyKey 时，该请求包采用本子包格式，其具体格式如下：

```
ApplyKeyReq ::=SEQUENCE {
appKeyType          AlgType,
appKeyLen           AppKeyLen,
retAsymAlg          AlgType,
retSymAlg           AlgType,
retHashAlg          AlgType,
isRetPubKeyEnv      bool,
appUserInfo         AppUserInfo
}
```

AlgType ::=AlgorithmIdentifier，表明使用的非对称算法、对称算法、摘要算法等算法类型。其

中，appKeyType 为要申请的加密密钥对的类型，retAsymAlg、retSymAlg、retHashAlg 分别为 KMC 响应数据包中非对称算法、对称算法、摘要算法类型；

AppKeyLen ::=INTEGER，表示申请的密钥长度，如十进制 1024 表示申请 1024 位长度的密钥；

isRetPubKeyEnv 项指定 KMC 响应数据包中是否对返回公钥进行加密；

```
AppUserInfo ::=SEQUENCE {
userName          OCTET STRING,
userCertNo        CertificateSerialNumber,
userPubKey        SubjectPublicKeyInfo,
notBefore         GeneralizedTime,
notAfter          GeneralizedTime
}
```

AppUserInfo 结构表示申请包中对应用户信息，依次表示用户姓名、解密证书序列号、用户签名公钥、密钥有效起始时间、密钥截止时间。

b) RestoreKeyReq 包

RestoreKeyReq 包为密钥恢复格式包，当 ReqType 取值 restoreKey 时，该请求包采用本子包格式，其具体格式如下：

```
RestoreKeyReq ::=SEQUENCE {
retAsymAlg        AlgType,
retSymAlg         AlgType,
retHashAlg        AlgType,
isRetPubKeyEnv    bool,
userCertNo        CertificateSerialNumber,
userPubKey        SubjectPublicKeyInfo
}
```

AlgType ::=AlgorithmIdentifier，表明使用的非对称算法、对称算法、摘要算法等算法类型。其中，retAsymAlg、retSymAlg、retHashAlg 分别为 KMC 响应数据包中非对称算法、对称算法、摘要算法类型；

isRetPubKeyEnv 指定 KMC 响应数据包中是否对返回公钥进行加密；

userCertNo 指定用户证书序列号；

userPubKey 指定用户签名公钥。

c) CancelKeyReq 包

CancelKeyReq 包为密钥撤销格式包，当 ReqType 取值 cancelKey 时，该请求包采用本子包格式，其具体格式如下：

```
CancelKeyReq ::=SEQUENCE {
userCertNo        CertificateSerialNumber
}
```

userCertNo 指定用户证书序列号。

A.2.2.2.6 请求时间

本项描述请求生成时间。

A.2.2.2.7 请求证据

本项描述请求证据。

A.2.3 响应

A.2.3.1 响应数据格式

KMC 响应的基本格式如下：

```
KMRespond ::=SEQUENCE {
ksRespond               TBSRespond,
signatureAlgorithm      AlgorithmIdentifier,
signatureValue          OCTET STRING
}
```

其中：

```
TBSRespond ::=SEQUENCE {
version             Version DEFAULT v1,
kmcName             entName,
taskNO              TaskNO,
respondType         RespondType,
respondList         SEQUENCE OF Respond,
respondTime         RespondTime,
respondProof        RespondProof
}
```

Version、entName、TaskNo 数据格式在前文已经解释。

```
RespondType ::=CHOICE {
applyRespond        INTEGER { apply(12) }
restoreRespond      INTEGER { restore(23) }
cancelRespond       INTEGER { cancel(33) }
}
Respond ::=CHOICE {
applyKeyRespond         AppKeyRespond,
restoreKeyRespond       RestoreKeyRespond,
cancelKeyRespond        CancelKeyRespond
}
RespondTime ::=GeneralizedTime;
RespondProof ::=OCTET STRING。
```

A.2.3.2 KSRespond 及其结构解释

KSRespond 包含了响应语法中的重要信息，本条将对该结构作详细的描述和解释。

A.2.3.2.1 版本

本项描述了响应语法的版本号，当前版本为 1，取整型值 0。

A.2.3.2.2 响应者标识符

本项描述了响应者标识符，该结构在前文已经给出，在本响应数据中，其成员分别取值响应者的名称、响应者公钥的摘要值、摘要算法以及响应者的证书序列号。

A.2.3.2.3 任务序列号

本项描述了响应的任务序列号，该任务序列号值取自申请者数据包。

A.2.3.2.4 响应类型

本项描述了响应包类型，当值为 applyRespond 时，表明该包为申请密钥响应包，为 restoreRespond 时表明该包为恢复密钥响应包，值为 cancelRespond 时表明该包为撤销密钥响应包。

本项的取值决定了下面一项——详细响应子包 Respond 的取值。

A.2.3.2.5 详细响应子包

本项描述响应者请求中的详细响应子包，每个子包的格式如下：

```
Respond ::=CHOICE {
applyKeyRespond        retKeyRespond,        当 RespondType 取值 applyRespond 时
restoreKeyRespond      retKeyRespond,        当 RespondType 取值 restoreRespond 时
cancelKeyRespond       CancelKeyRespond      当 RespondType 取值 cancelRespond 时
}
```

上面共有两种数据格式，分别解释如下：

a） retKeyRespond 包

retKeyRespond 包为密钥响应格式包，在处理密钥申请、恢复申请时响应申请者的。当 RespondType 取值 applyRespond、restoreRespond 时，该响应包采用本子包格式，其具体格式如下：

```
retKeyRespond ::=SEQUENCE {
userCertNo          CertificateSerialNumber,
isRetPubKeyEnv      bool,
retPubKey           RetPubKeyENV,
retPriKey           dataEnvelope
}
RetPubKeyENV ::=CHOICE {
userEncPubKey          SubjectPublicKeyInfo,
userEncPubKeyEnv       dataEnvelope
}
dataEnvelope ::=SignedAndEnvelopedData (data)
```

userCertNo 指用户加密证书序列号，该项从 CA 申请包中取值；

isRetPubKeyEnv 表明 KMC 响应数据包中返回公钥数据是否已做作加密，若该项取值 0，表明接下来的公钥数据是公钥明文，而不是加密包格式；

retPubKey 是返回给申请者的用户加密公钥数据，其具体采用的格式根据 isRetPubKeyEnv 而定；

retPriKey 是返回给申请者的用户加密私钥数据，即对私钥作带签名的加密。

b） CancelKeyRespond 包

CancelKeyRespond 包为密钥撤销响应格式包，在处理密钥撤销时响应申请者的。当 RespondType 取值 cancelRespond 时，该响应包采用本子包格式，其具体格式如下：

```
CancelKeyRespond ::=SEQUENCE {
userCertNo        CertificateSerialNumber,
}
```

userCertNo 指定用户加密证书序列号，该项值取自申请包。

A.2.3.2.6 响应时间

本项描述响应生成时间。

A.2.3.2.7 响应证据

本项描述响应证据。

A.2.4 回执（本项为可选项）

A.2.4.1 回执数据格式

接受到 KMC 响应数据后，申请者制作回执数据包，并发送给 KMC，该回执包基本格式如下：

```
CaReceipt ::=SEQUENCE {
ksReceipt              TBSReceipt,
signatureAlgorithm     AlgorithmIdentifier,
signatureValue         OCTET STRING
```

```
}
```

其中:

```
KSReceipt ::=SEQUENCE {
version           Version DEFAULT v1,
caName            entName,
taskNO            TaskNO,
receiptType       ReceiptType,
ReceiptUserList   SEQUENCE OF ReceiptUser,
receiptTime       ReceiptTime,
receiptProof      ReceiptProof
}
```

Version、entName、TaskNo 数据格式在前文已经解释。

```
ReceiptType ::=CHOICE {
applyRecipt       INTEGER { apply(13) }
restoreRecipt     INTEGER { restore(23) }
cancelRecipt      INTEGER { cancel(33) }
}
ReceiptUser ::=SEQUENCE {
userCertNo        CertificateSerialNumber,
}
RespondTime ::=GeneralizedTime;
RespondProof ::=OCTET STRING。
```

A.2.4.2 KSReceipt 及其结构解释

KSReceipt 包含了响应语法中的重要信息,本条将对该结构作详细的描述和解释。

A.2.4.2.1 版本

本项描述了回执语法的版本号,当前版本为 1,取整型值 0。

A.2.4.2.2 申请者标识符

本项描述了申请者标识符,该结构和解释在前文已经给出。

A.2.4.2.3 任务序列号

本项描述了回执的任务序列号,该任务序列号值取自响应数据包。

A.2.4.2.4 回执类型

本项描述了回执包类型,当值为 applyRecipt 时,表明该包为申请密钥回执包,为 restoreRecipt 时表明该包为恢复密钥回执包,值为 cancelRecipt 时表明该包为撤销密钥回执包。

A.2.4.2.5 用户信息包

本项描述回执中的用户信息,包括用户加密证书序列号。

A.2.4.2.6 回执时间

本项描述回执生成时间。

A.2.4.2.7 回执证据

本项描述回执证据。

附　录　B
（资料性附录）
安全通信协议

B.1　符号说明

A：在身份鉴别协议中是验证方，在密钥交换协议中是发起方；

B：在身份鉴别协议中是被验证方，在密钥交换协议中是接受方；

$E_K(M)$，$D_K(M)$：使用密钥 K 对消息 M 进行加密和解密；

$S_K(M)$：使用密钥 K 对消息 M 进行签名；

P1_X，S1_X：X 加/解密用的公钥和私钥；

S2_X，P2_X：X 签名/验证用的私钥和公钥；

$ECert_X$，$SCert_X$：X 的加密证书和签名证书；

R_X，N_X：X 产生的随机数和 X 任意选择的信息；

N_X'：X 任意选择的另一信息；

IDn：第 n 个数据包的标识符，n 是自然数；

algId：签名算法；

KEA：密钥交换算法；

K：随机密钥。

B.2　身份鉴别

1. A→B：$\{ID_1, R_A, N_A\}$；
2. B→A：$\{ID_2, SCert_B, (R_A, R_B, N_B), S_{S2\_B}(R_A, R_B, N_B)\}$；
3. A 验证 R_A，$SCert_B$ 和 $S_{S2\_B}(R_A, R_B, N_B)$；
   A→B：$\{ID_3, SCert_A, (R_B, R_A, N_A'), S_{S2\_A}(R_B, R_A, N_A')\}$；
4. B 验证 R_B，$SCert_A$ 和 $S_{S2\_A}(R_B, R_A, N_A')$。

B.3　密钥交换

以下协议陈述中出现的信息包 STP-REQ-TOKEN 和 STP-REP-IT-TOKEN 的格式在 3 中定义。

1. A→B：{STP-REQ-TOKEN}；

信息包 STP-REQ-TOKEN 中有关各字段的内容赋值如下：

randSrc：$=R_A$，targ-name：=B，src-name：=A，key-estb-set：=*KEA*，

algId：=*algId*，req-integrity：$=S_{S2\_A}(R_A, B, A, KEA)$，certif-data：$=ECert_A$。

2. B 验证 $ECert_A$ 和 $S_{S2\_A}(R_A, B, A, KEA)$；B→A：{STP-REP-IT-TOKEN}；

信息包 STP-REP-IT-TOKEN 中有关各字段的内容赋值如下：

randSrc：$=R_A$，randTarg：$=R_B$，targ-name：=B，src-name：=A，

key-estb-id：=*KEA*，key-estb-str：$=E_{P1\_A}(K)$，algId：=*algId*，

rep-ti-integ：$=S_{S2\_B}(R_A, R_B, B, A, KEA, E_{P1\_A}(K))$，certif-data：$=ECert_B$；

3. A 验证 $ECert_B$，$S_{S2\_B}(R_A, R_B, B, A, KEA, E_{P1\_A}(K))$ 和 R_A，计算 $D_{S1\_A}(E_{P1\_A}(K))=K$，

A→B：{STP-REP-IT-TOKEN}；

信息包 STP-REP-IT-TOKEN 中有关各字段的内容赋值如下：

randSrc：$=R_A$，

randTarg：$=R_B$，

targ-name：$=$B，

src-name：$=$A，

algId：$=$algId

key-estb-rep：$=E_{P1\_B}(K,R_B)$

rep-it-integ：$=S_{S2\_A}(R_A,R_B,B,A,E_{P1\_B}(K,R_B))$；

4. B 验证 $ECert_A$ 和 $S_{S2\_A}(R_A,R_B,B,A,E_{P1\_B}(K,R_B))$，计算 $D_{S1\_B}(E_{P1\_B}(K,R_B))=(K,R_B)$，验证 K 和 R_B。

B.4 安全通信协议

验证方请求：

```
STP-REQ ::=SEQUENCE {
        RequestToken          REQ-TOKEN 请求数据包
        certif-data [0]       CertificationData OPTIONAL 证书
        auth-data [1]         AuthorizationData OPTIONAL
}
REQ-TOKEN ::=SEQUENCE {
        req-contents     Req-contents   请求的内容
        algId            AlgorithmIdentifier 完整性算法
        req-integrity    Integrity   --"token" is Req-contents 请求的内容的完整性验证
}
Req-contents ::=SEQUENCE {
        tok-id           INTEGER (256)          TOKEN 的标识
        context-id       Random-Integer         上下文标识
        pvno             BIT STRING             协议版本
        timestamp        UTCTime OPTIONAL       时间戳
        randSrc          Random-Integer         随机数(A)
        targ-name        Name                   对方的名字
        src-name [0]     Name OPTIONAL          本方的名字,除"匿名"外,必须支持
        req-data         Context-Data           上下文数据
        validity [1]     Validity OPTIONAL      上下文的有效期
        key-estb-set     Key-Estb-Algs          密钥交换算法集合
        key-estb-req     BIT STRING OPTIONAL 第一个密钥交换算法的参数,这个参数必须包括密钥的长度。如果发起方不想进行密钥交换除外
        key-src-bind     OCTET STRING OPTIONAL 密钥和本方名字的绑定,强制的 Hash 函数过程
}
```

被验证方回应：

```
STP-REP-TI ::=SEQUENCE {
        ResponseToken     REP-TI-TOKEN   回应数据包
        certif-data       CertificationData OPTIONAL   证书
}
```

```
REP-TI-TOKEN ::=SEQUENCE {
    rep-ti-contents     Rep-ti-contents  回应数据包的内容
    algId               AlgorithmIdentifier 完整性算法
    rep-ti-integ        Integrity--"token" is Rep-ti-contents 回应内容的完整性验证
}
Rep-ti-contents ::=SEQUENCE {
    tok-id              INTEGER (512) TOKEN 的标识
    context-id          Random-Integer 上下文标识
    pvno [0]            BIT STRING OPTIONAL 协议版本
    timestamp           UTCTime OPTIONAL 时间戳
    randTarg            Random-Integer 随机数(B)
    src-name [1]        Name OPTIONAL 验证方的名字
    targ-name           Name      被验证方的名字
    randSrc             Random-Integer 随机数(A)
    rep-data            Context-Data 上下文数据
    validity [2]        Validity 上下文的有效期,是 REQ-TOKEN 中上下文的有效期的子集
    key-estb-id         AlgorithmIdentifier OPTIONAL 密钥交换算法,是 REQ-TOKEN
中密钥交换算法集合中的一个
    key-estb-str        BIT STRING OPTIONAL  密钥建立信息
}
```

验证方回应:

```
STP-REP-IT ::=SEQUENCE {
    responseToken       REP-IT-TOKEN 回应数据包
    algId               AlgorithmIdentifier 完整性算法
    rep-it-integ        Integrity--"token" is REP-IT-TOKEN 回应数据包的完整性验证
}
REP-IT-TOKEN ::=SEQUENCE {
    tok-id              INTEGER (768) TOKEN 的标识
    context-id          Random-Integer 上下文标识
    randSrc             Random-Integer 随机数(A)
    randTarg            Random-Integer 随机数(B)
    targ-name           Name 被验证方的名字
    src-name            Name OPTIONAL 验证方的名字
    key-estb-rep        BIT STRING OPTIONAL 回应密钥建立信息
}
```

附　录　C
（资料性附录）
密码设备接口函数定义及说明

C.1　应用类密码设备接口函数

C.1.1　接口组成部分

C.1.1.1　算法对象

在接口函数中，使用 ALGORITHM_OBJ 表示算法对象，用来保持算法的参数的信息和在密码计算中保持上下文的关系。在调用密码功能之前，必须调用 M_CreateAlgorithmObject 创建算法对象，调用 M_SetAlgorithmObject 设置算法对象。每一个算法对象必须调用 M_CreateAlgorithmObject 函数创建，调用 M_DestroyAlgorithmObject 函数销毁。一个算法对象不能既用于加密也用于解密，只能或者加密或者解密。一旦算法对象被设置，将不能被重新设置。对于一个算法对象，不能调用 M_SetAlgorithmInfo 函数两次。或者创建一个新的对象，或者销毁对象然后重新创建。

C.1.1.2　密钥对象

在接口函数中使用 KEY_OBJ 表示密钥对象，这个参数用来保持密钥的值。在调用密码功能之前，必须调用 M_CreateKeyObject 创建密钥对象，调用 M_SetKeyObject 设置密钥对象。每一个密钥对象必须调用 M_CreateKeyObject 函数创建，调用 M_DestroyKeyObject 函数销毁。

C.1.1.3　算法函数

使用算法对象和密钥对象调用相应的密码算法函数执行密码的功能。

C.1.2　宏定义

```
#ifndef NULL
#define NULL      0
#endif
#ifndef NULL_PTR
#define NULL_PTR      NULL
#endif           /*定义空*/
typedef unsigned char *POINTER;          /*定义指针*/
typedef unsigned long INFO_TYPE;      /*定义算法信息的类型*/
typedef POINTER      ALGORITHM_OBJ;           /*定义算法对象*/
typedef POINTER      KEY_OBJ;            /*定义密钥对象*/
#define CKI_SymmetricKey      1          /*对称密钥*/
#define CKI_CipherSymmetricKey      2          /*加密的对称密钥*/
#define CKI_RSAPrivateRef      10          /*RSA 私钥的标识*/
#define CKI_RSAPrivateCipher      11          /*加密的 RSA 的私钥*/
#define CKI_RSAPrivateDER      12          /*RSA 私钥的 DER 编码*/
#define CKI_RSAPublicDER      15          /*RSA 公钥的 DER 编码*/
#define CKI_X9_ECPrivateDER      20          /*EC 私钥的 DER 编码*/
#define CKI_X9_ECPublicDER      25          /*EC 公钥的 DER 编码*/
#define CAI_SCH      101          /*SCH 算法*/
#define CAI_HMAC      103          /*使用带有密钥的 HASH 函数计算消息认证码*/
#define CAI_ECKeyGen      104          /*产生 ECC 密钥对*/
```

#define CAI_RSAKeyGen 105 /* 产生 RSA 的密钥对,公钥和私钥都以 DER 编码的形式输出 */

#define CAI_RSATokenKeyGen 106 /* 产生 RSA 的密钥对,公钥以 DER 编码的形式输出,私钥以引用的形式输出 */

#define CAI_RSASecretKeyGen 107 /* 产生 RSA 的密钥对,公钥以 DER 编码的形式输出,私钥以加密的形式输出 */

#define CAI_SCHWithRSAEncryption 109 /* 使用 RSA 和数据摘要数字签名 */

#define CAI_EC_SCHWithDSA 111 /* 使用 ECDSA 数字签名 */

#define CAI_SymmetricKeyGen 112 /* 产生对称密钥的功能 */

#define CAI_SymmetricCipher 113 /* 使用对称算法加密和解密 */

#define CAI_RSAEncryption 114 /使用 RSA 算法加密和解密 */

#define CAI_Random 115 /* 产生随机数 */

#define CAI_EC_DHKeyAgree 116 /* 基于 ECDH 算法的密钥交换算法 */

注:本部分中引用的"SCH",是指国家密码主管部门批准使用的数据摘要算法。

C.1.3 数据结构定义

C.1.3.1 数据元

```
typedef struct  element_struct{
    unsigned char  * data;
    unsigned long   len;
} ELEMENT;
/* 定义通用的数据单元 */
```

C.1.3.2 数据摘要算法参数

```
typedef struct {
    INFO_TYPE digestInfoType;   /* 文摘算法的类型 */
    POINTER digestInfoParams;   /* 文摘算法的参数 */
  } A_DIGEST_SPECIFIER;
```

C.1.3.3 RSA 密钥参数

```
typedef struct {
    unsigned long modulusBits;     /* 模的长度 */
    ELEMENT publicExponent;     /* 公钥的指数 */
  } A_RSA_KEY_GEN_PARAMS;
typedef struct {
    unsigned long keyReference;   /* 密钥的引用 */
  } A_TOKEN_KEY_GEN_PARAMS;
```

C.1.3.4 椭圆曲线参数的类型

```
Enum     A_EC_ParameterType{
         EC_PARAMS_TYPE_NULL=100,        /* 类型是空 */
         EC_PARAMS_TYPE_CURVE,           /* 类型是曲线 */
         EC_PARAMS_TYPE_NAMED_CURVE /* 类型是命名曲线 */
}A_EC_PARAMS_TYPE;
/* 定义椭圆曲线参数的类型 */
```

C.1.3.5 椭圆曲线域的类型

```
Enum     A_EC_FieldType{
```

```
        EC_ FT_FP=100,                    /*素数域*/
        EC_ FT_F2_POLYNOMIAL,             /*二进制域多项式方式*/
        EC_ FT_F2_ONB                     /*二进制域优化方式*/
    }A_EC_FIELD_TYPE;
    /*定义椭圆曲线的域的类型*/
```

C.1.3.6 椭圆曲线参数

```
    typedef struct {
        A_EC_PARAMS_TYPE parameterInfoType;/*曲线参数的类型*/
        POINTER parameterInfoValue;/*曲线参数的值 */
      } A_EC_PARAMS;
    /*定义曲线的参数*/
```

如果曲线参数的类型是 EC_PARAMS_TYPE_NULL,曲线参数的值设置为 NULL_PTR。

如果曲线参数的类型是 EC_PARAMS_TYPE_CURVE,曲线参数的值设置为指向结构 A_EC_PARAMS_CURVE 的指针。

如果曲线参数的类型是 EC_PARAMS_TYPE_NAMED_CURVE,曲线参数的值设置为指向结构 ELEMENT 的指针。结构 ELEMENT 的 data 字段是命名曲线的 Object identifier 的 DER 编码,结构 ELEMENT 的 len 字段是命名曲线的 Object identifier 的 DER 编码的长度。

```
    A_EC _PARAMS_CURVE
          typedef struct {
          unsigned long version;                /*版本 */
          A_EC_FIELD_TYPE     fieldType;        /*域类型 */
          ELEMENT fieldInfo;                    /*域的信息,如果是素数域,信息表示一个素数。
如果是二进制域多项式形式,信息表示一个多项式。*/
          ELEMENT coeffA;                       /*coefficient A */
          ELEMENT coeffB;                       /*coefficient     B */
          ELEMENT base;                         /*基底 */
          ELEMENT order;                        /*序*/
          ELEMENT cofactor;
          unsigned long fieldElementBits;
      } A_EC_PARAMS_CURVE;
    /*定义椭圆曲线的参数*/
```

C.1.3.7 对称密钥标识

```
    typedef struct {
        unsigned long keyLength;      /*密钥的长度,字节为单位*/
        unsigned long protectFlag;    /*密钥的保护标记,0 表示不加密密钥,非 0 表示加密密钥*/
        unsigned char *cipherName; /*算法的名字*/
    } A_SYMMETRIC_KEY_SPECIFIER;
```

C.1.3.8 对称密钥加密算法参数

```
    typedef struct {
        unsigned char *encryptionMethodName; /*算法的名字 */
        POINTER encryptionParams;            /*算法的参数 */
        unsigned char *feedbackMethodName;   /*加密方式的名字*/
```

```
    POINTER feedbackParams;      /* 加密方式的参数,指向 ELEMENT 结构的初始化向量 */
    unsigned char paddingMethodName;      /* 补位方法的名字 */
}A_SYMMETRIC_CIPHER_ PARAMS;
```

C.1.3.9 随机数

```
typedef struct {
    POINTER Seed;          /* 随机数的种子 */
}A_RANDOM_ PARAMS;
```

C.1.4 错误码

```
#define ME_ALGORITHM_ALREADY_SET      512
/* 算法对象已经调用 B_SetAlgorithmInfo 被设置或调用 algorithm parameter generation */

#define ME_ALGORITHM_INFO      513
/* 无效的 Algorithm information 的格式在 algorithm object 算法对象中 */

#define ME_ALGORITHM_NOT_INITIALIZED      514
/* algorithm object 没有被调用初始化过程初始化 */

#define ME_ALGORITHM_NOT_SET      515
/* algorithm object 没有被调用 B_SetAlgprithmInfo 函数设置 */

#define ME_ALGORITHM_OBJ      516
/* 无效的 algorithm object */

#define ME_ALG_OPERATION_UNKNOWN      517
/* 对应的一个算法或算法信息的类型的未知的操作 */

#define ME_ALLOC      518
/* 内存不足 */

#define ME_DATA      520
/* 通常的数据错误 */

#define ME_EXPONENT_EVEN      521
/* 密钥对产生中公钥的指数是无效的偶数的值 */

#define ME_EXPONENT_LEN      522
/* 密钥对产生中公钥的指数是无效的指数的长度 */

#define ME_INPUT_DATA      524
/* 输入数据无效的编码格式 */

#define ME_INPUT_LEN      525
/* 输入的数据的全部的长度无效 */
```

```
#define ME_KEY_ALREADY_SET      526
/* key object 的值已经被 B_SetKeyInfo 函数调用或被 key generation 调用 */

#define ME_KEY_INFO      527
/* 无效的 key information 的格式在 key object */

#define ME_KEY_LEN      528
/* 无效的密钥的长度 */

#define ME_KEY_NOT_SET      529
/* 这个 key object 没有被用 B_SetKeyInfo 函数设置或调用 key generation */

#define ME_KEY_OBJ      530
/* 无效的 key object */

#define ME_KEY_OPERATION_UNKNOWN      531
/* 对应的一个 key info 的类型的未知的操作 */

#define ME_MEMORY_OBJ      532
/* 无效的内部的内存对象 */

#define ME_MODULUS_LEN      533
/* 不支持的模数的长度对于一个密钥或 algorithm parameters */

#define ME_NOT_INITIALIZED      534
/* 算法被不正确的初始化 */

#define ME_NOT_SUPPORTED      535
/* 对应一个指定的算法,算法选择器不支持 key object 中的 key information 的类型 */

#define ME_OUTPUT_LEN      536
/* 用于接受输出的最大的尺寸或输出的 buffer 太小 */

#define ME_RANDOM_NOT_INITIALIZED      538
/* 随机数算法没有被调用 B_RandomInit 函数初始化 */

#define ME_RANDOM_OBJ      539
/* 对应随机数算法的无效的算法对象 */

#define ME_SIGNATURE      540
/* 签名不能被验证 */
```

```
#define ME_WRONG_ALGORITHM_INFO          541
/* 要求的 algorithm information 不在 algorithm object 中 */

#define ME_WRONG_KEY_INFO      542
/* 要求的 key information 不在 key object 中 */

#define ME_INPUT_COUNT      543
/* 对应的输入的数据,Update 被调用一个无效的记数的次数 */

#define ME_OUTPUT_COUNT          544
/* 对应的输出的数据,Update 被调用一个无效的记数的次数 */

#define ME_METHOD_NOT_IN_CHOOSER      545
/* 算法选择器不包括 algorithm method,这个 algorithm 先前被 B_SetAlgorithminfo 函数设置 */

#define ME_KEY_WEAK          546
/* 密钥的数据提供产生一个知道的弱的密钥 */

#define BE_BAD_POINTER      548
/* 无效的指针 */
```

C.1.5 函数定义及说明

C.1.5.1 对称密钥产生函数

M_SymmetricKeyGenerateInit

声明:

```
int M_SymmetricKeyGenerateInit (
    ALGORITHM_OBJ algorithmObject       /* 产生对称密钥的算法对象 */
);
```

解释:

调用 M_SymmetricKeyGenerateInit 函数初始化产生对称密钥的算法对象。这个对象在调用之前必须被 M_SetAlgorithmObject 函数设置。

返回值:

0 成功

非 0 见错误码的定义和说明

M_SymmetricKeyGenerate

声明:

```
int M_SymmetricKeyGenerate (
    ALGORITHM_OBJ algorithmObject,      /* 产生对称密钥的算法对象 */
    KEY_OBJ symmetricKey                /* 新的对称密钥对象 */
);
```

解释:

调用 M_SymmetricKeyGenerate 函数产生一个对称密钥,并且输出结果保存在参数 symmetricKey

中。参数 symmetricKey 指明的密钥对象,在调用此函数之前必须调用 M_CreateKeyObject 函数创建。

返回值:

0　　　　成功

非 0　　　见错误码的定义和说明

C.1.5.2　产生公钥密钥对函数

M_PublicKeyGenerateInit

声明:

```
int M_PublicKeyGenerateInit (
    ALGORITHM_OBJ algorithmObject        /* 产生密钥对的算法对象 */
);
```

解释:

调用 M_PublicKeyGenerateInit 函数初始化产生非对称密钥对的算法对象。这个对象在调用之前必须被 M_SetAlgorithmObject 函数设置。

返回值:

0　　　　成功

非 0　　　见错误码的定义和说明

M_GeneratePublicKeyPair

声明:

```
int M_GeneratePublicKeypair (
    ALGORITHM_OBJ algorithmObject,        /* 产生密钥对的算法对象 */
    KEY_OBJ publicKey,                    /* 新的公钥对象 */
    KEY_OBJ privateKey                    /* 新的私钥对象 */
    );
```

解释:

调用 M_GeneratePublicKeyPair 函数产生非对称密钥对,并且输出公钥和私钥中。参数 publicKey 指明的公钥对象,在调用此函数之前必须调用 M_CreatePublicKeyObject 函数创建。参数 privateKey 指明的私钥对象,在调用此函数之前必须调用 M_CreatePublicKeyObject 函数创建。

返回值:

0　　　　成功

非 0　　　见错误码的定义和说明

C.1.5.3　加密函数

M_EncryptInit

声明:

```
int M_EncryptInit (
    ALGORITHM_OBJ algorithmObject,        /* 算法对象 */
    KEY_OBJ keyObject                     /* 密钥对象 */
);
```

解释:

M_EncryptInit 函数初始化加密数据使用的算法对象。这个对象先前必须被 M_SetAlgorithmObject 函数调用。参数 keyObject 指明的密钥对象提供密钥的信息。

M_EncryptInit 调用一次设置算法和密钥,M_EncryptUpdate 调用多次加密数据,M_EncryptFinal 调用一次处理最后的分组包括补位的字节。

在调用 M_EncryptFinal 以后，可以调用 M_EncryptUpdate 函数处理另外的数据，

如果采用 CBC 的方式，并且使用不同的初始化向量(IV)，在调用 M_EncryptUpdate 函数之前必须调用 M_SetAlgorithmObject 函数设置新的 IV。

返回值：

0　　　成功

非 0　　见错误码的定义和说明

M_EncryptUpdate

声明：

```
int M_EncryptUpdate (
    ALGORITHM_OBJ algorithmObject,        /* 算法对象 */
    unsigned char * pDataOut,             /* 输出数据 */
    unsigned long * pDataOutLen,          /* 输出数据的长度 */
    unsigned long maxPartOutLen,          /* 输出数据缓冲区的大小 */
    unsigned char * pDataIn,              /* 输入数据 */
    unsigned long partInLen               /* 输入数据的长度 */
    );
```

解释：

M_EncryptUpdate 函数用来加密数据并输出结果。输出的结果的内容最多输出参数 maxPartOutLen 指定的长度。输出结果保存在参数 pDataOut 中，并且输出结果的长度在参数 pDataOutLen 中。

返回值：

0　　　成功

非 0　　见错误码的定义和说明

M_EncryptFinal

声明：

```
int M_EncryptFinal (
    ALGORITHM_OBJ algorithmObject,     /* 算法对象 */
    unsigned char * pDataOut,          /* 输出数据 */
    unsigned long * pDataOutLen,       /* 输出数据的长度 */
    unsigned long maxDataOutLen        /* 输出数据缓冲区的大小 */
);
```

解释：

M_EncryptFinal 函数完成加密数据最后的过程并输出结果。输出的结果的内容最多输出参数 maxDataOutLen 指定的长度。输出结果保存在参数 pDataOut 中，并且输出结果的长度在参数 pDataOutLen 中。

返回值：

0　　　成功

非 0　　见错误码的定义和说明

C.1.5.4　解密函数

M_DecryptInit

声明：

```
int M_DecryptInit (
```

```
    ALGORITHM_OBJ algorithmObject,        /* 算法对象 */
    KEY_OBJ keyObject                     /* 密钥对象 */
  );
```

解释：

M_ DecryptInit 函数初始化解密数据使用的算法对象。这个对象先前必须被 M_SetAlgorithmObject 函数调用。参数 keyObject 指明的密钥对象提供密钥的信息。

M_DecryptInit 调用一次设置算法和密钥，M_DecryptUpdate 调用多次解密数据，M_DecryptFinal 调用一次处理最后的分组包括补位的字节。

在调用 M_DecryptFinal 以后，可以调用 M_DecryptUpdate 函数处理另外的数据，

如果采用 CBC 的方式，并且使用不同的初始化向量（IV），在调用 M_DecryptUpdate 函数之前必须调用 M_SetAlgorithmObject 函数设置新的 IV。

返回值：

0　　　成功

非 0　　见错误码的定义和说明

M_DecryptUpdate

声明：

```
  int M_DecryptUpdate (
    ALGORITHM_OBJ algorithmObject,        /* 算法对象 */
    unsigned char *pDataOut,              /* 输出数据 */
    unsigned long *pDataOutLen,           /* 输出数据的长度 */
    unsigned long maxDataOutLen,          /* 输出数据缓冲区的大小 */
    unsigned char *pDataIn,               /* 输入数据 */
    unsigned long DataInLen               /* 输入数据的长度 */
    );
```

解释：

M_DecryptUpdate 函数用来解密数据并输出结果。输出的结果的内容最多输出参数 maxDataOutLen 指定的长度。输出结果保存在参数 pDataOut 中，并且输出结果的长度在参数 pDataOutLen 中。

返回值：

0　　　成功

非 0　　见错误码的定义和说明

M_DecryptFinal

声明：

```
int M_DecryptFinal (
  ALGORITHM_OBJ algorithmObject,    /* 算法对象 */
  unsigned char *pDataOut,          /* 输出数据 */
  unsigned long *DataOutLen,        /* 输出数据的长度 */
  unsigned long maxDataOutLen       /* 输出数据缓冲区的大小 */
);
```

解释：

M_DecryptFinal 函数完成解密数据最后的过程并输出结果。输出的结果的内容最多输出参数

maxDataOutLen 指定的长度。输出结果保存在参数 pDataOut 中,并且输出结果的长度在参数 pDataOutLen 中。

返回值:

0　　　　成功

非 0　　　见错误码的定义和说明

C.1.5.5　签名函数

M_SignInit

声明:

```
int M_SignInit (
    ALGORITHM_OBJ algorithmObject,          /* 算法对象 */
    KEY_OBJ keyObject,                      /* 密钥对象 */
);
```

解释:

M_SignInit 函数初始化数字签名使用的算法对象。这个对象先前必须被 M_SetAlgorithmObject 函数调用。参数 keyObject 指明的密钥对象提供密钥的信息。

M_SignInit 调用一次设置算法和密钥,M_SignUpdate 调用多次处理数据,M_SignFinal 调用一次处理最后的分组包括调用 M_SignUpdate 生产的结果。并输出数字签名的结果。

在调用 M_SignFinal 以后,可以调用 M_SignUpdate 函数处理另外的数据,而不需要再一次调用 M_SignInit 函数。

返回值:

0　　　　成功

非 0　　　见错误码的定义和说明

M_SignUpdate

声明:

```
int M_SignUpdate (
    ALGORITHM_OBJ algorithmObject,          /* 算法对象 */
    unsigned char * pDataIn,                /* 输入的数据 */
    unsigned long DataInLen                 /* 输入数据的长度 */
);
```

解释:

M_SignUpdate 函数处理待签名的原文数据。

返回值:

0　　　　成功

非 0　　　见错误码的定义和说明

M_SignFinal

声明:

```
int M_SignFinal (
    ALGORITHM_OBJ algorithmObject,          /* 算法对象 */
    unsigned char * pSignature,             /* 输出的数字签名 */
    unsigned long * pSignatureLen,          /* 输出的数字签名的长度 */
    unsigned long maxSignatureLen           /* 输出的数字签名的缓冲区的大小 */
);
```

解释：

M_SignFinal 函数完成数字签名最后的过程并输出结果。输出的结果的内容最多输出参数 maxSignatureLen 指定的长度。输出结果保存在参数 signature 中，并且输出结果的长度在参数 signatureLen 中。

返回值：

0　　成功

非 0　　见错误码的定义和说明

C.1.5.6　验证签名函数

M_VerifyInit

声明：

```
int M_VerifyInit (
    ALGORITHM_OBJ algorithmObject,          /* 算法对象 */
    KEY_OBJ keyObject                       /* 密钥对象 */
    );
```

解释：

M_VerifyInit 函数初始化验证数字签名使用的算法对象。这个对象先前必须被 M_SetAlgorithmObject 函数调用。参数 keyObject 指明的密钥对象提供密钥的信息。

M_VerifyInit 调用一次设置算法和密钥，M_VerifyUpdate 调用多次处理数据，M_VerifyFinal 调用一次验证数字签名。要验证的数字签名通过 M_VerifyFinal 函数的参数传递。

在调用 M_VerifyFinal 以后，可以调用 M_VerifyUpdate 函数处理另外的数据，而不需要再一次调用 M_VerifyInit 函数。

返回值：

0　　成功

非 0　　见错误码的定义和说明

M_VerifyUpdate

声明：

```
int M_VerifyUpdate (
    ALGORITHM_OBJ algorithmObject,   /* 算法对象 */
    unsigned char * pDataIn,         /* 输入的数据 */
    unsigned long DataInLen          /* 输入的数据的长度 */
    );
```

解释：

M_VerifyUpdate 函数处理验证签名的原文数据。

返回值：

0　　成功

非 0　　见错误码的定义和说明

M_VerifyFinal

声明：

```
int M_VerifyFinal (
    ALGORITHM_OBJ algorithmObject,          /* 算法对象 */
    unsigned char * pSignature,             /* 验证的签名 */
```

```
    unsigned long signatureLen                 /* 验证的签名的长度 */
    );
```

解释：

M_VerifyFinal 完成验证数字签名。要验证的数字签名通过 M_VerifyFinal 函数的参数传递。

返回值：

0　　成功

非 0　　见错误码的定义和说明

C.1.5.7 文摘函数

M_DigestInit

声明：

```
int M_DigestInit (
    ALGORITHM_OBJ algorithmObject,          /* 算法对象 */
    KEY_OBJ keyObject                       /* 密钥对象 */
);
```

解释：

M_DigestInit 函数用来初始化计算消息文摘的算法对象和计算消息文摘的算法，这个算法对象必须先前被 B_SetAlgorithmInfo 函数调用。参数 keyObject 支持密钥的信息，如果参数 keyObject 设置为 NULL_PTR，支持无密钥的文摘算法。如果参数 keyObject 设置为非空，支持有密钥的文摘算法，这个密钥对象必须先前被 B_SetKeyInfo 函数调用。

返回值：

0　　成功

非 0　　见错误码的定义和说明

M_DigestUpdate

声明：

```
int   M_DigestUpdate(
    ALGORITHM_OBJ algorithmObject,   /* 算法对象 */
    unsigned char * pDataIn,         /* 输入的数据 */
    unsigned long pDataIn            /* 输入数据的长度 */
);
```

解释：

M_DigestUpdate 函数使用输入的明文更新 algorithmObject 对象。明文的内容是参数 pDataIn，明文的长度是参数 DataInLen。

返回值：

0　　成功

非 0　　见错误码的定义和说明

M_DigestFinal

声明：

```
int     M_DigestFinal(
    ALGORITHM_OBJ algorithmObject, /* 算法对象 */
    unsigned char * pDigest,       /* 输出文摘的缓冲区 */
    unsigned long * pDigestLen,    /* 文摘的长度 */
```

```
    unsigned long maxDigestLen          /* 输出文摘的缓冲区的长度 */
);
```

解释：

M_DigestFinal 函数用来最后完成参数 algorithmObject 的文摘处理过程，并且输出文摘。输出的文摘的内容最多输出调用者参数 maxDigestLen 指定的长度。并且输出文摘的长度在参数 pDigestLen 中。

返回值：

0　　　成功

非 0　　见错误码的定义和说明

C.1.5.8 密钥交换函数

M_KeyAgreeInit

声明：

```
int  M_KeyAgreeInit (
    ALGORITHM_OBJ algorithmObject,   /* 算法对象 */
    KEY_OBJ keyObject                /* 密钥对象 */
    );
```

解释：

M_KeyAgreeInit 函数用来初始化密钥交换的算法对象和密钥信息。这个算法对象必须先前被 B_SetAlgorithmInfo 函数调用。参数 keyObject 提供自己的私钥的信息。先调用 M_CreateKeyObject 函数创建一个新的密钥对象。然后调用 M_SetKeyInfo 函数设置密钥的值。

此函数支持 CAI_EC_DHKeyAgree 算法。

返回值：

0　　　成功

非 0　　见错误码的定义和说明

M_KeyAgree

声明：

```
int  M_KeyAgree (
    ALGORITHM_OBJ algorithmObject,   /* 算法对象 */
    KEY_OBJ keyObject,               /* 密钥对象 */
    unsigned char * pOutput,         /* 输出的数据 */
    unsigned long * outputLen,       /* 输出的数据的长度 */
    unsigned long maxOutputLen,      /* 输出的数据的缓冲区的大小 */
    );
```

解释：

M_KeyAgree 函数完成密钥交换的过程。并且输出结果。输出的结果的内容最多输出调用者参数 maxOutputLen 指定的长度。并且输出结果的长度在参数 outputLen 中。参数 keyObject 提供对方的公钥的信息。先调用 M_CreateKeyObject 函数创建一个新的密钥对象。然后调用 M_SetKeyInfo 函数设置密钥的值。

返回值：

0　　　成功

非 0　　见错误码的定义和说明

C.1.5.9 随机数或伪随机数函数

M_RandomInit

声明：

```
int  M_RandomInit (
    ALGORITHM_OBJ randomAlgorithm    /* 随机数算法对象 */
);
```

解释：

调用 M_RandomInit 初始化随机数算法对象产生随机数。使用的随机数算法对象是先前调用 M_SetAlgorithmInfo 函数设置的随机数算法对象。在随机数算法对象中，如果没有种子的值，M_RandomInit 函数设置一个缺省的种子用来产生随机数。

返回值：

0　　　　成功

非 0　　　见错误码的定义和说明

M_GenerateRandomBytes

声明：

```
int  M_GenerateRandomBytes (
    ALGORITHM_OBJ randomAlgorithm,   /* 随机数算法对象 */
    unsigned char * pOutput,         /* 输出的缓冲区 */
    unsigned long outputLen          /* 输出的缓冲区的长度 */
);
```

解释：

调用 M_GenerateRandomBytes 产生参数 outputLen 指定长度的伪随机数，并且输出结果。参数 randomAlgorithm 的算法对象必须有种子。

返回值：

0　　　　成功

非 0　　　见错误码的定义和说明

C.1.5.10 算法对象函数

M_CreateAlgorithmObject

声明：

```
int  M_CreateAlgorithmObject (
    ALGORITHM_OBJ  * pAlgorithmObject    /* 新的算法对象 */
);
```

解释：

调用 M_CreateAlgorithmObject 分配和初始化一个新的算法对象。保存结果在参数 pAlgorithmObject 中。如果 M_CreateAlgorithmObject 不成功，没有内存分配给 pAlgorithmObject，设置 pAlgorithmObject 为 NULL_PTR。

返回值：

0　　　　成功

非 0　　　见错误码的定义和说明

M_DestroyAlgorithmObject

声明：

```
void M_DestroyAlgorithmObject (
```

```
    ALGORITHM_OBJ  * pAlgorithmObject   /* 算法对象的指针 */
  );
```

解释：

调用 M_DestroyAlgorithmObject 销毁算法对象，算法对象的信息归零。释放算法对象占有的内存。设置 pAlgorithmObject 参数为 NULL_PTR.。如果参数 pAlgorithmObject 已经是 NULL_PTR 或不是一个有效的密钥对象，将不处理这个对象。

这个过程调用以后，所有和这个对象相关的信息都将被阻塞。

返回值：

0　　　成功

非 0　　见错误码的定义和说明

M_GetAlgorithmInfo

声明：

```
  int  M_GetAlgorithmInfo (
    POINTER  * info,                       /* 算法信息 */
    ALGORITHM_OBJ algorithmObject,         /* 算法对象 */
    INFO_TYPE infoType                     /* 算法的类型 */
  );
```

解释：

调用 M_GetAlgorithmInfo 获取和算法类型相匹配的指定的算法对象的算法参数的信息。算法参数的格式是指定的算法的类型确定的。

返回值：

0　　　成功

非 0　　见错误码的定义和说明

M_SetAlgorithmInfo

声明：

```
  int  M_SetAlgorithmInfo (
    ALGORITHM_OBJ algorithmObject,    /* 算法对象 */
    INFO_TYPE infoType,               /* 算法对象的类型 */
    POINTER info                      /* 算法信息 */
  );
```

解释：

调用 M_SetAlgorithmInfo 设置和算法类型相匹配的指定算法对象的算法参数。算法参数的格式是指定的算法的类型确定的。M_SetAlgorithmInfo 函数将设置的算法的参数的信息拷贝一个分离的副本分配给指定的算法对象。一旦算法对象被设置，将不能被重新设置。对于一个算法对象，不能调用 M_SetAlgorithmInfo 函数两次。或者创建一个新的对象，或者销毁对象然后重新创建。

返回值：

0　　　成功

非 0　　见错误码的定义和说明

C.1.5.11　密钥对象函数

M_CreateKeyObject

声明：

```
int  M_CreateKeyObject (
```

```
    KEY_OBJ  * pKeyObject          /* 新的密钥对象 */
);
```

解释：

调用 M_CreateKeyObject 分配和初始化一个新的密钥对象。保存结果在参数 pKeyObject 中。如果 M_CreateKeyObject 不成功，没有内存分配给 pKeyObject，设置 pKeyObject 为 NULL_PTR。

返回值：

0　　　　成功

非 0　　　见错误码的定义和说明

M_DestroyKeyObject

声明：

```
void M_DestroyKeyObject (
    KEY_OBJ  * pKeyObject          /* key object 的指针 */
);
```

解释：

调用 M_DestroyKeyObject 销毁密钥对象，密钥对象的信息归零。释放密钥对象占有的内存。设置 pKeyObject 参数为 NULL_PTR.。如果参数 pKeyObject 已经是 NULL_PTR 或不是一个有效的密钥对象，将不处理这个对象。

这个过程调用以后，所有和这个对象相关的信息都将被阻塞。

返回值：

0　　　　成功

非 0　　　见错误码的定义和说明

M_GetKeyInfo

声明：

```
int  M_GetKeyInfo (
    POINTER  * pInfo,              /* 密钥的信息 */
    KEY_OBJ keyObject,             /* 密钥对象 */
    INFO_TYPE infoType             /* 密钥信息的类型 */
);
```

解释：

调用 M_GetKeyInfo 获取和密钥信息类型相匹配的指定密钥对象的密钥信息。

返回值：

0　　　　成功

非 0　　　见错误码的定义和说明

M_SetKeyInfo

声明：

```
int  M_SetKeyInfo (
    KEY_OBJ keyObject,             /* 密钥对象 */
    INFO_TYPE infoType,            /* 密钥的类型 */
    POINTER info                   /* 密钥的信息 */
);
```

解释：

调用 M_SetKeyInfo 设置和密钥信息类型相匹配的指定密钥对象的密钥信息。M_SetKeyInfo 函数将设置的密钥的信息拷贝一个分离的副本分配给指定的密钥对象。一旦密钥对象被设置，将不能被重新设置。对于一个密钥对象，不能调用 M_SetKeyInfo 函数两次。或者创建一个新的对象，或者销毁对象然后重新创建。

返回值：

0　　　成功

非 0　　见错误码的定义和说明

C.2　证书载体接口函数

C.2.1　宏定义

```
#ifndef NULL
#define NULL    0
#endif
#ifndef NULL_PTR
#define NULL_PTR    NULL
#endif
typedef C_HANDLE    HANDLE;    /*定义设备打开的句柄*/
typedef unsigned char *C_KEY_HANDLE;    /*定义密钥的句柄*/
#define CDA_KEY_USAGE_SIGN    1
#define CDA_KEY_USAGE_ENCRYPT    2
#define CDA_KEY_USAGE_KEYAGREE    4
typedef unsigned long CDA_KEYUSAGE;    /*定义密钥的用法*/
```

C.2.2　数据结构定义

```
typedef struct{
        unsigned short year;
        unsigned short month;
        unsigned short day;
        unsigned short hour;
        unsigned short minute;
        unsigned short second;
    }CDA_TIME;
typedef struct{
        CDA_TIME start;        /*开始的时间*/
        Unsigned long elapses;    /*时间的流逝以秒为单位*/
}CDA_PeriodOfValid;
#define    CDA_CERT_TYPE_SIGN    1
#define    CDA_CERT_TYPE_ENCRYPT    2
typedef    unsigned long CDA_Certificate;    /*定义证书的类型*/
typedef struct{
        CDA_Certificate cert;
        Long maxCertLength;/*支持的一个证书文件的最大的空间*/
}CDA_CerticateCapability;    /*定义支持证书的属性,如果 cert 字段设置为
CDA_CERT_TYPE_SIGN|CDA_CERT_TYPE_ENCRYPT 表示支持双证书 */
```

```
typedef struct{
        unsigned short minPwdLength;      /*口令的最小长度*/
        unsigned short maxPwdLength;      /*口令的最大长度*/
}CDA_PassWordCapability;
typedef struct{
        char *pAlgoNameList;/*支持的算法的名字的列表*/
        long len;              /*支持的算法的名字的列表的长度*/
}CDA_AlgorithmCapability;         /*算法的名字的列表包括一个或多个算法的名字,每一个
算法的名字以'\0'结束。长度是一个或多个算法的名字长度的总和,包括结束字符'\0'。
例如:字符串"des\x00ssf33\x00"    长度    10   */
typedef struct{
        CDA_PassWordCapability pwdInfo;
        CDA_CertificateCapability certInfo;
        CDA_AlgorithmCapability    symmtricInfo;
        CDA_AlgorithmCapability    asymmetricInfo
}C_DeviceCapability;          /*定义设备的能力*/
typedef struct{
        char *pModeNameList;      /*加密方式的名字的列表*/
        long lModeListLen;        /*加密方式的名字的列表的长度*/
        char *pIV;                /*设置初始化向量的参数*/
        long lIvLen;              /*初始化向量的字节的长度*/
        char *pPadNameList;       /*补位方式的名字的列表*/
        long lPadListLen;         /*补位方式的名字的列表的长度*/
}CDA_AlgorithmInfo;        /*加密方式的名字的列表包括一个或多个加密方式的名字,每一个
加密方式的名字以'\0'结束。长度是一个或多个加密方式的名字长度的总和,包括结束字符'\0'。
例如:字符串"ecb\x00cbc\x00"      长度    8   */
/*补位方式的名字的列表包括一个或多个补位方式的名字,每一个补位方式的名字以'\0'结束。
长度是一个或多个补位方式的名字长度的总和,包括结束字符'\0'。
例如:字符串"pad\x00nopad\x00"    长度    10   */
```

C.2.3 函数定义和说明

C_OpenDevice

函数声明:

int C_OpenDevice(C_HANDLE *handle,char *szPwd);

功能简介:

打开设备,参数 handle 保存打开的设备的句柄。

输入:

要求用户输入打开设备的口令。如果口令为 NULL,返回值为 CDE_SUCCESS。设置 handle 为 NULL_PTR。

输出:

如果打开设备成功,返回值为 CDE_SUCCESS,设置 handle 打开的设备的句柄。

如果打开设备失败,返回值为错误码,设置 handle 为 NULL_PTR。

返回值:

CDE_SUCCESS

CDE_DEVICE
CDE_WRONG_PIN
CDE_WRONG_PARAMS

C_CloseDevice

函数声明：

```
void    C_CloseDevice(C_HANDLE *handle,Char *szPwd);
```

功能简介：

关闭设备。

输入：

要求用户输入设备的保护口令。

输出：

设置 handle 为 NULL_PTR。

返回值：

无

C_GetDeviceCapability

函数声明：

```
void    C_GetDeviceCapability(CDA_DeviceCapability *pCapability)
```

功能简介：

获取设备的能力。

输入：

指向结构 CDA_DeviceCapability 的指针。首先初始化一个 CDA_DeviceCapability 结构的实例，将结构的各字段清零。传递结构实例的指针给函数。

输出：

动态库根据自己设备的能力为结构赋值。

返回值：

无

C_GetAlgoInfo

函数声明：

```
void    C_GetAlgoInfo(char *algoName,
                      CDA_AlgorithmInfo *pInfo)
```

功能简介：

获取指定算法名字的算法的信息。

输入：

algoName　　指定的算法的名字。

PInfo　　指向结构 CDA_AlgorithmInfo 的指针。首先初始化一个 CDA_AlgorithmInfo 结构的实例，将结构的各字段清零。传递结构实例的指针给函数。

输出：

动态库参数 pInfo 赋值。

返回值：

无

C_DestroyKeyHandle

函数声明：

int C_DestroyKeyHandle(C_KEY_HANDLE * keyHandle)

功能简介：

销毁密钥。

输入：

如果密钥是一个有效的密钥，释放密钥句柄占用的内存空间，销毁密钥的句柄。

如果密钥是一个无效的密钥，不做任何处理。返回值为 CDE_INVALID_HANDLE。

输出：

如果密钥是一个有效的密钥，释放密钥句柄占用的内存空间，销毁密钥的句柄。设置参数 keyHandle 为 NULL_PTR。

返回值：

CDE_SUCCESS

CDE_INVALID_HANDLE

C_CreatePrivacyKeyPairDir

函数声明：

```
int C_CreatePrivacyKeyPairDir(C_HANDLE   handle,
                CDA_KEYUSAGE   keyUsage,
                Char * szPwd);
```

功能简介：

创建私有的秘密的密钥对目录。

输入：

handle　打开设备的句柄

keyUsage　密钥的用法

szPwd　保护此目录的口令

如果目录不存在，创建和指定密钥用法相应的目录，设置目录的保护口令。

如果目录存在，验证口令。如果口令正确，重新创建目录。如果口令不正确，返回值为 CDE_WRONG_PIN

输出：

无

返回值：

CDE_SUCCESS

CDE_CREATE_DIRECTORY

CDE_WRONG_PIN

C_GenerateKeyPair

函数声明：

```
int C_GenerateKeyPair(C_HANDLE   handle,
              char * algoName,
              CDA_KEYUSAGE keyUsage,
              Char * szPwd,
              CDA_PeriodOfValid * period,
```

```
C_KEY_HANDLE * publicKey,
C_KEY_HANDLE * privateKey);
```

功能简介：

产生密钥对，指定算法名字、密钥用法、目录保护口令、密钥的有效期。产生密钥对之前必须创建密钥对目录，产生新的公钥和新的私钥，创建公钥和私钥，并且输出公钥和私钥的句柄。如果参数 algoName 为 NULL_PTR，动态库产生缺省的密钥对产生算法的密钥对。

输入：

handle　　打开设备的句柄

algoName　　密钥产生算法的名字

keyUsage　　密钥的用法

szPwd　　保护此目录的口令

period　　密钥的有效期

如果和指定的密钥用法相应的目录不存在，返回 CDE_DIRECTORY_NO_EXIST。

验证保护目录的口令，如果口令正确，产生密钥对。如果口令不正确，返回值为 CDE_WRONG_PIN。

输出：

publicKey　　公钥的句柄

privateKey　　私钥的句柄

如果产生密钥对失败，设置 publicKey 和 privateKey 为 NULL_PTR.。

返回值：

CDE_SUCCESS

CDE_ DIRECTORY_NO_EXIST

CDE_WRONG_PIN

CDE_GENERATE_KEY_PAIR

CDE_MEMORY

C_ExportPublicKey

函数声明：

```
int C_ExportPublicKey(C_HANDLE   handle,
            C_KEY_HANDLE publicKey,
            Unsigned char  * output,
            unsigned long  * outputLen);
```

功能简介：

导出指定的公钥句柄的公钥信息。

输入：

handle　　打开设备的句柄

publicKey　　公钥的句柄

如果输入的公钥的句柄是一个无效的公钥句柄，返回 CDE_INVALID_HANDLE。

输出：

output　　保存公钥信息的缓冲区的地址

outputLen　　保存公钥信息的缓冲区的长度

参数 outputLen 既是输入参数又是输出参数。如果输入的缓冲区的长度小于要输出的公钥的信息，返回 CDE_SHORT_BUFFER。否则，输出公钥的信息，并且输出公钥信息的长度。

返回值：
CDE_SUCCESS
CDE_ INVALID_HANDLE
CDE_SHORT_BUFFER

C_GetPrivateKeyOfCertificate

函数声明：

```
int C_GetPrivateKeyOfCertificate(C_HANDLE handle,
                char * szPwd,
                CDA_Certificate cert,
                C_KEY_HANDLE * privateKey);
```

功能简介：

获取和参数 cert 指定的证书类型相应的私钥。如果私钥存在。创建这个私钥，并且输出私钥的句柄。否则，返回 CDE_KEY_NO_EXIST。

输入：

handle　　打开设备的句柄
szPwd　　保护密钥目录的口令
cert　　证书的类型

如果私钥存在，验证保护私钥目录的口令，如果口令正确，为这个私钥分配它占用的内存，创建私钥。如果口令不正确，返回值为 CDE_WRONG_PIN。

输出：

privateKey　　私钥的句柄

如果创建私钥失败，设置 privateKey 为 NULL_PTR.。

返回值：
CDE_SUCCESS
CDE_ KEY_NO_EXIST
CDE_WRONG_PIN
CDE_MEMORY

C_GetPublicKeyOfCertificate

函数声明：

```
int C_GetPublicKeyOfCertificate(C_HANDLE handle,
                CDA_Certificate cert,
                C_KEY_HANDLE * publicKey);
```

功能简介：

获取和参数 cert 指定的证书类型相应的公钥。如果公钥存在。创建这个公钥，并且输出公钥的句柄。否则，返回 CDE_KEY_NO_EXIST。

输入：

handle　　打开设备的句柄
cert　　证书的类型

如果私钥存在，为这个公钥分配它占用的内存，创建公钥。

输出：

publicKey　　公钥的句柄

如果创建公钥失败，设置 publicKey 为 NULL_PTR.。

返回值：

CDE_SUCCESS

CDE_ KEY_NO_EXIST

CDE_MEMORY

C_ImportPrivateKey

函数声明：

```
int C_ImportPrivateKey(C_HANDLE handle,
                char * algoName,
                CDA_KEYUSAGE keyUsage,
                CDA_PeriodOfValid * period,
                Char * szPwd,
                C_KEY_HANDLE keyEncryptKey,
                Unsigned char * cipherPrivateKey,
                Unsigned long cipherLen);
```

功能简介：

导入和指定的密钥用法相应的私钥。导入私钥之前必须创建密钥对目录。并且必须获取加密私钥的密钥的句柄。如果参数 algoName 为 NULL_PTR，表示加密的私钥的产生算法和动态库缺省的密钥对产生算法一致。

输入：

handle　　打开设备的句柄

algoName　　密钥产生算法的名字

keyUsage　　密钥的用法

szPwd　　保护此目录的口令

period　　密钥的有效期

keyEncryptKey　　解密私钥的密钥的句柄

cipherPrivateKey　　私钥的密文

cipherLen　　私钥密文的长度

如果和指定的密钥用法相应的目录不存在，返回 CDE_DIRECTORY_NO_EXIST。

验证保护目录的口令，如果口令正确，产生密钥对。如果口令不正确，返回值为 CDE_WRONG_PIN。

如果输入的解密私钥的密钥的句柄是一个无效的句柄，返回 CDE_INVALID_HANDLE。

如果输入的解密私钥的密钥的密钥用法不能解密，返回 CDE_KEY_USAGE。

如果输入的解密私钥的密钥的过期，返回 CDE_INVALID_PERIOD。

如果解密的过程失败，返回 CDE_DECRYPT。

输出：

无

返回值：

CDE_SUCCESS

CDE_DIRECTORY_NO_EXIST

CDE_WRONG_PIN

CDE_INVALID_HANDLE

CDE_DECRYPT

CDE_KEY_USAGE
CDE_INVALID_PERIOD

C_CreateCertificateDir

函数声明：

```
int C_CreateCertificateDir(C_HANDLE handle,
            CDA_Certificate cert   );
```

功能简介：

创建证书目录。

输入：

handle　　打开设备的句柄

cert　　　证书的类型

如果目录不存在，创建和指定证书的类型相应的目录。

如果目录存在，返回为 CDE_DIRECTORY_EXIST。

输出：

无

返回值：

CDE_SUCCESS
CDE_CREATE_DIRECTORY
CDE_DIRECTORY_EXIST

C_ExportCertificate

函数声明：

```
int C_ExportCertificate(C_HANDLE handle,
            CDA_Certificate cert,
            Unsigned char * output,
            Unsigned long * outputLen);
```

功能简介：

导出指定的证书的类型的证书。导出证书之前，指定的证书目录必须存在，并且证书存在。

输入：

handle　　打开设备的句柄

cert　　　证书的类型

如果证书目录不存在，返回 CDE_DIRECTORY_NO_EXIST。

如果证书不存在，返回 CDE_CERTIFICATE_NO_EXIST。

输出：

output　　　保存证书信息的缓冲区的地址

outputLen　　保存证书信息的缓冲区的长度

参数 outputLen 既是输入参数又是输出参数。如果输入的缓冲区的长度小于要输出的证书的信息，返回 CDE_SHORT_BUFFER。否则，输出证书的信息，并且输出证书信息的长度。

返回值：

CDE_SUCCESS
CDE_SHORT_BUFFER
CDE_DIRECTORY_NO_EXIST

CDE_CERTIFICATE_NO_EXIST

C_ImportCertificate

函数声明：

```
int C_ImportCertificate(C_HANDLE handle,
            CDA_Certificate cert,
            Unsigned char * input,
            Unsigned long inputLen);
```

功能简介：

导入指定的证书的类型的证书。导入证书之前，指定的证书目录必须存在。

输入：

handle　打开设备的句柄

cert　证书的类型

input　保存证书信息的缓冲区的地址

inputLen　证书信息的长度

如果证书目录不存在，返回 CDE_DIRECTORY_NO_EXIST。

输出：

无

返回值：

CDE_SUCCESS

CDE_DIRECTORY_NO_EXIST

C_GenerateKey

函数声明：

```
int C_GenerateKey(C_HANDLE handle,
            char * algoName,
            CDA_PeriodOfValid * period,
            C_KEY_HANDLE * key);
```

功能简介：

产生和对称密钥产生算法一致的对称密钥。为这个密钥分配它占用的内存，创建密钥，并且输出密钥的句柄。如果参数 algoName 为 NULL_PTR，使用动态库缺省的产生对称密钥的算法。

输入：

handle　打开设备的句柄

algoName　密钥产生的算法

period　密钥的有效期

输出：

key　密钥的句柄

如果产生密钥失败，返回 CDE_INVALID_HANDLE，设置 key 为 NULL_PTR

返回值：

CDE_SUCCESS

CDE_INVALID_HANDLE

CDE_MEMORY

C_ExportKey

函数声明：

```
int C_ExportKey(C_HANDLE handle,
        char * algoName,
        C_KEY_HANDLE key,
        C_KEY_HANDLE keyEncryptKey,
        Unsigned char * cipherKey,
        Unsigned long * cipherKeyLen);
```

功能简介：

使用密钥加密密钥加密密钥的信息，并且输出密文。如果参数 algoName 为 NULL_PTR，使用动态库缺省的对称算法加密密钥。

输入：

handle　　打开设备的句柄

algoName　　加密密钥的算法的名字

key　　被加密的密钥的句柄

eyEncryptKey　　密钥加密密钥的句柄

如果输入的待加密的密钥的句柄是一个无效的句柄，返回 CDE_INVALID_HANDLE。

如果输入的密钥加密密钥的句柄是一个无效的句柄，返回 CDE_INVALID_HANDLE。

如果输入的密钥加密密钥的密钥用法不能加密，返回 CDE_KEY_USAGE。

如果输入的密钥加密密钥过期，返回 CDE_INVALID_PERIOD。

如果加密的过程失败，返回 CDE_ENCRYPT。

输出：

cipherKey　　保存密文的缓冲区的地址

cipherKeyLen　　保存密文的缓冲区的长度

参数 cipherKeyLen 既是输入参数又是输出参数。如果输入的缓冲区的长度小于要输出的密文的信息，返回 CDE_SHORT_BUFFER。否则，输出密文的信息，并且输出密文的长度。

返回值：

CDE_SUCCESS

CDE_INVALID_HANDLE

CDE_SHORT_BUFFER

CDE_ENCRYPT

CDE_KEY_USAGE

CDE_INVALID_PERIOD

C_ImportKey

函数声明：

```
int C_ImportKey(C_HANDLE handle,
        char * algoName,
        CDA_PeriodOfValid * period,
        C_KEY_HANDLE keyDecryptKey,
        Unsigned char * cipherKey,
        Unsigned long cipherKeyLen,
        C_KEY_HANDLE * key);
```

功能简介：

导入和一个对称密钥。解密密钥的密文，创建一个对称的密钥，分配它占用的内存，并且输出这个对称密钥的句柄。导入密钥之前必须获取解密密钥的密钥的句柄。如果参数 algoName 为 NULL_PTR，表示解密密钥算法和动态库缺省的对称加密的算法一致。

输入：

handle　　　打开设备的句柄

algoName　　解密密钥算法的名字

period　　　密钥的有效期

keyDecryptKey　　解密密钥的密钥的句柄

cipherKey　　密钥的密文

cipherKeyLen　　密钥密文的长度

如果输入的解密密钥的密钥的句柄是一个无效的句柄，返回 CDE_INVALID_HANDLE。

如果输入的解密密钥的密钥的密钥用法不能解密，返回 CDE_KEY_USAGE。

如果解密密钥的密钥过期，返回 CDE_INVALID_PERIOD。

如果解密的过程失败，返回 CDE_DECRYPT。

输出：

key　　　密钥的句柄

如果创建密钥失败，设置 key 为 NULL_PTR

返回值：

CDE_SUCCESS

CDE_INVALID_HANDLE

CDE_DECRYPT

CDE_KEY_USAGE

CDE_INVALID_PERIOD

C_KeyAgreeStep1

函数声明：

```
int C_KeyAgreeStep1(C_HANDLE handle,
            char  * algoName,
            unsigned char  * input,
            unsigned long inputLen
            CDA_PeriodOfValid  * period,
            C_KEY_HANDLE  * keyAgree);
```

功能简介：

密钥交换算法的第一步，创建一个交换密钥。为这个交换密钥分配它占用的内存，并且输出交换密钥的句柄。如果参数 algoName 为 NULL_PTR，使用动态库缺省的密钥交换算法。

输入：

handle　　　打开设备的句柄

algoName　　密钥交换算法的名字

period　　　交换密钥的有效期

input　　　密钥交换信息

inputLen　　密钥交换信息的长度

输出：

keyAgree　　交换密钥

如果创建交换密钥失败，返回 CDE_INVALID_HANDLE，设置 keyAgree 为 NULL_PTR.。

返回值：

CDE_SUCCESS

CDE_INVALID_HANDLE

C_KeyAgreeStep2

函数声明：

```
int C_KeyAgreeStep2(C_HANDLE handle,
                    char * algoName,
                    C_KEY_HANDLE privateKey,
                    C_KEY_HANDLE keyAgree,
                    CDA_PeriodOfValid * period,
                    C_KEY_HANDLE * shareKey);
```

功能简介：

密钥交换算法的第二步，创建一个共享密钥。为这个共享密钥分配它占用的内存，并且输出共享密钥的句柄。如果参数 algoName 为 NULL_PTR，使用动态库缺省的密钥交换算法。

输入：

handle　　打开设备的句柄

algoName　　密钥交换算法的名字

period　　共享密钥的有效期

privateKey　　私钥的句柄

keyAgree　　交换密钥的句柄

如果输入的私钥的句柄是一个无效的句柄，返回 CDE_INVALID_HANDLE。

如果输入的交换密钥的句柄是一个无效的句柄，返回 CDE_INVALID_HANDLE。

输出：

shareKey　　共享密钥的句柄

如果产生共享密钥失败，返回 CDE_INVALID_HANDLE，设置 shareKey 为 NULL_PTR.。

返回值：

CDE_SUCCESS

CDE_INVALID_HANDLE

C_Sign

函数声明：

```
int C_Sign(C_HANDLE  handle,
           char * algoName,
           CDA_AlgorithmInfo * pInfo,
           C_KEY_HANDLE privateKey,
           Unsigned char * input,
           Unsigned long inputLen,
           Unsigned char * signature,
           Unsigned long * signatureLen);
```

功能简介：

计算数字签名，并且输出签名。如果参数 algoName 为 NULL_PTR，使用动态库缺省的数字签名算法。如果参数 pInfo 为 NULL_PTR，使用动态库缺省的数字签名算法的算法参数设置。

输入：

handle　　打开设备的句柄

algoName　　数字签名算法的名字

pInfo　　数字签名算法的算法参数设置

privateKey　　私钥的句柄

input　　明文

inputLen　　明文的长度

如果输入的私钥的句柄是一个无效的句柄，返回 CDE_INVALID_HANDLE。

如果输入的私钥的密钥用法不能签名，返回 CDE_KEY_USAGE。

如果输入的私钥的过期，返回 CDE_INVALID_PERIOD。

输出：

signature　　保存签名的缓冲区的地址

signatureLen　　保存签名的缓冲区的长度

参数 signatureLen 既是输入参数又是输出参数。如果输入的缓冲区的长度小于要输出的签名，返回 CDE_SHORT_BUFFER。否则，输出签名，并且输出签名的长度。

返回值：

CDE_SUCCESS

CDE_INVALID_HANDLE

CDE_KEY_USAGE

CDE_INVALID_PERIOD

C_Verify

函数声明：

```
int C_Verify (C_HANDLE handle,
            char * algoName,
            CDA_AlgorithmInfo * pInfo,
            C_KEY_HANDLE publicKey,
            Unsigned char * input,
            Unsigned long inputLen,
            Unsigned char * signature,
            Unsigned long signatureLen);
```

功能简介：

验证数字签名。如果参数 algoName 为 NULL_PTR，使用动态库缺省的数字签名算法。如果参数 pInfo 为 NULL_PTR，使用动态库缺省的数字签名算法的算法参数设置。

输入：

handle　　打开设备的句柄

algoName　　数字签名算法的名字

pInfo　　数字签名算法的算法参数设置

publicKey　　公钥的句柄

input　　明文

inputLen　　明文的长度
signature　　签名
signatureLen　　签名的长度
如果输入的公钥的句柄是一个无效的句柄，返回 CDE_INVALID_HANDLE。
如果输入的公钥的密钥用法不能验证签名，返回 CDE_KEY_USAGE。
如果输入的公钥的过期，返回 CDE_INVALID_PERIOD。
如果验证签名失败，返回 CDE_SIGNATURE。
输出：
无
返回值：
CDE_SUCCESS
CDE_INVALID_HANDLE
CDE_KEY_USAGE
CDE_INVALID_PERIOD
CDE_SIGNATURE

C_Encrypt

函数声明：

```
int C_Encrypt(C_HANDLE handle,
              char * algoName,
              CDA_AlgorithmInfo * pInfo,
              C_KEY_HANDLE Key,
              Unsigned char * input,
              Unsigned long inputLen,
              Unsigned char * cipher,
              Unsigned long * cipherLen);
```

功能简介：

加密。如果参数 algoName 为 NULL_PTR，使用动态库缺省的加密算法。如果参数 pInfo 为 NULL_PTR，使用动态库缺省的加密算法的算法参数设置。

输入：
handle　　打开设备的句柄
algoName　　加密算法的名字
pInfo　　加密算法的算法参数设置
Key　　密钥的句柄
input　　明文
inputLen　　明文的长度
如果输入的密钥的句柄是一个无效的句柄，返回 CDE_INVALID_HANDLE。
如果输入的密钥的密钥用法不能加密，返回 CDE_KEY_USAGE。
如果输入的密钥的过期，返回 CDE_INVALID_PERIOD。
如果加密失败，返回 CDE_ENCRYPT。
输出：
cipher　　保存密文的缓冲区的地址
cipherLen　　保存密文的缓冲区的长度

参数 cipherLen 既是输入参数又是输出参数。如果输入的缓冲区的长度小于要输出的密文的长度,返回 CDE_SHORT_BUFFER。否则,输出密文,并且输出密文的长度。

返回值:

CDE_SUCCESS

CDE_INVALID_HANDLE

CDE_KEY_USAGE

CDE_INVALID_PERIOD

CDE_ENCRYPT

C_Decrypt

函数声明:

```
int C_Decrypt(C_HANDLE handle,
              char * algoName,
              CDA_AlgorithmInfo * pInfo,
              C_KEY_HANDLE Key,
              Unsigned char * cipher,
              Unsigned long cipherLen,
              Unsigned char * output,
              Unsigned long * outputLen);
```

功能简介:

解密。如果参数 algoName 为 NULL_PTR,使用动态库缺省的解密算法。如果参数 pInfo 为 NULL_PTR,使用动态库缺省的解密算法的算法参数设置。

输入:

handle	打开设备的句柄
algoName	解密算法的名字
pInfo	解密算法的算法参数设置
Key	密钥的句柄
cipher	密文
cipherLen	密文的长度

如果输入的密钥的句柄是一个无效的句柄,返回 CDE_INVALID_HANDLE。

如果输入的密钥的密钥用法不能解密,返回 CDE_KEY_USAGE。

如果输入的密钥的过期,返回 CDE_INVALID_PERIOD。

如果解密失败,返回 CDE_DECRYPT。

输出:

output	保存明文的缓冲区的地址
outputLen	保存明文的缓冲区的长度

参数 outputLen 既是输入参数又是输出参数。如果输入的缓冲区的长度小于要输出的明文的长度,返回 CDE_SHORT_BUFFER。否则,输出明文,并且输出明文的长度。

返回值:

CDE_SUCCESS

CDE_INVALID_HANDLE

CDE_KEY_USAGE

CDE_INVALID_PERIOD

CDE_DECRYPT

C.2.4 返回代码

```
#define CDE_SUCCESS              0
#define CDE_DEVICE               128
#define CDE_WRONG_PIN            129
#define CDE_WRONG_PARAMS         130
#define CDE_INVALID_HANDLE       131
#define CDE_CREATE_DIRECTORY     132
#define CDE_DIRECTORY_NO_EXIST   133
#define CDE_GENERATE_KEY_PAIR    134
#define CDE_MEMORY               135
#define CDE_KEY_NO_EXIST         136
#define CDE_DECRYPT              137
#define CDE_KEY_USAGE            138
#define CDE_INVALID_PERIOD       139
#define CDE_DIRECTORY_EXIST      140
#define CDE_CERTIFICATE_NO_EXIST 141
#define CDE_SIGNATURE            142
#define CDE_ENCRYPT              143
#define CDE_SHORT_BUFFER         144
```

附　录　D
（资料性附录）
证书认证系统网络结构图

D.1　当 RA 采用 C/S 模式时 CA 的网络结构（参见图 D.1）

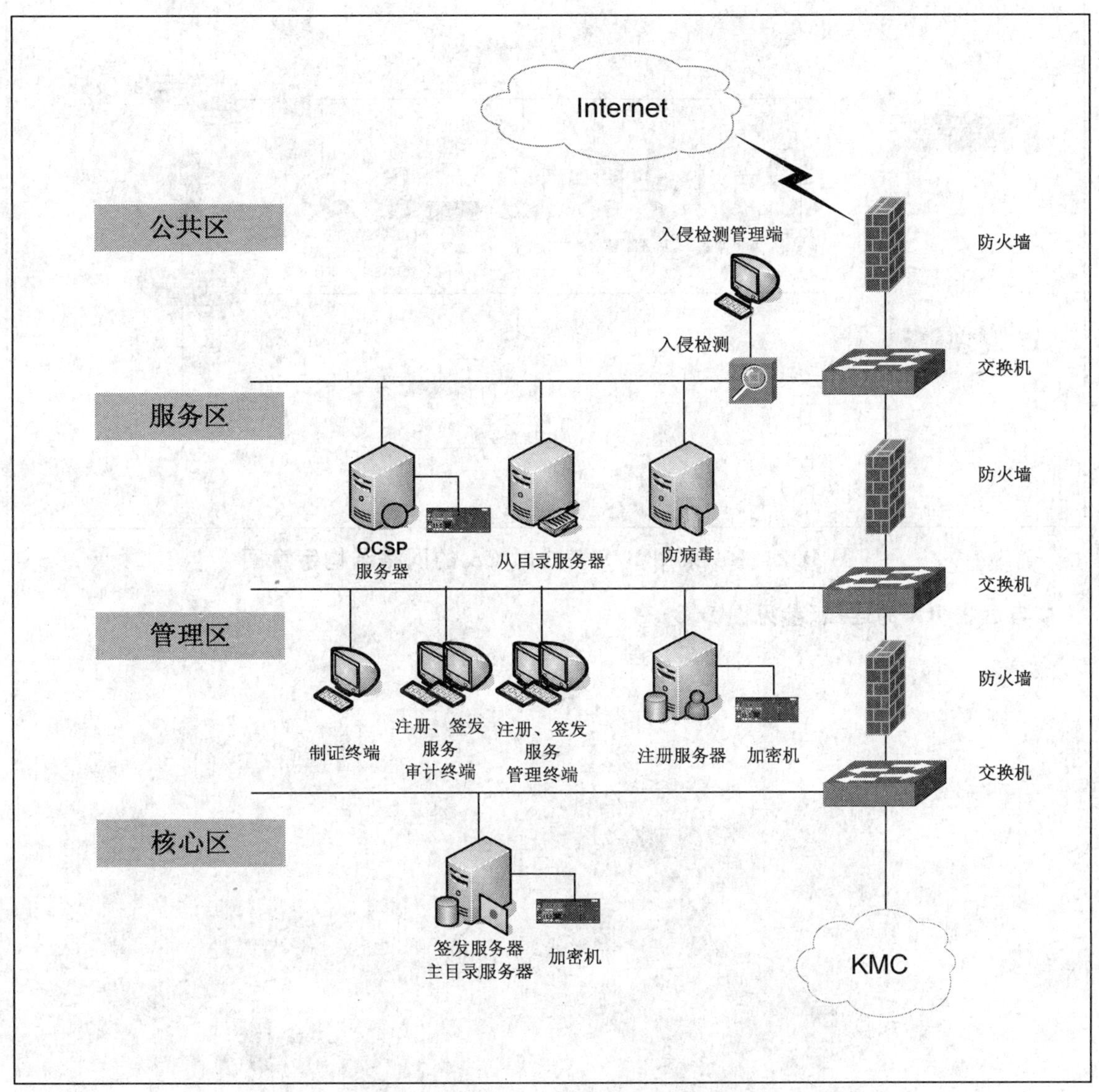

图 D.1　RA 采用 C/S 模式时 CA 的网络结构示意图

D.2 当RA采用B/S模式时CA的网络结构(参见图D.2)

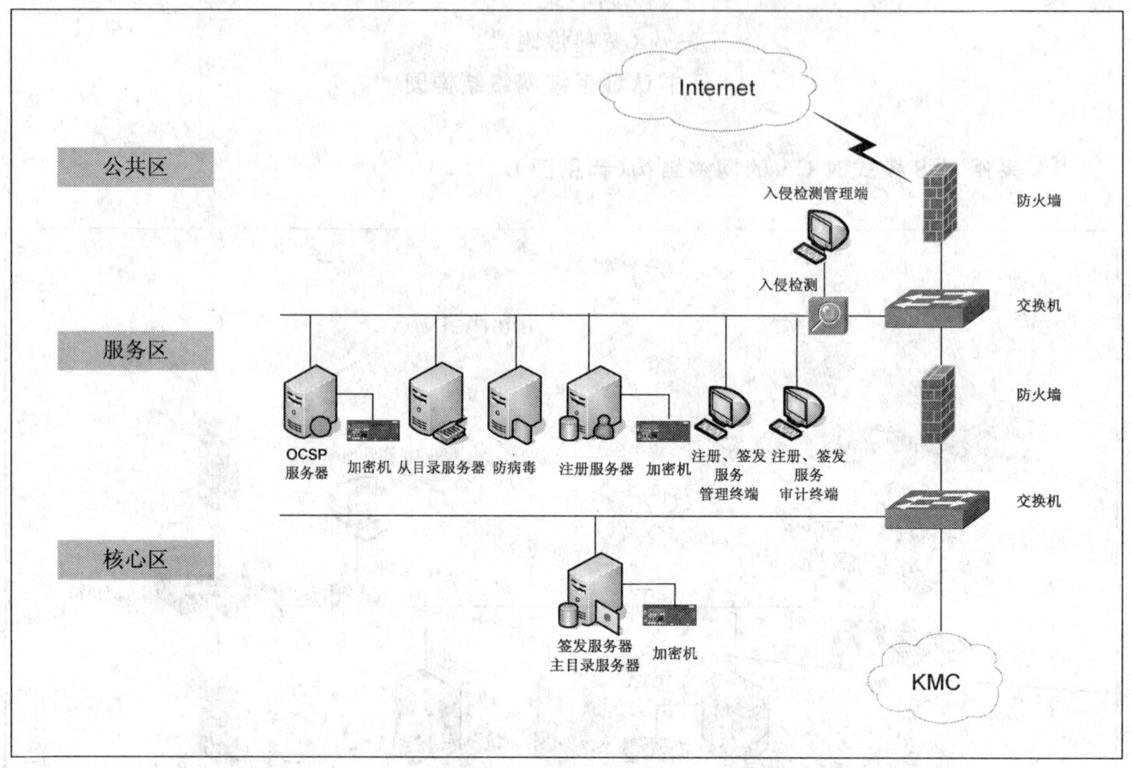

图D.2 RA采用B/S模式时CA的网络结构示意图

D.3 CA与远程RA的连接(参见图D.3)

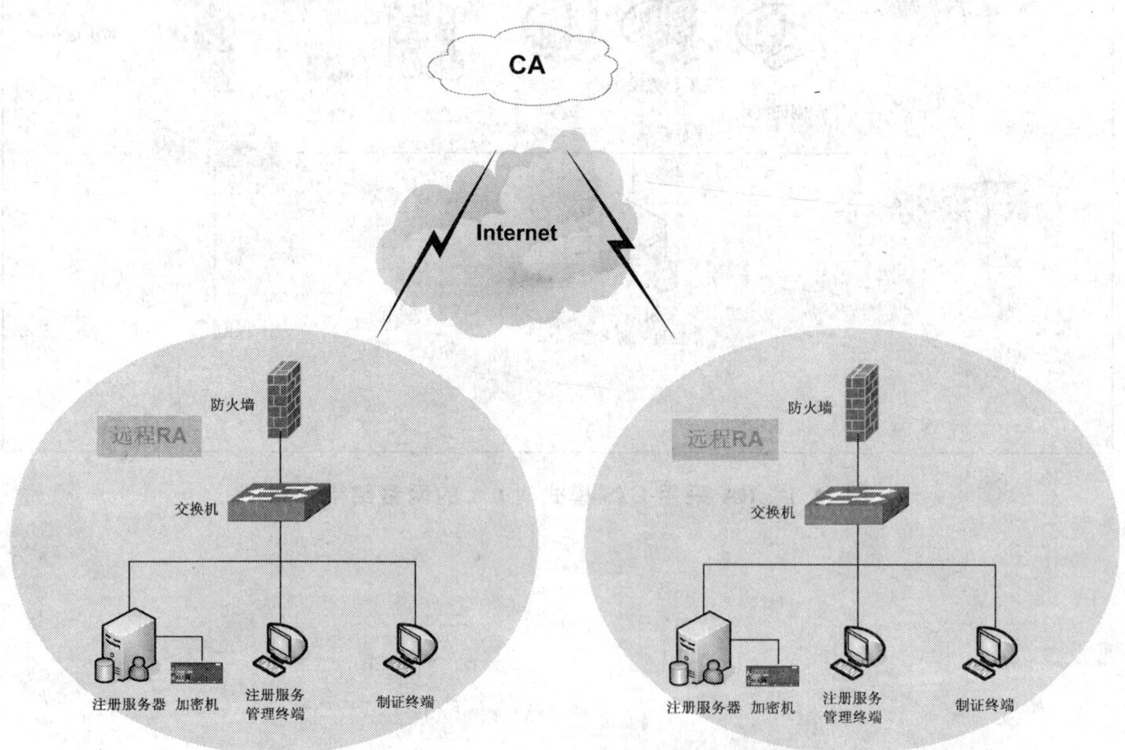

图D.3 CA与远程RA的连接示意图

D.4　KMC与多个CA的网络连接(参见图D.4)

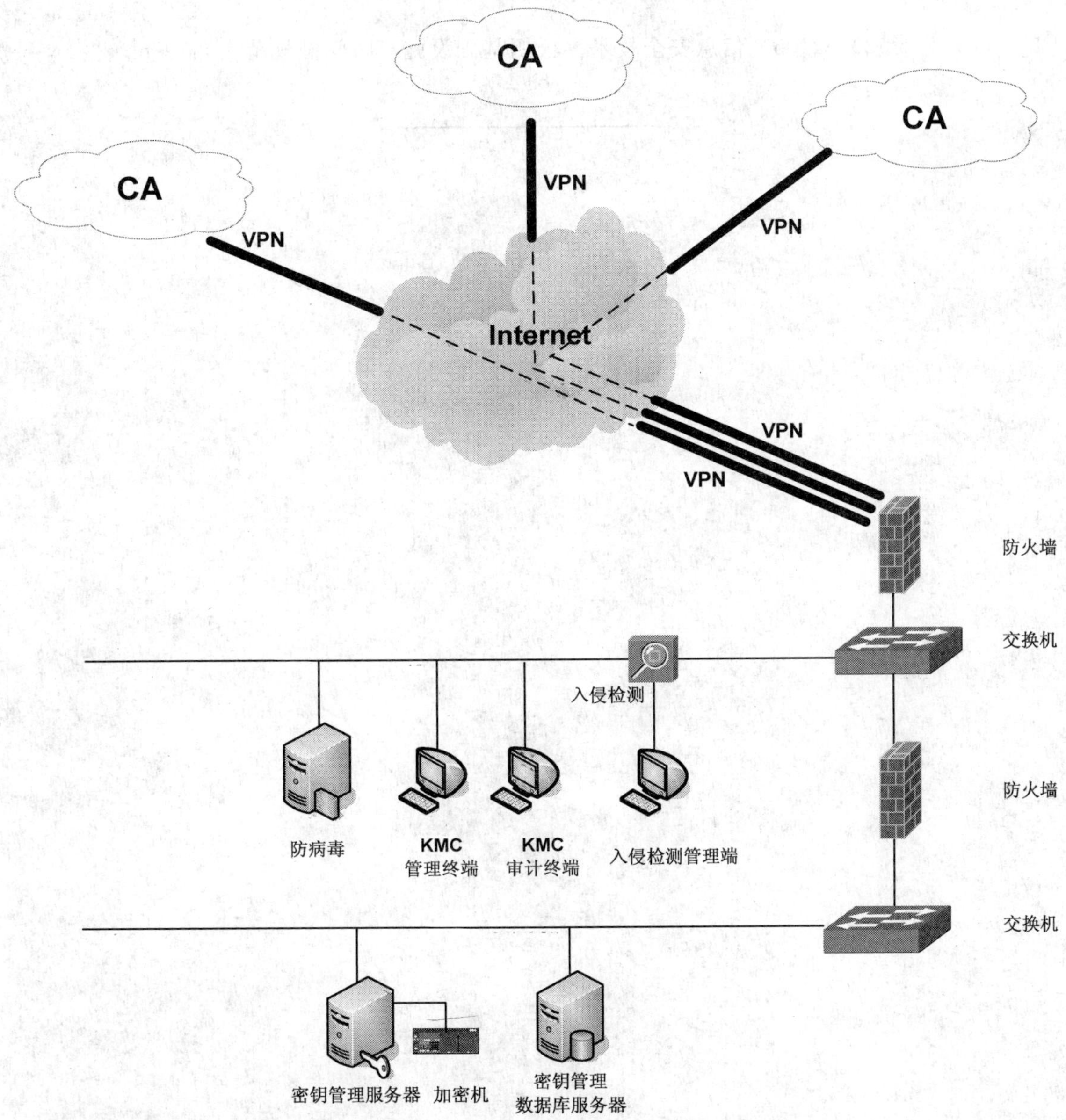

图D.4　KMC与多个CA的网络连接示意图

参 考 文 献

[1] GB/T 20520—2006 信息安全技术 公钥基础设施 时间戳规范